U0228476

松嫩平原苏打盐碱土形成机理
与障碍消减机制

王志春 杨 帆 罗金明 等 著

科学出版社

北京

内 容 简 介

本书以东北松嫩平原苏打盐碱土为研究对象，按照土壤苏打盐碱化机理与驱动机制、土壤农业利用障碍机理与盐碱胁迫机制，以及障碍因子解析和障碍消减机制的顺序布设篇章。形成机理与驱动机制部分包括宏观尺度下松嫩平原盐碱化土壤发育和发展的驱动因素，以及微域尺度土壤盐碱化过程和影响机制。土壤障碍机理与盐碱胁迫机制部分包括土壤盐碱化特征、盐碱对作物营养生长和生殖生长的胁迫作用，以及盐碱胁迫下作物养分特征等。障碍因子解析和障碍消减机制部分讨论了苏打盐碱土耕作措施、化学改良、淋洗排盐以及精准改良等。本书通过野外调查、田间试验和人工模拟试验等手段，采用多尺度、多方法对苏打盐碱化形成机理和消减机制进行研究，可为该地区盐碱地治理、农业利用和资源可持续管理提供参考。

本书内容丰富、资料翔实，可供土壤学、农业科学、土地管理、地理科学、水文学以及生态学等领域的研究者参考。

审图号：GS 京（2024）1694 号

图书在版编目（CIP）数据

松嫩平原苏打盐碱土形成机理与障碍消减机制 / 王志春等著. --北京：科学出版社，2024.8
ISBN 978-7-03-071352-0

Ⅰ. ①松…　Ⅱ. ①王…　Ⅲ. ①松嫩平原-苏打盐土-盐碱土-研究
Ⅳ. ①S155.2

中国版本图书馆 CIP 数据核字（2022）第 017835 号

责任编辑：孟莹莹　常友丽 / 责任校对：何艳萍
责任印制：徐晓晨 / 封面设计：无极书装

科学出版社 出版
北京东黄城根北街 16 号
邮政编码：100717
http://www.sciencep.com

北京华字信诺印刷有限公司印刷
科学出版社发行　各地新华书店经销
*
2024 年 8 月第 一 版　开本：787×1092　1/16
2024 年 8 月第 一 版　印张：31
字数：735 000

定价：299.00 元
（如有印装质量问题，我社负责调换）

著 者 名 单

（按姓氏拼音排序）

安丰华	车晓翠	迟春明	崔彦斌
鄂宇迪	冯　君	郭亮亮	侯光雷
李　彬	李景鹏	李景玉	廖　栩
刘建波	刘兆礼	罗金明	马红媛
马秀兰	马忠英	聂朝阳	任　雯
隋振民	田志杰	王浩男	王明明
王云贺	王志春	徐　璐	徐雅婧
薛洪亮	杨　帆	杨　福	杨洪涛
叶　青	张　璐	张释心	赵长巍
赵丹丹	朱宝国	朱文博	朱文东
左静红			

序

　　中国科学院东北地理与农业生态研究所王志春研究员及其团队对松嫩平原西部苏打盐碱土理化特征、形成和演化规律、盐碱地改良及农业开发利用的研究已二十余载。《松嫩平原苏打盐碱土形成机理与障碍消减机制》是该团队这些年相关科研成果的总结，同时也是团队对盐渍化土壤科学问题不断探索、长期努力并勇于实践的集中体现。二十余年来，王志春及其团队的足迹几乎遍布松嫩平原西部所有盐碱地区，通过调查、取样、监测、田间试验和模拟试验等，获取了大量珍贵的第一手资料，并整理成文、汇聚成册，该书才得以顺利出版。

　　区域盐碱化环境的形成和演变是气候、地貌、水文、植被以及现代人类活动等多种因素综合作用的结果和表现。土壤盐碱化形成机理、胁迫机制及盐碱障碍消减机制是盐碱地治理和农业可持续利用的关键科学问题，相关研究结果对探索有针对性的盐碱化土壤改良途径具有重要指导作用。

　　松嫩平原苏打盐碱地是我国主要盐碱地类型之一，总面积达 5595 万亩（1 亩≈666.7m²），占区域土地总面积的 32%。土地盐碱化导致该区生态环境恶化，直接限制了区域生态建设和经济发展。有别于其他地区盐碱地，松嫩平原苏打盐碱地土壤具有交换性 Na^+ 含量高、土壤理化性质恶劣、改造利用难度大等特征，其他地区盐碱地治理的成功技术与模式难以被直接移植到该区。松嫩平原苏打盐碱土是在温带季风气候条件、特殊水文和地质地貌环境下发育的，具有典型性和代表性。研究该地区苏打盐碱土形成过程、驱动机制及生态治理对策具有十分重要的科学意义，对盐碱脆弱区生态建设和生态安全具有重大战略意义。

　　全书以苏打盐碱土发育和演化机理—苏打盐碱土障碍与胁迫机理—苏打盐碱障碍消减机制研究为线索撰写，从宏观到微观不同尺度，分析了苏打盐碱土发育与演替规律以及驱动机制、地下水作用和微地貌条件下的苏打盐碱土变异特征、冻融作用下苏打盐碱土的水盐迁移特征及其对盐碱土形成与演替的各方面影响，讨论了苏打盐碱地耕作改良、化学改良、淋洗排盐和精准改良障碍消减机制等理论研究和生产实践热点问题。作者采用大量田间试验、模拟试验、定位观测以及数学模型等方法，定性描述和定量分析相结合，对苏打盐碱土形成和盐碱障碍消减机制进行实证研究，相关结论具有重要科学价值。全书结构清晰，特色鲜明。希望该书作者坚持不懈，理论服务于实践，为松嫩平原盐碱脆弱区生态治理和水土资源可持续利用不断做出新贡献。

中国工程院院士　张佳宝

2023 年 12 月 28 日

前　言

　　全世界盐碱地面积达 9.55 亿 hm^2，广泛分布于 100 多个国家和地区。可以说，土壤盐碱化是全世界自然资源、环境和社会经济可持续发展中面临的重要问题之一，影响了包括盐碱地生态效益、经济效益在内的区域土地生态系统服务功能的发挥。国际上，土壤盐碱化研究主要集中在盐碱化形成过程、盐碱化驱动机制、盐碱胁迫机制及其主导因子解析等方面，以美国盐土实验室、加州大学河滨分校、澳大利亚联邦科学与工业研究组织、阿德莱德大学等盐碱土研究机构为代表，对土壤盐碱化形成和限制机理做出了基础性的贡献。尽管人类对盐碱地恢复与利用重视程度日益增强，但由于土地盐碱化的复杂性，不同盐分类型的障碍性土壤形成过程和胁迫机制决定了盐碱地的解决策略不同，因此，仍需进一步深入解析土地盐碱化形成及障碍机理。

　　由于盐碱土壤类型、盐分组成、所处区域植被和水文条件等影响，盐碱地生态治理的方法也有所差异。非钠质化盐碱土改良的传统策略主要包括盐分淋洗，即利用淡水淋洗耕层盐分并随排水系统排出盐分，利用耐盐碱植物地上收获物带走盐分等。而针对含有高交换性 Na$^+$ 的苏打盐碱土，有深松、深翻、客砂、微域客土等土壤物理调控措施，以及施用有机物料与各种化学改良剂、调理剂等措施。尽管针对不同盐碱土的治理原则及技术相对较明确，但由于多数盐碱地区经济发展滞后，这些治理原则和技术的推广应用进展缓慢，大空间尺度上的盐碱地治理仍然受限，需依据当地自然、经济和社会条件以及利益相关者的需求，继续开展田间试验和可控条件下的模拟试验研究。此外，在盐碱地治理过程中，需要结合当地条件有效集成多种技术措施以降低土壤改良成本，提高盐碱地治理可行性与可持续性。

　　松嫩平原苏打盐碱地土壤盐分主要为 NaHCO$_3$ 和 Na$_2$CO$_3$。与中性盐不同，过量的交换性 Na$^+$ 是主要胁迫因素，引起土壤理化性质恶劣，洗盐脱盐困难，限制植物生长。碱性盐对植物的胁迫除了与中性盐 NaCl 共有的由 Na$^+$ 造成的离子毒害、渗透胁迫、离子失衡之外，还有高 pH 造成的矿质营养元素有效性降低等胁迫过程，且盐碱混合胁迫具有相互增强的协同效应特征。面向松嫩平原苏打盐碱地大规模农业开发和盐碱地生态修复需求，需要进一步开展自然生境和农业利用情景下土壤盐碱障碍机理和消减机制研究，以期在盐碱限制植物生长机理、消减机制和消减技术方面有所突破。

　　全书共三个篇章：第一篇（第一章～第四章）介绍土壤苏打盐碱化机理与驱动机制，包括松嫩平原盐碱化土壤发育发展驱动因素，地下水作用下土壤水盐运移及演变规律，以及微地貌、冻融和干旱条件下的土壤盐碱化特征及形成机理；第二篇（第五章～第八章）介绍苏打盐碱水田土壤障碍机理和盐碱对作物的胁迫机制，重点阐述苏打盐碱土障碍特征，以水稻为例深入探讨盐碱对作物营养生长和生殖生长的胁迫作用，盐碱胁迫下水稻磷元素转运特征等三个专题；第三篇（第九章～第十一章）介绍障碍因子解析和障碍消减机制，讨论苏打盐碱土耕作措施、化学改良、淋洗排盐障碍消减机制和苏打盐碱水田精准改良障碍消减机制。

全书由王志春制定撰写提纲，由王志春、杨帆、罗金明等作者撰写，具体撰写分工如下。

第一章：刘兆礼，侯光雷，王浩男。

第二章：朱文东，杨帆，聂朝阳，王云贺，刘建波，朱文博。

第三章：冯君，马秀兰，杨帆，隋振民，叶青，车晓翠，徐雅婧，鄂宇迪。

第四章：罗金明，杨帆。

第五章：李彬，迟春明，郭亮亮，王志春，杨帆，朱宝国。

第六章：王志春，杨福，马红媛，马忠英，李景玉，任雯。

第七章：左静红，杨福，张璐，李景鹏。

第八章：田志杰，杨福，王志春，李景鹏。

第九章：王明明，安丰华。

第十章：徐璐，杨洪涛，赵丹丹，杨帆，廖栩，王志春，崔彦斌，薛洪亮。

第十一章：杨帆，王志春，安丰华，马红媛，赵长巍，张释心。

各章完成后由杨帆负责统稿，王志春负责最后审定和定稿。

本书研究成果得到国家重点研发计划"典型脆弱生态修复与保护研究"重点专项"东北苏打盐碱地生态治理关键技术研发与集成示范"（2016YFC0501200），中国科学院战略性先导科技专项（A类）"黑土地保护与利用科技创新工程"的"黑土地土壤退化过程与阻控关键技术"（XDA28010000）项目，国家科技基础性工作专项"中国北方内陆盐碱地植物种质资源调查及数据库构建"（2015FY110500），国家自然科学基金项目"松嫩平原苏打盐渍土区微地貌生态水文过程与盐渍化效应"（41771250）、"松嫩平原浅埋深地下水作用下的苏打盐渍土水分转换机制及生态效应"（41071022）、"潜层地下水位波动条件下苏打盐渍土盐分迁移研究"（40501010）、"重度苏打盐碱地葡萄根域限制栽培土壤水盐动态研究"（41571210），国家自然科学基金青年基金项目"苏打盐渍土微团聚体稳定性与有机质组分变化的关系研究"（41701335），中国科学院东北地理与农业生态研究所创新团队项目（2023CXTD02）以及中国科学院和吉林省有关项目支持，在此一并致谢！

本书撰写过程中，作者借鉴了大量国内外相关成果，各章节所引用的资料与成果都进行了标注，并把成果所属的文献列于该章的结束部分。由于松嫩平原土壤盐碱化形成和演变受多因素影响，其形成过程和障碍机理非常复杂，涉及多个学科领域，加之作者水平有限，疏漏和不当之处在所难免，恳请同行专家和广大读者予以指正。

作　者

2023 年 11 月

目　　录

第一篇 松嫩平原土壤苏打盐碱化机理

松嫩平原位于东北地区中部,是由松花江、嫩江及其支流冲击作用下形成的冲积平原。它是在漫长地质演化基础上,叠加现代自然与人为活动而形成的一种脆弱生态系统。松嫩平原是我国盐碱化程度较严重的地区之一,土壤盐碱化以苏打盐碱化类型为主。

从微观角度看,松嫩平原土地盐碱化是在自然条件和人类强烈干扰下,通过蒸发与冻融作用,来自暗碱层中的盐碱成分不断向上部表土层聚集的原生与次生盐碱化复合过程。存在表土层由脱碱层向碱化层的正向转化过程;同时,在淋洗、化学变化和与植被吸收等物理、化学与生物作用下,也存在着地表的碱化层向脱碱层的逆向转化过程。从宏观角度看,土地盐碱化的现代过程具体表现为人类活动扰动下盐碱地与草地、湿地、旱地、水田等不同土地覆盖类型之间的动态转换过程,以及土地覆盖类型内部生态系统状况的时空变动过程。

地下水是盐渍化形成的关键地质载体,在陆地景观盐的运动、积累和排泄过程中起着重要作用。地下水对土壤盐渍化发生的影响主要反映在潜水埋深和地下水的矿化度和离子组成等。潜水埋深直接关系到土壤毛细水能否达到地表使土壤产生积盐,而地下水的矿化度和离子组成在一定程度上决定着土壤的积盐程度。因此研究地下水作用下苏打盐碱地土壤水盐运移及演变规律对于该区土壤盐渍化防治具有重要意义。

本篇将从宏观盐碱化地区土地覆盖类型之间相互转换,地下水作用下局地水盐迁移和表层土壤盐碱富集机理,以及微地貌、冻融和干旱作用对该地区土壤碱化发展的作用进行深入剖析,将多尺度下的盐渍化形成与演化过程结合揭示松嫩平原土地盐碱化的现代过程。

第一章　松嫩平原土地盐碱化过程及驱动机制

第一节　松嫩平原自然与社会经济概况

一、区域范围

松嫩平原地处我国纬度较高、经度偏东地区，介于北纬 42°30′～51°20′、东经 121°40′～128°30′之间，区域范围大致呈菱形。松嫩平原西部以大兴安岭东麓丘陵和台地为界，北部和东部以小兴安岭及长白山地外缘山麓台地为邻，南抵松辽分水岭。为避免采用行政区划界线存在包含部分丘陵地的问题，以更好地开展松嫩平原盐碱地空间格局及其时间演化研究，本节应用空间分辨率约为30m的数字高程模型 SRTM DEM 数据，以 300m 高程作为主要标准，结合水利部松辽水利委员会已有的研究成果，并参考嫩江与松花江及其支流水系的分布情况，通过人工数字化方式，绘制了松嫩平原界线矢量图（图 1-1）。

本书研究的松嫩平原的区域总面积达 23.52 万 km²。从图 1-1 可以看出，松嫩平原地跨黑龙江省、吉林省与内蒙古自治区等三大省级行政区，黑龙江省

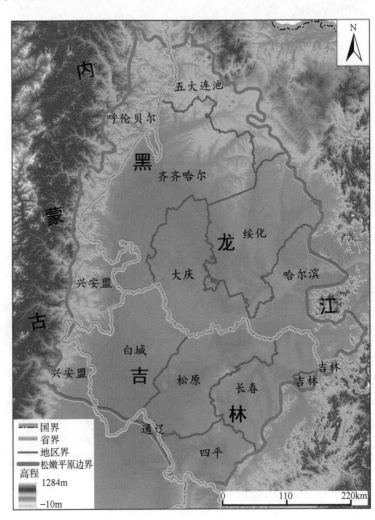

图 1-1　松嫩平原区域范围

有齐齐哈尔市、大庆市、绥化市、黑河市及哈尔滨市等五个地级市，其中前两个地区保持了行政区划的完整性。吉林省有松原市、白城市、长春市、四平市与吉林市等五个地级市，其中后四个地区大部分都落在松嫩平原范围内。内蒙古自治区有三个地级市，兴安盟、呼伦贝尔市与通辽市的少部分区域位于松嫩平原之中。

二、地貌特征

松嫩平原东部、北部、西部分别被东部山地、小兴安岭和大兴安岭所包围，仅南部敞开通向吉林省的松辽分水岭。松嫩平原地势北高南低，呈明显的马蹄形结构，为一四周高、中部低、由周边向中部缓慢倾斜的半封闭的沉积盆地。松嫩平原大体可分为 3 个地貌单元：东部隆起区、山前台地区（统称山前冲积、洪积台地，又称高平原或漫岗）与冲积平原区（图 1-2）。

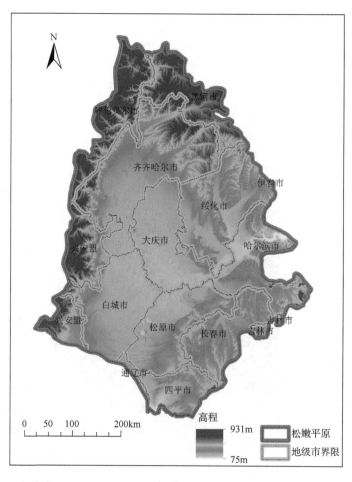

图 1-2　松嫩平原地势地貌图

山前台地区分布于东、北、西三面。其中，大兴安岭东坡侵蚀剥蚀台地位于平原西部大兴安岭丘陵山前地带，由东北向西南方向延伸，呈条带状分布，东西较狭窄，海拔200～260m，台面较平坦，为山前夷平面，被来自大兴安岭山区的河流所切割，在大地形上呈波状起伏。小兴安岭及东部山地西侧山前冲积洪积台地位于松嫩平原东部沿小兴安岭及东部山地西侧山前地带，台地海拔200～300m，经流水切割，台面呈波状起伏，有垄岗状、丘陵状、波状和平坦倾斜状等形态。

冲积平原区地形平坦，海拔120～200m，处于嫩江和松花江的河间地带，主要由河漫滩和一级阶地组成，在广阔的平原上分布有许多高差不大的小丘和洼地，呈现出一望无际的草原景观。冲积平原区地貌特征具体体现为河漫滩宽广、一级阶地广大、沼泽湿地广布、湖泊（泡）众多、易受洪涝影响、风沙地貌突出与平原类型多样等。

三、气候条件

松嫩平原属温带大陆性半湿润与半干旱季风气候。受冬夏季风环境的交替影响，四季气候变化明显，雨热同季。

（一）气候四季变化特征

对松嫩平原6个国家气象台站的1951～2019年气温、降水量与蒸发量的日观测数据进行月平均与汇总处理，再进行年际间与国家气象台站间的平均处理，生成松嫩平原主要气象要素四季变化曲线（图1-3）；选择的6个国家气象台站均匀分布在松嫩平原内部，它们分别是嫩江、齐齐哈尔、哈尔滨、大安、通榆与农安。从该图可以看出，松嫩平原气候呈现春季气温回升快且蒸发量大、夏季温暖多雨、秋季降温快以及冬季严寒干燥的特点。

春季（3～5月）：3月初，许多地区依然是白雪皑皑，气温在0℃以下；进入4月份，气温则上升到0℃以上，3月初到5月末，气温升高约15℃左右；春季降水量占全年降水量的10%，降水量与蒸发量比也为10%，呈现大风干燥气候。春季冷暖空气活动日渐频繁，高空低槽增多，极地大陆气团减弱，致使气温迅速回升。

夏季（6～8月）：夏季全区气温平均高于16℃；降水量大约占全年降水量的70%；降水量与蒸发量比全年最高，达到54%。由于大陆低压和太平洋副热带高压对峙，东南季风增强，南来暖湿气流源源不断向北输入，形成大范围降水，有时出现暴雨，使平原区容易发生不同程度洪涝灾害。

秋季（9～10月）：9月平均气温9℃上下，10月降至0℃左右；秋季降水量少于春季，9～10月降水量占全年降水量15%以下；降水量与蒸发量比为23%。在单一冷高压控制之下，冷空气势力日益增强，造成气温急剧下降的情况。

冬季（11～次年2月）：最冷的1月平均气温降至近-25℃；11～次年2月期间降水总量仅占全年降水量4%左右；降水量与蒸发量比也仅有16%。这是由自地面到高空均盛行干冷的西北气流，加上太阳高度角小、日照时间短等因素造成的，故全区冬季气候严寒干燥。

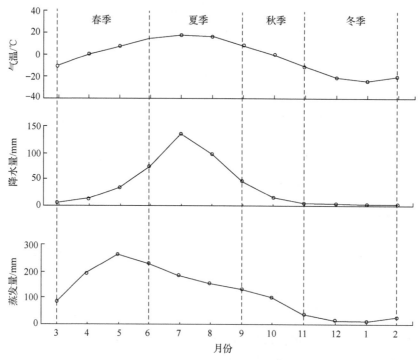

图 1-3　松嫩平原主要气象要素四季变化曲线

（二）气候空间变化特征

对东北地区 112 个国家气象台站的 1951～2019 年气温、降水量与蒸发量的日观测数据进行年平均或年汇总处理，再进行年际间的平均处理，在此基础上，利用 ArcGIS 软件的反距离加权插值的空间内插模块，获取了松嫩平原的年平均气温、年降水量与年蒸发量气象要素空间分布数据，参见图 1-4。

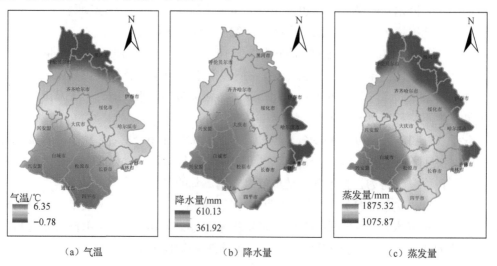

图 1-4　松嫩平原主要气象要素空间分布图

松嫩平原主要气象要素空间分布大致遵循气温的纬度地带性与降水的经度地带性的基本规律，同时又受东北地区整体的地形地貌所控制。松嫩平原年平均气温总体呈现自南向北逐渐降低的空间分布态势，但北部小兴安岭山脉的西北-东南走向致使该区的气温空间分布具有转向东北-西南方向的倾向。区域北部的气温最低值为-0.78℃，而南部的气温最高值为6.35℃，南北气温跨度达到了7.13℃。松嫩平原年降水空间分布也是在由东向西的经度地带性基础上，叠加了东北地区马蹄形地势的影响，区域东部的山前台地区因年降水量较大而具有半湿润气候特征，其他地区则为半干旱气候，尤以区域西南部的白城与中部的大庆地区最为干旱，而西部山前台地区的降水量则相对较高。全区降水量最小的地区是位于西南部的白城市，降水量仅有361.92mm，区域东部降水最多，高达610.13mm的最大降水量要比白城市的最低降水量高将近一倍。宏观区域蒸发主要受气温与降水因素控制，松嫩平原年蒸发量空间分布与年平均气温和年降水量空间分布有着密切联系，两者共同作用造成该区域年蒸发量呈现为较为明显的东北-西南方向的空间分布态势，西南部的白城与松原地区的蒸发量最大，比此地的降水量要高出五倍之多。松嫩平原的主要气象要素，尤其是蒸发量与降水量的空间分布，对该区域土地盐碱化程度的空间分布也起着较为重要的作用。

四、水文条件

（一）主要河流

松嫩平原主要河流有嫩江、松花江南源与松花江干流及其支流等（图1-5）。

嫩江：是松花江干流的北源，发源于内蒙古自治区大兴安岭伊勒呼里山，自北向南流经内蒙古东北部、黑龙江省西部，至吉林镇赉县转东流，在三岔河附近与松花江南源汇合后，称松花江干流。嫩江全长1370km，流域面积29.7万km²。支流较多，流域面积大于50km²的就多达229条。

松花江南源发源于吉林省的长白山天池。由河源至三岔河口全长998km，流域面积7.37万km²，支流众多。

洮儿河是嫩江下游一大支流，发源于内蒙古科右前旗大兴安岭的高岳山，由10余条大小不一的河流汇集而成，在吉林省大安市注入月亮泡后，再流入嫩江，河流全长600km，流域面积2.88万km²，较大支流有归流河和蛟流河。

乌裕尔河是嫩江左岸一条具有无尾河特点的支流。发源于小兴安岭西坡，河流全长576km，流域面积2.31万km²，河道平均坡降为0.046‰。从河源至北安市为上游段，河宽10~20m，流经山地丘陵区；自北安到富裕后基本处于山前台地平原地带，夏季最大河宽可达44m，为中游河段；乌裕尔河下游尾闾消失在林甸西北的大片芦苇沼泽中，形成广阔的沼泽湿地。

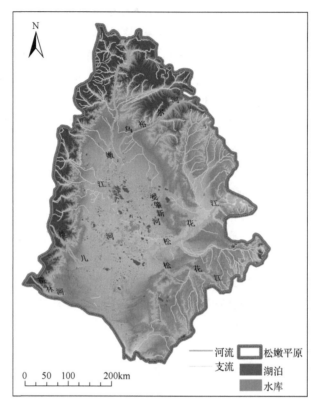

图 1-5 松嫩平原水系图

霍林河是嫩江的支流，发源于内蒙古扎鲁特旗西北部福特勒罕山北麓，自西向东，流经科右中旗、通榆入查干湖注入嫩江。在本区主要是霍林河中下游河段，散流于沙丘和沙地之间，水量不大，无正式河道，枯水季节河水散失在沼泽之中，经常出现干枯断流，仅在洪水季节汪洋一片。水面宽数十余公里，大水过后洼地积水形成湖泡、沼泽。河流全长 590km，流域面积 1.58km^2。

（二）主要湖泊

松嫩平原湖泊主要分布在嫩江中下游和松花江南源下游沿岸平原地带，天然湖泊数量众多，湖泊水面大小不一。松嫩平原面积 6.6hm^2 以上湖泊约 7397 个，总面积 4176km^2，主要分布在齐齐哈尔市、大庆市、白城市与松原市境内，占全区湖泊总面积的 85%。

这些湖泊大部分归属于河成湖类型，它们是嫩江、松花江、乌裕尔河、洮儿河、霍林河等河流河道变迁遗留的古河床与牛轭湖，在新构造运动下沉情况下，水面扩大所形成的淡水湖泊，譬如齐齐哈尔市的扎龙湖、杜尔伯特县的连环湖、大安市的月亮泡、大庆市的库里泡与松原市的查干湖等；另外一些为残迹湖，原来是面积较大的湖泊，由于气候变迁而形成的湖泊群，如乾安县的大布苏泡与农安县的波罗湖等。

五、松嫩平原的开发历史

在清中期之前，清政府视包括松嫩平原在内的东北地区为"龙兴之地"，实行封禁政策，将东三省土地当作皇室围场，严禁打猎、放牧、开发耕种。到了19世纪60年代，清政府在东北部分地区开禁。20世纪初，清政府全面开放东北地区各处荒地，开始放荒招垦，于是山东、河北等地人民纷纷"闯关东"，民国时期形成大规模的"闯关东"浪潮。到新中国成立前后，东北地区的移民及其衍生人口已接近4000万人。

新中国成立之后，20世纪50~70年代，人们在嫩江流域等广大荒芜地区进行了有组织的大规模开垦，这里大部分为土质肥沃地区，部分为低洼沼泽地。数十万名解放军复原官兵、知识青年与农民来到这里，他们排干沼泽，开垦荒原，建立了许多大型农场。对于非垦区的辽阔低平原地区，随着新中国成立之后松嫩平原人口的激增，农业产业规模与粮食生产能力得到了空前发展，它们与众多农场一道，已成为我国重要的商品粮生产基地。2019年，全国产粮大县（区）排名前十的都分布在松嫩平原，它们依次是榆树市（吉林长春）、农安县（吉林长春）、公主岭市（吉林长春）、梨树县（吉林四平）、扶余市（吉林松原）、五常市（黑龙江哈尔滨）、前郭县（吉林松原）、长岭县（吉林松原）、肇东市（黑龙江绥化）、双城区（黑龙江哈尔滨）。松嫩平原盛产玉米、水稻、大豆、马铃薯、甜菜等，粮食商品率在70%以上。

松嫩平原原生植被是以羊草、星星草为主要群落的草本植被，形成了优质的草场，草场分布集中，草质较好，经过多年的草地开发建设，目前已具备一定的规模，是松嫩平原畜牧业发展的有力保证。

在嫩江干流以及乌裕尔河、洮儿河与霍林河等支流下游地区形成大面积沼泽湿地，湿地上河曲发达，河漫滩宽广，泡沼成群，还有沼泽湿地型的无尾河。该区域是丹顶鹤等珍稀水禽重要栖息繁殖地，也是东亚水禽南北迁徙主干线上的重要停歇地，现有扎龙、向海和莫莫格三个国家级湿地自然保护区，具有较高的旅游与教育价值，它们已成为松嫩平原旅游产业发展的重要基础。

松嫩平原石油资源丰富，有着全国最大的原油生产基地，包括全国著名的大庆油田和吉林油田。大庆油田位于黑龙江省大庆市，在松嫩平原北部，于1959年被发现，1960年投入开发，是我国最大的油田，也是世界上为数不多的特大型陆相砂岩油田之一；吉林油田勘探始于20世纪50年代，1959年发现扶余油田，坐落在吉林省西北部辽阔的科尔沁草原，北依大庆、南临辽河，横跨长春、松原与白城3个地区。随着油田的建设，兴建的水利工程对油田石油化工生产作用巨大，同时也为沿途农业生产与生态建设提供了水源保障。

因此，百年来大量外来人口的迁入与繁衍带来了松嫩平原社会和经济面貌的重大变化。广大移民通过各种形式的垦荒与放牧，使松嫩平原的农牧业得到了迅猛发展。移民的不断涌入也使东北各地大小城镇迅速发展，从而使松嫩平原呈现出由荒凉沉寂到人烟稠密、经济逐步发展的局面。

松嫩平原盐碱化土地主要分布于五个地级市，它们分别为黑龙江省的齐齐哈尔、大庆与绥化，以及吉林省的松原与白城。2019 年的人口与地区生产总值（gross domestic product，GDP）分别为：齐齐哈尔市人口为 527 万人，GDP 为 1129 亿元；大庆市人口为 320 万人，GDP 为 2568 亿元；绥化市人口为 525 万人，GDP 为 1101 亿元；松原市人口为 278 万人，GDP 为 1713 亿元；白城市人口为 188 万人，GDP 为 492 亿元。盐碱地广泛分布，严重制约区域农业与农村经济的可持续发展。

第二节　松嫩平原土地盐碱化的地质演化背景

本节内容在对松嫩平原地质演化研究资料的收集查阅基础上，深入分析与归纳总结松嫩平原开发之前土壤苏打盐分的来源、输送、富集与分布的地质演化规律。

一、地质构造活动控制

松辽盆地起源于古生代的一系列构造运动，华力西运动后期形成了西部的内蒙古-大兴安岭褶皱系、中部的松辽拗陷盆地与东部的张广才岭褶皱系（李志超等，1979）。中生代侏罗纪末期发生的燕山运动对大兴安岭与长白山山地起了重要的造山作用，受盆地西部的嫩江深断裂、中央的大安-双辽深断裂和东缘的绥化-长春-营口深断裂不均匀活动影响，松辽断陷盆地开始全面下降；燕山运动后地壳相对稳定，转入剥夷与堆积期，至中生代末，松辽构造盆地处于定型阶段（刘培新，1958）。

新生代的喜马拉雅运动在蒙新高原与松辽拗陷之间产生了大规模挠曲断裂运动，使大兴安岭翘升与松辽盆地沉降（林年丰等，1999）。在新近纪末至第四纪初发生的新构造运动，松辽盆地北部出现火山活动，形成大片玄武岩熔岩台地，沿北西方向断裂隆起而形成小兴安岭。沉降中心位于松辽盆地内的中央断裂区域，从白垩纪到中更新世一直是中央拗陷的主轴。早更新世与中更新世的两次地壳沉降，沿中央沉降轴线即中央断裂地区形成了中央大湖，沉积的厚层河湖相黏土形成的冲湖积平原具有较为平坦的大地形特征（林年丰等，2005a）。中更新世后期深断裂活动减弱，北西-东西方向的断裂活动加强，中央拗陷逐渐消失，形成了次一级的隆起区和沉降区，主要的隆起构造是盆地南部的松辽分水岭（孙广友，1991），其北部分布有霍林河的向海、乌裕尔河以及双阳河沉降区（张晓平等，2001）。至晚更新世早期，发源于松辽拗陷盆地的松嫩盆地基本形成。盆地周边包括西部的大兴安岭、东部的张广才岭、北部的小兴安岭与南部的松辽分水岭（林年丰等，2005a），位于盆地内部的松嫩平原则成为周边向中部缓慢倾斜的半封闭与不对称沉积盆地，它由东部高平原区、中部低平原区、西部山前倾斜平原区及北部岗状平原区所组成（宋长春，1999）。其中，由中生代中央拗陷发展起来的中部低平原区成为水盐汇集的分布地区（图 1-6）。

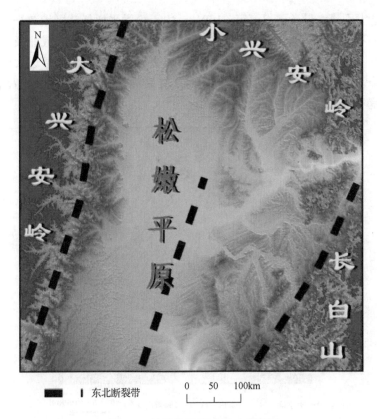

图 1-6 松嫩盆地构造活动成因图

二、地球化学循环过程

早更新世的松辽盆地发育着以长岭为中心的向心状内陆水系，它由北部的嫩江、东北部的松花江、东南部的松花江南源、西部的洮儿河、霍林河以及南部的西辽河和东辽河所组成。晚更新世早期，松嫩平原地壳抬升，造成中央大湖萎缩而分割为星罗棋布的小湖泡，嫩江与松花江南源合流到松花江而注入黑龙江，松辽分水岭隆起使东辽河和西辽河脱离向心水系改向南流，汇入辽河平原，从而使向心水系解体（林年丰等，2005a）。发源于小兴安岭的乌裕尔河、双阳河和发源于大兴安岭的霍林河等河流进入中部低平原后变成无尾河，散流成大量的湖泊和沼泽湿地；洮儿河冲积扇受到嫩江及其古河道的水流顶托，形成沼泽湿地集中分布区；松嫩盆地西降东升，迫使嫩江不断西迁，自晚更新世以来发生多次较大的河道变迁，在古河道地区形成大片湖泊与沼泽湿地，构成了局部的闭流区或者半闭流区（张晓平等，2001）。

松嫩平原周边山地因构造断裂和岩浆活动形成的大规模花岗岩及火山岩带（包括花岗岩、流纹岩、安山岩、粗面岩和响岩等）多为典型的碱性岩类；而起源于大小兴安岭的嫩江支流水系，其地面径流携带着含有盐碱成分的风化碎屑物汇入了松嫩平原低洼的闭流区或者半闭流区中（林年丰等，2005b）。晚更新世晚期至全新世早期，松嫩平原从温湿气候向干冷气候演化，在蒙古高压的控制下，产生强劲的北风和西北风，地面蒸发强烈，蒸发量大于降水量（夏玉梅等，1991）。由于松嫩平原低洼区地势平坦，地表水出流不畅，水分不断蒸发使水中盐分残留在低洼区内，由于土壤表层或亚表层严重碱化，形成一定厚度隔水层，隔断表层盐分向下运动。在水分的蒸发输出量远大于地表径流、地下径流和降水的输入量情况下，大量的盐碱成分聚集在低洼的闭流区或者半闭流区中，逐步形成厚度不一的碱土沉积层（图1-7）。

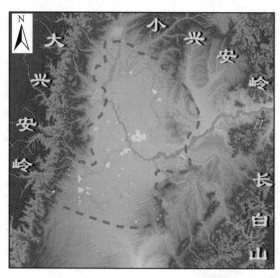

图 1-7 松嫩平原盐碱土沉积成因图

松嫩平原碱土沉积层的分布比较广泛，均位于地势低洼的闭流区和半闭流区，它们归属于松辽盆地中央拗陷的次级沉降区，并且碱土层厚度较大，30～50cm 厚的暗碱土层在土壤剖面中经常见到，发现的最厚的碱土层可以达到 1.4m。碱土层分布在松嫩平原的中西部地区，被嫩江和松花江分割为南北两大片：南片分布在白城市、松原市和长春市所属的各县市，以农安、通榆、镇赉、前郭、乾安、长岭为集中分布区；北片分布在大庆市、齐齐哈尔市和绥化市所属的各县市中，以安达、肇源、大庆、杜尔伯特、林甸、富裕等为集中分布区（刘兴土等，2001a）。

三、古地理环境演变

全新世中期，松嫩平原气候由干冷向温暖与湿润转变，水系发育且河流径流量增大，盆地内沼泽湿地广布，该期是全新世生态环境的最佳期（汪佩芳等，1991）。松嫩平原水系洪水出现比较频繁，在松花江、嫩江及其支流洮儿河、霍林河、乌裕尔河等河流的汛期，河水出槽，进入松嫩平原中西部的低洼闭流区或者半闭流区中，与平原内陆湖泊连成一片，降低湖泊水体的矿化度，同时淋洗碱土沉积层中的盐碱成分。汛期过后，洪水退出平原时，一部分可溶性盐被水携带出平原。区内无尾河下游的断流河道也能恢复过流，除补给散流区湖泊与沼泽湿地之外，过流也携带一部分盐分进入下游大江大河。洪水泛滥使晚更新世晚期至全新世早期形成的碱土沉积层上部成为脱碱层。由于气候条件适合，依托脱碱层生长了草甸植被，脱碱层则变成盐碱成分含量较低的草根层或腐殖层等耕作层，而位于淋溶层下部的碱土沉积层则成为暗碱土层。松嫩平原中西部地区的地表脱碱层厚度多为 7～20cm，发育于脱碱层之上的草甸植被称为碱性草原。中部低平原的内流区或者半内流区分布有大小湖泊 500 余个。分布于风蚀洼地的风成湖与构造断裂处的构造残留湖多为封闭性而成为碱水湖泡，湖泡周围的裸露盐碱土以湖泊为中心呈圆状分布；古河道洼地中的河成湖，因经常受到水量较大的地表水补给而多为淡水湖，湖泊及其周围地区则为大面积的沼泽湿地。松嫩平原开发较晚，从 20 世纪初到现在只有百余年历史。在开发之前，松嫩平原主要为碱性草原和沼泽湿地所覆盖，碱斑面积很少（林年丰等，2005a）。在原始的碱性草甸草原上，发育着地带性植被羊草和草甸土，在原始的沼泽湿地区域，发育着沼泽植被与沼泽土，它们形成了良好的覆盖层，因而，松嫩平原的中部低平原，在人类开发之前呈现为水草丰美的大草原。从 1932 年的地形图上看，该区域 80% 以上的面积均为草地和湿地，裸露碱斑面积很少，盐碱化程度很轻。20 世纪 50 年代，该区域的部分草地与湿地已开垦成耕地，但盐碱地分布仍局限在部分地区（图 1-8）。

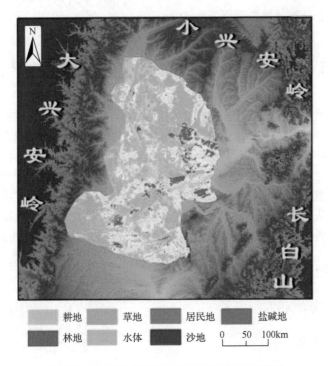

图 1-8　20 世纪 50 年代松嫩平原腹地景观状况

　　松嫩平原地处半湿润与半干旱的温带大陆性季风气候区，区内冬季漫长寒冷，春季大风少雨，夏季降水集中（刘兴土等，2001b）。在寒冷且漫长的冬季，该区裸露土壤存在一个水盐向冻层的移动过程，春季升温时，累积于冻层中的盐分不断向地表积聚；春季降水极少且多大风，蒸发量大，而秋季降水也较少，在此干旱季节，该区微地貌高处土壤有个相对连续的积盐过程。在强烈的地表蒸发作用下，微地貌相对高处有毛管垂直向上升与侧向水流的补给，碱土层与潜水中的水盐通过土壤毛管水运移并累积盐分。全年土壤积盐时间超过九个月，只是在多雨的夏季，土壤表层的盐分才受到一定程度的淋洗。对于植被完好的地表，地表蒸发作用使土壤水分经由植物根系吸收运至叶面蒸腾，盐分积累在植物根部而非地表。当气候出现暖干化趋势时，地表植被趋向稀疏，土壤水分由原来的植被蒸腾逐步转向地面蒸发，盐分相应地由原来的根部转移到地表（李取生等，2001）；同时，洪水泛滥次数与规模降低，必然影响土壤表层盐碱成分的淋洗程度。由此可见，该区土壤表层的盐分累积与大陆性季风气候变化有着密切关系。因此，松嫩平原中部低平原的原生生态环境存在着脆弱的动态平衡。

根据上述分析，松嫩平原地质时期盐碱地土地形成过程可以归纳为以下几个方面：①原生盐碱土分布于松嫩平原中部的低平原，它起源于松辽凹陷盆地的中央断裂地带；②大小兴安岭的碱性矿物经嫩江支流的地表径流携带汇集到它们的闭流区中，晚更新世末期干冷气候使盐碱成分沉积为 0～50cm 厚度不等的碱土层；③全新世中期气候暖湿，洪水泛滥产生覆盖于碱土沉积之上的脱碱层，由此形成松嫩平原开发初期碱斑较少的草地与沼泽湿地景观；④松嫩平原中部低平原的原生生态环境处于脆弱的动态平衡中，土地盐碱化程度随着自然环境变迁而发生改变。

第三节　松嫩平原土地盐碱化的现代过程及驱动机制

松嫩平原土地盐碱化现代过程始于人类对原生盐碱地地区的强烈干扰，它是古地理时期形成的以草地与湿地为主体的松嫩平原盐碱地自然景观，在人类大规模开发与高强度利用下，伴随着自然环境的历史变迁，所发生的剧烈时空变化过程（孙广友等，2016；李秀军，2000）。土地盐碱化的现代过程具体表现为盐碱地与草地、湿地、旱地、水田等不同土地覆盖类型之间的动态转换过程，以及土地覆盖类型内部生态系统状况的时空变动过程。本节将从盐碱化地区土地覆盖类型之间相互转换，以及土地覆盖类型内部生态状况变动方面，揭示松嫩平原土地盐碱化的现代过程，并对其产生机制进行深入剖析。

一、数据来源与分析指标

（一）数据来源与处理

1. 遥感影像数据

1）Landsat MSS[①]遥感影像数据

获取松嫩平原地区 20 世纪 70 年代的 Landsat MSS 夏季时相遥感影像，并进行波段提取、假彩色影像合成、影像增强以及几何纠正与影像拼接处理。

地图投影为 Albers（阿伯斯）等积双标准纬线圆锥投影，具体参数如下：中央经线

① MSS 为多光谱扫描仪（multispectral scanner）。

105°、南标准纬线 25°、北标准纬线 47°。以下遥感影像与空间数据的地图投影同上。

2）Landsat TM/ETM[①]遥感影像数据

获取松嫩平原地区 20 世纪 90 年代与 21 世纪第二个 10 年的 Landsat TM/ETM 夏季时相遥感影像，并进行波段提取、假彩色影像合成、影像增强以及几何纠正与影像拼接处理。

2. 专题空间数据

1）地形图

获取松嫩平原地区 20 世纪 50 年代纸制地形图，地图比例尺为 1∶10 万。将地形图扫描数字化，生成地形图栅格数据。

2）数字高程模型

获取东北地区的 SRTM DEM[②]的栅格数据，其空间分辨率为 30m，绝对垂直高度精度小于 16m。

3）区域界线

获取东北地区的行政区划矢量数据，地图比例尺为 1∶25 万。地形图要素包括省级、地市级与县级行政界线数据。

获取松嫩平原的边界矢量数据，该数据是依据松嫩平原与其东部大兴安岭、北部小兴安岭、东部长白山地与南部松辽分水岭的地貌特征与地面高程状况而绘制的，它反映的是松嫩平原的自然地理边界。

4）水系与流域划分

获取东北地区的水系分布矢量数据，它包含河流、湖泊、水库等要素，并获取东北地区四级流域界线矢量数据，它们的地图比例尺为 1∶25 万。

3. 气象观测数据

获取东北地区 20 世纪 50 年代到 21 世纪第二个 10 年的 112 个国家气象台站气象观测数据，其中，在松嫩平原境内的国家气象台站有 30 个，包括气温、降水量、蒸发量等10 个气象要素的逐日观测数据。

4. 经济统计数据

经济统计数据包括吉林省松原与白城两个地级市内各市县的 1990~2019 年的牲畜量年统计数据。

（二）土地覆被空间信息提取

1. 土地覆被遥感分类系统

松嫩平原低平原区内部微地貌起伏变化造成表土层盐碱成分的强烈空间分异，在未

---

① TM 为专题测图仪（thematic mapper），ETM 为增强型（enhanced）专题测图仪。

② SRTM DEM 为航天飞机雷达地形测绘任务（shuttle radar topography mission）数字高程模型（digital elevation model）。

经人类干扰之前，该区域地表呈现为水体、草本植物与盐碱斑块镶嵌分布的自然状态。在人类高强度干扰下，松嫩平原盐碱化地区的原始土地覆被逐步演化成以耕地、草地、湿地、水体与盐碱地为主体，以及少量林地、建设用地与沙地等组成的区域景观系统。

松嫩平原盐碱化地区的土地覆被类型因其独特的土地盐碱化过程而有别于其他地区。由于原始湿地与草地类型斑块下部潜伏有暗碱层土壤，在人类干扰与自然因素共同作用下，存在着由表层湿地与草地类型向碱斑出露的盐碱地类型的正向转化过程；反之，在人类的积极干预下，也存在有盐碱地类型向湿地与草地类型，甚至旱地与水田的逆向转化过程。因盐碱化地区的草地、湿地、旱地与水田类型具有转化为盐碱地类型的可能，这里分别将其命名为盐碱草地、盐碱湿地、盐碱旱地与盐碱水田。

盐碱化地区的土地盐碱化程度通常根据地表植被覆盖度高低而划分为轻度、中度与重度等级别，它们与土地覆被类型存在着一定对应关系，具体的土地覆被分类系统定义见表 1-1。

表 1-1　松嫩平原盐碱化地区土地覆被分类系统

编码	名称	定义	盐碱化程度
1	盐碱地	盐碱裸地与盐碱植被斑块镶嵌分布的土地，植被覆盖度低于 75%，表土层下部为暗碱层	中度与重度
2	盐碱草地	以生长耐盐碱草本植物为主，覆盖度在 75%以上的草地，碱斑面积比例小于 25%，表土层下部为暗碱层	轻度
3	盐碱湿地	地势平坦低洼，排水不畅，季节性积水或常年积水，生长耐盐碱湿生植物的土地，表土层下部为暗碱层	轻度
4	盐碱旱地	靠天然降水或者正常灌溉的旱地或者以种菜为主的耕地，表土层下部为暗碱层	轻度
5	盐碱水田	有水源保证和灌溉设施，用以种植水稻的耕地，表土层下部为暗碱层	轻度
6	水体	指天然陆地水域和水利设施用地，包括河渠、湖泊泡沼与水库坑塘	
7	林地	用材林、经济林、防护林等成片林地，以及矮林地和灌丛林地	
8	沙地	指地表被沙覆盖，植被覆盖度在 5%以下的土地	
9	建设用地	指城乡居民点以及工矿与交通等用地	

2. 信息提取流程

松嫩平原不同历史时期以盐碱地为核心的土地覆被空间数据是基于各时期遥感影像与地形图数据依据解译标志提取的。其中，20 世纪 50 年代土地覆被空间数据以该时期 1∶10 万地形图作为数据源进行提取，具体提取步骤为：①对 1∶10 万地形图进行扫描，得到栅格化数据，选取地形图公里网交汇点作为控制点，对地形图栅格数据进行几何纠正；②对地形图中的面状图斑进行边界跟踪描画，生成图斑的面状图形数据；③根据地形图的面状图斑图例，结合盐碱化地区土地覆被分类系统，判断每个面状图斑的土地覆被类型，并赋予相应的类型编码，从而得到松嫩平原盐碱化地区 20 世纪 50 年代土地覆被矢量数据。

松嫩平原盐碱化地区 20 世纪 70 年代、90 年代与 21 世纪第二个 10 年三个时期的土地覆被空间数据是从各自对应时期的遥感影像数据中通过目视解译而获得的，具体提取步骤为：①基于盐碱化地区土地覆被分类系统，形成上述三个年代假彩色合成影像的土地覆被类型遥感解译标志；②根据土地覆被类型遥感解译标志，参照地形图等图件资料，并结合地面调查数据，对 20 世纪 90 年代遥感影像进行人工目视解译，获取该时期以盐碱地为核心的土地覆被矢量数据；③将 20 世纪 90 年代土地覆被矢量数据分别空间叠置于 20 世纪 70 年代与 21 世纪第二个 10 年的遥感影像数据之上，对变化的面状图斑边界与土地覆被类型属性进行修改，从而获得松嫩平原盐碱化地区两个时期的土地覆被矢量数据。

（三）土地盐碱化量化分析指标

1. 土地盐碱化状况指数

土地盐碱化状况指数（land salinization status index）定义为研究区内盐碱地斑块面积之和与研究区面积的百分比，衡量的是研究区土地盐碱化发展状况。土地盐碱化状况指数越高，意味着研究区内盐碱地出现的比例越高，说明土地盐碱化程度越严重，生态环境越脆弱，反之亦然。该指数的计算公式如下：

$$SI = (A^s / A) \times 100\% \tag{1-1}$$

式中，SI 为土地盐碱化状况指数；A^s 为研究区内盐碱地斑块面积之和；A 为研究区总面积。

2. 土地盐碱化结构指数

土地盐碱化结构指数（land salinization constructure index）定义为各分区盐碱地斑块面积之和与研究区盐碱地斑块面积之和的百分比，衡量的是研究区各分区土地盐碱化发展状况的差异（邵全琴等，2012）。分区的土地盐碱化结构指数越高，意味着分区内盐碱地分布面积越大，说明该分区的土地盐碱化程度相对严重，生态环境更加恶劣，反之亦然。该指数的计算公式如下：

$$CI_i = (A_i^s / \sum_{i=1}^{n} A_i^s) \times 100\% \tag{1-2}$$

式中，SI 为土地盐碱化状况指数；CI_i 为研究区内第 i 个分区的土地盐碱化结构指数；A_i^s 为第 i 个分区的盐碱地面积；n 为研究区内分区的数目。

3. 土地盐碱化变动指数

土地盐碱化变动指数（land salinization variation index）定义为研究区后期的土地盐碱化状况指数与前期的土地盐碱化状况指数之间的差值，衡量的是研究区两个时期之间土地盐碱化的变动状况。土地盐碱化变动指数为正数并且数值越高，表明研究区内盐碱地面积在扩张并且土地盐碱化程度变得更加严重，区域生态环境处在不断恶化之中，反之亦然。该指数的计算公式如下：

$$VI = SI_a - SI_b \tag{1-3}$$

式中，VI 为土地盐碱化变动指数；SI_a 为研究区后期的土地盐碱化状况指数；SI_b 为研究区前期的土地盐碱化状况指数。

4. 土地盐碱化变动速率

土地盐碱化变动速率（land salinization variation rate）定义为研究区后期和前期之间盐碱地面积差值除以后期和前期之间年份差值的比值，衡量的是两个时期之间研究区每年增加或者减少的盐碱地面积。土地盐碱化变动速率为正并且数值越高，说明研究区平均每年盐碱地面积都在增加，并且增加的盐碱地面积很大，区域生态环境在加速恶化，反之亦然。该指标的计算公式如下：

$$VR = (A_a^s - A_b^s)/(T_a - T_b) \qquad (1\text{-}4)$$

式中，VR 为土地盐碱化变动速率；A_a^s 为研究区后期盐碱地面积；A_b^s 为研究区前期盐碱地面积；T_a 为后期所在年份；T_b 为前期所在年份。

5. 土地盐碱化变动幅度

土地盐碱化变动幅度（land salinization variation amplitude）定义为研究区多个时期土地盐碱化状况指数的标准差，衡量的是盐碱地占研究区面积比例在多个等距时段的平均变动幅度。土地盐碱化变动幅度越高，意味着研究区内盐碱地面积发生变动频率及其增减数量较高，说明区域生态环境在持续剧烈变化中，反之亦然。该指标的计算公式如下：

$$VA = \sqrt{\frac{\sum_{i=1}^{m}(SI_i - \overline{SI})^2}{m}} \qquad (1\text{-}5)$$

式中，VA 为土地盐碱化变动幅度；SI_i 为研究区第 i 个年份的土地盐碱化状况指数；$\overline{SI}$ 为研究区多个时期土地盐碱化状况指数的平均值；m 为研究时期的数目。

二、松嫩平原土地盐碱化现代过程

（一）松嫩平原土地盐碱化时间演化特征

从 20 世纪 50 年代至 21 世纪第二个 10 年，松嫩平原土地盐碱化经历了剧烈的演化过程，图 1-9 展示了在上述 60 年期间松嫩平原盐碱地的动态变化情况。从图 1-9 可以看出，松嫩平原盐碱地呈现出前期面积急剧增长，中期缓慢上升，后期逐渐下降的变动过程，它表征着该区域前期土地盐碱化迅猛发展，中期继续加重，后期逐步逆转的动态变化过程。

在 20 世纪 50 年代，松嫩平原盐碱地仅有 2403km²，盐碱地面积仅占全区面积的 1.02%；在这一时期，土地盐碱化状况指数最低，表明此时的土地盐碱化程度处于轻微状态。到了 20 世纪 70 年代，该区的盐碱地分布面积已扩展到 10915km²，在短短的 20 年期间，盐碱地面积增加了约 3.5 倍，此时的盐碱地面积已占全区面积的 4.64%。这一时期的土地盐碱化状况指数已处于历史高位，说明土地盐碱化已发展到较为严重的程度。

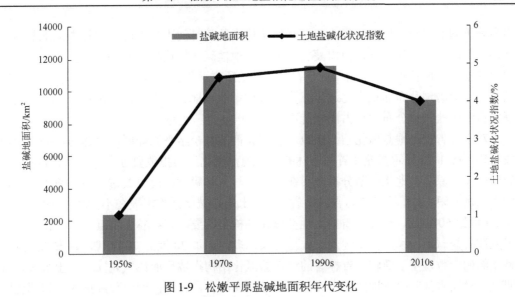

图 1-9　松嫩平原盐碱地面积年代变化

1950s、1970s、1990s 和 2010s 分别表示 20 世纪 50 年代、20 世纪 70 年代、20 世纪 90 年代和 21 世纪第二个 10 年

到 20 世纪末的 90 年代，松嫩平原盐碱地分布面积继续扩张，达到 11502km²，占全区的面积比例为 4.89%。此时的土地盐碱化状况指数已达到历史最高值，意味着这一时期的土地盐碱化严重程度处在巅峰状态，生态环境已变得极为脆弱。进入 21 世纪的第二个 10 年，松嫩平原盐碱地分布面积变为 9385km²，占全区的面积比例已降到 3.99%。这一时期的土地盐碱化状况指数已开始回落，表明在世纪之交的 20 年间，松嫩平原的严重土地盐碱化状况已经得到缓解，区域生态环境开始向良好方向发展。

从 20 世纪 50 年代到 70 年代，松嫩平原的盐碱地面积增加了 8512km²，从而使盐碱地的区域面积占比提升了 3.62 个百分点，即这一阶段的土地盐碱化变动指数为 3.62%，它是在整个 60 年期间，盐碱地面积比例上升幅度最大的时期。从土地盐碱化变动速率（VR）来看，平均每年 425.6km² 的盐碱地增长速率也是历史上最快的。从 20 世纪 70 年代到 90 年代，松嫩平原盐碱地面积仅增加了 587km²，仅是前期的十五分之一，土地盐碱化变动指数也只有 0.25%。这一时期的土地盐碱化变动速率为 29.35km²/a，与前期相比，盐碱地面积的扩展速度已大幅度减缓。20 世纪 90 年代到 21 世纪第二个 10 年，松嫩平原的盐碱地面积为负增长态势，减少的盐碱地面积为 2117km²，此阶段的土地盐碱化变动指数为-0.9%，盐碱地面积占比降低了近一个百分点；这一时期的土地盐碱化变动速率为-105.85km²/a，每年一百多平方公里的减少速度也表明在后期的 20 年间，松嫩平原的土地盐碱化已经得到遏制，区域生态环境已得到一定程度的改善。

（二）松嫩平原土地盐碱化空间分异规律

松嫩平原土地盐碱化呈现前期发展迅猛、中期缓慢上升、后期逐渐下降的时间演化趋势，但是对于落入松嫩平原的黑龙江省、吉林省与内蒙古自治区来说，它们的土地盐碱化过程则具有各自不同的特点。图 1-10 表示的是松嫩平原各省份土地盐碱化结构指数的年代变化情况，从图中可以看出，松嫩平原各省份土地盐碱化结构指数年代变化呈现出显著不同的趋势，黑龙江省土地盐碱化结构指数随时间不断下降，吉林省土地盐碱化结构指数随时间逐步上升，而内蒙古自治区土地盐碱化结构指数则基本保持稳定不变。说明在松嫩平原盐碱地整体中，三个省份盐碱地所占面积比例具有不同的时间演化特征，黑龙江省盐碱地分布面积占比逐步下降，吉林省盐碱地分布面积占比则不断上升，而内蒙古自治区盐碱地分布面积占比保持不变。

对于各省份土地盐碱化结构指数，它们表征的是松嫩平原盐碱地总体面积的省份组成结构，图 1-10 显示黑龙江省与吉林省的土地盐碱化结构指数要远大于内蒙古自治区，说明松嫩平原盐碱地绝大部分都分布在黑龙江与吉林两省，而内蒙古自治区境内盐碱地所占比例有限。对于黑龙江与吉林两省来说，土地盐碱化结构指数在不同时期变化很大。在 20 世纪 50 年代，黑龙江省的土地盐碱化结构指数要比吉林省大将近一倍，说明此时黑龙江省盐碱地面积所占比例要比吉林省大很多；到了 20 世纪 70 年代，两省的土地盐碱化结构指数发生了逆转，吉林省的土地盐碱化结构指数反而比黑龙江省高出很多，说明这一时期吉林省盐碱地面积占比已经超过黑龙江省，土地盐碱化程度进入严重恶化阶段；20 世纪 90 年代，这种土地盐碱化结构指数省份对比态势得以保持，盐碱地面积省份比例结构仍然维持并不断得到加强；进入 21 世纪第二个 10 年，吉林省的盐碱化结构指数，也就是盐碱地分布面积占比已接近 70%，而黑龙江省的盐碱地分布面积占比则不到 30%，吉林省的盐碱地分布面积在整个松嫩平原占比最大。

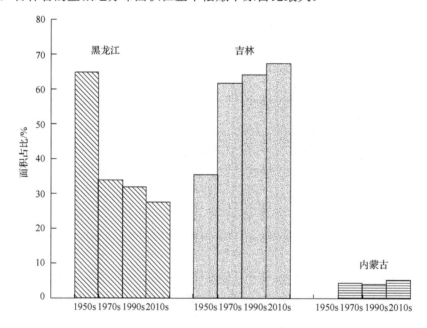

图 1-10　松嫩平原各省份土地盐碱化结构指数年代变化

实际上，盐碱地分布面积占比及其时间演化不仅在省份之间存在分异，而且在各省份内部也存在较大差异，表 1-2 列出了松嫩平原内部主要地级市土地盐碱化状况指数数据。白城与松原是吉林省两个盐碱地面积较多的地级市，总体上，白城市的土地盐碱化程度要远大于松原市，前者在 20 世纪 50 年代的土地盐碱化状况指数约是后者的 1.4 倍，除此之外，其他三个时期的土地盐碱化状况指数都要比后者大一倍左右，特别是 21 世纪第二个 10 年最为严重，并且白城市也是松嫩平原中土地盐碱化状况指数最大的地级市，中后期白城市盐碱地分布面积占比已接近全区的两成。黑龙江省地市级土地盐碱化状况指数排序从高到低分别为大庆市、绥化市和齐齐哈尔市。其中，大庆市盐碱地分布面积占比最高，特别是在 20 世纪 70 与 90 年代，已超过松嫩平原的一成以上；绥化市的盐碱地分布面积占比较为稳定，在 60 余年内一直稳定在 2%上下；齐齐哈尔市的盐碱地分布面积占比在 20 世纪 50 年代比较低，此后升至近 1%并且保持恒定。内蒙古自治区只有兴安盟与通辽市两个地级市含有少量的盐碱地，由于它们面积辽阔，并且只有少部分区域落入松嫩平原，因而两个地级市的土地盐碱化状况指数都非常低，并且在 20 世纪 50 年代境内无盐碱地出现，但是兴安盟的土地盐碱化状况指数要比通辽市大一个数量级，说明前者的盐碱地分布面积相对较高。

表 1-2　松嫩平原内部主要地级市土地盐碱化状况指数表

省份	地级市	区域面积/km²	土地盐碱化状况指数/%			
			1950s	1970s	1990s	2010s
吉林省	白城市	25533	2.0937	18.6173	19.8422	18.0053
	松原市	21009	1.4895	10.0359	10.9883	8.3755
黑龙江省	大庆市	21011	3.5533	11.1624	12.3714	7.0285
	绥化市	34648	2.2944	2.4724	1.9948	2.0977
	齐齐哈尔市	41951	0.0337	0.9504	0.9197	0.8588
内蒙古自治区	兴安盟	53698	0.0000	0.0075	0.0075	0.0077
	通辽市	58836	0.0000	0.0008	0.0008	0.0008

无论是省区级或是地市级的土地盐碱化状况指数，本质上都是反映土地盐碱化在空间上的分异状况。为了更进一步分析松嫩平原土地盐碱化程度空间分布规律，计算松嫩平原不同时期县市级的土地盐碱化状况指数，生成四个时期的土地盐碱化状况指数空间分布图（图 1-11），它们可以显示出松嫩平原土地盐碱化状况指数空间分布的历史演化过程。

图 1-11（a）显示在 20 世纪 50 年代，盐碱地分布区域非常有限，基本集中在松嫩平原的腹地，主要包括绥化地区的安达与肇东、大庆地区的肇州与肇源、白城地区的大安与通榆以及松原地区的扶余等县市，上述市县的周边仅有零星市县分布有盐碱地。从土地盐碱化状况指数大小来看，绥化地区的安达具有最大值，其周围市县次之，剩余的各市县数值较小，说明这一时期安达的土地盐碱化程度最为严重，是盐碱地分布核心区，而吉林省各市县的土地盐碱化程度普遍较轻。

图 1-11（b）显示到了 20 世纪 70 年代，经过 20 年发展，松嫩平原土地盐碱化空间格局已发生重大变化，这一时期土地盐碱化已扩散至除了北部小兴安岭与东部长白山脉山前台地以黑土为主的所有县市，呈现全面铺开态势，盐碱地分布面积有较大扩展。20 世纪 70 年代盐碱地分布核心区已从原来的安达扩展到了邻近的肇州，大庆地区已成

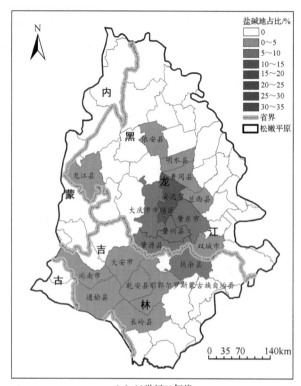

（a）20世纪50年代

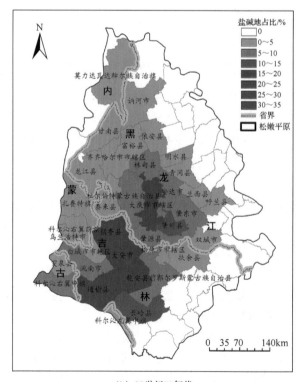

（b）20世纪70年代

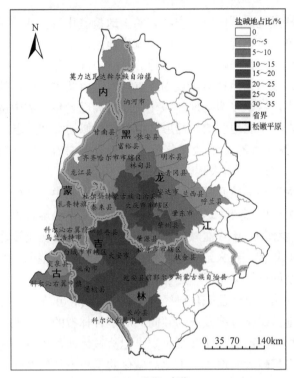

（c）20世纪90年代

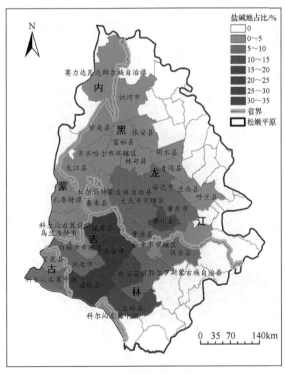

（d）21世纪第二个10年

图 1-11　松嫩平原各时期县市级土地盐碱化状况指数空间分布图

为土地盐碱化较为严重地区。同时，吉林省的土地盐碱化日益严重，白城地区的大安、镇赉与通榆已从轻度盐碱化地区变为重度盐碱化地区，土地盐碱化程度超过黑龙江省的安达与肇州，成为这一时期松嫩平原盐碱地分布核心区。除此以外，松原地区乾安的盐碱地面积大幅提升，成为土地盐碱化较为严重地区，内蒙古自治区的松嫩平原部分也处在土地盐碱化过程中。松嫩平原土地盐碱化空间格局已初步形成中南部严重，西、北、东三面次之的局面，与东北地区的马蹄形地势有着相似的空间形态。

　　计算松嫩平原各县市的土地盐碱化变动指数，形成土地盐碱化变动状况分布图（图1-12）。从图1-12（a）可以发现，从20世纪50年代到70年代，土地盐碱化变化的剧烈程度也具有较为明显的空间规律，基本呈现松嫩平原中部地区变动较大、西部地区次之、中南部区域突出的态势。这一期间，在松嫩平原中心地带也出现了土地盐碱化逆转现象，尤其是20世纪50年代盐碱化程度最重的安达已出现反转趋势。

　　进入20世纪90年代，在大致保持前期土地盐碱化分布范围与空间框架基础上，松嫩平原土地盐碱化空间格局又有了一定程度改变 [图1-12（c）]。黑龙江省前期盐碱地比例较高地区，譬如安达，土地盐碱化已经有了较大改善，正在向良性方向发展；但齐齐哈尔地区则有向土地盐碱化方向发展的倾向。对于吉林省的盐碱地分布地区，这一时期的土地盐碱化又有加重的趋势，尤其是大安土地盐碱化严重程度最为明显。松原地区的盐碱地分布面积也有了较大的增长，土地盐碱化的重心已从黑龙江省转移到了吉林省。但是，松嫩平原马蹄形的土地盐碱化空间格局仍然没有改变。

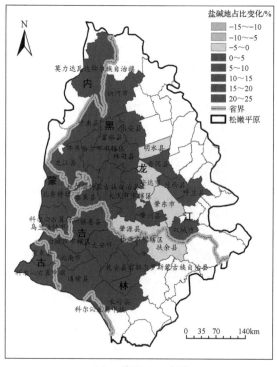

（a）20世纪50～70年代

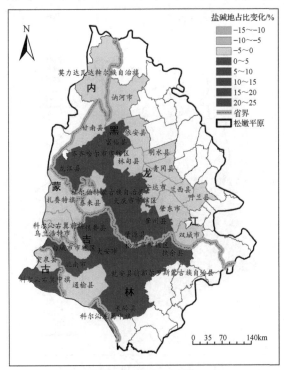

（b）20世纪70～90年代

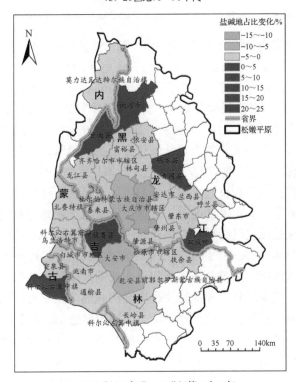

（c）20世纪90年代～21世纪第二个10年

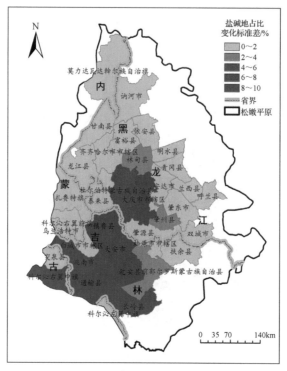

（d）20世纪50年代～21世纪第二个10年

图 1-12　松嫩平原各时段县市土地盐碱化变动状况分布图

　　从土地盐碱化时间变动情况来看，20 世纪 70 年代到 90 年代，黑龙江省负向土地盐碱化变动指数较大区域集中分布在齐齐哈尔与大庆地区，绥化地区则以土地盐碱化正向变动为主。吉林省的土地盐碱化变动指数普遍呈现负向状况，大安继续维持其土地盐碱化迅猛发展的态势。内蒙古自治区除少数地区外，也基本转为逆盐碱化过程 [图 1-12（b）]。

　　除少部分区域之外，图 1-12（c）显示，20 世纪 90 年代到 21 世纪第二个 10 年，松嫩平原绝大部分地区已经步入正的土地盐碱化变动指数阶段。黑龙江省大庆与杜尔伯特土地盐碱化状况指数提升的幅度较大，表明这一盐碱地区脆弱生态环境已有较大改善。与此类似的是，吉林省盐碱化程度最重的大安与乾安，尽管土地盐碱化程度仍然较重，但是与前期相比已经有了较大幅度的改善。上述土地盐碱化变动指数空间分布表明，世纪之交的松嫩平原土地盐碱化已经得到总体遏制，正处于向良好生态环境发展的历史阶段。

　　图 1-12（d）显示，随着 21 世纪第二个 10 年的到来，松嫩平原马蹄形的土地盐碱化空间格局仍然得以维持，尽管盐碱地空间分布范围改变甚小，但土地盐碱化程度的总体趋势发生了改变。黑龙江省土地盐碱化程度继续减弱，除了大庆地区的肇州之外，其他各县市的土地盐碱化状况指数已普遍下降，已逐步接近 20 世纪 50 年代的水平。吉林省土地盐碱化地区仍是松嫩平原盐碱地分布的核心地区，其土地盐碱化程度空间分布状况与 20 世纪 90 年代大致相同，并有所下降。内蒙古自治区土地盐碱化继续保持原来状况。20 世纪 90 年代到 21 世纪第二个 10 年，松嫩平原的土地盐碱化时间变动状况与以往两个时段存在着较大的差别。

从 20 世纪 50 年代到 21 世纪第二个 10 年，松嫩平原土地盐碱化的变动强度也存在着明显的空间分异规律，图 1-12（d）给出了 60 年间松嫩平原各县市土地盐碱化变动幅度空间分布图。该图显示位于区域中部的大庆、大安、乾安与通榆构成了具有高等级变动幅度的土地盐碱化条形地带，其土地盐碱化状况指数的盐碱地占比变化标准差为 6%～10%；分布在此条形地带周边的县市则形成了中等级变动幅度的土地盐碱化倒 U 字形地带，它们的盐碱地占比变化标准差为 2%～6%；在倒 U 字形地带的外侧，分布有更大尺寸的土地盐碱化倒 U 字形地带，它们的盐碱地占比变化标准差为 0～2%，为中等级变动幅度的土地盐碱化地带。因而，松嫩平原土地盐碱化变动强度也呈现开口向下的马蹄形空间分布格局。

根据上述结果分析，人类剧烈干扰下的松嫩平原土地盐碱化可归纳为如下现代时空变化过程：

（1）从 20 世纪 50 年代到 21 世纪第二个 10 年，松嫩平原盐碱地分布面积呈现了前期急剧上升、中期缓慢上升、后期逐渐下降的变动历程。

（2）黑龙江省盐碱地分布面积占比逐步下降，吉林省盐碱地分布面积占比不断上升，内蒙古自治区盐碱地分布面积占比保持不变。

（3）各时期松嫩平原土地盐碱化程度空间格局均呈现为开口向下马蹄形分布形态，从内向外土地盐碱化程度逐步由严重转向轻微。

（4）松嫩平原土地盐碱化变动幅度空间格局也呈现为开口向下马蹄形分布形态，从内向外土地盐碱化变动幅度逐步由大变小。

（5）松嫩平原土地盐碱化核心地带逐步由黑龙江省转向吉林省，土地盐碱化程度呈现前期轻微、中期严重与后期逆转的演化过程。

三、松嫩平原土地盐碱化驱动机制

（一）松嫩平原盐碱地类型转换分析

1. 松嫩平原主要流域划分

根据松嫩平原盐碱地的古地理演化规律，水文因素是盐碱地形成地球生物化学过程的重要控制要素。由于松嫩平原各流域的水文状况不同，相应的土地资源利用方式也会出现较大差异，从而造成各自的土地盐碱化现代过程的特殊性。因此，在流域尺度上进行土地盐碱化驱动因素分析将会有助于揭示松嫩平原土地盐碱化的形成机制。

松嫩平原位于松花江一级流域内部，松花江流域又分为嫩江、松花江南源以及松花江二级流域，它们又分别由各自河流主干及其相应的支流组成三级流域。本研究采用水利部松辽水利委员会绘制的松辽水系流域划分空间数据，在三级流域划分成果基础上，根据松嫩平原水系变迁以及主要盐碱地分布情况，对涉及松嫩平原的流域划分空间数据进行相应修改，以适应松嫩平原土地盐碱化的驱动机制分析。首先，将嫩江与松花江主河道上下游的几个三级流域进行了合并，形成嫩江-松花江主河道流域；其次，把双阳河从乌裕尔河流域分离出来，划归至安肇新河流域；最后，对安肇新河流域与嫩江-松花江主河道流域之间边界不合理之处进行了调整。最后形成的三级流域区划主要包括嫩江-松花江主河道、乌裕尔河、安肇新河、洮儿河与霍林河等五个流域（参见图1-13），尽管没有覆盖整个松嫩平原，但已将主要盐碱地分布区纳入其中，不影响土地盐碱化驱动机制分析。

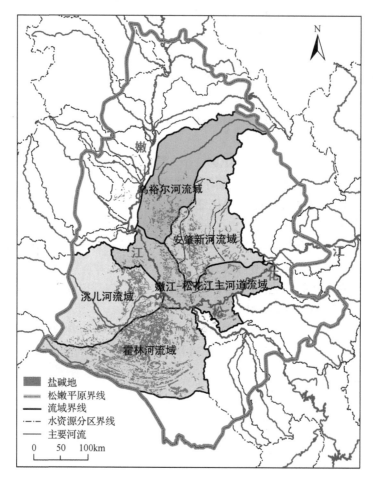

图 1-13　松嫩平原盐碱化地区主要流域范围

2. 盐碱地类型转换分析指标

1）盐碱地变动纯净面积

盐碱地变动纯净面积（pure variation area of saline-alkali land，PVA）定义为研究区内部后期盐碱地面积与前期盐碱地面积之间的差值，表达的是两个时期之间盐碱地面积的纯净变化。当盐碱地变动纯净面积为正时，说明研究区内部盐碱地面积呈增加状态；当盐碱地变动纯净面积为负时，说明研究区内部盐碱地面积呈减少状态。盐碱地变动纯净面积计算公式如下：

$$PVA_k = \sum_{i=1}^{n} a_{ik} - \sum_{i=1}^{n} a_{ki} \tag{1-6}$$

式中，k 为转移矩阵中盐碱地类型所在的行与列；n 为转移矩阵的行数与列数；a_{ik} 为 i 类土地覆被类型转换为盐碱地的面积；a_{ki} 为盐碱地转换为 i 类土地覆被类型的面积。

2）盐碱地转换类型面积

盐碱地转换类型面积（conversion type area of saline-alkali land，CTA）定义为研究区内部转换为盐碱地的某类土地覆被类型面积与转换为同类土地覆被类型的盐碱地面积之间的差值，表达的是两个时期之间盐碱地与某类土地覆被类型之间转换的土地面积。当盐碱地转换类型面积为负时，说明增加的盐碱地来源于 i 类土地覆被类型的土地面积；当盐碱地转换类型面积为正时，说明减少的盐碱地已转化为 i 类土地覆被类型的土地面积。盐碱地转换类型面积计算公式如下：

$$CTA_i = a_{ki} - a_{ik} \qquad (1-7)$$

3. 流域盐碱地类型转换分析

松嫩平原土地盐碱化过程产生大量的盐碱化土地，这些新增的盐碱地主要来自于草地、耕地、沼泽湿地以及水体的次生盐碱化。除了上述土地覆被类型向盐碱地的正向转换之外，还存在着在人类积极干扰与自然因素综合影响下的土地盐碱化逆向过程，即大量的盐碱化土地消失现象，其实质为盐碱地向草地、耕地、湿地与水体等土地覆被类型的转换。以下从流域角度对松嫩平原盐碱地产生与消失所对应的土地覆被类型转换过程进行剖析。

1）嫩江-松花江主河道流域

与松嫩平原整体的土地盐碱化现代过程类似，嫩江-松花江主河道流域也呈现盐碱地分布面积前期快速增长、中期缓慢上升与后期有所下降的时间演化规律［图1-14（a）］，只是其后期盐碱地减少的幅度较大，接近于前期盐碱地的面积扩展。

从20世纪50年代到70年代，盐碱地变动纯净面积为487.48km^2，说明这一期间的盐碱地面积呈现增加趋势；该流域草地、湿地与旱地的盐碱地转换类型面积均为负值，则表明增加的盐碱地主要是由草地、湿地与旱地转换而来，其中草地所占比例最大，其次是湿地，旱地所占比例较小［图1-14（b）］。图1-14（c）显示了20世纪70年代到90年代，盐碱地变动纯净面积为159.97km^2，表明在此期间盐碱地面积仍然在增加，但势头已有所减缓。盐碱地转换类型面积为负的分别有水体、湿地与草地，表示有部分湿地与草地仍在转换为盐碱地，但所占比例不大，水体取代了前期的草地，成为盐碱地来源中占优势的土地覆被类型。同时，旱地的盐碱地转换类型面积为正，说明还有少量盐碱地逆转为旱地。从20世纪90年代到21世纪第二个10年，盐碱地变动纯净面积为-402.97km^2，显示这一时期土地盐碱化趋势出现逆转，有大量的盐碱地转为其他土地覆被类型。盐碱地转换类型面积为正的土地覆被类型有草地、水体与旱地，除了继续向旱地类型转换之外，大部分消失的盐碱地都变成了草地与水体［图1-14（d）］。

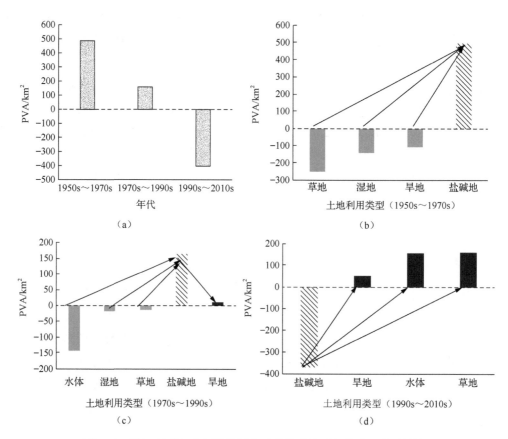

图 1-14　嫩江-松花江主河道流域各时段盐碱地面积增减及类型转换

2）乌裕尔河流域

乌裕尔河流域的土地盐碱化现代过程与嫩江-松花江主河道流域大致相同，也是前期快速增长、中期缓慢上升与后期有所下降的趋势，但是中期上升与后期下降的幅度则要小得多，中期增加的盐碱地面积比早期要小近一个数量级，上升的幅度较小［图 1-15（a）］。

由于乌裕尔河流域位于嫩江主河道的东侧，该区域各时段围绕盐碱地的土地覆被类型转换过程也与嫩江-松花江主河道流域类似。图 1-15（a）显示，从 20 世纪 50 年代到 70 年代，该流域的盐碱地变动纯净面积为 623.21km²，表明这一时段的盐碱地面积是增加的，并且增加的幅度很大。负值的盐碱地转换类型面积主要集中在三种土地覆被类型上，按大小排序分别为草地、水体和湿地，说明此时段增加的盐碱地大部分来自于草地，湿地与水体所占比例较小［图 1-15（b）］。从 20 世纪 70 年代到 90 年代，盐碱地变动纯净面积持续为正，但数值很小，仅为 67.14km²，表示盐碱地分布面积变化不大，增加的少量盐碱地面积主要来自水体与湿地，其中水体类型的贡献较大［图 1-15（c）］。从 20 世纪 90 年代到 21 世纪第二个 10 年，盐碱地变动纯净面积为-180.69km²，这时的盐碱地分布面积已经进入减少阶段，尽管减少的数量有限。分布面积减少的盐碱地基本转化为湿地、旱地与草地类型，其中草地面积增加最多［图 1-15（d）］。

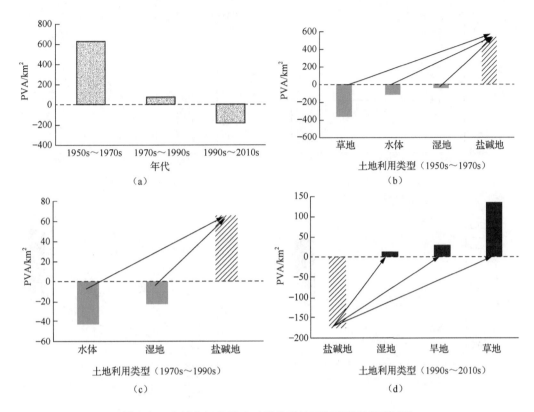

图 1-15　乌裕尔河流域各时段盐碱地面积增减及类型转换

3）安肇新河流域

图 1-16（a）展示了 20 世纪 50 年代至 21 世纪第二个 10 年，安肇新河流域土地盐碱化的时间演化特征。与嫩江-松花江主河道和乌裕尔河流域有所不同，虽然早期阶段的盐碱地也呈现为大面积增加，但在中期阶段安肇新河流域已经出现逆土地盐碱化，一直持续到晚期阶段，并且盐碱地分布面积的降低幅度较大。

图 1-16（b）显示在 20 世纪 50 年代到 70 年代，安肇新河流域的盐碱地变动纯净面积为 757.73km²，表明此时段流域的土地盐碱化较为严重。增加的盐碱地分布面积主要来自草地类型，其盐碱地转换类型面积为-643.8km²，少部分为湿地类型，它的盐碱地转换类型面积仅为-112km²。20 世纪 70 年代到 90 年代，安肇新河流域则呈现盐碱地分布面积整体减小趋势，盐碱地变动纯净面积为-104.89km²。消失的盐碱地主要转化成了草地类型，其盐碱地转换类型面积为 166.88km²，水体的盐碱地转换类型面积为-61.99km²，说明这部分的水体仍然转化为了盐碱地［图 1-16（c）］。图 1-16（d）显示，20 世纪 90 年代到 21 世纪第二个 10 年，安肇新河流域的盐碱地变动纯净面积为-441.18km²，消失的盐碱地分布面积接近早期阶段增加的盐碱地面积，表明该流域生态环境已有大幅度改善。大幅度减少的盐碱地面积主要转为了草地类型，其盐碱地转换类型面积为 348.24km²，少部分则转化到了水体与湿地类型。

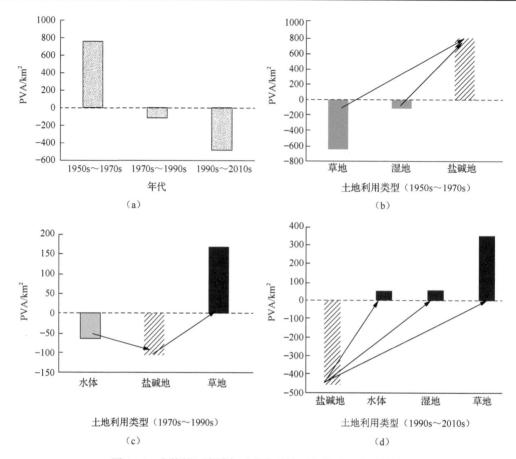

图 1-16　安肇新河流域各时段盐碱地面积增减及类型转换

4）洮儿河流域

图 1-17（a）显示与嫩江-松花江主河道、乌裕尔河以及安肇新河三个流域相比，洮儿河流域的土地盐碱化具有不同的盐碱地分布面积动态变化过程，其突出特征在于 60 年间，盐碱地分布面积一直处于持续增长状态，即便是在土地盐碱化普遍逆转的晚期阶段。盐碱地分布面积年代变化呈现为前期增长迅猛，后期增加速率逐步减缓的变化模式。

20 世纪 50 年代到 70 年代，洮儿河流域盐碱地分布面积增长幅度较大，表现为盐碱地变动纯净面积为 1518.99km²。面积增长较大的盐碱地主要从旱地、草地与湿地类型转化而来，三者的盐碱地转换类型面积分别为-498.73km²、-221.83km² 与-739.41km²，湿地类型占据主导地位 [图 1-17（b）]。20 世纪 70 年代到 90 年代，该流域盐碱地分布面积持续增加，盐碱地变动纯净面积为 193.76km²，64.3km² 的草地、51km² 的湿地与 101.7km² 的水体类型转换为盐碱地，其中水体类型比例占近一半 [图 1-17（c）]。20 世纪 90 年代到 21 世纪第二个 10 年，洮儿河流域盐碱地变动纯净面积为 89.04km²，说明流域盐碱地分布面积仍有少量增加。此时草地的盐碱地转换类型面积为-233.99km²，表明增加的盐碱地分布面积来自于草地，水体类型的盐碱地转换类型面积为 131.08km²，说明仍有部分盐碱地转化为水体 [图 1-17（d）]。

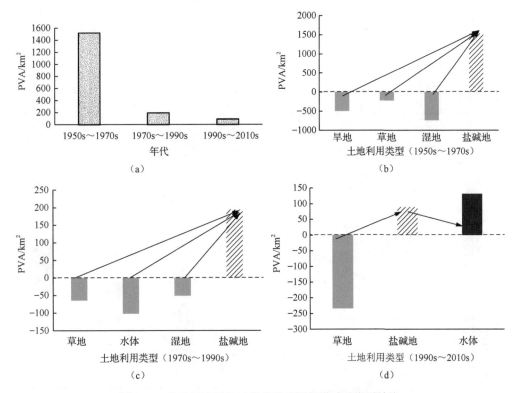

图 1-17　洮儿河流域各时段盐碱地面积增减及类型转换

5）霍林河流域

霍林河流域位于五个流域的西南端，但表征其土地盐碱化的盐碱地分布面积动态变化过程则与位于东北端的乌裕尔河流域较为相似，都是前期快速增长、中期缓慢上升与后期有所下降的变动规律。但是该流域盐碱地分布面积及其变动却是五个流域中最大的[图 1-18（a）]，其中，从 20 世纪 50 年代到 70 年代该流域盐碱地分布面积的增加值（4705.09km^2）比其他四个流域盐碱地面积增加值总和（3387.41km^2）还要多。

图 1-18（b）显示 20 世纪 50 年代到 70 年代，霍林河流域的盐碱地变动纯净面积为 4705.09km^2，在这段时间内，大规模盐碱地已开始出现，表明该流域生态环境在早期阶段就处于脆弱状态。草地、湿地与旱地的盐碱地转换类型面积分别为-2498.21km^2、-1156.2km^2 和-950.29km^2，表明三者对盐碱地大规模出现的贡献依次降低，其中草地类型占比最大。由图 1-18（c）可知，20 世纪 70 年代到 90 年代，流域的盐碱地变动纯净面积已降为 523.5km^2，尽管数量比前期减少了近一个数量级，但依然为正值，说明这一时段流域仍处在正向土地盐碱化之中。从盐碱地转换类型面积来看，显示 368.95km^2 的草地、119.95km^2 的水体和 45.58km^2 的湿地类型转化为了盐碱地，草地类型保持占比最大地位。20 世纪 90 年代到 21 世纪第二个 10 年，流域的盐碱地变动纯净面积变为-1073.69km^2，已经由正值转为负值，表明后期的土地盐碱化已处于逆转状态。消失的盐碱地主要转变成了水体与草地类型，它们的盐碱地转换类型面积分别为 277.45km^2 与 807.98km^2，恢复的水体与草地类型分布面积的幅度很大。

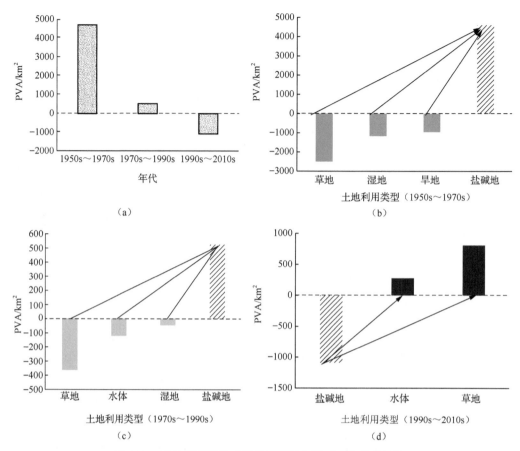

图 1-18　霍林河流域各时段盐碱地面积增减及其类型转换

根据上述结果分析，松嫩平原以盐碱地为核心的流域尺度土地转化过程可归纳为如下几个阶段：①从 20 世纪 50 年代到 21 世纪第二个 10 年，松嫩平原土地盐碱化现代过程具有以流域为单位的空间分异现象，嫩江-松花江主河道、安肇新河与霍林河流域呈现盐碱地分布面积前期快速增长、中期缓慢上升与后期有所下降的变动趋势，而乌裕尔河流域中期就开始下降，洮儿河流域则一直处于上升状态；②从 20 世纪 50 年代到 70 年代，松嫩平原新增的盐碱地由草地、湿地与旱地类型转换而来，只是洮儿河流域的土地覆被类型排序变为湿地、旱地与草地类型；③从 20 世纪 70 年代到 90 年代，松嫩平原新增的盐碱地主要来自于水体与湿地类型，而洮儿河流域与霍林河流域草地则占重要地位，后者更是以草地为主体；④从 20 世纪 90 年代到 21 世纪第二个 10 年，松嫩平原减少的盐碱地主要转化为了草地类型，其次为水体类型，乌裕尔河流域除外，该流域旱地增长较大。

上述以盐碱地为核心的土地覆被类型之间的剧烈转换过程，都是自 20 世纪 50 年代以来的高强度人类活动与全球气候变化综合作用的结果，深入分析松嫩平原土地覆被类型转换的驱动力作用过程，将会有助于全面揭示松嫩平原土地盐碱化的内部驱动机制。

（二）松嫩平原流域土地盐碱化驱动机制分析

1. 土地盐碱化驱动因素分析

在人类大面积开发之前，松嫩平原腹地低平区域呈现的是由含有少量碱斑的原生盐碱地、大片生长茂盛的草地、分布广泛的沼泽湿地以及大面积水域等所组成的原始自然景观。随着 20 世纪初人口开始涌入，松嫩平原人口数量呈现加速增长趋势，由此带来区域土地覆被结构的剧烈演变，同时对地表土壤形成过程产生巨大影响。日益加剧的人类活动导致了松嫩平原严重土地盐碱化问题，具体体现在盐碱化土地面积迅速扩大与盐碱化程度不断加深（张哲寰等，2008）。

造成松嫩平原土地盐碱化的驱动因素主要包括盲目开垦、过度放牧以及一些水利工程带来的负效应，加上气候干旱等自然因素，它们可归为土地利用强度、水利工程效应、耕地开发影响与全球气候变化等几个方面。

（1）土地利用强度主要体现在草地过度放牧，割草强度过大，以及搂草、烧荒与挖药等活动，致使草地植被遭到严重破坏（黄锐等，2008）。由于地表植被破坏成为裸地，土壤水分由原来植被蒸腾而直接变为地面蒸发，盐分从植被根部积累到地表，从而使浅位暗碱土迅速转变为碱斑累累的明碱土。

（2）水利工程效应体现在：一方面大中型灌区和平原水库的修建，由于工程不配套，抬高了地下水位，使沿岸土壤出现次生盐渍化；另一方面江河两岸堤防与河流上游水库等拦水设施修建，洪水难以越过堤防进入平原内部，湖泊和沼泽湿地逐渐缩小，水体矿化度上升造成湖泊和沼泽湿地转化为盐碱地。

（3）耕地开发影响体现在旱地次生盐渍化和水田次生盐渍化两个方面。前者是由于盲目大面积对轻度盐碱化草甸开荒和对黑钙土耕地的长期过度开垦，使土壤结构受到破坏，原有深位含碱层逐渐向上移动而产生次生盐渍化。后者主要发生在小片开发、分布零散的水田开发区，由于没有系统配套的排水工程而造成次生盐渍化。当然，在水田大面积开发情况下，如果属于灌排工程配套的成片开发，则会通过浸泡与排水带走地表土壤中的盐碱成分而形成淡化表层，以达到以稻治碱的目的，从而实现土地盐碱化的逆转。

（4）全球气候变化体现在自 20 世纪中叶以来，松嫩平原空气气温总体呈现逐步上升趋势，降水量表现为波动下降的态势，而区域蒸发量则显示为波动上升的状况，以上气候变迁致使嫩江支流的径流量明显减少，许多河流出现断流或季节性断流，导致沼泽湿地与湖泊泡沼干涸，全球暖干化在一定程度上加速了松嫩平原土地盐碱化的发展。

上述驱动因素在松嫩平原各个流域土地盐碱化过程中表现出不同的综合作用，从而形成各具特色的土地盐碱化空间格局。

2. 土地盐碱化驱动分析

1）嫩江-松花江主河道流域

嫩江-松花江主河道两侧是东北地区开禁之后迁徙进驻人口数量较多区域，在 20 世纪中叶，这一区域已开垦大面积耕地以供养日益增加的人口（图 1-19）。从多个国家气象台站中，选择位于盐碱地分布区的肇州站作为嫩江-松花江主河道流域气候的代表（图 1-20）。

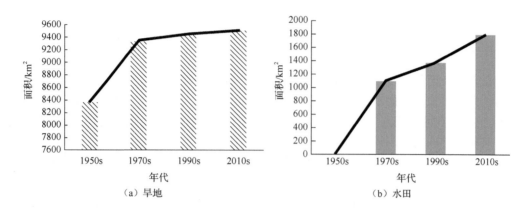

（a）旱地　　　　　　　　　　　　　（b）水田

图 1-19　嫩江-松花江主河道流域旱地与水田面积年代变化

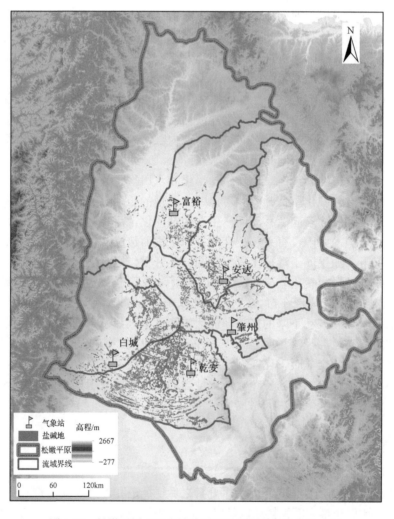

图 1-20　松嫩平原主要流域盐碱化地区国家气象台站分布

观察 20 世纪 50 年代到 70 年代的区域降水情况，发现此时段的嫩江-松花江主河道流域处于降水丰沛期（图 1-21）。夏季该流域及其周围地区的大量降雨造成嫩江-松花江主河道洪水频繁发生，严重威胁位于嫩江-松花江主河道两侧河漫滩与低阶地上的开垦耕地。为防范洪水对耕地与居民地造成的洪涝灾害，大量的河流堤坝出现在主河道两岸（图 1-22），20 世纪 50 年代已初具规模。由于主河道两侧缺少洪水补给，加上流域的蒸发量也处在高位期（图 1-21），河漫滩与低阶地上的草地与沼泽湿地不断退化为盐碱地，开垦的耕地也因水分缺乏而出现旱地次生盐渍化问题，因而造成该时期草地、湿地与旱地向盐碱地类型的剧烈转换。

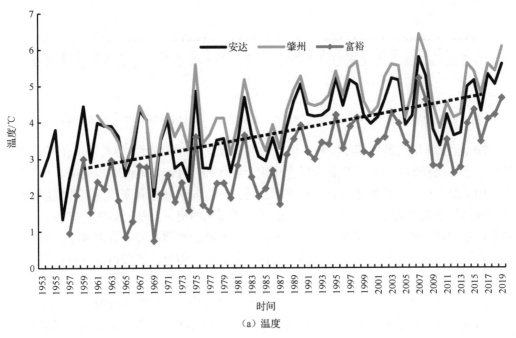

（a）温度

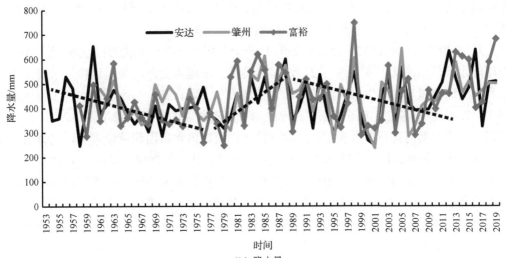

（b）降水量

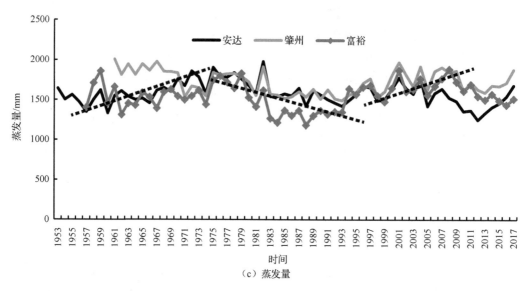

图 1-21 20 世纪 50 年代到 21 世纪第二个 10 年黑龙江省盐碱地分布区气象要素年际变化

20 世纪 70 年代到 90 年代，随着该流域人口数量的继续增加，粮食需求在不断增大，造成这一时期开垦的旱地数量也有较大幅度上升（图 1-19）。但此时段的降水量有所增加（图 1-21）而区域蒸发量具有不断下降趋势，气候向湿润方向变化为河流堤坝内侧少量盐碱地开垦为耕地提供了气候条件。由于河流两侧的堤坝系统已经较为完善，一般的洪水很难越过堤防进入平原内陆，一些依靠洪水补给的水体和湿地逐渐缩小，水体矿化度不断上升而成为盐碱地，少量草地也转化为盐碱地。但是，流域内部也修建了一些水库与引水渠道等。

水利设施，譬如位于嫩江下游左侧的南部引嫩工程及其配套的排灌工程，除了具有工业与城镇供水功能外，对当地发展农田灌溉、湿润苇塘、改善生态环境都起到了十分重要的作用（图 1-22）。上述水利设施的修建，使该流域的水田面积有所增加（图 1-19），通过以稻治碱方式，一定程度上缓解了流域土地盐碱化的发展势头。

从 20 世纪 90 年代到 21 世纪第二个 10 年，区域气候向暖干化方向发展，这一时期，流域降水量呈现波动下降（图 1-21），而蒸发量呈现逐步上升趋势，这种气候变化趋势不利于土地盐碱化地区生态环境的好转。但随着引、灌、蓄、排配套的水利工程体系的完善，在嫩江-松花江主河道流域内部已经形成河湖联通的水网系统（图 1-22）。在众多泡沼、水库及其河流与渠道连接网络的支持下，流域内水田面积持续增加，同时通过灌溉措施，使部分盐碱化土地转化为旱地。最为重要的是，在 2000 年左右，吉林省与黑龙江省分别开启了生态省建设热潮，全面实施生态工程，使人为因素造成生态环境破坏的趋势得到遏制。一方面，为缓解连续多年干旱对湿地生态的影响，通过启动调水引水工程，修复和改善重要湿地资源，使多数干枯的湖泊与泡沼恢复了生机，使盐碱地逐步逆转为水体与湿地；另一方面，为恢复流域内草地资源，实施生态草种植与草场围栏等措施，使盐碱地逆转为草地类型。

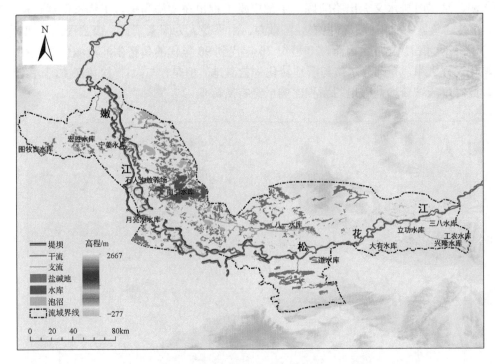

图 1-22　嫩江-松花江主河道流域水系及其水利工程分布

2）乌裕尔河流域

乌裕尔河是嫩江左岸一条具有无尾河特点的支流，其上游与中游分别为小兴安岭的山地丘陵区与山前台地平原地带。20 世纪 50 年代开启的大规模黑土地开发，部分区域就分布在乌裕尔河中上游。由于乌裕尔河水系水量较少且年际变化大，乌裕尔河流域早期旱涝灾害频繁发生。20 世纪 50 年代到 70 年代，在乌裕尔河流域中上游修建了以宏伟水库及其灌区工程为代表的系列水利工程（图 1-23）。在上述水利工程支撑下，乌裕尔河中上游地区开垦了大量旱地，也包含少量面积的水田（图 1-24）。上中游大量水库等拦水设施的修建致使乌裕尔河下游闭流区内广阔无堤的湿地因水量不足而干涸，由于缺少洪水泛滥对地表盐碱成分的淋洗冲刷，大片的草场也产生了草地次生盐渍化，开垦的旱地也因缺少地表水灌溉而产生旱地次生盐渍化。同期，这一流域的气候呈现为降水量减少与蒸发量增加，对旱地次生盐渍化也有一定的促进作用。因而，这一时期人们对水资源的利用不尽合理，且叠加气候条件的改变，造成乌裕尔河下游地区的草地、湿地与旱地大规模地转化为盐碱地。

20 世纪 70 年代到 90 年代，在乌裕尔河下游区域修建了以北部引嫩工程与中部引嫩工程为核心的水利工程体系。为满足大庆石油和化工生产及生活用水而修建了北部引嫩工程，把丰沛的嫩江水引入到远在安肇新河流域的红旗水库与大庆水库，它们都属于库容 1 亿 m³ 以上的大型水库。北部引嫩工程途经乌裕尔河流域中部地区，沿途构建了富南灌区等大型灌溉工程设施，极大地改善了区域农业用水状况，不仅使旱地面积有所提升，水田分布面积也得到了大幅度增加。在此期间，为解决乌裕尔河尾部闭流区的干旱时缺少水源、洪涝时排水又无出路问题，中部引嫩工程也在实施当中。工程试图通过灌溉苇田、草地、鱼塘与农田等取得良好经济效益。由于受人为因素干扰，该工程直至20世纪80年代末期才得以竣工。因而，20世纪70年代到90年代的乌裕尔河流域仍然处在土地盐碱化过程之中，有部分水体与湿地转化为盐碱地。但是，与嫩江-松花江主河道流域相比，此时段流域新增盐碱地的面积比例已经有所降低。

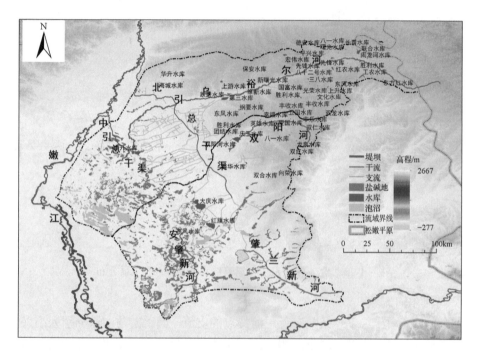

图 1-23　乌裕尔河流域水系及其水利工程分布图

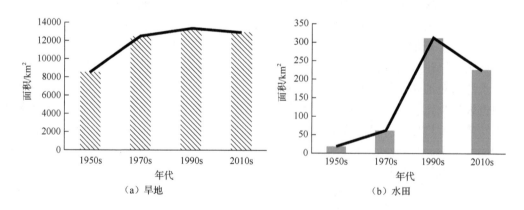

图 1-24　乌裕尔河流域旱地与水田面积年代变化

20世纪90年代到21世纪第二个10年，由于中部引嫩的主体工程建成，以及连环湖近期补水工程的完工，中部引嫩工程开始发挥其整体效益。由于引来了嫩江水，改善了乌裕尔河尾部闭流区的干旱缺水状况，极大地促进了乌裕尔河下游区域的苇、渔、牧等生产，也使区域内旱地面积有所增加。在这一时段，由于区域降水量下降与蒸发量上升，乌裕尔河流域频频遭遇干旱，因上游河流径流量的明显减少，再加上生活用水的不断增加，导致乌裕尔河流域下游的扎龙湿地自然保护区常常面临缺水状况。为保护丹顶鹤的生存环境，解决湿地常年缺水状况，黑龙江省实施了扎龙湿地补水工程，并引入长效机制，从而使扎龙湿地的缺水危机得到明显缓解。黑龙江省在世纪之交启动生态省建设，不断加大生态环境保护与建设力度，为恢复流域内草地资源，通过实施生态草种植与草场围栏等措施，使大片盐碱地不断转化为草地。因而，在完善的水利工程体系支撑下，通过一系列生态恢复与治理措施的实施，乌裕尔河流域的土地盐碱化趋势已经得到逆转，大片的盐碱化土地已经转化为草地、湿地与旱地，区域脆弱生态环境得到明显改善。

　　3）安肇新河流域

　　与自然形成的乌裕尔河流域不同，安肇新河流域在20世纪50年代只有与乌裕尔河主流流向平行的双阳河水系，但发育规模较小，因下游失去河道而河水漫溢，形成广袤无垠的内陆沼泽湿地（图1-25）。从20世纪50年代开始，耕地开垦在流域上游大规模展开，耕地分布面积快速增加（图1-26）。作为季节性河流的双阳河水系具有水量较少且年际变化大的特征，为消除旱涝灾害的影响，在流域上游建造了为数众多的水库等水利工程。上游大量水利工程的修建拦截了原本数量就不多的河流水量，使得流域下游区域来水大幅度减少；同时，区域气候正处在降水量减少而蒸发量增加的阶段，造成20世纪50年代到70年代大面积草地因长期缺水而退化为盐碱地，大片的湿地也因缺乏河水补给而干涸，逐步演化成为盐碱地。

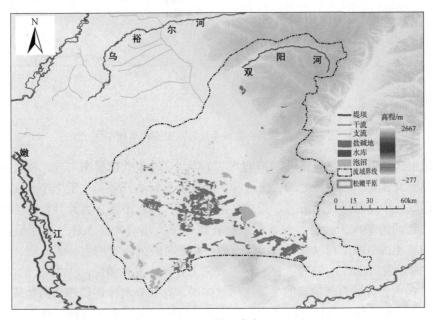

（a）20世纪50年代

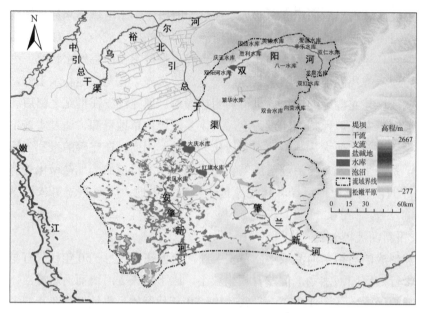

（b）21世纪第二个10年

图 1-25　安肇新河流域水系及其水利工程分布时间变迁图

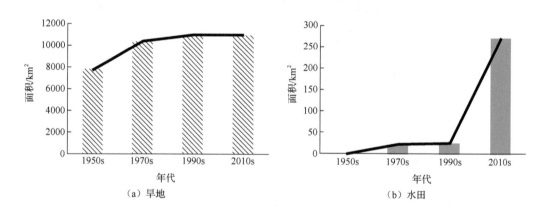

（a）旱地　　　　　　　　　　　　　（b）水田

图 1-26　安肇新河流域旱地与水田面积年代变化

伴随大庆油田的开发与建设，20世纪70年代修建了北部引嫩工程，将大量的嫩江水引入位于安肇新河流域腹地的大庆地区，用以满足石油开采和化工生产及生活用水。由于该区域处于松嫩平原闭流区，天然水系不发育，排水不畅，为此分别开挖了安肇新河与肇兰新河两条人工河道，前者汇入松花江干流，后者先汇入呼兰河而后再入松花江，它们与北部引嫩工程以及天然河流一道，构成了较为完善的引、灌、蓄、排水利工程体系（时永发，1988）。随着上述水利工程完工并开始发挥效益，在20世纪70年代到90年代，在内流区域自然发育的大量泡沼被排干，有部分水体逐步转化为盐碱地。开挖的两条人工河道流经安肇新河流域的中部地区，而这一区域为20世纪50年代松嫩平原原生盐碱地的集中分布地区。由于引入嫩江的灌溉，再加上这一时段区域气候转向降水量增加与蒸发量降低，新建水库与人工河道周边大片的盐碱地逐步减少而转化为草地，从而使安肇新河流域呈现土地盐碱化逆转趋势，脆弱生态环境开始得到改善。

20 世纪 90 年代到 21 世纪第二个 10 年，随着北部引嫩工程及其配套工程的改建与完善，流域引水与灌溉能力不断增强，在旱地分布面积不断提升的基础上，水田面积在此期间得到了快速增长（图 1-26）。进入 21 世纪以来，黑龙江省积极推进生态省建设，安肇新河流域在北部引嫩工程等水利工程支撑下，大量的水体与湿地被恢复，其中的大庆市已成为闻名遐迩的"百湖之城"，致使区域盐碱化土地不断转化为水体与湿地类型。通过围栏封育、天然草原改良和人工草地建设等措施，大片的盐碱地被恢复为草地，使安肇新河流域的生态环境质量逐步提高，走向区域自然、经济与社会可持续发展的良性轨道。

4）洮儿河流域

洮儿河流域自 20 世纪初开始开禁招垦，新中国成立前，这里的原始草原已逐渐变成了农垦区。在 20 世纪 50 年代，旱地面积已经接近 8000km²（图 1-27）。流域中上游每年夏季降水集中，山洪暴发；下游低洼地和沼泽地广泛分布，洪水上涨时，河水出槽，汪洋一片，沿岸耕地常遭洪水的威胁。洮儿河堤防修筑开始于民国时期，新中国成立以后国家出资大力修建，长度更达数百公里（图 1-28）。20 世纪 50 年代到 70 年代，为发展灌溉农业，在洮儿河流域中上游内蒙古地区开始修建水库以及灌区工程，中上游来水开始减少。在此期间，区域气候趋于干旱。白城气象站观测记录显示降水量逐渐减少，而蒸发量则不断增大。上述因素的共同作用，致使洮儿河下游河道堤坝两侧的广大区域处于逐渐干旱状态，低洼处的湿地变得干涸而转化为盐碱地，大片开垦的耕地因缺少灌溉而出现次生盐渍化，用于发展牧业的草场则不断萎缩而退化为盐碱地。

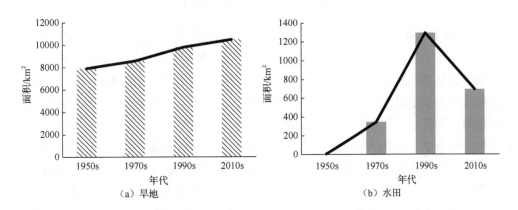

图 1-27　洮儿河流域旱地与水田面积年代变化图

20 世纪 70 年代到 90 年代，随着人口的逐步增加，旱地垦殖面积仍在增加。为使粮食产量不断得到提高，水利工程设施的建设力度逐步加大。作为洮儿河干流上控制性骨干工程，以防洪、灌溉为主的察尔森水库动工修建并顺利运行（刘润璞，1999），处于洮儿河末端的月亮泡水库也在此期间完工运行，它是一座养鱼、灌溉和调洪等综合利用的大型平原水库。上述水利工程设施的修建，加之下游河道两侧堤坝的逐步完善，并且该区域还是松嫩平原降水量最少和蒸发量最大的地区，使得洮儿河下游地区缺水情况更加严重。自然泡沼的水面萎缩且数量减少，逐步退化为不同盐碱化程度的土地，湿地持续退化而成为大面积的盐碱地，垦殖的旱地因灌溉不足，表层土壤盐分含量不断增加，变为盐碱化土地而丧失粮食生产能力。

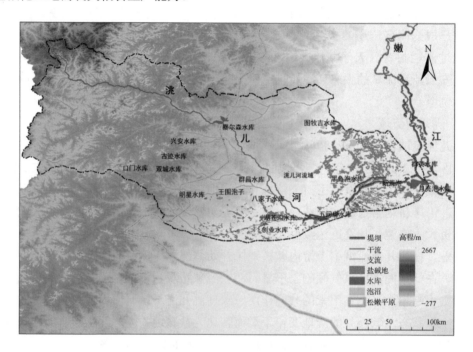

图 1-28 洮儿河流域水系及其水利工程分布图

从 2000 年开始，吉林省政府先后启动了西部治碱工程、生态草建设工程等重大项目（何进，2009）。由于建设资金不足，盐碱地综合治理与天然草原改良规模受到很大限制，洮儿河下游区域此时正处在天气干旱少雨期间，蒸发量大大高于降水量（图 1-29）。以围栏封育为主要手段的生态环境治理工程取得一定效果，但并未扭转土地盐碱化逐步加重的趋势，仍有大面积草场退化为盐碱地。由于连续多年干旱，这一地区湖泊、泡沼多数干枯，莫莫格、月亮泡等湿地面积逐渐萎缩，大批候鸟无栖身之处，生态环境急剧恶化。为此，修建引洮入向工程，通过渠道将洮儿河水引入到莫莫格湿地，以修复莫莫格等重要湿地的生态环境（王有利，2012）；后期又兴建引嫩入白工程，利用嫩江较丰富的水资源，以有效解决该地区的严重缺水问题。由于上述水利工程的修建，该流域水体面积有所增加，它们是从盐碱地转化而来，但是引嫩入白工程尚未发挥重要作用，20 世纪 90 年代到 21 世纪第二个 10 年流域仍处在盐碱地面积持续增加过程中，土地盐碱化趋势没有完全得到逆转。

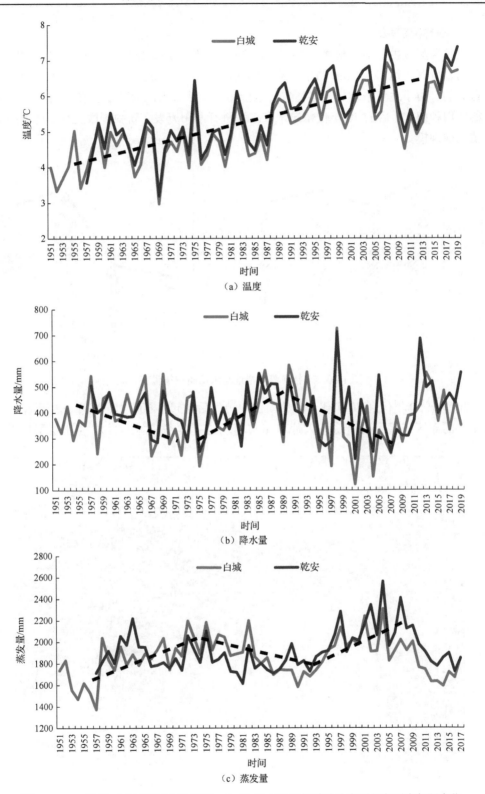

图 1-29　20 世纪 50 年代到 21 世纪第二个 10 年吉林省盐碱地分布区气象要素年际变化

5）霍林河流域

霍林河流域由于地处松嫩平原南端，进入大规模耕地垦殖较早，在 20 世纪 50 年代，流域内部就有多达 1 万 km² 的旱地被开垦（图 1-30），是松嫩平原各流域中旱地分布面积最大的。由于地势平坦、气候适宜，水源充沛，流域内的前郭灌区在 20 世纪 20 年代开始水田种植，随后的 40 年代修筑水利工程进行水田开发，新中国成立后，这里的水稻种植已成规模。

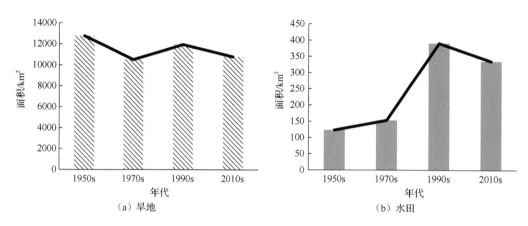

图 1-30　霍林河流域旱地与水田面积年代变化图

20 世纪 50 年代到 70 年代，霍林河上中游先后建起了罕嘎力、兴隆、胜利等水库以及配套的灌区工程，为沿途的大片农田与草场进行灌溉（图 1-31）。由于层层拦蓄，下

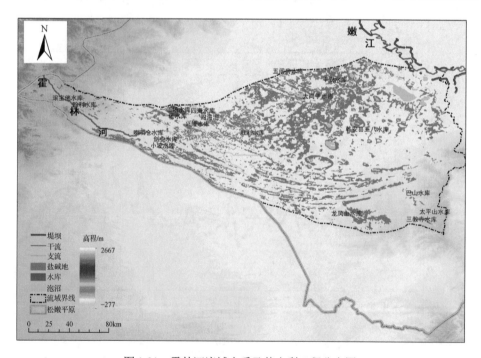

图 1-31　霍林河流域水系及其水利工程分布图

游地区河流的水量大幅度减少，经常出现干枯断流。这一时段的区域气候也处在降水量下降与蒸发量上升时期，呈现干旱少雨的气候特征。由于霍林河下游地区地势低平，没有正式河道，深水处为湖泊与泡沼，浅水处生长有芦苇，高处则分布着大面积的草场。由于地表水文状况的改变，洪水发生频次大幅度降低，致使草地因干旱而退化为盐碱地，湿地也在缺少河水补给情况下不断萎缩，开垦的大片旱地也出现次生盐渍化而转变为盐碱地。

20 世纪 70 年代到 90 年代，霍林河上中游的水利工程设施继续建造，譬如内蒙古科右前旗的大坝沟灌区、哈拉黑灌区等灌溉工程纷纷兴建与改建，使原本流量不大的霍林河几乎处于断流状态。霍林河下游地区草地、湿地与水体分布面积持续缩减，逐步向盐碱地类型转变。作为霍林河流域最大的水体，查干湖在此期间因干旱而濒临干涸，湖底碱土飞扬危害周边大片耕地与草原。建设的从松花江左岸到查干湖的引松工程改变了前郭灌区多年水渠不畅的困扰，通过不断完善的提、排、灌、蓄、引、供各类设施相配套的水利工程，利用种稻冲洗降低土壤中盐分，有效解决了苏打盐碱地大面积改良的难题。但是，修建的霍林河下游水利工程毕竟控制面积有限，流域的土地盐碱化问题仍然非常严重。

20 世纪 90 年代到 21 世纪第二个 10 年，乾安气象站观测数据显示流域的降水量开始减少，而蒸发量不断增加，区域气候又进入干旱少雨阶段。为解决西部地区土地盐碱化日益严重问题，吉林省在世纪之交启动了西部治碱工程、生态草建设工程与草原改良工程等重大项目，通过采取封原育草、植灌种草、林草结合等综合性措施，使原来寸草不生的盐碱地焕发了绿色的生机，霍林河流域的盐碱化土地逐步转化为生机盎然的大片草场。向海水库原为霍林河贯穿东西的自然泡沼，20 世纪 70 年代修建灌溉工程引来洮儿河水进入形成内陆湿地，20 世纪 80 年代末晋升为向海国家级自然保护区，随后列入世界重要湿地名录。由于干旱缺水，湿地生态功能受到严重威胁，政府部门分别实施引洮入向（分洪入向）工程与引霍入向工程，给向海以及周围区域的水库与泡沼进行补水。为了进一步改善区域生态环境，改良盐碱地，吉林省实施了西部土地开发整理重大项目，依托哈达山水利枢纽等水利工程，从松花江南源与嫩江提水，用于农田灌溉与水库及泡沼供水。上述水利工程完工并且逐步发挥效益，使得流域内部盐碱地面积减少而相应增加了水体面积。

根据上述结果分析，松嫩平原现代土地盐碱化过程的驱动机制可归纳为如下几个方面：

（1）20 世纪初以来，松嫩平原人口数量急剧增加，带来了耕地面积的迅猛增长。

（2）为农业灌溉与抵御洪涝灾害，流域上游修建水库与灌溉设施，下游建筑河流堤坝，使下游低平原地区缺少河水补给，改变了原始流域水文整体状况。

（3）低平原地区干旱缺水，致使潜伏于旱地、草地、湿地与水体下部的暗碱层逐渐上移至地表，而转化为盐碱化土地。

（4）兴建引、灌、蓄、排等配套完善的水利工程设施，引入水量充沛的河流地表水，进行农田灌溉、湿地补水、草场灌溉等水资源合理利用，可使区域土地盐碱化发生逆转。

（5）区域气候存在长时间波动趋势，对流域土地盐碱化具有一定的促进作用，但相较于水利工程修建所起的重要作用，区域气候仅处于受支配地位。

参 考 文 献

何进. 2009. 生态省建设: 为了吉林更美好. 新长征(9): 18-19.

黄锐, 彭化伟. 2008. 松嫩平原草地退化趋势及原因. 黑龙江水利科技, 36(4): 82.

李取生, 宋长春, 李秀军. 2001. 盐碱地的改造与利用//刘兴土. 松嫩平原退化土地整治与农业发展. 北京: 科学出版社: 107-130.

李秀军. 2000. 松嫩平原西部土地盐碱化与农业可持续发展. 地理科学, 20(1): 51-55.

李志超, 葛肖虹. 1979. 区域构造学. 北京: 地质出版社.

林年丰, 汤洁. 1999. 土地荒漠化的生态环境地质研究途径. 第四纪研究(2): 191.

林年丰, 汤洁. 2005b. 松嫩平原环境演变与土地盐碱化、荒漠化的成因分析. 第四纪研究(2-4): 474-483.

林年丰, Bounlom V, 汤洁, 等. 2005a. 松嫩平原盐碱土的形成与新构造运动关系的研究. 世界地质(3): 282-288.

刘培新. 1958. 东北区自然地理. 上海: 新知出版社.

刘润璞. 1999. 白城市志. 长春: 吉林人民出版社.

刘兴土, 马学慧, 易富科. 2001b. 区域自然地理条件//刘兴土. 松嫩平原退化土地整治与农业发展. 北京: 科学出版社: 1-59.

刘兴土, 张桂莲. 2001a. 土地退化类型与时空变异//刘兴土. 松嫩平原退化土地整治与农业发展. 北京: 科学出版社: 62-66.

邵全琴, 樊江文. 2012. 三江源区生态系统综合监测与评估. 北京: 科学出版社.

时永发. 1988. 大庆市志. 南京: 南京出版社.

宋长春. 1999. 松嫩平原土壤盐渍地球化学特征及其形成演化. 北京: 中国科学院地球化学研究所.

孙广友. 1991. 松嫩平原中部第四纪地壳运动与平原发育: 兼论松嫩平原分水岭的形成//东北平原第四纪自然环境形成与演化课题组. 中国东北平原第四纪自然环境形成与演化. 哈尔滨: 哈尔滨出版社: 44-50.

孙广友, 王海霞. 2016. 松嫩平原盐碱地大规模开发的前期研究、灌区格局与风险控制. 资源科学, 38(3): 407-413.

汪佩芳, 夏玉梅. 1991. 松嫩平原晚更新世以来古植被演替的初步研究//东北平原第四纪自然环境形成与演化课题组. 中国东北平原第四纪自然环境形成与演化. 哈尔滨: 哈尔滨出版社: 60-67.

王有利. 2012. 向海湿地补水生态补偿机制研究. 长春: 吉林大学.

夏玉梅, 汪佩芳. 1991. 松嫩平原晚第三纪—更新世孢粉组合及古植被与古气候的研究. 地理学报, 1987, 42(2): 165-178.

张晓平, 李梁, 宋长春. 2001. 盐渍化的发生与演变//刘兴土. 松嫩平原退化土地整治与农业发展. 北京: 科学出版社: 83-93.

张哲寰, 赵海卿, 李春霞, 等. 2008. 松嫩平原土地沙化现状与动态变化. 地质与资源, 17(3): 202-207.

第二章　地下水作用下苏打盐碱土水盐运移

地下水是盐渍化形成的关键地质载体，在陆地景观盐的运动、积累和排泄过程中起着重要作用。地下水对土壤盐渍化发生的影响主要反映在潜水埋深、地下水的矿化度和离子组成等。潜水埋深直接关系到土壤毛细水能否达到地表使土壤产生积盐，而地下水的矿化度和离子组成在一定程度上决定着土壤的积盐程度（宋长春等，2000）。因此研究地下水作用下苏打盐碱地土壤水盐运移及演变规律对于该区土壤盐渍化防治具有重要意义。

第一节　地下水特征与土壤表层积盐研究进展

一、浅埋区地下水与土壤水的关系

非饱和土壤水是联系地表水与地下水的纽带，是联系地下水与大气水的桥梁。不同地区潜水埋深不同，以潜水面与当地临界潜水埋深为水位分割点，可将潜水埋深分为三种情况，即潜水面位于土壤耕层、潜水面位于土壤耕层与临界潜水埋深之间、潜水面低于临界潜水埋深（白伟等，2011；刘昌明等，1999）。

（一）潜水面位于土壤耕层

潜水面接近土壤耕层且在地表未形成径流时，土壤耕层以下含水率接近饱和，耕层以上含水率相对较高（图2-1）。高地下水位使土壤孔隙几乎被水充满，外来水源易抬高地下水位，此时，土壤水与大气作用强烈，不断地潜水蒸发使盐分在土壤耕层聚集，地表土壤盐渍化发生或加重（杨建锋等，2005）。同时，地下水位在耕层以上的升降使耕层土壤形成周期性的缺氧环境。在这种环境下，土壤溶质容易迁移，在迁移过程中易发生化学反应。刘广明等（2002）和李昌华（1964）的研究表明，浅埋深地下水与非饱和土壤水及大气水作用剧烈，是形成土壤盐渍化及沼泽化的主要原因。潜水面位于土壤耕层时，大气降水及灌溉对潜水埋深影响巨大，大尺度上浅水面不易控制（李小倩等，2017；史文娟等，2005；刘广明等，2002；李昌华，1964）。基于此，潜水面位于土壤耕层的土壤水盐动态研究主要集中于人工控制潜水埋深下的土柱试验。然而人工控制潜水埋深的土柱试验限制了田间不稳定因素对试验结果的影响。由于实验室环境的理想化，对实际生产的指导意义只能在理论层面，将该理论层面的研究与田间试验相结合，对解决生产实践问题具有重要意义。

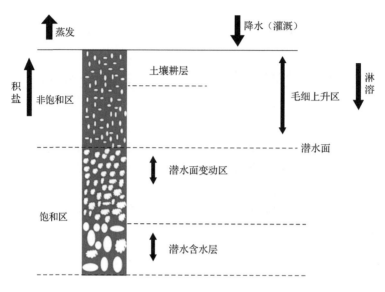

图 2-1　裸地水盐运移概化图

（二）潜水面位于土壤耕层与临界潜水埋深之间

临界潜水埋深是指地下水不能通过毛细作用上升至土壤表层的埋深深度，即潜水参与土壤水分蒸发时可忽略潜水的埋深。介于土壤耕层与临界潜水埋深的地下水对土壤水盐的作用是学者研究最多、关注度最大的内容。潜水面位于该层时，地下水中的盐分随着水分通过土壤不饱和区向上运动，聚集在土壤耕层区，导致土壤盐渍化问题加剧（乔冬梅等，2007）。受降水与灌溉的影响，土壤盐分随着水分淋洗至深层土壤或地下水，导致地下水矿化度升高。在黄河两岸的引黄灌区、新疆石河子兵团盐碱地、长江三角洲、东北松嫩平原均分布着大量的浅层地下水，地下水与土壤水的相互作用多属于这种情形（图 2-2）。浅埋深地下水对土壤水分蒸发也有重要影响（霍思远，2015；吕殿青等，1999），同时对土壤剖面水盐含量、水势分布均有很大影响。浅埋深地下水可以随着土壤毛管向上运动并蒸发，造成盐分在地表的大量积累，最终加重土壤盐渍化程度（刘广明等，2002）。此外，该层地下水埋深较浅，容易与地表水相互作用，地表水受污染后的入渗容易引起土壤及地下水的污染（杨建锋等，2001）。

潜水面位于该层时，土壤水盐动态数值模型模拟结果与实测值的耦合性一般较好（郭忠升等，2009；尚松浩等，1999）。学者已相继建立了在该潜水埋深条件下的潜水埋深与土壤水蒸发的数值模型，例如阿维里扬诺夫经验公式、雷志栋公式，开发了模拟水盐动态模型的计算机软件，如 HYDRUS、MODFLOW 等。虽然这些模型能较好地反映潜水埋深与土壤水蒸发的问题，但由于土壤空间异质性的存在，不同地区气候类型、土壤质地及植被状况等均存在差异，导致模型参数选择需要大量观测数据反演推测。对于这种情形，土壤水盐运移模型的发展仍需考虑各个因素对土壤水分蒸发影响的权重。

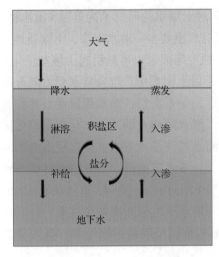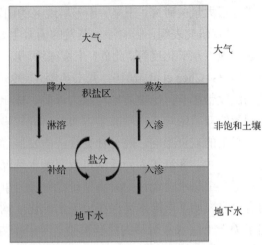

图 2-2 土壤水盐交换示意图

（三）潜水面低于临界潜水埋深

潜水面低于临界潜水埋深时，即地下水不能运动到土壤表层的情况下，地下水与土壤水作用较弱，地表水与地下水一般为单向联系。地表水可通过入渗补给地下水，地下水几乎不能影响地表水。已有研究表明，影响临界潜水埋深的因素除了当地土壤质地、容重、紧实度等基本土壤物理因素外，还有当地气候、植被等因素（张永明等，2009）。已有研究表明，从砂砾石到亚黏土，潜水蒸发临界埋深变化在 2.38～5.16m（刘昌明等，1999）。不同地区临界潜水埋深为我国土壤水动力学的理论研究提供了重要的背景值。对于潜水埋深大于临界潜水埋深的情况，地下水对土壤表层作用比较微弱，对土壤表层水盐运移与溶质运移影响较小，数值模型一般不考虑地下水的作用。

埋深较浅的地下水水面一般会受到降水、灌溉、土壤毛管向上运动与人类活动的影响。当潜水面在临界水位以上时，土壤水与地下水相互作用较明显，研究其中任何一个都必然受到另一个因素的影响。同时，由于各种因素所造成的潜水面的变化势必对土壤含水率、盐分含量与组成造成影响，该过程在实际的研究中不可忽视。随着研究的深入，土壤包气带的水文变化与溶质、热运移等综合研究是关注的焦点。

已有模型告诉我们，潜水埋深与土壤水蒸发在理论上具有一定的数值关系。由于机理模型本身的复杂性，在潜水埋深较浅的范围内，它的研究并不完善，再者由于土壤空间异质性，机理模型在国内推广与使用具有一定的局限性。目前，国内从事土壤水盐运移研究的工作人员主要研究大气降水由地表向下淋溶的过程，或者是将淋溶与蒸发结合起来研究，单独研究浅埋深潜水与溶质浓度对蒸发影响的机理的情况较少。基于此，溶质浓度对潜水蒸散发及植物生理指标的研究有助于完善土壤水盐运移机理的系统化研究，强化土壤水盐动态受地下水作用的影响是解释并防治土壤盐渍化的有效手段。

二、土壤水盐运移模型

土壤非饱和水是陆地植物赖以生存的水源。随着研究的深入，发达国家对土壤水盐运移进行了大量的研究，干旱、半干旱地区的国家对土壤水的研究尤为重视（雷志栋等，1988）。已有研究表明，影响潜水蒸发的因素主要有气象要素、潜水埋深、土壤质地、植被因素和地下水矿化度等。此外，土壤冻结、温度梯度等因素也可能引起土壤盐渍化（张蔚榛，2013；Chen et al.，2010；张书函等，1995）。以上因素中，气象要素受海陆分布及所处的温度带影响；土壤质地与成土母质、成土过程关系密切；植被因素受自然因素与人为因素的双重影响，在生态学方面的研究较多；潜水埋深及地下水矿化度受自然因素与人为因素的双重影响。随着社会经济的发展，潜水埋深及地下水矿化度受人为影响越来越大，打井、灌溉等人为活动可改变潜水埋深及地下水矿化度。因此潜水埋深与地下水矿化度在土壤水盐运移数值模型研究中极为重要（Xiao et al.，2014；来剑斌等，2003）。目前有研究表明不同潜水埋深和地下水矿化度均与潜水蒸发强弱有数值关系，并且以此引出了关于土壤水盐运移的经验模型、半经验-半机理模型和机理模型等（栗现文等，2016）。

（一）常用的潜水蒸发经验公式

土壤水分含量随着地下水位的变化而变化。一般情况下，当地下水埋深较浅时，受土壤温度与势能梯度的影响，地下水与土壤水作用强烈。地下水分通过土壤毛管被输送至地表，在土壤水分蒸发至大气的过程中，盐分在地表积累。在地下水作用下的水分运动过程中，以阿维里扬诺夫经验公式为主的潜水蒸发经验模型被广泛应用。潜水蒸发受潜水蒸发强度的影响。影响潜水蒸发强度的因素主要有潜水埋深、地下水矿化度、土壤质地、植被等因素。其中裸地潜水蒸发以潜水埋深的影响最为显著。科研工作者通过对观测数据的分析及回归，得出了一系列实用性较强的线性或非线性公式。

1. 阿维里扬诺夫经验公式

在多种潜水蒸发经验公式中，阿维里扬诺夫经验公式是较常用的公式之一（阿维里扬诺夫，1963），具体表示如下：

$$E = E_0 \times \left(1 - \frac{H}{H_{max}}\right)^n \tag{2-1}$$

式中，E 为潜水蒸发强度，mm/天；E_0 为水面蒸发强度（理想蒸发强度），mm/天；H 为潜水埋深，m；H_{max} 为地下水临界埋深，m，当潜水蒸发为 0 时 H_{max} 为 1.5～4m；n 为参数，一般为 1～3。

该公式可以直观地反映出潜水蒸发与潜水埋深的关系。一定范围内，随着潜水埋深的增大，潜水蒸发在不断减小，潜水埋深越浅，蒸发越大，当潜水埋深为 0 时，潜水蒸发接近水面蒸发。该公式由于简单易懂，在我国潜水蒸发研究中应用广泛。相关科研工作者在利用该公式时对其进行了改进，并提出适应当地的蒸发类型（罗玉峰等，2013；Yang et al.，2011）。但是，阿维里扬诺夫经验公式需要确定水面蒸发与地下水临界埋深以及 n 的大小，地下水临界埋深一般较难准确确定，n 为其中要求的参数，受气候条件、土壤类型影响较大，在年际变化影响下，其值不稳定，一定程度上对模型的精度造成影响。

2. 沈立昌双曲线公式

由于阿维里扬诺夫经验公式在实际应用的过程中，有时不能很好地满足我国的实际要求，1978 年，沈立昌提出了沈立昌双曲线模型，模型的具体表示是

$$H_t = K \times E_0^{\ a} / (1+h)^b \tag{2-2}$$

或

$$E = K \times uE_0^{\ a} / (1+h)^b \tag{2-3}$$

式中，E 为潜水蒸发强度，mm/天；H_t 为某段时间由潜水蒸发引起的平均地下水位消退值，m；E_0 为水面蒸发强度，mm/天；h 为某时段内平均地下水埋深，m；u 为变幅带给水度；K 为土质、植被及水文地质条件等其他综合因素的影响经验常数；a 和 b 为指数。从上可以看出，沈立昌双曲线模型符合潜水蒸发特性。

对于该公式的应用，沈立昌（1985）在文中指出，为了保证公式的精度，至少确定15 个试验观测数据。有试验蒸发资料的前提下，可以利用 E、E_0 与 h 的已知值，用沈立昌所给的方法反演出 a、b、K、u 等值，并将所求值代入模型以确定当地特定的潜水蒸发模型，并对潜水蒸发进行预测。

3. 叶水庭指数型公式

由于阿维里扬诺夫经验公式要用到 H_{max}，而不同区域的 H_{max} 差异较大，叶水庭等（1982）为了避免使用 H_{max}，根据实测数据提出了潜水蒸发指数型模型，具体表达式为

$$E = E_0 \times e^{-aH} \tag{2-4}$$

式中，E 为潜水蒸发强度，mm/天；E_0 为水面蒸发强度，mm/天；H 为潜水埋深，m；a 为指数。该公式又被称为叶氏公式，在潜水埋深较浅时拟合度较好。对大量的实测数据进行拟合时，发现幂函数公式也有一定的实用性，通过回归拟合分析，得出幂函数的公式表达式为

$$C = E / E_0 = a \times H^{-b} \tag{2-5}$$

式中，E 为潜水蒸发强度，mm/天；E_0 为水面蒸发强度，mm/天；H 为潜水埋深，m；a 和 b 为指数。该公式与叶氏公式类似，在潜水埋深较浅时拟合效果较好。

（二）半经验-半机理模型

半经验-半机理模型是在一定物理研究背景的基础上，通过大量观测数据拟合而成的经验公式。目前应用较广的半经验-半机理模型是清华大学雷志栋公式，简称"清华公式"。清华公式是根据非饱和土壤水稳定流理论，分析潜水蒸发与水面蒸发量、潜水埋深的关系（雷志栋等，1984）。该公式在实践过程中常被应用（邢旭光等，2013）。付秋萍

等（2008）通过试验对几种经验模型及清华公式验证发现，清华公式在新疆地区具有广泛的通用性，拟合精度相对较高，而阿维里扬诺夫经验公式在潜水埋深较浅时拟合精度较好，潜水埋深较深时，试验值与观测值差距较大，叶氏公式与幂函数公式均在潜水埋深较深时拟合精度较差，相比之下，清华公式的拟合精度最高，幂函数公式的拟合精度最差。

清华公式是雷志栋根据近代土壤水动力学的研究成果提出的潜水蒸发的半经验-半机理公式，具体表达式如下：

$$E = E_{\max}(1 - e^{-\eta E_0/E_{\max}}) \tag{2-6}$$

式中，η 为经验常数，与土质及地下水位埋深有关；$E_{\max}$ 为潜水埋深为 H 条件下的潜水极限蒸发强度，mm/天，$E_{\max} = AH^{-m}$，其中 A、m 为随土壤而异的参数。清华公式既考虑了土壤输水特性，又考虑了表土蒸发，该公式结构较为完整，拟合精度高，具有广泛的通用性。但是，由于清华公式中参数求解比较烦琐，这是在实际应用中的限制。在对 η 进行求解的过程中，唐海行等（1989）、付秋萍等（2007）均给出了 η 的求解方法，并在实际求解中应用较广。

（三）机理模型的研究

地下水作用下的水盐运移常用的土柱试验研究方法是用时较少、受天气变化及季节性影响较小的试验方法。土柱试验能够较好地消除土壤空间异质性所造成的差异，常用来模拟一维状态下土壤水盐的淋溶与蒸发，其发展为水盐运移的机理模型提供了理论基础。Darcy（1856）通过饱和砂层的渗透试验得出了通量 q（单位时间内通过单位面积土壤的水量）和水力梯度 $\dfrac{\Delta H}{L}$ 成正比的达西定律：

$$q = K_s \frac{\Delta H}{L} \tag{2-7}$$

式中，L 为渗流路径的直线长度，m；H 为总水头或总水势，m，ΔH 为渗流路径始末断面的总水头差，m；K_s 为孔隙介质透水性能的综合比例系数，m/天，即单位梯度下的通量或渗透流速，单位与速度单位相同。达西定律是在均质土壤恒定流动状态下得出的。之后在达西定律和连续方程的基础上，Richards（1931）以偏微分方程描述非饱和土壤水盐运移情况，建立了多孔介质中水流运动方程。土壤盐分方程依据质量守恒方程和土壤溶质通量方程获得。根据对流弥散理论所描述的土壤溶质迁移方程和质量守恒方程，获得了描述土壤溶质运移的基本方程，通常称为对流弥散方程（邵明安等，2006）。目前，对饱和-非饱和多孔介质中水流运动与溶质运移相关数值模型的描述主要以 Richards 方程和对流-弥散方程为基础（Tindall et al., 1999; van Genuchten et al., 1999）进行改进。不同领域学者研究开发出了多种模拟饱和-非饱和多孔介质中水盐运移的数值模型。

水文方面常用的比较典型的数值模型有由美国盐土实验室开发的 HYDRUS-1D、HYDRUS-2/3D 软件（Šimůnek et al., 2008），该软件主要用于饱和-非饱和土壤在不同维度下水、溶质与热运移。随着各专业领域的需求与发展，HYDRUS 软件可在多重溶质交互作用下的溶质运移、优先流、胶体运动及湿地模块的过程中应用（McDonald et al., 1988）。MODFLOW 是 20 世纪 80 年代由美国地质勘探局的 McDonald 和 Harbaugh 开发的一套用于多孔介质中地下水流动数值模拟的软件（Krysanova et al., 2015；卞玉梅等, 2006；McDonald et al., 1988）。它的显著特点是运用了模块化的结构，一方面将许多具有类似功能的子程序组合成子程序包，另一方面，用户可按实际工作需要选用其中某些子程序包对地下水运动进行数值模拟。此外，在 MODFLOW 的基础上，加拿大 Waterloo Hydrogeologic 公司用现代可视化技术，开发研制出目前国际比较流行且被国际同行一致认可的三维地下水流和溶质运移模拟评价的标准可视化专业软件，在模拟地下水运动方面具有重要价值（邱康利等, 2014；Chang et al., 1993）。在农业方面应用较广的数值模型有：美国俄勒冈大学 Boersma 等人开发的用于土壤-植物-大气连续体中一维水、溶质、热运移的 CTSPAC 软件（Boersma et al., 1988）；美国国家环境保护局开发的用于饱和-非饱和土壤与地下水中二维水、溶质、热运移的 2DFATMIC 软件（Dawes et al., 1998）；比利时勒芬州天主教鲁汶大学水土管理研究所开发的土壤、植物和包气带环境（一维）中水、溶质、热运移的 WAVE 软件（Vanclooster et al., 1996）；澳大利亚联邦科学与工业研究组织基于有限差分法开发的土壤-植物-大气系统（一维）中能量、水、碳、溶质运移的 WAVES 软件（Dawes et al., 1998）。这些软件的开发与利用既方便了土壤水盐及热运移的研究，又为盐渍化土壤的开发利用与治理提供了重要的理论依据。

随着计算机技术的应用与发展，传递函数模型、人工神经网络预测模型等在实际土壤物理研究及土壤水动力学的研究过程中也被广泛应用（王改改等, 2012；于国强等, 2009）。传递函数模型简单，易于操作，不需要大量的观测试验，并且不需要考虑土壤的饱和导水率、孔隙度、溶质运移路径等物理特性，因而在田间尺度上对土壤溶质迁移研究相当方便。人工神经网络预测模型同样开拓了土壤溶质运移研究的空间尺度，根据人脑的原理，反复运算，提高模型的拟合精度，该模型可通过增大样本量的方法缓解土壤空间变异性所造成的差异，目前应用越来越广泛。

我国地下水作用下水盐及热运移数值模拟研究相比国外起步较晚,约开始于 20 世纪 70 年代，经过数代科学家的努力，在土壤物理学及地下水动力学方面取得了重大成果（李韵珠等, 1998；杨邦杰等, 1997），并且开发出了一些具有实用价值的软件。例如，中国地质大学开发的渗流计算程序和三维有限元地下水计算程序等。但是目前我国水盐运移方面的软件普遍存在可视化程度低、数据处理功能相对较弱的问题，所以推广有一定的困难（陈崇希等, 2001）。

对物理模型而言，计算的可靠性依赖于对运移模型中溶质运移过程相应的精确性与参数的选取（郭瑞等, 2008）。对物理模型的研究大多通过实验室对物理过程的模拟研究，尤其以基础参数准确性最为关键，如饱和导水率与扩散率等的确定对模型模拟精度起到至关重要的作用。其次，科研工作者对土壤微观机制及田间土壤理化过程的认知分析程度是模型选择应用的重要基础。随着学科交叉的深入，不同领域科研工作者的交流有助于模型在各个领域内的推广，同时也可推动土壤物理学的发展。目前应在土壤水盐运移模型基础上，通过土柱试验与田间观测，确定盐渍土相关参数，针对不同区域选用最优土壤水盐运移模型。

三、人工控制地下水作用下土壤水盐运移研究

对土壤水盐动态与土壤水盐运移机理的研究是认识土壤盐化与碱化的形成和改良的基础（张红，2007）。自然界土壤空间异质性与地下水位的差异在一定程度上限制了对潜水埋深条件下土壤水盐运移状况机理的研究。为了便于对土壤水盐运移动态的研究，科研工作者通常采用人工控制潜水埋深及地下水矿化度的方式进行研究。人工控制潜水埋深与地下水矿化度的方法主要通过土柱试验进行。在人工控制潜水埋深及地下水矿化度的基础上，对土柱采用一系列的处理措施（尤文瑞，1984）。例如，史文娟等（2007）对土柱土壤进行夹砂处理，模拟研究在不同土层土壤水盐运移动态变化，并对土壤夹砂处理下的水盐动态做机理性解释；刘广明等（2003）通过人工控制潜水埋深模拟研究了同一潜水埋深下，不同土壤质地对土壤水盐运移动态及影响，揭示砂粒、粉粒、黏粒对土壤水分蒸发和淋溶及土壤盐分动态的影响；杨建锋等（2006）通过人工控制不同潜水水位，研究了松嫩平原土壤水盐运移动态变化和苏打盐碱土形成及变化的机理性问题。这些研究进一步解释了我国影响土壤水盐动态的因素，也为我国土壤水盐运移模型的研究奠定了理论基础。国外进行了大量土柱试验的研究，与我国不同的是，国外的土柱试验研究大多都以模型为基础，一方面是对模型的验证，另一面是对模型参数的校正。例如，Lehmann 等（1998）做的沙柱试验说明对称波动的地下水位作用下，土壤含水率差异较大，此时通过 Richards 方程所模拟的土壤含水率和潜水埋深的关系与试验观测数据差异较大，说明 Richards 方程需要考虑土壤水分特征曲线的滞后效应，考虑了滞后效应的 Richards 方程所做的模拟与试验观测的吻合度较高。同样，由于土柱试验相比于田间试验具有很强的可控性，Todd 等（1972）和 Whalley 等（2013）均利用传感器测定土柱中水盐动态，并且通过土壤中水盐传导在传感器上的反应，验证传感器的稳定性。土柱试验的发展在一定程度上解决了大范围内土壤空间异质性的问题。例如，研究黑钙土与栗钙土的渗透性、水盐动态等问题只需用特定材料做土柱，然后取土，按一定的试验方法进行即可，这方便了科研工作者。但是土柱试验仅仅是实验室内的一部分，并不能代表田间的实际情况，所以和田间的试验结果仍有较大差异。需要将土柱试验与田间观测相结合，弄清楚室内土柱试验与田间试验的物理过程，通过校正土柱模拟所得到的方程，完善相关模型，增强模型的精度与普适性。

随着人工控制潜水作用下土壤水盐运移持续研究，国内外土壤物理研究均取得了长足的进展，土壤水盐运移经验模型、数值模拟应用的范围、精度均得到了加强。多学科交叉为土壤物理及水动力学的发展提供了方法，例如遥感影像、同位素检测（林蔚等，2012；权全等，2010；宋献方等，2007a，2007b）等均为土壤水动力学与盐渍土的理论研究与治理提供了新方法。水盐运移模型的研究越发成熟，尤其是随着信息技术的发展，潜水埋深使不同物理性状土壤机理性模型及经验模型的参数研究得到了补充，为盐渍土治理提供了重要的理论支持。

目前，尽管土壤物理学已经得到了长足的发展，土壤盐渍化的治理技术取得重要进展，但是土壤盐渍化问题依然存在，并且局部地区还有扩大的迹象。因此，未来随着人类对农作物产量与质量的需求，土壤水盐运移模型的发展方向逐渐明确。

　　土壤水盐运移模型应该全面考虑，在水盐运移研究基础上对土壤水、肥、气、热方面模拟，以增加土壤保水、保肥、保墒的性能，为盐渍土的改良奠定基础。同时应该将田间尺度与室内土柱试验所做的模型相结合，将田间尺度与区域尺度土壤水盐运移相结合。在田间尺度上，将地统计学与土壤水盐运移模型相结合是进行田间尺度水盐运移模拟的有效途径。区域尺度上，将室内水盐运移模型与遥感原理相结合，通过遥感影像技术，对区域潜水分布及潜水特性进行动态统计。遥感原理与水盐运移模型应用相结合，使土壤水盐运移模型具有更精确的预测功能，为盐渍土的改良提供强大的理论支持。

　　对机理模型而言，参数的优化和完善一直是国内外学者研究的重点和热点。参数的可靠性是机理模型应用与发展的基础。在今后的工作中，根据土壤空间异质性与地区间的差异完善土壤参数的测定，建立全球性的潜水对土壤水盐运移的影响网络是未来土壤水研究的重要内容。对于埋深较浅且地下水矿化度不同的潜水对土壤水盐运移机理影响的研究在国内仍然比较匮乏。埋深较浅的地下水与大气作用密切，该深度埋深潜水作用导致土壤水含量较高，且盐分积累速度较快。对该部分机理的研究不仅可以完善浅层地下水作用下土壤水盐运移动态理论，而且有助于提出新的土壤改良方法。

第二节　不同潜水埋深对土壤盐渍化的影响

一、材料与方法

　　用于控制不同潜水埋深的试验装置由土柱（图2-3）、马氏瓶（供水箱+控制水位管）和平衡箱三部分组成。土柱、马氏瓶和平衡箱均由有机玻璃制成，装置之间用乳胶管连接（图2-4）。每个土柱总高1m，装土高度为80cm，内径为19cm，每个土柱两侧均有竖

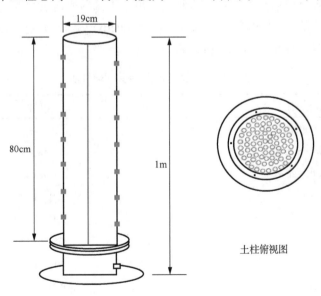

土柱俯视图

图2-3　土柱装置示意图

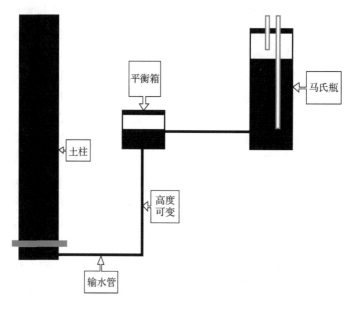

图 2-4　控制潜水埋深装置连接图

排的七个取样孔。试验时，小孔用橡胶塞堵住密封。土柱外镶有刻度尺，用于观测湿润锋变化。供水箱（马氏瓶）的规格为 22cm×22cm×16cm，边上有刻度尺用于测量潜水蒸发量。平衡箱用来控制地下水位，内部尺寸为 10cm×10cm×10cm。

试验所用的土壤是采自吉林省白城市洮北区亚亨农牧科技发展有限公司基地自然状态下 0～30cm 深的盐渍化土壤。经测试，混合后在 1：5 质量土水比的条件下测定其 pH 为 8.81，电导率为 0.43mS/cm。土样经风干、碾压、去除杂物，并过 2mm 筛。

不同潜水埋深试验所用的水取自吉林省白城市中国科学院大安碱地生态试验站浅层地下水，并对水样的 pH 与电导率（electrical conductivity，EC）进行测定。不同潜水埋深试验所用土壤与水样相关理化性质如表 2-1 所示。

表 2-1　供试水和土壤相关理化性质

土样与水样	单位	土样	水样
黏粒（<0.002mm）	%	7.45	—
粉粒（0.002～0.02mm）	%	16.51	—
沙粒（0.02～2mm）	%	76.04	—
pH	—	8.81（1：5）	8.19
EC	mS/cm	0.43（1：5）	0.64
Na^+	$mmol_c/L$	6.83（1：5）	18.33
K^+	$mmol_c/L$	0.14（1：5）	0.05
Ca^{2+}	$mmol_c/L$	0.90（1：5）	1.26
Mg^{2+}	$mmol_c/L$	0.80（1：5）	1.13

续表

土样与水样	单位	土样	水样
SO_4^{2-}	mmol$_c$/L	0.80（1∶5）	2.45
CO_3^{2-}	mmol$_c$/L	0.01（1∶5）	2.51
HCO_3^-	mmol$_c$/L	4.60（1∶5）	10.93
Cl^-	mmol$_c$/L	3.20（1∶5）	3.50
SAR（sodium adsorption ratio，钠吸附比）	(mmol$_c$/L)$^{1/2}$	5.86（1∶5）	7.62

注：离子浓度为可溶性离子浓度

潜水埋深设置：为了研究人工控制下的不同潜水埋深蒸发过程对土壤盐化的影响，将土柱试验设计为五个不同潜水埋深梯度，分别为0cm、20cm、40cm、60cm、80cm（图2-5）。

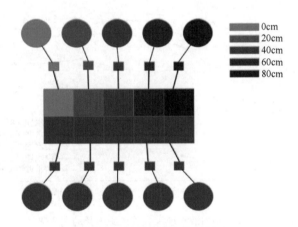

图2-5　试验装置放置连接图

土柱填装方法如下：为了防止在装土过程中过细的土粒从底孔中漏出，在每个土柱底孔放一块孔径为50目的尼龙网，并在上面压容重为1.5g/cm³过2mm筛的细沙2cm作为反滤层。然后将混合均匀后的土壤按1.5g/cm³的容重分层均匀装入土柱。装土过程中，每5cm分层装，每5cm装土的土样质量=(19/2)²×3.14×5×1.5=2125.38g。将称好的土样倒入土柱，并将其表面抹平，用一头平的木棍将其均匀压实至5cm厚度。

土柱填装完成后，按照图2-4所示连接装置，并在供水箱内加满水。根据试验设计分别控制潜水埋深为0cm、20cm、40cm、60cm、80cm进行试验。试验开始后每天记录供水箱水量变化。待入渗结束后，每隔20天沿土柱土壤剖面分别在0cm、10cm、20cm、30cm、40cm、50cm、60cm、70cm的深度处取土样。测定各处理的土壤含水率、pH、EC及可溶性离子浓度（K^+、Na^+、Ca^{2+}、Mg^{2+}、SO_4^{2-}、Cl^-、CO_3^{2-}、HCO_3^-），试验共95天。

二、不同潜水埋深对土壤水分动态的影响

（一）不同潜水埋深表层土壤水分动态变化

从试验结果看，不同潜水埋深条件下土壤含水率各有差异，不同处理土壤表层（0～10cm）的水分变化趋势最为明显。如图 2-6 所示，潜水埋深 80cm 时，土壤表层含水率随时间不断增加，由最初的 1.95%上升到最高的 16.18%，进而趋于平衡；潜水埋深为 0cm 的处理，随着时间的推移，土壤表层含水率呈先增加后稍有降低的趋势，表层土壤含水率在 27.78%～32.84%，高于潜水埋深为 80cm 的处理。

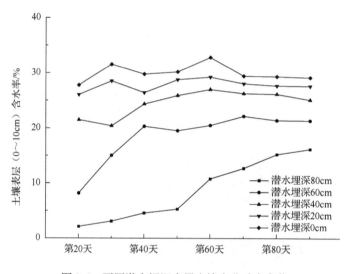

图 2-6　不同潜水埋深表层土壤水分动态变化

从表层土壤的物理状态可以看出，随着时间的增加，表层土壤物理性质发生变化，土壤结块，紧实度增加。该结果表明，潜水埋深较浅时，随着蒸发的进行，土壤中的盐分随着水分运动不断积累到表层，表层土壤无其他水分来源的情况下形成厚度为 5cm 左右盐分含量高、碱化度高、孔隙度小的结壳土层。该层土壤由于其致密性，土壤毛管断裂，影响潜水运动，阻碍潜水蒸发，进而导致土壤表层含水率降低。对于潜水埋深 20cm、40cm 及 60cm 处理，表层土壤含水率与其埋深相关，潜水埋深越浅的处理，含水率越高。一定范围内，苏打盐碱土潜水埋深越接近 0cm 的处理，等距埋深表层土壤含水率越接近，随着潜水埋深的加深，等距埋深表层土壤含水率相差越大。从该模拟试验看出，干旱季节在潜水埋深较浅的地区，土壤表层含水率不仅受到降水等因素的影响，地下水对土壤表层含水率的作用也不可忽视。

（二）不同潜水埋深土壤剖面水分随时间的动态变化

由图 2-7 可以看出，潜水埋深 60cm 和 80cm 处理的土壤含水率随着试验的进行其各

土层含水率的差异逐渐减小。对于潜水埋深为 0cm、20cm、40cm 的处理，土壤含水率在整个试验期均处于较高的水平，只是随着时间的变化而小幅波动。图 2-7 所示，若土壤以潜水面为界限，土壤位于潜水面以上时，随着潜水埋深逐渐变浅，土壤含水率逐渐增加；土壤位于潜水面以下时，土壤含水率基本不随深度的变化而变化。除了潜水埋深为 0cm 的处理，其他各处理下土壤表层含水率均最低。潜水埋深为 80cm 的处理，每一层土壤含水率随着土壤深度的增加，含水率差异明显。70～80cm 土壤含水率约为 30%，10～20cm 的含水率在整个试验期间不足 20%。潜水埋深为 60cm 的处理，70～80cm 处的含水率与潜水埋深 80cm 的处理最底层含水率无显著差异。对于潜水埋深为 0cm 及 20cm 的处理，70～80cm 的土壤含水率达到 35%，含水率接近饱和状态。相比潜水埋深较深的土柱，潜水埋深较浅的土柱土壤含水率更高。由于该试验水分供给源只有供水箱，并且整个试验过程不受降水、灌溉等其他外来水的影响，所以在一维水平上不考虑温度势的影响下可以将水分运动看作是单向向上运输。水分大量蒸发导致盐分逐渐积累至土壤中，尤其是表层盐分累积最为明显。大量的盐分积累在表层，致使土壤孔隙及物理性状发生变化，对土壤化学组成与黏粒分散程度也有影响。

由于土壤表层受太阳直接辐射，温度变化明显高于下部土壤。此时，土柱表层与下部土壤水分运动形成逆差，表层土壤向空气中蒸发过快，而下部土壤由于孔隙度减少，向上吸水的土壤毛细现象减弱，最终使表层土壤性状改变，使表层含水率低、结块，紧靠该层的土层逐渐积累水分，形成含水率相对较高的土层。

（三）不同潜水埋深土壤剖面水分动态变化

同一时期不同潜水埋深条件下土壤剖面水分动态分布如图 2-8 所示。随着土壤深度的增加，土壤含水率大致呈逐渐增加的态势。潜水埋深越深，土壤含水率越低。由图 2-8 可以看出，潜水埋深为 80cm 的处理，土壤含水率整体低于其他处理，相比于与该处理含水率最接近的潜水埋深 60cm 的处理，每层土壤含水率约低 5%。潜水埋深为 60cm 的处理，表层至 60cm 埋深处的土壤含水率低于潜水埋深较浅的处理。潜水埋深为 0cm、20cm、40cm 及 60cm 的处理，潜水面以下的土壤含水率分布大致与潜水埋深一致，埋深越浅，含水率越高，但潜水面以下土壤含水率的变化并不明显，基本分布在 28%～33%，最大含水率不会超过 38%。潜水埋深越深，埋深之下的土壤含水率越靠近 28%，反之，越接近 33%。潜水埋深之上的土层，含水率变化相对较大。潜水面以上的土壤距离潜水面越远，土壤含水率越低，往往土壤-大气界面的含水率最低。表层土壤水分动态前面已经总结，此处不再赘述。总之，随着潜水埋深的变浅，土壤含水率逐渐增高，潜水面以下的土层土壤水分虽然也呈增加的趋势，但是变化幅度较小，基本稳定。潜水面以上的土层，随着土层深度变浅，土壤含水率逐渐变低，含水率的降低较为明显。

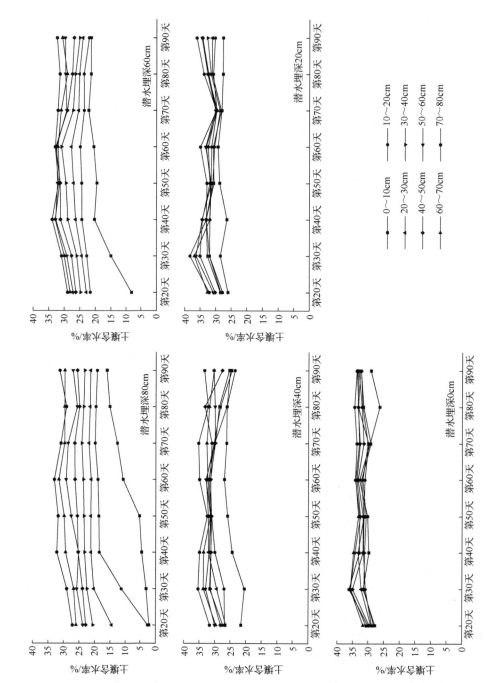

图 2-7　不同潜水埋深不同土壤层水分随时间的动态变化

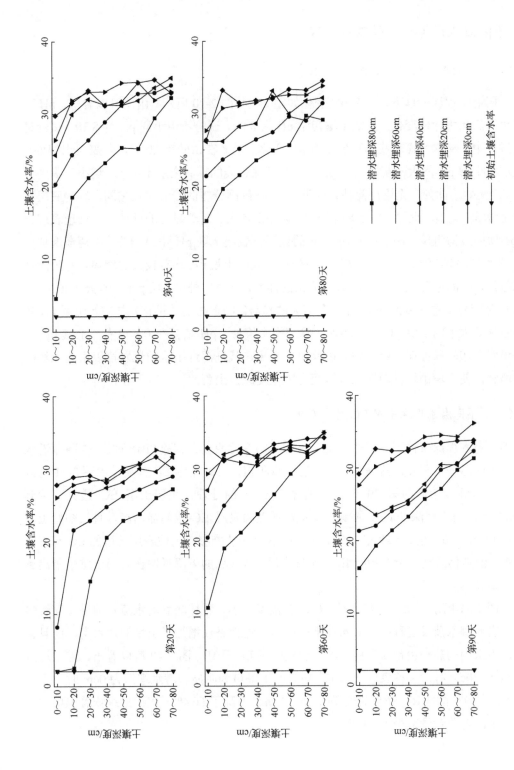

图 2-8　不同潜水埋深土壤剖面水分动态分布

三、不同潜水埋深土壤盐碱动态变化

（一）不同潜水埋深土壤 pH 动态变化

不同潜水埋深处理下，土壤 pH 变化如图 2-9 与图 2-10 所示。由图可以看出，pH 随着潜水埋深呈规律性变化。已知土壤初始 pH 为 8.81，试验所用水样 pH 为 8.19。试验进行的过程中，潜水埋深较浅的表层土壤 pH 变化明显。在试验第 20 天，除表层土壤外，其他层的土壤 pH 均大于初始土壤 pH。潜水埋深越浅的，其表层土壤 pH 越小，集中分布在 8.2～8.4。此外，无论在何种处理下，pH 在剖面分布的趋势大致相同，均为底层和表层土壤 pH 偏小，埋深 30～50cm 处的土壤 pH 较大。随着时间的推移，各处理表层土壤 pH 增加最为明显，潜水埋深为 0cm 的处理，表层土壤 pH 由最初的 8.3 逐渐增加到 9.9。潜水埋深为 20cm、40cm、60cm 的处理，表层土壤 pH 均有较大的增幅，并且潜水埋深越浅，增幅越大。试验第 90 天所测试的样品，除表层外，土壤 pH 基本分布在 9.4～9.7，但是随着土层深度的增加，pH 有增大的趋势。随着时间的推移，与初始土壤 pH 相比，各种处理下的土壤 pH 均有增加，除表层土壤外，pH 增幅在 0.8 左右。土壤 pH 的升高说明土壤的碱性在不断增强。由此可以看出，浅埋深地下水的蒸发可以引起土壤碱性的增强，使土壤由轻度碱性土壤转变为中重度碱性土壤。

（二）不同潜水埋深土壤 EC 动态变化

不同潜水埋深条件下，土柱表层土壤 EC 的变化明显。试验初始阶段，伴随着潜水在土柱中的运动及蒸发，盐分在土柱表层大量积累，导致土壤 EC 升高。由图 2-11 可以看出，在试验开始后的第 20 天潜水埋深为 0cm 的处理，表层土壤 EC 最大，达到 3.16mS/cm，潜水埋深 20cm、40cm、60cm 处理的表层 EC 也明显增高，且较初始土壤 EC 分别增高了 6.6 倍、5.29 倍、5.02 倍。随着时间的推移，土柱表层土壤的 EC 有下降的趋势，但是仍然高于土壤初始 EC。土柱表层土壤 EC 的下降说明在表层土壤中游离离子在逐渐减少。

如图 2-11 所示，土柱下部土壤 EC 波动幅度较小，整体随着潜水蒸发的进行而缓慢增加，表明潜水蒸发过程中，潜水在土柱的运动过程不仅增加了土壤的含水率，而且将浅层地下水中的盐分也带入土柱土壤，导致土壤 EC 升高。图 2-12 可以看出，潜水埋深在 0cm 及 20cm 时，土柱表层土壤 EC 随时间下降最为明显。潜水埋深为 0cm 时，土柱土壤 EC 由最初的 3.16mS/cm 降低到 1.25mS/cm，下降了 60.4%，该结果意味着土壤中可溶性离子的电荷含量减少了 63.2%。

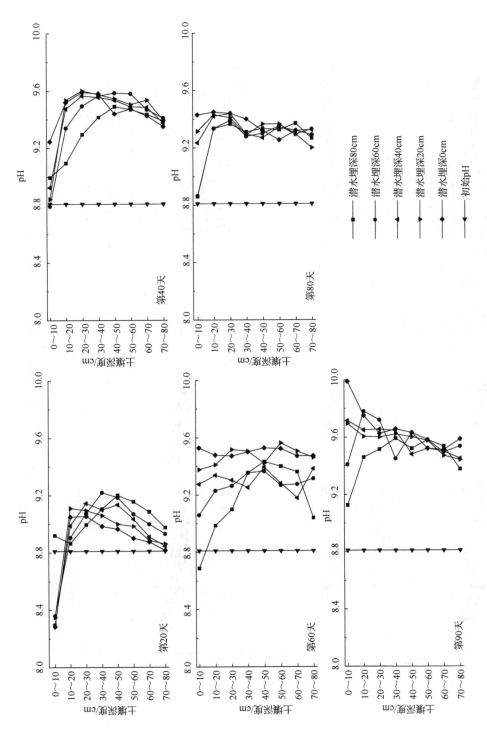

图 2-9　不同潜水埋深土壤 pH 动态分布

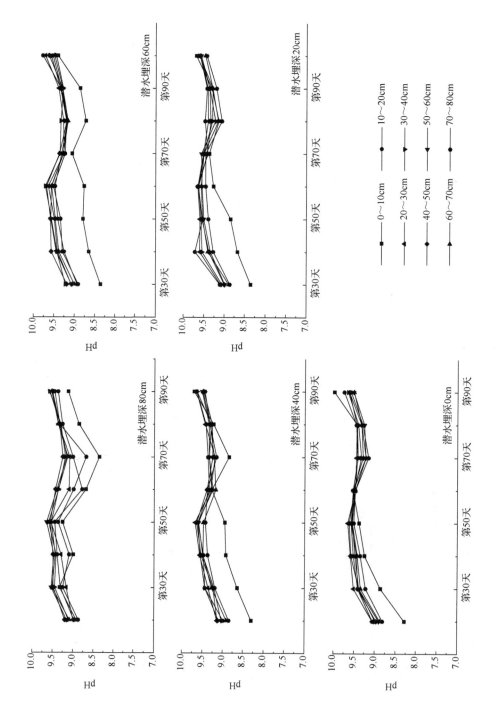

图 2-10 不同潜水埋深土壤 pH 随时间动态变化

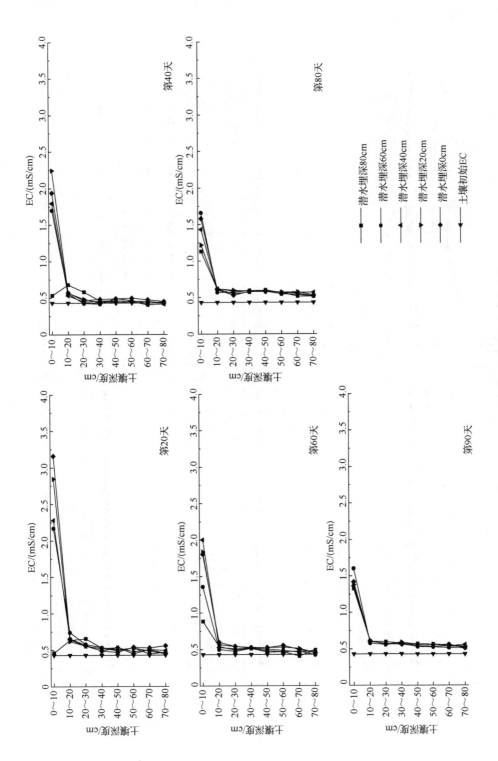

图 2-11　不同潜水埋深土壤剖面 EC 动态分布

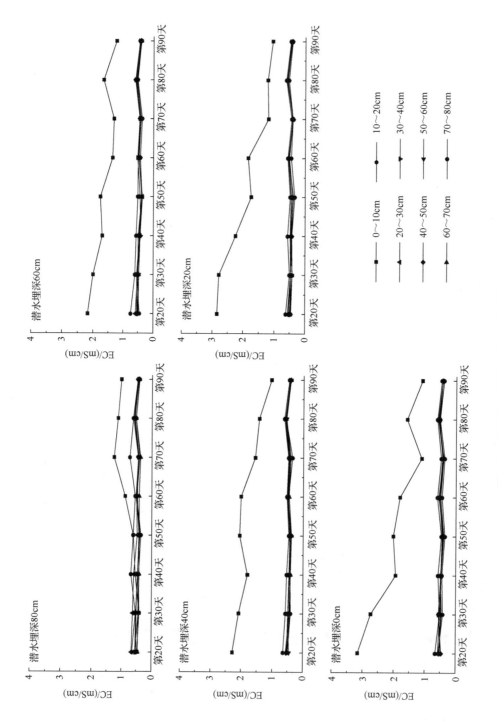

图 2-12　不同潜水埋深土壤 EC 随时间动态变化

（三）不同潜水埋深土壤可溶性 Na$^+$ 及 SAR 动态变化

土壤中可溶性 Na$^+$ 浓度及 SAR 的大小能够反映土壤钠质化的程度。由图 2-13 和图 2-14 可知，潜水蒸发过程中，盐分不断积累到土柱表层土壤，可溶性 Na$^+$ 不断积累，土壤 SAR 随着可溶性 Na$^+$ 浓度的升高逐渐增大，土柱表层土壤最大 SAR 达到 28$(mmol_c/L)^{1/2}$，在各个时期土柱表层土壤 SAR 远远大于土柱其他各层。土柱除表层外其他各层土壤 SAR 也在不断增加，但是增加的幅度相对较小。已知土柱各层初始 SAR 为 5.864$(mmol_c/L)^{1/2}$，随着时间的推移，在试验开始后第 80 天，土柱土壤 SAR 除表层外的平均值为 10.14$(mmol_c/L)^{1/2}$，约比初始值高了一倍。在特定时期，对于同一处理下土壤 SAR 值，随着土壤深度的增加，SAR 值在不断减小，表层（0～10cm）至第二层（10～20cm）下降最快，从第二层（10～20cm）开始到 80cm，土壤 SAR 虽然也有减小，但是变化不明显，从第二层至 80cm 处仅下降了 2～5$(mmol_c/L)^{1/2}$。除潜水埋深为 80cm 的处理外，其他各种处理下土柱表层可溶性 Na$^+$ 浓度均远远高于同一处理下的其他各层。在试验开始后第 40 天，潜水埋深为 0cm 处理的土柱表层土壤可溶性 Na$^+$ 浓度最高，达到了 33.06$mmol_c/L$。除土柱表层土壤外，该时期的其他各层可溶性 Na$^+$ 与土柱初始可溶性 Na$^+$ 浓度的差异并不明显。随着时间的推移，在第 60 天前后，土柱中水溶性 Na$^+$ 浓度略微低于初始土壤可溶性 Na$^+$ 浓度，平均约低 0.8$mmol_c/L$。试验开始后第 80 天前后，土柱土壤中可溶性 Na$^+$ 浓度整体升高，略高于土壤初始可溶性 Na$^+$ 浓度 0.5$mmol_c/L$。至试验结束前，土壤中可溶性 Na$^+$ 浓度平均高于土柱原始土壤可溶性 Na$^+$ 浓度约 1.2$mmol_c/L$。不同潜水埋深处理下，开始时除表层外可溶性 Na$^+$ 浓度基本接近土壤初始可溶性 Na$^+$ 浓度，随着时间的推移，可溶性 Na$^+$ 有先减小后增大的趋势。

通过分析可见，不同潜水埋深条件下土柱水分分布主要以潜水面与土壤-大气界面为分界线。当土柱土壤位于潜水面以下时，土壤基本处于饱和状态；当土柱土壤位于潜水面以上时，土壤距离潜水面越远，土柱土壤含水率越低。此外，潜水浅埋深条件下，土壤盐化与碱化并不是同时进行的，土壤的 EC 在试验初期达到峰值，而同时期土柱表层土壤 pH 却先减小后增大。

四、潜水蒸发随埋深的变化

为了验证土壤水分通过土柱土壤蒸发到大气中的变化规律，本节设计试验期内不同潜水埋深处理下潜水蒸发量，如图 2-15 所示。由图 2-15 可知，随着潜水埋深深度变浅，潜水蒸发速度加快，蒸发量升高。潜水埋深为 0cm 的处理，试验期内蒸发量接近潜水埋深为 80cm 处理下的 2 倍。潜水埋深 20cm 的处理与潜水埋深 40cm 的处理蒸发差异较小，潜水埋深 20cm 处理下蒸发量仅比潜水埋深 40cm 处理下的蒸发量高 6.68%，而潜水埋深 40cm 的处理与潜水埋深 60cm 的处理相比较，前者比后者蒸发量高出 21.5%。潜水埋深越深，该差异越大，潜水埋深 60cm 处理比潜水埋深 80cm 处理的蒸发量高 26.73%。

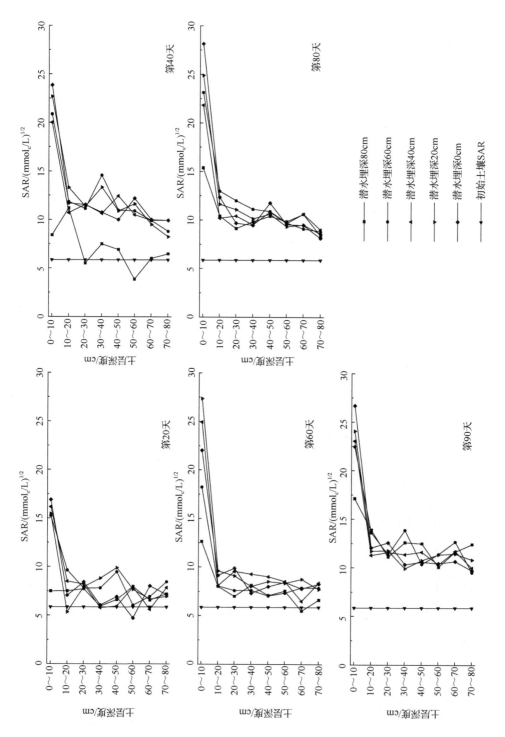

图 2-13 不同潜水埋深土壤剖面 SAR 动态分布

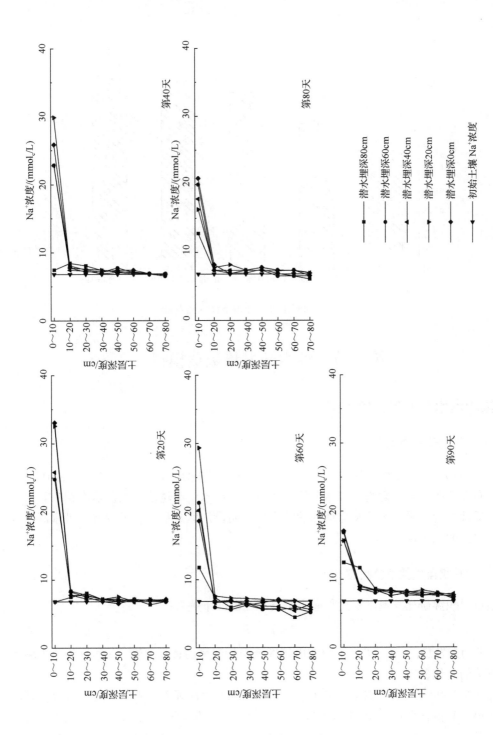

图 2-14 不同潜水埋深土壤剖面水溶性 Na⁺浓度动态分布

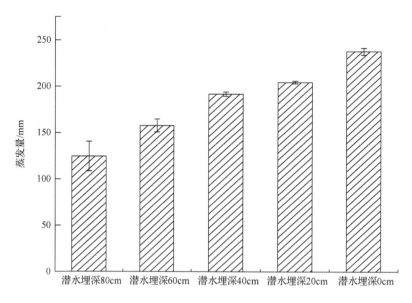

图 2-15　不同潜水埋深处理下潜水蒸发量

第三节　潜水蒸发量数值模拟

一、累积潜水蒸发量数值模拟

（一）蒸发量动态变化

由图 2-16 可知，试验条件平均温度在 15～20℃，空气湿度随着时间的变化逐渐增大，大致分布在 50%左右。随着土壤水分蒸发的进行，潜水埋深越浅，蒸发速率越快。虽然从某个局部时间点看潜水蒸发与埋深的关系并不明显，但是从一段时间看，潜水蒸发与埋深有很好的相关性。

（二）累积蒸发量数值模拟

通过对积温研究发现，积温与潜水蒸发存在着如下关系：

$$E = T^n - b \tag{2-8}$$

式中，E 为蒸发量，mm；T 为试验期内每 5 天平均温度的累积，℃；n 和 b 为与土壤性质等相关的其他参数。

由图 2-17 可知，T 在 300℃以内时，公式（2-8）对浅埋深地下水蒸发试验有较好的模拟效果。其拟合系数 R^2 均达到 0.99 以上。随着潜水埋深的加深，n 在有规律地减小，平均深度每加深 20cm，n 的拟合值减小 0.02。若把 T^n 当作一个整体变量，则 b 为一次函数的截距，b 的取值与具体埋深条件下的蒸发有关。

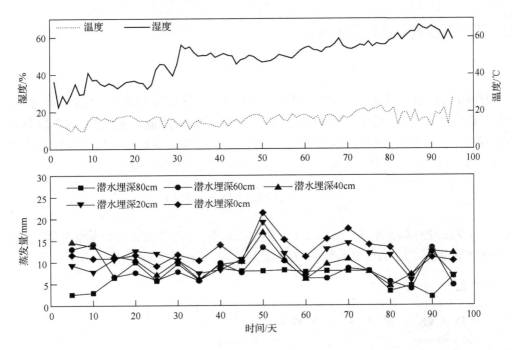

图 2-16　温湿度及不同潜水埋深条件下水分蒸发量

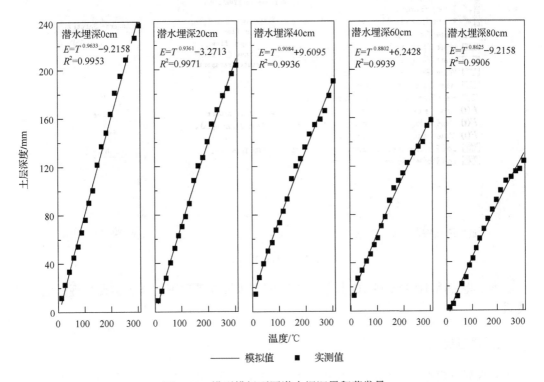

图 2-17　模型模拟不同潜水埋深累积蒸发量

二、潜水蒸发动态变化模型模拟

（一）HYDRUS-1D 数值条件设置及参数设定

HYDRUS-1D 软件是用于模拟饱和-非饱和土壤水、热、溶质运移的软件。该软件主要由一维条件下的水分运移、盐分运移和根系吸水三个模块构成，主界面如图 2-18 所示。利用该模型可以模拟在不同边界条件与初始条件下的土壤水盐运移。将地面选择为一维坐标原点，取 z 轴向下为正方向，则一维非饱和水流方程（Richards，1931）为

$$\frac{\partial \theta(h)}{\partial t} = \frac{\partial}{\partial z}\left(k(h)\left(\frac{\partial h}{\partial t}\right)+1\right)-S(h) \qquad (2\text{-}9)$$

式中，θ 为土壤体积含水率，$\mathrm{cm^3/cm^3}$；h 为负压水头，cm；S 为植物根系吸水量，g，对于裸地 S 为 0；k 为水力传导系数；t 为时间。

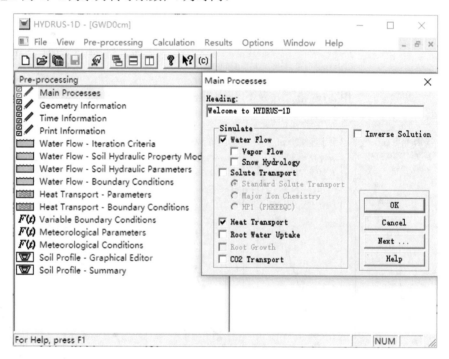

图 2-18　HYDRUS-1D 主界面

本章将应用 HYDRUS-1D 模型模拟不同潜水埋深处理下的潜水蒸发与埋深的数学关系。

1. 模型概化

潜水蒸发模拟试验的时间为 2017 年 12 月 4 日至 2018 年 3 月 8 日，共计 95 天，每日记录供水箱水分变化量。时段部分采用变时间间隔方式。模型从一个给定的初始时间增量开始离散，此时增量在每一时间水平中根据下述规则实时自动调整：时间增量

应比预先给定的最小时间步长大，不能超过预定的最大时间步长；如果在某一特定时间步长达到收敛所需的迭代次数≤3，则下一时段的时间增量乘以一个大于 1 的常数（一般在 1.1～1.5）；如果迭代次数≥7，则下一时段的时间增量乘以一个小于 1 的常数（一般在 0.3～0.9）；在某一特定时段，如果任一时间水平中收敛的迭代次数超过给定的最大值（一般在 10～50），该时间水平的迭代终止。该时段长度改为原来的1/3，并重新开始迭代。

2. 空间迭代

蒸渗仪内的土壤质地均匀，土体长为80cm，分别按照潜水埋深 0cm、20cm、40cm、60cm、80cm 做模拟研究。根据潜水埋深深度设定节点数，分为不同个数的单元格。

3. 水分运移参数确定

利用 RETC 软件拟合确定参数 θ_r、θ_s、a、n 初值，作为模型土壤水力参数初值参与运算。拟合土壤水分特征曲线的经验公式为 van Genuchten 公式及其修正方程（van Genuchten, 1980）：

$$\theta_{(h)} = \begin{cases} \theta_r + \dfrac{\theta_s + \theta_r}{\left(1 + |ah|^n\right)^m}, & h < 0 \\ \theta_s, & h \geqslant 0 \end{cases} \tag{2-10}$$

式中，$\theta_{(h)}$ 为土壤含水率，cm³/cm³；θ_s 为饱和含水率，cm³/cm³；θ_r 为残余含水率，cm³/cm³；h 为进气值，L；a、m、n 为待定系数。

4. 上边界与下边界

HYDRUS-1D 模型中可供选择的上边界条件有恒定水头、定流量、自由大气边界等，本试验中上边界赋值为潜在蒸发量，下边界为恒定水头，由试验控制。

5. 潜在蒸发

本试验中潜在蒸发量（ET_p）采用 Hargreaves 方程（Šimůnek et al., 2006）计算，该方程的具体表达式为

$$ET_p = 0.0023 R_a (T_m + 17.8)\sqrt{TR} \tag{2-11}$$

式中，R_a 为与太阳辐射有关的量，J/(m²·s)；T_m 为日均温度，℃；TR 是平均每日最高温与最低温的温差范围，℃；其中，R_a 的计算公式为

$$R_a = \frac{G_{sc}}{\pi} d_\gamma (\omega_s \sin\varphi \sin\delta + \cos\varphi \cos\delta \sin\omega_s) \tag{2-12}$$

式中，G_{sc} 为太阳常数，J/(m²·s)；φ 为纬度，rad；ω_s 为日落时太阳角度，rad；d_γ 为日地距离，km；δ 为太阳赤纬，rad。

ω_s、d_γ、δ 的求解方法如下：

$$\omega_s = \arccos\left(-\tan\varphi\tan\delta\right) \tag{2-13}$$

$$d_\gamma = 1 + 0.033\cos\left(\frac{2\pi}{365}J\right) \tag{2-14}$$

$$\delta = 0.409\sin\left(\frac{2\pi}{365}J - 1.39\right) \tag{2-15}$$

式中，J 表示一年中的第多少天。

太阳常数 G_{sc} 可用下式计算：

$$G_{sc} = \lambda ET_0 = \lambda\rho_w G_{sc}^* \tag{2-16}$$

$$\lambda = 2.501\times10^6 - 2369.2T \tag{2-17}$$

$$G_{sc}^* = \frac{G_{sc}}{\lambda\rho_w} = \frac{G_{sc}}{\rho_w\left(2.501\times10^6 - 2369.2T\right)} \tag{2-18}$$

式中，ET_0 为参考作物蒸发蒸腾量，mm；λ 为水蒸发潜热，J/kg；T 为温度，℃；ρ_w 为液态水的密度。

6. 初始条件

初始条件设置下边界恒定水头，分别在不同处理模式下进行相关运算。

试验所用土质的数值模拟各初始参数值如表 2-2 所示。

表 2-2　模型参数初始值

θ_r/（cm³/cm³）	θ_s/（cm³/cm³）	a/cm⁻¹	n	K_s/（cm/天）	1[-]
0.039	0.54	0.036	1.56	8.96	0.5

注：K_s 表示土壤饱和导水率；1[-] 表示传导函数中的曲率参数

（二）不同潜水埋深处理的蒸发模拟

HYDRUS-1D 软件对不同潜水埋深土壤蒸发量模拟与实测结果如图 2-19 和表 2-3 所示。由表 2-3 可知，潜水埋深在 0~40cm 的模拟值与实测值差异较小，相对误差均小于15%，模拟效果较好。尤其对于潜水埋深为 40cm 的处理，模拟值与实测值相对误差仅为5.6%，模拟效果最好。而对于潜水埋深 60cm 与 80cm 的处理，模拟值与实测值的相对误差分别为 35.27%和 55.46%，相对误差较大，模拟效果较差。该模拟结果说明，利用HYDRUS-1D 软件模拟潜水埋深，当潜水埋深在 0~40cm 时模拟效果较好，而对于埋深较深的模拟效果较差。

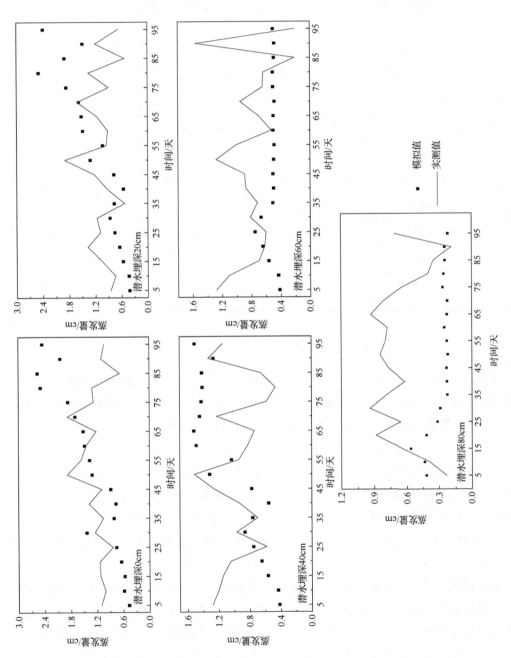

图 2-19　HYDRUS-1D 模拟不同潜水埋深蒸发量模拟值与实测值的比较

表 2-3 利用 HYDRUS-1D 累积模拟值与实测值的配对检验分析

处理	类型	95 天累积蒸发量/cm	均值/cm	相对误差/%
潜水埋深 80cm	模拟值	5.51	0.06	55.46
	实测值	12.37	0.13	
潜水埋深 60cm	模拟值	9.93	0.10	35.27
	实测值	15.34	0.16	
潜水埋深 40cm	模拟值	19.58	0.21	5.6
	实测值	18.54	0.20	
潜水埋深 20cm	模拟值	22.85	0.24	13.4
	实测值	20.15	0.21	
潜水埋深 0cm	模拟值	25.75	0.27	9.8
	实测值	23.45	0.25	

（三）不同潜水埋深土壤含水率模拟

图 2-20～图 2-23 分别描述了利用 HYDRUS-1D 软件模拟不同潜水埋深条件下土柱土壤剖面 0cm、20cm、40cm、60cm 的土壤体积含水率。可以看出，潜水埋深以下的土柱土壤无论是通过模拟还是实测，土壤体积含水率均接近饱和含水状态。由于 HYDRUS-1D 主要是模拟包气带土壤水分动态的软件，所以本节主要针对水分不饱和层的土壤水分动态进行研究。可以看出，除了潜水埋深为 40cm 和 60cm 处理的表层土壤含水率外，HYDRUS-1D 对其他处理与各土层的土壤含水率有很好的模拟效果。利用 HYDRUS-1D 软件进行模拟，除去表层土壤，包气带越长，模拟效果越好。潜水埋深为 80cm 的处理，土柱土壤在 40cm、20cm 处的模拟值与实测值的相关性均较高，表层土壤由于室内大气蒸发水平与室外不同，所以差异较大。

综上可见，单位时间内潜水埋深越浅，蒸发量越大。潜水埋深 80cm 处理的蒸发量接近潜水埋深为 0cm 处理的一半。利用 HYDRUS-1D 软件对不同潜水埋深条件下土壤水分蒸发量及土柱土壤含水率的模拟结果发现，潜水埋深较浅时，土壤水分蒸发量的实测值与模拟值具有较好的模拟关系，潜水埋深较深时模拟值与实测值的相对误差较大。对土壤含水率的模拟发现，除去表层土壤，包气带越长，模拟效果越好。潜水埋深为 80cm 的处理，土柱土壤在 40cm、20cm 处的模拟值与实测值的相关性均较高，表层土壤由于室内大气蒸发水平与室外不同，所以差异较大。

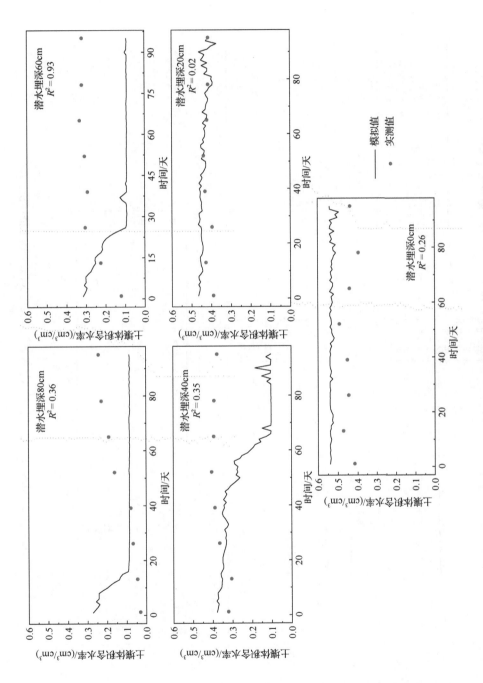

图 2-20　HYDRUS-1D 模拟不同潜水埋深条件下土柱 0cm 处的土壤体积含水率

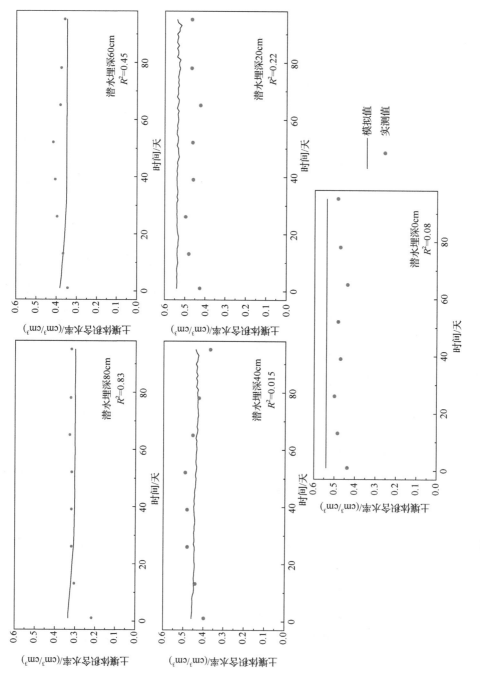

图 2-21　HYDRUS-1D 模拟不同潜水埋深条件下土柱 20cm 处的土壤体积含水率

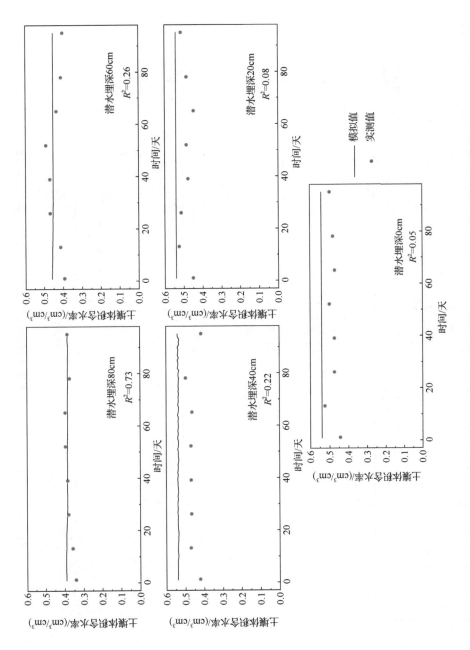

图 2-22　HYDRUS-1D 模拟不同潜水埋深条件下土柱 40cm 处的土壤体积含水率

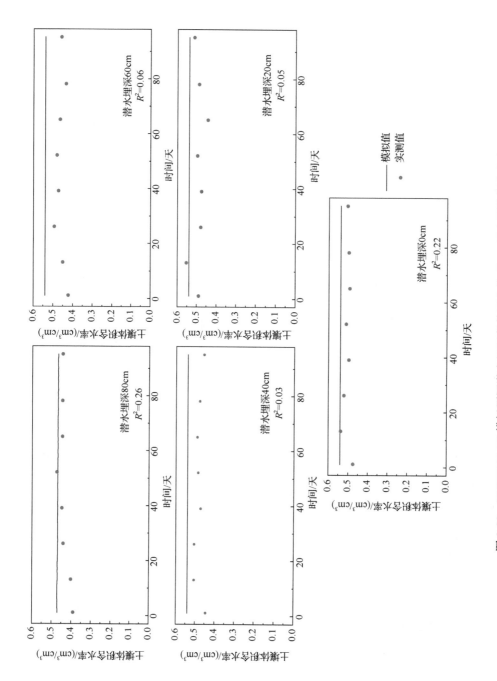

图 2-23　HYDRUS-1D 模拟不同潜水埋深条件下土柱 60cm 处土壤体积含水率

第四节　不同盐碱度的潜水对土壤剖面含盐量的影响

一、研究方案与方法

为了研究不同盐碱度潜水对土壤剖面盐分含量的影响，将潜水位通过马氏瓶控制在50cm，对不同盐碱度的水进行人工配制。

不同盐碱度潜水试验的装置由马氏瓶和土柱两部分组成，土柱由PVC（聚氯乙烯）管制成，高度为60cm，内装土壤高度为50cm。马氏瓶材料为有机玻璃，内部尺寸为18cm×18cm×18cm。通过乳胶管将马氏瓶与土柱相连。将混合均匀后的土壤按1.5g/cm^{3}的容重分层均匀装入土柱。每5cm一层，木棍捣匀压实。每个土柱底部放入尼龙网，上面铺2cm细沙作为反滤层。该试验于2018年8月20日开始，待潜水入渗完全开始测定潜水蒸发量并取土样测定土壤的质量含水率、EC、SAR等相关指标。

试验水盐碱度依据松嫩平原浅层地下水范围进行设定，依据SAR与盐分浓度［用总电导率（total electricity conductivity，TEC）表示］设计五个处理，每个处理重复三次。具体处理如表2-4所示。

表2-4　不同处理潜水盐碱度配制表

	处理一	处理二	处理三	处理四	处理五
SAR	0	0	5	10	20
TEC	0	10	40	70	100

用NaCl和CaCl$_2$配置不同处理下的SAR与TEC，具体配置方法如下：

$$TEC = cNa^+ + cCa^{2+} \tag{2-19}$$

$$SAR = cNa^+/(cCa^{2+} + cMg^{2+})^{1/2} \tag{2-20}$$

由于配置的溶液中Mg^{2+}含量为0 mg/mL，根据公式最终求得各处理的Na$^+$与Ca^{2+}浓度，如表2-5所示。

表2-5　不同处理潜水所需NaCl和CaCl$_2$的质量浓度

质量浓度	处理一	处理二	处理三	处理四	处理五
NaCl质量浓度(mg/mL)	0	0	1.258	2.777	4.846
CaCl$_2$质量浓度(mg/mL)	0	1.11	2.053	2.501	1.904
TEC/(g/L)	0	1.11	3.311	5.278	6.750

二、潜水盐分组成对土壤各层含水率的影响

已有研究表明，同一埋深不同盐分组成（SAR：TEC）的地下水对土柱土壤含水率有较大的影响。由图2-24可知，当潜水SAR：TEC为5：40、10：70、20：100时，土柱表层土壤含水率较高且相差不大。从试验开始后第30天至40天数据可以看出，潜水

SAR：TEC 为 5：40 时，土柱表层土壤含水率最高。随着试验的进行，到第 60 天土壤含水率达到最大值，随后逐渐减小。潜水 SAR：TEC 为 0：10 的处理，表层土壤含水率在整个试验期内相对较为稳定，在 20%～25%，同样在试验开始后第 60 天达到最大值。潜水 SAR：TEC 为 0：0 处理的表层土壤含水率在整个试验期内均较低，但是土壤含水率的分布趋势与潜水 SAR：TEC 为 0：10 的相似。表层土壤含水率的先增大后减小的趋势也进一步验证了潜水蒸发前期较快、后期逐渐减慢的特性。土柱 10～30cm 土层的土壤含水率在试验期间均表现为潜水 SAR：TEC 为 5：40 处理的最大。潜水 SAR：TEC 为 5：40、10：70、20：100 处理的 0～20cm 土层土壤含水率均大于潜水 SAR：TEC 为 0：10 和 0：0 的处理，从该结果可以看出，相同埋深下潜水盐分组成不同，土壤对水分的滞留能力不同。土壤性质及结构不发生变化的情况下，土壤总孔隙度不变（饱和含水率也不变）。对该试验而言，土柱同一层土壤中在只有潜水盐分组成不同的情况下，土壤含水率出现明显的变化说明不同矿化度的潜水对土壤颗粒与土壤胶体的润湿与结合能力不同。潜水 SAR：TEC 为 5：40 时，松嫩平原轻度苏打盐碱土壤（该试验所用土壤）对水分的结合能力最强。

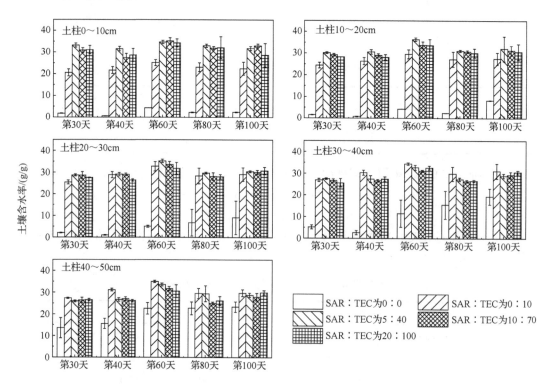

图 2-24　不同矿化度潜水作用下不同土层的土壤含水率

从土柱 30～50cm 的土层可以看出，试验期内不同时期潜水 SAR：TEC 为 0：10 处理下的土壤含水率最高，最高值为 33.57%，且该层土壤含水率以潜水 SAR：TEC 为 0：10 的处理为峰值，随着潜水盐分组成的增大有减小的趋势。潜水 SAR：TEC 为 0：0 的处理，与该处理下的其他层相比，土壤含水率较大，但与其他处理下的同层土壤含水率相比，其含水率仍然是所有处理中最小的。从该试验结果可以看出，潜水 SAR：TEC 为 0：10 的处理时，松嫩平原轻度苏打盐碱土（该试验所用土壤）潜水的蒸发潜能最弱。

综上所述，潜水 SAR：TEC 为 5：40 处理的潜水在土壤中适合长距离（>20cm）的迁移运动，而 SAR：TEC 为 0：10 处理的潜水适宜较短距离（0～20cm）的迁移与储存。

三、不同盐碱度的潜水对土柱土壤剖面盐分的影响

（一）潜水盐碱度对土柱土壤剖面盐分分布的影响

随着潜水蒸发试验的进行，试验期内土壤剖面 TEC 及 EC 分布如图 2-25 与图 2-26 所示。由图可知，除了潜水 SAR：TEC 为 0：0 的处理，随着试验的进行，土柱土壤剖面的盐分随时间呈现出规律性的变化。

由图 2-25 和图 2-26 潜水 SAR：TEC 为 0：0 的处理看出，该处理土柱土壤剖面的 TEC 分布在 20～35mmol/L，各个时期 40～50cm 土层所含的盐分总量普遍高于同期的其他各层。从土壤含水率的分布知该层土壤含水率较高，为该盐分组成潜水处理下含水率最高的层，说明该层水分上移较慢将土壤所含盐分冲洗至该层，导致土壤盐分含量的增加。从该处理其他各层土壤水分分布状况可知，水分在其他各层的量较少且运动较慢，由于"盐随水来，盐随水走"，所以其他层的盐分变化不明显。

由潜水 SAR：TEC 为 0：10、5：40、10：70、20：100 处理看出，同一时期，随着潜水盐碱度的增大，土壤剖面 TEC 及 EC 均呈现出逐渐增加的现象。从图 2-25 中可以看出，试验开始后第 80 天，潜水 SAR：TEC 分别为 0：10、5：40、10：70 与 20：100 的处理，土柱土壤表层 TEC 分别为 42.455mmol/L、61.31mmol/L、63.632mmol/L、85.3822mmol/L，相比于土柱初始 TEC（32.53mmol/L）分别提高了 30.63%、88.64%、95.79%、162.714%。因为随着潜水蒸发的进行，进入土壤相同数量的水溶液所带入的盐分不同，水分蒸发至大气的过程中，盐分也会相应积累到地表，潜水盐碱度越大，土柱表层累积的盐分越多。相同处理，土柱底层（30～50cm）的土壤盐碱度低，并且相对稳定，TEC 大致与原始土壤一致；表层（0～30cm）的土壤盐分逐渐增多，且在土柱表层出现盐分富集现象。从图 2-25 中潜水 SAR：TEC 为 20：100 的处理看出，土柱 30～50cm 土层的 TEC 主要在 33.54～38.47mmol/L，与土柱原始土壤 TEC 接近，而表土层（0～20cm）的 TEC 均大于 41.17mmol/L，最大达到 85.38mmol/L。对于其他处理，土柱 30～50cm 土层的 TEC 主要在 30～35mmol/L，0～20cm 土层土壤的 TEC 较高。潜水 SAR：TEC 为 0：10、5：40、10：70、20：100 的处理，在 30～50cm 的土层，TEC 均值分别为 28.856mmol/L、33.619mmol/L、35.295mmol/L、37.007mmol/L，表层（0～20cm）的 TEC 均值分别为 35.319mmol/L、48.815mmol/L、51.319mmol/L、57.937mmol/L。分析原因可能是潜水在土壤毛管力的作用下逐渐向上运动，土柱底层土壤的含水率高且水分运动快，所以土柱底层土壤 TEC 大致与潜水盐碱度相近。土柱表层（0～20cm）由于水分不断向上运动，水分运动至土壤表层后蒸发至大气，盐分逐渐积累在表层，并且随着表层土壤盐分的积累及物理性状的改变，亚表层的土壤盐分逐渐增加，最终导致盐分在土柱表层积累。

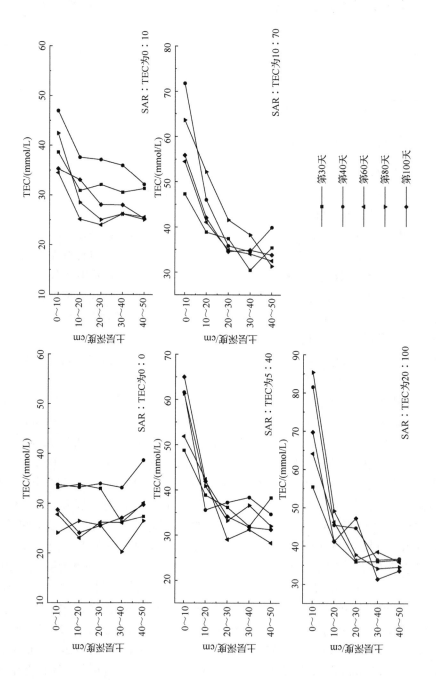

图 2-25　不同矿化度潜水作用下的土柱土壤剖面 TEC 分布

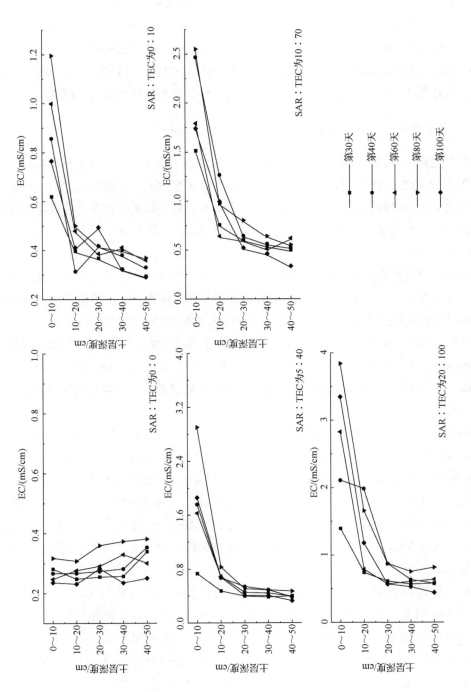

图 2-26　不同矿化度潜水作用下的土柱土壤剖面 EC 分布

相同处理，土柱土壤 TEC 随着时间的推移呈现出逐渐增大的现象，土柱表层的盐分增加趋势最为明显。从图 2-25 和图 2-26 可以看出，潜水 SAR∶TEC 为 0∶10、5∶40、10∶70、20∶100 的处理，其表层 TEC 分别由试验开始后第 30 天的 38.63mmol/L、48.75mmol/L、47.26mmol/L、55.41mmol/L 增加到第 80 天的 42.45mmol/L、61.31mmol/L、63.63mmol/L、85.38mmol/L，增加幅度分别为 9.91%、25.76%、34.62%、54.10%，说明在潜水蒸发作用下土柱表层土壤的盐分逐渐积累，并且潜水盐碱度越大累积速度越快。

（二）潜水盐碱度对土柱土壤剖面 SAR 与 Na$^+$浓度的影响

对苏打盐碱土而言，土壤 SAR 与可溶性 Na$^+$浓度是土壤盐渍化程度的重要指标。通过对比图 2-27 和图 2-28 发现，土柱土壤剖面可溶性 Na$^+$浓度随潜水蒸发试验的进行呈现规律性的变化，变化趋势与土壤盐分浓度和 EC 分布类似，均表现出在土柱表层土壤形成富集的态势，而土壤 SAR 的值相对较低。结合图 2-27 与图 2-28 土柱土壤剖面可溶性 Na$^+$的浓度、SAR 值与 SAR 的计算公式可知，土壤可溶性 Ca^{2+}与 Mg^{2+}的浓度也比较高。就土壤可溶性 Na$^+$分布而言，随着潜水盐碱度的增大，相同时期土柱土壤剖面各层土壤可溶性 Na$^+$浓度均有增大的趋势，且所有处理表层土壤可溶性 Na$^+$的增量最快。与土壤初始可溶性 Na$^+$浓度（7.135mmol/L）相比，试验结束时的潜水 SAR∶TEC 为 0∶10、5∶40、10∶70、20∶100 处理下土柱表层土壤的可溶性 Na$^+$浓度分别增加了 7.22mmol/L、13.27mmol/L、14.15mmol/L、16.50mmol/L，增幅分别达 101.26%、186.12%、198.46%、231.41%。从可溶性 Na$^+$浓度的增幅可以看出，潜水盐碱度越大，土壤可溶性 Na$^+$浓度的增加速度越快。

相同处理不同时期土柱土壤剖面可溶性 Na$^+$浓度由深层至表层呈现递增的趋势。由图 2-28 可知，在试验开始后的第 100 天，潜水 SAR∶TEC 为 0∶10、5∶40、10∶70、20∶100 处理的表层（0～10cm）土壤比底层（40～50cm）土壤的可溶性 Na$^+$浓度分别高 6.09mmol/L、11.56mmol/L、11.48mmol/L、11.89mmol/L，增幅分别达 73.72%、130.77%、117.14%、101.36%。从该结果可以看出，潜水盐碱度不同，土柱土壤剖面可溶性 Na$^+$增加量不同，潜水 SAR∶TEC 为 20∶100 的处理在相同时间内，土柱表层土壤可溶性 Na$^+$浓度的增幅最大。

根据土壤 SAR 的计算公式，影响土壤 SAR 的因素有可溶性 Na$^+$、Ca^{2+}与 Mg^{2+}的浓度。由图 2-28 可知，土壤 SAR 集中分布在 5～20(mmol/L)$^{1/2}$，属于较低水平。从土壤剖面 SAR 分布可以看出，从土柱底部至表层，土壤 SAR 逐渐增大，并且在表层达到最大值。随着时间的变化，相同处理不同土层的 SAR 有增大的趋势。从不同处理 SAR 值看出，潜水盐碱度越大，即 SAR∶TEC 越大，土柱土壤 SAR 也相对较大，并且在表层时达到最大值。

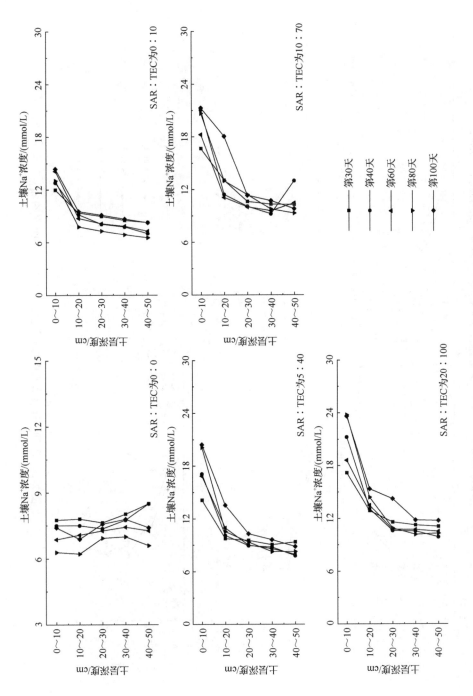

图 2-27　不同矿化度潜水作用下的土柱土壤剖面 Na⁺的分布

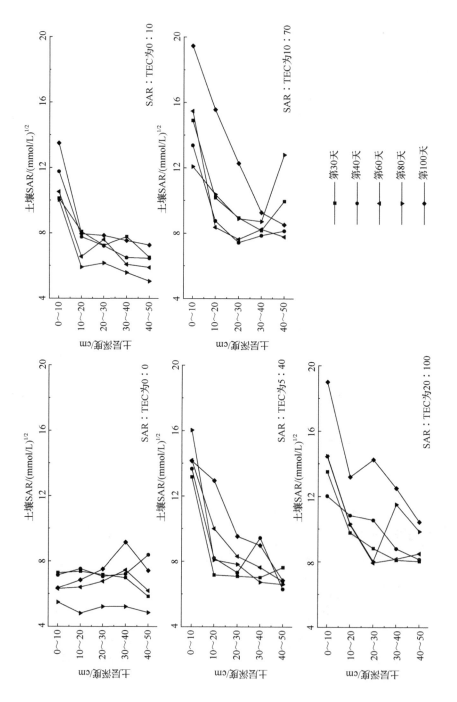

图 2-28 不同矿化度潜水作用下的土柱土壤剖面 SAR 的分布

　　通过上述分析可知，潜水盐碱度对土壤水盐运移的影响比较显著。根据试验得出 SAR：TEC 为 5：40 处理的潜水在土壤水分运动中相比于其他处理在更长距离（>20cm）的迁移运动中有优势；SAR：TEC 为 0：10 处理的潜水适宜较短距离（0~20cm）的迁移与储存。对不同盐碱度潜水作用下的盐分而言，潜水含盐量越高，TEC 及 EC 在土壤剖面上反映出的值越大。可溶性 Na^+ 浓度与土壤 TEC 及 EC 在土壤剖面上的分布趋势大致相同，均表现出随着时间的推移，相同处理与土层的可溶性离子浓度在逐渐增大；相同处理，随着土柱土层由浅变深，TEC、EC 及可溶性 Na^+ 浓度在土壤剖面逐渐减少；不同潜水盐碱度处理，随着潜水盐碱度的逐渐增大，相同时期，同一土层土柱土壤剖面 TEC、EC、可溶性 Na^+ 浓度呈现出逐渐增加的态势。

四、不同盐碱度对潜水蒸发的影响

　　图 2-29 与表 2-6 分别为不同 SAR：TEC 条件下潜水累积蒸发量与每 10 日潜水蒸发量。由图 2-29 可知，当潜水 SAR：TEC 为 5：40 时，试验期内潜水累积蒸发量最大，且最大蒸发量为 128.496mm。当潜水 SAR：TEC 为 0：0 时，蒸发量最小，为 64.5909mm。由表 2-6 知，同一时段不同处理下的潜水蒸发量也有所不同。除了气候条件对土柱土壤水分蒸发的影响外，土柱土壤性质在潜水蒸发过程中随着盐分离子的不断积累也会发生显著的变化，进而影响土壤水分蒸发。由表 2-6 可知，潜水 SAR：TEC 分别为 0：0、0：10、5：40、10：70、20：100 时，在 0~40 天内累积蒸发量分别为 33.996mm、58.816mm、72.117mm、60.8481mm、58.1509mm，日均蒸发量为 0.8499mm、1.47041mm、1.8029mm、1.5212mm、1.45377mm，而 40~90 天的累积蒸发量为 30.595mm、46.0339mm、56.379mm、59.8158mm、54.7532mm，日均蒸发量分别为 0.6119mm、0.921mm、1.12758mm、1.196mm、1.095mm，日均蒸发量分别下降 28.0%、37.39%、37.46%、21.36%、24.67%。潜水蒸发

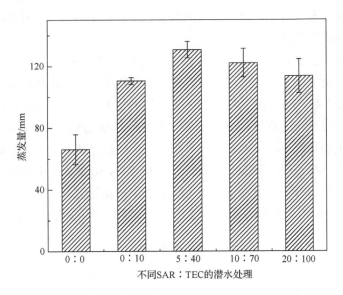

图 2-29　试验期内不同处理潜水作用下的潜水累积蒸发量

表 2-6　不同盐分组成潜水作用下的土壤蒸发量　　　　　　单位：mm

蒸发量	潜水 SAR：TEC				
	0：0	0：10	5：40	10：70	20：100
0～10 天累积蒸发量	13.3691	18.5023	19.8633	17.1891	15.2791
10～20 天累积蒸发量	6.87584	14.62535	19.1264	15.7193	15.688
20～30 天累积蒸发量	7.5627	14.7193	20.408	15.9076	14.5638
30～40 天累积蒸发量	6.18794	10.9695	12.7193	12.0321	12.62
前 40 天累积蒸发量	33.996	58.816	72.117	60.8481	58.1509
前 40 天日均蒸发量	0.8499	1.47041	1.8029	1.5212	1.45377
40～50 天累积蒸发量	6.53138	10.0635	14.4385	16.8446	13.5012
50～60 天累积蒸发量	7.90685	13.657	16.5012	16.1567	15.4699
60～70 天累积蒸发量	5.8442	9.28192	9.9695	11.3446	10.6567
70～80 天累积蒸发量	3.78156	5.50005	6.87553	6.53138	7.5627
80～90 天累积蒸发量	6.53138	7.53138	8.59402	8.93849	7.5627
后 50 天累积蒸发量	30.595	46.0339	56.379	59.8158	54.7532
后 50 天日均蒸发量	0.6119	0.921	1.12758	1.196	1.095
总日均蒸发量	0.71768	1.165	1.42773	1.34071	1.25455
总累积蒸发量	64.5909	104.85	128.496	120.664	112.91

注：2018 年 9 月 20 日开始

量逐渐降低的可能原因在于：潜水蒸发过程中，随着水盐上升，水分通过蒸发进入大气，随水分上升的盐分因为蒸发浓缩等因素滞留在土壤表层，进而破坏土壤原有的理化性状，致使土柱表层土壤黏粒分散，堵塞水盐运移通道，影响土壤毛细上升力与土柱表层热量的传导，使潜水蒸发量减少。

　　由降低幅度的大小可以推断，潜水 SAR：TEC 为 5：40、0：10 时，土壤水分蒸发量的变化幅度接近且大于其他处理下的蒸发量变化幅度，造成此种情况的原因可能是：SAR：TEC 为 5：40 与 0：10 的潜水与土壤溶液的盐碱度较为接近，所以入渗速率相对较快。目前的研究表明，直接影响潜水蒸发的因素有大气蒸发力与土壤含水率。在大气蒸发力基本不变的情况下，土壤表层的含水率及土壤水分传导能力将是影响潜水蒸发的主要因素。上述结果表明，SAR：TEC 为 5：40 与 0：10 的处理潜水随着试验的推进，潜水蒸发速度下降得最快，说明该处理下随着潜水蒸发的进行，土壤性质的改变最大。潜水 SAR：TEC 为 10：70 时，土壤的性质也在改变，但是变化相对较慢。

参 考 文 献

阿维里扬诺夫. 1963. 防治灌溉土地盐渍化的水平排水设施. 娄溥礼, 译. 北京: 中国工业出版社.

白伟, 孙占祥, 郑家明, 等. 2011. 辽西地区土壤耕层及养分状况调查分析. 土壤, 43(5): 714-719.

卞玉梅, 卢文喜, 马洪云. 2006. Visual MODFLOW 在水源地地下水数值模拟中的应用. 东北水利水电, 24(3): 31-33.

陈崇希, 裴顺平. 2001. 地下水开采-地面沉降数值模拟及防治对策研究: 以江苏省苏州市为例. 武汉: 中国地质大学出版社.

除恩凤, 王汝楠, 王春裕, 等. 1962. 吉林省郭前旗灌区苏打盐渍化的成因及其累积过程. 土壤通报, 1: 9-22.

付秋萍, 张江辉, 王全九. 2007. E0值对潜水蒸发计算精度影响分析. 干旱区地理, 30(6): 820-825.

付秋萍, 张江辉, 王全九. 2008. 常用潜水蒸发经验公式在新疆地区适用性研究. 干旱地区农业研究, 26(3): 182-188.

郭瑞, 冯起, 司建华, 等. 2008. 土壤水盐运移模型研究进展. 冰川冻土, 30(3): 527-534.

郭忠升, 邵明安. 2009. 半干旱区人工林地土壤入渗过程分析. 土壤学报, 46(5): 953-958.

霍思远. 2015. 潜水位下降对入渗补给的影响研究. 武汉: 中国地质大学.

教忠意, 王保松, 施士争, 等. 2008. 林木抗盐性研究进展. 西北林学院学报, 23(5): 60-64.

来剑斌, 王永平, 蒋庆华, 等. 2003. 土壤质地对潜水蒸发的影响. 西北农林科技大学学报 (自然科学版), 31(6): 153-157.

雷志栋, 胡和平, 杨诗秀. 1999. 土壤水研究进展与评述. 水科学进展, 10(3): 311-318.

雷志栋, 杨诗秀, 谢森传. 1984. 潜水稳定蒸发的分析与经验公式. 水利学报, 8(6): 60-64.

雷志栋, 杨诗秀, 谢森传. 1988. 土壤水动力学. 北京: 清华大学出版社.

李保国, 胡克林, 黄元仿, 等. 2005. 土壤溶质运移模型的研究及应用. 土壤, 37(4): 345-352.

李昌华. 1964. 松嫩平原地下水和土壤的近代积盐过程. 土壤学报, 12(1): 34-36.

李小倩, 夏江宝, 赵西梅, 等. 2017. 不同潜水埋深下浅层土壤的水盐分布特征. 中国水土保持科学, 15(2): 43-50.

李晓洁, 赵凯, 任建华, 等. 2012. 吉林西部盐渍土电导率、可溶性钠与裂纹相关性测量. 土壤与作物, 1(1): 49-54.

李晓军, 李取生. 2005. 松嫩平原西部土地利用变化及其盐渍化效应研究: 以大安市为例. 干旱区资源与环境, 19(3): 88-92.

李韵珠, 李保国. 1998. 土壤溶质运移. 北京: 科学出版社.

栗现文, 周金龙, 周念清, 等. 2016. 潜水高矿化度对粉质粘土毛细水上升的影响. 干旱区资源与环境, (7): 192-196.

林蔚, 张雷, 张国伟, 等. 2012. 滨海盐土棉田棉花水、盐遥感监测系统的设计与实现. 棉花学报, 24(2): 114-119.

刘昌明, 王会肖. 1999. 土壤-作物-大气界面水分过程与节水调控. 北京: 科学出版社.

刘广明, 杨劲松. 2002. 土壤蒸发量与地下水作用条件的关系. 土壤, (3): 141-144.

刘广明, 杨劲松. 2003. 地下水作用条件下土壤积盐规律研究. 土壤学报, 40(1): 65-69.

罗玉峰, 毛怡雷, 彭世彰, 等. 2013. 作物生长条件下的阿维里扬诺夫潜水蒸发公式改进. 农业工程学报, 29(4): 102-109.

吕殿青, 王文焰. 1999. 入渗与蒸发条件下土壤水盐运移的研究. 水土保持研究, 6(2): 61-66.

乔冬梅, 吴海卿, 齐学斌, 等. 2007. 不同潜水埋深条件下微咸水灌溉的水盐运移规律及模拟研究. 水土保持学报, 21(6): 7-10.

邱康利, 李旭, 贺江辉, 等. 2014. Visual MODFLOW 在地下水数值模拟中的应用. 煤炭与化工, 37(6): 54-56.

裘善文, 张柏, 王志春. 2003. 吉林省西部土地荒漠化现状、特征与治理途径研究. 地理科学, 23(2): 188-192.

权全, 解建仓, 沈冰, 等. 2010. 基于实测数据及遥感图片的土壤采样方法. 农业工程学报, (12): 237-241.

尚松浩, 雷志栋, 杨诗秀, 等. 1999. 冻融期地下水位变化情况下土壤水分运动的初步研究. 农业工程学报, 15(2): 64-68.

邵明安, 王全九, 黄明斌. 2006. 土壤物理学. 北京: 高等教育出版社.

沈立昌. 1985. 关于潜水蒸发经验公式的探讨. 水利学报, (7): 34-40.

石元春, 李韵珠. 1986. 盐渍土的水盐运动. 北京: 北京农业大学出版社.

史文娟, 沈冰, 汪志荣, 等. 2005. 蒸发条件下浅层地下水埋深夹砂层土壤水盐运移特性研究. 农业工程学报, 21(9): 23-26.

史文娟, 沈冰, 汪志荣, 等. 2006. 高地下水位条件下盐渍土区潜水蒸发特性及计算方法. 农业工程学报, 22(5): 32-35.

史文娟, 沈冰, 汪志荣, 等. 2007. 夹砂层状土壤潜水蒸发特性及计算模型. 农业工程学报, 23(2): 17-20.

宋长春, 邓伟. 2000. 吉林西部地下水特征及其与土壤盐渍化的关系. 地理科学, 20(3): 246-250.

宋献方, 李发东, 于静洁, 等. 2007a. 基于氢氧同位素与水化学的潮白河流域地下水水循环特征. 地理研究, 26(1): 11-21.

宋献方, 柳鉴容, 孙晓敏, 等. 2007b. 基于 CERN 的中国大气降水同位素观测网络. 地球科学进展, 22(7): 738-747.

唐海行, 苏逸深, 张和平. 1989. 潜水蒸发的实验研究及其经验公式的改进. 水利学报, 10: 37-44.

王改改, 张玉龙. 2012. 土壤传递函数模型的研究进展. 干旱地区农业研究, 30(1): 99-103.

王家强, 柳维扬, 彭杰, 等. 2017. 塔里木河上游荒漠河岸林土壤水分与浅层地下水分布规律研究. 西南农业学报, (9): 2071-2077.

王遵亲, 祝寿泉, 俞仁培. 1993. 中国盐渍土. 北京: 科学出版社.

解雪峰, 濮励杰, 朱明, 等. 2016. 土壤水盐运移模型研究进展及展望. 地理科学, 36(10): 1565-1572.

邢旭光, 史文娟, 王全九. 2013. 对常用潜水蒸发经验模型中 E0 值的探讨. 干旱地区农业研究, 31(4): 57-60.

杨邦杰, 隋红建. 1997. 土壤水热运动模型及其应用. 北京: 中国科学技术出版社.

杨帆, 罗金明, 王志春. 2014. 松嫩平原盐渍化区水盐转化规律与调控机理. 北京: 中国环境出版社.

杨帆, 王志春, 王云贺, 等. 2015. 松嫩平原苏打盐渍土土壤水分特征研究. 地理科学, 35(3): 340-345.

杨帆, 王志春, 肖烨. 2012. 冬季结冰灌溉对苏打盐碱土水盐变化的影响. 地理科学, 32(10): 1241-1246.

杨建锋, 邓伟, 章光新. 2006. 田块尺度苏打盐渍土盐化和碱化空间变异特征. 土壤学报, 43(3): 500-505.

杨建锋, 刘士平, 张道宽, 等. 2001. 地下水浅埋条件下土壤水动态变化规律研究. 灌溉排水, 20(3): 25-28.

杨建锋, 万书勤, 邓伟, 等. 2005. 地下水浅埋条件下包气带水和溶质运移数值模拟研究述评. 农业工程学报, 21(6): 158-165.

杨劲松. 2008. 中国盐渍土研究的发展历程与展望. 土壤学报, 45(5): 837-845.

叶水庭, 施鑫源, 苗晓芳. 1982. 用潜水蒸发经验公式计算给水度问题的分析. 水文地质工地质(4): 45-48, 6.

尤文瑞. 1984. 盐渍土水盐动态的研究. 土壤学进展, 12(3): 1-14.

于国强, 李占斌, 张霞, 等. 2009. 土壤水盐动态的 BP 神经网络模型及灰色关联分析. 农业工程学报(11): 74-79.

张红. 2007. 不同潜水位下苏打盐渍土水盐动态规律. 北京: 中国科学院研究生院.

张书函, 康绍忠. 1995. 农田潜水蒸发的变化规律及其计算方法研究. 西北水资源与水工程, 6(1): 9-15.

张书函, 康绍忠, 刘晓明, 等. 1995. 农田潜水蒸发的变化规律及其计算方法研究. 西北水资源与水工程, 6(1): 9-15.

张蔚榛. 2013. 地下水非稳定流计算和地下水资源评价. 武汉: 武汉大学出版社.

张永明, 胡顺军, 翟禄新, 等. 2009. 塔里木盆地裸地潜水蒸发计算模型. 农业工程学报, 25(1): 27-32.

赵海卿, 赵勇胜, 杨湘奎, 等. 2009. 松嫩平原地下水资源及其环境问题调查评价. 北京: 地质出版社.

Boersma L, Lindstrom F T, Mcfarlane C, et al. 1988. Uptake of organic chemicals by plants: A theoretical model. Soil Science, 146(6): 403-417.

Breshears D D, Nyhan J W, Heil C E, et al. 1998. Effects of woody plants on microclimate in a semiarid woodland: Soil temperature and evaporation in canopy and intercanopy patches. International Journal of Plant Sciences, 159(6): 1010-1017.

Chang J R, Yeh G T, Short T E. 1993. Modeling two-dimensional subsurface flow, fate and transport of microbes and chemicals. ASCE: 611-616.

Chen W, Hou Z, Wu L, et al. 2010. Evaluating salinity distribution in soil irrigated with saline water in arid regions of northwest China. Agricultural Water Management, 97(12): 2001-2008.

Darcy H. 1856. Les Fontaines publiques de la ville de Dijon. Paris: Dalmont.

Dawes W, Zhang L, Dyce P. 1998. WAVES: An Integrated Energy and Water Balance Model, Chapter 1. Canberra: CSIRO: 3-5.

Flury M, Wu Q J, Wu L, et al. 1998. Analytical solution for solute transport with depth-dependent transformation or sorption coefficients. Water Resources Research, 34(11): 2931-2937.

Gardner W R, Fireman M. 1958. Laboratory studies of evaporation from soil columns in the presence of a water table. Soil Science, 85(5): 244-249.

Guswa A J, Celia M A, Rodriguez-Iturbe I. 2002. Models of soil moisture dynamics in ecohydrology: A comparative study. Water Resources Research, 38(9): 5-1-5-15.

Haverkamp R, Vauclin M, Touma J, et al. 1977. A comparison of numerical simulation models for one-dimensional infiltration. Soil Science Society of America Journal, 41(2): 285-294.

Hu S J, Tian C Y, Song Y D, et al. 2006. Models for calculating phreatic water evaporation on bare and Tamarix-vegetated lands. Chinese Science Bulletin, 51(A01): 43-50.

Krysanova V, White M. 2015. Advances in water resources assessment with SWAT: An overview. Hydrological Sciences Journal, 60(5): 771-783.

Lehmann P, Stauffer F, Hinz C, et al. 1998. Effect of hysteresis on water flow in a sand column with a fluctuating capillary fringe. Journal of Contaminant Hydrology, 33(1-2): 81-100.

Liu C M, Zhang X Y, Zhang Y Q. 2002. Determination of daily evaporation and evapotranspiration of winter wheat and maize by large-scale weighing lysimeter and micro-lysimeter. Agricultural and Forest Meteorology, 111(2): 109-120.

McDonald M G, Harbaugh A W. 1988. A modular three-dimensional finite-difference ground-water flow model. Reston, VA: US Geological Survey.

Richards L A. 1931. Capillary conduction of liquids through porous mediums. Physics, 1(5): 318-333.

Šimůnek J, Sejna M, Saito H, et al. 2008. The HYDRUS-1D software package for simulating the movement of water, heat, and multiple solutes in variably saturated media, version 4.0: HYDRUS Software Series 3. Department of Environmental Sciences, University of California Riverside, Riverside, California, USA.

Šimůnek J, van Genuchten M Th, Šejna M. 2006. The HYDRUS software package for simulating two-and three-dimensional movement of water, heat, and multiple solutes in variably-saturated media; technical manual, version 1.0. Riverside: University of California-Riverside Research Reports: 241.

Tindall J A, Tindall J R K, Dean E A. 1999. Unsaturated zone hydrology for scientists and engineers. Upper Saddle River: Prentice Hall.

Todd R M, Kemper W D. 1972. Salt dispersion coefficients near an evaporating surface1. Soil Science Society of America Journal, 36(4): 539-543.

van Genuchten M Th. 1980. A closed-form equation for predicting the hydraulic conductivity of unsaturated soil. Soil Science Society of America Journal, 44(5): 892-898.

van Genuchten M Th, Schaap M G, Mohanty B P, et al. 1999. Modelling of transport process in soils at various scales in time and space. Wageningen, the Netherlands: Wageningen Pers: 23-45.

Vanclooster M, Viaene P, Christiaens K, et al. 1996. WAVE, a mathematical model for simulating water and agrochemicals in the soil and the vadose environment: Release 2.1. Institute for Land and Water Management, Catholic University Leuven, Leuven, Belgium.

Vinocur B, Altman A. 2005. Recent advances in engineering plant tolerance to abiotic stress: Achievements and limitations. Current Opinion in Biotechnology, 16(2): 123-132.

Whalley W R, Ober E S, Jenkins M. 2013. Measurement of the matric potential of soil water in the rhizosphere. Journal of Experimental Botany, 64(13): 3951-3963.

Wythers K R, Lauenroth W K, Paruelo J M. 1999. Bare-soil evaporation under semiarid field conditions. Soil Science Society of America Journal, 63(5): 1341-1349.

Xiao Y, Huang Z G, Yang F, et al. 2014. The dynamics of soil moisture and salinity after using saline water freezing-melting combined with flue gas desulfurization gypsum. Polish Journal of Environmental Studies, 23(5): 1763-1772.

Yang F, Zhang G X, Yin X R, et al. 2011. Study on capillary rise from shallow groundwater and critical water table depth of a saline sodic soil in western Songnen plain of China. Environmental Earth Science, 64(8): 2119-2126.

Zou P, Yang J S, Fu J R, et al. 2010. Artificial neural network and time series models for predicting soil salt and water content. Agricultural Water Management, 97(12): 2009-2019.

第三章　微地貌条件下土壤盐碱化特征及空间变异

宏观的地貌类型影响自然降水的再分配，进而影响可溶盐的积累，地表径流使盐分从周围高地的土壤表层向下移动，并通过地下水移动到地势较低的地区。大地貌造就了盐分聚积带，形成了松嫩平原盐碱土区，中地貌形成了盐分聚积带中的重盐碱土和轻盐碱土，微地貌则形成了暗碱土、明碱土、轻碱土和草甸土（王春裕，2004）。

微地貌影响苏打盐碱土空间分布。草甸碱土多分布于较地表高出1～1.5m的微高地形上，草甸盐土则多分布在微低地形上。在水平方向上，草甸碱土和草甸盐土常与盐化草甸土、淡黑钙土、沼泽土及风沙土呈复区分布，相互穿插，呈现复杂的复区分布特征，在微小的范围内，可同时观察到两种土壤类型，且土类界线清晰，基本上不存在过渡现象，这就是苏打盐碱地土壤在微域内的性质多变性。在较小范围内，土壤类型分布的多样性现象称为盐碱土的微域性（赵兰坡等，2013）。

第一节　微地貌条件下的土壤盐碱化特征

松嫩平原地势低平开阔，其上洼地、湖泊星罗棋布，苏打盐碱土微域分布特征显著。为揭示地形微观尺度内土壤盐碱化特征，在松嫩平原的腹地大安市安广镇乐胜乡西二十里堡退化草原上，选择一个近似蝶形的洼地为研究区域（图3-1～图3-3）。研究洼地水

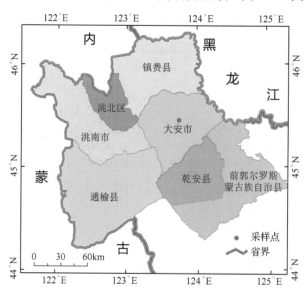

图3-1　吉林省大安市行政区位图

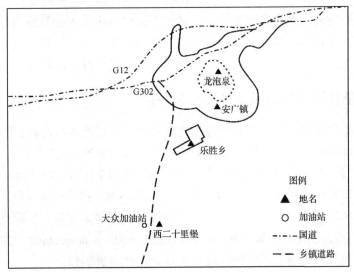

图 3-2　研究区西二十里堡区位图

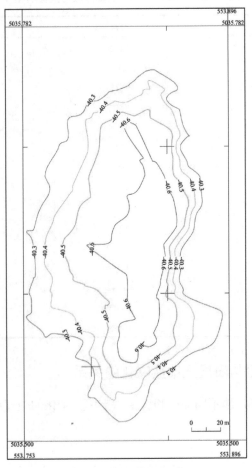

图 3-3　洼地地形图

等高线单位为 cm

盐在垂直和水平方向上的空间变异特征，通过不同时段观测水和盐的动态变化，分析其运移规律，揭示微域内土壤盐碱化形成机制，并对其进行精确模拟。研究结果对盐碱化土壤的监测、治理、开发利用和评价具有重要意义（赵丹丹等，2018）。

一、微地貌条件下苏打盐碱土理化性质特征

为研究微地貌条件下苏打盐碱土理化性质的变异，以及苏打盐碱土微域性的形成因素，作者对洼地的微地貌作用下的水盐运移做了深入细致的研究。

2017 年春季，我们按照不同地形高度和坡度采集表层土样（0～25cm）。分析表层土壤的有机碳和主要的盐碱化指标 [pH、EC、可溶盐总量，以及可溶性八大离子（CO_3^{2-}、HCO_3^-、Cl^-、SO_4^{2-}、Ca^{2+}、Mg^{2+}、K^+、Na^+）含量、交换性 Na^+ 含量、阳离子交换量（cation exchange capacity，CEC）和碱化度（exchangeable sodium percentage，ESP）等]。对地形高度和坡度与表层土壤盐碱化指标进行了统计分析（表 3-1）。

表 3-1　地形高度、坡度与表层土壤盐碱化指标的相关性系数

指标	高度	坡度
pH	0.658	0.142
EC	0.358	0.070
可溶盐总量	-0.213	-0.116
CO_3^{2-}	0.330	0.055
HCO_3^-	0.246	-0.196
Cl^-	0.264	-0.003
SO_4^{2-}	-0.436	-0.376
K^+	-0.281	-0.117
Na^+	0.271	0.006
Ca^{2+}	0.350	0.202
Mg^{2+}	-0.019	0.000
有机碳	-0.548	-0.098
CEC	-0.142	-0.245
交换性 Na^+	0.402	-0.016
ESP	0.465	0.004

二、地形高度、坡度与表层土壤盐碱化的关系

本节重点探讨蝶形洼地不同高度和坡度与土壤盐碱化的数理统计特征。

（一）相关性分析

相关系数的计算结果显示，与高度相关性较强的指标依次是（相关性由大到小）：pH、有机碳、ESP、SO_4^{2-}、交换性 Na^+、EC。其中，有机碳和 SO_4^{2-} 与高度呈现负相关，其余

变量均与高度呈现正相关。与坡度相关性较强的指标依次是（相关性由大到小）：SO_4^{2-}、CEC、Ca^{2+}、CO_3^{2-}、pH。其中，SO_4^{2-}、CEC 和 CO_3^{2-} 与坡度呈现负相关，Ca^{2+}、pH 与坡度呈现正相关。从相关性分析的结果中可以看出：相比于高度，坡度与各项指标之间呈现出的相关关系整体较弱，也就是说，在调查尺度内，坡度与大部分指标之间的相关性并不明显。

（二）主成分分析

主成分分析最初是针对非随机变量进行分析的一种数学分析方法，后来被推广到随机变量的情形。考虑到 pH、EC、可溶盐总量、八大离子、有机碳、CEC、交换性 Na^+ 和 ESP 几个指标之间存在较强的相关性，本节采用主成分分析的方法进行赋权。利用主成分之间的独立性，消除各个指标之间的相互作用对结果造成的干扰，具体求解的过程如下。

第 1 步：对原始数据进行标准化处理。将各指标值 a_{ij} 转换成标准化指标 $\tilde{a}_{ij}$，有

$$\tilde{a}_{ij} = \frac{a_{ij} - \mu_j}{s_j}, \quad i=1,2,\cdots,n, \ j=1,2,\cdots,15 \tag{3-1}$$

式中，$\mu_j = \frac{1}{n}\sum_{i=1}^{n} a_{ij}$，$S_j = \sqrt{\frac{1}{n-1}\sum_{i=1}^{n}(a_{ij}-\mu_j)^2}$，$j=1,2,\cdots,15$，即 μ_j 和 S_j 分别为第 j 个指标的样本均值和样本标准差。

对应地，经过这样标准化处理后的变量称为标准化指标变量。

$$\tilde{x}_j = \frac{x_j - \mu_j}{S_j}, \quad j=1,2,\cdots,15 \tag{3-2}$$

第 2 步：计算相关系数矩阵 $\boldsymbol{R}$。相关系数矩阵 $\boldsymbol{R}=(r_{ij})_{15\times15}$，有

$$r_{ij} = \frac{\sum_{k=1}^{n} \tilde{a}_{ki} \cdot a_{kj}}{n-1}, \ i,j=1,2,\cdots,15 \tag{3-3}$$

式中，$r_{ij}=1$，$r_{ij}=r_{ji}$，r_{ij} 为第 i 个指标与第 j 个指标的相关系数。

第 3 步：计算特征值和特征向量。计算相关系数矩阵 $\boldsymbol{R}$ 的特征值 $\lambda_1 \geqslant \lambda_2 \geqslant \cdots \geqslant \lambda_{15} \geqslant 0$ 及对应的标准化特征向量 $\boldsymbol{u}_1, \boldsymbol{u}_2, \cdots, \boldsymbol{u}_m$，其中 $\boldsymbol{u}_j=[u_{1j},u_{2j},\cdots,u_{ij}]^T$，由特征向量组成 m 个新的指标变量，即

$$\begin{aligned} y_1 &= u_{11}\tilde{x}_1 + u_{21}\tilde{x}_2 + \ldots + u_{m1}\tilde{x}_m \\ y_2 &= u_{12}\tilde{x}_1 + u_{22}\tilde{x}_2 + \ldots + u_{m2}\tilde{x}_m \\ &\vdots \\ y_{15} &= u_{1m}\tilde{x}_1 + u_{2m}\tilde{x}_2 + \ldots + u_{mm}\tilde{x}_m \end{aligned} \tag{3-4}$$

式中，y_1 为第 1 主成分；y_2 为第 2 主成分；y_m 为第 m 主成分。

第 4 步：选择 $p\,(p \leqslant m)$ 个主成分，计算各指标权值。

计算特征值 λ_j ($j=1,2,\cdots,m$) 的信息贡献率和累积贡献率。称

$$b_j = \frac{\lambda_j}{\sum\limits_{k=1}^{m} \lambda_k}, \quad j=1,2,\cdots,m \tag{3-5}$$

为主成分 y_j 的信息贡献率，同时有

$$\alpha_p = \frac{\sum\limits_{k=1}^{p} \lambda_k}{\sum\limits_{k=1}^{m} \lambda_k} \tag{3-6}$$

为主成分的累积贡献率。当 α_p 接近于 1（一般取 α_p=0.85, 0.90, 0.95）时，选择指标变量 $y_1, y_2, \cdots, y_p$ 作为 p 个主成分，代替原来 m 个指标变量，从而可计算指标权重。

通过以上步骤对 15 项指标进行主成分分析，结果见表 3-2。

表 3-2　主成分分析结果

成分	初始特征值			提取载荷平方和			旋转载荷平方和		
	总计	方差百分比/%	累积贡献率/%	总计	方差百分比/%	累积贡献率/%	总计	方差百分比/%	累积贡献率/%
1	4.472	29.813	29.813	4.472	29.813	29.813	3.338	22.250	22.250
2	2.666	17.775	47.588	2.666	17.775	47.588	2.786	18.571	40.822
3	1.928	12.853	60.441	1.928	12.853	60.441	2.636	17.575	58.397
4	1.317	8.782	69.223	1.317	8.782	69.223	1.397	9.312	67.709
5	1.140	7.602	76.825	1.140	7.602	76.825	1.367	9.116	76.825
6	0.869	5.793	82.618						
7	0.770	5.133	87.751						

根据累积贡献率的值选取累积贡献率高于 75% 的 5 个成分作为主成分。累积贡献率 76.825% 表明，选取的 5 个主成分包含了原始数据 76.825% 的信息，具有统计意义。

从旋转后的成分矩阵中可以看出，主成分 1 主要体现了 Na^+、Cl^-、CO_3^{2-}、EC 的信息，主成分 2 主要体现了可溶盐总量、K^+、HCO_3^- 的信息，主成分 3 主要体现了 pH、有机碳、ESP、交换性 Na^+ 的信息，主成分 4 主要体现了 CEC 的信息，主成分 5 主要体现了 Ca^{2+} 的信息（表 3-3、表 3-4）。

表 3-3　旋转后的成分矩阵

指标	主成分				
	1	2	3	4	5
Na^+	0.905	−0.026	0.197	−0.020	−0.077
Cl^-	0.860	0.026	0.217	−0.007	−0.174
CO_3^{2-}	0.779	0.108	0.196	0.090	0.355

指标	主成分				
	1	2	3	4	5
EC	0.750	−0.067	0.146	0.090	0.457
SO_4^{2-}	0.549	0.368	−0.307	0.149	−0.409
可溶盐总量	0.053	0.933	0.118	−0.049	−0.035
K^+	−0.062	0.919	0.005	−0.041	−0.051
HCO_3^-	0.125	0.831	−0.019	0.131	0.252
pH	0.339	0.085	0.790	−0.020	0.237
有机碳	−0.010	−0.078	−0.784	0.327	−0.088
ESP	0.389	0.054	0.716	0.215	0.059
交换性 Na^+	0.123	−0.028	0.702	0.506	−0.048
CEC	0.046	0.013	−0.010	0.959	0.018
Ca^{2+}	0.050	0.200	0.285	−0.039	0.711
Mg^{2+}	−0.027	0.413	0.239	−0.085	−0.432

注：旋转方法为 Kaiser 正态化最大方差法，旋转在 7 次迭代后已收敛

表 3-4　成分得分系数矩阵

指标	主成分				
	1	2	3	4	5
pH	0.006	−0.001	0.289	−0.052	0.054
EC	0.230	−0.042	−0.105	0.005	0.317
可溶盐总量	−0.023	0.336	0.024	−0.037	−0.024
CO_3^{2-}	0.231	0.017	−0.074	0.003	0.230
HCO_3^-	−0.001	0.309	−0.097	0.095	0.227
Cl^-	0.288	−0.032	0.014	−0.082	−0.206
SO_4^{2-}	0.230	0.117	−0.169	0.067	−0.289
K^+	−0.049	0.338	−0.012	−0.020	−0.014
Na^+	0.307	−0.049	−0.016	−0.094	−0.128
Ca^{2+}	−0.050	0.081	0.008	−0.029	0.531
Mg^{2+}	−0.033	0.132	0.174	−0.066	−0.375
有机质	0.081	−0.002	−0.359	0.253	0.056
CEC	−0.064	0.010	−0.028	0.707	0.024
交换性 Na^+	−0.090	−0.037	0.319	0.353	−0.152
ESP	0.022	−0.015	0.273	0.118	−0.078

注：每一项的得分代表该因素相对于某个主成分的系数

　　利用 SPSS 软件对地形高度和 5 项指标（pH、SO_4^{2-}、可溶盐总量、有机碳、Cl^-）进行回归分析，结果如表 3-5 所示。

表 3-5　标准化系数

指标	未标准化系数		标准化系数 Beta	t	显著性
	B	标准错误			
常量	−40.940	0.118		−347.311	0.000
pH	0.060	0.012	0.408	5.099	0.000
SO_4^{2-}	−0.226	0.047	−0.344	−4.795	0.000
可溶盐总量	−0.020	0.005	−0.274	−4.316	0.000
有机碳	−0.006	0.001	−0.289	−4.109	0.000
Cl^-	0.012	0.004	0.244	3.327	0.001

注：因变量为地形高度

从显著性水平中可以看出，在显著性水平 0.05 的条件下，解释变量对被解释变量有显著影响，认为回归有意义。根据表 3-5 可知，地形高度与五项指标之间的关系式为

$$y_1 = 0.408x_1 - 0.344x_2 - 0.274x_3 - 0.289x_4 + 0.244x_5 \qquad (3\text{-}7)$$

式中，x_1、x_2、x_3、x_4、x_5 分别代表 pH、SO_4^{2-}、可溶盐总量、有机碳、Cl^-。

回归检验见表 3-6。

表 3-6　回归检验

	平方和	自由度	均方	F 值	显著性
回归	0.816	5	0.163	41.883	0.000[b]
残差	0.351	90	0.004		
总计	1.167	95			

注：因变量为地形高度；预测变量为常量，包括 Cl^-（cmol/kg）、有机碳（g/kg）、可溶盐总量（%）、SO_4^{2-}（cmol/kg）、pH；b 为样本回归系数

F 值的显著性水平很小，这体现了解释变量对被解释变量有显著影响，说明模型有意义（图 3-4）。

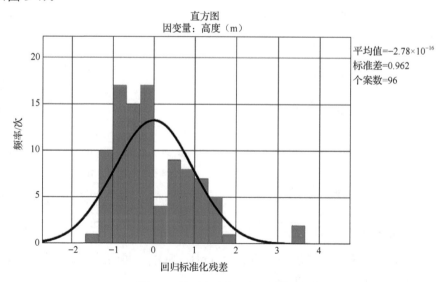

图 3-4　地形高度回归标准化残差

从地形高度的拟合效果图（图 3-5）中可以看出，高度的拟合效果理想。

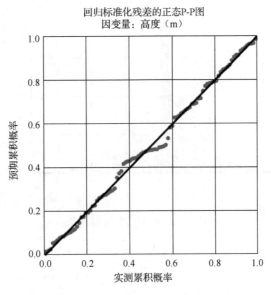

回归标准化残差的正态P-P图
因变量：高度（m）

图 3-5　地形高度实测累积概率

利用 SPSS 软件对坡度和与其相关性较高的 7 项指标（pH、Na^+、CEC、可溶盐总量、Cl^-、有机碳、CO_3^{2-}）进行回归分析。根据表 3-7 可知，坡度与 7 项指标之间的关系式为

$$y_1=0.225x_1-0.052x_2-0.283x_3-0.148x_4-0.049x_5+0.088x_6+0.072x_7 \qquad (3-8)$$

式中，$x_1, x_2, x_3, x_4, x_5, x_6, x_7$ 分别代表 pH、Na^+、CEC、可溶盐总量、Cl^-、有机碳、CO_3^{2-}。

表 3-7　标准化系数表

指标	未标准化系数		标准化系数 Beta	t	显著性
	B	标准错误			
常量	−0.038	1.895		−0.020	0.984
pH	0.300	0.192	0.225	1.562	0.122
Na^+	−0.010	0.045	−0.052	−0.228	0.820
CEC	−0.051	0.020	−0.283	−2.592	0.011
可溶盐总量	−0.099	0.070	−0.148	−1.422	0.159
Cl^-	−0.023	0.104	−0.049	−0.218	0.828
有机碳	0.016	0.024	0.088	0.669	0.505
CO_3^{2-}	0.032	0.060	0.072	0.521	0.604

注：因变量为坡度（%）

根据 SPSS 软件统计的结果，坡度与相关性较大的 7 项因子拟合不理想（图 3-6、图 3-7）。

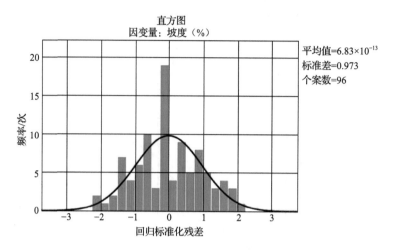

图 3-6　坡度回归标准残差

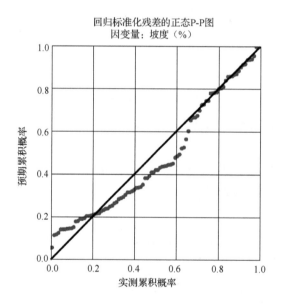

图 3-7　坡度实测累积概率

　　2018 年春季数据中,与地形高度相关性较强的指标依次是(相关性由大到小):pH、有机碳、EC、ESP、Na^+。其中,有机碳与地形高度呈现负相关,其余变量均与地形高度呈现正相关。与坡度相关性较强的指标依次是(相关性由大到小):pH、CO_3^{2-}、Na^+、Cl^-。这几项指标与坡度之间均呈现出正相关。同 2017 年秋季的情况类似,2018 年春季数据中地形高度与部分指标的相关性比较明显,但总体而言坡度与各个指标之间的关系比较微弱。

　　通过相关性的分析,从 2017 年秋季、2018 年春季数据相关性的对比中可以看出,总体而言与地形高度相关性较强的指标变化不大,但是与坡度相关性强的指标明显地发生了改变。这是由于坡度与各项指标之间的相关性比较微弱,容易受到取样因素的影响而发生变化。从上年秋季到下年春季,与地形高度相关性大的指标从交换性 Na$^+$ 和 SO$_4^{2-}$ 转化为 Na$^+$,说明地形高度与 Na$^+$ 和 SO$_4^{2-}$ 之间的相关关系比较容易受到季节的影响。

三、微地貌条件下苏打盐碱土剖面主要理化特征

微域内土壤剖面理化性质在水平和垂直方向上的异质性代表着土壤发生学特征。剖面的形态特征、物质组成、性质及综合属性是诊断土壤性状的基础和进行土壤分类的依据。

(一)土壤剖面的发生学形态特征

土壤的形态特征是土壤发生过程的产物,也是土壤属性的外表现(陈恩凤,1990)。本节研究的洼地按不同高度、不同坡度布设 5 个剖面,图 3-8 为剖面点位分布图,表 3-8 为剖面采样的基本信息。现场观测并记录各土壤剖面的特征,记录指标包括土壤各层的颜色〔使用 Munsell(蒙塞尔)标准描述)〕、土壤结构、结持性、石灰反应等。

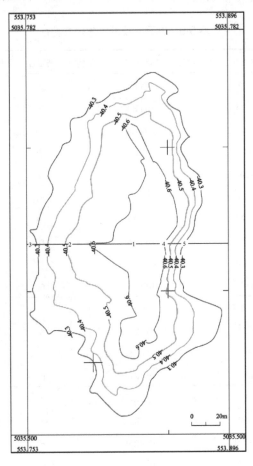

图 3-8　洼地剖面点位分布图

等高线单位为 cm

表 3-8　剖面点位基本信息

剖面	地理坐标	植被覆盖度/%	地形高度/cm	地形坡度/%
1	45° 27′ 14.16″ N, 123° 41′ 22.03″ E	0	−40.6	0.21
2	45° 27′ 14.25″ N, 123° 41′ 20.81″ E	0	−40.5	0.75
3	45° 27′ 14.54″ N, 123° 41′ 19.04″ E	9	−40.4	1.35
4	45° 27′ 14.01″ N, 123° 41′ 24.22″ E	12	−50.5	2.87
5	45° 27′ 14.11″ N, 123° 41′ 25.5″ E	14	−40.3	3.91

从西二十里堡盐碱化草原洼地 5 个剖面的形态野外描述可以看出：土壤剖面的土体颜色均较深，发生层次间逐渐过渡或清晰；地表有植被，地下根系较多时存在 A 层，暗棕色；几乎所有剖面均有强烈的碳酸盐反应；地形较低的剖面 C 层受地下水季节升降影响，有锈纹锈斑。这些性状反映了剖面沉积物母质的特性，也反映出剖面具有明显的草原型土壤的形态特征（表 3-9）。

表 3-9　剖面土壤发生学形态特征

剖面	层次	深度/cm	层间过渡	Munsell 颜色	结构	结持性	根系	硬度	石灰反应
1		0～15	g	10YR7/1	p_2	efi	n	24	++
	B2	15～43	g	10YR4/3	p_2	vfi	n	26	++
		43～71	g	10YR5/3	p_2	fi	n	25	++
	BC	71～120	g	10YR6/3	p_2	fi	n	24	++
		>120		10YR6/3		fr	n	23	++
2		0～15	c	10YR6/1	p_2	vfi	t	23	++
		15～27	c	10YR4/3	p_2	vfi	f	26	+++
	BC	27～63	g	10YR6/3	p_2	fi	n	26	++
	C1	63～130	g	10YR6/4	p_2	fi	n	23	++
		>130		10YR6/3		fr	n	23	+
3		0～5	g	10YR7/1	p_2	vfi	f	24	+++
	B	5～32	g	10YR4/2	p_1	fi	t	26	+++
	BC	32～65	f	10YR5/3	p_1	fi	n	23	+
	C	>65		10YR6/3		fr	n	23	+++
4	A	0～15	c	10YR4/3	g	vfi	t	25	++
	AB	15～87	c	10YR6/2	g	vfi	n	24	+++
	B1	87～110	g	10YR5/3	p_2	fi	n	24	+++
	B2	110～154	c	10YR6/3	p_2	fi	n	23	++
	C	>154		10YR6/4		fr	n	20	+++

续表

剖面	层次	深度/cm	层间过渡	Munsell 颜色	结构	结持性	根系	硬度	石灰反应
	Bn	0～11	a	10YR7/2	p₂	vfi	f	26	+++
5	B	11～30	g	10YR4/3	p₂	fi	n	26	+
	BC	30～126	g	10YR5/2	p₂	fi	n	23	+
	C	>126		10YR4/3		fr	n	23	+++

注：层间过渡符号——c 为清晰，g 为逐渐，f 为扩散，a 为突变；结构符号——g 为颗粒状，p₁ 为棱柱状，p₂ 为棱块状；结持性的符号——efi 为极硬，vfi 为很硬，fi 为硬，fr 为松；根系的符号——f 为少，t 为极少，n 为无；石灰反应强弱用+的数量表示

（二）剖面土壤的质地类型

土壤质地反映的是土壤中各粒级所占的百分比例，直接影响土壤的物理、化学及生物等性质。土壤质地主要决定于成土母质的类型，并与风化和成土作用过程相关。

本书采用国际制分级系统，利用质地三角坐标进行剖面土壤质地的分析（图 3-9），粒级组成：0.02～2mm 砂粒；0.002～0.02mm 粉粒；<0.002mm 黏粒。

结果显示：剖面 1，粉壤为主，也有壤土；剖面 2，壤土为主，也有砂壤；剖面 3，壤土和砂壤；剖面 4，壤土为主，也有砂壤；剖面 5，砂壤为主，壤土为次。从剖面 1 发生层次看剖面 B 层黏粒较高，有一定淀积现象，其他剖面中部黏粒略高。

剖面土壤质地主要为壤土，其次为砂壤，也有粉壤。有的表层质地受风蚀影响有轻质化现象，洼地各剖面质地无黏壤质地和壤黏土质地，研究结果与吉林土壤苏打盐碱土<0.002mm 的黏粒都超过 20%有所不同（吉林省土壤肥料总站，1998）。洼地除剖面土壤表层样，还有 100 多个表层土壤样，质地分析结果均以壤土为主，几乎没有黏壤土质地。表层如果没有季节性积水，可能受风蚀影响较大，质地轻质化。质地是土壤较稳定的物理性质，除表层外其他因素影响较小，出现此现象也可能与冲积湖积母质层颗粒不均、有颗粒较细的黏粒间层或夹层有关。

（三）剖面土壤的盐碱化特征

土壤的 pH、可溶盐总量、EC 等直接反映了土壤的盐碱化程度（郭继勋等，1998）。根据 2017 年春季分析结果，从剖面土壤的 pH、可溶盐总量特点来看：苏打盐碱土的 pH 受可溶盐总量影响，与可溶盐总量变化趋势相同（图 3-10～图 3-13）。剖面 4 的 pH 和 EC 各发生层次都较低，也是 5 个剖面中最低的，它的微地貌单元位于洼地地形坡度相对较高的坡底，坡向为西，地下水和大气降水水平和垂向的水盐运移冲洗淋溶可能是其盐化和碱化较弱的主要原因。

剖面 1 是洼地最低的地貌单元，无植被、碱斑面积大，洼地中心地势平缓开阔，蒸发量相对大，pH 和 EC、可溶盐总量、ESP 均较高。ESP 和可溶盐总量按吉林省土壤化学性质分类既是苏打草甸盐土也是苏打草甸碱土（吉林省土壤肥料总站，1998）。微地貌洼地中心积盐强，划分为盐土。松嫩平原的苏打盐碱土盐化和碱化两个成土过程相伴而行，剖面 1 土壤盐碱化强度为重盐化强碱化。

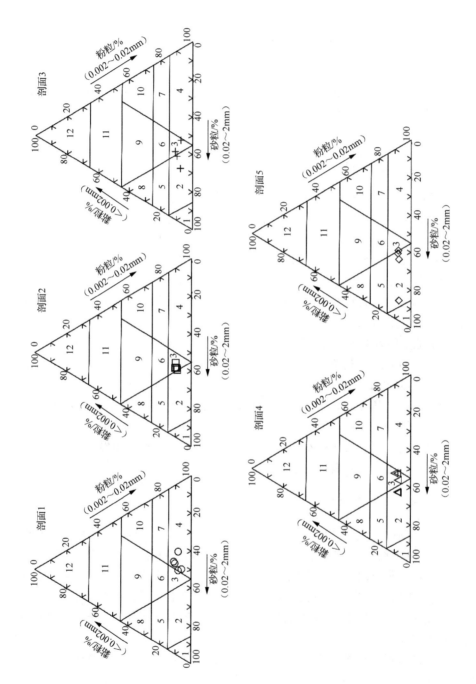

图 3-9　剖面质地三角坐标图

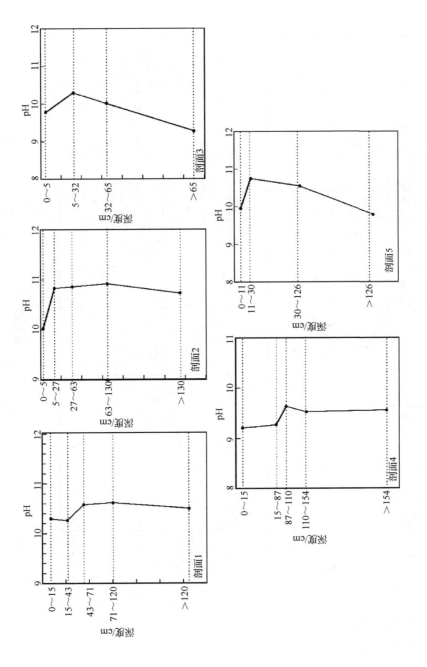

图 3-10　5 个剖面土壤的 pH

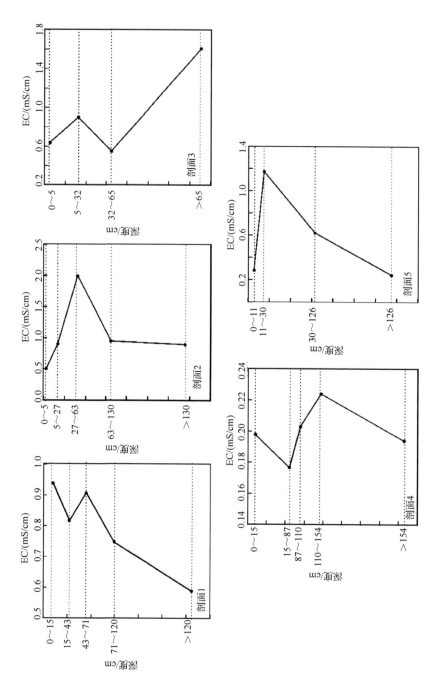

图 3-11　5 个剖面土壤的 EC

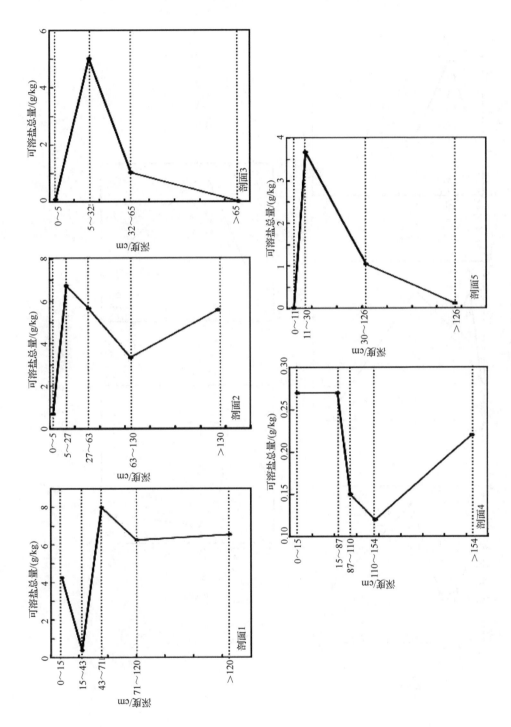

图 3-12　5 个剖面土壤的可溶盐总量

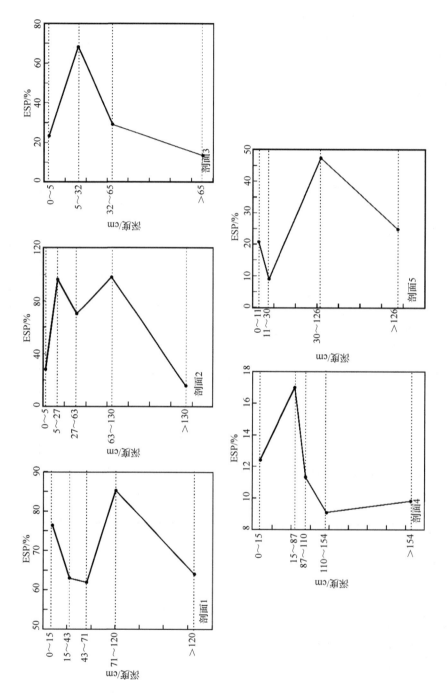

图 3-13 5 个剖面土壤的 ESP

剖面 2 位于地形洼地中心和较高边缘之间,地形高度比剖面 1 高 0.1m,坡度高 0.54%,碱化度指示表层为中碱化,碱化层出现在 5～27cm,碱化层可溶盐总量高,结合 pH 和 EC,判断为苏打草甸碱土,盐碱化强度为重盐化强碱化。

剖面 3 是地形相对平缓的洼地较高的地貌单元,剖面 5 为相对坡度较大的高地地貌单元,两剖面共同特点:表层土壤的 pH、EC、可溶盐总量和 ESP 都不高,剖面中间可溶盐总量和 ESP 高,有盐分累积层,强碱化层,呈现草甸碱土特征。剖面 3 为深位草甸碱土。

剖面 4 位于洼地东侧地形相对坡度略大的坡底,但地形比洼地中心稍高,此地貌单元上的剖面,通体可溶盐总量和 ESP 都较低,pH 在 9 左右,它是洼地所有剖面中,可溶盐总量和 ESP 最低的,轻盐弱碱化。这与它的地貌单元位置相关,盐分无论来自水平或垂直方向在微地貌单元均可能累积较少。

剖面 5 位于洼地东侧地形高度高坡度大的坡顶。此地貌单元的剖面和剖面 3 相似,表层可溶盐总量和 ESP 均不是剖面最高的,而 B 层无论是可溶盐总量和 ESP 均高,B 层 pH 高达 10.75,全剖面 pH 均值为 10.26,母质层全剖面 pH 最低为 9.8。剖面 2、剖面 3、剖面 5 的 pH 形态一致,呈现出较高地形单元 pH 均高的特点;EC 与 pH 趋势相似。B 层可溶盐总量高达 3.67g/kg,剖面深度 30～126cm 时 ESP 高达 47.48%,剖面 5 为超深位草甸碱土(图 3-14)。

5 个土壤剖面发生层次主要盐碱化指标分析结果显示:表征土壤盐碱化强度的指标存在内在关联(赵兰坡等,2011),pH、EC、可溶盐总量及 ESP 的剖面分布趋势相似,尤其是 ESP 与可溶盐总量形态相近,它们之间的相关系数较高。EC 高、可溶盐总量和 ESP 也高,相应的土壤呈现强碱性的特征。5 个剖面土壤类型依据吉林土壤盐碱土的分类划分为:剖面 1,草甸盐土;剖面 2,草甸碱土;剖面 3,深位草甸碱土;剖面 4,轻盐弱碱化草甸土;剖面 5,超深位草甸碱土。

(四)剖面土壤盐分分布特征

图 3-15 为 2017 年春季 5 个剖面土壤可溶性离子分布的测定结果。由图 3-15 可见,可溶性八大离子组成中阴离子主要以 CO_3^{2-}、HCO_3^- 为主,其中 HCO_3^- 数量多;而阳离子中 K^+ 和 Na^+ 含量高,其中 Na^+ 占多数。主要离子组成 CO_3^{2-}、HCO_3^-、K^+ 和 Na^+ 数量相差较大,Cl^- 和 Ca^{2+} 剖面分布有变异,而 Mg^{2+} 和 SO_4^{2-} 离子数量相对变化不大,剖面 3 和剖面 5 相对略多于其他剖面,剖面 3 的表层 Cl^- 较多,而剖面 5 中部 SO_4^{2-} 较多。

剖面 1 可溶盐最高值出现在 40～60cm,阴离子总和为 6.29cmol/kg,其中 HCO_3^- 达 3.01cmol/kg,CO_3^{2-} 为 1.82cmol/kg,阳离子中 K^++Na^+ 为 6.25cmol/kg;最低值出现在 80～100cm 层,阴离子 HCO_3^- 达 1.65cmol/kg,CO_3^{2-} 为 1.45cmol/kg,阳离子 K^++Na^+ 为 3.04cmol/kg。剖面 1 底层离子数量仅次于最高值,整体分布呈现上部数量较少、中部和下部较高的"士"字形,表层积盐已显现。剖面 2 离子总量较多,表层 0～20cm 离子数量全剖面最少,HCO_3^- 达 1.09cmol/kg,CO_3^{2-} 为 0.54cmol/kg,而阳离子 K^++Na^+ 为

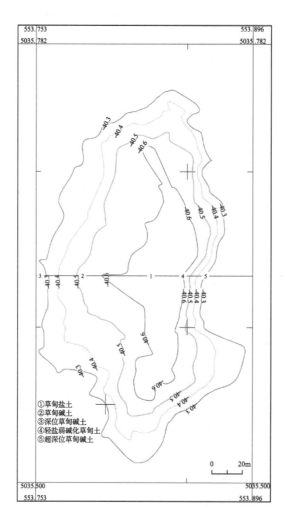

图 3-14　5 个剖面土壤类型

等高线单位为 cm

2.27cmol/kg；20～40cm 深度离子数量达最高值，阴离子总和为 6.47cmol/kg，其中 HCO_3^- 达 3.15cmol/kg， CO_3^{2-} 为 2.16cmol/kg，而阳离子 $K^+ + Na^+$ 为 6.40cmol/kg，此剖面从 40cm 向下随深度增加离子数量呈阶梯式减少。剖面 3 离子表层积聚明显，主要集中分布在 0～40cm 深度，Cl^- 有变动，在盐分累积层数量较多，此剖面盐分最高值出现在 20～40cm，阴离子总和为 7.21cmol/kg，其中 HCO_3^- 达 3.86cmol/kg， CO_3^{2-} 为 1.86cmol/kg， Cl^- 为 1.46cmol/kg，而阳离子 Na^+ 为 6.13cmol/kg，表层 0～20cm 离子数量仅次于 20～40cm，但 Cl^- 数量达 2.12cmol/kg，剖面离子数量最小值出现在底层 100～120cm，阴离子总和仅为 1.09cmol/kg，剖面离子分布近似小 "T" 形。剖面 5 离子 $K^+ + Na^+$ 和 CO_3^{2-}、HCO_3^- 数量较高，集中分布在剖面中部，深度 40～60cm 是 5 个剖面中离子数量最多的土层，阴离子总和达到 8.97cmol/kg，其中 HCO_3^- 达 3.64cmol/kg，CO_3^{2-} 为 3.46cmol/kg，Cl^- 为 1.83cmol/kg，

阳离子 Na^+ 为 7.87cmol/kg；表层可溶盐总量最低，阴离子总和为 0.8cmol/kg，其中 HCO_3^- 达 0.20cmol/kg，CO_3^{2-} 为 0.06cmol/kg，Cl^- 为 0.53cmol/kg，阳离子 Na^+ 为 0.74cmol/kg；剖面 20～40cm 深度可溶盐总量略低于 40～60cm，而在 60cm 深度向下呈阶梯状下降，剖面离子分布呈现近似"十"字形。

剖面 4 位于地势相对较高的坡角微地貌单元上，剖面可溶盐数量通体最低，数量变化不大，可溶盐呈现中部数量略高于上下层的小梭形特征。结合 pH、EC 及可溶盐与 ESP，剖面 4 盐化和碱化程度较低，而洼地中心地形单元和较高地形单元上剖面盐碱化程度较强。

（五）不同年度、不同季节土壤剖面盐分分布动态特征

不同的年度和季节降水量和蒸发量相差较大，土壤剖面中盐分的运移规律不尽相同。据 5 个剖面 2017 年春秋两季，以及 2018 年春季八大离子监测分析，2017 年春秋两季盐分离子剖面分布形态有变异。土壤经过冬季冻融作用后，加之春季旱情较重，不同微地貌单元不同年同季八大离子的垂向分布也有分异，体现在所有剖面中占阴离子比例较小的 Cl^-、SO_4^{2-} 及占阳离子比例较小的 Ca^{2+}、Mg^{2+} 的离子数量及分布形态变异显著。

从盐分离子组成及分布特征来看，不同微地貌单元剖面盐分运移规律明显。微地貌单元剖面 4 的相对地势起伏较大，年、季盐分数量及分布形态变化均不明显，垂向分异不大，很稳定，它也是盐碱化强度最低单元。洼地中心剖面 1 和地形高度中间的剖面 2 及地形高处的剖面 5 不同年、季盐分数量均多，从盐分分布形态及数量上看，2017 年春秋两季盐分表聚作用强，尤其是秋季最高盐分数量在表层，出现明显的盐分累积层。2017 年吉林西部有效降水较往年少，是秋季盐分表层积累多的主要原因。2017 年春季和 2018 年春季盐分数量最多层不是表层，盐分主要在剖面下部累积，这与上年冬季降雪多，地面雪覆盖厚，以及春季降水较往年多有关，可能是盐分淋溶作用的结果。

2017 年秋季，剖面离子表聚作用显著高于春季，表层为盐分累积最大层，剖面 1、剖面 2 和剖面 5 盐分数量相对高于其他两个剖面。剖面 1 低微地貌单元，40cm 以上盐分数量多，0～20cm 盐分为 13.14cmol/kg，20～40cm 盐分为 11.94cmol/kg，最低值为 5.17cmol/kg 出现在 100～120cm。剖面 2 盐分数量最高值出现在 80～100cm，为 8.18cmol/kg，最低值为 4.77cmol/kg，出现在剖面底部，但剖面表层 0～20cm 盐分为 7.56cmol/kg，20～40cm 盐分为 7.87cmol/kg，数量也相当高，累积层也较厚，蒸发强烈，盐分向表层聚积明显。平缓高地微地貌剖面 3 呈典型"T"形，0～20cm 表层盐分为 4.03cmol/kg，而 20～40cm 盐分为 4.06cmol/kg，相差无几，40cm 以上为盐分累积层。相对坡度较大的高微地貌单元剖面 5 盐分最高值在表层 0～20cm，为 9.11cmol/kg，最低在底层，为 4.27cmol/kg。剖面 4 最稳定，全剖面盐分数量变化小，但也是表层数量最多。

剖面土壤可溶盐的数量是随着盐分组成中 Na^+、HCO_3^-、CO_3^{2-}、Cl^- 增加而增大，而 SO_4^{2-} 变化影响不大。总的看来，2017 年秋季，所有剖面盐分表聚作用强，盐分在表层数量均高。洼地中心较低微地貌单元累积层深厚，高的微地貌单元呈现 40cm 以下略低于表层，离子数量由底层呈台阶式向上聚积，表层盐分累积逐渐增强（图 3-16）。

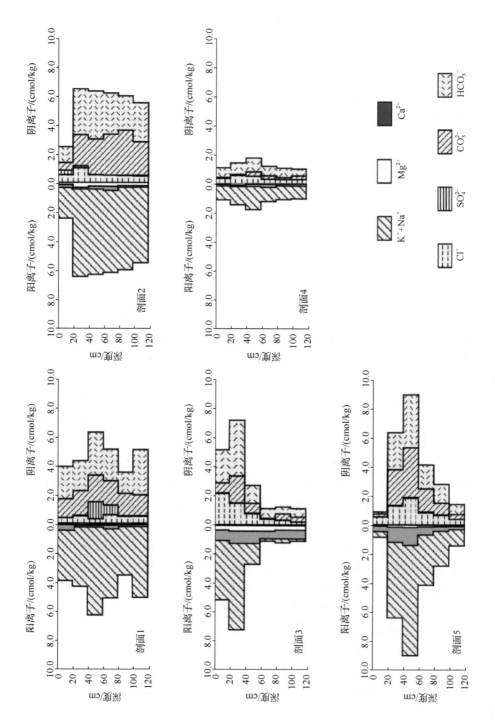

图 3-15　2017 年春季 5 个剖面土壤可溶性离子分布

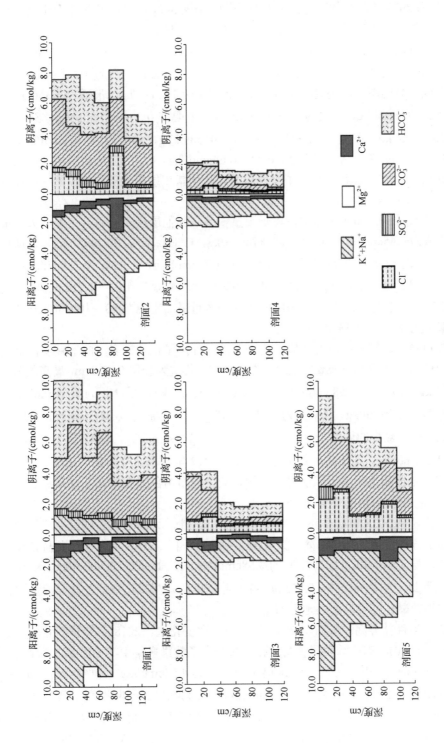

图 3-16　2017 年秋季剖面可溶性盐分离子分布

图 3-17 为 2018 年春季的盐分组成及分布图。由图 3-17 可见: 2018 年春季剖面可溶性盐分总量均较高, 可溶性离子在剖面中的分布形态各异。

洼地中心剖面 1, 阴离子 CO_3^{2-}、HCO_3^-、Cl^-、SO_4^{2-} 和阳离子 K^+、Na^+、Ca^{2+}、Mg^{2+} 的数量在剖面表层最低, 向下呈台阶状递增, 在 100~120cm 有所减少, 而后向下又增加, 呈现上低下高的态势。阴离子中 HCO_3^- 最高达到 4.16cmol/kg, 最低为 3.35cmol/kg, CO_3^{2-} 最高为 2.95cmol/kg, 最低为 0.95cmol/kg, Cl^- 变幅在 0.2~0.57cmol/kg, SO_4^{2-} 变幅在 1.04~0.62cmol/kg; 阳离子 K^++Na^+ 最高为 7.41cmol/kg, 最低为 4.731cmol/kg, Ca^{2+} 变幅在 0.2~0.53cmol/kg, Mg^{2+} 变幅在 0.24~0.64cmol/kg。与 2017 年秋季相比, 盐分分布形态正好相反, 2017 年秋季是离子表层最高, 盐分累积层在表层, 盐分最低层在剖面下部。

剖面 2 深度除 40~60cm 可溶性离子数量多外, 其他层次离子总量相差不大, 最高层 HCO_3^- 数量为 6.45cmol/kg, CO_3^{2-} 为 2.87cmol/kg, K^++Na^+ 高达 9.51cmol/kg, 最低层为剖面底部, HCO_3^- 数量为 5.55cmol/kg, CO_3^{2-} 为 1.75cmol/kg, K^++Na^+ 为 7.30cmol/kg, 全剖面 Ca^{2+} 表层高达 1.37cmol/kg, Cl^- 在 40~60cm 深度变幅为 1.02~1.21cmol/kg, 其他离子在剖面中分布相近。2017 年秋季剖面 2 离子数量最高出现在 80~100cm, 2018 年与 2017 年相比离子累积层上移 40cm。

剖面 3 可溶性离子分布形态相似, 均为剖面上部离子数量较多, 向下减少, 上高下低, 总量变化大, 春季 20~40cm 层次离子数量最高, 其次为表层 0~20cm。最高层 HCO_3^- 为 4.98cmol/kg, CO_3^{2-} 为 1.58cmol/kg, Cl^- 高达 1.34cmol/kg, K^++Na^+ 为 7.46cmol/kg。而表层 HCO_3^- 为 5.27cmol/kg, CO_3^{2-} 为 0.75cmol/kg, K^++Na^+ 为 6.81cmol/kg, Cl^- 高达 1.21cmol/kg。盐分最少的层位于剖面底部, HCO_3^- 2.59cmol/kg, CO_3^{2-} 为 1.54cmol/kg, K^++Na^+ 为 4.15cmol/kg, 其他离子数量变化不大。2017 年秋季盐分积累层在剖面上部 0~40cm, 和其他剖面相比盐分累积层显著变厚, 盐分分布由剖面上部向下逐渐减少, 呈现小 "T" 形, 数量远小于 2018 年春季。

剖面 4 无论是 2017 年秋季还是 2018 年春季可溶性八大离子数量均最少, 盐碱化强度最弱, 离子分布变化也不大, 离子数量最高层略有不同。2018 年春季剖面盐分离子数量最高在亚表层 (20~60cm), HCO_3^- 为 3.58cmol/kg, K^++Na^+ 为 1.85cmol/kg, K^+ 在所有剖面中数量最少, 变幅在 0.13~0.77cmol/kg。此剖面所有盐碱化指标及盐分数量比较稳定, 也是洼地盐碱化强度最弱的地形部位。

剖面 5 可溶性盐分离子分布与 2017 年秋季相比变化大, 2018 年春季剖面离子数量中下部最高, 而 2017 年秋季表层最高。春季盐分离子数量多集中在 60~80cm 深度, 其中最高为 60~80cm, HCO_3^- 为 5.28cmol/kg, CO_3^{2-} 为 4.53cmol/kg, Cl^- 为 2.12cmol/kg; K^++Na^+ 为 11.59cmol/kg, 其中 K^+ 为 3.32cmol/kg, Na^+ 为 8.27cmol/kg。离子数量次高层位于 40~60cm 深度, HCO_3^- 为 4.57cmol/kg, CO_3^{2-} 为 4.27cmol/kg, Cl^- 为 2.67cmol/kg, K^++Na^+ 为 11.01cmol/kg, 其中 K^+ 为 3.76cmol/kg, Na^+ 为 7.25cmol/kg, Ca^{2+} 和 Mg^{2+} 与上年秋季相比变化不大。2018 年春季剖面盐分分布呈 "士" 字形, 而 2017 年秋季剖面盐分分布呈 "T" 形。

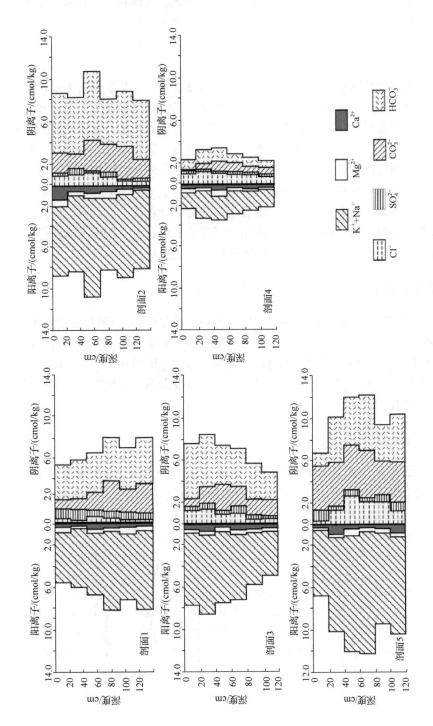

图 3-17　2018 年春季剖面可溶性盐分离子分布

位于洼地中心与平缓高地之间的剖面，年际盐分数量大体相当，盐分数量多，分布形态也接近，剖面中下部盐分累积数量大。剖面盐分离子年际和年内的变化规律基本相同，在洼地中，不同的微地貌单元，地下水的盐分运移受冻融及旱情影响，运移的速度和幅度有变异。

土壤盐分主要受地表水的再分布以及地表不同部位水分的蒸发强度影响，进而决定洼地不同地貌单元的土壤盐碱化强度。干旱、少雨、多风的气候是土壤表面水分蒸发、盐分表聚的主要驱动因素。从洼地微地貌单元来看，草甸碱土多分布于较高的地貌单元上，草甸盐土分布在洼地中心较低的地貌单元上。剖面1为重盐化、强碱化，随地形变高，平缓高地形的微地貌单元碱化强度趋强，但地形相对较陡的地貌单元剖面4盐碱化强度最轻，主要是因为相对坡度较大的坡角部位，来自上方的垂向和侧向水对盐分有淋溶作用，盐分向洼地中汇集，减弱了此地貌单元的盐碱化程度。对于苏打碱土和盐化草甸土镶嵌的微观景观，盐化草甸土分布在相对低洼的部位，苏打碱土分布在微坡地和高平地。微地貌特征导致盐渍土的水盐迁移较复杂（罗金明等，2009）。

（六）各微地貌单元经冻融后土壤盐碱强度的变异

苏打盐碱土碱性强，化学性质间紧密相关，可溶盐总量和EC反映的是盐化状况，ESP和pH反映的是土壤碱化状况，可溶盐总量和ESP及pH呈正相关（赵兰坡等，2013）。苏打可溶盐总量和EC高，ESP也高，pH也越高；反之pH越高，ESP也高，土壤碱性越强。经过东北一个漫长的冬季冻融作用后，苏打盐碱土不同地貌单元土壤剖面盐碱强度的变异更为突出。

1. 土壤剖面pH和EC分布特征

图3-18、图3-19为5个土壤剖面2017年秋季和2018年春季pH和EC分析结果。由图3-18可见，2017年秋季，位于地形相对较高、坡度稍大的坡角剖面4，pH最低，

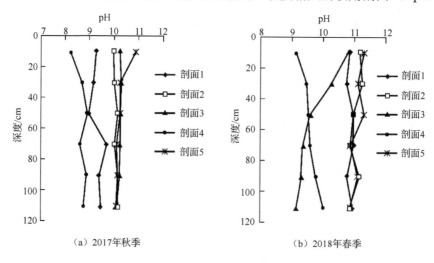

（a）2017年秋季　　　　　　　（b）2018年春季

图 3-18　5 个土壤剖面 pH 分布

表层 pH 为 8.2，是 5 个剖面中最小值，pH 随着剖面表层向下呈小波浪形。剖面 5 位于洼地最高处，pH 全剖面最高为表层，高达 10.9，也是 5 个剖面中最高值。总的看来，在洼地中地势较低的微地貌单元 pH 相对较低，而地势较高的微地貌单元 pH 也较高。2017年秋季，5 个剖面（除了剖面 5 外）EC 分布趋势相似，均为表层低于亚表层，变化幅度较小，最小值为剖面 4，EC 为 0.19mS/cm，最高值为剖面 5，表层 EC 高达 2.12mS/cm，地势较高的剖面 5 电导率的变化较大，表层最高，而后急剧下降至 0.28mS/cm，之后又缓慢上升，剖面上到下 EC 呈现"T"形变化趋势（图 3-19）。

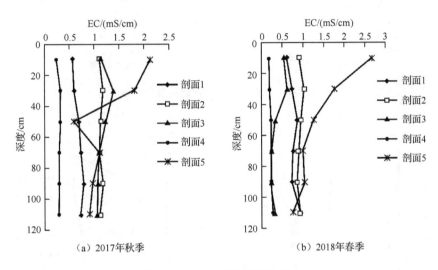

图 3-19　5 个土壤剖面 EC 分布

2. 土壤剖面可溶盐总量和 ESP 分布特征

土壤含盐量是表征土壤盐分状况的主要参数之一，也是一个确定土壤盐碱化强度的主要指标（刘广明等，2001）。可溶盐总量不同年不同季对比，分布形态接近（图 3-20）。剖面 4 数量几乎无变化，但剖面 3、剖面 5 数量变化大，高的微地貌单元，可溶盐总量从表层向下由高到低，而低的微地貌单元可溶盐总量全剖面增加幅度较大，2017 年秋季可溶盐总量较 2018 年春季低，剖面 3、剖面 5 经过冬季冰冻作用、春季蒸发作用可溶盐总量上升幅度较大。这两个微地貌单元的剖面均位于洼地较高的地形上，冬季土壤冻结时，冻结层表层也较其他剖面高，未冻结的土壤水不断向冻层运移，盐分也随之迁移，累积在冻层中，春季土壤融化后，由于所处地形位置的特殊，表层最先融化，蒸发迅速，原来冻层中积累的盐分加快向表层运移，盐分表聚显著。不同年 ESP 分析结果（图 3-21）显示：2018 年春季剖面 4 的 ESP 略有增加，幅度很小，此剖面盐 ESP 是所有剖面中最弱的。剖面 1 的 ESP 2018 年由表层向下逐渐增加到最大值，而后略有降低，而 2017年秋季此剖面也是表层较低，向下逐渐增加，在剖面下部 80～100cm 达最大值，后有所下降，全剖面 ESP 分布呈弧形，数值变化较大。剖面 1 为低的微地貌单元，隔年不同季ESP 数值变化呈相反的趋势，不太可能是试验误差，因为可溶盐总量分布大体相似，原因有待后续研究查证。

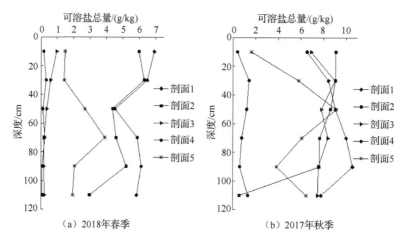

图 3-20　5 个土壤剖面可溶盐总量分布

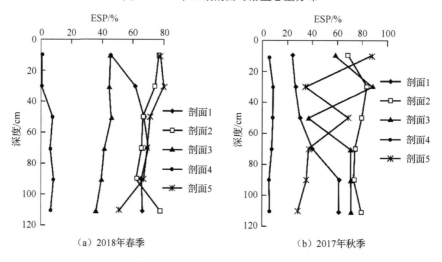

图 3-21　5 个土壤剖面碱化度分布

　　土壤剖面主要盐碱化指标分析结果显示，洼地不同微地貌单元的 pH、EC、可溶盐总量及 ESP 密切相关。苏打盐碱土的 pH 的变化与土壤的含盐量有着很大的相关性，碱化土壤的 pH 越高，可溶盐总量越多，EC 越高，ESP 也越高，相应的土壤呈现强碱性的特征（李彬等，2006，2007）。本研究与前人研究结论一致。

　　以上说明苏打盐碱土的 pH 和 ESP 是受可溶盐总量制约的，土壤中可溶盐总量越高，其 pH 和 ESP 值也越高，致使苏打盐碱土发生盐化的同时也发生碱化。

　　洼地中，不同地貌单元各剖面土壤经过冻融作用后，春季各剖面土壤表层盐碱化强度的各项指标均较高，较高地形单元的剖面表现更为明显。秋季各剖面经过夏季的弱淋溶及秋季蒸发的作用后，变异不尽相同。

四、不同地貌单元 5 个剖面土壤含水率与可溶盐分布特征

　　盐碱土的水溶盐随着土壤水的移动而移动，内陆干旱地区成土母质中的水溶盐随水

迁移到排水不畅的低洼草地。在蒸发作用下水溶盐随水上升，夏季降水较多时又随下渗水流向下淋洗。土体中水溶盐的积累强度和分布状况主要受上下水流相对运动的影响（张为政，1994）。从小地形看，在低平地区的局部高处，由于蒸发快，盐分可能由低处向高处迁移，则积盐较重。水平相差不远，但高差仅 10cm 左右，盐分可向高处积累，形成盐斑，洼地是水盐汇集的中心，但积盐中心则可能在积水区的边缘（赵兰坡等，1993）。

　　不同地貌单元的 5 个剖面不同时间段的含水率和可溶盐总量分析资料如图 3-22～图 3-31。图 3-22、图 3-23 为剖面 1 春季和秋季含水率与可溶盐总量分布。两时间段含水率与可溶盐总量剖面分布趋势近似，只是秋季含水率与可溶盐总量在剖面 20～80cm 深度数量相反，含水率和春季分布相同，可溶盐总量却明显降低。这有可能是可溶盐被吸附在土壤有机无机复合体上，也有可能是试验误差，有待进一步验证。剖面 2 含水率与可溶盐总量分布见图 3-24、图 3-25。剖面 2 春季、秋季可溶盐总量的分布特点相同，春季和秋季的可溶盐总量在剖面中部最高。含水率春季表层最高，向下逐渐下降；秋季含水率次表层高，向下降低，呈折线"之"字形下降，而非缓慢降低。剖面 3 春秋两季剖面含水率与可溶盐总量的分布见图 3-26、图 3-27。春季蒸发较强，土壤含水率较低，可溶盐表层积聚较强，而秋季，剖面下部含水率和可溶盐总量相反，含水率变少，而可溶盐总量却增加。剖面 4 春秋两季含水率与可溶盐总量的分布见图 3-28、图 3-29。因为所处微地貌较特殊，含水率在表层较高，接受上边地形部位的垂直和两侧方向的两面来水，含水率较高，雨季接受水量较多，此剖面短时间蓄水，但水的移动则通过侧渗和向下移出。这点从往年的分析数据及水分特征曲线特征也可说明，而可溶盐总量在表层乃至整个剖面都较低，可溶盐总量在剖面底部有累积。剖面 5 含水率与可溶盐总量的分布表明（图 3-30、图 3-31），剖面 5 春秋两季水和盐同步趋势相近，均为表层含水率蒸发较快，

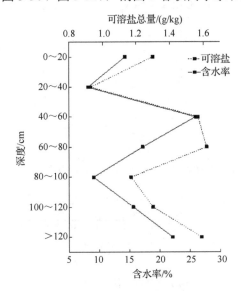

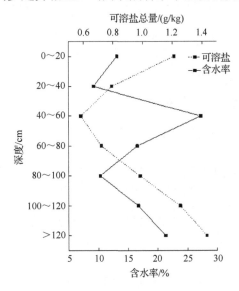

图 3-22　剖面 1 春季土壤含水率　　　　　图 3-23　剖面 1 秋季土壤含水率
　　　　与可溶盐总量的分布　　　　　　　　　　　与可溶盐总量的分布

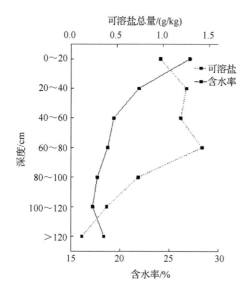

图 3-24　剖面 2 春季土壤含水率
与可溶盐总量的分布

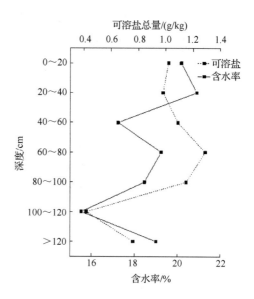

图 3-25　剖面 2 秋季土壤含水率
与可溶盐总量的分布

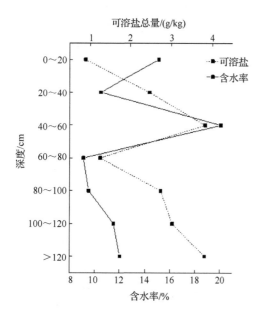

图 3-26　剖面 3 春季土壤含水率
与可溶盐总量的分布

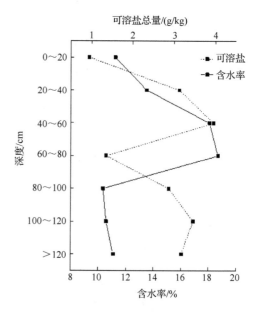

图 3-27　剖面 3 秋季土壤含水率
与可溶盐总量的分布

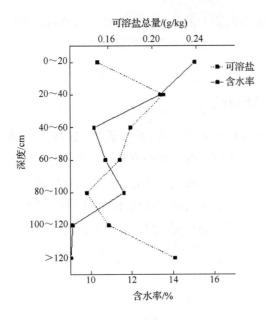

图 3-28　剖面 4 春季土壤含水率
与可溶盐总量的分布

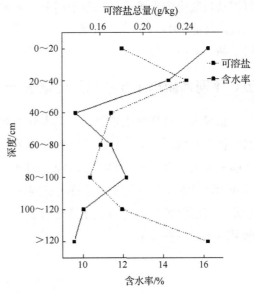

图 3-29　剖面 4 秋季土壤含水率
与可溶盐总量的分布

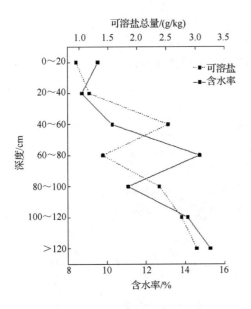

图 3-30　剖面 5 春季土壤含水率
与可溶盐总量的分布

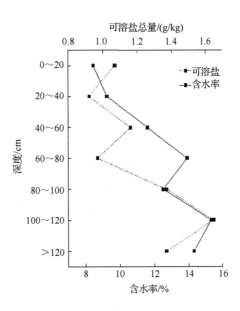

图 3-31　剖面 5 秋季土壤含水率
与可溶盐总量的分布

可溶盐自底层向土壤亚表层聚积明显。水和盐在剖面上的分布规律和前两年的规律相差无几，只是 2018 年降水较频繁，相比往年雨水较大，水压盐现象明显，盐碱化指标数值较前两年有所下降。

五、不同地貌单元 5 个剖面土壤水分特征曲线

土壤水分特征曲线是研究土壤水分和溶质运移的重要参数（陈安强等，2018）。土壤水分特征曲线反映土壤对水的储蓄和释放能力，土壤水分特征影响土壤水分储留和溶质运移及与土壤水分相关的物理过程。明确土壤水分特征曲线参数是定量研究包气带土壤水分运动及溶质运移的先决条件（王盛萍等，2007）。采用压力膜仪逐层测定不同的地貌单元土壤剖面各发生层的水分特征曲线。5 个剖面的不同深度层次水分特征曲线实测数据见图 3-32～图 3-37。

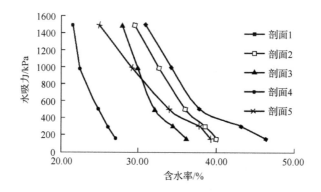

图 3-32　5 个剖面 0～20cm 深度土壤水分特征曲线

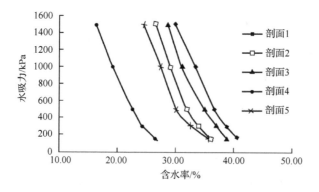

图 3-33　5 个剖面 20～40cm 深度土壤水分特征曲线

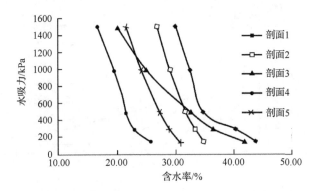

图 3-34　5 个剖面 40～60cm 深度土壤水分特征曲线

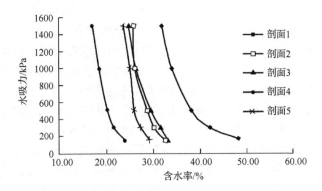

图 3-35　5 个剖面 60～80cm 深度土壤水分特征曲线

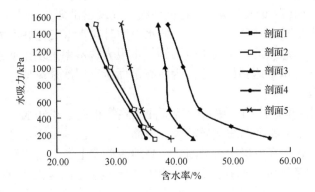

图 3-36　5 个剖面 80～100cm 深度土壤水分特征曲线

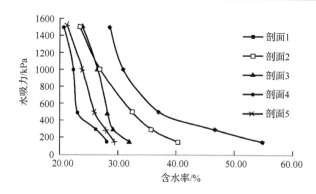

图 3-37　5 个剖面 100～120cm 深度土壤水分特征曲线

　　5 个剖面表层土壤水分特征曲线如图 3-32 所示。洼地各剖面表层 0～20cm 土壤受风蚀作用的影响，质地多为砂壤和粉壤，砂粒和粉粒含量相对其他层次偏高，有相当数量的孔隙相对较大，当吸力达到一定值后，大孔隙中的水先排空，含水率减少，水分特征曲线呈现在 500kPa 水吸力以下平缓而 500kPa 水吸力以上曲线相对陡直的特点。图 3-33 为 5 个剖面 20～40cm 深度土壤水分特征曲线，5 个剖面全部显示高水吸力时曲线陡直，低水吸力时相对其他深度平缓，含水率相对较小，同一水吸力下，剖面 4 含水率远远小于其他几个剖面，剖面 4 在不同深度层次无论是高水吸力还是低水吸力均显示含水率较低。图 3-34 为 5 个剖面 40～60cm 深度土壤水分特征曲线，剖面 5 无论水吸力大或小，水分曲线形态均较陡，而其他 4 个剖面在此深度层次 500kPa 时存在拐点，曲线由较陡变为平缓，5 个剖面此水吸力下水分特征曲线变化明显，释水由少变多。随着水吸力的降低，含水率增大，土壤释水能力增强，这与剖面 1 的质地和土壤容重相关。中高水吸力段，土壤释水能力弱，保水持水性强。随着水吸力下降，曲线平缓，含水率逐渐增大。从图 3-35 中 5 个剖面 60～80cm 深度土壤水分特征曲线可见，高水吸力曲线较陡，低水吸力曲线较平缓，形态特征相近，但含水率相差悬殊。剖面 1 含水率最高，随着水吸力由低到高，含水率逐渐减少。图 3-36 为 5 个剖面 80～100cm 深度土壤水分特征曲线，剖面 2 和剖面 4 曲线形态相近，均较陡，低水吸力时曲线也呈陡直形态，其他剖面此层次高水吸力曲线形态较陡，低水吸力时较平缓，剖面 1 低水吸力时含水率较高。图 3-37 为 5 个剖面 100～120cm 深度的土壤水分特征曲线，显现出剖面 3、剖面 4、剖面 5 水分曲线特征相似，均高水吸力时含水率较低，低水吸力时含水率变化并不大，而剖面 1 和剖面 2 水分特征曲线形态接近，由高水吸力到低水吸力含水率呈现由低到高逐渐增加的平缓态势。剖面 1 的含水率达到最大量，为所有剖面所有层次最高值，这是由它所处洼地中心地貌单元所致。

　　5 个剖面不同深度层次的土壤水分特征曲线趋势相近。在低水吸力段，曲线缓慢降低并趋平缓，土壤水分特征曲线变异较大。剖面 1 位于洼地中心，经常处于过湿积水状态，低水吸力时，含水率各层次也最高。较高地貌单元上的剖面 3 和剖面 5 在相同水吸力下，相应的含水率也大。苏打盐碱土土壤因黏粒含量高，黏粒矿物蒙脱石和伊利石-蒙脱石混层黏粒较多，质地比较黏重，土壤容重大，黏粒粒径较小，小孔隙多，比表面积大，水吸力大，含水率较高。剖面表层的土壤受风蚀作用，质地多为砂壤质，比表面积较小，水吸附能力弱，含水率较低。同一深度随着水吸力由高到低，土壤释水由少到多，高水吸力时释水较少，低水吸力时释水较多，含水率大。剖面 4 的各个层次土壤水分特征曲线形态接近，高水吸力时含水率较小，且曲线比较陡直，低水吸力时相对较平缓，剖面 4 在 80～100cm 深度 5 个不同水吸力梯度曲线均比较陡，而在 100～120cm 深度 500kPa 水吸力拐点以下，曲线平缓，含水率高，释水能力强，保水能力差。这和此剖面所在的微地貌位置有关。此处水平、垂直均可有水分收入，但不持水，盐分较低，盐碱化强度也是洼地所有剖面中最弱的。

第二节　微地貌条件下的苏打盐碱土黏粒矿物的组成及演化

黏粒矿物对土壤功能及土壤理化性质有着重要的影响（Six et al.，2000；Wilson，1999）。土壤中的黏粒矿物亦称矿质胶体，它是土壤<2μm 粒级高度分散的颗粒部分，主要为次生矿物，也有少量的原生矿物颗粒。黏粒矿物与土壤吸收性能、膨胀性、黏滞性、透水性以及养分积聚和污染响应有着密切的关系，特别是其吸收性能对整个土壤的化学性质和肥力特性具有重要的意义（王春裕，2004）。

一、表层黏粒矿物的组成及变异

本节探讨了苏打盐碱化草原洼地不同地形高度表层黏粒矿物 X 射线衍射（X-ray diffraction，XRD）分析结果。其中，图 3-38～图 3-41 分别为洼地中心-40.6m、-40.5m、-40.4m、-40.3m 地形高度表层黏粒矿物 XRD 图谱。

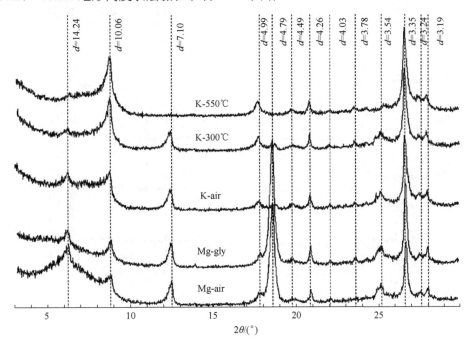

图 3-38　-40.6m 地形高度 XRD 图谱

d 为晶格常数，下同

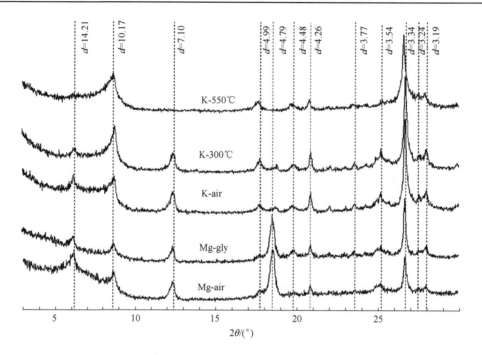

图 3-39　−40.5m 地形高度 XRD 图谱

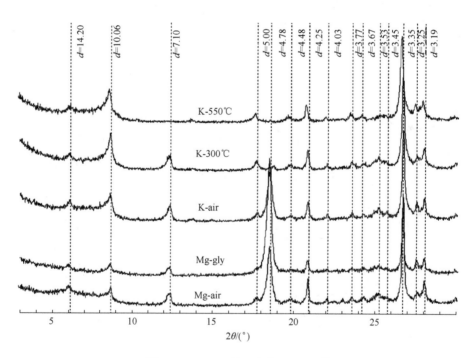

图 3-40　−40.4m 地形高度 XRD 图谱

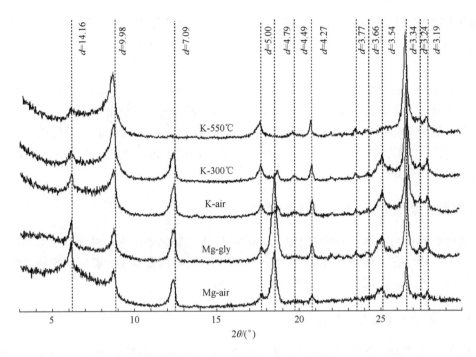

图 3-41　-40.3m 地形高度 XRD 图谱

　　五种处理的 XRD 叠加图谱分别为 Mg-air（镁自然风干片）、Mg-gly（镁黏粒甘油饱和片）、K-air（钾自然风干片）、K-300℃（钾加热片）、K-550℃（钾加热片）。通过对图谱的综合对比分析，采用 XRD research 自动检索及人工鉴定相结合的方法进行分析，结果表明：不同地形高度表层土壤黏粒矿物均以 2∶1 型层状硅酸盐黏粒矿物为主，主要有伊利石、蒙脱石、蛭石，也含有一定量的 1∶1 型层状硅酸盐黏粒矿物高岭石，高岭石特征图谱在 K-air、Mg-air 及 Mg-gly 均出现 7.09Å 峰，但在 K-300℃ 中峰值变弱，而在 K-550℃ 中消失，高岭石在 550℃ 失去结晶性，均无峰。可见，洼地土壤表层黏粒矿物的 XRD 高岭石图谱峰形峰高均相似（除-40.4m 地形高度表层土壤图谱中 7.09Å 衍射峰略低外），说明在苏打盐碱土中高岭石数量相对稳定，变化不大。

　　图谱中 14.20Å 峰为蒙脱石特征衍射峰，但在 Mg-gly 中，一般蒙脱石晶层间距已被甘油浸入，14.20Å 峰有所减弱，出现低角度的 1.77～21.6Å 峰或一组合峰，才是典型的蒙脱石峰。从峰形来看，-40.6m、-40.5m、-40.3m 这三个地形高度 XRD 图谱 Mg-air 14.20Å 衍射峰在 Mg-gly 中有减弱，但没有出现明显的低角度蒙脱石的膨胀峰，说明土壤中蒙脱石结晶程度不高，多为伊利石-蒙脱石过渡矿物混层矿物。从五个衍射叠加图谱清晰可见，10.06Å、9.98Å、5.00Å 及 3.34Å 处均有较强的衍射峰，一般土壤当中二八面体型白云母在(001)10.06Å、(002)5.00Å、(003)3.35Å 均有较强的衍射峰，而三八面体型黑云母的 5.00Å 衍射峰非常弱，土壤黏粒矿物中的云母均为水化白云母。比较不同地形高度的微小高度 0.1m 的 XRD 衍射图谱，Mg-air 14.20Å 衍射峰在 Mg-gly 中 14.20Å 膨胀不明显，而在加热片中收缩为 10.06Å，可确定黏粒矿物是蛭石。从 K-air 图谱中较强的 10.1Å 及较弱的 14.2Å 衍射峰也可判定，经甘油饱和处理后不发生膨胀的 14.20Å 矿物为蛭石。据 K-air 片中 10.01Å 及较弱的 14.20Å 衍射峰推断，Mg-EG 镁黏粒甘油饱和后不发生膨胀的 14.20Å 矿物为少量的 2∶1 及 2∶1∶1 中间过渡类型的矿物及绿泥石。图谱中均显示 3.34Å 峰较高，为水云母、蛭石和石英的叠加峰，在所有图谱中均较强。图谱中 2θ 高角度的衍射峰绝大多数是土壤当中伊利石、白云母及石英的二级衍射峰。

　　总的看来，图谱中可定性出洼地不同地形高度表层土壤黏粒矿物的组成，主要以 2∶1 型黏粒矿物为主，有伊利石、伊利石-蒙脱石混层矿物、蒙脱石、蛭石，也有 2∶1 型高岭石和少量绿泥石。

二、剖面土壤黏粒矿物的组成及变异

　　黏粒矿物作为土壤重要的组成成分，它的形成与转化受温度、湿度等环境条件的影响，它的组成特征可指示土壤演化和成土特征。研究剖面发生层次黏粒矿物的组成及演化可以进一步了解微域内苏打盐碱土的成土过程。

（一）剖面土壤黏粒矿物的化学组成

　　表 3-10 为黏粒矿物的全量分析结果。5 个剖面土壤表层黏粒矿物化学组成均以 SiO_2、Al_2O_3、Fe_2O_3 为主。剖面土壤 SiO_2 均值为 54.12%，变异系数小，为 0.01，数量相近；Al_2O_3 均值为 22.91%，变异系数为 0.03，剖面从淋溶到母质层数量变化不大；Fe_2O_3 平均值为 9.96%，变异系数为 0.06。Al_2O_3 在主要的化学组成中属于变异系数较大的，剖面 5 从表层到母质层数量均高于其他剖面。K_2O、Na_2O、MgO 均值分别为 4.20%、3.68%、3.17%，变异系数分别为 0.16、0.18、0.17，变异系数接近，数量较稳定。MnO、P_2O_5 均值分别为 0.11%、0.19%，变异系数分别为 0.33、0.34，变异趋同，数量在剖面中波动不大。值得一提的是 CaO，它的均值为 0.90%，变异系数在所有剖面中最大，为 0.63，上下数量波动大。黏粒矿物全量化学组成与黏粒矿物类型相关，Sa（SiO_2/Al_2O_3）在 3.71～4.16，比红黄壤数值高（杨德涌，2013），说明风化脱硅作用较弱，处于风化脱钾阶段，土壤中 2∶1 型矿物含量较高。

表 3-10　5 个剖面发生层黏粒矿物全量分析结果

剖面	发生层深度/cm	质量分数/%										Sa
		SiO_2	Al_2O_3	Fe_2O_3	K_2O	Na_2O	MgO	CaO	MnO	TiO_2	P_2O_5	
1	0～15	54.26	23.35	9.69	3.98	3.57	3.45	0.82	0.08	0.79	0.08	3.95
	15～43	53.67	23.32	10.48	4.90	3.68	2.54	0.42	0.15	0.82	0.09	3.91
	43～71	53.21	24.37	9.52	4.63	4.84	2.59	0.64	0.13	0.81	0.09	3.71
	71～120	55.28	23.26	10.29	4.55	2.27	2.68	0.56	0.08	0.85	0.26	4.04
	>120	55.27	22.79	8.96	4.72	3.98	2.65	0.47	0.07	0.87	0.29	4.12

续表

剖面	发生层深度/cm	质量分数/%										Sa
		SiO₂	Al₂O₃	Fe₂O₃	K₂O	Na₂O	MgO	CaO	MnO	TiO₂	P₂O₅	
2	0~5	54.25	22.41	9.42	5.57	3.75	2.88	0.58	0.12	0.92	0.19	4.12
	5~27	53.17	22.28	10.52	5.89	3.62	2.65	0.69	0.07	0.97	0.17	4.06
	27~63	53.67	22.48	10.02	4.18	4.38	3.38	0.79	0.07	0.92	0.18	4.06
	63~130	53.72	23.38	9.32	3.56	4.28	2.98	1.52	0.09	1.01	0.23	3.91
	>130	54.85	22.66	10.26	3.41	3.09	3.37	1.35	0.06	0.77	0.19	4.11
3	0~5	54.21	23.45	9.27	3.64	3.67	3.76	0.89	0.09	0.87	0.19	3.93
	5~32	54.53	24.51	9.56	3.72	3.97	2.46	0.61	0.07	0.49	0.15	3.78
	32~65	54.66	22.58	10.87	3.89	3.68	2.74	0.53	0.13	0.87	0.13	4.12
	>65	54.26	24.27	9.95	3.82	3.05	2.83	0.78	0.12	0.79	0.21	3.80
4	0~15	53.97	22.09	9.38	3.75	3.12	4.09	2.47	0.09	0.87	0.17	4.15
	15~87	53.57	22.29	9.58	3.45	3.82	3.73	2.51	0.12	0.76	0.21	4.09
	87~110	53.05	21.85	10.13	4.31	4.98	3.57	0.96	0.15	0.87	0.13	4.13
	110~154	53.34	22.12	9.95	4.22	4.57	3.78	0.85	0.12	0.85	0.21	4.10
	>154	54.16	22.25	9.52	4.48	3.85	3.81	0.87	0.17	0.72	0.19	4.14
5	0~11	54.04	22.09	10.96	4.15	3.27	3.25	0.77	0.19	0.97	0.31	4.16
	11~30	54.49	23.16	10.37	3.59	2.91	3.65	0.72	0.17	0.90	0.22	4.00
	30~126	54.89	22.54	10.67	3.62	2.84	3.71	0.46	0.11	1.02	0.24	4.14
	>126	54.32	23.35	10.32	4.65	3.41	2.36	0.47	0.12	0.69	0.33	3.95
	均值	54.12	22.91	9.96	4.20	3.68	3.17	0.90	0.11	0.84	0.19	4.02
	标准差	0.64	0.76	0.55	0.66	0.66	0.53	0.57	0.04	0.12	0.07	0.13
	变异系数	0.01	0.03	0.06	0.16	0.18	0.17	0.63	0.33	0.14	0.34	0.03

注：标准差与变异系数两行数据的单位为量纲一

（二）剖面土壤黏粒矿物的组成

本节分析了 5 个剖面土壤发生层次的黏粒矿物。图 3-42 为剖面 1 的 5 种处理的 K-air、K-300℃、K-550℃、Mg-air、Mg-gly XRD 叠加图谱。从图 3-42 可见，主要衍射峰峰位均为 1.44nm、1.01nm、0.71nm、0.50nm、0.47nm、0.42nm、0.35nm、0.33nm，表明苏打盐碱土中黏粒矿物组成一致，相对稳定。不同剖面不同发生层次在衍射峰的强度及部分弱的衍射峰形、峰位有变化。通过 MID Jade5.0 软件用 2004 标准 PDF 卡的 d 值和三强峰对各衍射峰进行匹配（张荣科等，2003），得到 5 次处理的衍射峰图谱变化（李学垣，1997）。

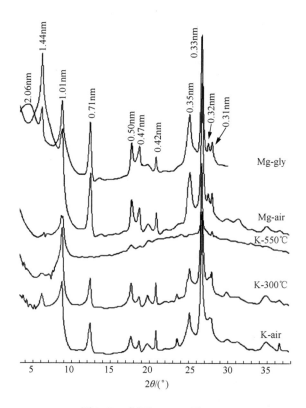

图 3-42　剖面 1 Bn-1 层 XRD

由图 3-42～图 3-46 来看，主要有 1.42nm、1.01nm、0.71nm、0.47nm、0.35nm、0.33nm 等强峰，在经镁黏粒甘油饱和片及钾自然风干片加热 300℃处理后在 1.01nm、0.50nm、0.71nm、0.47nm 的几处强衍射峰均无大变化，表明土壤中有大量的伊利石和白云母（Dixon et al.，1977）。从 Mg-air 图谱 1.01nm 峰形看，峰向低角度扩散中，说明可能有大量伊利石-蒙脱石混层矿物。从 Mg-gly 图谱看，经甘油饱和处理后，剖面 1 发生层 Bn-1、B 和 C 衍射峰在 2.06nm、1.91nm、1.85nm 处较强，峰形对称，而 Bn-2 层、BC 层在 2.24nm、1.96nm、1.84nm、2.58nm 峰形不对称，且向低角度仰起一组峰。根据混层矿物 2θ 在 5℃ 的衍射峰的峰形（Reynold et al.，1970）可推断含有伊利石-蒙脱石混层矿物及蒙脱石。在低角度 3°～10.5°进行分峰拟合，并通过 MID Jade5.0 软件对剖面 4 的 5 种处理的 XRD 衍射峰在 3°～10.5°分峰拟合，见图 3-47～图 3-51。在 K-air XRD 图谱比较 K-300℃后，一些宽散峰近于消失，1.01nm 峰有所加强，经 K-550℃处理后，1.43～1.01nm 峰消失，1.01nm 峰收缩，证实 1.42nm 衍射峰为蛭石。0.47nm 衍射峰处可有少量的绿泥石，1.71nm、0.87nm、0.53nm、0.35nm 等小衍射峰处有绿泥石-蒙脱石混层矿物。

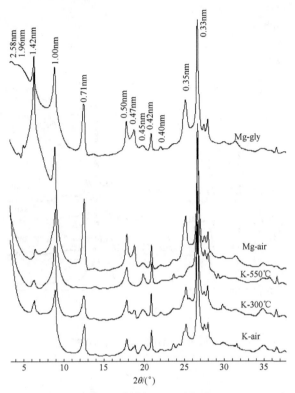

图 3-43 剖面 1 Bn-2 层 XRD

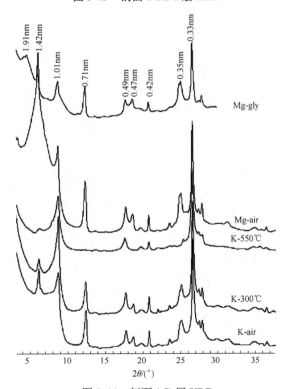

图 3-44 剖面 1 B 层 XRD

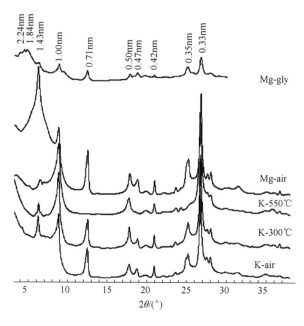

图 3-45　剖面 1 BC 层 XRD

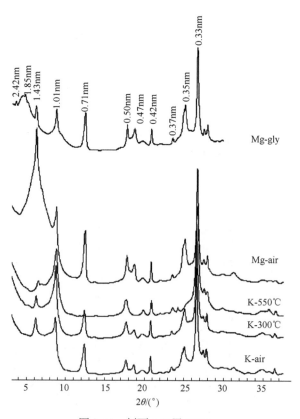

图 3-46　剖面 1 C 层 XRD

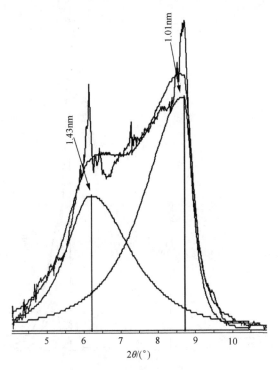

图 3-47　剖面 4 分峰 K-air

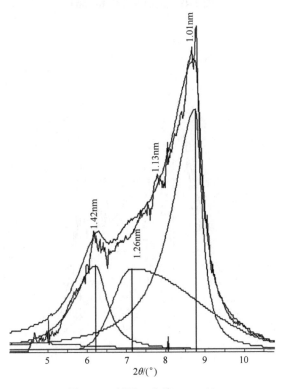

图 3-48　剖面 4 分峰 K-300℃

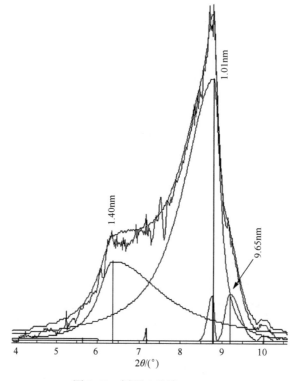

图 3-49　剖面 4 分峰 K-550℃

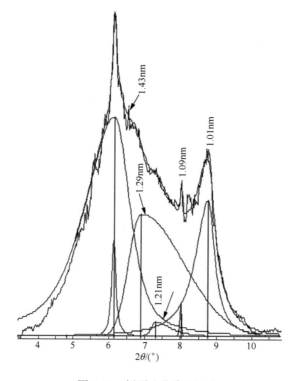

图 3-50　剖面 4 分峰 Mg-air

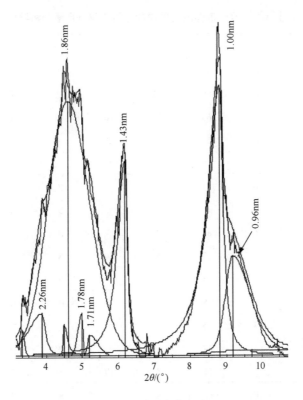

图 3-51　剖面 4 分峰 Mg-gly

综上分析，可确定研究洼地苏打盐碱土黏粒矿物类型主要有蒙脱石、伊利石、伊利石-蒙脱石混层矿物、高岭石、蛭石、石英、绿泥石及绿泥石-蒙脱石混层矿物。

（三）剖面土壤黏粒矿物的相对数量

黏粒矿物的定量较复杂，目前多为半定量。XRD 图谱中各种矿物定量利用 MDI Jade 5.0 软件计算每个衍射峰的积分强度和峰高（郑庆福等，2010）。应用沉积岩黏粒矿物相对含量分析方法，在 K-550℃处理、Mg-air 和 Mg-gly 的 XRD 衍射图谱对伊利石、伊利石-蒙脱石混层矿物、高岭石、蒙脱石进行半定量计算，通过 K-550℃和 Mg-gly 衍射图谱对绿泥石和蛭石的分离进行半定量计算。为了明确土壤黏粒矿物的 XRD 图谱的低角度衍射峰的变化，本节内容进行了分峰拟合处理，以区分叠加峰，参看图 3-47～图 3-51 分峰拟合。同时根据 Mg-gly 衍射图谱计算出伊利石的矿物学特征（张荣科等，2003）。伊利石结晶度能很好地反映其形成时的地球化学环境变化，伊利石化学指数为 0.5nm/1nm 峰面积比。其值小于 0.5 代表富 Fe-Mg 伊利石，为物理风化的产物；其值大于 0.5 代表富 Al 伊利石（白云母），为强烈水解作用产物（Gingele et al.，2011）。根据洼地 5 个剖面黏粒矿物的半定量分析结果，可见伊利石化学指数均值在 0.42，接近 0.5，在各个剖面中上部较大，说明伊利石富 Al（表 3-11）。

表 3-11 5 个剖面发生层次的黏粒矿物半定量分析结果

剖面	发生层次/cm	I/%	I/S/%	Ver/%	Kao/%	S/%	Chl/%	IC	CII
	0~15	21	34	7	22	15	0	0.51	0.54
	15~43	19	58	13	9	1	0	0.45	0.49
1	43~71	9	63	11	10	6	1	0.49	0.63
	71~120	15	67	5	8	3	2	0.49	0.11
	>120	6	70	11	8	5	0	0.47	0.70
	0~5	6	74	7	5	7	1	0.46	0.04
	5~27	7	78	5	6	3	1	0.44	0.49
2	27~63	6	81	4	5	3	1	0.53	0.31
	63~130	5	69	8	9	8	1	0.51	0.37
	>130	7	53	7	9	20	4	0.49	0.52
	0~5	7	68	7	7	10	1	0.45	0.56
3	5~32	4	75	5	5	9	2	0.44	0.37
	32~65	7	67	13	8	2	3	0.44	0.69
	>65	7	69	8	10	5	1	0.39	0.70
	0~15	6	68	8	9	8	1	0.44	0.40
	15~87	4	75	5	5	9	2	0.45	0.00
4	87~110	7	68	13	7	2	3	0.42	1.38
	110~154	7	69	11	9	3	1	0.49	0.56
	>154	7	65	8	9	10	1	0.46	0.03
	0~11	5	78	7	6	4	0	0.49	0.18
	11~30	7	79	5	5	1	3	0.53	0.20
5	30~126	6	83	2	3	2	4	0.51	0.18
	>126	7	63	14	10	5	1	0.52	0.27
	均值	7.91	68.48	8.00	8.00	6.13	1.48	0.47	0.42
	标准差	4.37	10.28	3.30	3.66	4.65	1.20	0.04	0.31
	变异系数	0.55	0.15	0.41	0.46	0.76	0.81	0.08	0.74

注：I 为伊利石；I/S 为伊利石-蒙脱石混层矿物；Ver 为蛭石；Kao 为高岭石；S 为蒙脱石；Chl 为绿泥石及混层矿物；IC 为伊利石结晶度；CII 为伊利石化学指数；标准差与变异系数两行数据的单位为量纲一

相对数量的分析结果中，半定量只做参考。伊利石-蒙脱石混层矿物剖面发生层均值为 68.48%，结晶程度高的蒙脱石均值为 6.13%，伊利石均值为 7.91%，蛭石和高岭石均值都为 8%，绿泥石及混层矿物均值为 1.48%（因混层峰形不规则，分峰拟合难，一起计算），它的变异系数最大（0.81）；而结晶程度高的高岭石，相对数量在 3%~22%，均值在 8%，按地带性土壤黏粒矿物的分布规律，高岭石的数量较高。相关的来源需进一步验证。

研究区苏打盐碱化草原洼地中，较低的微地貌剖面表层伊利石数量多于其他高的微地貌单元，而伊利石-蒙脱石混层矿物的数量较其他层次要少，结晶程度高的蒙脱石数量相对其他剖面要多，高岭石数量较其他发生层次多。随着地形高度增加，剖面伊利石-蒙脱石混层矿物数量也在增加，而蒙脱石和高岭石在剖面中则上下高、中间低，绿泥石数量不多，只在剖面中下部略有增加。由于苏打盐碱土处于脱硅较弱、主要在脱钾的阶段，剖面表层矿物淋溶作用较弱，剖面下部脱钾，致使土壤中主要矿物是 2∶1 型混层矿物，伊利石-蒙脱石混层矿物占优势。

三、苏打盐碱土黏粒矿物电镜下的特征

传统的岩石学光学显微镜分析技术无法观察到微米级或纳米级矿物的特征及形态。扫描电镜技术具有分辨率高、倍数大、三维立体感强等优点，能够真实、准确体现出纳米级的黏粒矿物的特征（张俊杰等，2017）。图 3-52～图 3-56 为剖面 4 的 5 个发生层次的扫描电子显微镜（scanning electron microscope，SEM）图片。由图可见，黏粒矿物多呈堆叠的片状、短柱状，多为云母、伊利石、伊利石-蒙脱石混层矿物。伊利石呈不规则的薄片状和板条态，细小鳞片状的为蒙脱石，板状多的为长石，浑圆状的小颗粒为石英，少量小薄片的为绿泥石，有些颗粒呈小页状为高岭石。受试验条件所限，4000 倍 SEM 对于观测黏粒矿物远远不够，应至少达万倍，黏粒矿物的形态才清晰。图片为 4000 倍 SEM 下的图片，只能观察到相对较大颗粒的形态。这些图片可为苏打盐碱化土壤黏粒矿物的组成及数量提供定性的佐证。

图 3-52　剖面 4 A 层 SEM　　　　图 3-53　剖面 4 AB 层 SEM

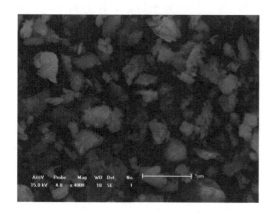
图 3-54 剖面 4 Bn 层 SEM

图 3-55 剖面 4 B 层 SEM

图 3-56 剖面 4 Cg 层的 SEM

四、微地貌条件下苏打盐碱土黏粒矿物的演化

黏粒矿物是由原生矿物经化学或生物化学作用转变演化而来。温度、湿度、盐基物质、离子的浓度等环境因素对黏粒矿物的演化有重要影响（陆景岗，1977）。高温、多湿、少盐基、强酸性的华南红壤地带与干旱少雨、碱性、高镁的北方土壤环境下，黏粒矿物的组成及演化迥然不同。松嫩平原的弱淋溶、强碱性条件的土壤环境条件造就了苏打盐碱土的演化特点。

从半定量的结果来看，苏打盐碱土黏粒矿物中伊利石-蒙脱石混层矿物约占总量的70%，伊利石、蒙脱石和蛭石这三种矿物大致共占 20%，高岭石占 5%~10%，绿泥石及混层矿物占比小于 5%。

XRD 图谱中，Mg-air 的 1.42nm 衍射峰经甘油饱和处理后，蒙脱石钾加热片从 1.42nm

膨胀至 1.77nm，但是没有收缩至 1.26nm，而是收缩至 1.01nm，这种蒙脱石被称为高电荷蒙脱石，往往由白云母形成（Egashira et al.，1983）。可见苏打盐碱土中的蒙脱石绝大多数为高电荷蒙脱石。土壤 XRD 图谱中 Mg-air 中 1.42nm 的衍射峰，在 Mg-gly 中膨胀成 1.77nm 衍射峰，有的样品中 1.77nm 衍射峰膨胀显著，有的不明显，而且峰形变化不一，有的向低角度仰起，有的为一组 1.77～2.16nm 衍射峰。如果单从 1.77nm 衍射峰的强度来看，似乎蒙脱石数量和前人研究盐渍土黏粒矿物主要以蒙脱石为主结论有出入。黑土 X 射线图谱中蒙脱石衍射峰不明显的原因可能是黑土中的蒙脱石结晶差，或者是蒙脱石与伊利石形成了不规则的夹层（蒋梅茵等，1982）。蒙脱石 1.77nm 衍射峰不强，可能与苏打盐碱土分布的背景有关，地势平坦，气候干燥，蒸发量大，淋溶较弱，土壤处于弱风化的阶段，黏粒矿物多呈过渡及混层演化阶段。另外，黏粒矿质全量分析中硅铝率较高，也说明土壤处于弱淋溶条件，在风化较弱的土壤环境中白云母先脱钾，形成伊利石后进一步脱钾，镁代替钾则变成蛭石。土壤镁替钾频繁，而铝替镁可能不是经常发生，八面体上的镁被铝占据后变成蒙脱石。在松嫩平原西部所处的地理气候环境下，蒙脱石结晶程度较低，多为伊利石-蒙脱石混层矿物类型，经 XRD 数据自动检测，苏打盐碱土中的蒙脱石多为含 Al 的蒙脱石，这也可能是有的蒙脱石衍射峰相对较弱的原因。也就是说，苏打盐碱土表层土壤中以蒙脱石及伊利石-蒙脱石混层矿物为主，而且伊利石-蒙脱石混层矿物占绝大多数，结晶良好的蒙脱石少于伊利石-蒙脱石混层矿物，这可以从半定量分析结果中得到较好的佐证。

　　苏打盐碱土 XRD 图谱中高岭石（0.72nm、0.355nm）衍射峰较强，土壤中高岭石数量较多，这与北方地带性土壤黏粒矿物分布不符。分析其原因，0.72nm、0.355nm 衍射峰之所以较强，有两点原因：其一，它们是叠加峰、高岭石和绿泥石的衍射峰。在 Mg-gly 图谱中，绿泥石 4 个晶面的特征峰(001)为 1.42nm、(002)为 0.72nm、(003)为 0.47nm、(004)为 0.355nm，与高岭石的特征峰重叠。由 XRD 自动检测定相，苏打盐碱土中的绿泥石有一部分为斜绿泥石，含铁量并不高，经加热处理后，K-550℃中，1.42nm、0.72nm、0.47nm、0.355nm 将减弱或消失，也就是说 0.72nm、0.355nm 衍射峰为高岭石和绿泥石的复合峰，致使衍射峰较强，这点从分峰拟合图中可确认。其二，经 XRD 检测 0.355nm 的复合峰中也有过渡矿物累托石的存在。累托石为二八面体白云母和二八面体蒙脱石规则间层矿物。盐碱化干旱草原土壤淋溶作用较弱，黏粒矿物之间常处于过渡状态，致使土壤中存在一定量的 1.42nm 间层和混层矿物。排除这些因素，苏打盐碱化土壤中确实含有一定数量的高岭石，而且结晶度较好。从半定量分析来看，高岭石数量接近 10%，有的发生层位高达 22%。高岭石的来源可能有以下两种：①来自成土母质中钾长石的碳酸化作用。钾长石水解脱硅脱钾可形成高岭石，钾长石碳酸化作用也可形成高岭石。因为苏打盐碱土中的碳酸丰富，钾长石经碳酸化作用后硅酸盐中碱金属变成碳酸盐，又增加了苏打盐碱的数量。②松嫩平原在第四纪地质历史时期，曾经气候湿润，淋溶作用强，土壤母质中原来就存在高岭石。无论是哪种成因，都有待进一步研究验证。

苏打盐碱土在蒸发强、淋溶弱的大背景下，处于脱硅较弱、脱钾风化阶段，黏粒矿物演化模式有：①白云母 $\xrightarrow{\text{脱钾}}$ 伊利石 $\xrightarrow{\text{脱钾}}$ 蒙脱石及伊利石-蒙脱石；②伊利石 $\xrightarrow{\text{脱钾}}$ 蛭石；③钾长石 $\xrightarrow{\text{碳酸化作用}}$ 高岭石。这三种过程同时进行。

第三节　微地貌条件下苏打盐碱土养分特征

一、微地貌条件下苏打盐碱土有机碳分布与特征

土壤有机质是指存在于土壤中所有含碳的有机物质。土壤有机质是土壤固相部分的重要组成成分，尽管土壤有机质只占土壤总量的很小一部分，但它对土壤形成、土壤肥力、环境保护及农林业可持续发展等方面都有着极其重要的意义。土壤有机质含量的多少是土壤肥力高低的重要指标（黄昌勇，1999）。土壤有机碳（soil organic carbon，SOC）是土壤有机质的一种化学量度，土壤有机碳占土壤有机质的 60%～80%。土壤有机碳中有一些组分对土地利用方式等因子变化的反应比总有机碳更敏感，这部分碳被称为活性有机碳，可作为有机碳早期变化的指示物，而非活性有机碳则表征土壤长期积累和固碳能力。

研究区洼地剖面 1 为中心的不同地形高度表层土壤有机碳数据统计结果见表 3-12。

表 3-12　不同地形高度有机碳数据统计

地形高度/m	均值/（g/kg）	标准差	变异系数
-40.6	12.84	7.47	0.58
-40.5	7.36	3.36	0.46
-40.4	5.54	1.55	0.29
-40.3	5.02	1.55	0.31

2017 年秋季-40.6m 洼地平坦中心的地形高度上，28 个样有机碳均值为 12.84g/kg，最高值为 30.8g/kg，最低值为 6.73g/kg，变异系数为 0.58，变异较大，数值波动较大；-40.5m 地形高度上，26 个样有机碳均值为 7.36g/kg，最高值为 10.95g/kg，最低值为 4.08g/kg，变异系数为 0.46，有机碳起伏小于-40.6m 高度的变异；-40.4m 地形高度上，30 个样有机碳均值为 5.54g/kg，有机碳在 3.52～9.94g/kg，变异系数为 0.29，这一地形高度的变异系数较小，为 5 个高度的有机碳最小变异；-40.3m 地形高度上，22 个样有机碳的均值为 5.02g/kg，有机碳在 3.19～8.19g/kg，变异系数为 0.31，略高于-40.4m 地形高度。从分析数据来看，洼地-40.6m 中心平坦地形上有机碳的变异系数大，含量起伏大。随着地形高

度的增加,有机碳含量相对稳定,变异系数变小。到洼地较高处的地形上,标准差相同,变数系数接近。洼地中心由于盐碱土入渗差,常常积水,而水分对植被有影响,洼地平坦地形上,有的地方干,地面有薄薄的盐霜,而有的地方潮湿泥泞枯草腐化,可能引起有机碳波动较大。

5 个剖面有机碳分布见图 3-57,剖面中有机碳分布形态变异大。剖面 1 有机碳均值为 3.25g/kg,Bn-1 层最高,为 4.32g/kg,BC 层最低,为 2.58g/kg;剖面 2 有机碳均值为 3.30g/kg,Bn 层最高,为 5.54g/kg,低值在剖面的 BC 层,为 2.69g/kg;剖面 3 有机碳均值为 5.51g/kg,A 层最高,为 8.98g/kg,剖面 3 是所有微地貌单元上有机碳含量最高的,因它分布在缓平地较高处的微地貌上,羊草植被繁茂,年复一年,枯草归还土壤的有机质较多,自然有机碳含量高;剖面 4 有机碳均值为 3.78g/kg,A 层最高,为 6.32g/kg;剖面 5 有机碳均值为 4.7g/kg,最高在 B 层,为 7.39g/kg,剖面 5 微地貌为相对坡度较大的高地,地面有植被,相对剖面 3 覆盖度稍小些。总的来看,剖面表层、亚表层有机碳均比表层高,随着深度增加降低至母质层有机碳最低。高地形(-40.3m)剖面 2 和剖面 5 有机碳在剖面中分布趋势相同,都是 B 层有机碳含量高,这两个剖面是 5 个剖面中有机碳均值相对较高的。野外观测和室内分析结果表明,剖面有机碳的分布与微地貌单元高低有着密切的关系:较低的微地貌单元有机碳含量较低,低地均无植被(光板地),有的地面有薄薄的盐霜;而较高的微地貌单元上有机碳含量高,尤其是发生层 B 有机碳含量高,受强碱作用,有机质淋溶明显。

二、剖面土壤全量及速效养分变异

5 个土壤剖面的 NH_4^+(铵态氮)分布形态相近(图 3-58),均为表层高,向下到母质层最低。除了剖面 4,NH_4^+最低位于 B2 层,仅为 3.51mg/kg,是全剖面最低,与 C 层数值相差较大。剖面 2、剖面 3、剖面 4 NO_3^-(硝态氮)分布形态相近(图 3-59),均为表层高,向下至母质层最低,而剖面 1 和剖面 5 分布趋势相同,均是亚表层高,发生层 B 高,呈现先小后达最高值,然后降至母质层最低。剖面 1,NO_3^-在 1.56~8.49mg/kg,均值为 3.9mg/kg,NH_4^+在 3.21~8.75mg/kg,均值为 6.29mg/kg;剖面 2,NO_3^-在 1.47~15.10mg/kg,均值为 5.14mg/kg,NH_4^+在 3.29~12.94mg/kg,均值为 6.41mg/kg;剖面 3,NO_3^-在 3.24~17.90mg/kg,均值为 7.09mg/kg,NH_4^+在 6.04~17.92mg/kg,均值为 9.93mg/kg;剖面 4,NO_3^-在 2.09~7.51mg/kg,均值为 4.11mg/kg,NH_4^+在 3.51~8.36mg/kg,均值为 6.78mg/kg;剖面 5,NO_3^-在 2.16~33.62mg/kg,均值为 15.91mg/kg,NH_4^+在 5.31~15.63mg/kg,均值为 10.19mg/kg。

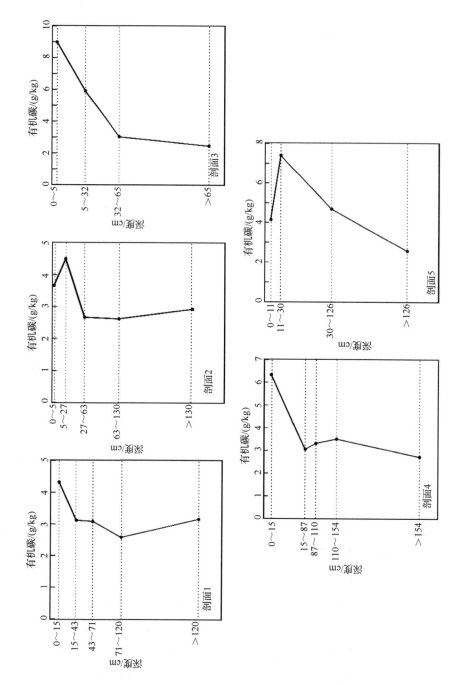

图 3-57　5 个剖面有机碳分布

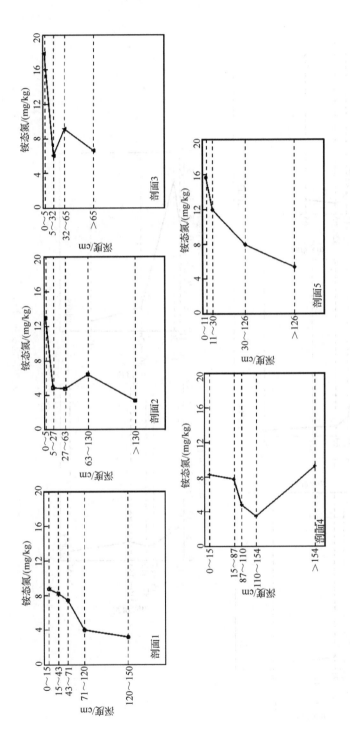

图 3-58 5 个剖面铵态氮的分布

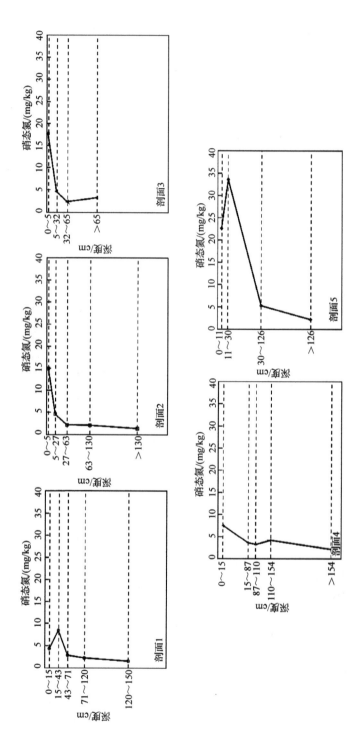

图 3-59　5 个剖面硝态氮的分布

图 3-60 为 5 个剖面全磷的分布。可见剖面 1、剖面 2 和剖面 4 分布情况相似，均为表层高，随着剖面深度增加先降低而后又增加，呈折线型。剖面 3 和剖面 5 形态相近，但剖面 3 全磷母质层全磷最低，而剖面 5 表层全磷最低，这两个剖面全磷最高值均出现在亚表层，剖面 3 出现在 5～32cm 的 B 层，剖面 5 出现在 11～30cm 的 AB 层。剖面 1 全磷在 0.53～0.77g/kg，平均值为 0.67g/kg，Bn-1 层最高，变异系数为 0.13；剖面 2 全磷在 0.6～0.9g/kg，平均值为 0.7g/kg，A 层最高，变异系数为 0.17；剖面 3 全磷在 0.5～0.9g/kg，平均值为 0.73g/kg，B 层最高，变异系数为 0.24；剖面 4 全磷在 0.47～1.11g/kg，平均值为 0.7g/kg，A 层最高，变异系数为 0.37；剖面 5 全磷在 0.64～1.13g/kg，平均值为 0.9g/kg，B 层最高，变异系数为 0.22。剖面 1 和剖面 2 全磷变异系数不大，数量相对稳定。全磷反映土壤中磷的总储量情况，而速效磷数量则反映磷的有效性。

图 3-61 为 5 个剖面速效磷的分布。对比全磷分布图 3-60，可见 5 个剖面中除了剖面 3 外，速效磷和全磷分布形态相似。剖面 1 和剖面 3 速效磷形态相近，剖面 2 和剖面 4 速效磷分布形态相似，只有剖面 5 差异大。剖面 1～剖面 4 均是表层高。剖面 1 全剖面变幅较小，速效磷在 4.48～15.5mg/kg，最高值在表层，均值为 7.54mg/kg，变异系数为 0.63；剖面 2 呈折线分布，速效磷 A 层最高（35.25mg/kg），Bn 层锐减至 10.44mg/kg，而后又升高，再逐渐下降至 C 层，最低仅为 5.2mg/kg，均值为 16.45mg/kg，变异系数为 0.69；剖面 3 和剖面 1 速效磷形态相似，A 层高达 21.90mg/kg，C 层最低，为 2.48mg/kg，均值为 8.47mg/kg，剖面 3 速效磷分布为由高逐渐降低的平缓曲线，而剖面 1 速效磷的量由高到低中部略有起伏；剖面 4 速效磷变幅为 3.55～34.91mg/kg，均值为 10.78mg/kg，最高值和最低值相差悬殊，标准偏差为 13.58，波动大；剖面 5 速效磷的分布呈典型的折线形态，最高值出现在 B 层，达 60mg/kg，最低值出现在 30～126cm 的 Bn 层，仅为 2.36mg/kg，标准偏差最大，变异系数为 1，为所有剖面中最高的。从分析的结果可见，速效磷在不同的微地貌单元分布数量较低，变异最大。这说明土壤盐碱化强度严重制约了磷的有效态，土壤中黏粒的类型及数量也影响着磷的存在形态。

图 3-62 为 5 个剖面全钾的分布。全钾各剖面相对其他养分，变幅小，总体水平较高，变动区间为 18.17～23.60g/kg，最低值出现在剖面 2 的 63～130cm 深度，最高值为剖面 5 的表层 0～11cm 深度。剖面 1 和剖面 3 均为剖面底部全钾多，中部相对较少；剖面 4 全钾分布呈折线形，母质层高于其他层；剖面 2 和剖面 5 表层全钾最高，中下部减少，剖面底部又略有升高，剖面 2 全钾变幅在 18.17～21.74g/kg；剖面 5 全钾变幅在 21.37～23.60g/kg。从 5 个剖面全钾的分布特点来看，洼地土壤中全钾主要来源于土壤母质中原生矿物的风化，相对稳定。苏打盐碱土原生矿物中有钾长石、斜长石、白云母等含钾的矿物，它们的风化为土壤提供了丰富的钾元素。

图 3-63 为 5 个剖面速效钾的分布。速效钾相比全钾剖面分布有差异。剖面 1 速效钾分布呈波折线，由表层较低到最高，而后又突降，再升高又下降至全剖面最低，区间为 44.43～144g/kg，Bn-2 层最高，母质层最低，均值为 86.21mg/kg，变异系数为 0.49；剖

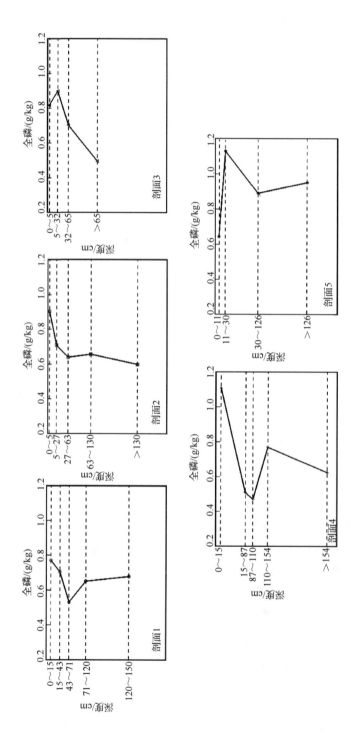

图 3-60　5 个剖面全磷的分布

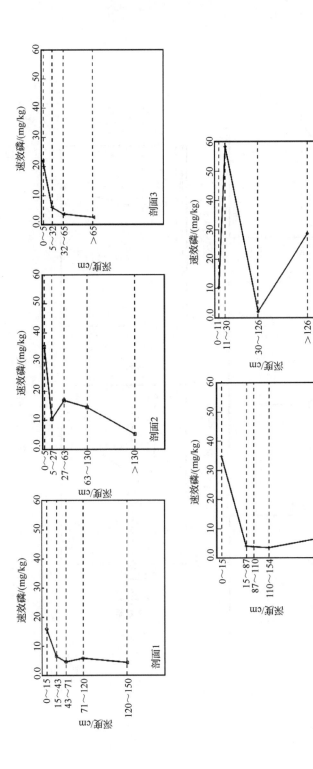

图 3-61 5 个剖面速效磷的分布

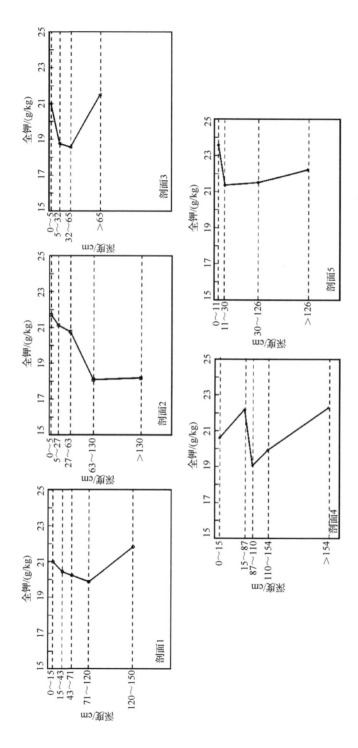

图 3-62 5 个剖面全钾的分布

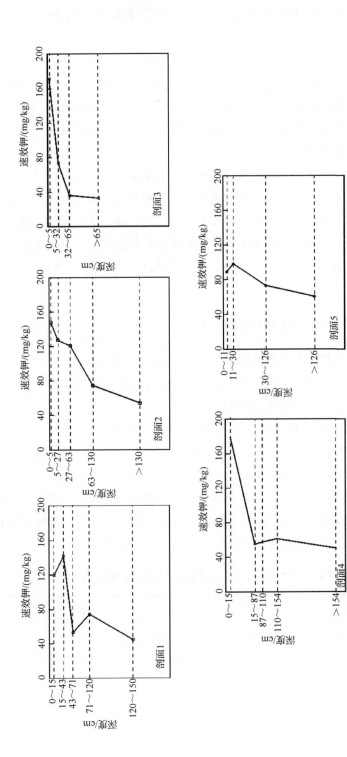

图 3-63　5 个剖面速效钾的分布

面 2 表层速效钾最高，达 147.27mg/kg，母质层全剖面最低（54.29mg/kg），均值为
104.47mg/kg，变异系数为 0.37；剖面 3 表层速效钾最高，为 170.70g/kg，最低值出现
在母质层，为 32.65mg/kg，均值为 78.01mg/kg，变异系数为 0.83，在全剖面波动大；剖
面 4 速效钾最高值在 A 层，为 177.93mg/kg，最低值在 C 层，为 49.79mg/kg，均值为
80.07mg/kg，变异系数为 0.69；剖面 5 最大值在 B 层，为 98.39mg/kg，最小值在 C 层，
为 60.23mg/kg，均值为 80.18mg/kg，变异系数为 0.21。在所有剖面中，剖面 2 和剖面 5
相对其他剖面变异系数略小。

　　苏打盐碱化草原剖面土壤养分分析结果表明：主要养分元素 N、P、K 在剖面中均有
表聚现象，而相应的有效态也都以表层含量最高，有机碳也是表层含量高，由剖面向下
逐渐减小，体现了有机质的淋溶过程。土壤养分是评价土壤肥力的基础，而土壤肥力主
要由三个条件决定：一是肥力的物质基础，二是土壤植物营养，三是生态条件。松嫩平
原苏打盐碱化草原土壤的植物营养和生态条件均很差，土壤养分水平低，肥力低，有待
改良与培肥。

三、微地貌条件下 SOC 与盐碱化相关性

　　地形对土壤的理化性质有着重要影响（Aguilar et al.，1988）。地形因子与养分分布
的相关性显著（宋轩等，2011）。微地貌景观的差异主要是由不同地形位置上的养分条件
与水热条件差异造成的（高雪松等，2005）。

　　供试洼地表层 SOC 与土壤主要盐碱化指标的相关分析结果如下。

　　数据采用 SPSS 软件进行相关分析。春秋两季 SOC 与盐碱化主要指标的相关性分析
显示（表 3-13 和表 3-14），SOC 与 pH、EC、可溶盐总量、ESP 均为负相关，可溶盐总
量与 ESP 极显著正相关，EC 与可溶盐总量极显著正相关。春季，SOC 与 pH 极显著负
相关，pH 与 EC 极显著正相关，EC 与可溶盐总量正相关，可溶盐总量与 ESP 极显著正
相关。秋季，pH 与 EC 负相关、EC 与可溶盐总量极显著正相关。

表 3-13　春季表层 SOC 与主要盐碱化指标的相关系数

	SOC	pH	EC	可溶盐总量	ESP
SOC	1	−0.396**	−0.105	−0.196	−0.297**
pH		1	0.450**	0.319**	0.597**
EC			1	0.062	0.196
可溶盐总量				1	0.697**
ESP					1

** $P<0.01$ 水平显著

表 3-14 秋季表层 SOC 与主要盐碱化指标相关系数

	SOC	pH	EC	可溶盐总量	ESP
SOC	1	−0.003	−0.235[*]	−0.452[**]	−0.422[**]
pH		1	−0.041	0.079	−0.058
EC			1	0.275[**]	0.292[**]
可溶盐总量				1	0.508[**]
ESP					1

* $P<0.05$ 水平显著；** $P<0.01$ 水平显著

地形高度和坡度与 SOC 的相关分析结果（表 3-15 和表 3-16）显示：春季地形高度与 SOC 极显著负相关，坡度与 SOC 负相关；秋季地形高度与 SOC 极显著负相关，而坡度与 SOC 正相关。

表 3-15 春季地形高度、坡度与 SOC 相关系数

	SOC	地形高度	坡度
SOC	1		
地形高度	−0.360[**]	1	
坡度	−0.015	0.484[**]	1

** $P<0.01$ 水平显著

表 3-16 秋季地形高度、坡度与 SOC 的相关系数

	SOC	地形高度	坡度
SOC	1		
地形高度	−0.545[**]	1	
坡度	0.098	0.484[**]	1

** $P<0.01$ 水平显著

小结：①随着土壤有机质含量的增加，土壤 pH、EC、可溶盐总量和 ESP 均下降，所以，提高土壤肥力、改善植物生长状况、增加草地生物量积累和土壤有机质含量，是改良苏打盐碱地的有效途径；②地形高度与 SOC 极显著负相关，而春季和秋季坡度与 SOC 的相关性结果不尽相同。

参 考 文 献

陈安强, 雷宝坤, 胡万里, 等. 2018. 洱海近岸菜地包气带土壤水分特征曲线参数变化及其影响因素. 灌溉排水学报, 37(10): 48-54.

陈恩凤. 1990. 土壤肥力物质基础及调控. 北京: 科学出版社.

高雪松, 邓良基, 张世熔. 2005. 不同利用方式与坡位土壤物理性质及养分特征分析. 水土保持学报, 19(2): 53-60.

郭继勋, 姜世成, 孙刚. 1998. 松嫩平原盐碱化草地治理方法的比较研究. 应用生态学报, 9(4): 425-428.

黄昌勇. 1999. 土壤学. 北京: 中国农业出版社.

吉林省土壤肥料总站. 1998. 吉林土壤. 北京: 中国农业出版社.

蒋梅茵, 熊毅. 1982. 中国土壤胶体研究: Ⅷ. 五种主要土壤的粘土矿物组成. 土壤学报, 19(1): 62-69.

李彬, 王志春, 迟春明. 2006. 吉林省大安苏打碱土碱化参数与特征. 西北农业学报, 15(1): 16-19, 35.

李彬, 王志春, 梁正伟, 等. 2007. 吉林省大安苏打碱土盐化与碱化的关系. 干旱地区农业研究, 25(2): 151-155.

李学垣. 1997. 土壤化学及实验指导. 北京: 中国农业出版社.

刘广明, 杨劲松. 2001. 土壤含盐量与土壤电导率及水分含量关系的试验研究. 土壤通报, 32(S1): 85-87.

陆景岗. 1977. 土壤地质学. 北京: 地质出版社.

罗金明, 邓伟, 张晓平, 等. 2009. 苏打盐渍土的微域特征以及水分的迁移规律探讨. 土壤通报, 40(3): 482-486.

宋轩, 李立东, 寇长林, 等. 2011. 黄水河小流域土壤养分分布及其与地形的关系. 应用生态学报, 22(12): 3163-3168.

王春裕. 2004. 中国东北盐碱土. 北京: 科学出版社.

王盛萍, 张志强, 武军, 等. 2007. 坡面林地土壤水分特征函数空间变异性初探. 环境科学研究, 20(2): 28-35.

杨德涌. 2013. 中国土壤胶体研究: Ⅸ. 广东两对黄壤和红壤的粘拉矿物比较. 土壤学报, 22(1): 36-46.

张俊杰, 吴泓辰, 何金先, 等. 2017. 应用扫描电镜与 X 射线能谱仪研究柳江盆地上石盒子组砂岩孔隙与矿物成分特征. 地质找矿论丛, 32(3): 434-439.

张荣科, 范光. 2003. 黏粒矿物 X 射线衍射相定量分析方法与实验. 铀矿地质, 19(3): 180-185.

张为政. 1994. 松嫩平原羊草草地植被退化与土壤盐渍化的关系. 植物生态学报, 18(1): 50-55.

赵丹丹, 王志春. 2018. 土壤水盐运移 Hydrus 模型及其应用. 土壤与作物, 7(2): 120-129.

赵兰坡, 冯君, 王宇, 等. 2011. 不同利用方式的苏打盐碱土剖面盐分组成及分布特征. 土壤学报, 48(5): 904-911.

赵兰坡, 王宇, 冯君, 等. 2013. 松嫩平原盐碱地改良利用: 理论与技术. 北京: 科学出版社.

赵兰坡, 邹永久, 杨学明. 1993. 土壤学. 北京: 北京农业大学出版社.

郑庆福, 刘艇, 赵兰坡, 等. 2010. 东北黑土耕层土壤黏粒矿物组成的区域差异及其演化. 土壤学报, 47(4): 734-746.

Aguilar R, Heil R D. 1988. Soil organic carbon, nitrogen, and phosphorus quantities in northern great plains rangeland. Soil Science Society of America Journal, 52(4): 1076-1081.

Dixon J B, Zveed S B. 1977. Mineral in soil environments. Madison: Soil Science Society of America, Inc.: 195-258.

Egashira K, Tsuda S. 1983. High-charge smectite found in weathered granitic rock of Kyushu. Clay Science, 6(2): 67-71.

Gingele F X, de Deckker P, Hillenbrand C D. 2011. Clay mineral distribution in surface sediments between Indonesia and NW Australia-Source and transport by ocean currents. Marine Geology, 179(3-4): 135-146.

Reynold R C, Hower J. 1970. The nature of interlayering in mixed-layer illite-montmorillonites. Clay and Clay Minerals, 18: 25-36.

Six J, Elliott E T, Paustion K. 2000. Soil structure and soil organic matter: II. A normalized stability index and the effect of mineralogy. Soil and Water Management and Conservation, 64(3): 1042-1049.

Wilson M J. 1999. The origin and formation of clay mineral in soils: Past, present and future perspectives. Clay Minerals, 34(1): 7-25.

第四章 盐沼湿地旱化对土壤盐碱化演替的影响

第一节 环境因子对盐沼湿地旱化的影响

一、松嫩平原气候变化对湿地的影响

东北地区松嫩平原属于温带半湿润-半干旱区，特殊的气候加之地势低平、地下水位浅等地理环境导致该地区发育了我国大部分的内陆盐沼湿地（吕宪国，2008）。近年来，该地区大面积沼泽湿地转变成盐渍化土壤。该地区土壤盐渍化发展与人类活动引起的流域水环境变化密切相关（Yang et al.，2016）。以乌裕尔河流域为例，乌裕尔河流域上游修建水库导致其每年进入湿地的水流量从 20 世纪 70 年代的 7.5 亿 m^3 迅速减少至近年来的不足 1 亿 m^3。来水量减少导致扎龙湿地 $130km^2$ 原生芦苇沼泽湿地退化消失，盐渍化区域的面积增加至 $1420km^2$（张玉红等，2010；佟守正等，2008）。虽然人们已经通过一定措施（例如生态补水）努力缓解湿地的旱化步伐，但是湿地干旱缺水引发的退化并没有得到根本性的改善（Wang et al.，2011）。持续干旱的大趋势叠加人类干扰改变了湿地原来的自然属性（例如湿地的 pH 和盐分含量空间分布特征），进而可能威胁湿地生态健康。已有学者对该地区盐沼湿地迅速退化演变成盐渍化土壤的原因进行了一些研究，但是尚缺少从整个流域的角度探讨盐沼湿地对流域水环境变化的响应过程以及机理的研究。

二、主要研究方法

本节使用曼-肯德尔（Mann-Kendall，M-K）检验和滑动 t 检验等方法，探讨了 1951 年以来乌裕尔河流域径流量的变化特征以及扎龙湿地的响应特征。

（一）旱涝程度的界定

当前对一个地区所处的旱涝程度的界定基本是根据统计学原理对降水量统计结果得到的。首先假定该地区降水量服从正态分布，然后对降水量时间序列进行正态化处理，再按照降水量的分布情况进行旱涝程度分级（徐梦雅等，2017；王涛等，2016；毛海涛等，2016；窦睿音等，2013）。该地区每年 10 月～次年 4 月为低温冻融期，这期间的降水量为年降水量的 15% 以下，因此该地区的旱涝情况主要取决于其 5～9 月的降水量。

本节参照现代中央气象局科学研究院主编的《中国近五百年旱涝分布图集》对于旱涝等级的界定方法（现代中央气象局科学研究院，1981），取研究区 1860～2015 年每年 5～9 月的降水量数据 R_i 进行统计分析，得到多年平均降水量 R_M 和标准差 $δ$，对于研究区旱涝等级（Z 指数）划分如下：

　　-2 级：$R_i > (R_M + aδ)$，大涝。

　　-1 级：$(R_M + bδ) < R_i ≤ (R_M + cδ)$，偏涝。

　　0 级：$(R_M - bδ) < R_i ≤ (R_M + bδ)$，正常。

　　1 级：$(R_M - aδ) < R_i ≤ (R_M - bδ)$，偏旱。

　　2 级：$(R_M - cδ) < R_i ≤ (R_M - bδ)$，严重干旱（大旱）。

其中，a、b 和 c 为统计参数，分别取 11.7、0.33 和 1.17。

　　一个地区旱涝极端事件的发生往往是多种要素综合作用的结果，既包括自然的作用也包括人为活动的影响。20 世纪 70 年代以后，人们对扎龙湿地的开发利用强度不断增强，直接改变了湿地的水环境特征。因此，这一时间段研究区旱涝情况应同时考虑其降水量的变化状况，也应该考虑实际进入湿地的水量和蓄水面积。本节参照周林飞等（2007）的研究结论，把每年 4～5 月湿地平均明水面面积与理想水面面积 A（750km^2）进行比较：明水面 > 120% A，大涝；120% $A ≥$ 明水面 > 100% A，偏涝；100% $A ≥$ 明水面 > 80% A，正常；80% $A ≥$ 明水面 > 50% A，偏旱；明水面 ≤ 50% A，大旱。

　　1860～1970 年的旱涝等级数据来自《中国近五百年旱涝分布图集》，1971～2015 年的旱涝等级数据来自于齐齐哈尔市气象局统计数据。湿地蓄水量依据扎龙湿地入水口（农安桥以及来自双阳河）流入的径流量和滨州线（湿地出水口）的水流量之差得到，数据来自齐齐哈尔市水文监测局。

（二）小波转换原理

　　很多气象要素（例如降水量以及旱涝极端事件）都表现出一定的周期性。当前，常采用小波变换来揭示时间数据序列所包含的周期性（王涛等，2016）。Morlet 小波在揭示时间序列时分解成时间形态和频率形态序列，可以同时表征数据的时间序列和周期特征，因此常被用来分析水文和气象数据的周期性变化规律。

　　Morlet 小波的数学表达式为

$$\Psi(t) = e^{i\omega_0 t} e^{(-t^2/2)} \tag{4-1}$$

式中，$\Psi(t)$ 表示小波函数；i 表示虚数部；ω_0 为无量纲频率，当 ω_0 取 0.6 时，周期和时域的分辨率最佳；t 为时间。

　　本节利用 Morlet 小波探讨研究区 1860～2015 年降水量的周期性变化特征。

（三）马尔可夫链预测

马尔可夫（Markov）预测法是根据事物现有状态对今后一定时期内可能出现的状态进行预测的方法。其中，状态转移概率矩阵 P 和初始状态 E_0 共同决定着下一个时刻事物最可能出现的状态：

$$P(E_i \rightarrow E_j) = P(E_i / E_j) = P_{ij} \tag{4-2}$$

P_{ij} 满足条件：$0 \leqslant P_{ij} \leqslant 1\ (i, j = 1, 2, \cdots, n); \sum P_{ij} = 1$。

本节根据 1971～2015 年扎龙湿地的旱涝等级数据计算得到其状态转移概率矩阵（表 4-1），并以 2017 年旱涝等级状态(0,0,0,1,0)为初始状态 E_0 预测接下来 13 年（2018～2030 年）研究区可能出现的旱涝状况。

表 4-1　研究区旱涝事件状态转移概率矩阵

旱涝等级	1	2	3	4	5
1	0	0.40	0	0.05	0
2	0.67	0.60	0.40	0.11	0
3	0	0.40	0	0.11	0.17
4	0.33	0.60	0.60	0.58	0.33
5	0	0	0	0.16	0.50

（四）M-K 检验与滑动 t 检验

本节使用 M-K 检验方法检验研究区 1951～2015 年降水量和径流量是否发生显著变化。考虑到 M-K 检验的局限性，本节结合滑动 t 检验，通过考察两组样本平均值的差异是否显著来检验突变。本节选择步长为 5 年。使用 MATLAB 计算 M-K 检验与滑动 t 检验，以 < 0.05 作为环境变量发生显著性变化的临界水平，则 M-K 检验突变临界值为±1.96，而滑动 t 检验突变临界值为±2.46。

三、扎龙湿地环境因子的变化

（一）降水量和明水面面积的变化特征

从图 4-1 可见，1951～2015 年扎龙湿地的降水量几乎都在 300～600mm 波动，没有显著性的增减。在 20 世纪 70 年代中期、80 年代中期～90 年代中期、21 世纪初以及 2010 年以后，扎龙湿地的降水量为低谷期，而在 20 世纪 70 年代末～80 年代中期、1998 年前后、2005 年前后以及 2010 年前后的降水量都在多年平均降水量（410mm）以上，属于降水较充沛时段。

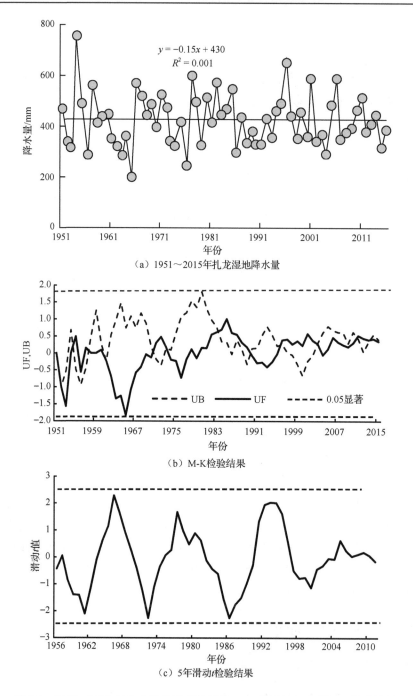

（a）1951～2015年扎龙湿地降水量

（b）M-K检验结果

（c）5年滑动 t 检验结果

图 4-1　1951～2015 年扎龙湿地降水量以及 M-K 检验和 5 年滑动 t 检验结果

M-K 检验表明［图 4-1（b）］，降水量的统计变量 UB 和 UF 处于波动变化的状态，并没有表现出明显的增加或者减少的趋势，并且 UB 和 UF 统计变量都在 0.05 显著性区间内。滑动 t 检验的结果没有发现显著的突变时间节点［图 4-1（c）］。由此可见，近年来研究区的降水量没有显著性减少。

（二）径流量变化

从图 4-2 可见，乌裕尔河上游北安站的径流量变化可以分为两个时段：20 世纪 50～70 年代和 20 世纪 70 年代以后。第一个时段的平均径流量（10.48 亿 m³）明显高于第二个时段的平均径流量（6.51 亿 m³）（$F = 16.10$，$t < 0.001$）。结合 M-K 检验和滑动 t 检验的结果可知，1968～2015 年上游地区的径流量比 1951～1967 年时段显著减少。这种现象可能与 20 世纪 50～60 年代小兴安岭森林砍伐，破坏了流域发源地的产流过程相关。

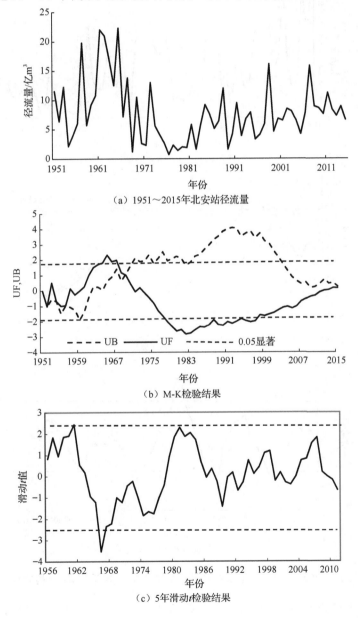

（a）1951～2015年北安站径流量

（b）M-K检验结果

（c）5年滑动 t 检验结果

图 4-2　1951～2015 年北安站径流量以及 M-K 检验和 5 年滑动 t 检验结果

从图 4-3 可见，乌裕尔河中下游（农安桥）的径流量整体上表现为振荡式减少的特征。20 世纪 50 年代的径流量可以达到 8 亿 m³，到 20 世纪 60～80 年代则减少至不足 6 亿 m³，进入 90 年代后则迅速减少至 5 亿 m³ 以下，近年来则下降至 3 亿 m³ 以下。结合 M-K 检验和滑动 t 检验可知，通过农安桥进入扎龙湿地的径流量自 20 世纪 80 年代初显著减少。

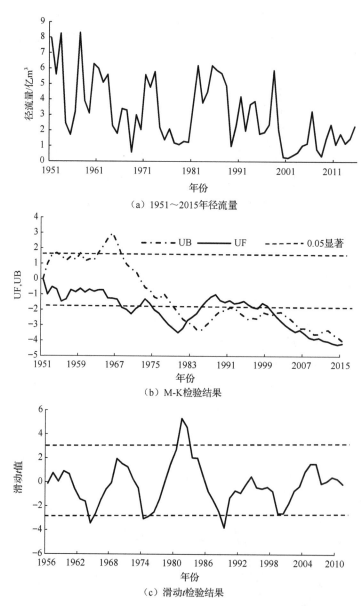

图 4-3　1951～2015 年农安桥站径流量以及 M-K 检验和滑动 t 检验结果

比较流域上游和下游的径流量变化特征可知，在 20 世纪 80 年代以前，湿地上游的水分能够较充分地汇入下游，然而自 20 世纪 80 年代以后，上游的水分则不能完全流入下游。乌裕尔河流域下游发育大面积芦苇沼泽湿地，维系其正常生态功能所需的60%以上水分主要靠上游径流补充（周林飞等，2007）。当大部分上游径流难以顺畅地进入下游，必然导致下游长期缺水干旱，最终使湿地功能迅速退化。

从表4-2可见，扎龙湿地来水不同时段存在明显差异，20世纪80年代前降水量占湿地水分收益的57%，上游来水可以满足湿地整个入水的38%，20世纪80年代至2000年上游来水所占比例下降为19%，近年来进一步下降为14%。虽然每年人工生态补水使扎龙湿地的区间来水增加到1亿 m^3，但是整个扎龙湿地入水总量也从20世纪50年代的13亿 m^3 下降为近年的9.6亿 m^3。研究表明，维持扎龙湿地正常的生态功能需要10亿 m^3 以上的水量，这其中40%以上水分主要靠上游径流补充（周林飞等，2007）。当大部分上游径流难以顺畅地进入下游，必然导致下游长期缺水干旱，最终使湿地功能迅速退化。

表4-2 扎龙湿地1951～2015年不同时段来水组成

	1951～1980年		1981～2000年		2001～2015年	
	水量/亿 m^3	所占比例/%	水量/亿 m^3	所占比例/%	水量/亿 m^3	所占比例/%
降水量	7.27	57	7.12	66	7.23	84
上游来水	4.98	38	2.09	19	1.25	14
区间来水	0.66	5	1.65	15	1.12	13
总量	13.11	100	10.86	100	9.60	100

（三）流域径流量变化对湿地蓄水量的影响

由图4-4（a）可见，流域上游的径流量在1980年以前与扎龙湿地蓄水量呈现显著的正相关关系（ $R^2 = 0.70$ ， $P = 0.001$ ）；但是20世纪80年代以后上游的径流量与下游湿地蓄水量几乎不相关 [图4-4（b）]。作为湿地入水口，农安桥站的径流量则与湿地蓄水量呈现出显著的线性相关（ $R^2 = 0.88$ ， $P = 0.002$ ）[图4-4（c）]。由此可知，乌裕尔河流域上中游水环境的变化显著改变了进入下游湿地的水量，显著削弱了下游湿地的演替与上游径流量的关系。

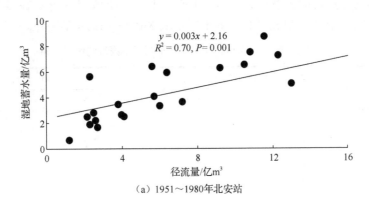

$$y = 0.003x + 2.16$$
$$R^2 = 0.70, P = 0.001$$

（a）1951～1980年北安站

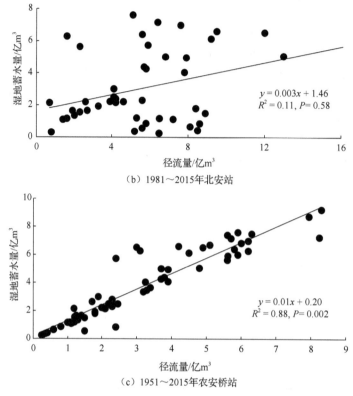

（b）1981～2015年北安站

（c）1951～2015年农安桥站

图 4-4　径流量与湿地蓄水量的关系

　　从表 4-3 可见，20 世纪 80 年代以前，扎龙湿地蓄水量程度几乎都属于偏湿涝状态。从 20 世纪 80 年代中后期开始几乎所有年份里湿地蓄水量都低于其理想蓄水量，自 21 世纪以来迅速减少至 3 亿 m³ 以下，即使加上人工生态补水量部分，湿地每年总蓄水量也远远低于湿地理想蓄水量 5.6 亿 m³，即湿地都处于干旱缺水状态。通过对研究区旱涝情况进行统计发现（表 4-3），20 世纪 80 年代以前气候干旱年份占 33.33%（极端干旱事件仅 2 次，占 9.52%），正常年份占 28.57%，湿涝年份占 38.09%（极端湿涝事件仅 2 次，占 9.52%）。1981～2015 年，湿地大部分年间处于干旱状态（干旱状态的年份所占比例高达 60.87%），湿涝年所占比例不到 20%，与 1951～1980 年的旱涝分布存在显著的差异。可见，20 世纪 80 年代以后研究区长期处于干旱缺水状态（1998 年例外）。

表 4-3　研究区 1951～2015 年不同干旱程度的统计结果

干旱等级	1951～1980 年		1981～2015 年	
	频次	比例/%	频次	比例/%
大涝	2	9.52	1	6.51
偏涝	6	28.57	5	13.04
正常	6	28.57	9	19.57
干旱	5	23.81	20	43.48
极端干旱	2	9.52	6	17.39

1971～2015 年研究区的蓄水量以及明水面面积呈现出与降水量截然不同的变化特征（图 4-5）。从图 4-5（a）可见，自 20 世纪 80 年代后期开始几乎所有年份扎龙湿地的蓄水量都低于理想蓄水量 5.6 亿 m³（周林飞等，2007），21 世纪以来扎龙湿地的蓄水量更是迅速减少至 2 亿 m³ 以下，即使加上人工生态补水部分，湿地每年蓄水量也远远低于理想蓄水量。同样，湿地明水面面积也呈现出振荡式减少的特征［图 4-5（b）］。在 20 世纪 80 年代以前，根据湿地明水面面积划分大部分年份都属于正常或者偏湿状态。在此之后，绝大部分年份湿地的明水面面积都小于 600km²（1998 年和 2006 年嫩江特大洪水年除外），即湿地都处于偏旱的状态。事实上，自 21 世纪以来扎龙湿地明水面面积减少了 46%，湖泊和水库的面积减少了 16%（吕宪国，2008）。可见，除了特大降水年份（例如 1998 年）外，其余年份降水量的丰盈与湿地所处的旱涝状态并不完全一致。因此，仅仅使用降水量的多少定义湿地的旱涝状态可能与实际情况不完全相符。

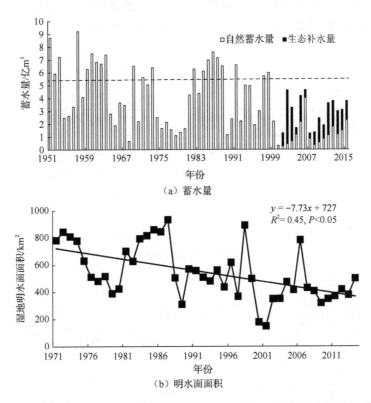

图 4-5　扎龙湿地 1951～2015 年蓄水量以及 1971～2015 年明水面面积变化特征

从图 4-6 可见，湿地明水面面积与自然蓄水量呈显著正相关的线性关系（R^2=0.72，$P < 0.05$）。湿地蓄水量持续减少且处于干旱缺水状态，必然导致湿地发育的沼泽面积迅速减少，使湿地水质恶化。

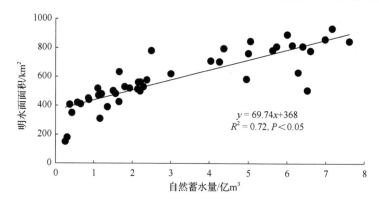

图 4-6　湿地自然蓄水量与明水面面积的关系

通过 M-K 检验得出 UB 和 UF 统计变量都持续减少的变化特征 [图 4-7 (a)]，并且在 1974 年和 1981 年出现突变点，说明扎龙湿地自 20 世纪 80 年代以后蓄水量出现显著减少。滑动 t 检验检测到研究区 1964 年、1974 年以及 2000 年左右湿地蓄水量存在突变点，结合上述两种检测结果可知，扎龙湿地蓄水面在 20 世纪 80 年代发生了显著性减少 [图 4-7 (b)]。

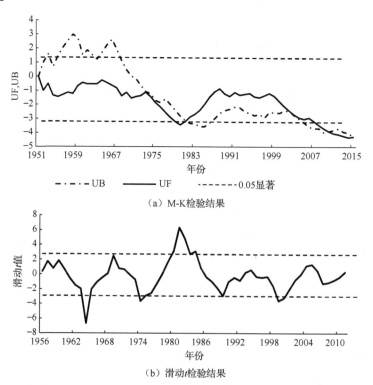

图 4-7　扎龙湿地 1951~2015 年蓄水量的 M-K 检验结果和 1956~2010 年滑动 t 检验结果

综上可见，在人类活动强烈的影响下乌裕尔河流域（包括扎龙湿地）的生态水文过程发生了显著的变化，扎龙湿地的来水量大大减少，从而导致湿地缺水越来越严重，缺水年也明显增多，湿地长期表现出干旱、缺水和退化的状态。

四、地下水位对湿地干旱的响应

乌裕尔河上游来水的减少导致扎龙湿地地下水位显著变化（图4-8）。从图4-8（a）可见，扎龙湿地的地下水位与降水量密切相关。每年7~8月降水量高峰时段，地下水位都迅速上升至一年当中最高时段，进入9月随着降水量的减少地下水位迅速下降。1~4月为扎龙湿地地下水位最低时段。M-K 检验结果表明了扎龙湿地地下水位 1999~2015年存在显著降低的特征。从图4-8（b）可见，1999~2003 年，地下水位处于波动变化时段。2003~2015 年 UF 和 UB 指数从正值变成负值，并且在这期间整体表现为下降的趋势，表明该时段扎龙湿地地下水位出现显著降低的变化特征，并且2003年检测到地下水位降低的突变点。

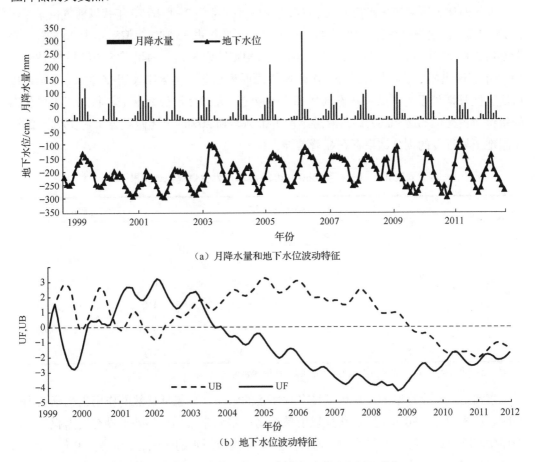

（a）月降水量和地下水位波动特征

（b）地下水位波动特征

图 4-8　1999~2012 年月降水量及地下水位波动特征

五、湿地旱涝的周期性特征

自然条件下，一个区域的旱涝特征是周期性更替变化的。气候长期干旱将促进土壤中可溶性盐分表聚，促进土壤盐渍化的发生和发展；洪涝积水环境则会对土壤表层聚集的可溶性盐分产生淋溶作用，减轻土壤表层的盐渍化程度。旱涝周期性变化使得该地区土壤积盐（盐渍化）和淋溶（脱盐）处于相对平衡的状态，整个区域生态环境也处于相对稳定状态（Yang et al.，2016）。松嫩平原西部河流中上游在近 60 年来修建了大量的水利工程，半干旱、半湿润地区大坝建设往往使下游地区难以得到上游来水充分的补给。例如，20 世纪 80 年代乌裕尔河上游每年进入扎龙湿地的水流量为 7.5 亿 m^3，21 世纪以来则减少至不足 1 亿 m^3。来水量减少导致扎龙湿地 130km^2 原生芦苇沼泽湿地退化消失（张玉红等，2010），盐渍化土壤的面积增加至 1420km^2（Bai et al.，2016；Sui et al.，2016）。可见，该地区盐渍化的发展与人类活动也密切相关。当前，松嫩平原西部自然状态下的旱涝周期性变化模式已经被人类活动改变，仅仅依靠降水量的研究可能难以真实反映该地区湿地的干旱状况。

通过对研究区多年旱涝情况进行统计发现（表 4-4），20 世纪 70 年代以前气候干旱年占 26.13%（极端干旱事件 7 次，仅占 6.31%），正常年占 35.14%，偏湿年占 40.52%（极端湿涝事件 13 次，占 11.70%）。1971～2015 年，根据降水量划分的旱涝等级结果与 1860～1970 年表现出相似的特征。然而，湿地明水面面积划分的结果则表明 20 世纪 70 年代以后研究区长期处于干旱缺水状态（1998 年例外），大部分年份处于干旱状态（干旱状态的年份所占比例高达 60.87%），湿涝年所占比例不到 20%。上述两种方法对 1971～2015 年湿地干旱程度的划分结果存在显著差异。

表 4-4　研究区 1860～2015 年旱涝发生情况统计结果

旱涝程度	等级	1860～1970 年		1971～2015 年	
		发生次数	比例/%	发生次数	比例/%
大涝	1	13	11.70	5(3)	10.87(6.51)
偏涝	2	32	28.82	16(5)	34.78(13.04)
正常	3	39	35.14	14(9)	30.43(19.57)
偏旱	4	22	19.82	11(20)	19.57(43.48)
大旱	5	7	6.31	2(6)	4.34(17.39)

注：括号内数据为 1971～2017 年从湿地明水面得到的湿地旱涝情况

事实上，一个地区的旱涝程度受多种要素的影响，既包括自然的作用也包括人为的影响。历史记载，20 世纪 70 年代以前整个乌裕尔河流域几乎都处于没有人为强烈扰动的原生状态，这期间扎龙湿地的旱涝特征主要受流域降水的影响。20 世纪 70 年代以后，乌裕尔河流域上游修建大量水库使扎龙湿地的来水量大大减少，从而导致湿地缺水越来越严重。这导致即使在正常降水年份扎龙湿地仍然表现出干旱缺水状态。只有当降水量十分丰沛（甚至流域发生较大等级的洪涝事件），上游的水分才能顺流而下进入湿地，使湿地明水面增加，此时通过降水量划分的旱涝等级和明水面面积划分的旱涝等级一致。如果流域降水量偏少导致区域处于干旱状态，也会导致湿地明水面减少，此时根据明水面面积划分的旱涝等级也与根据降水量划分的旱涝等级一致。其余年份应该以湿地实际蓄水量和明水面面积作为划分指标，这样更贴近实际情况。

根据上述分析结果，把 1971 年以后湿地明水面作为湿地旱涝等级划分的主要依据，同时参考极端降水条件和湿地蓄水量，得到 1971 年以后扎龙湿地旱涝等级变化特征。1860～1970 年旱涝等级则主要依据流域降水量划分。综合起来得到扎龙湿地自 1860～2015 年旱涝变化特征（图 4-9）。图中一个显著的特征就是 1971 年以后湿地未出现湿涝等级，而偏干旱等级处于较多的状态。

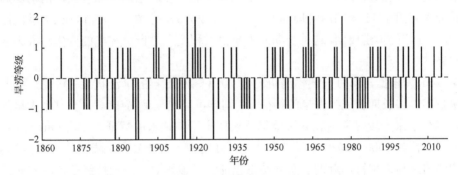

图 4-9　研究区 1860～2015 年的旱涝情况变化特征

图中纵坐标等级：-2 代表大涝，-1 代表偏涝，0 代表正常，1 代表偏旱，2 代表大旱

基于小波分析，对研究区 1860～2015 年的旱涝周期性变化进行检测（图 4-10），结果表明，1860～2015 年扎龙湿地旱涝分布具有多种尺度的周期性特征。旱涝频域尺度可以分为两个时段：1860～1970 年，旱涝周期体现在 3～6 年、20～30 年周期尺度，而且旱

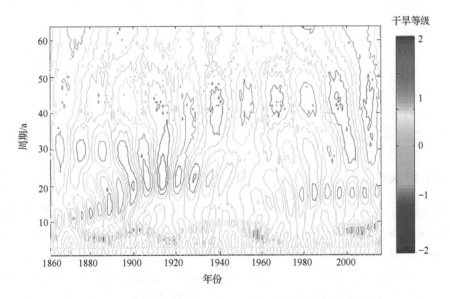

图 4-10　基于小波分析的 1860～2015 年干湿情况周期性变化特征

图中干旱等级：-2 代表大涝，-1 代表偏涝，0 代表正常，1 代表偏旱，2 代表大旱

涝时期相互间替明显；1970 年以后旱涝周期时间尺度明显增加，主要为 5～6 年、10～20年和 30～50 年周期尺度的旱涝更替变化特征。湿地偏湿的时段出现在 1875 年、1900 年、1915 年、1930～1940 年、1970 年以及 1998 年。20 世纪 70～90 年代以及 2000 年以来研究区表现出干旱缺水状态。尤其 21 世纪的前 5 年，湿地处于持续干旱状态。

已有研究表明，扎龙湿地降水量表现出 3 年和 6 年短周期变化规律（柏林等，2014），这种短周期与本节检测到 3～6 年旱涝更替周期相符。这种旱涝交替的周期可能与厄尔尼诺现象相关（穆穆等，2017）。检测到 10～20 年的旱涝周期则可能与太阳活动的周期相关（例如太阳黑子 11 年的活动周期）（王涛等，2016）。另外，研究区在 21 世纪以来表现出 30～50 年的旱涝周期，这种长期的干旱很大程度上是自然环境的变化与人为活动叠加的结果。

图 4-11 为根据马尔可夫链预测研究区 2018～2031 年的旱涝状况。可见，扎龙湿地在未来数年内将长期表现为偏旱的特征（个别年可能出现偏涝年），甚至发生大旱的极端事件，即在未来一段时期内扎龙湿地仍然表现出干旱缺水的特征。学者 Qiu（2011）在 *Nature* 刊文预测 2000～2020 年我国东北地区还将有大片天然盐沼湿地变成"旱"地，本节预测的结果与之相符，近期的研究结论也证实了该预测。湿地持续干旱缺水必然导致其不断退化。

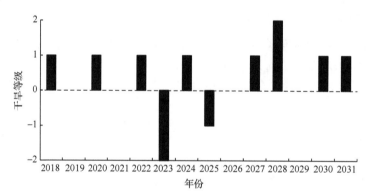

图 4-11　2018～2031 年研究区旱涝状况预测

图中纵坐标等级：-2 代表大涝，-1 代表偏涝，0 代表正常，1 代表偏旱，2 代表大旱

六、干旱对湿地演替的影响

水是湿地生态系统形成及其功能维持的要素，水环境的变化（例如水量的减少和水质的恶化）将导致湿地系统发生难以修复的变化。近几十年来受气候变化和高强度人类活动的影响，整个东北地区盐沼湿地都表现出干旱缺水的状态。1954 年以来，松嫩平原西部地区的沼泽减少了 74%。作为松嫩平原西部的盐沼湿地，扎龙湿地也受到强烈缺水干旱的胁迫而表现出持续退化的特征。20 世纪 90 年代以后，扎龙湿地上游每年水量缺口至少为 2 亿 m^3，河道断流，湿地水位持续下降，很多湖泊干涸露底，沼泽面积减少了约 50%。

　　在小尺度上，扎龙湿地表现出芦苇沼泽-苔草草甸-盐渍化土壤镶嵌分布的微域结构（图4-12）。地势低洼部分常年积水发育芦苇沼泽湿地（D）。沼泽边缘季节性积水，土壤湿度较高，发育拂子茅、小叶章和委陵菜等苔草草甸土（C）。地势稍高、植被（以羊草和碱蓬为主）覆盖度较好的地带，地表积水时间较短，发育轻度盐渍化土壤（浅层苏打盐碱土，B）。在植被受到破坏的区域，覆盖度小，地表积水时间短，这些区域往往发育重度盐渍土（白盖苏打盐碱土，A）。这种微域结构决定了一旦湿地干旱缺水，芦苇沼泽湿地和草甸土将迅速转化为盐碱化土壤。

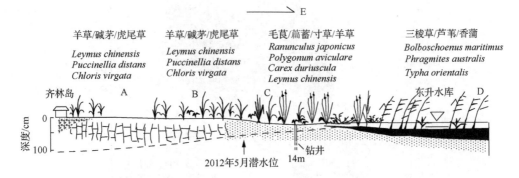

图4-12　扎龙湿地小尺度典型土壤-植被特征

　　分析可知，乌裕尔河流域上游水环境的变化导致下游的扎龙湿地蓄水量显著减少，湿地地下水位显著下降，沼泽面积也显著减小。湿地面积减小，大面积湿地转变成次生盐渍化土壤。图 4-13 可见，1979 年以来扎龙湿地盐渍土面积整体表现为线性增加的变化特征，1979 年盐渍土面积为159km^2，1999 年则增加到 200km^2 以上，到 2014 年盐渍土面积增加到230km^2 以上，而且相当部分盐渍化土壤分布在湿地的核心区。

　　扎龙湿地缺水导致湿地干旱程度日益严重，湿地面积日益退缩，其结果不仅使湿地环境不断恶化，也给在湿地栖息和繁殖的丹顶鹤等珍稀水禽带来巨大的冲击。

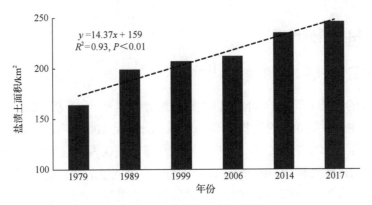

（a）1979～2017年盐渍土面积变化特征

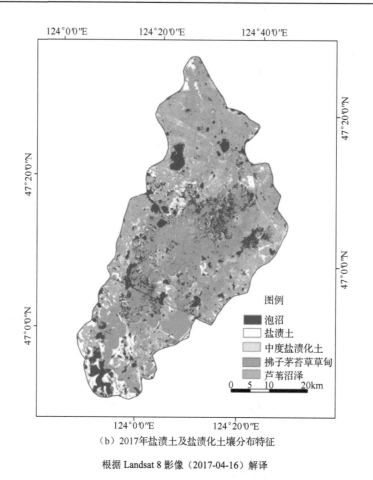

（b）2017年盐渍土及盐渍化土壤分布特征

根据 Landsat 8 影像（2017-04-16）解译

图 4-13　扎龙湿地 1979～2017 年盐渍土面积的变化特征及 2017 年盐渍土及盐渍化土壤的分布特征

第二节　盐沼旱化土壤动物对微域盐碱环境的指示

一、国内外相关研究进展

（一）湿地环境变化对土壤动物的影响

湿地系统的意义不仅在于其能提供大量的水分和养分（吕宪国，2008），也在于它拥有丰富的维持生态系统功能的生物群落（de Deyn et al.，2005），土壤动物则是湿地生态系统中重要的组成部分（尹文英，1999）。温度与湿度被认为是湿地水环境影响土壤动物多样性很重要的自然因素（Eisenhauser et al.，2011）。实际上，气温的改变不仅影响土壤动物种群的密度，甚至直接影响某些对热敏感的种群的生存（Bakonyi et al.，2000），例如Gupta 等（1997）把土壤动物的多样性在时间上的变化归结于温度、降水量、枯枝落叶的数量等因素的影响。湿度是影响土壤动物种群密度的另外一个重要因素（de Deyn et al.，

2003）。Ruivo 等（2007）发现降低亚马孙雨林枯枝落叶层的湿度导致该地区蜘蛛多样性显著增加。干旱则是限制像弹尾目、甲螨等对土壤湿润度依赖较高的节肢动物种群密度的重要因素（Lindberg et al.，2006）。我们前期的研究也发现，研究区的土壤动物种群结构随着湿地水环境的变化而改变，但是对土壤动物在湿地的温度和湿度变化下所表现出的稳定性和敏感性特征还有待进一步研究。

　　湿地水位的变化同样对土壤动物的分布格局具有深刻的影响（Silvan et al.，2000），甚至可能使某些关键种群消失（Laiho et al.，2001）。近年来，我国东北沼泽湿地区域的地下水位明显下降，Zhou 等（2009）经过多年的监测发现三江平原地下水位下降达2～10m，现今松嫩平原很多地方的季节性最低时的浅层地下水位也已下降到 5m 以下。值得注意的是，（半）干旱区水位的显著下降和地表水面的消退往往预示着区域环境严重的退化，一定会对土壤动物群落的分布格局带来深刻的影响，但是针对我国东北地区湿地水位的消退对土壤动物种群影响的研究尚不多，因此本节研究具有较重要的科学意义。

　　有机质层除了对维持湿地系统的各种水文功能具有重要的意义之外（Sadaka et al.，2003），对土壤动物的生存与繁殖也极其重要。研究表明，80%以上土壤动物活动缓冲和栖息的空间都依赖于土壤表层的凋落物层（尹文英，1999），如果有机质层的循环过程受到干扰则可能给土壤动物多样性带来致命的冲击（Battigelli et al.，2004；Ayres et al.，2008），而且需要花相当长的时间才可能恢复（Lindberg et al.，2006）。建立地表的有机质层是恢复土壤动物群落的关键。

　　综上可知，湿地的水环境与土壤动物具有密切的关系，水环境发生变化将对土壤动物群落产生深刻的影响。当前，干旱导致我国东北地区盐沼湿地发生了严重的退化，但是我国学者对土壤动物与环境关系的研究主要集中在森林、耕地以及草原系统上（殷秀琴等，2010），对内陆盐沼湿地中土壤动物多样性在强烈干旱的扰动下的响应的专项研究比较少见；另外，尽管人们对土壤动物进行了大量的研究，但还是仅了解其中很少一部分，对已知的土壤动物种类的分布以及多样性规律仍然知之甚少。因此，无论从保护东北地区的生态环境出发，还是为了丰富和完善湿地系统科学理论，都有必要开展干旱胁迫下盐沼湿地水环境的演变与土壤动物类群的相互关系的专项研究。

（二）土壤动物对环境演变的指示作用

　　土壤动物与环境的相互关系决定了其可能用以指示湿地环境退化的过程。从其本身特征来看，土壤动物特别是中小型土壤动物具有密度大、种类多、分布广且对环境变化敏感的特点（Sadaka et al.，2003），特别适合用于指示陆地地表各种生态环境的演变过程；另外，它们本身是生态系统的一部分，除了对环境的变化做出响应外它们对环境的演变也起着至关重要的作用（van Straalen，1998），因此土壤动物的分布格局或者本身特征可以为湿地水环境的变化提供良好的指示作用。Battigelli 等（2004）认为，监测土壤动物对环境扰动的响应会比直接利用土壤的理化性质探讨环境的变化更有效。使用具有指示功能的生物来监测环境的变化不仅有助于在环境退化的初期就能探测到变化，还有利于评估环境质量提高的效率（Elzinger et al.，2001）。目前，把土壤动物作为环境质量监测和评定的指示因子的方法已经受到重视（Trigal et al.，2009）。

判断土壤动物指示效果的标准有两个：①指示特性——是否仅对具有特定性质的事物或者外来冲击产生响应；②敏感度——是否对环境轻微的波动就能够产生明显的响应（Bonkowski et al.，2009）。一般来说，作为指示种群通常要求其能够敏锐地反映环境细微的变化，同时要求其本身普遍存在（Gadzala-Kopcuch et al.，2004），通过该种群个体数量和种类变化即可指示环境的演变过程。van Straalen（1998）建议使用以下 3 类有机体（过程）作为生物指示剂：无脊椎动物、微生物有机体或生态系统过程。近年来，线虫是研究环境变化很受青睐的指示种群（Bakonyi et al.，2000），此外也有用蚂蚁、蜱螨种群作为指示种群的（Pearce et al.，2009；Andersen et al.，2002）。我国学者吴东辉等（2006）使用大型土壤节肢动物的多样性特征探讨了我国黑土地带土地利用方式所导致的土壤系统的变化；也有学者使用弹尾目的生理变化以及蚯蚓等大型土壤动物分布来指示土壤环境受重金属污染的情况（Gao et al.，2007），以及湿地演变对全球气候的响应（Wu et al.，2010）。综上可见，不同环境下选用的指示性土壤动物种类存在差异。

不同环境对应的指示性土壤动物种群及其敏感性指标也不能一概而论。常用的指示指标有丰富度、均匀度、优势度、Shannon-Wiener（香农-维纳）指数等，后来研究人员又提出了成熟指数和关键种指数等指标（Bongers，1990）。生物多样性指标的选择需要根据具体研究区域的生态环境特征来确定。例如，线虫种类、Simpson 指数与成熟度指数对耕地方式的响应会比较敏感（Bakonyi et al.，2000），香农-维纳指数和丰富度对评价黑土区线虫群落对化肥的投入较敏感（梁文举等，2001），食物网指数（food web index，FI）则能较好地指示东北草原土壤受到的扰动程度。

上述研究结论表明，利用土壤动物来指示我国东北地区盐沼湿地水环境的演变过程和预警研究具有可行性。鉴于在盐沼湿地土壤动物生态功能方面开展的研究工作较少，对我国东北的盐沼湿地中土壤动物的指示种群及其敏感性指标的筛选工作仍然具有较强的科学意义和探索价值。

（三）土壤动物分布格局的研究

土壤动物分布的空间格局既取决于自身的特征（Ettema et al.，2002），又与栖息环境密切相关（Bakonyi et al.，2000），这就导致某些种群会对外在环境的变化做出敏感反应，利用这种反应就能深入地了解环境演变的过程及机理，也能为环境保护提供参考。当前不同空间尺度下土壤动物多样性特征的研究，仅仅指特定空间（通常是较小的空间尺度）或者特定方向上土壤动物的分布格局。生态序列调查是土壤动物空间分布的主要的工作方向之一。土壤动物的生态序列现象日益受到国内外学者的重视，尤其在环境受到一定干扰的地区（张雪萍等，2006）。

由于土壤动物群落的空间分布特征是对其栖息环境的反映（尹文英，1999），对土壤动物的种群进行分类与排序，掌握土壤动物群落随环境的分布格局，有助于了解土壤动物分布的历史、现状和演替的过程，对于生态系统保护具有十分重要的意义。梯度（排序）分析是专门用来揭示土壤动物的生态序列与环境因子的关系的有效方法（刘继亮等，2008；Sadaka et al.，2003；Laiho et al.，2001）。常见的梯度分析模型包括线性和单峰模型两大类，具体方法有对应分析（correspondence analysis, CA）、典范对应分析（canonical correspondence analysis, CCA）和主成分分析（principal component analysis, PCA）等，在研究中需要根据实际条件来选择特定的排序方法。

综上可知，针对环境梯度所导致的土壤动物生态序列已有相当多的研究，但是还不能回答在较大时空尺度上土壤动物对环境梯度变化是如何响应的。盐沼系统的演变往往与区域环境的干扰密切相关，研究区域尺度土壤动物与水环境变化的响应规律对于湿地水环境变化的预测和保护十分重要。解决上述问题的出发点就是把传统局地尺度土壤动物的生态功能研究向区域尺度进行推绎（up-scale）。随着遥感技术和地理信息系统科学的迅速发展，不同空间尺度环境要素之间转化已成为地理学科的研究热点（傅伯杰等，2006），因此基于"3S"[指遥感（remote sensing, RS）、地理信息系统（geographic information system, GIS）和全球定位系统（global positioning system, GPS）]技术的指示性土壤动物对盐沼湿地水环境变化的空间尺度响应值得研究。

二、盐沼湿地土壤动物与环境的关系

东北地区是我国内陆盐沼湿地集中分布的地区。自然条件下该地区的沼泽湿地常年或季节性被水浸泡，且每年有一多半的时间处于冻融状态。长期厌氧和低温的环境抑制了湿地有机质的分解，促进了该地区沼泽湿地的发育（吕宪国，2008）。几十年来受气候变化和高强度人类活动的影响，我国东北地区盐沼湿地的水环境已发生了明显的变化，由此导致湿地水文功能和生态功能严重退化（刘昌明，2007），其中强烈干旱导致湿地水环境的退化尤为明显，受干旱的胁迫盐沼湿地的明水面面积减少，水位明显下降，甚至发生大面积的土壤次生盐渍化，同时生物多样性显著减少且向旱生种类进行演替（殷秀琴等，2010）。盐沼湿地水环境的退化严重威胁着区域生态环境的安全，在1995～2015年政府投入了大量资金对该区域重点保护的湿地的水环境进行监测、评价和恢复，但该地区湿地系统退化的脚步并没有随之放慢，反而表现出加快的趋势。

值得注意的是，湿地水环境的退化不单是某些环境因子的变化，而是包括土壤有机体在内的整个系统的变化。生态系统退化可能给某些生物种群带来致命的冲击，反过来这些生物的缺失也会给整个生态系统带来难以修复的影响。这种环境与生物相互影响的关系在森林、草原以及农田等系统已经受到广泛的关注，但是在湿地科学领域，生物群落对湿地（尤其是沼泽湿地）水环境改变所做出的响应还没有得到足够的重视。例如，虽然知道由干旱所引起盐沼湿地的水环境退化越来越严重，但是很难确切地说明干旱所导致盐沼湿地水环境的退化过程与机理，另外干旱对组成盐沼湿地生物多样性的关键种群产生怎样的冲击也是未知的。这些问题不理清楚，将影响我国东北湿地保护策略的制定，甚至可能影响到该区域湿地保护和管理的效率。

研究表明，当湿地生态系统受到外来扰动的胁迫时，土壤动物群落会对环境变化做出响应并最终与环境相适应（Gravel et al.，2011），因此通过特定土壤动物种群（通常称为指示种群）的有无及其行为等可以指示并评价环境被影响的程度。由于直接探讨强烈干旱对盐沼湿地水环境的演变带来的影响尚存在困难，国外有学者提出土壤动物的种群变化与环境的演变具有同步性（Gadzala-Kopcuch et al.，2004），我们前期的研究也发现，土壤动物种群结构会随着湿地环境的变化而改变，并且土壤动物种群的变化可以通过生物多样性指标来定量描述（尹文英，1999）。在这些已有研究的基础上，我们认为可以利用土壤动物种群的动态特征来指示干旱胁迫下盐沼湿地水环境的演变过程。

扎龙湿地承接乌裕尔河上游来水，因而水体的矿化度较低，属于淡水沼泽，但是河谷四周低洼封闭的芦苇沼泽的矿化度很高且 pH 大于 8，属于盐碱化沼泽。近年来，受严重干旱缺水的影响，扎龙湿地河谷地平原的淡水沼泽严重退化。通过我们近年的监测发现，很多曾经是淡水湿地的区域如今水体以及土壤的 pH 明显升高，整个湿地盐碱化沼泽所占比例逐渐扩大（Wang et al.，2011），而对湿地不断的退化甚至在将来可能出现的严重恶化却还没有相应的预警机制。因此探讨干旱胁迫下土壤动物对盐沼湿地形成与演化过程的指示具有较强的科学意义。考虑到沼泽湿地环境下大中型土壤动物种类较多（Sadaka et al.，2003），能够较综合地体现生长的环境，因此本研究拟选择大中型土壤动物作为主要研究对象，以出现的大型土壤动物作为参考，通过土壤动物的宏观预警指标的变动来间接反映微观的沼泽湿地水环境的变化，以便该区域沼泽湿地系统在可能发生严重的退化、恶化之前及早做出警示并及时采取措施，为我国东北地区盐沼湿地的保护提供保障。

三、局地尺度的土壤动物与环境因子的关系

本节在扎龙湿地选取具有代表性的区域作为试验区，研究局地尺度的大中型土壤动物的空间格局及与土壤环境的关系，探讨可以指示湿地系统退化的大中型土壤动物种群，为该区域湿地保护提供参考。

（一）研究区概况

2014 年 5 月下旬，我们在研究区选择 600m×600m 区域作为试验区，按照 100m×100m 网格布设样方，在各个节点取 0.5m（长）×0.5m（宽）×5cm（深）土层分类鉴别土壤动物，同时取部分土样回室内分析土壤物理特性和化学特征，在每一个取样点取 3 个土层的重复样（图 4-14）。在野外现场测定各节点的海拔。依据相对高度将试验区分为洼地、微高地和介于二者之间的洼地边缘和微坡地四种地貌单元（整个样区的相对高度为 2.5m）。区内的景观类型按海拔从低到高依次为芦苇/香蒲沼泽（覆盖度 85%以上，洼地）、寸草/拂子茅苔草草甸（覆盖度 80%以上，洼地边缘）、虎尾草/羊草草甸草原（覆盖度 40%～60%，微坡地）、裸地（覆盖度小于 5%，微高地）组成。

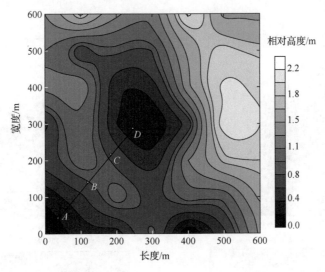

图 4-14 研究区的样点布设和相对高度

（二）研究方法

土壤有机质质量分数用重铬酸钾-硫酸氧化法测定，土壤电导率（$EC_{1:5}$）的土水比为 1：5，然后转化成原位电导率：

$$EC=1.33+5.88\ EC_{1:5} \tag{4-3}$$

pH 的水土比为 2.5：1.0。用环刀法测定土壤容重和孔隙度。ESP 以交换性 Na^+ 和 CEC 的比值得到。

为求土壤动物种群与 7 个土壤环境要素的关系，首先对其进行主成分分析，然后求得各要素的主成分 1 的权重，进一步得到土壤环境质量指数（P_i）：

$$P_i = \sum (E_i \times W_i) \tag{4-4}$$

式中，E_i 为环境变量的值；W_i 为环境变量 i 的权重；P_i 为某样点土壤环境质量指数。整个计算通过 MATLAB 7.0 软件完成。最后计算各样点土壤动物的种群密度与环境指数的相关性。

土壤动物与环境因子的关系的典范对应分析用 Canoco for Windows 4.5 软件包完成。

（三）土壤空间特征及土壤动物多样性

在我们的前期研究中已经从点尺度探讨了该区域土壤的理化性质，得出微高地和微坡地有较高的碱化度和 pH，洼地具有较高的有机质含量。从图 4-15 可知，研究区土壤的 6 个理化性质指标表现出明显的空间分异性。总体来看，地势较高的区域（微高地和微坡地）的容重、pH 以及 EC 较高，而孔隙度、有机质和含水率较低；相反，洼地和洼地边缘的含水率、有机质和孔隙度较高，容重、pH 以及 EC 较低。地势较高的容重最高在 1.55g/cm³ 以上，pH 最高在 10.3 以上，而 EC 最高达 7.0mS/cm。低洼处容重则在 1g/cm³ 以下，pH 低于 8.5，EC 在 3.0mS/cm 以下，孔隙度却在 60% 以上，含水率高达 70%，有机质在 7% 以上。

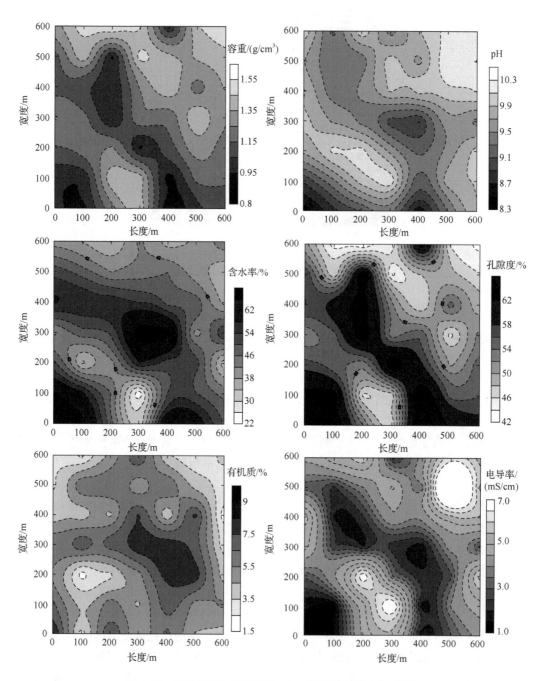

图 4-15　局地尺度土壤表层 0～5cm 环境变量的空间特征

表 4-5 给出了 7 个环境因子的相关性。从表可知，相对高度与土壤的含水率、孔隙度以及有机质呈显著负相关，而与 pH、EC 以及容重呈显著正相关。土壤的有机质与相对高度、pH 以及 EC 呈显著负相关。

表 4-5　600m（长）×600m（宽）大小空间尺度的环境因子的相关性分析

	相对高度	含水率	容重	孔隙度	pH	EC
含水率	-0.56**					
容重	0.46**	-0.59**				
孔隙度	-0.46**	0.59**	-1.00**			
pH	0.55**	-0.72**	0.51**	-0.51**		
EC	0.41*	-0.67**	0.52**	-0.52**	0.71**	
有机质	-0.36*	0.42*	-0.18	0.18	-0.50**	-0.42*

*表示显著性 $P < 0.05$；**表示显著性 $P < 0.001$

根据图 4-16 可知，含水率、有机质、EC、pH 以及相对高度在主成分 1 中得分较高，且含水率和有机质为一类，这些指标总体上反映湿地湿润和具有丰富腐殖质的特征，EC、pH 和相对高度为另外一类，这些指标影响着土壤盐渍化的发展，因此可知该区域土壤盐渍化的发展对大中型土壤动物分布格局有较明显的影响。另外土壤的通透性，即容重和孔隙度也在很大程度上影响土壤动物的分布，它们成为主成分 2 的两个要素。

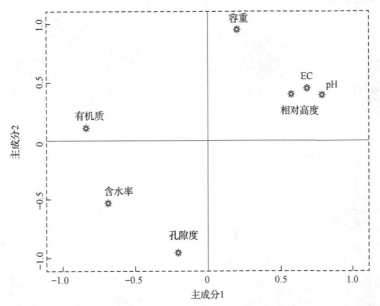

图 4-16　环境因子的主成分分析（主成分 1 和主成分 2 分别解释了 59.4% 和 19.10% 的环境变量）

根据土壤动物和生境相互影响的观点，在这种小尺度上土壤理化性质所表现出的差异必然会对栖息繁殖于其中的土壤动物种属和分布格局产生影响。

通过统计，整个试验区动物共计 12 科 22 属（图 4-17）。个体密度最大的地区在洼地边缘，其个体密度高达 450 只/100cm²，地势较高的地面个体密度最小。从种群密度来看，洼地边缘湿润地区具有较高种群密度，微高地的种群密度最小，甚至没有发现土壤动物。香农-维纳指数和均匀度指数具有相似的空间分布特征：洼地边缘和微坡地具有较高的多样性，而洼地和微高地的多样性指数最小。丰富度指数和优势度指数具有相似的空间变化特征：位于洼地和微高地之间的区域，植被类型以羊草为主的土壤表层具有较高的丰富度和优势度。

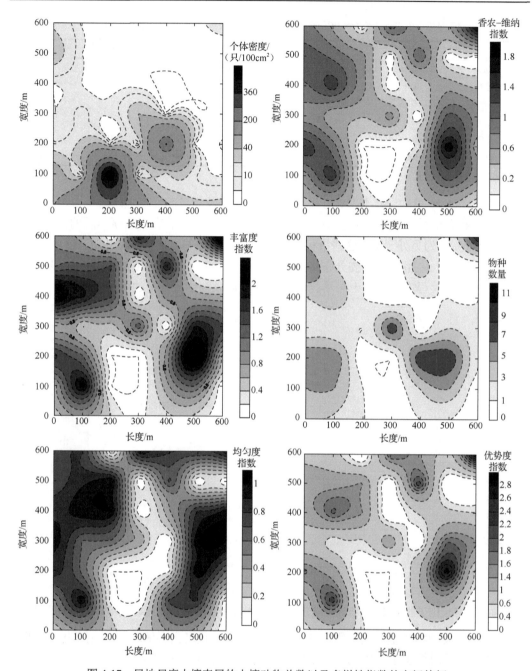

图 4-17　局地尺度土壤表层的土壤动物总数以及多样性指数的空间特征

从图 4-18 可知，地势较高的微高地土壤表层大中型土壤动物的种属和数量都是 4 个微地貌单元中最少的，优势类群为鞘翅目、双翅目幼虫以及等翅目。微坡地的大中型土壤动物以膜翅目为主，等翅目和双翅目幼虫也是该样点的优势种群，另外常见的类群还有弹尾目、蜘蛛目、盲蛛目和垫刃目。洼地边缘捕获的土壤动物数量较多，优势种群为膜翅目和双翅目幼虫，蜘蛛目和盲蛛目为常见的类群。洼地捕获的土壤动物以中腹足目为主，其次是双翅目幼虫，也有鞘翅目。

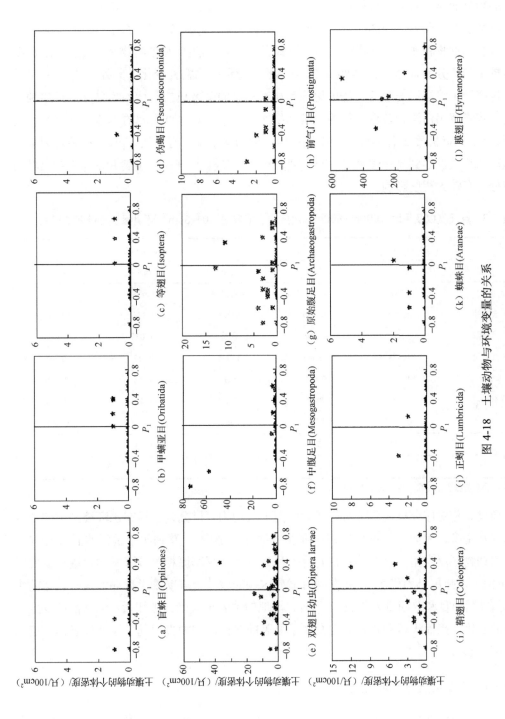

图 4-18 土壤动物与环境变量的关系

P_1代表 7 个环境变量的主成分分析的主成分 1 环境质量指数,P_1在 $-0.4\sim0$ 为洼地边缘,P_1在 $0\sim0.4$ 为微坡地,P_1在 $0.4\sim1$ 为微高地,$P_1<-0.4$ 为洼地

　　表 4-6 和图 4-19 为点尺度和局地尺度两种尺度下 7 个土壤环境变量对土壤动物群落分布的影响的典范对应分析排序（点尺度的蒙特卡罗检验 $F = 32.01$，$P = 0.002$；局地尺度的蒙特卡罗检验 $F = 24.38$，$P = 0.005$）。由表可见，点尺度的排序轴 I 解释了 66.80% 的生境和动物物种变化，排序轴 I 和 II 解释了 82.20% 的生境和动物物种变化；局地尺度排序轴 I 和 II 分别解释了 37.40% 和 21.19% 的生境和动物物种变化。此外，图 4-19 可以看出排序轴 I 将湿润的洼地、洼地边缘和相对干旱的微坡地的土壤动物分开，排序轴 II 则进一步将芦苇沼泽和苔草草甸的土壤动物区分开来。其中点尺度的 ESP、含水率、孔隙度、pH 和有机质 5 种环境因子以及局地尺度的含水率、有机质、pH 3 种环境因子与土壤动物相关性达到显著性水平，即土壤含水率、有机质、ESP、孔隙度和 pH 对土壤动物的分布有较大程度影响。

表 4-6　点尺度以及局地（600m×600m）尺度的土壤表层（0～5cm）环境因子与排序轴相关性

点尺度			局地尺度		
变量	轴 I	轴 II	变量	轴 I	轴 II
ESP	**0.781**	0.325	相对高度	0.055	0.523
含水率	**−0.759**	−0.489	含水率	**0.496**	**−0.667**
容重	0.576	0.510	容重	−0.017	0.341
孔隙度	**−0.678**	−0.361	孔隙度	0.017	−0.341
pH	**−0.750**	**0.461**	pH	0.151	**0.824**
有机质	−0.640	**−0.497**	有机质	**−0.421**	**−0.721**
EC	0.131	0.214	EC	−0.113	0.483
变量解释水平/%	66.80	15.40	变量解释水平/%	37.40	21.19
	82.20			58.59	

注：加粗数据表示变量达到显著水平（$P < 0.05$）

　　通过典范对应分析揭示了研究区大中型土壤动物可以分为生活在水环境当中的土壤动物（水生型，例如腹足纲皮氏螺属和腹足纲环口螺属）、草甸季节性滞水且十分湿润的土壤动物（湿生型，例如等翅目和垫刃目）以及羊草草原相对较干旱的土壤动物类群（中生型，以弹尾目为代表），还有同时适应这些处境的土壤动物类群（即具有较宽的生态幅，以鞘翅目和双翅目为代表）。另外，湿地的地表植被受到破坏后，土壤性质发生了显著的变化，因而土壤动物种类也发生了显著的变化，例如裸地几乎没有代表性土壤动物（图 4-19）。

（四）土壤动物与环境的关系

　　松嫩平原中西部发育大面积的河漫滩盐沼湿地，且湿地在小尺度内表现出沼泽、草甸以及盐渍化草原相间的微域空间结构。这种微域土壤动物与土壤因子的作用是相互影响和制约的，一方面土壤环境因子直接影响土壤动物的种类组成和数量，另一方面大中型土壤动物对土壤环境有十分明显的指示作用。

洼地表层常年或者大部分时间被水浸泡，土壤表层繁殖了大量的原始腹足目（例如本书的环口螺属），而其他种类的土壤动物则分布在 5cm 以下的土层，所以洼地表层土壤动物个体密度最大，但是种群密度却小于亚表层，这也是该样点的多样性指数较低的原因。而其他样点地势稍高，所繁殖的土壤动物种群都以湿生或者中生为主，土壤表层有机质最高，孔隙结构好，所以个体密度和种群密度都表现出明显的表聚性。国外研究也证实土地利用、土壤养分、pH、土壤含水率等与土壤动物群落有密切的联系。近几十年来，强烈的人为活动使湿地土壤理化环境恶化，土壤迅速碱化（主要体现在 ESP 和 pH 的迅速增加）。另外，在松嫩平原西部地区地表有植被的盐渍化区土壤碱化度都是亚表层最高，而土壤动物则主要分布在枯落物层和土壤表层，这就使得 ESP 和 pH 与两个分类轴的相关性都十分显著，并且裸地土壤当中栖息的土壤动物无论是个体密度还是种群密度都明显小于毗邻的微坡地。

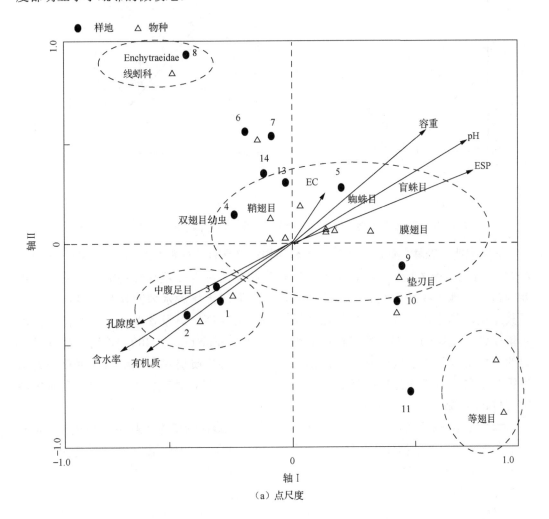

（a）点尺度

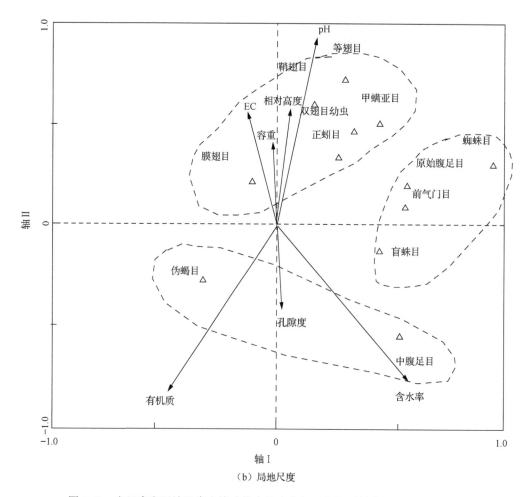

（b）局地尺度

图 4-19　点尺度和局地尺度土壤动物个体密度与环境因子的典范对应分析排序

　　研究表明，森林地区的含水率对土壤动物种群具有十分重要的影响（Sadaka et al.，2003）。研究结果表明，土壤含水率同样是影响盐沼湿地土壤动物种群密度的一个重要因素。洼地边缘地表具有丰富的枯枝落叶，同时土壤含水率明显高于微坡地，所以其土壤动物个体密度高于微坡地。微坡地地势较高，热量条件优于其他样区，而热量条件也是影响土壤动物多样性的重要因素（Laiho et al.，2001），这可能是微坡地的土壤动物种群密度较其他样点都高的原因。有机质层对土壤动物的生存与繁殖也极其重要，有机质层的循环过程受到干扰则可能给土壤动物多样性带来致命的冲击（Malmström et al.，2008）。

　　本节按相对高度由低到高的取样顺序（正好是该地区盐沼退化顺序），而这种环境梯度下所出现的土壤动物分布格局可以用来指示湿地水环境的变化过程。本节通过典范对应分析，发现环口螺属、等翅目和垫刃目以及弹尾目对湿地水环境具有较强的指示作用，其中环口螺属对应常年或者经常性滞水的洼地，弹尾目则主要在地势较高且土壤含水率相对较低的微坡地分布。本节仅分析了春季大中型土壤动物对湿地微环境梯度的响应,如果能阐释年内不同月份以及年间大中型以及小型土壤动物多样性指数的变化特征,则能进一步揭示该区域湿地退化的过程及机理。

研究表明,研究区湿地土壤的两个性质(主要水分特征以及盐渍化)影响着该地区土壤动物的多样性,表现为土壤动物的多样性在典型的洼地并不丰富,而是在洼地边缘及微坡地具有十分高的多样性特征。另外,研究结果还表明,研究区土壤动物对该区域湿地退化具有明显的指示意义。

根据已有研究,如果土壤表层的有机质层受到破坏,土壤中的中腹足目和前气门目将显著增加,而甲螨目则会减少(Battigelli et al.,2004)。然而,研究的结果表明,大部分中腹足目主要分布在洼地,而不是分布在微坡地的根际层,甲螨目则主要在具有深厚的有机质层的微坡地。其原因可能是,在洼地主要以还原环境为主,利于中腹足目的生存和繁殖,环境条件相反会限制弹尾目、鞘翅目和双翅目等种群的生存和繁殖,因为后者更喜欢在草原或者草甸区的根际层生活。研究结果表明,水位的变化(即地势变高)与土壤动物的种群多样性密切相关,这与已有结论相符。事实上,在洼地边缘的土壤表层存在一些中腹足目的残壳,这与该区域近年来地下水位整体呈现下降的趋势(即趋于干旱)相符。研究的结果表明,从洼地向洼地边缘和微坡地的方向,土壤动物的丰富度和其他多样性指数都呈现增加的特征,但是微高地或者盐渍化程度较重的区域则迅速减少。同时一些湿生种群被耐干旱的种群(例如鞘翅目、等翅目和膜翅目)取代,因此这些种群可以作为湿地退化的指示物种。

值得注意的是,扎龙湿地时常受到火灾(春秋两季的人为放火行为)的影响,地表土壤环境特征也因此受到很大的影响。研究发现(Lindberg et al.,2006),燃烧枯枝落叶将降低土壤动物(中腹足目、甲螨目)的多样性,即使花费数十年的时间多样性也难以恢复(Malmström et al.,2008)。因此在研究土壤动物多样性影响因素的时候,除了考虑本书前面提到的这些因素外,人为烧荒的影响也不容忽视。

第三节　基于盐分示踪冻融条件土壤水盐运移变化特征

一、试验设计

(一)模拟土柱

室内模拟人工微地貌单元,选择典型的苏打盐碱化土壤为土料,逐层采集土壤,碾碎过筛后填充土柱。整个土柱的规格为70cm(高)×40cm(直径)。在土柱0cm、5cm、10cm、20cm和50cm处埋设地温探头,采集不同深度的温度数据。在土柱底部以10cm厚的多孔介质层垫底,通过多孔介质层人为地向微地貌单元供给含一定矿化度的水分,同时在试验水源中加入溴化钾作为示踪物质,溴和钾两种元素作为示踪元素,采集试验区的浅层地下水为试验用水。以试验土柱不同深度的示踪元素的盈余值指示盐分在消融期的再分配特征。

为保证土柱的冻结顺序自上而下，本节设计土柱自底部向表层分别包裹不同厚度的保暖层：0～20cm保暖层厚度10cm，20～40cm保暖层厚度20cm，40～60cm保暖层厚度30cm，60cm以下为沙质层和热源控温层（图4-20）。

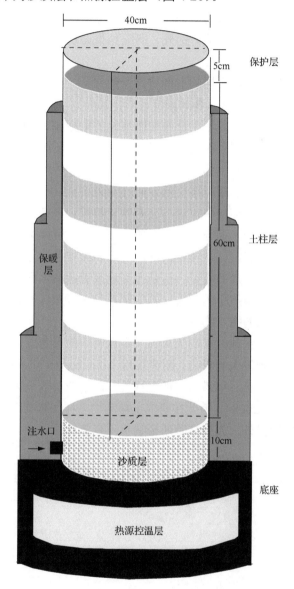

图 4-20　冻融土柱结构设计

（二）冻融过程设计方案

拟进行以下冻结方案。

（1）短期冻结，然后消融。

根据设计方法（图4-21），土柱拟进行短期冻结（30天），然后消融，至土柱完全消融后，采集土壤样本，测定土壤不同深度水分和盐分以及示踪元素的含量。

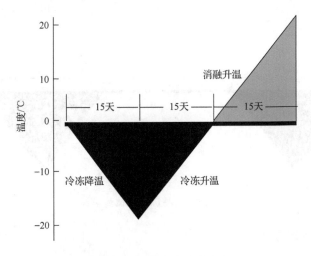

图 4-21 短期冻融试验设计

（2）长期（60 天）持续冻结，直接消融。

长期冻融过程的土柱设计：把土柱迅速冻结，然后持续冻结状态，使土柱处于平稳的冻结状态（60 天）（图 4-22）；然后开始逐渐升温，但是保持 15 天后才高于 0℃，整个升温消融过程持续 60 天；土柱完全消融后，采集土壤样本，测定土壤不同深度水分和盐分以及示踪元素的含量。

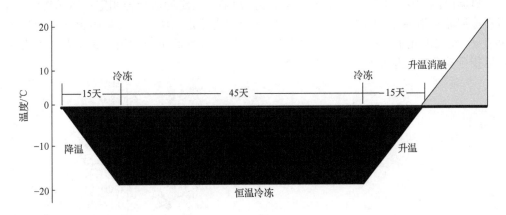

图 4-22 长期冻融试验设计

（3）交替冻融。

交替冻融过程的土柱设计（图 4-23）：把土柱进行迅速冻结，然后有逐渐升温解冻过程（15 天），至土柱完全解冻，土柱处于加热升温状态（15 天），完成一个周期的冻融过程；然后土柱再进行迅速降温，完成冻结过程和消融过程。两个完整的冻融周期后，取不同深度土壤样本，测定土壤不同深度水分和盐分以及示踪元素的含量。

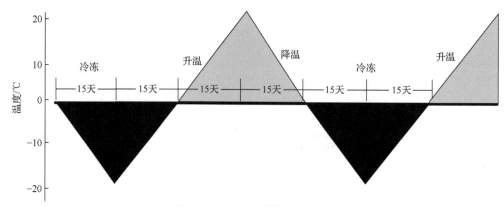

图 4-23　交替冻融的试验设计

（三）溴元素示踪方法

人工加入目标元素的溶液，在设定的冻融条件下示踪元素在土柱不同深度迁移和分布。测定消融期间土柱不同深度示踪元素的富集程度，从而指示盐分的再分配规律。

示踪元素的丰度表达式如下：

$$\delta^m X = (\frac{X_{sample}}{X_{standard}} - 1) \times 1000 \tag{4-5}$$

式中，$\delta^m X$ 代表示踪元素的丰度（‰）；X_{sample} 代表试验样品中示踪元素的丰度（‰）；$X_{standard}$ 代表研究区示踪元素的标准丰度（‰）。

试验前测定土柱样本示踪元素的本底值，消融过程定期取土样测定目标元素的含量，直至冻层完全消融，取样间隔为 10cm。取样回室内测定土壤示踪元素的含量并计算其盈余值 d，建立溴元素的标准曲线（图 4-24）。通过试验期间不同时间示踪元素分布的变化可以指示盐分的迁移路线以及汇集速率。

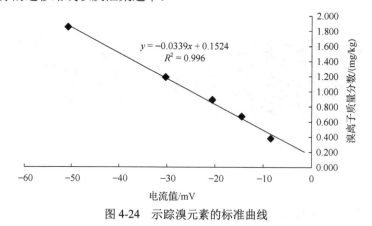

图 4-24　示踪溴元素的标准曲线

二、基于溴化钾示踪的冻融作用对土壤水盐富集的影响

（一）试验温度变化特征

图 4-25 为试验土柱不同深度温度日变化。60cm 以下为沙质层和热源控温层，整个

试验过程保持在 0℃以上。试验土柱自表层向土壤深度分别有逐渐增厚的保温层，这种处理使得整个试验过程土壤表层与土壤深层之间存在明显的温度梯度，即模拟东北地区冬季特有的土体热力构型：冷冻层—过渡层—暖土层。

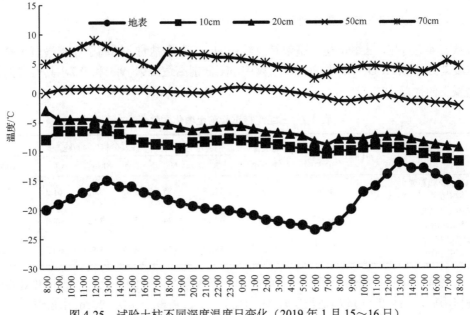

图4-25 试验土柱不同深度温度日变化（2019年1月15～16日）

图4-26 为整个试验过程中的地表温度变化。入冬以来，地表温度迅速下降到0℃以下，在1月15日前后达到最低温度（-35℃）。2月中旬地表温度开始逐渐回升。3月初

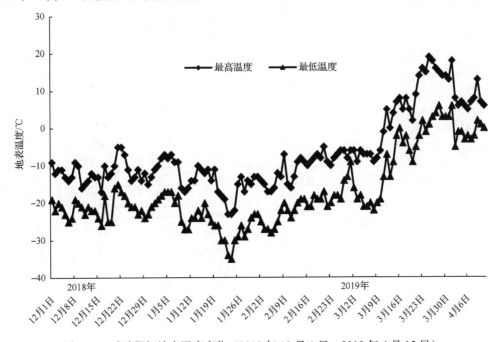

图4-26 试验期间地表温度变化（2018年12月1日～2019年4月15日）

冻土开始融化,形成春季特有的土体热力构型:暖土层—过渡层—冷冻层—过渡层—暖土层。随着气温不断升高,冻融过渡层不断转化为暖土层,两个过渡层相向发展,到 4月中旬冻土完全消融,土壤的热力构型变成单一的暖土层结构。

(二)土壤物理性质的变化特征

从表4-7可见,三组试验土壤都具有较高的 pH 和含盐量。钠离子和碳酸氢根是土壤中主要盐分,以 HCO_3-Na 型为主,土壤中 pH 分别高达 8.9、9.3 和 9.7,具有典型的苏打盐碱土的性质。

表4-7　三组土柱试验前土壤化学性质

试验处理	pH	EC /(mS/cm)	含盐量 /(mg/kg)	离子质量分数/(mg/kg)					
				K^+	Na^+	Ca^{2+}	Mg^{2+}	CO_3^{2-}	HCO_3^-
风沙土:白盖碱土(体积比例1:1)	9.7	1.16	4.62	52.58	355	5.67	2.82	61.2	571
风沙土:浅层碱土(体积比例1:1)	8.9	0.84	3.63	40.95	124	5.49	3.63	48.0	574
羊草草甸土:白盖碱土(体积比例1:1)	9.3	1.125	4.54	58.59	279	8.39	3.54	60.5	608

从表 4-8 可见,冻融前后试验土壤的颗粒组成存在明显的变化。三组试验处理经过冻融作用后,黏粒的含量都是表层较少,风沙土:白盖碱土 10~20cm 土层黏粒含量开始增加,风沙土:浅层碱土和羊草草甸土:白盖碱土 20~30cm 土层的黏粒的含量增加最明显。试验结果表明,在土壤的冻结和消融过程中,随着土壤水分的变化,黏粒逐渐向 20~30cm 土壤深度富集。

表4-8　冻融前后土壤粒径组成的变化特征

试验处理		深度/cm	粒径组成/%			黏粒变化/%
			砂粒	粉砂	黏粒	
风沙土:白盖碱土(体积比例1:1)	试验前	均匀混合	49.84	36.78	13.39	—
	试验后	0~10	48.07	40.53	11.40	-1.99
		10~20	38.36	45.23	16.41	+3.21
		20~30	37.57	47.43	15.00	+1.61
		30~50	40.07	45.63	14.33	+0.94
风沙土:浅层碱土(体积比例1:1)	试验前	均匀混合	34.96	57.26	7.78	—
	试验后	0~10	35.17	58.80	6.03	-1.75
		10~20	27.05	62.27	10.68	+2.90
		20~30	23.40	63.59	13.01	+5.23
		30~50	32.53	56.47	12.00	+4.22
羊草草甸土:白盖碱土(体积比例1:1)	试验前	均匀混合	48.49	33.41	18.10	—
	试验后	0~10	49.10	43.90	7.00	-1.10
		10~20	46.87	38.13	15.00	+6.90
		20~30	43.46	41.21	15.33	+7.23
		30~50	45.30	41.35	13.35	+5.25

（三）短期冻融土壤水盐的变化特征

图 4-27 为短期冻融处理土壤含水率变化特征。可见，试验前后土壤的含水率存在明显的差异。冻结期，土壤 10cm 以下的土层含水率明显增加，大于初始值，其中 10～20cm 土层的含水率变化最大，从冻结前的 15%增加到 20%。土壤表层（0～10cm）的含水率则明显减少。融化期 20～30cm 的土层含水率最高。综上可见，冻结过程导致土壤深度的水分向亚表层富集，而消融过程部分土壤水分则逐渐向 20cm 以下迁移，即存在水分随着土壤温度的上升逐渐下移的过程。与初始值相比，土壤表层的水分则明显减少，这可能与表层土壤水分持续向大气蒸发减少相关。

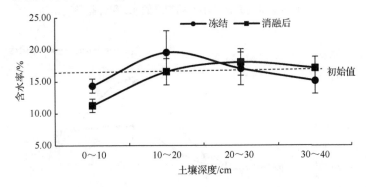

图 4-27　短期冻融处理土壤含水率变化

图 4-28 为冻融前后试验土壤的 pH 以及含盐量的变化特征。从图 4-28 可见，短期的冻融过程结束后，土壤的 pH 以及含盐量与试验前的初始值基本相等，即短期的冻融过程对土壤的 pH 以及含盐量没有明显的影响。

图 4-29 为短期冻融过程处理的钾元素和溴元素沿土壤深度的分布特征。从图 4-29 可见，无论是冻结过程还是消融后钾元素在 30～40cm 土层存在明显的富集，含量都高于背景值以及试验初始值，消融后该土层的钾元素的质量分数甚至高达 80mg/kg，为初始值的 1.7 倍。溴元素的分布剖面与钾元素不完全一致。整个试验过程土壤表层没有明显的溴、钾的富集，甚至表现出明显减少的特征，例如冻融结束后溴元素质量分数从初始值 0.95mg/kg 减少为 0.75mg/kg。溴元素主要富集区为 10～30cm 土层。该土层溴元素的质量分数高于背景值和初始值，达到 1.18mg/kg。

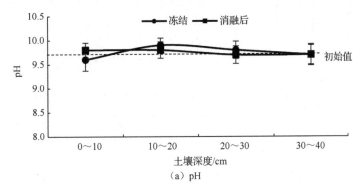

（a）pH

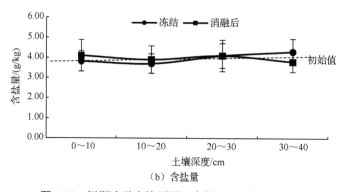

（b）含盐量

图 4-28　短期冻融土壤不同深度的 pH 和含盐量变化

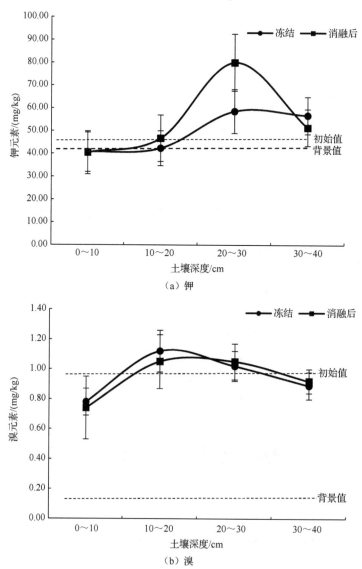

（a）钾

（b）溴

图 4-29　短期冻融土壤不同深度的钾元素和溴元素质量分数变化

从图 4-30 不难看出，短期冻融作用也可能导致盐渍化地区土壤水盐重新分配。这种变化主要体现在土壤含水率的变化，亚表层（10～30cm）的含水率变化最为明显，pH和盐分没有明显的变化。溴元素对短期土壤含水率变化具有较高的拟合度，即可以较好地指示土壤水分的变化关系；钾元素与土壤的含盐量变化关系不显著，即短期的冻融过程处理对土壤含盐量的拟合度不高，对土壤盐分迁移的示踪效果不明显。

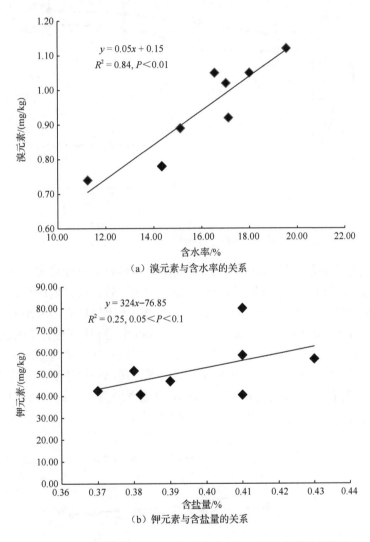

图 4-30　短期冻融处理溴元素与含水率和钾元素与含盐量的关系

（四）持续冻融处理土壤水盐的变化特征

图 4-31 为持续冻融处理土壤水分变化特征。可见，较长的冻结期导致土壤 10cm 以下的土层含水率明显增加，大于初始值；随着土壤深度加深含水率逐渐增高，30～40cm土层的含水率最高，从冻结前的 15% 增加到 17%。消融后 0～20cm 的土层含水率显著减

少，低于初始值。综上可见，冻结过程导致土壤深度的水分向亚表层富集，而在消融过程部分土壤水分则逐渐向 20cm 以下迁移，即存在水分随着土壤温度的上升逐渐下移的过程。土壤表层的水分则明显减少，这可能与表层土壤水分持续向大气蒸发减少相关。

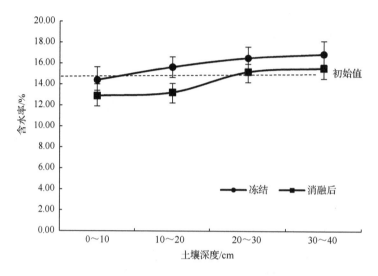

图 4-31　持续冻融前后土壤水分变化

图 4-32 为冻融前后土壤的 pH 以及含盐量的变化特征。从图可见，持续冻融过程结束后，土壤的 pH 分布剖面与试验前的初始值不完全一致。持续的冻结作用导致土壤表层（0～10cm）土层 pH 略微升高。消融过后，土壤表层的 pH 有明显迅速增加的变化特征，从试验初的 9.7 上升至 10.3，而且整个 0～30cm 土层 pH 都有升高的趋势。

含盐量的变化与 pH 类似，冻结期整个土壤深度没有明显的盐分向表层迁移的变化趋势，然而，经过短期的消融后土壤表层的含盐量表现出迅速增加的变化特征。从图可见，0～10cm 土层的含盐量从试验前的 3.8g/kg 迅速增加到 4.6g/kg，10～20cm 土层的含盐量增加到 4.0g/kg 以上，盐分增加幅度在 30% 以上。

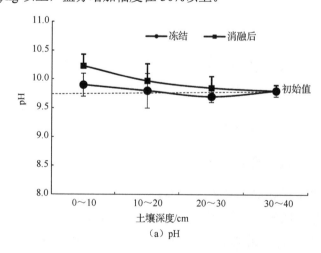

（a）pH

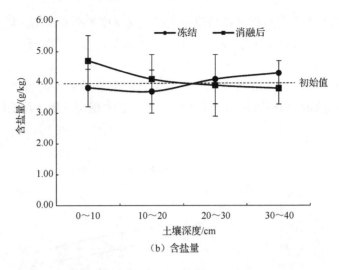

（b）含盐量

图 4-32　持续冻融前后土壤不同深度的 pH 和含盐量变化

表 4-9 为持续冻融前后试验土壤的离子含量。由表可见，长期的冻结后消融作用对苏打盐碱土的离子含量有显著的影响，并且主要表现为钠离子、碳酸氢根离子的变化。消融前，试验土壤的钠离子主要富集在 20～40cm 土层，其中 30～40cm 土层的钠离子达到 353mg/kg。消融后，土壤表层的钠离子迅速从 181mg/kg 增加到 488mg/kg，增加幅度高达 300%。碳酸氢根离子的变化与钠离子相似，从消融前的 468mg/kg 迅速增加到 654mg/kg，增加幅度高达 80%以上。

表 4-9　持续冻融前后土壤不同深度的离子含量

试验处理	土壤深度 /cm	阳离子/（mg/kg）			阴离子/（mg/kg）	
		Na^+	Ca^{2+}	Mg^{2+}	CO_3^{2-}	HCO_3^-
冻结	0～10	181±10.23	4.33±1.23	1.43±0.50	60.08±11.77	468±51.08
	10～20	229±21.15	5.66±0.67	2.06±0.61	60.41±9.23	511±66.07
	20～30	268±17.06	6.26±2.42	3.13±0.43	68.32±15.30	659±89.32
	30～40	353±19.37	6.01±1.17	2.80±0.58	86.14±12.48	653±102
消融后	0～10	**488±46.78**	5.53±0.76	2.46±1.04	**78.32±13.08**	**654±147**
	10～20	**447±35.09**	7.42±1.24	2.71±0.65	**84.15±8.31**	**597±80.67**
	20～30	298±22.86	8.37±1.08	4.99±1.15	62.71±14.15	575±115
	30～40	218±16.71	5.83±0.68	2.73±0.73	60.23±13.28	446±105
初始值		221	5.61	2.82	61.20	571

注：加粗数据表示与初始值相比存在显著变化（$P < 0.05$）

通过对比长期冻结和消融后土壤剖面的离子分布不难看出，冻结作用使盐渍化地区土壤盐分重新分配。高温消融后导致富集在土壤亚表层的钠离子和碳酸（氢）根离子迅速向土壤表层迁移，并且富集在土壤表层，导致土壤表层 pH 和含盐量显著升高。

图 4-33 为持续冻融前后钾元素和溴元素沿土壤深度的分布特征。从图可见，长期的冻结过程中钾元素主要在亚表层以下存在明显的富集，含量都高于背景值以及试验初始值，其中 10～20cm 土层钾元素质量分数最高，达到 60mg/kg。经过短期的消融后，试验土壤的钾元素分布发生显著变化，钾元素存在明显的表聚的特征，土壤表层的质量分数高达 80mg/kg，为初始值的 1.6 倍以上，并且表现出沿着土壤表层向下逐渐减少的变化特征。

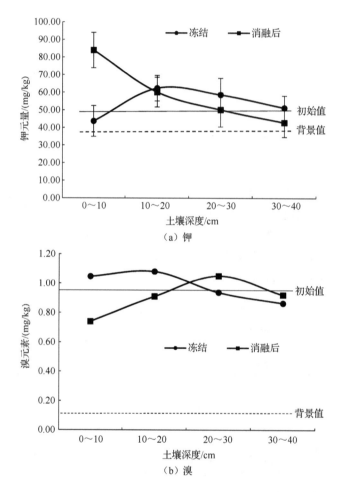

图 4-33　持续冻融前后土壤不同深度的钾元素和溴元素质量分数变化

溴元素的分布剖面与钾不完全一致。在长期的冻结过程土壤表层的溴元素存在一个富集的特征，0～20cm 土层的溴元素含量高于初始值。消融后，土壤表层的溴元素含量迅速减少（溴元素的含量从初始值 1.2mg/kg 减少为 0.70mg/kg，变化幅度达到 41%），甚至低于初始值。消融后，溴元素主要富集区为 20～30cm 土层，该土层溴元素的含量高于背景值和初始值，达到 1.10mg/kg。

可见，长期的冻结作用可能导致盐渍化地区土壤水盐向亚表层富集。其中盐分的富集主要体现在钠离子和碳酸（氢）根离子的变化，大量的碳酸（氢）钠在土壤表层的富集也导致冻融后土壤表层 pH 显著升高。钾元素在本组试验中对土壤水分和盐分的拟合度较高。

（五）交替冻融处理土壤水盐的变化特征

图 4-34 为交替冻融处理土壤不同深度的含水率变化特征。可见，第一次短期冻融的试验后，土壤 10cm 以下的土层含水率明显增加（大于初始值 16%），10～30cm 土层的含水率增加最显著，其中 20～30cm 土层含水率增加最大，含水率达到 18%以上。第二次冻融后，土壤的含水率分布剖面与第一次截然不同，表现出沿着土壤剖面迅速增加的变化特征，30cm 以下土层含水率最高（20%以上），增加幅度达到 30%。第三次冻融后，整个土壤水分分布与第二次相似，但是含水率有明显减少的变化特征。

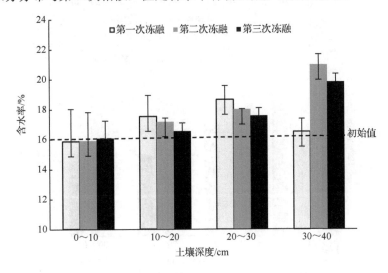

图 4-34　交替冻融处理土壤不同深度的含水率变化

图 4-35 为交替冻融前后土壤的 pH 以及含盐量的变化特征。从图可见，交替冻融试验处理后土壤 0～20cm 土层 pH 变化十分明显，而且随着交替冻融的次数增加 pH 呈现逐渐升高的变化特征。含盐量的变化与 pH 类似，交替冻融后土壤表层的含盐量表现出迅速增加的变化特征。从图可见，0～10cm 土层的含盐量从试验前的 0.38%迅速增加到0.65%，变化幅度达到 90%以上。

综上可见，冻结过程导致土壤深度的水分向亚表层富集，而在消融过程部分土壤水分则逐渐向 20cm 以下迁移，冻融交替后土壤水分主要分布在 30cm 左右的深度土层。交替的冻融作用能够显著增加土壤表层的 pH 和含盐量。

图 4-36 为交替冻融处理的钾元素和溴元素沿土壤深度的分布特征。从图可见，交替的冻融过程导致钾元素存在向土壤表层迁移的过程，质量分数都高于背景值以及试验初始值，其中 0～10cm 土层钾元素质量分数最高，第二次以及第三次冻融后土壤表层的钾元素质量分数达到 60mg/kg 以上，说明经过多次冻结和短期的消融后，试验土壤的钾元素分布发生显著变化，钾元素存在一个明显的表聚的特征。

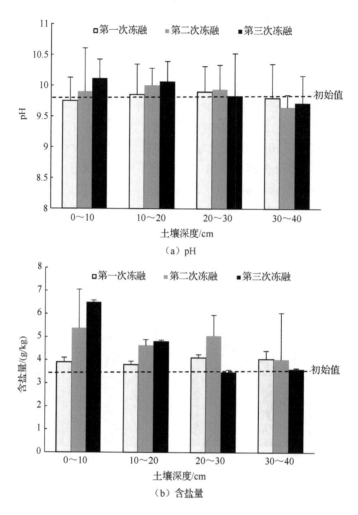

图 4-35 交替冻融前后土壤 pH 和含盐量的变化

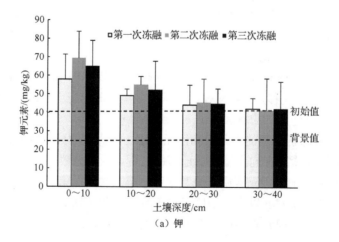

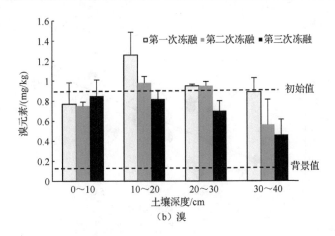

（b）溴

图 4-36　交替冻融处理土壤剖面的钾元素和溴元素含量变化

从图 4-36（b）可见，溴元素主要分布在土壤的亚表层 10～20cm 深度，而且随着短期冻融处理次数增加，整个土壤剖面的溴元素含量表现出明显减少的趋势。其中，第一个冻融处理的试验中，土壤亚表层存在明显的溴富集特征，其含量高于初始值。从第二个冻融处理开始，整个土层的溴元素含量开始显著降低，0～10cm 和 30～40cm 土层中的溴元素含量低于初始值。第三个冻融处理后整个土壤剖面的溴元素含量低于试验初始值。

从图 4-37 可知，在长期冻结以及频繁消融变化的试验中，溴元素与土壤含水率仍然具有显著的相关性，但是指示效果比短期冻融差。溴元素含量随着消融次数的增加表现出的亏缺特征可能与短期冻结后土壤表层的高温消融导致部分溴元素挥发耗损相关。这种特性也表明溴元素尽管在一定温度环境下能够指示水分的迁移变化特征，但是在较高的温度环境下可能导致挥发而影响其对水分的指示效果。钾元素和土壤的含盐量也具有显著的拟合性，这种关系表明可以用钾来指示长期冻融条件下土壤的盐分迁移特征。本研究只尝试用常见的溴和钾来指示冻融条件下土壤水分和盐分的迁移规律，由于溴具有高温挥发性，钾在土壤本身含量较高的环境下会对研究目标的指示效果产生影响，下一步考虑引入稳定同位素结合溴化钾的指示效果可能会更准确。

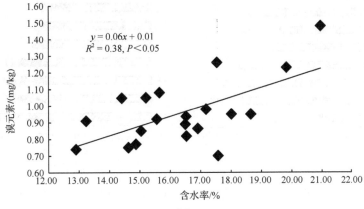

（a）

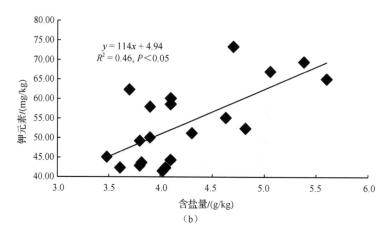

图 4-37　长期冻结以及消融变化处理溴元素与土壤含水率和钾元素与含盐量的关系

三、冻融作用下微域尺度苏打盐碱土的积盐机理

（一）土壤水盐的变化特征

图 4-38 为 2006 年观测点的 4 种盐渍土表层（0～50cm）的含水率和含盐量变化特征。从图 4-38（a）可见，盐化草甸土的含水率最高，洼地边缘的浅位柱状苏打盐碱土表层的含水率可达 20%左右，微高地对应的中位柱状苏打盐碱土表层的含水率仅达 10%左右，并且土壤类型不同其含水率和含盐量变化存在显著的差异。与雨季（7 月）相比，进入秋季（9 月、10 月）盐化草甸土的含水率趋于减少，说明土壤逐渐变干；进入冻结期，受冻融作用盐化草甸土表层含水率从冻结前的 20%增加到 50%（过饱和状态），其增量达到显著性水平（$P<0.05$）；融化期（4 月、5 月）盐化草甸土表层的含水率迅速减少至 25%，在融通后土壤含水率特征与冻结前（10 月）基本相同，进入次年雨季后又有一定增加。苏打盐碱土（观测点 A、B 和 C 对应的土壤）在雨季和冻结期表层含水率有一定的变化，但变化程度不显著。

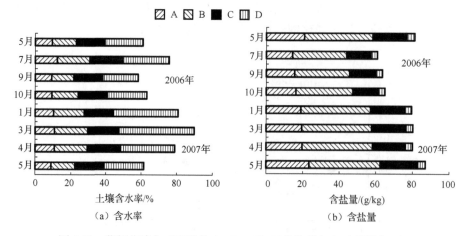

图 4-38　苏打盐碱土（观测点 A、B、C）和盐化草甸土（观测点 D）
表层的含水率和含盐量变化特征

通过分析图 4-38 (b) 可以看出，土壤含盐量的变化与含水率变化特征存在明显差异。冻融期盐化草甸土表层含盐量较冻结前有一定的增加，但是不显著。苏打盐碱土表层的含盐量从雨季到秋季 (9 月、10 月) 有一定的增加，说明盐渍土地区存在秋后返盐的特征；进入冻结期，受冻融作用苏打盐碱土表层含盐量迅速增加，其中白盖苏打盐碱土表层含盐量增量幅度最大，其增加幅度可以达 80%；此外，在融化期 (4 月、5 月) 苏打盐碱土表层存在含盐量突然增加的时段 (即春季爆发式返盐)；进入雨季 (7 月) 后，土壤表层受到降雨的淋溶作用其含盐量有一定减少。

综上可知，在非冻融季节，苏打盐碱土对应的浅层地下水位可能在土壤发生盐渍化"临界深度"以下，浅层地下水对苏打盐碱土的表层影响很微弱。洼地与浅层地下水的联系较密切。季节性冻土的形成和发展是该地区土壤表层积盐的重要因素。

（二）自然环境下土壤表层积盐机理

土壤含水率和盐分变化与大气降雨和地下水在土壤中的迁移转化密切相关。苏打盐碱土层中大量的交换性 Na^+ 能使黏粒高度分散，表层则形成块状或棱柱状结构的碱化层，遇水则结块，限制了雨季地表降水的下渗深度和数量（杨金忠等，2002；宋新山等，2000；俞仁培，1982）。因此在雨季苏打盐碱土表层常常形成地表径流并沿微坡地汇集于洼地，径流对微坡地和微高地表层的盐分有一定淋洗作用，所以苏打盐碱土表层的盐分在雨季有减少的趋势。雨后苏打盐碱土表层强烈的蒸发，使地表下渗的少量水分迅速返回地面，即产生雨后返盐。因此，雨季的降水难以直接通过苏打盐碱土表层补给地下水。另外，微坡地和微高地对应的浅层地下水在旱季埋藏较深且受碱化层的阻隔，甚至低于"临界深度"，根据"临界深度"积盐的观点，在强烈蒸发的条件下地下水也难以垂直迁移到土壤表层 [图 4-39 (a)]。盐化草甸土地处相对低洼的地区，雨季承接高处的地表径流而成为降雨的汇集地，并且草甸土结构疏松，毛管孔隙发育，洼地滞水能够迅速垂直下渗到底土层并补给浅层地下水。所以，雨季浅埋地下水位的变化与盐化草甸土水分下渗密切相关。

冻融期，土壤含水率与地下水的迁移转化有直接的关系。冻结期，土壤表层与深层存在明显的温度梯度和水势梯度，受冻结作用的影响，部分浅埋地下水迁移并储存在冻土层，草甸土对应的地下水位相对较浅，冻结条件下水分容易垂直向上迁移，并在冻土层汇聚。另外，草甸土结构疏松、毛管孔隙发育，利于地下水迁移。苏打盐碱土对应的地下水位相对较深，不利于水分上行。受冻结作用，大量弱矿化的地下水借温度梯度和水势梯度作用透过暖土层，垂直迁移到草甸土的冻结层，并主要以固态形式储存在冻土层（因此盐化草甸土表层含水率可达过饱和状态），所以冬季地下水位明显下降与部分地下水表聚于草甸土表层有一定的相关性 [图 4-39 (b)]。

土壤发生盐渍化地下水位"临界深度"的定义是局限在非冻融季节对应的最大埋藏深度。部分松嫩平原盐渍土地区在旱季时对应的浅埋地下水埋深可能低于此"临界深度"，非冻融季节地下水难以影响苏打盐碱土表层。进入冻结期后，土壤冻结缘不断向下延伸，土壤表层的未冻层与潜水的距离也不断缩小，当冻结缘向下发展到一定深度后，潜水与未冻层的距离已经小于"临界深度"[图4-39（b）]，此时地下水可缓慢向冻结层汇集。这部分上行的水分成为冻融期微高地苏打盐碱土盐分表聚的载体，即冻结层起着连接浅埋地下水和苏打盐碱土表层的桥梁作用。这可能是冬季松嫩平原地区某些苏打盐碱土对应的潜水埋深在"临界深度"以下，但是盐渍化程度却仍然在不断加重的一个重要原因。

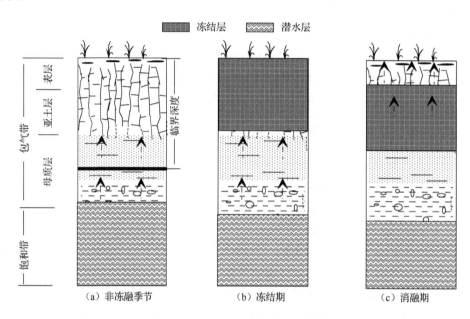

图4-39　浅埋地下水在一年内不同季节对土壤表层的影响特征

　　春季气温迅速攀升，冻层开始自上而下消融，冻融层的水分和盐分受冻土层（不透水层）的阻隔，往往形成上层滞水，因此，融冻期地下水与盐渍土表层积盐没有直接的联系。由于白盖苏打盐碱土盐分主要分布在表层，深厚的冻结作用使心土层中易溶性盐分以薄膜水为载体在冻结层中汇聚，成为春季盐渍土表层"爆发式"增加的盐分的主要来源。由于松嫩平原西部大风天气主要集中在3月至5月，降雨稀少，干旱大风的气候使冻融层的水分携带盐分向地表迁移，水分散失，盐分则残留于土壤表层[图4-39（c）]。由于白盖苏打盐碱土的冻土层储存的盐分较多，春季返盐程度也必然较重，往往表现出"爆发式"的返盐特征。

　　研究区浅埋地下水的初见水位呈现三维空间特征，可能与苏打盐碱化地区的土壤质地空间变异相关。由于位于微高地的苏打盐碱土存在较厚的黏土淀积层，水分从黏土层释放到钻孔中是一个缓慢的过程，土壤越黏达到平衡需要的时间越长。位于低洼部位的盐化草甸土整个土层的质地疏松，浅层地下水能够很快从蓄水层中释放到钻孔中。所以苏打盐黏土地区地下水位往往表现出微域空间特征。

　　通过讨论不难得出，松嫩平原盐渍土的水盐迁移过程具有高度时空连续性，研究该地区盐渍土壤的积盐规律时，不能把冻融期间水盐的迁移过程忽略和分割开来。以微域尺度为对象的水盐运移研究，可以深入认知苏打盐碱土表层积盐的机理。

参 考 文 献

柏林, 臧淑英, 张丽娟, 等. 2014. 扎龙湿地降水变化非线性特征研究. 地理与地理信息科学, 30(3): 105-107.

窦睿音, 延军平. 2013. 关中平原太阳黑子活动周期与旱涝灾害的相关性分析. 干旱区资源与环境, 27(8): 76-82.

傅伯杰, 赵文武, 陈顶力, 等. 2006. 多尺度土壤侵蚀评价指数. 科学通报, 51(16): 1936-1943.

梁文举, 张万民, 李维光, 等. 2001. 施用化肥对黑土地区线虫群落组成及多样性影响. 生物多样性, 9(3): 237-240.

刘昌明. 2007. 东北地区水与生态环境问题保护对策. 北京: 科学出版社: 129-132.

刘继亮, 殷秀琴, 邱丽丽. 2008. 左家自然保护区大型土壤动物与土壤因子关系. 土壤学报, 45(1): 130-136.

吕宪国. 2008. 中国湿地与湿地研究. 石家庄: 河北科学技术出版社.

毛海涛, 樊哲超, 何华祥, 等. 2016. 干旱、半干旱区平原水库对坝后盐渍化的影响. 干旱区研究, 33(1): 179-184.

穆穆, 任宏利. 2017. 2014～2016 年超强厄尔尼诺事件研究及其预测给予我们的启示. 中国科学: 地球科学, 47: 993-995.

宋新山, 何岩, 邓伟. 2000. 松嫩平原盐碱土水分扩散率研究. 土壤与环境, 9(3): 210-214.

佟守正, 吕宪国, 苏立英, 等. 2008. 扎龙湿地生态系统变化过程及影响因子分析. 湿地科学, 6(2): 179-184.

王涛, 霍彦峰, 罗艳. 2016. 近 300a 来天山中西部降水与太阳活动的小波分析. 干旱区研究, 33(4): 708-716.

吴东辉, 张柏, 陈鹏. 2006. 吉林省黑土区农业生境大型土壤节肢动物群落组成与生态分布. 中国农业科学, 39(1): 125-131.

现代中央气象局科学研究院. 1981. 中国近五百年旱涝分布图集. 北京: 地图出版社: 254-275.

徐梦雅, 毕硕本, 武玮婷, 等. 2017. 清代华中地区干旱灾害时间特征及成因分析. 干旱区研究, 31(10): 105-110.

杨金忠, 蔡树英, 武靖伟. 2002. 宏观水力传导度及弥散度的确定方法. 水科学进展, 13(2): 179-183.

殷秀琴, 宋博, 董炜华, 等. 2010. 我国土壤动物生态地理研究进展. 地理学报, 65(1): 91-102.

尹文英. 1999. 中国土壤动物检索图鉴. 北京: 科学出版社.

俞仁培. 1982. 碱土的形成与防治. 北京: 科学出版社: 18-35.

张雪萍, 张武, 曹慧聪. 2006. 大兴安岭不同冻土带土壤动物生态地理研究. 生态学报, 43(6): 997-1003.

张玉红, 张树清, 苏立英, 等. 2010. 基于 3S 的扎龙湿地土地盐碱化趋势分析. 农业系统科学与综合研究, 26(2): 140-144.

中国土壤学会. 2000. 土壤农业化学分析方法. 北京: 中国农业科学技术出版社: 189-196.

周林飞, 许士国, 李青山, 等. 2007. 扎龙湿地生态环境需水量安全阈值的研究. 水利学报, 38(7): 845-851.

Andersen A N, Hoffmann B D, Müller W J, et al. 2002. Using ants as bioindicators in land management: Simplifying assessment of ant community responses. Journal of Applied Ecology, 39: 8-17.

Ayres E, Nikem J N, Wall D H, et al. 2008. Effects of human trampling on populations of soil fauna in the McMurdo dry valleys, Antarctica. Conservation Biology, 22: 1544-1551.

Bai L, Wang C Z, Zang S Y, et al. 2016. Remote sensing of soil alkalinity and salinity in the Wuyu'er-Shuangyang River basin, Northeast China. Remote Sensing, 8(9): 1-16.

Bakonyi G, Nagy P. 2000. Temperature-and moisture-induced changes in the structure of the nematode fauna of a semiarid grassland—patterns and mechanisms. Global Change Biology, 6: 697-707.

Battigelli J P, Spence J R, Langor D W, et al. 2004. Short term impact of forest soil compaction and organic matter removal on soil mesofauna density and oribatid mite diversity. Canadian Journal of Forest Research, 34: 1136-1149.

Bongers T. 1990. The maturity index: An ecological measure of environmental disturbance based on nematode species composition. Oecologia, 83: 14-19.

Bonkowski M, Villenave C, Griffiths B. 2009. Rhizosphere fauna: The functional and structural diversity of intimate interactions of soil fauna with plant roots. Plant Soil, 321: 213-233.

Bresler E, McNeal B L, Carter D L. 1982. Saline and sodic soils: Principles-dynamics-modeling. Berlin: Springer-Verlag.

de Deyn G, van der Puttern W. 2005. Linking aboveground and belowground diversity. Trends in Ecology and Evolution, 20(11): 625-633.

de Deyn G B, Raaijmakers C E, Zoomer H R, et al. 2003. Soil invertebrate fauna enhances grassland succession and diversity. Nature, 422(6933): 711-713.

Eisenhauser N, Milcu A, Allan E, et al. 2011. Impact of above- and below-ground invertebrates on temporal and spatial stability of grassland of different diversity. British Ecological Society, 56: 1-11.

Elzinger C L, Salzer D W, Willoughby J W, et al. 2001. Monitoring plant and animal populations. Malden: Blackwell Science.

Ettema C H, Wardle D A. 2002. Spatial soil ecology. TRENDS in Ecology & Evolution, 17: 177-183.

Gadzala-Kopcuch R, Berecka B, Bartoszewica J, et al. 2004. Some considerations about bioindicators in environmental monitoring. Plolish Journal of Environmental Studies, 13: 453-462.

Gao Y H, Sun Z J, Sun X S, et a1. 2007. Toxic effects of albendazole on adenosine triphosphatase activity and ultra-structure in Eisenia fetida. Ecotoxicology and Environmental Safety, 67(3): 378-384.

Gravel D, Bell T, Barbera C, et al. 2001. Experimental niche evolution alters the strength of the diversity-productivity relationship. Nature, 469: 89-92.

Gupta V V S R, Yeates G W. 1997. Soil microfauna as bioindicators of soil health//Pankhurst C, et al. Biological Indicators of Soil Health. Wallingford: CAB International: 201-233.

Laiho R, Silvan N, Cárcamo H, et al. 2001. Effects of water level and nutrients on spatial distribution of soil mesofauna in peatlands drained for forestry in Finland. Applied Soil Ecology, 16: 1-9.

Lindberg N, Bengtsson J. 2006. Recovery of forest soil fauna diversity and composition after repeated summer droughts. OIKOS, 114: 494-506.

Malmström A, Persson T, Ahlström K. 2008. Effects of fire intensity on survival and recovery of soil microarthropods after a clear cut burning. Canadian Journal of Forest Research, 38: 2465-2475.

Pearce J, Venier L. 2009. Are salamanders good bioindicators of sustainable forest management in boreal forest. Canadian Journal of Forest Research, 39: 169-179.

Qiu J. 2011. China faces up to "terrible" state of its ecosystems. Nature, 471: 19-20.

Ruivo M D L P, Barreiros J A P, Bonaldo A B, et al. 2007. LBA-ESECAFLOR Artificially induced drought in Caxiuanã reserve, eastern Amazonia: Soil properties and litter spider fauna. Earth Interactions, 2007, 11: 1-13.

Sadaka N, Ponge J F. 2003. Soil animal communities in holm oak forests: Influence of horizon, altitude and year. European Journal of Soil Biology, 39: 197-207.

Silvan N, Laiho R, Vasander H. 2000. Changes in mesofauna abundance in peat soils drained for forestry. Forest Ecology and Management, 133(1-2): 127-133.

Sui F Y, Zang S Y, Fan Y W, et al. 2016. Effects of different saline-alkaline conditions on the characteristics of phytoplankton communities in the lakes of Songnen Plain, China. PLoS ONE, 11(10): 1-18.

Trigal C, García-Criada F, Fernández-Aláez C. 2009. Towards a multimetric index for ecological assessment of Mediterranean flatland ponds: The use of macroinvertebrates as bioindicators. Hydrobiologia, 618: 109-123.

van Straalen N M. 1998. Evaluation of bioindicator systems derived from soil arthropod communities. Applied Soil Ecology, 9: 429-437.

Wang Z, Huang Ni, Luo L, et al. 2011. Shrinkage and fragmentation of marshes in the west Songnen Plain, China, from 1954 to 2008 and its possible causes. International Journal of Applied Earth Observation and Geoinformation, 13: 477-486.

Wu H T, Lu X G, Wu D H, et al. 2010. Biogenic structures of two ant species Formica sanguinea and Lasius flavus altered soil C, N and P distribution in a meadow wetland of the Sanjiang Plain, China. Applied Soil Ecology, 46: 321-328.

Yang F, An F H, Ma H Y, et al. 2016. Variations on soil salinity and sodicity and its driving factors analysis under microtopography in different hydrological conditions. Water, 8(6): 227.

Zhou D M, Gong H L, Wang Y Y, et al. 2009. Study of driving forces of wetland degradation in the Honghe National Nature Reserve in the Sanjiang floodplain, Northeast China. Environmental Modeling & Assessment, 14: 101-111.

第二篇　苏打盐碱水田土壤障碍机理与盐碱胁迫机制

苏打盐碱化土壤质地黏重，土壤通透性能差，降水或灌溉水难以下渗且排水困难，土壤表层水分主要通过蒸发损耗，因而土壤易于积盐。土壤中交换性 Na^+ 含量的增加，致使土壤黏粒高度分散，土壤物理性质恶化，而物理性质的恶化又会导致土壤盐碱化程度的加重，由此形成一个土壤性质的恶性循环过程。

苏打盐碱化土壤中过量的盐碱给植物生长带来巨大伤害，并且在很大程度上影响着作物的产量。种植水稻改良盐碱化土壤是我国很早就有的一种边利用边改良的有效途径。水稻是一种对盐碱中度敏感的作物，但由于水稻生长期间保持水层的需要，耕层土壤逐渐淋洗脱盐，从而适合水稻种植。水稻不同生长时期受盐碱抑制程度不同，水稻苗期对盐碱胁迫非常敏感，分蘖期相对较强，生殖生长期再次变得敏感。

苏打盐碱土中存在大量 Na_2CO_3 和 $NaHCO_3$，土壤 pH 较高，Na^+、Cl^-、CO_3^{2-} 等与有效磷竞争，交换性 Ca^{2+} 与之结合成难溶性磷酸钙盐，导致作物根际有效磷减少。另外，碱土及碱化土壤在交换性 Na^+ 影响下黏粒高度分散，土壤物理性质恶化，严重影响作物的出苗、根系生长和养分吸收。因此，盐碱胁迫在降低土壤有效磷含量的同时也造成了作物根系的生理性缺磷，二者共同影响作物的生长发育和产量形成。因此，从土壤与作物相互作用关系出发，研究苏打盐碱土物理性质、化学性质和养分亏缺及毒害等障碍机理，进而对松嫩平原苏打盐碱土逆境胁迫阻碍作物生长发育的胁迫因子和作用机制进行研究，对于苏打盐碱地治理与利用具有重要的意义。

第五章 苏打盐碱水田土壤障碍机理

第一节 苏打盐碱化土壤的基本物理性状

物理性质和化学性质是苏打盐碱土的两项基本性质。土壤化学性质障碍导致土壤物理性质障碍的发生。苏打盐碱化土壤含有较高的交换性 Na^+，使土壤黏粒高度分散，进而导致土壤物理性质恶化。主要表现为：土壤质地黏重，通气透水性能差，土壤水的基质势很高，土壤水分多为无效水，水分有效性降低；黏粒高度分散，堵塞大孔隙，致使土壤氧气含量不足，限制植物根系伸展和呼吸作用，影响作物生长。因此研究苏打土壤物理障碍机理，对盐碱地治理与利用具有重要意义。

一、材料与方法

（一）供试土样

供试土样取自中国科学院大安碱地生态试验站，取样时间为 5～6 月。选择 4 组典型苏打盐碱化土壤剖面（M1、M2、M3、M4），按 20cm 间隔均匀取样分析。

（二）测试项目

分别对土壤容重、颗粒组成以及饱和导水率等进行测定。其中容重主要反映土壤孔隙状况，颗粒组成主要反映土壤质地，而饱和导水率则反映土壤的导水性能。土壤容重采用环刀法测定，砂粒、粉粒、黏粒含量采用沉降法测定，土壤饱和导水率采用南京土壤仪器厂生产的 TST-55A 型渗透率仪测定。

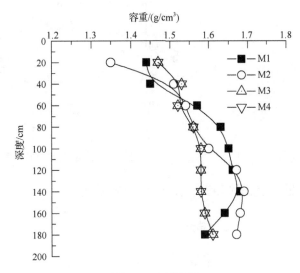

图 5-1 土壤容重

二、土壤容重

土壤容重的测定结果如图 5-1 所示。四个土壤剖面均表现为表层容重低，随着土壤深度的增加，土壤容重增大。0～20cm 土层容重范围为 1.35～1.46g/cm³，20～40cm 土层较 0～20cm 土层容重增大，范围为 1.43～1.53g/cm³，40cm 以下土层容重较大，均在 1.50g/cm³ 以上，表明苏打盐碱化土壤孔隙状况较差，土壤多紧实致密。

三、土壤颗粒组成与有机质含量

土壤颗粒组成和有机质含量（质量分数）的测定结果如图 5-2 所示。从图可见，供试土壤的黏粒（粒径＜0.002mm）含量一般在 40%以上，砂粒（粒径 0.05～1.00mm）含量略小于黏粒，一般在 30%左右，因此该类土壤质地黏重，物理性状差。各土层土壤有机质含量较低，均在 1.0%以下，平均值仅为 0.4%左右，尤其 0～20cm 表层土壤，有机质含量为 0.2%左右，因此该类土壤极为贫瘠。

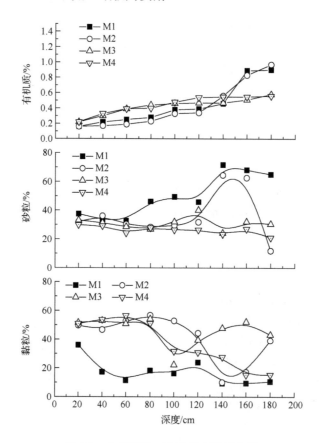

图 5-2　土壤黏粒、砂粒和有机质含量

四、土壤饱和导水率及影响因素

（一）饱和导水率的数值变化

饱和导水率是苏打盐碱土物理性质的重要指标。从测定结果看，各土层土壤饱和导水率范围在 0.52～1.09mm/天，数值较小。饱和导水率主要反映土壤饱和渗透性能，对一定的土壤而言，其饱和导水率是一个常数。本试验测得的土壤饱和导水率数值较小，说明苏打盐碱化土壤对水流的阻碍作用较强，土壤通气透水性能较差。

（二）饱和导水率在土壤剖面中的剖面分布态势

测定结果表明，饱和导水率随土壤深度增加而呈一定规律变化。在 0～40cm 土层，饱和导水率随深度增加而减小；40～100cm 土层中饱和导水率变化不大；100～140cm 土层饱和导水率则随深度增加而变大；140～200cm 土层范围内，饱和导水率又变小，即呈"S"形曲线变化。但就整个土壤剖面而言，饱和导水率随着深度增加而逐渐向下增大，即下层土壤的导水性能要强于上层土壤。饱和导水率的这种变化趋势，可能是受土壤质地和剖面结构的影响。表层土壤受外界环境影响较大，如受风蚀、水蚀、季节性冻融作用等影响，致使土壤容重轻、孔隙度较大，因而饱和导水率也较大。其后随着土壤黏粒增加，土壤变得致密，饱和导水性能变差。至 100cm 土层以下，土壤黏粒含量减少，砂粒成分增加，饱和导水率因而增大。黏粒在土壤中具有吸附水分和胀缩的作用，能够阻碍水分下渗及阻塞土壤孔隙，因而在土壤上层饱和导水率较小，而下层土壤含砂量高，大孔隙增多，故而饱和导水率也较大。

（三）影响饱和导水率的因素分析

土壤质地和结构与饱和导水率有直接关系。一般而言，砂质土壤通常比黏质土壤具有更高的饱和导水率。统计分析表明，土壤饱和导水率呈现出与土壤黏粒含量显著负相关、与土壤含砂量显著正相关的特征。这是由于供试土样黏粒含量很高（图 5-2），且以蒙脱石为主，具有极强的吸湿和膨胀性能。土壤黏粒含量越高，土壤的胀缩性越强，其吸水后膨胀分散，致使土壤孔隙阻塞，土壤变得密实，阻碍水分下渗，因而土壤饱和导水率表现为随土壤黏粒含量的增大而减小。而随着土壤砂粒含量的不断增大，土壤砂性增强，土壤大孔隙增多，因而饱和导水率呈现出与土壤含砂量变化一致的趋势。

苏打盐碱化土壤中大量交换性 Na^+ 的存在导致 ESP 较高。饱和导水率随土壤交换性 Na^+ 含量和碱化度 ESP 的增大而减小。这是因为土壤中交换性 Na^+ 含量和 ESP 的增大会使黏粒分散性增强及团聚体稳定性降低，造成土壤物理性质恶化。研究表明，土壤物理性质对交换性离子的类型非常敏感，交换性 Ca^{2+} 含量高可以改善土壤的通气透水和溶水性能，而交换性 Na^+ 含量过高则可引起土壤分散和膨胀，使土壤性质恶化，表现为表层土壤板结和通透性差（肖振华等，1998）。各种阳离子对土壤膨胀作用的次序如下：Na^+、$K^+ > Ca^{2+}$、$Mg^{2+} > H^+$。当土壤胶体被强烈离解的阳离子（如钠离子）饱和时，膨胀性最强。有研究认为土壤的结构性质和水力性质与 ESP 之间是线性关系（李小刚等，2004）。饱和导水率是一个重要的土壤水力性质参数，本节的研究结果也证实了饱和导水率与土壤 ESP 呈显著负相关。

一般而言，对于黏粒含量高的土壤，低的土壤全盐含量对土壤颗粒具有分散作用，使黏粒分散、迁移进而阻塞通水孔隙；高的土壤全盐含量对土壤颗粒的分散作用小于对土壤颗粒表面带负电荷黏粒胶膜的絮凝作用，能抑制黏土的膨胀，阻碍黏粒迁移，有利于通水孔隙的畅通。对土壤胶体而言，盐分浓度低、交换性 Na^+ 含量高及高 pH 条件下，土壤胶体才容易分散。因此，若仅从土壤含盐量看，土壤饱和导水率应随含盐量的增大而增大（正相关）。但含盐量仅是影响土壤物理性状的因素之一，且其影响作用也随盐分种类的不同而产生差异。对苏打盐碱化土壤而言，土壤中交换性 Na^+ 含量、ESP 以及 pH 高等因素对土壤导水性能的影响是主要的。

土壤容重受土壤密度和孔隙两方面的影响，而后者的影响更大，疏松多孔的土壤容重小，反之则大。一般而言，当其他影响因素一定时，土壤饱和导水率随土壤容重的增大而减小，随土壤孔隙度的增大而增大。孔隙类型对土壤饱和导水率也有明显影响，土壤大孔隙多，则饱和导水率大，若土壤通气孔隙少、无效孔隙分布多，则饱和导水率小。但本试验研究结果表明，土壤容重和饱和导水率都有随着剖面深度增大而增大的趋势。出现这种现象的原因可能是上层土壤中黏粒含量和 Na^+ 含量过多，导致土壤吸水饱和后的膨胀性增强，阻塞了土壤孔隙，致使饱和导水率减小。这说明相对于土壤黏粒和 Na^+ 含量的作用，土壤容重和土壤孔隙等对饱和导水率的影响作用较小。

土壤有机质是土壤中各种营养元素特别是氮、磷的重要来源。土壤有机质，尤其是多糖和腐殖物质在土壤团聚体的形成过程和稳定性方面起着重要作用。土壤有机质能够改变砂土的分散无结构状态和黏土的坚韧大块结构，使土壤的透水性、蓄水性、通气性等有所改善。同时由于土壤孔隙结构得到改善，水的入渗速率加快。因而土壤有机质含量的多少可以间接影响饱和导水率的大小。供试土样有机质含量极低，也是造成土壤饱和导水率过小的重要原因。

综上所述，苏打盐碱土容重一般在 $1.50g/cm^3$ 以上，土体紧实致密，孔隙状况较差。土壤黏粒含量一般在 40%以上，砂粒含量则在 30%左右，土壤质地黏重，土壤结构差。土壤有机质含量一般在 0.4%，土壤肥力状况差。由于土壤物理性状恶化，土壤通透性能差，土壤饱和导水率一般在 $0.52\sim1.09$mm/天。土壤饱和导水率极小，则相应的土壤淋溶作用也弱，因而利用传统的排灌措施进行该类型土壤盐分淋洗，其效果是很有限的。土壤交换性 Na^+ 的变化对饱和导水率影响显著，土壤黏粒具有很强的吸水性和极大的比表面积，吸水膨胀，阻碍水分的下渗，因而土壤饱和导水率随黏粒含量的增大而减小，而交换性 Na^+ 又进一步加剧了土壤的膨胀性。因此减少土壤中 Na^+ 含量，是改善该类土壤物理性质的根本条件。

第二节　苏打盐碱化土壤含盐量与离子分布特征

苏打盐碱化土壤的盐分组成以 Na_2CO_3 和 $NaHCO_3$ 为主，由于土壤在盐化的同时进行碱化过程，因此该类型土壤兼具盐化和碱化特征。选择具有代表性的苏打盐碱化土壤剖面，分析其含盐量与盐分离子在剖面中的剖面分布规律，是认识苏打盐碱化土壤形成规律的基础，对于促进苏打盐碱化土壤的改良与利用具有重要意义。

一、材料与方法

（一）供试土样

供试土壤样品取自中国科学院大安碱地生态试验站。试验中所测试土样为苏打盐碱化土壤类型。

（二）测试项目与方法

1. 土壤含盐量与水溶性离子

土壤含盐量以阴阳离子总量计算，即首先测定可溶性阳离子（Ca^{2+}、Mg^{2+}、Na^+、K^+）和阴离子（CO_3^{2-}、HCO_3^-、Cl^-、SO_4^{2-}）的质量分数，土壤含盐量（g/kg）即为上述8个离子质量分数之和。其中 Ca^{2+} 和 Mg^{2+} 使用乙二胺四乙酸（ethylenediamine tetraacetic acid，EDTA）滴定法测定，Na^+ 和 K^+ 使用火焰光度法测定，CO_3^{2-} 和 HCO_3^- 使用中和滴定法测定，Cl^- 使用硝酸银滴定法测定，SO_4^{2-} 采用比浊法测定。测定时的温度为25℃。

2. 土壤 pH

用土水比为1:5的土壤悬浊液，以电位法测定土壤 pH。

3. 土壤 EC

EC 使用 DDSJ-308 型电导率仪测定。测出的电导率 EC_{25}=电导度（S_t）×温度校正系数（f_t）×电极常数（K），由于电导率仪的电极常数已在仪器上补偿，故只要乘以温度校正系数即可。

4. 土壤 ESP

ESP 一般用交换性 Na^+ 占阳离子交换量的百分数表示。因此，为计算 ESP 而对土壤阳离子交换量和交换性 Na^+ 含量进行了测定。阳离子交换量采用乙酸钠法测定，交换性 Na^+ 采用火焰光度法测定。

二、土壤含盐量及其剖面分布特征

土壤含盐量及其剖面分布特征如表 5-1 所示，整个土壤剖面中含盐量的均值范围在 3.3～9.2g/kg，其中 0～120cm 土层含盐量较大（＞5.0g/kg），120～200cm 土层含盐量较小（＜5.0g/kg），即上部土层含盐量大于深层。试验区地处半干旱大陆性季风气候区，年降水量少，年蒸发量大，年蒸发量是年降水量的 4 倍多，且多大风天气，因此地表蒸发强烈，同时地下水埋藏较浅，土壤极易积盐返盐，由此造成土壤表层含盐量明显大于深层。从盐分积累的程度看，20～80cm 土层含盐量的平均值在 8.5g/kg 以上，其最大值在 9.0g/kg 以上，其最小值也均大于 8.0g/kg。因此 20～80cm 土层是该类土壤的积盐层。

从标准差和变异系数所反映的土壤含盐量空间变化特征看，表层 0～80cm 土层含盐量的空间变异性要小于深层。这表明浅层土壤含盐量的空间变异性较小，含盐量随取样地点的不同而产生的差异小；深层土壤含盐量的波动性较大，可能会随采样点的不同而有较大差异。

表 5-1 土壤含盐量（g/kg）与剖面分布特征

土层/cm	均值/（g/kg）	中值/（g/kg）	标准差/（g/kg）	最大值/（g/kg）	最小值/（g/kg）	变异系数
0～20	5.001	5.105	0.843	5.833	3.961	0.169
20～40	8.546	8.815	0.842	9.184	7.370	0.099
40～60	8.156	8.116	0.852	9.137	7.256	0.104
60～80	9.187	9.148	0.544	9.794	8.657	0.059
80～100	6.856	6.956	1.843	8.692	4.822	0.269
100～120	5.574	6.047	1.285	6.512	3.690	0.231
120～140	3.511	3.579	0.870	4.329	2.556	0.248
140～160	3.326	3.416	0.401	3.691	2.780	0.121
160～180	3.967	3.746	1.273	5.715	2.659	0.321
180～200	4.568	4.461	0.812	5.428	3.815	0.178

三、土壤含盐量与电导率之间的关系

供试苏打盐碱化土壤 1∶5 土水比浸提液的电导率数值均较小，其最大值为 1.08mS/cm，最小值仅为 0.25mS/cm，其平均值是 0.68mS/cm。电导率与土壤含盐量的关系如图 5-3 所示。电导率（y）和含盐量（x）之间的回归方程为：$y=0.201+0.092x$（$r=0.991$，$n=50$，$P<0.0001$）。从分析结果看，土壤含盐量与电导率之间具有良好的线性相关性，达到极显著相关水平。依据该方程计算的土壤含盐量与实测含盐量的比较如图 5-4 所示。

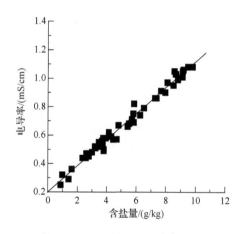

图 5-3 电导率与土壤含盐量的关系

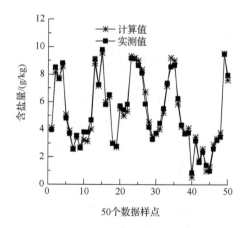

图 5-4 土壤含盐量计算值与实测值的比较

计算的土壤含盐量与实测值绝大部分吻合良好，个别点稍有差别。根据电导率计算的土壤含盐量与实测含盐量的相对误差大多在 7%以下，极个别数据误差较大，其总平均相对误差为 7.13%。表明该方程用于表示该区苏打盐碱化土壤浸提液电导率与含盐量的关系，具有较好的适用性，可以作为经验公式使用。

四、土壤可溶性盐分离子的剖面分布态势

（一）可溶性阳离子剖面分布态势

供试土样盐分组成以 Na_2CO_3 和 $NaHCO_3$ 为主，可溶性 Na^+ 在阳离子中占有绝对优势。统计分析表明，各土层 Na^+ 占可溶性阳离子总量的比例均在 80%以上，最高可达 93%；Na^+ 占土壤含盐量的比例多在 20%～30%，最高在 40%以上。这表明土壤中 Na^+ 含量对阳离子总量和含盐量具有决定性的作用。因此对土壤中 Na^+ 含量与分布特征的研究对认识苏打盐碱化土壤基本化学性质具有重要意义。土壤各土层主要阳离子的含量与分布特征如图 5-5 所示。各深度可溶性 Na^+ 含量均远大于可溶性 Ca^{2+} 和 Mg^{2+} 含量。0～20cm 土层可溶性 Na^+ 平均含量较低（<1.0g/kg），20～80cm 土层 Na^+ 含量逐渐达最高（2.0g/kg），80～140cm 则呈下降态势，160cm 以下随土层加深其含量稍有上升。从剖面分布态势看，可溶性 Na^+ 的曲线特征与含盐量的分布相似。各土层可溶性

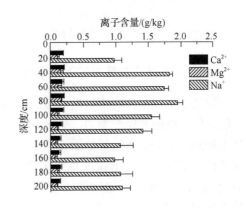

图 5-5　土壤剖面可溶性阳离子含量与分布特征

Ca^{2+}、Mg^{2+} 含量均较小，一般多介于 0.05～0.2g/kg。可溶性 K^+ 含量则更小，一般在 0.02g/kg以下。可溶性 Ca^{2+}、Mg^{2+} 和 K^+ 是可以被植物直接吸收利用的营养元素，其在各土层中含量普遍偏低，表明该类型土壤较为贫瘠，特别是可溶性 K^+ 含量则更少。

（二）阴离子剖面分布规律

土壤中主要阴离子的分布特征如图 5-6 所示。HCO_3^- 和 CO_3^{2-} 在剖面中呈倒 "S" 形的曲线变化特征，即 0～20cm 土层含量较小，20～80cm 土层逐渐增高至最大含量，而 100～160cm 土层则是逐渐降低趋势，在 160cm 以下则又稍有上升。这种分布状况与 Na^+ 的分布特征较为相似。表层土壤可能受降水淋溶作用影响，盐分离子向下淋洗而使含量降低，深层土壤则可能受浅层地下水中离子向上迁移作用的影响。从数值大小看，各土层 HCO_3^- 含量远大于 CO_3^{2-}，20～80cm 土层 HCO_3^- 多在 4.5～6.0g/kg，而相应的 CO_3^{2-} 则在 1.0g/kg 以下。统计分析表明，各土层中 HCO_3^- 占阴离子总量的比例多在 75%～85%，占土壤含盐量的比例则高达 50%以上。这表明该类型土壤中 CO_3^{2-} 含量较小，影响土壤性质的苏打成分主要以 $NaHCO_3$ 为主。苏打盐碱土离子成分复杂，阴离子中除占有优势的

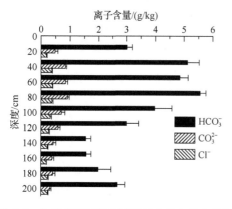

图 5-6　土壤剖面可溶性阴离子含量与分布特征

HCO$_3^-$ 外，也含有一定量的 Cl$^-$ 和 SO$_4^{2-}$。从测定结果看，各土层 Cl$^-$ 含量远大于 SO$_4^{2-}$。Cl$^-$ 含量一般在 0.2～0.5g/kg，而 SO$_4^{2-}$ 则小于 0.01g/kg。

从以上分析可知，土壤中主要阴阳离子的剖面分布规律具有相似性，表层普遍含量较小，至 80cm 左右其含量逐渐增加到最大，其后离子含量随深度增大出现下降趋势，至 160cm 以下，各离子含量又重新随深度增大而增大。这种特征在可溶性 Na$^+$ 和 HCO$_3^-$ 间表现得尤为突出。

五、交换性阳离子的剖面分布

（一）阳离子交换量的剖面分布规律

阳离子交换量（CEC）是土壤的基本特性和重要肥力影响因素之一，直接反映土壤保肥、供肥性能和缓冲能力，同时影响多种其他土壤理化性质。供试土样阳离子交换量在土壤剖面中的分布特征如图 5-7 所示。CEC 在剖面中呈"低—高—低—高"的基本变化特征，即从表层至 100cm 深度 CEC 呈上升趋势，100～160cm 土层 CEC 随深度增大而变小，至 160cm 以下深层则又随深度增大而增大。土壤全剖面 CEC 均大于 40cmol/kg，特别是 20～100cm 土层 CEC 高达 60～75cmol/kg。土壤 CEC 较大，反映出该土壤保肥及缓冲性能较好。

（二）交换性阳离子的剖面分布规律

供试土样交换性 Ca^{2+}、Mg^{2+}、Na$^+$ 和 K$^+$ 在土壤剖面中的分布特征如图 5-8 所示。苏打盐碱化土壤以含有较多交换性 Na$^+$ 为重要特征。对其交换性 Na$^+$ 进行测定，可以了解土壤是否发生碱化，并确定其碱化程度和对土壤理化性质的影响，同时也为土壤分类和土壤改良提供依据。由图 5-8 可见，交换性 Na$^+$ 在土壤剖面中呈现"低—高—低—高"的变化特征，这与土壤 CEC 的分布特征相似。20～100cm 土层其质量摩尔浓度在 15～20cmol/kg，其他土层质量摩尔浓度均较该层低。土壤交换性 Na$^+$ 质量摩尔浓度高，致使该类型土壤碱化严重，碱化层 ESP 在 25% 以上，这也是苏打盐碱化土壤黏粒高度离散、土壤结构破坏严重的主要原因。

交换性 Ca^{2+} 和 Mg^{2+} 是土壤中的主要交换性盐基离子，其质量摩尔浓度高低直接反映土壤供应钙、镁的能力。土壤交换性 Ca^{2+} 质量摩尔浓度均远高于交换性 Mg^{2+}，各土层 Ca^{2+} 多在 30～50cmol/kg，而 Mg^{2+} 则仅为 5～15cmol/kg。统计分析表明，各土层交换性 Ca^{2+} 占 CEC 的比例变化于 55%～85%，而 Mg^{2+} 占 CEC 的比例仅为 6%～18%，交换性 K$^+$ 则更少（<0.8%）。有研究表明，当土壤 pH 在 6.5 以上时，交换性 Mg^{2+} 水平降低；当

pH 达到 7.5 以上时，土壤中原有交换性 Mg^{2+} 的一半以上转变为非交换态（姜勇等，2004）。而供试土样的 pH 在整个土壤剖面中均很高（10.0～10.5），这可能是造成该类土壤交换性 Mg^{2+} 质量摩尔浓度较低的一个重要原因。

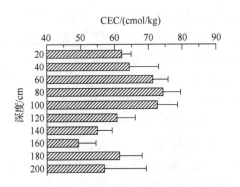

图 5-7　土壤剖面阳离子交换量分布特征

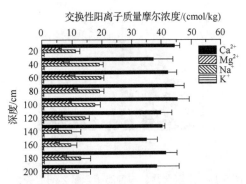

图 5-8　土壤剖面交换性阳离子分布特征

　　土壤交换性钙镁比（质量比）的大小不仅可以反映土壤生态过程的变化和钙镁的生物有效性，而且还会对钾等其他养分的生物有效性产生较大影响。由于 Ca^{2+} 和 Mg^{2+} 为互补离子，因此交换性钙镁比是研究两元素有效度的一个重要指标。供试土样交换性钙镁比如图 5-9 所示。各土层钙镁比平均值变化于 4～10，其值普遍较大。其中表层土壤中钙镁比较大，20～80cm 土层钙镁比降低，80～140cm 土层钙镁比重新升高，而 140cm 以下则又随深度增大而降低，即在土壤剖面上钙镁比呈现"高—低—高—低"的变化趋势，其最小值出现在 60～80cm，最大值出现在 140cm 左右。从图柱特征看，钙镁比的变化特征与交换性 Ca^{2+} 的变化趋势具有一定相似性，而与 Mg^{2+} 的变化特征则相反，这反映出钙镁比与交换性 Ca^{2+} 成正比，而与交换性 Mg^{2+} 成反比的特点。

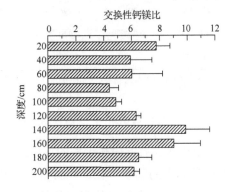

图 5-9　土壤剖面交换性钙镁比

　　供试土样交换性 K^+ 质量摩尔浓度普遍较低，一般是在 0.5cmol/kg 以下，因此该类土壤含钾量及供钾能力均很低。

六、土壤含盐量与可溶性离子之间的相关性

（一）土壤含盐量与各离子含量之间的相关性

　　含盐量与各离子含量之间的关系如图 5-10 所示。可溶性 Na^+、CO_3^{2-} 和 HCO_3^- 含量均随土壤含盐量的增大而变大，其中 HCO_3^- 的变化幅度最大；Mg^{2+}、Ca^{2+}、K^+、Cl^- 和 SO_4^{2-} 等可溶性离子含量较为稳定，几乎不随土壤含盐量的变化而变化。统计分析表明，土

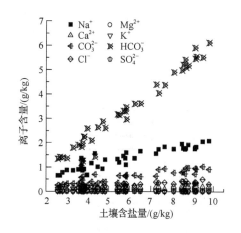

图 5-10　土壤含盐量与各离子含量之间的关系

壤可溶性 Na^+、HCO_3^-、CO_3^{2-} 含量与土壤含盐量的相关性极为显著。含盐量与可溶性 Na^+ 相关系数多数在 0.90 以上，与 HCO_3^- 相关系数多数在 0.99 以上，与 CO_3^{2-} 的相关系数也多数大于 0.90，均达到极显著相关水平（表 5-2）。这说明该类型土壤盐分含量及化学性状主要受苏打（Na_2CO_3）和小苏打（$NaHCO_3$）控制。同时分析也显示，虽然土壤中 Cl^- 含量较小，但其同土壤含盐量也具有显著的相关性。土壤含盐量同可溶性 Ca^{2+}、Mg^{2+} 的相关系数变异性较大，可以认为没有明显的相关性。

表 5-2　土壤含盐量与各可溶性离子含量的相关性分析

土层/cm	HCO_3^-	CO_3^{2-}	Cl^-	SO_4^{2-}	Na^+	Mg^{2+}	Ca^{2+}
0~20	0.994**	0.949**	0.937**	0.405	0.973**	0.524	0.604*
20~40	0.995**	0.896**	0.658*	0.362	0.957**	0.731	0.858**
40~60	0.993**	0.949**	0.951**	0.889**	0.942**	0.889**	0.905**
60~80	0.988**	0.919**	0.937**	0.972**	0.834**	-0.242	0.538

* 在 0.05 水平时显著相关；** 在 0.01 水平时显著相关

（二）苏打盐碱化土壤离子相关性分析

试验区苏打盐碱化土壤的离子组成与分布状况是在各种因素综合作用下形成的。由于化学元素的离子半径、化合价、存在形态等的相似性，它们在植物、土壤、沉积物等生命和非生命体中的存在往往具有一定的相关性。苏打盐碱化土壤各可溶性离子间的相关分析结果表明，某些可溶性离子间存在着显著的相关性（表 5-3）。其中相关系数大于 0.80 的极显著相关离子有 CO_3^{2-}、HCO_3^-、Cl^- 与 Na^+，这些离子在土壤剖面中的曲线变化特征基本一致。这表明该类型苏打盐碱化土壤离子组成的复杂性，也是该类型土壤兼有碱化和盐化特征的反映。土壤可溶性 Na^+ 与 CO_3^{2-}、HCO_3^- 和 Cl^- 之间均具有良好的线性相关性（图 5-11）。CO_3^{2-}、HCO_3^- 和 Cl^- 含量均随 Na^+ 含量的增加而呈直线上升。Na^+（x）与 CO_3^{2-}（y_1）、HCO_3^-（y_2）和 Cl^-（y_3）之间的线性回归方程分别为 $y_1=-2.638+0.209x$（$r=0.909$, $n=40$, $P<0.0001$），$y_2=-13.368+1.147x$（$r=0.843$, $n=40$, $P<0.0001$），$y_3=0.781+0.118x$（$r=0.866$, $n=40$, $P<0.0001$）。

表 5-3　各可溶性阴阳离子之间的相关系数矩阵

	Ca^{2+}	Mg^{2+}	Na^+	K^+	CO_3^{2-}	HCO_3^-	Cl^-	SO_4^{2-}
Ca^{2+}	1.00	0.746**	0.684**	0.546**	0.709**	0.670**	0.510**	0.324*
Mg^{2+}	0.746**	1.00	0.586**	0.452**	0.594**	0.543**	0.434**	0.170
Na^+	0.684**	0.586**	1.00	0.209	0.909**	0.843**	0.866**	0.561**
K^+	0.546**	0.452**	0.209	1.00	0.174	0.140	0.067	-0.002
CO_3^{2-}	0.709**	0.594**	0.908**	0.174	1.00	0.797**	0.804**	0.461**
HCO_3^-	0.670**	0.543**	0.843**	0.140	0.797**	1.00	0.815**	0.678**
Cl^-	0.510**	0.434**	0.865**	0.067	0.804**	0.815**	1.00	0.748**
SO_4^{2-}	0.324*	0.170	0.561**	-0.002	0.461**	0.678**	0.748**	1.00

* 在 0.05 水平时显著相关；** 在 0.01 水平时显著相关。样本数 $n=40$

　　分别对土壤交换性阳离子进行统计分析，得到各交换性阳离子之间的相关系数，其结果如表 5-4 所示。各交换性阳离子之间具有显著的相关性。从元素的基本生物地球化学属性看，Na 和 K 同是碱金属元素，在化学元素周期表中位于 IA 族。原子序数分别为 11 和 19，离子半径分别为 0.098nm 和 0.133nm，离子水合半径分别为 0.790nm 和 0.537nm。两元素离子半径相近、化合价相同，在化学性质上具有相似性，因而二者之间具有显著的相关性。Ca 和 Mg 同属碱化土壤金属，在元素周期表中同位于 IIA 族，原子序数分别为 20 和 12，离子半径分别为 0.099nm 和 0.065nm，电负性分别为 1.0χ 和 1.2χ，原子的第一电离能分别为 590kJ/mol 和 738kJ/mol，电子亲和能力分别为 150kJ/mol 和 230kJ/mol（姜勇等，2003）。两元素在化学性质上具有许多相似性，因而交换性 Ca^{2+} 和 Mg^{2+} 之间存在着显著的正相关关系。而 Na 和 Mg、K 和 Ca 在元素周期表中分别处于相邻位置，离子半径的相近性可能是导致其相互之间显著相关的重要原因。

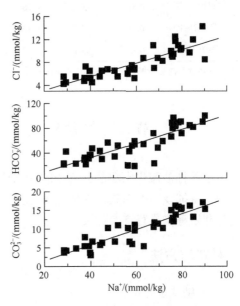

图 5-11　Na^+ 与 CO_3^{2-}、HCO_3^- 和 Cl^- 的关系

表 5-4　交换性阳离子相关系数矩阵

	交换性 Ca^{2+}	交换性 Mg^{2+}	交换性 Na^+	交换性 K^+	CEC
交换性 Ca^{2+}	1	0.427**	0.448**	0.367*	0.858**
交换性 Mg^{2+}	0.427**	1	0.672**	0.275	0.741**

续表

	交换性 Ca^{2+}	交换性 Mg^{2+}	交换性 Na$^+$	交换性 K$^+$	CEC
交换性 Na$^+$	0.448**	0.672**	1	0.520**	0.822**
交换性 K$^+$	0.367*	0.275	0.520**	1	0.499**
CEC	0.858**	0.741**	0.822**	0.499**	1

* 在 0.05 水平时显著相关；** 在 0.01 水平时显著相关。样本数 $n=40$

由于土壤溶液中的阳离子与被土壤胶体吸附的交换性阳离子之间处于一种动态的吸附与解吸平衡，因此可溶性 Ca^{2+}、Mg^{2+}、Na$^+$、K$^+$与相应的交换性 Ca^{2+}、Mg^{2+}、Na$^+$、K$^+$之间均是极显著正相关（表 5-5）。交换性 Na$^+$与除 K$^+$外的所有可溶性离子呈极显著正相关；交换性 Mg^{2+}与除 K$^+$外的其他 7 个可溶性离子均呈显著正相关；交换性 K$^+$与各可溶性阳离子均为显著正相关。

表 5-5 苏打盐碱化土壤可溶性离子同交换性阳离子的相关系数矩阵

	可溶性离子							
	Ca^{2+}	Mg^{2+}	Na$^+$	K$^+$	CO$_3^{2-}$	HCO$_3^-$	Cl$^-$	SO$_4^{2-}$
交换性 Ca^{2+}	0.384*	0.315	0.107	0.079	0.294	0.270	0.105	0.145
交换性 Mg^{2+}	0.614**	0.698**	0.764**	-0.068	0.788**	0.744**	0.711**	0.450*
交换性 Na$^+$	0.685**	0.591**	0.899**	0.112	0.896**	0.787**	0.827**	0.590**
交换性 K$^+$	0.724**	0.414*	0.378*	0.603**	0.491**	0.249	0.287	0.173

* 在 0.05 水平时显著相关；** 在 0.01 水平时显著相关。样本数 $n=40$

第三节　苏打盐碱化土壤的碱化参数与碱化特征

由于苏打盐碱化土壤盐分离子的特殊性，该类型土壤治理难度大。研究苏打盐碱化土壤碱化特征及影响因素，对研究苏打盐碱土基本性状、土壤水盐运移规律、盐渍土壤改良与利用等均具有重要意义。

一、材料与方法

（一）供试土样

土壤样品取自中国科学院大安碱地生态试验站，土壤类型为中度、重度苏打盐碱化土壤。

（二）测试项目

采用常规法测定：①可溶性阳离子（Ca^{2+}、Mg^{2+}、Na$^+$、K$^+$）和阴离子（CO$_3^{2-}$、HCO$_3^-$、Cl$^-$、SO$_4^{2-}$）的含量；②土壤含盐量、电导率（EC）和 pH；③交换性阳离子（Ca^{2+}、

Mg^{2+}、K^+、Na^+）和阳离子交换量（CEC）。根据以上测定结果，分别计算土壤各碱化
参数［碱化度（ESP）、钠交换比（exchangeable sodium ratio，ESR）、钠吸附比（SAR）、
残余碳酸钠（residual sodium carbonate，RSC）和总碱度］。

二、结果与分析

（一）土壤碱化参数的选取

土壤盐碱化过程包括土壤盐化和碱化两个不同的成土过程。盐化通常是指过多的中
性或接近中性可溶性盐类在土体表层或亚表层积累的过程。碱化是指土壤吸附钠离子的
过程，在土壤溶液以碱性钠盐为主的情况下，在积盐过程的同时可以发生土壤碱化过程。
对于盐渍化土壤的分类：一般将土壤饱和浸提液电导率EC_e＞4mS/cm、交换性Na^+＜15%、
pH＜8.5 的土壤作为盐化土壤，而将饱和浸提液电导率EC_e＜4mS/cm、交换性Na^+＞15%、
pH＞8.5 的土壤作为碱化土壤。我国通常将碱化层ESP＞30%、表层含盐量＜0.5%（5g/kg）
和pH＞9.0 的土壤定为碱化土壤；而将土壤ESP 在5%～10%的土壤定为轻碱化土壤，
ESP 在10%～15%的土壤定为中碱化土壤，ESP 在15%～20%的土壤定为强碱化土壤。
在松嫩平原盐渍土分类与分级中，还曾采用阴离子当量比、总碱度、残余碳酸钠等指标。
基于以上分析，选取土壤 pH、碱化度（ESP）、钠吸附比（SAR）以及总碱度等主要指
标作为土壤碱化特征参数。

（二）土壤碱化参数与特征

1. 土壤 pH 及其垂直变化特征

在获取的 4 个完整土壤剖面中，除个别点外，土壤 pH 均在 10.0 以上。特别是 20～
100cm 土层 pH 多在 10.3 以上，最大值高达 10.43，说明该类土壤呈强碱性。土壤 pH＞10.3
出现的土层深度范围与土壤积盐层、土壤 Na^+ 及 HCO_3^- 离子的分布规律大体一致。

2. 土壤 ESP 及其分布态势

分析结果显示，20～100cm 土层的 ESP 均在 20%以上，最高可达 42%，为明显的土
壤碱化层，表层 0～20cm 及深层 100cm 以下 ESP 均较 20～100cm 土层低。按照我国盐
碱土划分标准，测试土样的 ESP 多在 20%～30%，属于强碱化土壤。

3. 总碱度及其在剖面中的变化特征

在剖面中总碱度具有呈倒"S"曲线变化的分布特征，即表层数值较小，其后逐渐增
大，20～80cm 是总碱度最大土层，80～160cm 总碱度随深度增大而减小，至 160cm 深
度以下则又随深度增大而轻微增大。这种分布规律与土壤含盐量的变化特征完全一致，
表明土壤中 CO_3^{2-} 和 HCO_3^- 是主要的阴离子，其含量的多少决定土壤含盐量的变化。

（三）苏打盐碱化土壤碱化参数之间的关系

土壤碱化度（ESP）、钠交换比（ESR）、钠吸附比（SAR）、残余碳酸钠（RSC）、总碱度和 pH 等参数是研究土壤碱化特征的重要指标，各碱化参数之间的关系也是碱化土壤研究中的重要内容。在现有数据的基础上，研究各碱化参数之间的关系，推导出各参数之间的关系方程，对于充分认识苏打盐碱化土壤的碱化特征具有重要意义。同时在相关数据资料缺失的情况下，可以利用各参数之间的相互关系方程对缺失的碱化参数进行推测，以应用于该区相同或相似条件下苏打盐碱化土壤研究。本节对吉林省大安市苏打盐碱化土壤各碱化参数之间的关系进行了统计分析，得出了各参数之间的相关方程，以期为该区苏打盐碱化土壤的研究提供支持与借鉴。

1. ESP、ESR 与 SAR 的关系

土壤 ESP 和 SAR 是划分碱化和非碱化土壤的两个非常重要的参数。但是对于干旱、半干旱地区的苏打盐碱化土壤来说，ESP 的测定是相当困难的，目前还没有一个比较令人满意的测定方法。相比较，只要测定出提取液中 Na^+、Ca^{2+} 和 Mg^{2+} 的浓度通过计算就可以得出 SAR 结果，所以要容易得多。而相当多的研究均表明，ESP 和 SAR 的关系是以 Gapon 离子交换方程为基础的，二者之间是一种线性关系，因此也可利用 SAR 来反映土壤胶体上交换性 Na^+ 在全部交换性阳离子中所占的比例。

统计分析结果表明，苏打盐碱化土壤 ESP、ESR 与 SAR 之间的相关系数分别为 $r_1=0.860$ 和 $r_2=0.844$，均呈极显著的线性相关性（图 5-12）。ESP（y_1）与 SAR（x）的线性回归方程为 $y_1=1.343+2.362x$（$r=0.860$, $n=45$, $P<0.0001$）；ESR（y_2）与 SAR（x）之间的线性回归方程为 $y_2=-0.064+0.040x$（$r=0.844$, $n=45$, $P<0.0001$）。以上两方程经显著性检验均为极显著（$P<0.0001$），因此 SAR 能够很好地反映该类土壤的 ESP 和 ESR 状况，在仅有 SAR 数据的情况下，可以利用以上两方程对该区苏打盐碱化土壤的 ESP 和 ESR 进行推算。

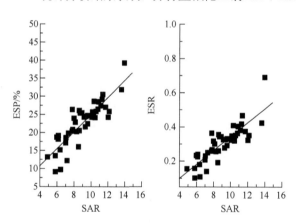

图 5-12　土壤 ESP、ESR 和 SAR 的关系

2. ESP 与总碱度、RSC 及 pH 的关系

苏打盐碱化土壤中的碱性反应以及土壤的强碱性主要由土壤中的 Na_2CO_3、$NaHCO_3$ 和交换性 Na^+ 的水解反应引起。Na_2CO_3 和 $NaHCO_3$ 具有碱化土壤的能力，甚至在其含量很低的情况下就可以使土壤发生碱化。土壤 ESP 与总碱度的关系如图 5-13 所示。总体上土壤 ESP 随总碱度的升高而增大。总碱度在 5mmol/L 左右，土壤即开始出现强烈的碱化

过程，ESP 可达 10%~15%。随着总碱度的不断升高，ESP 的上升趋势逐渐平缓。统计分析表明，ESP 与总碱度之间具有显著的正相关性。ESP（y）与总碱度（x）之间的线性回归方程为 $y=11.474+0.817x$（$r=0.762$, $n=45$, $P<0.0001$）；ESP（y）与总碱度（x）之间的非线性回归方程为 $y=29.487-32.529\times(0.876)^x$（$R^2=0.605$, $n=45$）。

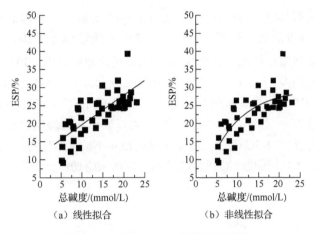

图 5-13　土壤 ESP 与总碱度的关系

土壤 ESP 与 RSC 的关系如图 5-14 所示。ESP 随 RSC 的变化特征与总碱度较为相似，亦是显著的正相关（$r=0.712$）。这是因为 RSC 是土壤溶液中的总碱度减去 Ca^{2+}、Mg^{2+} 的含量之和的余数，RSC 值越大表明土壤中 CO_3^{2-} 和 HCO_3^- 离子含量越多。因此，RSC 对 ESP 的影响作用，其实质为（$CO_3^{2-}+HCO_3^-$）（即总碱度）对 ESP 的影响。统计结果显示，ESP（y）和 RSC（x）之间的线性回归方程为 $y=13.414+0.778x$（$r=0.712$, $n=45$, $P<0.0001$）；ESP（y）和 RSC（x）之间的非线性回归方程为 $y=(8.657x^{0.639})/(1+0.161x^{0.639})$（$R^2=0.521$, $n=45$）。

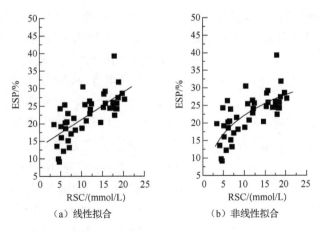

图 5-14　土壤 ESP 与 RSC 的关系

统计分析表明，土壤 ESP 与 pH 具有正相关关系，ESP 随 pH 的增大而升高，二者的相关系数为 $r=0.225$，显著性不强。这表明 pH 可以在一定程度上反映土壤的碱性情况，供试土壤的 pH 多在 10.0～10.5，说明该类型土壤呈强碱性。但对于苏打盐碱化土壤，pH 并不能很好地反映出土壤的 ESP 大小，利用 pH 推测土壤 ESP 时存在较大的不确定性。

3. SAR 与总碱度、RSC 及 pH 的关系

苏打盐碱化土壤 SAR 与总碱度的关系如图 5-15 所示。SAR 与总碱度之间是正线性关系，SAR 随总碱度的增大呈直线上升。这是因为随着 CO_3^{2-} 和 HCO_3^- 的增加，Ca^{2+}、Mg^{2+} 沉淀后从土壤溶液中析出，致使 SAR 变大。统计分析表明，SAR（y）与总碱度（x）之间的线性回归方程为 $y=5.043+0.297x$（$r=0.788$, $n=45$, $P<0.0001$）。

土壤 SAR 与 RSC 的关系如图 5-16 所示。SAR 随 RSC 升高而增大，二者是正的线性关系，相关系数为 $r=0.811$。这是因为 RSC 可以表示从碳酸氢盐水沉淀出碳酸钙的趋势和碳酸钠的危害程度，RSC 值越大表明土壤溶液中 Na^+ 含量越高，因此 SAR 随之增大。SAR（y）和 RSC（x）之间的线性回归方程为 $y=5.407+0.310x$（$r=0.811$, $n=45$, $P<0.0001$）。

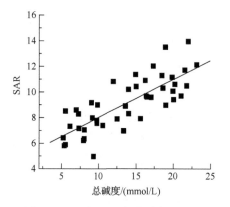

图 5-15　土壤 SAR 与总碱度的关系

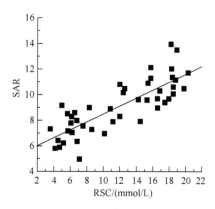

图 5-16　土壤 SAR 与 RSC 的关系

土壤 SAR 与 pH 的关系如图 5-17 所示。二者正相关，相关系数为 $r=0.456$。与 ESP 和 pH 相比，SAR 与 pH 之间的相关性较为明显。这是因为土壤 pH 会影响土壤中离子的存在形式及化学反应过程，pH 大于 8.5 则一般会有大量的溶解性 Na^+ 或交换性 Na^+ 存在。同时含碳酸盐溶液的 pH 和碳酸盐的解离平衡有关：pH=6.35～10.33 时，以 HCO_3^- 为主；pH＞10.33 时，以 CO_3^{2-} 为主。本节的分析结果显示，苏打盐碱化土壤 pH 多在 10.0～10.3，因而阴离子以 HCO_3^- 占优势。而如前所述 Na^+ 和（$CO_3^{2-}+HCO_3^-$）含量的增高均会引起 SAR 值变大，因而 SAR 与 pH 之间也反映出较强的相关性。但总体而言，利用 pH 来表征苏打盐碱化土壤的碱化特征还是具有很大的不确定性的，这从 pH 与 ESP 和 SAR 的关系中均可看出。

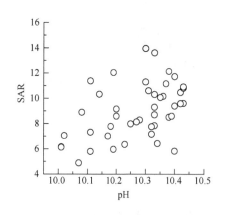

图 5-17　土壤 SAR 与 pH 的关系

4. 苏打盐碱化土壤碱化参数之间的相关性分析

通过多元相关矩阵分析可见，苏打盐碱化土壤各碱化参数之间均具有显著的相关性（表 5-6）。从相关系数看，ESP 与除 pH 以外的各碱化参数均是极显著相关，而 SAR 与其他各碱化参数都是极显著相关。也就是说，除 pH 外，其他各碱化参数之间均为极显著相关，各参数之间关系极为密切；pH 仅与 SAR、RSC 和总碱度关系较为密切。造成这种状况的原因，是该类型土壤的碱化特征主要由土壤中含量过高的 Na_2CO_3、$NaHCO_3$ 以及交换性 Na^+ 造成，即各碱化参数数值大小的变化均受相同因素控制，因此各参数之间表现出较强的密切关系。

表 5-6　土壤碱化参数之间的相关矩阵

参数	ESP	ESR	SAR	RSC	总碱度	pH
ESP	1.000					
ESR	0.986**	1.000				
SAR	0.860**	0.844**	1.000			
RSC	0.712**	0.662**	0.811**	1.000		
总碱度	0.762**	0.732**	0.788**	0.962**	1.000	
pH	0.225	0.198	0.456**	0.476**	0.401**	1.000

**在 0.01 水平时极显著相关。样本数 n=45

各碱化参数之间的关系，也可以从相关的多元线性回归方程中看出。ESP 与其他碱化参数之间的多元线性回归方程为

$$y = 4.954 + 50.276x_1 + 0.167x_2 + 0.080x_3 - 0.002x_4 \qquad (5-1)$$

式中，y 为 ESP；x_1 为 ESR；x_2 为 SAR；x_3 为 RSC；x_4 为总碱度。该方程中 R^2=0.972，F=340.648，P<0.0001，方程具有极显著的统计意义。说明各参数并不是孤立存在的，而是存在相互作用，共同对 ESP 产生影响。

SAR 与各碱化参数之间的回归方程为

$$y = -38.891 + 0.133x_1 - 0.097x_2 + 4.026x_3 + 0.279x_4 \qquad (5-2)$$

式中，y 为 SAR；x_1 为 RSC；x_2 为总碱度；x_3 为 pH；x_4 为 ESP。该方程中 R^2=0.825，F=46.069，P<0.0001，方程具有极显著的统计意义。

对于条件相同或相似地区的苏打盐碱化土壤，以上各方程均可以作为相关研究的参考与借鉴，在数据缺失的情况下，可以利用现有数据对缺失的参数进行大致的估算。土壤 pH 与 ESP、SAR 的相关性均不是很强，变异性很大。因此对该区苏打盐碱化土壤而言，pH 并不能很好地反映出土壤碱化度的大小，利用 pH 推测土壤碱化度时存在较大的不确定性。

（四）苏打盐碱化特征形成的因子分析

1. 气候条件对土壤碱化特征的影响

试验所在地区为半干旱气候区，年降水量基本在 300～500mm，而年蒸发量则一般在 1600mm 以上。降水量远远小于蒸发量，年蒸发量是年降水量的 3～5 倍，土壤因蒸发强烈而使盐分易于向表层积聚。一年内降水量多集中于 6～8 月，占年降水量的 70%以上，这是土壤盐分的一个短暂淋溶期；春季和秋季多大风天气，土壤返盐强烈。冻融作用是该区苏打盐碱化形成的一个重要条件。冬季冻结层最大深度在 180～200cm。在冻结初期，冻结使土壤冻结层和冻结层以下土层出现温差，引起土壤毛管水表面张力产生差异，土壤水分向冻结层移动，盐分也随之上移，并在冻结层中积累。在冬春之交，气温逐渐升高，冻结层自上而下开始融化。在上融下冻的情况下，形成临时滞水层。此时由于地表蒸发强烈，使积累于冻结层中的水分向上运移，盐分也随之向地表积聚。土壤具有这种明显的季节性积盐和脱盐频繁交替的特点，是该区苏打盐碱土产生的重要条件。

2. 土壤颗粒组成与土壤碱化

作为土壤碱化程度指标的 ESP 不仅与土壤胶体吸附 Na^+ 的绝对含量有关，也与阳离子交换量有关。不同的矿物胶体，其阳离子交换量不同，一般是蒙脱石＞伊利石＞高岭石＞含水氧化铁、铝。不同质地的土壤类型，其阳离子交换性能也不相同，一般是黏土＞壤土＞砂土，黏粒含量愈高，相应的阳离子交换量亦愈大。松嫩平原土壤黏粒含量很高，而且以蒙脱石为主。20～80cm 土层黏粒含量（质量分数）均在 50%以上，最高可达 56.71%。对 39 份土壤样品的黏粒（粒径＜0.002mm）含量与阳离子交换量（CEC）的相关分析表明，二者的相关系数为 0.641，统计检验的相伴概率小于 0.01，呈现该类型土壤阳离子交换量与土壤颗粒组成密切相关的特点。供试土样黏粒含量高，造成相应阳离子交换量也高，根据实测发现，20～80cm 土层阳离子交换量一般在 70～90cmol$_c$/kg。供试土样的交换性 Na^+ 含量高，但 ESP 多在 20%～30%，数值不是很高，是土壤中阳离子交换量较大造成的。

土壤高 pH 是由土壤中的碱性物质水解反应引起的。土壤中的碱性物质主要包括钙、镁、钠的碳酸盐和碳酸氢盐，以及胶体表面吸附的交换性 Na^+。交换性 Na^+ 水解为强碱性反应，是碱化土的重要特征。其反应按下式进行：

$$黏土胶体^{Na^+}_{Na^+} + H_2O \Longrightarrow 黏土胶体^{Na^+}_{H^+} + Na^+ + OH^- \tag{5-3}$$

在该反应中，H^+ 取代了 Na^+ 而失去活性，交换的结果是产生了 OH^-，使土壤的 pH 升高。Na_2CO_3 和 $NaHCO_3$ 在水中发生碱性水解，使土壤呈强碱性反应，是造成土壤 pH 偏高的另一重要原因。

另一方面，土壤高 pH 也会影响土壤中离子存在形式及化学反应过程。土壤极端 pH 的出现，预示着土壤中出现了特殊的离子和矿物，pH 大于 8.5 则一般会有大量的溶解性 Na^+ 或交换性 Na^+ 存在。含碳酸盐溶液的 pH 和碳酸盐的解离平衡有关，pH＜6.35 时，以

H_2CO_3 为主；pH 在 $6.35\sim10.33$ 时，以 HCO_3^- 为主；$pH>10.33$ 时，以 CO_3^{2-} 为主。本节研究显示，土壤 pH 多在 $10.0\sim10.3$，因而阴离子以 HCO_3^- 占优势。

3. 地下水对土壤碱化特征的影响

地下水对苏打盐碱化的影响，主要反映在潜水埋深、径流条件以及地下水的矿化度和离子组成等的变化。潜水埋深直接关系到土壤毛细水能否到达地表，使土壤产生积盐，同时也在一定程度上决定着土壤的积盐程度。监测数据表明，试验区地下水距地表深度一般在 $2.0\sim3.0m$，在土壤返盐的临界深度以内。地下水属于碳酸氢钠型水（HCO_3^--Na^+），呈碱性反应，阴离子中以 HCO_3^- 为主，阳离子中以 Na^+ 占优势。从化学特征看，土壤离子组成与地下水的组成在占主导地位的离子中其变化趋势是一致的。地下水全盐量在 $2.0mg/L$ 左右，Na^+ 占阳离子总量的比例在 80% 以上，HCO_3^- 占阴离子总量的比例在 66% 以上。供试土样 Na^+ 和 HCO_3^- 在土壤深层均有随深度增大而增大的趋势，即可能是受地下水作用的影响。地下水径流条件对盐渍化的影响作用主要表现为：径流畅通，土壤一般不会产生盐渍化；径流滞缓，由于地势低洼，潜水埋藏浅，地下水以垂直蒸发为主，土壤易于发生盐渍化。试验区地势高低不平，多闭流洼地，属于地下水径流滞缓地区，加之地下水全盐量高，$NaHCO_3$ 成分含量高，因而苏打盐碱化也较为严重。特别是地下水因强烈蒸发而浓缩时，可造成地下水 SAR 成倍增长，从而引起土壤胶体中交换性 Na^+ 比例迅速增大，碱化度提高。

第四节　苏打盐碱化土壤盐化与碱化的关系

苏打盐碱化土壤的盐分组成以 Na_2CO_3 和 $NaHCO_3$ 为主，由于土壤在盐化的同时进行碱化过程，因此该类型土壤兼具盐化和碱化特征。碱化是吉林省大安市盐碱化土壤的重要特征，无论是盐化草甸土、碱化草甸土、盐化沼泽土，还是盐土和碱化土壤，都具有较强的碱性。对于该区苏打盐碱化土壤的研究，20 世纪 $50\sim60$ 年代学者主要从苏打盐碱化过程和成因方面开展，$70\sim80$ 年代主要进行盐碱化土壤的治理和次生盐渍化防治研究，90 年代则以生态地球化学观点在理论上进行系统总结和研究。研究苏打盐碱化土壤盐化与碱化的关系，对于充分认识该区苏打盐碱化土壤的形成与特征具有重要意义。由于盐化和碱化是该区盐渍土普遍同时存在的过程，因此对二者关系的研究，也是该区盐碱化土壤改良与利用以及区域生态环境建设的理论基础。

一、材料与方法

（一）供试土样

测试土样取自试验站中的苏打盐碱化土壤。钻取土壤样品 76 份，对各土样的基本理化性质进行测试分析。

（二）测试项目

采用常规方法测定：①可溶性阳离子（Ca^{2+}、Mg^{2+}、Na^+、K^+）和阴离子（CO_3^{2-}、HCO_3^-、Cl^-、SO_4^{2-}）的含量；②土壤含盐量、EC 和 pH；③交换性阳离子（Ca^{2+}、Mg^{2+}、K^+、Na^+）含量和 CEC。根据以上数据结果，分别计算土壤各碱化参数（ESP、ESR、SAR、RSC 和总碱度）。

二、结果与分析

（一）土壤碱化层与高含盐层的分布

碱化层是鉴别土壤是否发生碱化的主要诊断层，其主要的诊断指标为 ESP 和 pH。国际上一般将碱化层 ESP＞15%、pH＞8.5 的土壤称为碱化土壤。测试结果表明，整个土壤剖面中 ESP 和 pH 数值均很高，其中 ESP 在 15%～35%，土壤 pH 在 10.0～10.4，因此供试土样全剖面均呈强碱性。其中 20～80cm 土层 ESP＞25%、pH＞10.3，是明显的土壤碱化层，其他土层相应 ESP 和 pH 指标均小于该土层。

含盐量是土壤盐积层的主要诊断指标。测试结果表明，土壤剖面中含盐量大小介于 2.0～10.0g/kg，数值较小。其中 20～80cm 土层的含盐量在 8.0～10.0g/kg，明显较其他土层含量高，是土壤盐分的一个积累层。因此，20～80cm 土层既是土壤的碱化层，又是土壤的高含盐层。碱化层和高含盐层出现在土壤中的同一层次，表明苏打盐碱化土壤盐化与碱化过程有密切联系。

（二）土壤含盐量与 ESP 和 SAR 的关系

土壤含盐量与 ESP 的关系如图 5-18 所示。一般认为在盐效应的影响下，土壤溶液中较高的盐浓度抑制碱性钠的水解，从而使土壤碱化程度降低。但本节研究结果显示，在测试范围内，土壤 ESP 随含盐量的增加而变大，即 ESP 与含盐量呈正相关（r=0.769）。土壤含盐量在 5.0g/kg 以前，土壤即开始强烈碱化，pH 在 10.0 以上，ESP＞15%。随着含盐量的不断上升，土壤 ESP 趋于平稳。统计分析表明，在测试范围内，ESP（y）与土壤含盐量（x）的线性回归方程为 y=10.896+1.866x（r=0.796，n=45，P＜0.0001），该方程具有极显著统计意义。在测试范围内，ESP（y）与含盐量（x）之间的非线性回归方程为 y=30.831·(1-e$^{-0.232x}$)（R^2=0.640，n=45）。

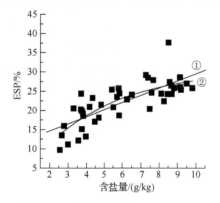

图 5-18　土壤含盐量与 ESP 的关系

图中①为线性拟合，②为非线性拟合，后同

造成该区苏打盐碱化土壤 ESP 随含盐量的增大而升高的原因，可大致归结为以下两个方面：①与盐化土壤相比，苏打盐碱化土壤含盐量总体较低，表层含盐量一般在 5.0g/kg

以下。因此从盐效应看，供试土样土壤溶液中盐分浓度低，促进而非抑制碱性钠水解，从而提高土壤碱化度。这表明该类土壤的 ESP 在低盐分浓度条件下是随含盐量的升高而增大的，但随着土壤盐分浓度的持续增加，ESP 上升幅度逐渐变小，最后趋于稳定。由图 5-18 可见，土壤高盐分浓度对 ESP 的抑制作用，至少要在盐分含量达到 8.0g/kg 时才会出现。②试验区所在地的苏打盐碱化土壤，是在现代气候条件下，由低矿化度地下水蒸发富集而形成的。在地下水蒸发浓缩时，浓度每增加一倍，地下水的 SAR 即增加 1.4 倍，引起土壤胶体中交换性 Na^+ 比例迅速增大，碱化度提高。

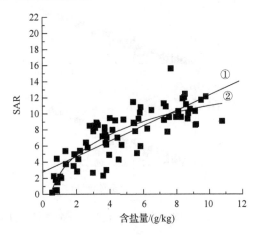

图 5-19　土壤含盐量与 SAR 的关系

土壤含盐量与 SAR 的关系如图 5-19 所示。在测试范围内，SAR 随土壤含盐量的增大而升高，即二者是正相关，相关系数 $r=0.794$，为极显著相关。这是因为供试土样盐分组成中以 Na_2CO_3 和 $NaHCO_3$ 为主，Na^+ 是土壤溶液中主要的阳离子。统计分析表明，Na^+ 占土壤可溶性阳离子总量的 70% 以上，占土壤含盐量的 15%～40%。同时土壤中 Ca^{2+}、Mg^{2+} 含量均很小，一般介于 0.1～0.2g/kg。因此含盐量的增大势必引起土壤溶液中 Na^+ 含量的增高，使 SAR 值随之上升。统计分析表明，在测试范围内，SAR（y）与含盐量（x）的线性回归方程为 $y=2.780+0.953x$（$r=0.794$, $n=76$, $P<0.0001$），该方程具有极显著统计意义。在测试范围内，SAR（y）与含盐量（x）的非线性回归方程为 $y=-3.954+5.673\cdot(1-e^{-1.695x})+11.207\cdot(1-e^{-0.177x})$（$R^2=0.704$, $n=76$）。

（三）土壤含盐量与总碱度、RSC 和 pH 的关系

统计分析表明，在测试范围内，苏打盐碱化土壤含盐量与总碱度和 RSC 均具有良好的线性相关性（图 5-20），相关系数分别为 $r_1=0.992$ 和 $r_2=0.984$，均为极显著相关。这是因为总碱度和 RSC 均能反映土壤溶液中 CO_3^{2-} 和 HCO_3^- 含量的大小，即（$CO_3^{2-}+HCO_3^-$）含量决定二者的数值大小。统计分析表明，（$CO_3^{2-}+HCO_3^-$）含量占土壤溶液中阴离子总量的 80%～97%，占土壤含盐量的 40%～73%，因此 CO_3^{2-} 和 HCO_3^- 是土壤中的主要阴离子，其含量决定了土壤含盐量的大小。该区苏打盐碱化土壤的这种盐分组成状况，决定了总碱度和残余碳酸钠均与含盐量具有良好的相关性。在测试范围内，总碱度（y_1）和 RSC（y_2）与含盐量（x）之间的线性回归方程分别为 $y_1=-0.124+0.242x$（$r=0.992$, $n=76$, $P<0.0001$）和 $y_2=-1.698+2.230x$（$r=0.984$, $n=76$, $P<0.0001$），两方程均具有极显著的统计意义（$P<0.0001$）。

土壤含盐量与 pH 的关系如图 5-21 所示。在测试范围内，pH 随含盐量的增大而变大，即二者正相关（$r=0.689$）。pH（y）与含盐量（x）之间的线性回归方程为 $y=9.046+0.15x$

（r=0.689, n=76, P<0.0001）；pH（y）与含盐量（x）之间的非线性回归方程为 y=10.244-2.442（0.598）^{x}（R^2=0.664, n=76）。如前所述，供试土样盐分组成以 Na_2CO_3 和 $NaHCO_3$ 为主，其含量决定了土壤含盐量的大小。而 Na_2CO_3 和 $NaHCO_3$ 在水中发生碱性水解，使土壤呈强碱性反应，是造成土壤 pH 偏高的重要原因，因此 pH 与含盐量表现出较强的相关性。

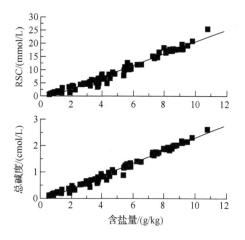

图 5-20　土壤含盐量与总碱度、残余碳酸钠的关系

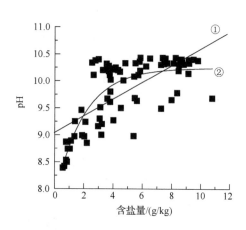

图 5-21　土壤含盐量与 pH 的关系

（四）盐分离子对土壤碱化的影响

盐分离子对土壤碱化过程具有较大影响。土壤中有 Na_2CO_3、$NaHCO_3$、$NaSiO_3$ 和 Na_2BO_3 等碱性盐存在时，土壤 pH 一般大于 8.5，且大多数在 10 左右，Ca^{2+}、Mg^{2+} 的溶解度下降，Na^+ 占绝对优势，土壤易于吸附 Na^{2+} 而碱化，造成土壤具有很高的碱化度。

土壤 ESP 总体上均随各离子含量的增加而变大，ESP 与各离子含量之间均是极显著的正相关关系。统计分析表明，ESP（y）与（Na^++K^+）（x）具有较好的线性关系，二者之间的线性回归方程为 y=6.132+0.269x（r=0.811, n=45, P<0.0001）。ESP（y）随（$Ca^{2+}+Mg^{2+}$）（x）含量的增加而升高，二者之间的线性回归方程为 y=15.048+0.818x（r=0.429, n=45, P=0.004）。（$CO_3^{2-}+HCO_3^-$）含量对 ESP 的影响是，ESP 随（$CO_3^{2-}+HCO_3^-$）的增加而逐渐升高，最后稳定在某一数值水平，即随着（$CO_3^{2-}+HCO_3^-$）的持续升高，ESP 趋向于不再发生变化。ESP（y）与（$CO_3^{2-}+HCO_3^-$）（x）之间的线性回归方程为 y=13.539+0.135x（r=0.638, n=45, P<0.0001）。ESP 随（$Cl^-+SO_4^{2-}$）含量增加而升高，最后趋于一个稳定的值，即随着（$Cl^-+SO_4^{2-}$）含量的持续变大，ESP 变化幅度很小。ESP（y）与（$Cl^-+SO_4^{2-}$）（x）之间的线性回归方程为 y=9.290+1.660x（r=0.702, n=45, P<0.0001）。以上各回归方程的相伴概率 P 值均是 P<0.0001，因此各方程均具有极显著的统计意义。

土壤的碱化特征是土壤中各化学成分综合作用的结果，其影响因素是多种多样的。以土壤 ESP 为因变量（y）、各离子含量为自变量（x）进行多元线性回归分析，得到 ESP 与各离子含量之间的多元线性回归方程是 y=1.216+0.020x_1-0.017x_2+0.020x_3+0.046x_4-

$0.012x_5-0.001x_6+0.002x_7+0.110x_8$（$R^2=0.760$，$n=45$，$P<0.0001$）。式中，$y$ 为 ESP，x_1 为 Ca^{2+}，x_2 为 Mg^{2+}，x_3 为 Na^+，x_4 为 K^+，x_5 为 CO_3^{2-}，x_6 为 HCO_3^-，x_7 为 Cl^-，x_8 为 SO_4^{2-}。上述各离子的标准化回归系数分别为 0.132、-0.155、1.365、0.076、-0.513、-0.182、0.024 和 0.070。说明各离子对 ESP 的影响并不是孤立的，而是相互作用，共同对土壤碱化度产生影响。对上述 8 个变量再作逐步回归分析，以消除多重共线性，得到的逐步回归方程为 $y=4.008+0.020x_1-0.014x_2$（$R^2=0.721$，$n=45$，$P<0.0001$）。式中，$y$ 为 ESP，x_1 为 Na^+，x_2 为 CO_3^{2-}。其标准化回归系数分别为 1.354 和-0.603。回归系数检验统计量 t 值分别为 7.032 和-3.132，p 值分别为<0.0001 和 0.003。因此，该模型有意义，说明各离子中以 Na^+ 和 CO_3^{2-} 对 ESP 的影响较重要，且 Na^+ 对 ESP 的影响要大于 CO_3^{2-}。

对各盐分离子与土壤碱化参数进行统计分析，得到各离子与碱化参数的相关系数矩阵（表 5-7）。由表可见，土壤盐分离子同各碱化参数之间具有较为紧密的联系，其中 Na^+、CO_3^{2-} 和 HCO_3^- 同各碱化参数之间均是极显著相关。土壤中的碱性反应是由于土壤中有弱酸强碱的水解性盐类存在，其中主要的是碳酸根和碳酸氢根的碱金属（Na、K）和碱化土壤金属（Ca、Mg）的盐类存在，因而土壤 pH 与 Na^+、Mg^{2+}、Ca^{2+}、CO_3^{2-} 和 HCO_3^- 均是正相关关系。由于 $CaCO_3$ 和 $MgCO_3$ 的溶解度很小，在正常 CO_2 分压下，它们在土壤溶液中的浓度很低，因此含 $CaCO_3$ 和 $MgCO_3$ 的土壤其 pH 不可能很高，最大在 8.5 左右；而 Na_2CO_3 和 $NaHCO_3$ 等是水溶性盐类，可以出现在土壤溶液中，可以使土壤总碱度很高，Na^+、HCO_3^- 和 CO_3^{2-} 与 pH 较之 Ca^{2+}、Mg^{2+} 相关性更强，其与 pH 的相关系数为极显著正相关。

表 5-7　土壤盐分离子与各碱化参数之间的相关分析

	Ca^{2+}	Mg^{2+}	Na^+	K^+	CO_3^{2-}	HCO_3^-	Cl^-	SO_4^{2-}
ESP[①]	0.524**	0.354*	0.809**	0.218	0.620**	0.623**	0.701**	0.416**
SAR	0.096	0.448**	0.869**	-0.073	0.712**	0.632**	0.582**	0.092
总碱度	0.371**	0.657**	0.78**	0.263*	0.834**	0.995**	0.347**	-0.019
pH	0.390**	0.675**	0.801**	-0.134	0.812**	0.679**	0.193	-0.215
RSC	0.301**	0.599**	0.752**	0.311**	0.801**	0.996**	0.344**	0.006

*在 0.05 水平时显著相关；**在 0.01 水平时显著相关。样本数 $n=76$
①统计样本数为 45

SAR 是土壤溶液中 Na^+ 浓度同 Ca^{2+}、Mg^{2+} 的平均浓度的平方根的比值，因而 SAR 与 Na^+ 是一种正相关关系，其相关系数为 0.869，为极显著相关。ESP 与土壤中除 K^+ 外的各个离子均是显著相关，但相关系数以 Na^+ 为最大（0.809），这是因为土壤中可溶性 Na^+ 与交换性 Na^+ 存在一个相互转化的过程，土壤中可溶性 Na^+ 过多也导致交换性 Na^+ 含量很高。总碱度是指土壤溶液中碳酸根和碳酸氢根的总量，如前所述，由于 Na_2CO_3 和 $NaHCO_3$ 的溶解度很高，因而在测试范围内，土壤中 Na_2CO_3 和 $NaHCO_3$ 含量越多，总碱度也应越高。从相关系数上看，总碱度与 HCO_3^- 关系最为密切，相关系数为 0.995；其次为 Na^+ 和 CO_3^{2-}，相关系数分别为 0.78 和 0.834。

从以上各离子与土壤碱化参数的相关系数中可以看出，Na^+、HCO_3^- 和 CO_3^{2-} 同 ESP、SAR、pH、总碱度和 RSC 等都是极显著相关，而 Cl^- 同除 pH 外的各参数也均为极显著相关，这是该区苏打盐碱土兼有盐化和碱化特征的反映。

参 考 文 献

耿玉辉, 吴景贵, 李万辉, 等. 2000. 作物残体培肥土壤的研究进展. 吉林农业大学学报, 22: 76-79, 85.

姜勇, 张玉革, 梁文举, 等. 2003. 耕地土壤中交换态钙镁铁锰铜锌相关关系研究. 生态环境, 12(2): 160-163.

姜勇, 张玉革, 梁文举. 2004. 沈阳市郊区蔬菜保护地土壤交换性钙镁含量及钙镁比值的变化. 农村生态环境, 20(3): 24-27.

焦彩强, 王益权, 刘军, 等. 2009. 关中地区耕作方法与土壤紧实度时空变异及其效应分析. 干旱地区农业研究, 27: 7-12.

李小刚, 曹靖, 李凤民. 2004. 盐化及钠质化对土壤物理性质的影响. 土壤通报, 35(1): 64-72.

刘营营, 佘冬立, 刘冬冬, 等. 2013. 土地利用与土壤容重双因子对土壤水分入渗过程的影响. 水土保持学报, 27: 84-94.

吕殿青, 邵明安, 刘春平. 2006. 容重对土壤饱和导水分运动参数的影响. 水土保持学报, 20: 154-157.

吕殿青, 邵明安, 潘云. 2009. 容重变化与土壤水分特征的依赖关系研究. 水土保持学报, 23: 209-216.

潘云, 吕殿青. 2009. 土壤容重对土壤水分入渗特性影响研究. 灌溉排水学报, 28: 59-77.

佘冬立, 刘营营, 刘冬冬, 等. 2012. 土壤容重对海涂垦区粉砂土水分垂直入渗特征的影响研究. 农业现代化研究, 33: 749-761.

宋家祥, 庄恒扬, 陈后庆, 等. 1997. 不同土壤紧实度对棉花根系生长的影响. 作物学报, 23: 719-726.

温以华. 2002. 不同质地和容重对 Cl^- 在土壤中迁移规律的影响. 水土保持通报, 9: 73-75.

吴军虎, 张铁钢, 赵伟, 等. 2013. 容重对不同有机质含量土壤水分入渗特性的影响. 水土保持学报, 27: 63-67, 268.

肖振华, 万洪富. 1998. 灌溉水质对土壤水力性质和物理性质的影响. 土壤学报, 35(3): 359-366.

Abrol I P, Yadav J S P, Massoud F I. 1988. Salt-Affected Soils and their Management. FAO Soils Bulletin 39, Rome: FAO.

Andrade A, Wolfe D W, Fereres E. 1993. Leaf expansion, photosynthesis and water relations of sunflower plants grown on compacted soil. Plant and Soil, 149(2): 175-184.

Ayers R S, Westcot D W. 1985. Water Quality for Agriculture. FAO Irrigation and Drainage Paper No. 29, Rome: FAO.

Bauder J W, Brock T A. 2001. Irrigation water quality, soil amendment, and crop effects on sodium leaching. Arid Land Research and Management, 15(2): 101-113.

Bengouch A G, Croser C, Pritchard J. 1997. A biophysical analysis of root growth under mechanical stress. Plant Roots, 189(1): 107-116.

Buttery B R, Tan C S, Druuy C F, et al. 1998. The effects of soil compaction, soil moisture and soil type on growth and nodulation of soybean and commaon bean. Canada Journal of Plant Science, 78(4): 571-576.

Frenkel H, Goertzen J O, Rhoades J D. 1978. Effect of clay type and content, exchangeable sodium percentage, and electrolyte concentration on clay dispersion and soil hydraulic conductivity. Soil Science Society of America Journal, 42(1): 32-39.

Goodman A M, Ennos A R. 1999. The effects of soil bulk density on the morphology and anchorage mechanics of the root systems of sunflower and maize. Annales of Botany, 83(3): 293-302.

Grable A R, Siemer E G. 1968. Effects of bulk density, aggregate size, and soil water suction on oxygen diffusion, redox potentials, and elongation of corn roots. Soil Science Society of America Journal, 32(2): 180-186.

Hardy N, Shainberg I, Gal M, et al. 1983. The effect of water quality and storm sequence upon infiltration rate and crust formation. Journal of Soil Science, 34(4): 665-676.

Husssain A, Black C R, Taylor L B, et al. 1999. Soil compaction. A role for ethylene in regulating leaf expansion and shoot growth in tomato. Plant Physiology, 121(4): 1227-1237.

Khan M A, Ungar I A, Showalter A M. 2000. Effect of salinity on growth, water relations and ion accumulation of the subtropical perennial halophyte, *Atriplex griffithii* var. *stocksii*. Annuals of Botany, 85(2): 225-232.

Levy G J, Goldstein D, Mamedov A I. 2005. Saturated hydraulic conductivity of semiarid soils: Combined effects of salinity, sodicity, and rate of wetting. Soil Science Society of America Journal, 69(3): 653-662.

Ma G, Rengasamy P, Rathjen A J. 2003. Phytotoxicity of aluminum to wheat plants in high pH solutions. Australian Journal of Experimental Agriculture, 43(5): 497-501.

Mamedov A I, Levy G J, Shainberg I, et al. 2001. Wetting rate, sodicity, and soil texture effects on infiltration rate and runoff. Australian Journal of soil Research, 39(6): 1293-1305.

Marili A, Servadio P, Pagliai M. 1998. Changes of some physical properties of a clay soil following passage of rubber and metal-tracked tractors. Soil and Tillage Research, 49(3): 185-199.

Mashhady A S, Rowell D L. 1978. Soil alkalinity. I. Equilibria and alkalinity development. Journal of Soil Science, 29(1): 65-75.

Materechera S A, Dexter A R, Alston A M. 1991. Penetration of very strong soils by seedling roots of different plant species. Plant and Soil, 135(1): 31-41.

Naidu R, Rengasamy P. 1993. Ion interactions and constraints to plant nutrition in Australian sodic soil. Australian Journal of Soil Research, 31(6): 801-819.

Oussible M, Crookston R K, Larson W E. 1992. Subsurface compaction reduces the root and shoot growth and grain yield of wheat. Agronomy Journal, 84(3): 34-38.

Plaut Z, Meinzer F C, Federman E. 2000. Leaf development, transpiration and ion uptake & distribution in sugarcane cultivars grown under salinity. Plant and Soil, 218(1-2): 59-69.

Quirk J P. 1986. Soil permeability in relation to sodicity and salinity. Philosophical Transactions of the Royal Society (London) A-Mathematical Physical and Engineering Sciences, 316(1537): 297- 317.

Quirk J P. 1994. Interparticle forces: A basis for the interpretation of soil physical behaviour. Advances in Agronomy, 53: 121-183.

Quirk J P. 2001. The significance of the threshold and turbidity concentrations in relation to sodicity and microstructure. Australian Journal of Soil Research, 39(6): 1185 -1217.

Rengasamy P, Chittleborough D, Helyar K. 2003. Root-zone constraints and plant-based solutions for dryland salinity. Plant and Soil, 257(2): 249-260.

Rengasamy P, Greene R S B, Ford G W, et al. 1984. Identification of dispersive behaviour and the management of red-brown earths. Australian Journal of Soil Research, 22(4): 413-431.

Richards L A. 1954. Diagnoses and Improvement of Saline and Alkali Soils. Soil Science, 78(2): 154.

Shainberg I, Letey J. 1984. Response of soils to sodic and saline conditions. Hilgardia, 52(2): 21-57.

Shainberg I, Levy G J, Goldstein D, et al. 2001. Prewetting rate and sodicity effects on the hydraulic conductivity of soils. Australian Journal of Soil Research, 39(6): 1279-1291.

Sumner M E. 1993. Sodic soils: New perspectives. Australian Journal of Soil Research, 31(6): 683-750.

Sumner M E, Naidu N. 1998. Sodic Soils: Distribution, Properties, Management, and Environmental Consequences. New York: Oxford University Press.

Young I M, Montagu K, Conroy J, et al. 1997. Mechanical impedance of root growth directly reduces leaf elongation rates of cereals. New Phytologist, 135(4): 613-619.

第六章　盐碱胁迫下水稻的营养生长与生理响应

第一节　盐碱胁迫对植物影响研究

盐碱对植物的伤害作用是指土壤中可溶性盐分过多而对植物正常生长发育造成损害。这种伤害作用可以是直接的，也可以是间接的。Levitt（1980）总结前人的经验，曾提出盐害假说：新叶生长速度与根际渗透势成正比，当胁迫较小时，生长可恢复。因此，他主张从根系与地上部分之间的相互关系展开分析。植物的盐害机理可以概括为两种类型。①原初盐害：包括直接盐害和间接盐害。直接盐害主要是引起植物细胞质膜变化，使其透性运输改变，离子外渗；间接盐害则引起代谢变化，使蛋白质的疏水性增加，从而降低蛋白质静电强度，酶活化代谢过程被破坏。②次生盐害：渗透效应导致植物细胞脱水，膨压降低，使植物生长受阻。

一、渗透效应和离子毒害

关于盐分对植物伤害机理前人做了不少研究。归纳起来，盐碱胁迫对植物的伤害作用主要为渗透效应和离子毒害（Staples et al., 1984）。但到目前为止，这两种作用究竟以哪个为主尚无确切结论。Munns（1993）认为渗透效应在先，到一定时间以后，离子毒害才发生。赵可夫等（1999）则认为渗透效应和离子毒害同时存在，但在植物整个受胁迫过程中，两者在同期内呈现的作用强弱不同。渗透效应解释为土壤盐分过多使植物根际土壤溶液渗透势下降，较低的土壤溶液渗透势导致植物从土壤中吸收水分的能力降低，难以维持植物的正常生长，表现出生理干旱状态。例如盐碱地水田保持有 2cm 以上的水层，但水稻仍有叶尖干枯症状，即为生理干旱。一般植物在土壤含盐量超过 0.5%时即表现吸水困难，含盐量高于 0.5%植物生长明显受到抑制，甚至会死亡。离子毒害是指当土壤环境中某些离子浓度过高而对植物产生的毒害作用。离子毒害首先是对原生质膜的破坏，改变膜的透性。膜透性的变化导致植物过多吸收某些盐分从而产生毒害作用，同时也限制了植物对其他某些营养元素的吸收，造成胁迫性营养失衡（杨月红等，2002）。如盐碱土中 Na^+ 浓度过高时，植物不仅受到 Na^+ 的毒害，也会造成对 K^+ 或 Ca^{2+}吸收的减少（Khan et al., 2003；Plaut et al., 2000），使植物的正常生理代谢遭到破坏，抑制了生长。盐碱胁迫使植物的生长受抑制，光合作用能力下降，能耗增加，衰老加速，最终导致植株因饥饿而死亡（余叔文等，1998）。

二、盐害与植物的营养胁迫

Bernstein 等（1974）报道，由于离子之间的竞争性或某种离子的大量吸收，植物在盐碱胁迫下表现出营养缺乏或离子毒害。这种营养失衡可以在叶片表现出不同的症状，并影响植物的生长。植物体内养分离子的不均衡是植物盐害的重要方面。高浓度的 Na^+ 严重阻碍植物对 K^+ 和 Ca^{2+} 的吸收和运输。盐分抑制植物生长主要是由于 Na^+ 与其他矿质元素竞争的作用，植物对另外一些矿质元素吸收困难，造成营养失调。盐分对离子竞争性吸收的影响也存在不同的结论。高浓度的 Na^+ 或 Cl^- 可以在叶片中累积，表现出叶尖干枯或火烧症状。但是在非盐渍条件下也会表现出类似的反应。当土壤溶液中 Na^+/Ca^{2+} 较大时，缺钙症状非常普遍。

三、盐害与植物生长发育

盐害对植物影响最直观的表现就是植物生长受到抑制。生长抑制是在盐碱胁迫后植物生理生化变化和营养变化的综合反应。关于盐害对植物生长发育的研究报道很多。更多的实验室研究集中于盐分胁迫对植物种子萌发、出苗、苗期生长的影响（Tobe et al.，2002；Esechie et al.，2002；陈火英等，2001；Murillo-Amador et al.，2001；Wang et al.，2000；Ayers，1952）。Chartzoulakis 等（2000）研究了两个温室栽培的辣椒杂交种在不同生长阶段的耐盐碱性。苗期和营养生长期采用营养液培养，盐分超过 10mmol/L 时，苗的生长受到明显抑制；盐分超过 25mmol/L 时，株高、叶面积和干重都显著下降。在营养生长期，品种 Lamuyo 比品种 Sonar 对盐的反应更为敏感。关于盐分胁迫抑制植物生长的机理，Munns（2002）开展了一系列的研究，认为盐分对植物的短期抑制来自根系，由水分胁迫产生。一种信使［可能是脱落酸（abscisic acid，ABA）］导致盐分胁迫的长期抑制源自盐离子在叶片中的积累，使老叶逐渐死亡。盐分对植物发育也具有显著的影响，NaCl 对水稻和桃树的开花具有延迟效应（利容千，1976）。到目前为止较少见到关于盐碱对农作物品质影响方面的报道。

四、盐害与植物生理代谢

（一）盐害与光合作用

光合作用是植物生长发育的基础，它为植物的生长发育提供了所需要的物质和能量，而盐害却限制了光合作用和产量（生物量）的提高。盐分导致光合作用降低的程度与盐浓度呈正相关，同时也与植物种类和品种以及盐分的种类有关。张川红等（2002）报道了盐碱胁迫对国槐和核桃幼苗光合作用的影响，指出盐碱胁迫后核桃的叶绿素 a/b 值明显下降，200mmol/L 的 NaCl 溶液胁迫 11 天后，核桃的光合速率受到严重影响，发生了光抑制现象。郑国琦等（2002）研究了盐碱胁迫对枸杞光合作用的气孔与非气孔限制，得到的初步结论是在盐分浓度大于 0.6% 的条件下，枸杞叶片由于盐离子尤其是 Cl^- 的大量积累，在气孔限制的前提下，非气孔限制成为主要因子。惠红霞等（2002）用不同浓度的 NaCl 对枸杞苗和成株枸杞进行盐碱胁迫处理，结果表明，盐碱胁迫下枸杞的光合速率和气孔导度下降，细胞间隙 CO_2 浓度上升，但不同生长时期其变化规律不同。山东师范大学逆境植物研究所郭书奎等（2001）研究了 NaCl 胁迫抑制玉米幼苗光合作用的可能机理，结果是随着盐碱胁迫处理时间的延长，光合速率下降，气孔导度减小，细胞间隙 CO_2 浓度先降低后上升。NaCl 胁迫下光合作用降低是多因素共同作用的结果。从现有的文献来看，前人的研究多数仍以 NaCl 作为胁迫盐分研究植物的光合变化，尽管规律呈现一致性，但变化的程度、速率因植物的种类不同而有所不同，要作为规律性总结尚需在更多的植物上开展盐碱胁迫对光合作用影响的研究。

（二）盐害与呼吸作用

盐碱胁迫对植物呼吸作用的影响有许多不同甚至相互矛盾的报道。盐碱胁迫是抑制还是促进呼吸主要取决于外界盐分浓度。一般情况下，低浓度盐分可以促进植物的呼吸，高浓度盐分则抑制植物的呼吸。苜蓿生长在 0～5g/L NaCl 溶液中时，其呼吸强度较对照增大 40%；而生长在 10g/L NaCl 溶液中时，则呼吸作用下降 10%。Hoffman 等（1986）用不同浓度的 NaCl 溶液处理菜豆和棉花，发现菜豆在低浓度下呼吸作用被促进，在高浓度下被抑制，而棉花在试验盐浓度下呼吸作用都是被促进的。杜晓光等（1994）从盐碱胁迫对耐盐植物碱蓬、星星草和虎尾草的呼吸作用影响研究中发现，500mg/L 的碳酸钠明显抑制碱蓬的呼吸强度并增加了腺苷三磷酸（adenosine triphosphate，ATP）的含量。高于 1000mg/L 的碳酸钠抑制作用明显，而虎尾草的呼吸强度在碳酸钠存在的情况下均表现为抑制。孙国荣等（2000）报道，盐分胁迫下星星草种子萌发过程中的总呼吸强度有很大变化，在总呼吸强度随盐浓度增大而逐渐降低的总趋势下出现了两个高峰：第一个高峰出现在 0.4% 盐浓度下，即所谓的"盐呼吸"；第二个高峰出现在 1.6% 的盐浓度下，即所谓的"伤呼吸"。可见，盐碱胁迫对植物呼吸作用的影响不是简单的和规律的，不同植物对盐碱胁迫的生理呼吸具有不同的响应。有学者认为盐碱胁迫下植物呼吸作用的变化是由离子运输系统的活化导致的，特别是质膜上 Na^+、K^+-ATP 酶的活化以及 Na^+ 对呼吸链的直接作用。

（三）盐害与碳水化合物代谢

一般认为盐分可以影响碳水化合物代谢，有时促进，有时抑制，依植物种类的不同而异。Munns（2002）在研究结果中指出，在 180mmol/L NaCl 处理后，大麦快速生长的部位在下午和早晨总可溶性碳水化合物较对照（0.5mmol/L）高 60%～100%，淀粉不受 NaCl 的影响。一种水生植物芦苇（*Phragmites australis*）可溶性糖含量在盐分水平从 0.15% 增加到 1% 时提高了 3.5 倍，但在 0.15% 的盐分水平下，可溶性糖含量比无盐对照要低。无论是根还是叶，可溶性糖含量在 0.15% 盐分水平下最低（Hartzendorf et al.，2001）。盐害对植物碳水化合物代谢影响研究到目前为止还仅限于少数几种植物。

（四）盐害与蛋白质和氨基酸

盐分胁迫能够使植株总 N 量降低，蛋白质和氨基酸的分解加强（王萍等，1997）。一些游离氨基酸如赖氨酸、脯氨酸、甜菜碱等在体内累积起来。脯氨酸的积累通常被认为是植物对干旱、盐等多种胁迫较为敏感的一种生理反应。盐碱胁迫下脯氨酸含量增加，而且增加迅速。脯氨酸作为重要的有机渗透调节物质，在盐碱胁迫下不论是高等植物还是低等植物、盐生植物还是非盐生植物都有积累。其有效的渗透调节作用在抵御盐碱胁迫方面具有一定的意义（孙国荣等，2000）。同样地，不同植物种类、不同盐分种类、不同盐碱胁迫程度下，脯氨酸积累的量和速度可能都将有所不同。

五、盐碱地水稻与水稻耐盐碱研究

（一）水稻在盐碱地的生育规律

1. 盐碱地上水稻的生长发育特点

水稻的生长发育大体上可以分为 3 个阶段（营养生长阶段、营养生长与生殖生长并进阶段和生殖生长阶段）和 6 个生长时期（幼苗期、分蘖期、拔节孕穗期、抽穗期、灌浆期和成熟期）。盐碱土水稻比非盐碱土水稻插秧后返青慢，分蘖期晚 4~5 天，抽穗期晚 5 天，灌浆期和成熟期晚 5 天。营养生长阶段生长速度慢，盐碱地水稻平均每天生长 0.73cm，非盐碱地水稻平均每天生长 0.85cm。生殖生长阶段，盐碱地水稻生长速度略快于非盐碱地，盐碱地水稻平均每天生长 1.2cm，非盐碱地水稻平均每天生长 1.1cm。水稻叶龄总平均值，在盐碱地约每 6.8 天长 1 片叶，非盐碱地约每 6.6 天长 1 片叶。在营养生长阶段，盐碱地水稻叶龄增长慢于非盐碱地水稻；在生殖生长阶段，二者叶龄增长速度相等，但后期盐碱地水稻叶龄增长速度则快于非盐碱地水稻。由此可以看出，在盐碱地种稻要抓住有利时机，促使水稻早生快发，以保证高产稳产。

2. 水稻不同生育阶段耐盐碱能力

水稻在 1~2 叶期，对盐碱的反应比较敏感，土壤含盐量 0.2%以下时，生育正常，达 0.3%后则产生抑制作用，分蘖以后，耐盐碱能力不断增强，从幼穗形成至开花又比较敏感。水稻一生，适应盐碱程度与酸碱度范围是较大的，这是盐碱地开发种稻成功的理论依据。

（二）土壤物理性质、化学性质对水稻生长发育的影响

1. 酸碱度

滨海盐渍土一般呈中性，对水稻的胁迫主要是盐分起作用。而内陆苏打盐碱土的 pH 高，一般为 8~9，甚至可达 11，高 pH 严重影响稻苗的生育和土壤养分的释放程度。

对水稻生育的影响：苗期在 1.5 叶左右，常出现"焦苗"，呈斑点状分布；2.5～3 叶期常出现盐碱引起的立枯病，除了具有一般立枯病症状外，叶尖发红；在分蘖期，常因缺锌引起赤枯病；拔节孕穗期，不能进行穗分化，停留在营养生长阶段，甚至导致水稻绝收。

对土壤养分的影响：氨态氮在碱性条件下挥发损失严重；pH 为 8.5 时，铁、锌、铜、锰等微量元素均变成无效态；水稻在 pH 为 6.5～7.5 时能吸收磷素；pH 为 8 以上时，磷肥肥效下降；pH 达到 9 时，即磷被土壤固定，植物难以吸收。

为了降低酸碱度的影响，在育苗上采取严格选土，床土调酸、消毒，酸化水浸种，浇酸化水等措施培育壮秧，插秧时底肥施锌，或者以 1%的锌肥叶面喷洒或沾秧根以降低盐碱的影响。

2. 交换性 Na^+

吸附在土壤胶体上的 Na^+ 称为交换性 Na^+，其含量越高，危害越大。交换性 Na^+ 占土壤阳离子交换量的百分比，即碱化度（ESP）对土壤和作物产生影响：①ESP 为 3%～5%时，为非碱化土壤，对土壤性质和作物生长发育无影响；②ESP 为 5%～15%时，为弱碱化土壤，易造成土壤性质恶化；③ESP 为 15%～30%时，为中度碱化土壤，对作物易产生生理危害；④ESP 为 30%～45%时，为强碱化土壤，土壤肥力显著下降，对作物产生严重的毒害作用；⑤ESP 为 45%以上为碱土。产生毒害的原因有：①土壤中 Na^+ 含量增多后，易使作物体内的新陈代谢受到破坏，根系腐烂，严重时全株死掉；②土壤中钙变成无效状态，作物吸收不到足够的钙，相反吸收过多的钠，对作物产生毒害作用；③过量的交换性 Na^+ 水解产生 OH^- 也可使土壤溶液 pH 升高，从而产生抑制和伤害作用。

盐碱土黏粒分散性强，物理性质不良，对水稻生长很不利。如插秧时，由于用大中型机具整地，土壤过度分散，呈豆腐脑状，10 多天也不能沉淀，插秧时下陷严重，影响缓苗。但当土壤沉实后，又相当板结，水、气条件变坏，pH 升高，导致根系发育不好，不仅缓苗慢，还出现黑根，严重影响稻苗的早生快发。

（三）水稻耐盐碱性遗传

到目前为止，水稻耐盐碱性的遗传研究中，一般在培养过程中添加一定数量的 NaCl，以鉴定后代的耐盐碱性。虽然可以得到试验结果，但还不能完全代表田间盐碱土的各种条件。而以典型盐碱土壤作为胁迫条件来研究水稻的耐盐碱遗传特性的文献还很少。祁祖白等（1991）选用了"威占"等 5 个耐盐碱品种与盐碱敏感品种"玻璃占"杂交，并将双亲、F1、F2 种植于 30cm 深、盛有细砂的水泥池中，在幼穗分化期加入 0.5% NaCl 溶液。池内培养液在 25℃时的电导率为 8mS/cm，每周补充一次 NaCl 以维持恒定的浓度。鉴定盐害标准为单株死叶数与总叶数的比值，比值在 0%～20%为 1 级，21%～35%为 2 级，36%～50%为 3 级，51%～70%为 5 级，71%～90%为 7 级，91%～100%为 9 级。其中 1～3 级为耐盐碱，5 级为中等耐盐碱，7～9 级为敏感。

（四）耐盐碱品种选育

目前各国对耐土壤胁迫品种的选育主要在探索筛选技术、植株耐土壤胁迫的生理机理，鉴定筛选耐土壤胁迫的种质资源和评价耐性资源的丰产性等方面，以便在各不良土壤地区推广应用。在品种选育方面，迄今以在当地盐碱地区筛选为主。例如，1979 年辽宁盐碱地利用研究所将丰锦经系统选育育成了较耐盐碱的辽盐 2 号。吴荣生等（1989）对太湖流域水稻品种资源的耐盐碱性进行筛选鉴定。当一叶一心的幼苗培养于 1/2 浓度的 Asplo 营养液中，到二叶一心时换用 0.8% NaCl 溶液进行筛选鉴定分级，筛选出洋稻、韭菜青、天落黄、黑嘴稻、晚野稻（常熟）、老黄稻（江阴）、香粳稻（宜兴）、野鸡稻（金坛）、桂花糯和红芒香糯（武进）10 个耐盐碱性强的地方品种。严小龙等（1991）认为汕优 2 号、汕优 63、IR50 为中等耐盐碱组合品种，IR36 和 IR54 为盐碱敏感品种。

目前利用离体培养技术筛选耐盐碱品种的研究最为活跃。大多数研究是直接在盐碱胁迫条件下进行离体培养和筛选。选择必须达到足以抑制绝大多数细胞分裂与生长的盐碱程度，以便筛选到耐盐碱突变细胞（郭岩等，1997）。将粳稻品系 77-170 经甲基磺酸乙酯（ethyl methane sulfonate，EMS）诱变处理的花药，在含盐 0.5%、0.8% 和 1.0% 的培养基上筛选出耐盐碱愈伤组织及其再生植株，经逐代在含盐 0.5% 条件下重复选择，获得耐盐碱性强的株系，其第 6 代植株在含盐 0.5% 的土壤中，全部能抽穗结实，而原始亲本则基本上不能抽穗结实。增强的耐盐碱性现已保持到第 9 代。陈受宜等（1991）采用分布在水稻 12 条染色体上的 130 个分子探针对经离体筛选所获得的耐盐碱突变系与盐碱敏感的原始亲本进行限制性片段长度多态性（restriction fragment length polymorphism，RFLP）分析，发现耐盐碱突变系第 7 染色体上两个连锁基因座位 RG711 和 RG4 发生了突变，从而把突变体的耐盐碱性与染色体上特定的位置联系起来。另外，对突变体的根和叶中可溶性蛋白质双向凝胶电泳分析表明，盐碱胁迫条件下突变基因组中有盐诱导的基因表达，产生了新的蛋白质。有关这些研究有可能避开令人困扰的耐盐碱机理问题，而直接深入到与耐盐碱有关的分子机制中去，从而为耐盐碱基因的分子克隆和转移奠定基础。

（五）水稻耐盐碱品种选育和利用中存在的问题

1. 水稻耐盐碱机理

水稻耐盐碱生理基础还不是十分清楚，导致对大量的育种材料及后代鉴定出现困难。Janardhan 等（1970）发现两个耐盐碱水稻品种植株地上部含水率高于敏感品种。国际水稻研究所（International Rice Research Institute，IRRI）的研究表明：水稻盐害包括了水分胁迫；耐盐碱性与根的高电解质含量和地上部的低电解质含量有关；地上部钾的积累能力与耐盐碱性具有很好的相关性；耐盐碱品种 Pokkali 地上部积累的脯氨酸是在正常土壤上生长的 13 倍，耐盐碱性与高盐浓度和高的钠吸收比有关。郑少玲等（1992）研究了不同水稻基因型对 NaCl 吸收和运移的动力学比较，结果表明：在外部 NaCl 浓度低

（0.1mmol/L）时，水稻对 Na^+ 的吸收行为为被动吸收，耐盐碱基因型对 Na^+ 的吸收速率显著低于盐敏感基因型，对 Cl^- 的吸收为主动吸收；在外部 NaCl 浓度高（50mmol/L）时，耐盐碱基因型对 Na^+ 和 Cl^- 的吸收速率均低于相应的盐敏感基因型。耐盐碱基因型水稻的 Na^+ 和 Cl^- 从根部向地上部的运转率低于对应的盐敏感基因型，这种差异在高盐浓度时更为明显，表明了耐盐碱基因型水稻地上部对 NaCl 的排斥作用是吸收控制和运转控制共同作用的结果，使地上部 Na^+ 和 Cl^- 浓度相对较低而显出较高的耐盐碱性。盐碱胁迫下水稻幼苗体内的 Na^+ 分配存在着品种间的差异（晏斌等，1994）。耐盐碱品种根部 Na^+ 在整株中所占的比例较高。盐碱敏感品种地上部积累的 Na^+ 较多。地上部不同叶位、器官（叶片和叶鞘）的 Na^+ 呈现不均匀分布，Na^+ 较多地集中于下部老叶，上部幼叶中的 Na^+ 浓度则较低；同一叶位上叶鞘的 Na^+ 浓度大于叶片。耐盐碱品种幼叶中 Na^+ 浓度较低，叶片与叶鞘的 Na^+ 浓度比值较小，幼叶生长速率较快。结果表明，Na^+ 在水稻苗期整株或器官水平上区域化分配的数量差异与品种的耐盐碱性有关，可以把叶片与叶鞘 Na^+ 浓度比值的大小作为度量苗期品种耐盐碱性的生理指标。晏斌等（1994）还报道了外界 K^+ 水平对水稻幼苗耐盐碱性的影响，结果是 0.5% 的 NaCl 下，水稻苗期地上部和根中的 Na^+ 浓度和 Na^+、K^+ 总量均随介质中 K^+ 的增加而降低，并且地上部的降幅大于根部，而且叶片和根的相对电导率均显著升高。陈香兰等（1990）利用组培的水稻材料，研究了水稻体内游离脯氨酸和叶绿素含量与耐盐碱能力之间的关系，生长在 pH=8 以上的盐碱环境下，孕穗期游离脯氨酸的含量与耐盐碱性呈正相关，而品种"龙组6474-4"叶片叶绿素含量受盐碱胁迫的影响不显著。

2. 水稻的耐盐碱水平

植物物种间存在着不同程度的耐盐碱性差异。水稻与小麦相比，即使是 Pokkali 这种最耐盐碱的水稻品种，也不能积累大麦和小麦耐盐碱程度的盐量（Staples et al.，1984）。这是培育适合强盐渍化土壤或经常受咸水侵蚀土壤种植水稻品种的障碍。为提高水稻耐盐碱性，提出以下策略：一是利用旨在累积多源基因的群体育种法；二是综合各种不同的耐盐碱材料；三是利用细胞和组织培养；四是采用化学诱变技术。

3. 水稻耐盐碱鉴定指标及存在的问题

由于土壤的盐碱成分、性质不同，水稻品种、生长阶段不同，到目前为止，国内外尚没有成熟的、可以普遍应用的水稻耐盐碱鉴定指标体系。水稻耐盐碱鉴定指标研究开展得较早。国际水稻研究所在 20 世纪 80 年代提出了水稻耐盐碱指标生长评分法和死叶百分比评价盐害程度法。前者把水稻耐盐碱分为 1、2、3、5、7、9 六个等级，主要以生长、分蘖、叶尖和叶片症状及整个植株死亡程度作为评价特征（Ponnamperuma，1984）。事实上，这套纯粹基于生长和受害症状的指标系统的前 3 个等级难以准确区分，即使是同一材料，不同的调查者往往会判断为不同的等级，而且基本上以定性为主，很难掌握程度上的轻重。后者根据水稻死叶百分比，以 20% 为级差依次分为抗、中抗、中感、感四个级别。定量化程度虽然较高，但是盐碱对水稻生长的抑制作用除表现死叶外，还有其他许多症状，使得这套简单的指标体系不能很好地反映植物对盐碱的响应程度。

我国在水稻上只制定了耐盐（NaCl）标准（1982年《全国水稻耐盐鉴定协作方案》的规定标准）——单茎（株）分级法。这个标准根据生长和受害、死亡程度把水稻耐盐分成0、1、2、3、4、5六个级别，耐盐性评价依据的是"盐害指数"。盐害指数＝∑各级受害植株数×相应的级数/(调查总株数×5)（最高盐害级数值）。盐害指数越大，则受害越重，耐盐性越差。这套评价系统也存在明显的不足。

总结国内外诸多学者所做工作，可以发现绝大多数研究集中于植物与NaCl中性盐的相互作用，而对植物在碱性盐Na_2CO_3和$NaHCO_3$胁迫下的生理响应研究很少。我国盐碱环境胁迫下植物的生理响应研究工作多处于零散状态，缺乏系统性、综合性研究。利用生物措施改良盐碱地是切实可行的办法，但大量的基础性工作有待深入开展。植物耐盐碱分子生物学正在成为国内外研究的热点。我国植物种质资源丰富，有大量的工作要做，但从事植物耐盐碱方面研究的单位和研究人员太少，远不能满足生产对科技的迫切需求。水稻在盐碱地改良利用中占有重要地位，系统研究盐碱胁迫下水稻的生理机制的报道不多。

第二节　盐碱胁迫对水稻生长发育特征的影响

借鉴植物耐盐碱研究中的土培优于砂培、砂培优于水培的经验，选择松嫩平原西部典型苏打盐碱土——中国科学院大安碱地生态试验站典型盐碱土作为试验用土，采用盆栽实验，设置不同盐碱梯度、人工记录、仪器测试、实验室分析相结合测定植物在盐碱胁迫下的多种指标。鉴于苏打盐碱土的特殊性，采用土壤碱化度（ESP）作为胁迫指标因子，其原理为：①土壤pH在7.8以上时，pH与ESP呈直线正相关；②土壤中过量的交换性Na^+对土壤的物理性质产生严重影响，导致遇水高度分散，干时坚硬，通气透水性差，从而对植物生长发育产生危害；③交换性Na^+水解将使土壤溶液pH升高，结果使某些植物必需营养元素的有效性降低，进而影响植物生长和生理代谢；④土壤中过量Na^+的累积对植物产生毒害作用。

一、试验材料与方法

（一）供试土壤

试验用的盐碱土取自中国科学院大安碱地生态试验站典型盐碱土，取土深度为地表0~40cm。取前测pH和电导率。取土时充分混合、过筛。土壤化学性质为：pH为10.34，EC为1.51mS/cm，阳离子交换量（CEC）为27.36cmol/kg，交换性Na^+浓度为25.49cmol/kg，ESP为93.17%，为典型苏打盐碱土。HHH对照土壤取自吉林农业大学实验站旱地土壤。以不同比例的盐碱土和对照旱地土壤充分混合为预备试验用土，主要以植物出苗、成活和生长指标为标准，最终确定混合土的盐碱梯度。为避免栽培条件的影响，所有栽培管理条件力求一致。盆栽试验地点设在长春南关区红嘴子乡红嘴子村。

（二）供试植物

水稻（*Oryza sativa*）："吉优 1"和"农大 10"两个水稻品种。

（三）灌溉水源

来自长春南关区红嘴子乡民用饮水井，井深 40m。水质分析结果见表 6-1。

表 6-1　灌溉水的水质特征

含盐量/%	pH	K^+/ (mg/L)	Na^+/ (mg/L)	Ca^{2+}/ (mg/L)	Mg^{2+}/ (mg/L)	Cl^-/ (mg/L)	HCO_3^-/ (mg/L)	SO_4^{2-}/ (mg/L)
0.09	6.84	9.93	79.36	112.24	35.93	146.05	219.66	0.587

（四）试验方法

1. 试验设计

试验盆栽用上口直径为 30cm、下口直径为 23cm 的无孔塑料盆，每盆装土 12kg。水稻盐碱胁迫设 5 个盐碱胁迫梯度处理，即 SS_0（对照）、SS_1、SS_2、SS_3、SS_4，每个处理设 3 次重复。供试土壤的化学性质见表 6-2。

表 6-2　供试土壤的化学性质

处理	pH	EC/ (mS/cm)	CEC/ (cmol/kg)	交换性 Na^+/ (cmol/kg)	ESP/ %
SS_0	6.92	0.324	24.50	0.59	2.41
SS_1	8.31	0.578	22.68	3.10	13.67
SS_2	8.85	0.500	21.84	5.65	25.67
SS_3	9.04	0.685	18.96	8.02	42.30
SS_4	9.22	0.653	19.14	10.17	53.13

水稻盆栽试验所用肥料为山东丰源复合肥有限公司生产的通用型复合肥，N、P_2O_5、K_2O 各含 15%。每盆施用复合肥 9g。为补充 N 肥，每盆施尿素 1g。选取叶龄一致的秧苗，每盆插 4 穴，每穴 2 株。

2. 样品采集和测试项目

（1）水稻自插秧返青后每隔 5 天调查记录株高、分蘖、叶面积等指标。记录各处理抽穗期。测定水稻各生育期植株各器官的干重、鲜重。

（2）分别在水稻分蘖期、抽穗期、乳熟期、完熟期取样测定生理指标，光合作用的测定在齐穗期进行。

（3）盐碱胁迫对水稻花粉粒扫描电镜观察：将即将开花的颖花若干粒用剪子取下，迅速保存在 FAA（甲醛-醋酸-乙醇）固定液中固定并抽真空，立即放入 0～4℃的冰箱内固定 20h 以上。然后用镊子将颖果从 FAA 固定液中取出，乙醇系列脱水，脱水结束后使样品自然干燥。干燥后把内外颖分开，取出花药放在粘有两面胶的样品台上。用镊子将花药撕开，使花粉均匀分布在样品台上，编上号码。然后经 IB-13 离子溅射仪喷镀金后，于日立 S-570 扫描电镜下观察花粉粒表面特征并照相，加速电压 20kV，放大 2500 倍。

（4）水稻花粉活力测定。

花粉萌发法：选用 20%蔗糖+10%PEG4000+40mg/L 硼酸+3mmol/L 硝酸钙+10mL/L维生素 B1 的液体培养基。花粉粒接到该培养基中置于 27～28℃培养箱中培养 1h 后在光学显微镜下观察花粉萌发情况并计数。花粉萌发率（%）=花粉管伸长的花粉粒数/总花粉粒个数。

I-KI（碘-碘化钾）染色法：加入 I-KI 时，发育良好的花粉粒染色较深，而发育不好的花粉粒染色极浅或无色。花粉活力（%）=染色较深花粉粒数/观察的花粉粒数的总和。

（5）盐碱胁迫对水稻柱头接受花粉能力的影响：真空去雄，用对照植株的花粉给各盐碱处理植株授粉，每处理共做 15 穗，每穗 30 粒，连续 2 天授粉，记录去雄授粉后的结实率。

（6）产量测定：常规考种测产。

（五）测试内容与方法

1. 光合作用测定

应用美国产 LI-6400p 便携式光合作用测定系统。

光合作用对光强的响应：利用 LI-6400p 配备的红、蓝光源测量不同光照强度下的净光合速率。光照强度设置的梯度为：0μmol 光量子/（m^2·s），50μmol 光量子/（m^2·s），100μmol 光量子/（m^2·s），200μmol 光量子/（m^2·s），400μmol 光量子/（m^2·s），600μmol光量子/（m^2·s），800μmol 光量子/（m^2·s），1000μmol 光量子/（m^2·s），1200μmol 光量子/（m^2·s），1400μmol 光量子/（m^2·s）。

光合作用对细胞间隙 CO_2 浓度的响应：用内置 CO_2 钢瓶，分别测定各处理在50μmol/mol、100μmol/mol、150μmol/mol、200μmol/mol、300μmol/mol、350μmol/mol、600μmol/mol、800μmol/mol、1000μmol/mol CO_2 浓度下的净光合速率。

净光合速率及其日变化：在晴天的 7:00～17:00，每隔 1h 用 LI-6400p 测定各处理剑叶的净光合速率，重复 3 次。

2. 叶片叶绿素测定

采用 Aron 方法（沈伟其，1998）测量和计算叶绿素含量。

3. 有机渗透调节物质测定

测试条件：去离子水 k=0.001，量程 2mS/cm，浸泡 24h，室温 25℃。

膜透性（叶片电解质外渗率）测定：外渗电导法。称取叶片材料 0.3g，放入有塞试管中，依次用自来水、蒸馏水、去离子水洗净，然后每个试管中加入 10mL 去离子水，塞上试管口，室温浸提 12h，用 DDS-18 型电导率仪测定浸出液电导率，单位为 mS/cm。

可溶性糖测定：蒽酮比色法。将新鲜样品 0.5g 放入 50mL 三角瓶中，加入 25mL 蒸馏水，沸水浴中煮 20min，冷却后过滤入 100mL 容量瓶中，定容至刻度。测定时取 2mL 样品提取液加 0.5mL 蒽酮试剂和 5mL 浓硫酸，摇动 10min 至均匀，以空白作对照，在 620nm 处比色，由标准曲线查出可溶性糖的值。

游离脯氨酸测定：水合茚三酮法。脯氨酸含量计算方法为脯氨酸含量＝5×C/W。其中，C 为标准曲线中脯氨酸含量值（g/L），W 为被测样品鲜重（g）。

4. 植物样品中离子成分测定

采用美国 VARIAN 公司的 SpectrAA-220FS 火焰原子吸收分光光度计测定植物样品中离子成分。仪器的工作条件见表 6-3。

表 6-3　仪器的工作条件

元素	波长/nm	狭缝/nm	灯电流/mA	燃助比/（L/min）
Cu	324.8	0.5	8	1.5/13.5
Fe	248.3	0.2	8	1.5/13.5
Mn	279.5	0.2	8	1.5/13.5
Zn	213.9	1.0	8	1.5/13.5
Ca	422.7	0.5	10	1.6/13.5
Mg	202.6	1.0	10	1.6/13.5
K	766.5	0.2	0	1.5/13.5
Na	589.0	0.2	0	1.5/13.5

二、盐碱胁迫对水稻生长发育的影响

（一）对水稻株高的影响

植物的株高属品种特性，由品种基因型决定，但受环境因素的影响会发生变化。从图 6-1 和图 6-2 中可以看出，盐碱胁迫不同程度地抑制了水稻的株高。从水稻分蘖期开始，盐碱对株高的抑制作用开始显现，并表现在整个营养生长阶段，到生殖生长以后株高已接近最大值，此时除供试最高盐碱胁迫强度外，其他处理间株高差异不明显。

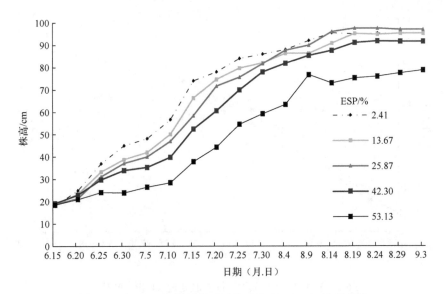

图 6-1　农大 10 水稻品种不同盐碱处理（ESP）株高变化

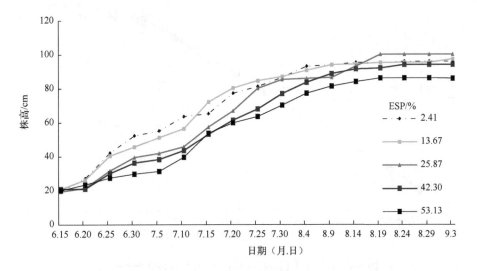

图 6-2　吉优 1 水稻品种不同盐碱处理（ESP）株高变化

（二）对水稻叶龄的影响

　　水稻叶龄是水稻生育进程的一个外观表现，其增长动态在水稻整个生长发育过程中具有重要意义。在非盐碱胁迫的正常土壤上，叶龄与分蘖有一定的相关关系。

　　图 6-3 和图 6-4 是盐碱胁迫下两个品种水稻在本田期叶龄的变化。总的来看，盐碱胁迫对本田期水稻叶龄的影响不明显，这与盐碱胁迫发生在水稻移栽之后有关。

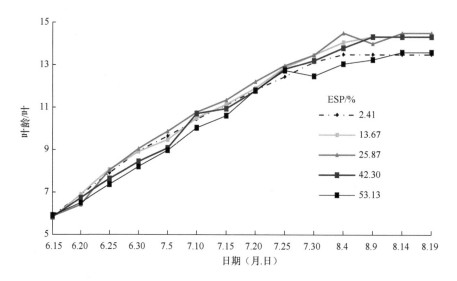

图 6-3　农大 10 水稻品种不同盐碱处理（ESP）叶龄变化

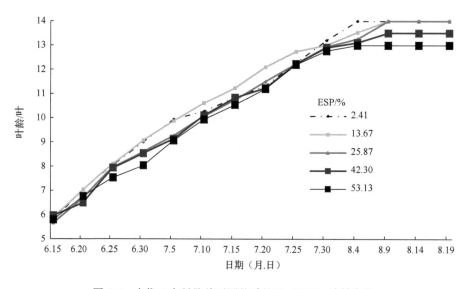

图 6-4　吉优 1 水稻品种不同盐碱处理（ESP）叶龄变化

（三）对水稻分蘖的影响

　　水稻分蘖能力同样也由品种基因型决定，但受到环境要素的影响，同时也受栽培技术的影响。水稻分蘖能力是产量形成的基础。生产实践中发现，特别是盐碱地水稻，分蘖的多少对水稻产量具有重要意义。

　　从图 6-5 和图 6-6 来看，与对照相比，盐碱胁迫明显降低了水稻分蘖数，而且随盐碱胁迫的增加，分蘖数呈规律性减少，两个品种呈现一致的规律性。相对于株高和叶龄，分蘖受盐碱胁迫的影响明显，这与生产上的经验相一致。

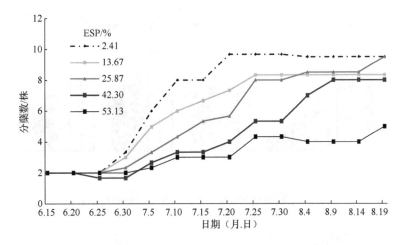

图 6-5　农大 10 水稻品种不同盐碱处理（ESP）分蘖变化

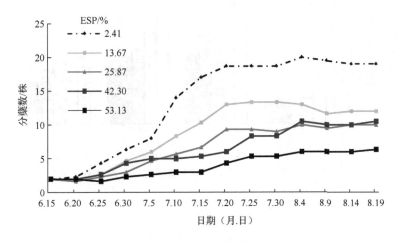

图 6-6　吉优 1 水稻品种不同盐碱处理（ESP）分蘖变化

三、盐碱胁迫对水稻叶面积动态变化的影响

水稻叶片是水稻植株进行光合作用、合成碳水化合物的重要器官，其光合量占全株总光合量的 90%以上。从图 6-7 和图 6-8 可以看出，盐碱胁迫严重影响叶面积的大小。在各生育期，随盐碱胁迫的增加，两个品种的总叶面积都明显下降，光合面积减少，干物质积累亦减少，最终导致产量下降。叶面积指数（leaf area index，LAI）是指单位土地面积上的绿叶面积之和，LAI 大小影响光合速率的高低，从而影响产量。水稻适宜最大 LAI 出现在孕穗期至抽穗期，且最大 LAI 持续时间长，LAI 衰减慢有利于产量的增加。图 6-9 和图 6-10 表示出不同梯度的盐碱胁迫对两个品种本田期 LAI 的影响。结果表明，盐碱胁迫严重抑制着水稻叶面积的扩展，抑制程度与胁迫程度是一致的，水稻 LAI 的动态变化与总叶面积随盐碱胁迫的增加表现出相同的趋势。且两个品种表现一致，即各处理的 LAI 的变化都呈单峰曲线。

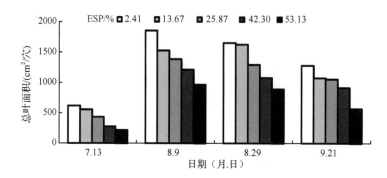

图 6-7　盐碱胁迫下吉优 1 水稻品种总叶面积动态变化

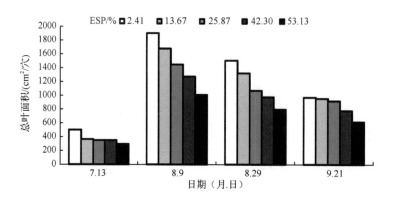

图 6-8　盐碱胁迫下农大 10 水稻品种总叶面积动态变化

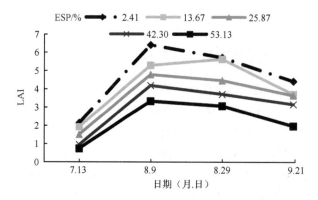

图 6-9　盐碱胁迫对吉优 1 水稻品种不同生育期 LAI 增长动态影响

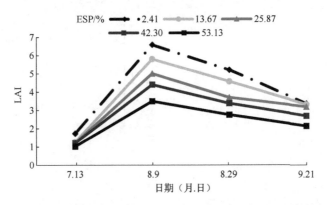

图 6-10 盐碱胁迫对农大 10 水稻品种不同生育期 LAI 增长动态的影响

盐碱胁迫导致水稻单穴总叶面积和 LAI 明显降低,从而降低了光合有效面积,导致干物质累积减少,产量降低。

第三节 盐碱胁迫对水稻光合特性的影响

一、盐碱胁迫对水稻叶片叶绿素含量的影响

盐碱胁迫下两个品种水稻叶片叶绿素含量在各个生长阶段的变化呈下降趋势,并且多低于对照(图 6-11~图 6-14)。叶绿素含量的下降规律性表现最明显的是在水稻生长的分蘖期和抽穗期。品种吉优 1 对土壤 ESP 的相关系数(R)在分蘖期和抽穗期分别为 -0.97573 和 0.97947,表现为显著的负相关。随盐碱胁迫的增强,品种吉优 1 在分蘖期叶片叶绿素含量比对照分别下降 11.2%、14.2%、26.7% 和 27.7%,抽穗期叶片叶绿素含量比对照分别下降 6.6%、13.0%、15.8% 和 22.7%;农大 10 在分蘖期叶片叶绿素含量比对照分别下降 1.4%、7.3%、10.8% 和 12.5%,抽穗期叶片叶绿素含量比对照分别下降 8.2%、9.2%、14.4% 和 20.3%。可见,吉优 1 在分蘖期叶绿素含量对低盐碱胁迫表现敏感,中度、

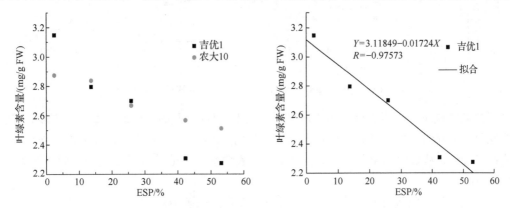

图 6-11 盐碱胁迫对水稻叶片叶绿素含量的影响(分蘖期)

FW(fresh weight):鲜重

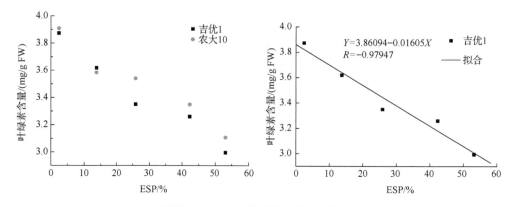

图 6-12　盐碱胁迫对水稻叶片叶绿素含量的影响（抽穗期）

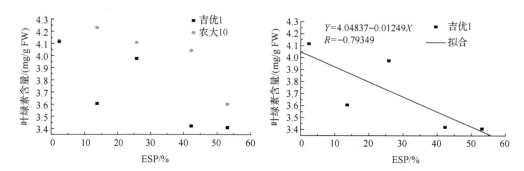

图 6-13　盐碱胁迫对水稻叶片叶绿素含量的影响（乳熟期）

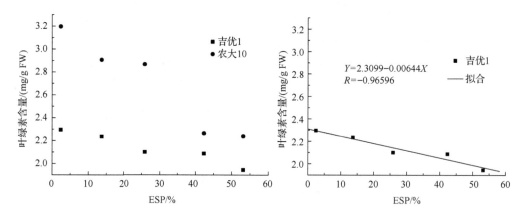

图 6-14　盐碱胁迫对水稻叶片叶绿素含量的影响（完熟期）

重度盐碱胁迫下叶绿素含量显著下降，而农大 10 对低盐碱胁迫表现不敏感，中度、重度盐碱胁迫下叶绿素含量下降仍不显著。两品种在抽穗期叶片叶绿素随盐碱胁迫增强而降低的幅度接近。从试验结果看，盐碱胁迫下叶绿素含量变化的关键时期是分蘖期（图 6-15、图 6-16）。

　　叶绿素是植物进行光合作用的主要色素，其含量的多少对光合作用有直接的影响（潘瑞炽，2012），而光合作用又是植物生长的重要能量来源和物质基础。盐碱胁迫降低了植物叶片叶绿素的含量，结果导致植物的光合能力、生物量和产量降低。叶绿素含量的降低可能是盐碱胁迫下，叶绿素酶活性增强，促使叶绿素分解所致。但盐碱胁迫对植物叶绿素含量变化的影响是复杂的。虽然多数研究结果是盐碱胁迫降低叶绿素含量，但盐碱胁迫对不同植物叶绿素含量的影响不尽相同（郭文忠等，2003；Strogonov，1973）。许兴等（2002）以宁夏地区种植的几个春小麦品种（系）和国内外引进的抗盐品种为材料，对其幼苗进行不同浓度的 NaCl 胁迫处理，探讨了不同小麦品种对 NaCl 胁迫的生理反应及适应机制。得到的结论是不同浓度 NaCl 胁迫下，所有品种叶绿素含量都有所下降，但不同品种的叶绿素含量对 NaCl 胁迫的反应不同，93-8 和宁春 16 号对 NaCl 胁迫的反应最轻。在 170mmol/L 和 255mmol/L NaCl 胁迫下，与对照相比叶绿素含量下降不显著。在 340mmol/L 胁迫下其叶绿素含量下降才达显著水平，科遗 26 的叶绿素含量对 NaCl 胁迫的反应则较为敏感，在 3 种浓度的 NaCl 胁迫下与对照相比叶绿素含量下降都达显著水平，其余品种的叶绿素含量对低浓度 NaCl 胁迫的反应不敏感，而对高浓度 NaCl 胁迫的反应则较敏感，尤其是 98Xw46 和宁春 4 号，当 NaCl 浓度为 255mmol/L 时叶绿素含量下降 40%以上，当 NaCl 浓度为 340mmol/L 时叶绿素含量还不到对照的 50%（许兴等，2002）。

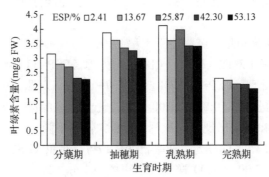

图 6-15　盐碱胁迫（ESP）对吉优 1 水稻不同生育期叶片叶绿素含量的影响

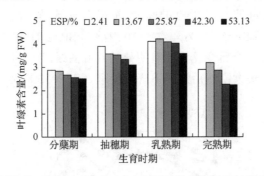

图 6-16　盐碱胁迫（ESP）对农大 10 水稻不同生育期叶片叶绿素含量的影响

　　牧草叶片的叶绿素含量与牧草耐盐碱性的关系是叶绿素含量随着土壤盐分增加而降低（翁森红等，1999）。在同水平盐度胁迫条件下，较耐盐的品种比盐敏感的品种叶绿素含量高。叶绿素含量作为牧草耐盐碱性的评价指标豆科比禾本科敏感性更高，禾本科牧草也可以将叶绿素含量作为准确可靠、简便易行的耐盐碱性评价指标。王连军等（1995）报道了盐碱胁迫下山葡萄叶绿素含量与耐盐碱性关系。盐碱处理 40 天，供试三个品种各处理的叶绿素含量均低于其对照。而且各品种叶绿素随土壤盐碱度的增加而减少，盐碱胁迫使山葡萄叶绿素含量下降。从水稻在盐碱胁迫下叶绿素的变化结果看，盐碱胁迫下叶绿素含量变化的关键时期是分蘖期，两个品种在不同处理条件下，其叶绿素含量的下降是不同的，虽然不能简单地依据同一处理不同品种的叶绿素的绝对含量的差别判断品种耐盐碱能力的强弱，但从下降的相对值可以看出品种间叶绿素变化的差异性。当然，盐碱胁迫对植物叶绿素含量的影响是复杂的，还应在更多种类植物（品种）和生长发育阶段上进行研究。

二、盐碱胁迫下水稻净光合速率的日变化

盐碱处理植物光合速率降低的原因与植物受到环境胁迫时往往会发生光抑制现象有关。光抑制现象的主要发生部位为光系统Ⅱ（PSⅡ）。虽然关于盐碱胁迫对 PSⅡ 的光合速率的影响报道较多，但尚未得到统一认识。Aro 等（1993）认为，盐碱胁迫可以改善 PSⅡ 的功能；Everard 等（1994）则认为，盐碱胁迫可以抑制 PSⅡ 的功能；朱新广等（1999）认为，在低盐浓度胁迫下，小麦的 PSⅡ 活性变化不大，但当盐达到一定浓度后，PSⅡ 活性显著下降。

图 6-17、图 6-18 分别是盐碱胁迫下水稻品种吉优 1、农大 10 剑叶净光合速率的日变化。可以看出，吉优 1 对照（ESP=2.41%）与处理（ESP=53.13%）的净光合日变化呈较明显的双峰曲线，处理（ESP=25.87%）略呈双峰曲线。对照（ESP=2.41%）从 7:00～10:00 光合作用逐渐增强，在 10:00～11:00 出现净光合速率的第一次峰，然后呈下降趋势，13:00 后又上升，到 14:00 又出现第二次峰，接着大幅度下降，说明出现了光合的"午睡"现象。处理（ESP=53.13%）的净光合速率日变化趋势与对照（ESP=2.41%）基本一致，处理（ESP=25.87%）从 7:00～11:00 净光合速率增加十分平缓，到 11:00 达到最大，没有出现明显的峰值。11:00～13:00 净光合速率开始下降，接着又上升，到 15:00 达到最高，以后迅速下降。但对照（ESP=2.41%）净光合速率各时间的变化都高于处理（ESP=25.87%）、处理（ESP=53.13%）。农大 10 对照（ESP=2.41%）与处理（ESP=25.87%）、处理（ESP=53.13%）的光合日变化为没有明显的双峰曲线。对照（ESP=2.41%）在 11:00～12:00 净光合速率达到最大，然后迅速下降，处理（ESP=25.87%）在 11:00～13:00 净光

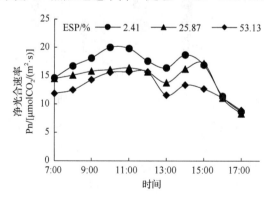

图 6-17　盐碱胁迫下（ESP）水稻品种吉优 1 剑叶净光合速率日变化

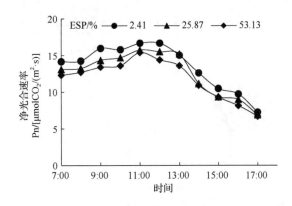

图 6-18　盐碱胁迫下（ESP）水稻品种农大 10 剑叶净光合速率日变化

合速率达最大且平稳，而后急剧下降，处理（ESP=53.13%）在 11:00 净光合速率达最大，随后净光合速率下降。同时对照（ESP=2.41%）净光合速率各时间的变化都高于处理（ESP=25.87%）、处理（ESP=53.13%）。

三、盐碱胁迫下水稻剑叶净光合速率对光强的响应

不同光强对水稻净光合速率产生明显影响，但不同盐碱胁迫下光强对水稻净光合速率的影响程度不同。图 6-19、图 6-20 分别是盐碱胁迫下水稻品种吉优 1、农大 10 剑叶净光合速率对不同光强的响应曲线。从图中可见，盐碱胁迫下两品种在低光强 0～200μmol 光量子/（$m^2 \cdot s$）[μmol photon/（$m^2 \cdot s$）] 下净光合速率随光强的增加而近乎直线上升；在中光强 [200～600μmol photon/（$m^2 \cdot s$）] 下，净光合速率的增加变缓；在高光强 [>600μmol photon/（$m^2 \cdot s$）] 下，净光合速率近乎达到最大平稳，然后略有下降的趋势。但在各种光强下，对照（ESP=2.41%）的净光合速率均高于处理（ESP=25.87%）、处理（ESP=53.13%）。吉优 1 对照（ESP=2.41%）、处理（ESP=25.87%）、处理（ESP=53.13%）

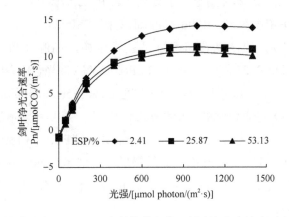

图 6-19　盐碱胁迫下（ESP）水稻品种吉优 1 剑叶净光合速率对光强的响应

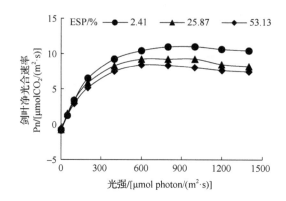

图 6-20　盐碱胁迫下（ESP）水稻品种农大 10 剑叶净光合速率对光强的响应

的光饱和点在 800μmol photon/（m^2·s）左右，补偿点在 25μmol photon/（m^2·s）左右；农大 10 对照（ESP=2.41%）的光饱和点在 800μmol photon/（m^2·s）左右，而处理（ESP=25.87%）、处理（ESP=53.13%）的光饱和点在 600μmol photon/（m^2·s）左右，光补偿点也在 25μmol photon/（m^2·s）左右。从以上分析得知，盐碱胁迫明显地抑制了光合作用，使净光合速率显著下降。

四、盐碱胁迫下水稻剑叶净光合速率对细胞间隙 CO_2 的响应

在盐碱胁迫下，水稻剑叶净光合速率对细胞间隙 CO_2 的响应呈现规律性变化。图 6-21、图 6-22 分别是盐碱胁迫下水稻品种吉优 1、农大 10 剑叶净光合速率对细胞间隙 CO_2 的响应曲线。从图中可见，吉优 1 细胞间隙 CO_2 浓度在 50～150μmol/mol，对照（ESP=2.41%）与处理（ESP=25.87%）、处理（ESP=53.13%）的净光合速率近乎直线增加，细胞间隙 CO_2 浓度在 200μmol/mol 左右，净光合速率增加的幅度更大，然后相对缓慢上升，到细胞间隙 CO_2 浓度为 500μmol/mol 左右时趋于平缓，但在各种细胞间隙 CO_2 浓度下对照（ESP=2.41%）的净光合速率都明显高于处理（ESP=25.87%）和处理（ESP=53.13%）、农大 10 细胞间隙 CO_2 浓度在 50～100μmol/mol，对照（ESP=2.41%）与处理（ESP=25.87%）、处理（ESP = 53.13%）的净光合速率近乎直线增加，细胞间隙 CO_2 浓度在 200～250μmol/mol，处理（ESP=25.87%）、处理（ESP=53.13%）净光合速率比对照（ESP=2.41%）增加的幅度大，近乎垂直上升，细胞间隙 CO_2 浓度在 250～500μmol/mol，对照（ESP=2.41%）与处理（ESP=25.87%）净光合速率增加的模式基本一致，相对缓慢增加，细胞间隙 CO_2 浓度大于 550μmol/mol 时，光合速率趋于平稳，而处理（ESP=53.13%）在细胞间隙 CO_2 浓度为 250μmol/mol 以上时光合速率一直缓慢增加，到 800μmol/mol 时达到最大，但在各种细胞间隙 CO_2 浓度下，对照（ESP=2.41%）的净光合速率都高于处理（ESP=25.87%）和处理（ESP=53.13%）。

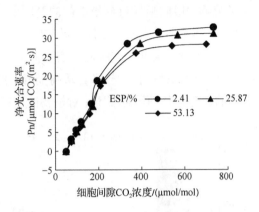

图 6-21　盐碱胁迫下（ESP）水稻品种吉优 1 剑叶净光合速率对细胞间隙 CO_2 浓度的响应

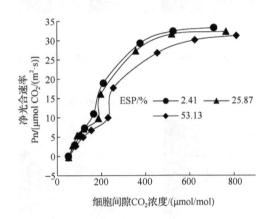

图 6-22　盐碱胁迫下（ESP）水稻品种农大 10 剑叶净光合速率对细胞间隙 CO_2 浓度的响应

第四节　盐碱胁迫下水稻植株体内离子响应

一、盐碱胁迫下分蘖期水稻体内离子特征

（一）盐碱胁迫与植株体内 Na^+ 分布

盐碱胁迫下水稻不同器官 Na^+ 累积明显不同，但均高于对照。两个品种呈现相同的规律，Na^+ 在根、叶和叶鞘中浓度的次序从高到低依次为根>叶鞘>叶。水稻品种农大 10 根中 Na^+ 的平均浓度分别是叶、叶鞘中 Na^+ 平均浓度的 8.19 倍、1.85 倍，说明 Na^+ 主要积累于水稻的根部（图 6-23 和图 6-24）。

两个品种根、叶和叶鞘中，Na^+ 浓度均随盐碱胁迫的增强而基本呈升高趋势，但在不同器官升高的幅度不同（图 6-25～图 6-27）。对比两个品种根、叶和叶鞘中 Na^+ 浓度，发现吉优 1 叶和叶鞘中 Na^+ 浓度比农大 10 叶和叶鞘中 Na^+ 浓度高，而在根中吉优 1 Na^+ 浓度比农大 10 低,说明 Na^+ 经植物根吸收后转移到地上部的量较多,而保存在根中的较少;农大 10 则表现不同,在叶和叶鞘中 Na^+ 浓度比吉优 1 叶和叶鞘中 Na^+ 浓度低,而在根中 Na^+ 浓度比吉优 1 高,特别是在中度、重度盐碱胁迫下表现得更明显,说明 Na^+ 经植物根吸收后转移到地上部的量较少,而保存在根中较多。从离子毒害的角度来分析,农大 10 限制了 Na^+ 从根部向地上部的传输,从而降低了 Na^+ 对植物的伤害。

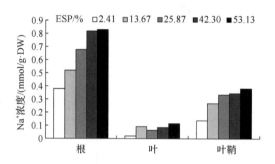

图 6-23 水稻品种农大 10 不同 ESP 盐碱处理根、叶及叶鞘中 Na^+ 浓度

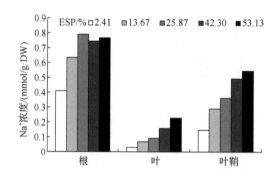

图 6-24 水稻品种吉优 1 不同 ESP 盐碱处理根、叶及叶鞘中 Na^+ 浓度

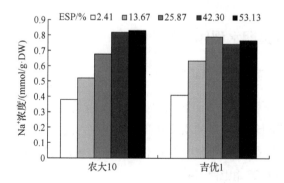

图 6-25 农大 10 与吉优 1 不同 ESP 盐碱处理根中 Na^+ 浓度

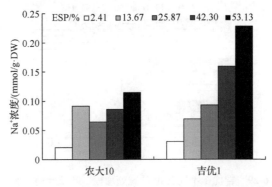

图 6-26 农大 10 与吉优 1 不同 ESP 盐碱处理叶中 Na$^+$浓度

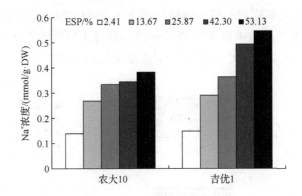

图 6-27 农大 10 与吉优 1 不同 ESP 盐碱处理叶鞘中 Na$^+$浓度

（二）盐碱胁迫与植株体内 K$^+$分布

从图 6-28 和图 6-29 可以看出，K$^+$在水稻不同器官的分布特征为：叶鞘中 K$^+$浓度最高，与叶和根中 K$^+$浓度差异明显，叶中 K$^+$浓度略高于根中 K$^+$浓度。随盐碱胁迫增强，三器官 K$^+$浓度均表现下降，但下降的幅度不同。当 ESP 在 42.30%以上时，叶鞘、叶和根中的 K$^+$浓度明显下降，说明重度盐碱抑制了植物对 K$^+$的吸收。比较两个品种各盐碱

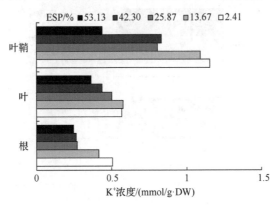

图 6-28 农大 10 不同 ESP 盐碱处理根、叶及叶鞘中 K$^+$浓度

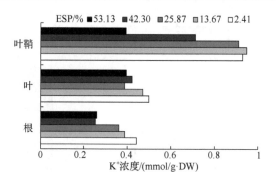

图 6-29　吉优 1 不同 ESP 盐碱处理根、叶及叶鞘中 K⁺浓度

胁迫处理的 K⁺浓度发现（图 6-30～图 6-32），盐碱胁迫下两个水稻品种根中 K⁺浓度均低于对照。吉优 1 品种根中 K⁺浓度随盐碱胁迫增强比对照依次降低 12.17%、18.14%、42.38%和 40.90%；农大 10 品种根中 K⁺浓度随盐碱胁迫增强比对照依次降低 18.09%、46.42%、47.74%和 51.29%。两个品种叶和叶鞘中 K⁺浓度变化的规律性不明显。

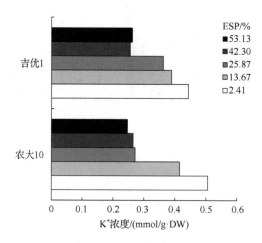

图 6-30　农大 10 和吉优 1 不同 ESP 盐碱处理根中 K⁺浓度

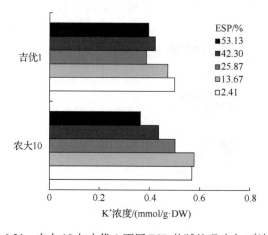

图 6-31　农大 10 与吉优 1 不同 ESP 盐碱处理叶中 K⁺浓度

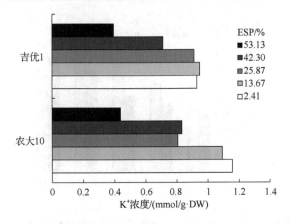

图 6-32 农大 10 与吉优 1 不同 ESP 盐碱处理叶鞘中 K^+ 浓度

由于 Na^+、K^+ 绝对浓度变化的不规律性，下一节将对与盐碱伤害和植物耐盐碱密切相关的各种处理下的 Na^+/K^+ 值进行进一步探讨。

（三）盐碱胁迫与植株体内 Ca^{2+}、Mg^{2+} 分布

从图 6-33～图 6-37 可以看出，盐碱胁迫对分蘖期水稻不同器官 Ca^{2+} 浓度的影响呈现不规律性。只有吉优 1 根部 Ca^{2+} 浓度在土壤 ESP<42.3% 时随盐碱胁迫的增强而上升，并在 ESP=42.3% 达到最高值。

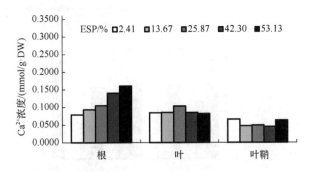

图 6-33 农大 10 不同 ESP 盐碱处理根、叶、叶鞘中 Ca^{2+} 的浓度

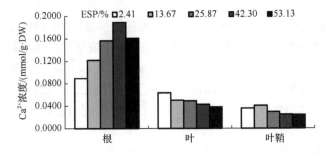

图 6-34 吉优 1 不同 ESP 盐碱处理根、叶、叶鞘中 Ca^{2+} 浓度

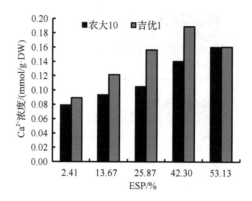

图 6-35　农大 10 与吉优 1 不同 ESP 盐碱处理根中 Ca^{2+}浓度

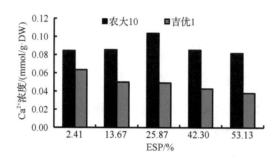

图 6-36　农大 10 与吉优 1 不同 ESP 盐碱处理叶中 Ca^{2+}浓度

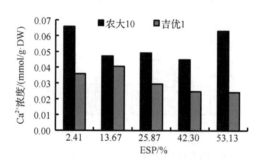

图 6-37　农大 10 与吉优 1 不同 ESP 盐碱处理叶鞘中 Ca^{2+}浓度

　　Ca^{2+}在植物耐盐碱性中起重要作用。但有关盐碱胁迫下植物对 Ca^{2+}浓度的影响报道不多。王宝山等（2000）研究结果表明，NaCl 胁迫使细胞 Ca^{2+}浓度降低。NaCl 胁迫对高粱不同器官 Ca^{2+}浓度的效应有明显差异。生长期叶片 Ca^{2+}浓度下降最明显，其次是叶鞘。但是生长抑制却是生长期叶鞘部位最严重，叶片次之。说明 Ca^{2+}浓度下降与器官生长抑制的关系是复杂的生理生化过程。所以，Ca^{2+}对植物耐盐碱性的作用中的许多问题有待于进一步研究。

　　盐碱胁迫下 Mg^{2+}浓度在分蘖期水稻不同器官的分布、在不同盐碱胁迫处理间、在不同品种间均无规律性表现（图 6-38～图 6-41）。

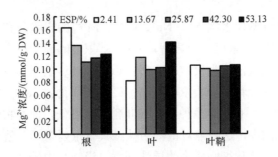

图 6-38 农大 10 不同 ESP 盐碱处理根、叶、叶鞘中 Mg²⁺浓度

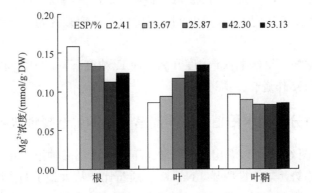

图 6-39 吉优 1 不同 ESP 盐碱处理根、叶、叶鞘中 Mg²⁺浓度

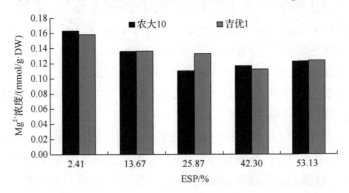

图 6-40 农大 10 与吉优 1 不同 ESP 盐碱处理根中 Mg²⁺浓度

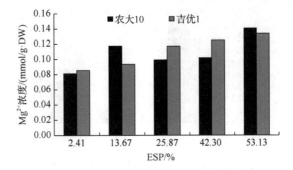

图 6-41 农大 10 与吉优 1 不同 ESP 盐碱处理叶中 Mg²⁺浓度

　　总结盐碱胁迫对分蘖期水稻 K^+、Na^+、Ca^{2+}、Mg^{2+} 的累积分布影响为：K^+ 在叶鞘中浓度最高，与叶和根中 K^+ 浓度差异显著，叶中 K^+ 浓度略高于根中 K^+ 浓度；Na^+ 在根、叶和叶鞘中浓度从高到低依次为根>叶鞘>叶；Ca^{2+}、Mg^{2+} 的累积分布规律不明显。随盐碱胁迫增强，根、叶和叶鞘中 Na^+ 浓度升高，K^+ 浓度下降，Ca^{2+}、Mg^{2+} 浓度呈不规律变化。Na^+ 在吉优 1 和农大 10 两个品种的叶和叶鞘中浓度低，而在根中浓度高，根部储存的多，向地上部传输的少，这一点对植物耐盐碱具有重要意义。就 NaCl 盐碱胁迫而言，叶片中 Na^+ 浓度增大，叶片细胞质膜的透性增大，当叶片中的 Na^+ 超过一定量时，细胞电解质将大量外渗，此时叶片中的 Na^+ 浓度被称为"叶片耐盐阈值"，在此基础上 Na^+ 继续增加，电解质外渗率达到 50%，此时叶片中的 Na^+ 浓度被称为"叶片致死盐量"（汪贵斌等，2001）。

　　随盐分胁迫增加，植株中 Na^+ 浓度升高，而 K^+ 浓度下降，因此有必要对 Na^+、K^+ 的选择性吸收和 Na^+/K^+ 作进一步探讨。

二、盐碱胁迫对分蘖期水稻植株不同器官 K^+、Na^+ 选择性吸收的影响

　　从图 6-42 和图 6-43 可以看出，盐碱胁迫下两个水稻品种根、叶、叶鞘的 Na^+/K^+ 表现出一致的变化趋势，规律性明显。Na^+/K^+（质量比）从大到小的次序依次为根>叶鞘>叶，根与叶和叶鞘的 Na^+/K^+ 差异显著。随着盐碱胁迫的增强，各器官的 Na^+/K^+ 均呈上升趋势。就两个水稻品种而言，根中的 Na^+/K^+ 随盐碱胁迫的增加，水稻品种农大 10 大于吉优 1；而叶和叶鞘中的 Na^+/K^+ 随盐碱胁迫的增加，农大 10 小于吉优 1，叶和叶鞘中 Na^+/K^+ 增加的幅度也是农大 10 小于吉优 1（图 6-44～图 6-46）。Na^+/K^+ 小，说明植物叶片和叶鞘对 K^+ 的选择性强，根系吸收的 K^+ 向地上部传输的多，Na^+ 向地上部传输的少，Na^+/K^+ 与品种的耐盐碱性呈负相关。这一结论与陈德明等（1998）研究盐碱胁迫下不同小麦品种的耐盐碱性的结果相一致。

　　关于 Na^+/K^+ 与植物耐盐碱性的关系曾有不少报道（Flowers et al.，2005；张海燕，2001；Wright et al.，2000；翁森红等，1998），得到的基本结论都是 Na^+/K^+ 越小，植物（品种）耐盐碱性越强。随着盐碱胁迫的增强，Na^+、K^+ 相互抑制吸收。细胞质中 Na^+ 可以通过液泡膜的 Na^+-K^+ 交换排出细胞，耐盐植物还可以从根部排斥 Na^+，或将吸收的 Na^+

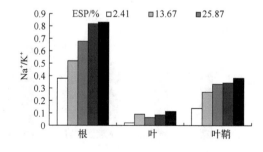

图 6-42　农大 10 在不同 ESP 下根、叶及叶鞘中 Na^+/K^+

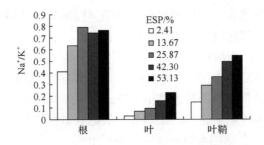

图 6-43　吉优 1 在不同 ESP 下根、叶及叶鞘中 Na$^+$/K$^+$

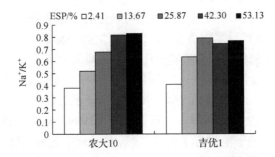

图 6-44　农大 10 与吉优 1 不同 ESP 下根中 Na$^+$/K$^+$

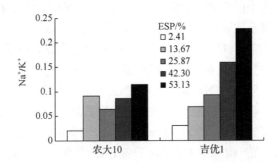

图 6-45　农大 10 与吉优 1 不同 ESP 下叶中 Na$^+$/K$^+$

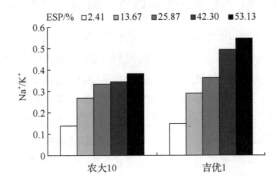

图 6-46　农大 10 与吉优 1 不同 ESP 下叶鞘中 Na$^+$/K$^+$

储存于某些叶片的特殊器官（即所谓的离子区隔化作用），所以耐盐植物叶片中 Na$^+$/K$^+$ 较低。通过比较相同盐碱胁迫处理植物叶片的 Na$^+$/K$^+$，就可以鉴定植物（品种）间耐盐碱性的强弱，Na$^+$/K$^+$小，则耐盐碱性强。从水稻两个品种叶片和叶鞘 Na$^+$/K$^+$来看，随盐碱胁迫的增加，农大 10 的 Na$^+$/K$^+$小于吉优 1，由此得出农大 10 耐盐碱性强于吉优 1，这一结果与相同处理条件下的产量结果相一致。

总之，水稻叶片和叶鞘中的 Na$^+$/K$^+$与品种的耐盐碱性呈负相关，可以利用叶片和叶鞘中的 Na$^+$/K$^+$作为评价分蘖期水稻耐盐碱性的一个指标。

植物叶片保持较低的 Na$^+$浓度是适应盐碱环境的一种表现。从 Na$^+$浓度来看，农大 10 的耐盐碱性强于吉优 1，与相同条件下的产量指标一致。

前人对其他植物在 NaCl 胁迫下的离子特征进行了很多研究。郭房庆等（1999）对 NaCl 胁迫下抗盐突变体和野生型小麦 Na$^+$、K$^+$积累的差异进行了分析，结果表明，NaCl 胁迫下突变体叶中 Na$^+$的相对积累量较野生型显著减少，而 K$^+$的积累量则显著提高。王焕文等（1996）研究了盐度对 Na$^+$、Cl$^-$积累量的影响，结果表明在不同盐度胁迫下，耐盐碱性不同的小麦品种间植株体内 Na$^+$、Cl$^-$积累量都有较大差异。耐盐品种植株体内 Na$^+$、Cl$^-$积累量比非耐盐品种高得多。赵可夫等（1999）对 3 种单子叶盐生植物渗透调节剂及其在渗透调节中的影响进行了研究。发现在叶片中无机渗透调节剂的 Na$^+$、K$^+$、Cl$^-$起主要作用。随 NaCl 浓度的增加，植株中 Na$^+$浓度增加，同时 K$^+$浓度下降。当 NaCl 浓度超过 255mmol/L 后，植株中 Na$^+$、K$^+$浓度增减幅度减缓。这可能是离子泵被活化，从而限制了它们在细胞中的积累，同时随 NaCl 浓度的增加，植株中 Na$^+$、K$^+$总和逐渐增加，这是其进行渗透调节的表现。NaCl 胁迫下不同品种 Na$^+$、Na$^+$/K$^+$、K$^+$的变化有所不同，因而其 Na$^+$/K$^+$也存在差异。宁春 4 号和 93-8 的对照具有较低的 Na$^+$/K$^+$，但在不同浓度 NaCl 胁迫下仍保持较高 Na$^+$/K$^+$。说明其幼苗具有较强的拒 Na$^+$能力，而 98Xw46 大麦在正常条件下具有较高的 Na$^+$/K$^+$，但在 NaCl 胁迫下其下降幅度却大于其他品种，说明其幼苗拒 Na$^+$能力较弱。小麦对盐的敏感性和其地上部分的 Na$^+$浓度呈正相关，抗盐性大小取决于地上部的拒 Na$^+$能力（Munns et al.，2008）。本节对水稻研究结果表明，随盐碱胁迫（ESP）增强，植株中 Na$^+$浓度升高，K$^+$浓度下降，Na$^+$、K$^+$在无机渗透调节中起重要作用，这一点与其他许多植物在 NaCl 胁迫下的研究结果相一致。

三、盐碱胁迫下分蘖期水稻植株体内微量元素分布特异性

微量元素铁、锰、锌、铜均与植物的光合作用有关。为了了解盐碱胁迫与植物体内微量元素浓度的关系，本节测定了两个水稻品种在不同盐碱胁迫下微量元素在根、叶和叶鞘中的浓度。结果表明，四种微量元素在分蘖期水稻植株体内的分布情况随盐碱胁迫的变化呈现不同的特点（图 6-47～图 6-50）。铁主要分布在根中，叶和叶鞘中铁的浓度很低，相差 30～50 倍，而且两个品种具有相似的微量元素分布特征。随盐碱胁迫增加，铁在两个品种植株不同器官的分布无规律可循。从锰在植株体内的分布来看，锰在叶中浓度较高，在根和叶鞘中相对较低，盐碱胁迫的影响亦无规律。锌和铜也呈现类似的无规律性。

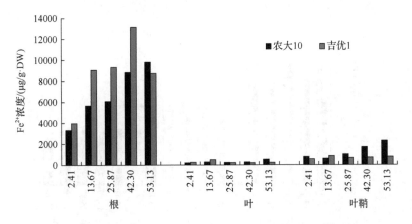

图 6-47 农大 10 与吉优 1 不同 ESP 处理 Fe^{2+} 在根、叶及叶鞘中的浓度

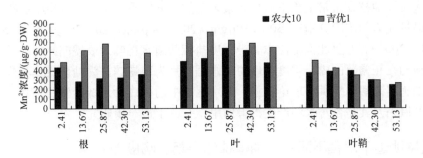

图 6-48 农大 10 与吉优 1 不同 ESP 处理 Mn^{2+} 在根、叶及叶鞘中的浓度

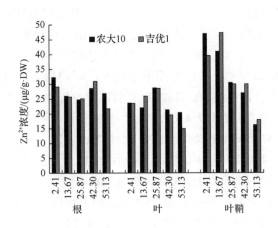

图 6-49 农大 10 与吉优 1 不同 ESP 处理 Zn^{2+} 在根、叶及叶鞘中的浓度

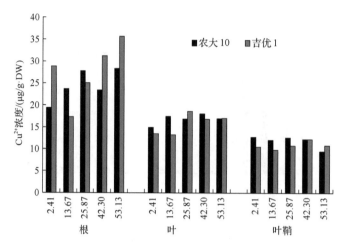

图 6-50　农大 10 与吉优 1 不同 ESP 处理 Cu^{2+} 在根、叶及叶鞘中的浓度

前人对其他植物正常生长下微量元素浓度的研究结果指出，植物叶片中铁、锰、锌、铜四种微量元素的浓度分别在 $50\sim250\mu g/g$、$20\sim100\mu g/g$、$20\sim200\mu g/g$ 和 $5\sim20\mu g/g$（李家熙，2001）。对照此范围，本节中强度盐碱胁迫水稻叶片表现略缺锌，锰的浓度略高，其他均在正常范围内。强度盐碱胁迫水稻叶片表现缺锌，为盐碱地水稻生产中因缺锌而普遍施用硫酸锌提供了理论依据。但水稻根中的 Fe^{2+} 含量随盐碱胁迫作用增强而明显增加的原因及其是否对水稻产生毒害作用，有待于进一步研究。

四、盐碱胁迫下水稻不同生育期植株体内离子响应

（一）不同生育期植株各器官的 Na^+/K^+

对于植物在盐碱胁迫下的生理指标研究，过去多数是在苗期进行。但是苗期的指标是否能够完全代表植物的实际耐盐碱性尚无确切结论。通过对不同生育期各器官中的 Na^+/K^+ 进行分析，可以进一步了解在水稻生长发育进程中 Na^+/K^+ 变化的敏感时期。

从图 6-51 和图 6-52 来看，各生育期根中的 Na^+/K^+ 均与胁迫强度呈正相关。

农大 10 品种各生育期根的 Na^+/K^+ 对 ESP 的回归方程依次如下。

分蘖期：$Na^+/K^+=0.70382+0.05416ESP$，$R^2=0.9515$。

抽穗期：$Na^+/K^+=1.49174+0.08026ESP$，$R^2=0.9764$。

乳熟期：$Na^+/K^+=1.40969+0.0806ESP$，$R^2=0.9511$。

完熟期：$Na^+/K^+=2.28446+0.0526ESP$，$R^2=0.9067$。

吉优 1 品种各生育期根的 Na^+/K^+ 对 ESP 的回归方程依次如下。

分蘖期：$Na^+/K^+=1.00047+0.04068ESP$，$R^2=0.95123$。

抽穗期：$Na^+/K^+=2.26513+0.05551ESP$，$R^2=0.6566$。

乳熟期：$Na^+/K^+=1.68744+0.09288ESP$，$R^2=0.8864$。

完熟期：$Na^+/K^+=1.748+0.15438ESP$，$R^2=0.7367$。

盐碱胁迫下水稻根中 Na^+/K^+ 反应的敏感时期在不同品种间不一致，决定系数 R^2 在农

大 10 上为抽穗期最大，而在吉优 1 上是分蘖期最大。虽然多数研究不以根中的 Na^+/K^+ 作为盐碱响应的指标，但考虑到根中 Na^+、K^+ 的抑制性吸收和由根向地上部的传输，可以将进入生殖生长前根中的 Na^+/K^+ 作为水稻对盐碱胁迫响应的一个参考。

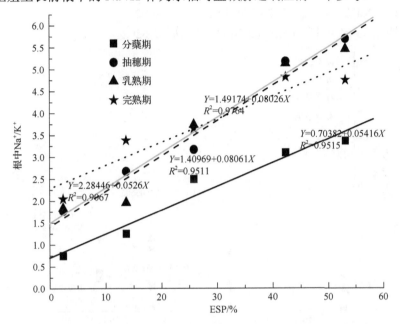

图 6-51　盐碱胁迫下不同生育期农大 10 水稻根中 Na^+/K^+

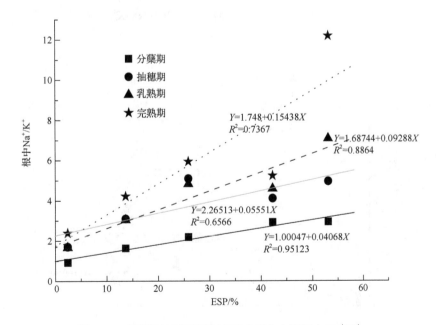

图 6-52　盐碱胁迫下不同生育期吉优 1 水稻根中 Na^+/K^+

从图 6-53 和图 6-54 中可以看出，叶中 Na^+/K^+ 在两个品种的各个时期均表现出良好的规律性。叶中 Na^+/K^+ 与胁迫强度呈正相关。

农大 10 品种各生育期叶中的 Na^+/K^+ 对 ESP 的回归方程依次如下。

分蘖期：$Na^+/K^+=0.0515+0.0045ESP$，$R^2=0.8636$。

抽穗期：$Na^+/K^+=-0.00361+0.00361ESP$，$R^2=0.5124$。

乳熟期：$Na^+/K^+=0.09317+0.00941ESP$，$R^2=0.8692$。

完熟期：$Na^+/K^+=-0.05682+0.02669ESP$，$R^2=0.6292$。

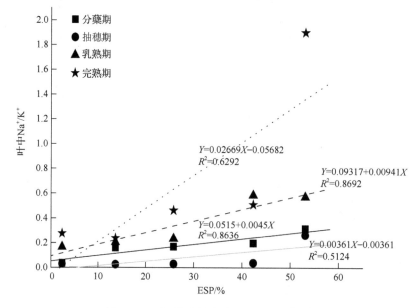

图 6-53　不同生育期农大 10 叶中 Na^+/K^+

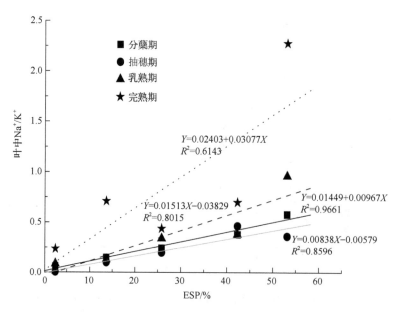

图 6-54　不同生育期吉优 1 叶中 Na^+/K^+

吉优 1 品种各生育期叶片的 Na^+/K^+ 比值对 ESP 的回归方程依次如下。

分蘖期：Na^+/K^+ =0.01449+0.00967ESP，R^2=0.9661。

抽穗期：Na^+/K^+=−0.00579+0.00838ESP，R^2=0.8596。

乳熟期：Na^+/K^+=−0.03829+0.01513ESP，R^2=0.8015。

完熟期：Na^+/K^+=0.02403+0.03077ESP，R^2=0.6143。

一般情况下，在盐碱胁迫下植物 Na^+/K^+ 反应多数采用叶片中的 Na^+/K^+ 进行评价，对水稻而言，可以只分析分蘖期叶片的 Na^+/K^+，并把它作为盐碱响应的指标。

叶鞘中的 Na^+/K^+ 呈现不规律的反应（图 6-55、图 6-56）。

农大 10 品种各生育期叶鞘的 Na^+/K^+ 对 ESP 的回归方程依次如下。

分蘖期：Na^+/K^+=0.06592+0.01263ESP，R^2=0.8326。

抽穗期：Na^+/K^+=−0.05032+0.02988ESP，R^2=0.9151。

乳熟期：Na^+/K^+=0.21891+0.04165ESP，R^2=0.7696。

完熟期：Na^+/K^+=0.21051+0.06174ESP，R^2=0.9688。

吉优 1 品种各生育期叶鞘的 Na^+/K^+ 对 ESP 的回归方程依次如下。

分蘖期：Na^+/K^+=−0.0099+0.02179ESP，R^2=0.8499。

抽穗期：Na^+/K^+= 0.12686+0.03654ESP，R^2=0.9726。

乳熟期：Na^+/K^+= 0.17725+0.05816ESP，R^2=0.9856。

完熟期：Na^+/K^+= −0.14729+0.08904ESP，R^2=0.8351。

决定系数 R^2 出现最大值的时期在品种间有所不同，农大 10 出现在完熟期，吉优 1 出现在乳熟期。

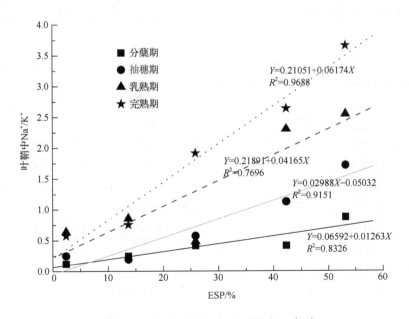

图 6-55　不同生育期农大 10 叶鞘中 Na^+/K^+

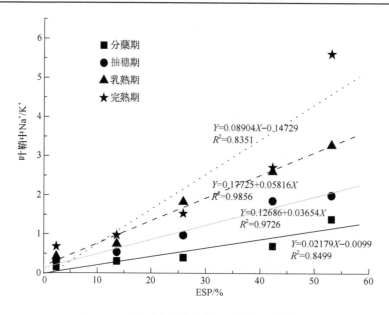

图 6-56　不同生育期吉优 1 叶鞘中 Na^+/K^+

（二）不同生育期植株各器官的 Na^+、K^+ 浓度

从表 6-4 可以看出，水稻抽穗期随着盐碱胁迫的增加，Na^+ 在根和叶鞘中的浓度也呈规律性增加，K^+ 则呈减少趋势。从 Na^+、K^+ 在植株体内的分配上看，Na^+ 主要集中在根部和叶鞘中，说明根和叶鞘是抽穗期 Na^+ 的累积器官，而 K^+ 主要分布在叶、叶鞘和茎中。穗中的 Na^+ 浓度受盐碱胁迫的影响变化不明显，K^+ 的变化在品种间存在较大差异，有必要作进一步研究。

表 6-4　盐碱胁迫下水稻抽穗期不同器官中的 Na^+、K^+ 浓度　　　单位：mmol/g

品种	胁迫处理 ESP	根		叶		叶鞘		茎		穗	
		Na^+	K^+	Na^+	K^+	Na^+	K^+	Na^+	K^+	Na^+	K^+
农大 10	2.41%	0.34	0.19	0.02	0.57	0.10	0.39	0.19	0.38	0.02	0.18
	13.67%	0.43	0.16	0.02	0.60	0.08	0.43	0.16	0.39	0.02	0.20
	25.87%	0.51	0.16	0.06	0.45	0.22	0.39	0.26	0.34	0.02	0.24
	42.30%	0.73	0.14	0.02	0.60	0.34	0.30	0.40	0.24	0.02	0.22
	53.13%	0.80	0.14	0.10	0.39	0.42	0.24	0.84	0.17	0.03	0.28
吉优 1	2.41%	0.21	0.12	0.41	0.18	0.12	0.40	0.02	0.09	0.02	0.02
	13.67%	0.28	0.09	0.04	0.38	0.20	0.37	0.01	0.16	0.02	0.02
	25.87%	0.37	0.07	0.08	0.40	0.32	0.33	0.01	0.36	0.01	0.02
	42.30%	0.31	0.08	0.16	0.35	0.49	0.26	0.01	0.47	0.02	0.02
	53.13%	0.39	0.08	0.09	0.24	0.51	0.26	0.01	0.61	0.02	0.02

表 6-5 研究结果表明，水稻乳熟期随着盐碱胁迫的增加，Na^+ 在根、叶鞘和茎中的浓

度也呈规律性增加，K⁺则呈减少趋势。从 Na⁺、K⁺在植株体内的分配上看，Na⁺主要集中在根、叶鞘和茎中，说明 Na⁺的累积器官在乳熟期是根、叶鞘和茎，而 K⁺主要分布在叶、叶鞘和茎中。籽粒和颖壳中的 Na⁺、K⁺浓度受盐碱胁迫的影响变化不明显，而且在品种间和同品种的不同盐碱胁迫强度间表现基本一致，表明研究盐碱胁迫下的离子响应意义不大。

表 6-5　盐碱胁迫下水稻乳熟期不同器官中的 Na⁺、K⁺浓度　　单位：mmol/g

品种	胁迫处理 ESP	根		叶		叶鞘		茎		籽粒		颖壳	
		Na⁺	K⁺	Na⁺	K⁺	Na⁺	K⁺	Na⁺	K⁺	Na⁺	K⁺	Na⁺	K⁺
农大 10	2.41%	0.42	0.23	0.06	0.37	0.22	0.34	0.04	0.38	0.01	0.16	0.01	0.19
	13.67%	0.36	0.18	0.08	0.40	0.29	0.34	0.14	0.39	0.01	0.14	0.01	0.20
	25.87%	0.46	0.12	0.09	0.39	0.12	0.25	0.27	0.32	0.01	0.16	0.01	0.19
	42.30%	0.54	0.11	0.18	0.31	0.45	0.20	0.47	0.24	0.01	0.14	0.02	0.20
	53.13%	0.59	0.11	0.29	0.51	0.52	0.21	0.61	0.27	0.02	0.12	0.02	0.20
吉优 1	2.41%	0.30	0.18	0.04	0.44	0.16	0.39	0.06	0.44	0.01	0.15	0.01	0.17
	13.67%	0.30	0.10	0.05	0.43	0.28	0.38	0.13	0.51	0.01	0.12	0.01	0.18
	25.87%	0.42	0.09	0.15	0.43	0.46	0.25	0.53	0.32	0.01	0.11	0.01	0.19
	42.30%	0.44	0.10	0.14	0.37	0.54	0.21	0.50	0.35	0.01	0.12	0.01	0.19
	53.13%	0.62	0.09	0.32	0.33	0.67	0.20	0.52	0.26	0.01	0.13	0.20	0.20

在水稻完熟期，虽然 Na⁺的分布仍然以根、叶鞘和茎为主（表 6-6），并随胁迫强度的增加逐渐增加，但叶中的 Na⁺浓度较前两个生长阶段明显增加，而且随着胁迫强度的增加，呈现增加的趋势。K⁺的分布主要是在叶、叶鞘和茎中。Na⁺、K⁺浓度在籽粒和颖壳中的浓度在品种间、同品种不同盐碱胁迫强度间差异均不明显。

表 6-6　盐碱胁迫下水稻完熟期不同器官中的 Na⁺、K⁺浓度　　单位：mmol/g

品种	胁迫处理 ESP	根		叶		叶鞘		茎		籽粒		颖壳	
		Na⁺	K⁺	Na⁺	K⁺	Na⁺	K⁺	Na⁺	K⁺	Na⁺	K⁺	Na⁺	K⁺
农大 10	2.41%	0.31	0.15	0.09	0.33	0.17	0.30	0.12	0.43	0.01	0.12	0.04	0.24
	13.67%	0.41	0.12	0.08	0.34	0.18	0.24	0.15	0.33	0.01	0.11	0.03	0.28
	25.87%	0.37	0.10	0.14	0.32	0.41	0.22	0.33	0.31	0.01	0.11	0.04	0.25
	42.30%	0.41	0.08	0.18	0.35	0.49	0.18	0.54	0.26	0.01	0.11	0.06	0.26
	53.13%	0.38	0.08	0.47	0.25	0.52	0.14	0.69	0.20	0.02	0.11	0.08	0.24
吉优 1	2.41%	0.34	0.14	0.09	0.39	0.20	0.30	0.12	0.46	0.01	0.10	0.01	0.27
	13.67%	0.39	0.09	0.24	0.34	0.28	0.29	0.18	0.50	0.01	0.10	0.01	0.25
	25.87%	0.57	0.09	0.17	0.39	0.35	0.23	0.19	0.29	0.01	0.10	0.02	0.25
	42.30%	0.50	0.10	0.23	0.33	0.51	0.19	0.36	0.24	0.01	0.10	0.02	0.26
	53.13%	1.06	0.09	0.59	0.26	0.64	0.11	0.59	0.16	0.01	0.10	0.06	0.23

分析 Na^+、K^+ 在不同生育阶段植株体各器官中的分配规律，可以发现，Na^+ 主要在根和叶鞘中累积，而且在各生育阶段随着盐碱胁迫的增加，浓度均呈现增加趋势，而在生育后期，茎中的 Na^+ 浓度也逐渐增加。K^+ 主要在地上部的营养器官中累积。Na^+、K^+ 在穗、籽粒和颖壳中的浓度在不同品种间和同一品种的不同盐碱胁迫强度间差异不明显，因此在水稻繁殖器官上的 Na^+、K^+ 浓度不宜作为水稻对盐碱胁迫的离子响应指标。鉴于水稻各主要生育阶段离子响应的基本一致性，结合松嫩平原苏打盐碱地水稻全部是本田插秧式的栽培方式，苗期是在非盐碱土上，可以仅用分蘖期的分析结果来反映水稻对盐碱胁迫的离子响应。

关于 Na^+、K^+ 等离子在植株不同器官中的分布特征，王宝山等（2000）在实验室沙培条件下，研究了 NaCl 胁迫下高粱不同器官中 Na^+、K^+、Ca^{2+} 和 Cl^- 浓度的变化。在中轻度胁迫下，耐盐的独角虎和盐敏感的糖高粱根中 Na^+ 浓度远高于各器官 Na^+ 浓度平均值。在地上部分中，叶鞘 Na^+ 浓度明显高于叶片。对独角虎而言，成熟叶和生长叶叶片 Na^+ 浓度没有明显差异，而成熟叶叶鞘 Na^+ 浓度略高于生长叶叶鞘。对糖高粱而言，成熟叶叶片 Na^+ 浓度高于生长叶叶片，而生长叶叶鞘 Na^+ 浓度则明显高于成熟叶叶鞘。重度 NaCl 胁迫后，高粱根和地上部分 Na^+ 浓度的差异消失，地上部分甚至超过根。NaCl 胁迫下，根中 K^+ 浓度下降最明显，其次是叶鞘，下降最少的是叶片。而 Ca^{2+} 浓度则表现为：生长叶叶片下降最明显，根最少。NaCl 胁迫使高粱各器官中 Cl^- 浓度均明显增加，不同器官增加幅度不同：地上部分大于根，叶鞘大于叶片，成熟叶大于生长叶。对水稻而言，在试验盐碱胁迫下 Na^+ 的累积也以根为主，地上部各器官中 Na^+ 浓度在各个生长阶段均低于根，这个规律与高粱在 NaCl 胁迫下的规律一致，但即使在中重度盐碱胁迫下，水稻完熟期叶片 Na^+ 较前期虽有增加，但 Na^+ 的累积仍以根为主，这与严重 NaCl 胁迫后，高粱根和地上部分 Na^+ 浓度的差异消失，地上部分甚至超过根的特征不同。随盐碱胁迫的增加，水稻植株中 Ca^{2+} 浓度未见规律性变化，这与高粱在 NaCl 胁迫下的规律不一致。

非盐生植物水稻与盐生植物碱蓬的比较。张海燕（2001）用不同浓度 NaCl 溶液处理盐地碱蓬（*Suaeda glauca*）植株后，测定并比较老叶、幼叶及根部的无机离子浓度和对 K^+ 的选择性。发现叶片及根部的 Na^+、Cl^- 浓度随盐度的增加而升高，且累积趋势相似。盐碱胁迫下根部 Na^+、Cl^- 及总离子浓度（K^+、Na^+、Ca^{2+}、NO_3^-、Cl^-）明显低于叶片，说明盐地碱蓬在盐碱胁迫下，以叶片优先积累大量离子（如 Na^+、Cl^-）为其适应特征。NaCl 处理下，叶片的 K^+、Ca^{2+} 浓度低于对照，但随盐度的增加保持相对稳定，而根部 K^+ 浓度较高，Na^+/K^+ 低，对 K^+ 的选择性则高于叶片。这对盐碱胁迫下地上部的 K^+ 亏缺有一定补偿作用。在非盐生植物水稻中 Na^+ 主要累积于根部，而在叶片中累积很少。可见盐生植物与非盐生植物在适应盐碱胁迫方面具有不同的生理机制。

由此看来，开展同种植物对不同盐碱种类胁迫的离子响应和同种盐碱种类胁迫下不同植物的离子响应对比研究更有意义。

（三）不同生育期水稻对离子的吸收选择性

植物根系对盐分的吸收具有很高的选择性。植物对 Na^+、K^+ 吸收的选择性用选择性吸收系数 S_{Na^+/K^+} 表示，即

$$S_{Na^+/K^+} = \frac{植物体内的Na^+/K^+}{介质中的Na^+/K^+}$$

S_{Na^+/K^+} 值越小，植物对 K^+ 的选择性越强，植物对 K^+ 的吸收抑制了 Na^+ 的进入，从而表现出更强的耐盐碱性。

图 6-57～图 6-59 表明，水稻在不同生育期的选择性吸收系数随着盐碱胁迫的增强，呈现相似的变化规律，即随着盐碱胁迫的增强，水稻在各生育期的 Na^+、K^+ 选择性吸收系数 S_{Na^+/K^+} 减小，表明水稻对 K^+ 的选择性逐渐增强，盐碱处理和对照之间差异明显，而各盐碱处理间差异不明显。值得注意的是，盐碱胁迫下水稻不同生育期对 Na^+、K^+ 选择性吸收系数 S_{Na^+/K^+} 在品种间存在差异。盐碱胁迫下品种农大 10 在 3 个生长阶段根对 Na^+、K^+ 选择性吸收系数高于品种吉优 1 三个生长阶段根对 Na^+、K^+ 选择性吸收系数，说明品种农大 10 在胁迫条件下对 K^+ 的选择性较强，从而抑制对 Na^+ 的吸收。这一分析结果在解释水稻品种适应盐碱环境和耐盐碱机制上具有参考价值。

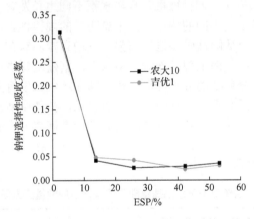

图 6-57　盐碱胁迫下水稻钠钾选择性吸收系数（抽穗期）

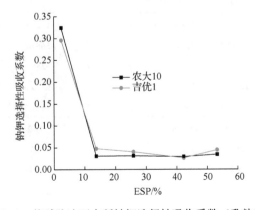

图 6-58　盐碱胁迫下水稻钠钾选择性吸收系数（乳熟期）

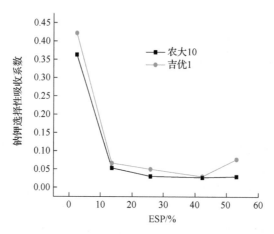

图 6-59　盐碱胁迫下水稻钠钾选择性吸收系数（完熟期）

（四）不同生育期植株不同器官的微量元素质量分数

为了进一步研究盐碱胁迫对植物不同生长发育阶段植株体内微量元素质量分数的影响，本研究测定了两个水稻品种在不同生长发育阶段微量元素在各器官中的分布（表 6-7～表 6-9）。结果表明，四种微量元素在水稻不同生长发育阶段植株体内的分布情况随盐碱胁迫的变化虽呈现不同的特点，但未见明显的规律性。同一生长阶段植株同一器官中的微量元素质量分数随盐碱胁迫的增强，有增有减。铁在各生长发育阶段的分布特征为：主要分布在根中，地上部营养器官中次之，繁殖器官中最少，而且两个品种表现的特征相似。这点与分蘖期的分布特征一致。锰在各生长发育阶段的分布特征为：在叶中质量分数最高，在根和繁殖器官中质量分数较低，在穗中质量分数最低，两个品种表现的特征无规律性。锌在各生长发育阶段的分布没有规律性，品种间也存在差异。铜在各生长发育阶段的分布特征为：在根中质量分数最高，在地上部器官中质量分数均较低，品种间也无规律可循。

表 6-7　盐碱胁迫下水稻抽穗期不同器官中的微量元素质量分数　　单位：μg/g

器官	胁迫处理 ESP	农大 10				吉优 1			
		Fe	Mn	Zn	Cu	Fe	Mn	Zn	Cu
根	2.41%	9212.9	364.9	44.4	25.1	11315.9	385.5	62.4	37.9
	13.67%	9740.9	259.2	40.5	27.8	15683.5	465.6	49.9	31.9
	25.87%	11939.7	280.1	45.9	19.4	16254.6	750.0	58.1	36.6
	42.30%	10406.0	234.7	37.2	22.8	15749.6	287.7	52.6	33.2
	53.13%	11740.9	236.3	31.2	20.5	17451.6	309.1	48.6	33.1
叶	2.41%	264.6	1564.9	19.8	9.1	1179.2	72.9	26.2	6.6
	13.67%	243.5	1046.8	17.1	11.3	360.7	985.1	31.7	10.5
	25.87%	249.3	575.1	19.4	10.6	344.4	643.2	31.3	11.9
	42.30%	261.5	784.8	16.8	11.9	291.4	560.6	27.9	11.1
	53.13%	224.8	545.9	13.3	12.3	244.7	398.6	25.0	12.6

器官	胁迫处理 ESP	农大 10				吉优 1			
		Fe	Mn	Zn	Cu	Fe	Mn	Zn	Cu
叶鞘	2.41%	1057.8	726.7	37.3	6.9	336.3	694.7	35.7	7.3
	13.67%	762.9	600.8	42.3	8.1	605.2	479.5	42.1	5.8
	25.87%	892.8	407.3	31.2	8.9	533.6	338.7	31.2	5.9
	42.30%	612.9	305.9	28.9	8.6	308.1	217.4	31.7	6.6
	53.13%	748.7	246.3	27.2	9.4	1002.5	262.5	44.8	8.0
茎	2.41%	235.9	483.6	60.9	13.4	533.0	397.0	71.3	11.4
	13.67%	166.7	362.6	54.7	64.5	436.8	249.8	51.3	8.8
	25.87%	227.2	242.8	37.3	17.2	175.7	179.7	43.8	10.9
	42.30%	366.0	181.3	32.4	14.2	230.1	126.6	34.3	7.6
	53.13%	351.2	163.9	28.1	15.1	151.0	146.6	21.3	11.7
穗	2.41%	201.3	199.9	44.1	10.1	142.8	216.6	44.8	8.5
	13.67%	124.4	162.2	45.8	12.7	482.5	170.9	46.9	7.7
	25.87%	96.9	143.2	57.9	13.9	252.6	95.9	43.9	6.9
	42.30%	92.0	108.0	47.5	10.6	101.6	121.6	51.8	9.1
	53.13%	115.1	150.0	63.8	12.2	136.2	93.8	49.9	8.8

表 6-8　盐碱胁迫下水稻乳熟期不同器官中的微量元素质量分数　　单位：μg/g

器官	胁迫处理 ESP	农大 10				吉优 1			
		Fe	Mn	Zn	Cu	Fe	Mn	Zn	Cu
根	2.41%	27918.5	581.7	39.8	20.4	32635.1	965.3	55.0	27.4
	13.67%	29355.3	567.5	42.8	20.1	17498.9	352.3	29.4	16.7
	25.87%	21643.6	378.5	35.9	21.7	24833.1	405.9	30.4	19.1
	42.30%	24369.5	312.1	26.0	20.8	34846.7	472.4	32.7	26.8
	53.13%	19695.1	320.0	22.3	21.2	20804.1	290.8	31.5	20.6
叶	2.41%	806.1	2227.9	8.0	8.8	384.2	1973.1	14.9	7.4
	13.67%	453.9	1385.5	19.4	8.4	462.4	1384.9	17.0	7.6
	25.87%	530.1	1308.7	24.8	7.7	495.3	1166.4	18.1	6.4
	42.30%	485.3	1128.5	13.9	8.3	625.2	951.5	41.6	8.2
	53.13%	375.9	1461.7	38.4	12.3	933.9	867.9	18.8	9.7
叶鞘	2.41%	1129.1	557.5	33.9	5.0	1657.8	946.7	28.6	5.5
	13.67%	1134.7	422.4	32.2	4.5	1732.5	741.1	44.9	5.3
	25.87%	837.1	710.1	26.5	4.8	1684.8	505.1	29.4	7.2
	42.30%	1124.7	353.8	36.3	4.8	1294.1	419.9	25.2	4.5
	53.13%	1752.3	318.4	39.2	8.7	1615.5	389.7	68.3	6.0

续表

器官	胁迫处理 ESP	农大 10				吉优 1			
		Fe	Mn	Zn	Cu	Fe	Mn	Zn	Cu
茎	2.41%	234.9	358.3	39.4	5.5	233.6	412.6	40.8	6.2
	13.67%	281.4	252.9	36.0	5.2	247.3	305.2	30.7	6.2
	25.87%	243.6	192.8	37.2	6.7	498.9	237.2	23.5	8.4
	42.30%	280.9	148.2	39.8	6.3	761.8	176.4	62.0	7.7
	53.13%	334.9	158.3	25.7	8.9	317.9	160.9	34.4	6.8
穗	2.41%	91.9	40.6	28.8	4.9	301.2	51.9	27.1	4.1
	13.67%	72.6	39.3	28.2	4.8	50.0	32.1	26.9	3.8
	25.87%	95.1	40.6	43.0	5.9	49.1	22.5	36.5	3.9
	42.30%	83.8	27.5	25.4	4.7	165.5	31.6	29.3	4.8
	53.13%	45.3	25.2	21.7	7.1	129.9	32.5	62.1	4.2

表 6-9　盐碱胁迫下水稻完熟期不同器官中的微量元素质量分数　　单位：μg/g

器官	胁迫处理 ESP	农大 10				吉优 1			
		Fe	Mn	Zn	Cu	Fe	Mn	Zn	Cu
根	2.41%	18831.3	280.0	85.1	24.8	34591.8	681.2	77.0	32.6
	13.67%	15236.3	328.7	31.1	15.9	27205.0	374.8	59.0	27.1
	25.87%	17488.1	255.8	37.1	18.8	25509.8	304.5	40.0	21.9
	42.30%	19691.9	217.7	42.1	18.1	26309.5	271.4	43.5	25.4
	53.13%	18839.8	227.4	40.3	48.6	21152.9	229.5	37.4	20.1
叶	2.41%	1854.3	3216.7	40.9	9.8	3586.5	2456.4	76.5	7.9
	13.67%	1554.5	1749.3	51.5	7.4	730.3	1553.4	42.2	5.5
	25.87%	2207.8	1517.4	45.7	8.1	669.9	1397.7	30.5	4.8
	42.30%	10995.8	1614.8	274.6	16.1	595.1	1329.2	21.3	4.8
	53.13%	1609.7	888.6	36.1	8.2	604.5	846.5	20.2	4.5
叶鞘	2.41%	1753.9	967.1	49.6	8.2	1127.3	862.6	38.0	3.9
	13.67%	1189.3	383.6	45.4	5.6	4029.0	682.1	73.4	7.1
	25.87%	2884.0	382.1	65.4	7.9	1005.0	463.4	31.1	2.9
	42.30%	19058.5	343.2	282.4	18.9	1681.5	424.1	36.9	4.8
	53.13%	2210.5	233.1	46.2	7.5	868.9	246.2	27.3	3.1
茎	2.41%	2218.6	430.3	86.4	10.1	349.7	361.1	47.9	4.5
	13.67%	1134.1	204.9	58.0	6.9	211.1	278.9	45.9	2.8
	25.87%	319.2	167.5	35.6	5.9	258.5	157.5	27.2	3.8
	42.30%	242.3	123.3	23.8	4.9	851.5	132.7	30.0	2.4
	53.13%	278.7	110.8	30.8	5.8	1889.9	93.4	32.3	5.5

续表

器官	胁迫处理 ESP	农大 10				吉优 1			
		Fe	Mn	Zn	Cu	Fe	Mn	Zn	Cu
穗	2.41%	23.1	32.5	35.7	7.3	154.6	25.1	28.9	3.1
	13.67%	83.3	21.5	35.3	5.8	129.0	23.8	42.5	2.8
	25.87%	79.5	17.5	34.5	5.5	61.7	21.6	32.8	1.5
	42.30%	5088.3	38.3	118.1	10.3	73.3	19.1	35.1	2.1
	53.13%	5124.4	41.2	176.2	10.0	56.6	15.9	27.7	1.2

对照前人其他植物正常生长下微量元素质量分数的研究结果，水稻在盐碱胁迫下和对照植株根中铁的质量分数明显超出一般植物的正常值，为其上限的 40 倍，其原因有待于进一步研究。锰的质量分数在根和地上部器官中也显略高，而繁殖器官中锰的质量分数在正常值范围内。锌的质量分数多数在正常值中的较低值范围。铜的质量分数只有在根中在正常值内，在其他器官均低于正常值。这些微量元素在水稻植株相同器官和不同器官中质量分数不同的生理学意义有待于深入研究。

第五节　盐碱胁迫对水稻渗透调节的影响

一、盐碱胁迫对水稻叶片细胞膜透性的影响

盐碱胁迫对水稻不同生长发育期叶片电解质外渗率产生影响，基本趋势是随着盐碱胁迫强度的增加，电解质外渗率随之增加，但表现的规律性在品种间和不同生育阶段间不够明显（图 6-60 和图 6-61）。因此，利用叶片电解质外渗率作为水稻品种间对盐碱胁迫响应的评价指标尚需做更多研究。

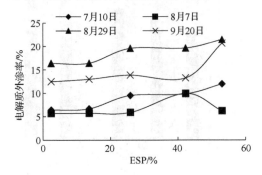

图 6-60　盐碱胁迫下吉优 1 水稻品种分蘖期
电解质外渗率

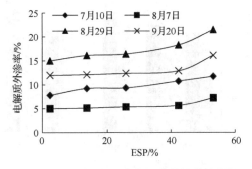

图 6-61　盐碱胁迫下吉优 1 水稻品种抽穗期
电解质外渗率

二、盐碱胁迫对水稻叶片可溶性糖含量的影响

从水稻四个生育阶段叶片可溶性糖含量对盐碱胁迫的响应分析结果（图 6-62～图 6-65）

中可以看出，可溶性糖含量的增加主要是在分蘗期和抽穗期，并以分蘗期反应最敏感，乳熟期和完熟期无规律。低盐碱胁迫对分蘗期叶片可溶性糖含量影响不明显，随盐碱胁迫强度的进一步增加，叶片可溶性糖含量呈现规律性上升。品种吉优 1 随盐碱胁迫强度增加叶片可溶性糖含量比对照上升的比例依次为 9.20%、59.40%、72.25%和 83.12%；品种农大 10 随盐碱胁迫强度增加叶片可溶性糖含量比对照上升的比例依次为 11.18%、96.17%、131.39%和 154.06%。品种农大 10 随盐碱胁迫强度增加叶片可溶性糖含量的增加显著高于品种吉优 1。

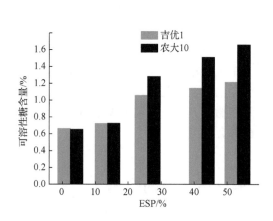

图 6-62　盐碱胁迫对水稻叶片可溶性糖含量的
影响（分蘗期）

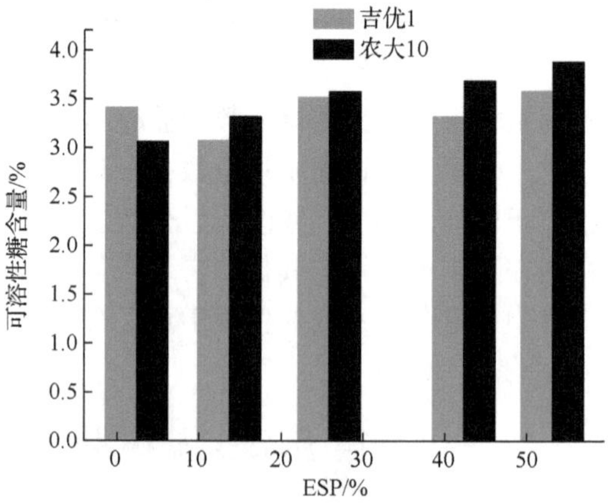

图 6-63　盐碱胁迫对水稻叶片可溶性糖含量的
影响（抽穗期）

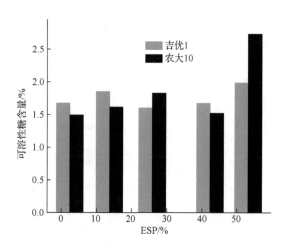

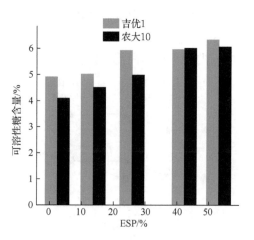

图 6-64　盐碱胁迫对水稻叶片可溶性糖含量的
影响（乳熟期）

图 6-65　盐碱胁迫对水稻叶片可溶性糖含量的
影响（完熟期）

可溶性糖是多种非盐生植物的主要渗透调节物质，也是合成有机物质的碳架和能量来源，对细胞膜和原生质体有稳定作用，还可以在细胞内无机离子含量增高时起保护酶类的作用（肖雯等，2000）。盐碱胁迫促进水稻分蘗期叶片可溶性糖含量上升是水稻渗透调节的过程，对水稻适应盐碱环境具有重要意义。水稻分蘖期叶片可溶性糖含量的变化可以作为评价水稻耐盐碱性的参考指标。

三、盐碱胁迫对水稻叶片脯氨酸含量的影响

脯氨酸作为重要的植物渗透调节物质在植物抗逆研究中日益受到重视。不少盐生植物在盐渍环境下可以大量合成脯氨酸。水稻不同生育阶段叶片脯氨酸含量随盐碱胁迫强度的变化结果表明，叶片脯氨酸含量随盐碱胁迫强度增加而增加主要表现在分蘖期和抽穗期，呈现正相关，而在乳熟期和完熟期无明显的规律性（图 6-66～图 6-69）。叶片脯氨酸绝对含量从大到小依次为抽穗期>分蘖期>完熟期>乳熟期。在试验盐碱胁迫强度范围内，各生育阶段叶片脯氨酸含量均在最大胁迫强度时达到最大值。对比两个品种在分蘖期和抽穗期叶片脯氨酸的含量发现，轻中度盐碱胁迫下两品种叶片脯氨酸含量未见明显增加，进一步加大盐碱胁迫时，品种农大 10 叶片脯氨酸含量上升幅度大于吉优 1 叶片脯氨酸含量上升幅度，品种农大 10 分蘖期叶片脯氨酸含量在 ESP 为 42.30%和 53.13%时分别比对照高 87.71%和 167.80%，而吉优 1 分蘖期叶片脯氨酸含量在同样的胁迫强度下为 49.90%和 93.52%（图 6-70 和图 6-71）。

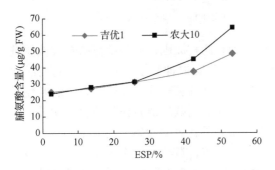

图 6-66　盐碱胁迫下水稻分蘖期叶片脯氨酸
含量变化

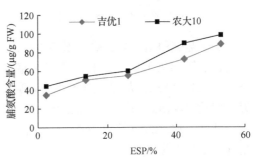

图 6-67　盐碱胁迫下水稻抽穗期叶片脯氨酸
含量变化

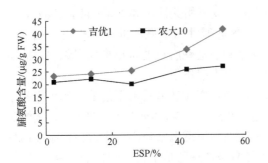

图 6-68　盐碱胁迫下水稻乳熟期叶片脯氨酸
含量变化

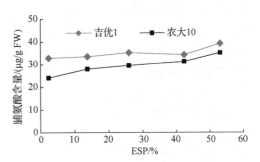

图 6-69　盐碱胁迫下水稻完熟期叶片脯氨酸
含量变化

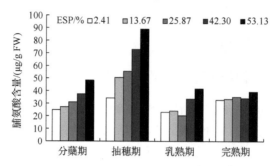

图 6-70　盐碱胁迫下吉优 1 水稻不同生育期叶片脯氨酸的积累

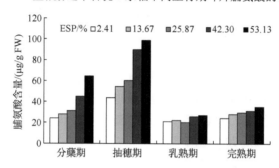

图 6-71　盐碱胁迫下农大 10 号水稻不同生育期叶片脯氨酸的积累

　　关于盐碱胁迫下脯氨酸积累的机理，目前认为有两种原因：一是脯氨酸合成被促进（赵福庚等，1999）；二是脯氨酸氧化被抑制，即盐分胁迫抑制了脯氨酸氧化酶的活性（Streward，1983）。从绝对含量上看，脯氨酸在叶片中的含量是非常少的。虽然多数研究表明随盐碱胁迫的增加，脯氨酸含量上升，但目前对脯氨酸能否作为植物耐盐碱指标观点并不一致。Sabu 等（1995）认为脯氨酸的积累并不代表耐盐碱力的大小，不能作为耐盐碱生理指标。孙金月等（1997）也指出，用脯氨酸含量和变化率不能完全可靠地反映小麦品种和耐盐碱性的关系，因为即使同为强耐盐品种，961 和 R025 的脯氨酸含量高，且变化率也大，而 R017 的脯氨酸绝对含量高，变化率却极低。另外有人认为脯氨酸的积累是盐碱胁迫的偶然性结果，以大豆为例，在同样的盐胁迫条件下，脯氨酸的积累所显示的是一种栽培特性，其含量与抗渗透胁迫能力没有相关性（Moftat et al.，1987），同样，在盐碱胁迫条件下培育的高粱细胞中发现耐盐碱性与脯氨酸的积累也没有相关性（Bahskaran et al.，1985）。Lutts 等（1996）观察到在盐碱胁迫的水稻愈伤组织中，脯氨酸的累积对渗透调节几乎没有贡献，在水稻抗盐中不起作用。

　　傅秀云等（1988）通过对小麦的研究认为，脯氨酸在盐碱胁迫下的变化率可作为小麦耐盐的生理指标。周荣仁等（1989）筛选出耐 0.5%～2.0% NaCl 烟草细胞系，其游离脯氨酸含量随盐浓度提高而增加，更进一步说明细胞渗透调节作用越大，植物耐盐碱性越强，是植物遇逆境而产生的生理适应性。脯氨酸是渗透胁迫下易于积累的一种氨基酸，是盐生植物调节渗透压的一种溶质。除调节功能外，它还具有稳定细胞蛋白质结构、防止酶变性失活和保持氮含量的作用。研究表明，烟草细胞在 NaCl 胁迫下，脯氨酸占游离氨基酸总量的 80%以上（Binzel et al.，1987）。在其他植物中也有类似报道，但脯氨酸的积累究竟是盐碱胁迫引起植物损伤的征兆，还是耐盐的原因，目前尚不清楚。有人认为脯氨酸的积累是耐盐的原因，而不是盐碱胁迫下的偶然结果，van Swaaij 等（1986）建立的马铃薯细胞系在无盐碱胁迫情况下也能积累大量脯氨酸，其中有的细胞系确实具有较强的耐盐能力，表明大量脯氨酸的积累也许具有抗盐害的功能。尽管人们对脯氨酸积累的原因及生理意义的认识仍存在分歧，但脯氨酸作为一种渗透调节物质在植物遭受盐害时是具有保护作用的，这一点已为大多数学者所接受。脯氨酸的积累过程与耐盐生理机制还有待进一步研究。

植物耐盐碱性因植物的不同生长发育阶段而不同，盐碱胁迫下脯氨酸的累积也因植物不同生育阶段而异。根据本节的研究结果，考虑将脯氨酸累积作为植物耐盐碱评价生理指标时，应该明确植物的生长阶段。就松嫩平原西部苏打盐碱地水稻而言，苗期是在无盐碱胁迫条件下生长，因此，本田期的鉴定更具有实际意义。

第六节　盐碱胁迫对水稻生殖生理的影响

一、盐碱胁迫下水稻花粉表面的扫描特征

从水稻花粉表面的扫描特征看（图 6-72），盐碱胁迫下的花粉粒表面的正面（有花粉孔的一面）和背面（背向花粉孔的一面）与对照存在明显不同。对照（SS_0）花粉粒的

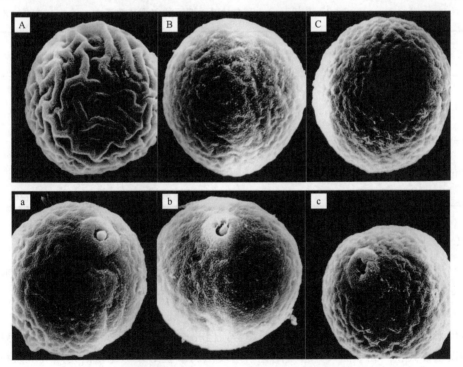

图 6-72　盐碱胁迫下水稻花粉表面的扫描特征（以农大 10 为例）

A-SS_0 处理花粉粒背面；B-SS_2 处理花粉粒背面；C-SS_4 处理花粉粒背面；
a-SS_0 处理花粉粒正面；b-SS_2 处理花粉粒正面；c-SS_4 处理花粉粒正面

背面（照片 A）有较深的呈网状突起的沟回，而盐碱胁迫处理的凸凹程度较浅，沟回不明显，表面相对平滑（照片 B、C）；对照花粉粒的萌发孔（照片 a）有孔环和孔盖，SS_2盐碱胁迫下这个球状体向内凹进，也有孔环和孔盖（照片 b），而 SS_4 盐碱胁迫下只有孔环却没有孔盖（照片 c）。萌发孔是花粉管萌发的起始点，缺少孔盖的萌发孔的花粉粒可能引起花粉败育。花粉背面网状沟回多，增加了花粉的表面积，可能有利于花粉在柱头上的附着，而盐碱胁迫下的光滑表面使花粉比较容易脱落，这些细节问题还有待于深入研究。

二、盐碱胁迫对水稻花粉活力的影响

植物花粉具有活力是实现受精结实的前提。胁迫条件常常会降低植物的花粉活力。一般鉴定水稻花粉活力的方法有多种，但目前应用较多的是采用水稻的花粉萌发法和直观的 I-KI 染色法来鉴定花粉的活力。

（一）花粉萌发法

从表 6-10 可知，无论是农大 10 还是吉优 1 采用花粉萌发法测定的水稻花粉活力都是随着盐碱胁迫的加重逐渐减弱。

表 6-10　花粉萌发法测定盐碱胁迫下的水稻花粉活力　　　　　　　　单位：%

品种	处理	花粉活力			
		I	II	III	平均
农大 10	SS_0	61.9	72.7	63.0	65.9±5.9
	SS_2	56.7	49.2	61.1	55.7±6.0
	SS_4	44.8	38.3	46.5	43.2±4.3
吉优 1	SS_0	78.3	63.3	59.7	67.1±9.8
	SS_2	59.2	61.5	55.3	58.7±3.1
	SS_4	50.8	56.7	44.4	50.6±6.2

（二）I-KI 染色法

当加入 I-KI 时发育良好的花粉粒染色较深，而发育不好的花粉粒染色极浅或无色（表 6-11）。花粉活力（%）=染色较深花粉粒/观察的花粉粒的总和。

本节采用花粉萌发和 I-KI 染色两种方法测定盐碱胁迫对水稻花粉萌发的影响。从试验结果来看，尽管两种方法呈现一致的趋势，但花粉萌发法直观、准确，而 I-KI 染色法人为误差较大。因此下面只分析采用花粉萌发法的试验结果。花粉活力是实现授粉结实的前提条件。研究结果表明，盐碱胁迫显著地降低了两个供试水稻品种花粉的萌发率。农大 10 品种两个盐碱胁迫强度下的花粉萌发率分别比对照降低了 15.48% 和 34.45%；吉优 1 品种两个盐碱胁迫强度下的花粉萌发率分别比对照降低了 12.52% 和 24.59%。这个结果与两个品种的测产结果相矛盾。其原因是尽管盐碱胁迫降低了花粉的萌发率，但仍有足够有活力的花粉用于授粉。盐碱胁迫下水稻结实率下降的其他原因如灌浆期淀粉聚合酶活性降低等有待于进一步研究。同时也说明应用花粉萌发率来评价品种的耐盐碱性是不够准确的。

表 6-11　I-KI 染色法测定花粉活力　　　　单位：%

品种	处理	花粉活力			
		I	II	III	平均
吉优 1	SS$_0$	97.6	88.5	93.7	93.3±4.5
	SS$_2$	85.5	81.4	96.4	87.8±7.7
	SS$_4$	82.4	84.7	88.8	85.3±3.2
农大 10	SS$_0$	92.4	96.8	93.7	94.3±2.3
	SS$_2$	94.1	92.8	94.4	93.8±0.8
	SS$_4$	88.6	91.3	86.2	88.7±2.6

三、盐碱胁迫对水稻柱头接受花粉能力的影响

将各盐碱胁迫处理的植株去雄，用对照正常植株的花粉为各处理的植株授粉（♀S×♂N），所有处理的植株结实率与对照相比均出现下降，但两个品种下降的比率不同（表 6-12、表 6-13）。农大 10 品种各处理杂交组合的结实率比对照分别下降 14.2%、33.1%、38.5%和 48.2%；吉优 1 品种各处理杂交组合的结实率比对照分别下降 8.4%、24.5%、40.1%和 49.0%。杂交组合结实率可以很好地代表处理植株柱头对花粉的接受能力。结果表明，在轻中度盐碱胁迫下（SS$_1$、SS$_2$），品种吉优 1 柱头对花粉的接受能力强于品种农大 10，而在重度盐碱胁迫下（SS$_3$、SS$_4$），品种农大 10 柱头对花粉的接受能力接近或强于品种吉优 1。由此试验结果看来，盐碱胁迫对结实的影响不完全与花粉活力有关，还与柱头对花粉的接受能力有关，盐碱胁迫下水稻柱头对有萌发力的花粉的接受程度随着胁迫强度的增大而降低，因此可以说柱头对花粉的接受能力对结实更重要。值得注意的是，在研究盐碱胁迫下柱头对花粉的接受能力时，首先要确定盐碱胁迫强度的范围。

表 6-12　盐碱胁迫下品种吉优 1 去雄授粉后的结实率　　　　单位：%

杂交组合	去雄授粉后的结实率	盐碱胁迫与对照杂交组合结实率的比值
SS$_0$×SS$_0$	52.7±11.2	100
SS$_1$×SS$_0$	48.3±10.3	91.6
SS$_2$×SS$_0$	39.8±9.8	75.5
SS$_3$×SS$_0$	31.6±12.3	59.9
SS$_4$×SS$_0$	26.9±7.2	51.0

注：去雄授粉后的结实率为 15 穗的平均值

表 6-13　盐碱胁迫下品种农大 10 去雄授粉后的结实率　　　　　单位：%

杂交组合	去雄授粉后的结实率	盐碱胁迫与对照杂交组合结实率的比值
$SS_0 \times SS_0$（对照）	62.4±9.2	100
$SS_1 \times SS_0$	53.6±8.6	85.8
$SS_2 \times SS_0$	41.8±10.7	66.9
$SS_3 \times SS_0$	38.4±8.2	61.5
$SS_4 \times SS_0$	32.1±9.4	51.4

注：去雄授粉后的结实率为 15 穗的平均值

参 考 文 献

陈德明, 俞仁培. 1998. 盐胁迫下不同小麦品种的耐盐性及其离子特征. 土壤学报, 35(1): 88-94.

陈火英, 张建华, 钟建江. 2001. 野生番茄耐盐性研究及其利用. 华东理工大学学报(1): 51-55.

陈受宜, 朱立煌, 洪建, 等. 1991. 水稻抗盐突变体的分子生物学鉴定. 植物学报, 33(8): 569-573, 649.

陈香兰, 吕小波, 陈力. 1990. 耐盐碱水稻的选育及生理特性的研究. 盐碱地利用(4): 10-12.

杜晓光, 郑慧莹, 刘存德. 1994. 松嫩平原主要盐碱植物群落生物生态学机制的初步探讨. 植物生态学报(1): 41-49.

傅秀云, 崔光泉, 林昶. 1988. 冬小麦耐盐力与脯氨酸含量的关系. 山东农业科学(2): 5-7, 26.

郭房庆, 汤章城. 1999. NaCl 胁迫下抗盐突变体和野生型小麦 Na⁺、K⁺ 累积的差异分析. 植物学报(5): 66-69.

郭书奎, 赵可夫. 2001. NaCl 胁迫抑制玉米幼苗光合作用的可能机理. 植物生理学报(6): 461-466.

郭文忠, 刘声锋, 李丁仁. 2003. 硝酸钙和氯化钠不同浓度对番茄苗期光合生理特性的影响. 中国农学通报(5): 28-31.

郭岩, 陈少麟, 张耕耘. 1997. 应用细胞工程获得受显效基因控制的水稻耐盐突变系. 遗传学报(2): 24-28.

惠红霞, 许兴, 李守明. 2002. 宁夏干旱地区盐胁迫下枸杞光合生理特性及耐盐性研究. 中国农学通报(5): 29-34.

李家熙. 2001. 区域地球化学与农业和健康. 北京: 人民卫生出版社: 77-79.

利容千. 1976. 水稻幼穗分化过程中多糖的变化. 武汉大学学报(自然科学版), 2: 60-70.

潘瑞炽. 2012. 植物生理学. 7 版. 北京: 高等教育出版社.

祁祖白, 李宝健, 杨文广, 等. 1991. 水稻耐盐性遗传初步研究. 广东农业科学, 1: 18-21.

沈伟其, 马立孟. 1998. 蔺草对氮磷钾的吸收及蔺草专用肥的增产效应. 土壤肥料, 6: 36-39.

孙国荣, 关旸, 阎秀峰. 2000. Na₂CO₃ 胁迫对星星草幼苗游离氨基酸含量的影响. 植物研究(1): 69-72.

孙金月, 赵玉田, 常汝镇. 1997. 小麦细胞壁糖蛋白的耐盐性保护作用与机制研究. 中国农业科学(4): 10-16, 98.

汪贵斌, 曹福亮, 游庆方. 2001. 盐胁迫对 4 树种叶片中 K⁺和 Na⁺的影响及其耐盐能力的评价. 植物资源与环境学报(1): 30-34.

王宝山, 邹琦. 2000. NaCl 胁迫对高粱根、叶鞘和叶片液泡膜 ATP 酶和焦磷酸酶活性的影响. 植物生理学报(3): 181-188.

王焕文, 杨秀风, 王明支. 1996. 盐度对小麦光合效应和 Na⁺、Cl⁻ 积累量的影响. 土壤肥料, 1(5): 17-18.

王连军, 皇甫淳, 王铭. 1995. 盐碱胁迫下山葡萄叶绿素含量与耐盐碱性关系的研究. 葡萄栽培与酿酒, 4: 1-3.

王萍, 殷立娟, 李建东. 1997. 东北草原区 C₃、C₄ 植物的生态分布及其适应盐碱环境的生理特性. 应用生态学报(4): 407-411.

翁森红, 聂素梅, 徐恒刚. 1998. 禾本科牧草 K⁺/Na⁺ 与其耐盐性的关系. 四川草原(2): 23-24, 31.

翁森红, 徐柱, 师文贵. 1999. 牧草叶片的叶绿素含量与牧草耐盐性的关系. 四川草原(1): 12-14, 18.

吴荣生, 王志霞, 蒋荷, 等. 1989. 太湖流域稻种资源耐盐性筛选鉴定. 江苏农业科学, 1: 8-9.

肖雯, 贾恢先, 蒲陆梅. 2000. 几种盐生植物抗盐生理指标的研究. 西北植物学报(5): 818-825.

许兴, 李树华, 惠红霞. 2002. NaCl 胁迫对小麦幼苗生长、叶绿素含量及 Na⁺、K⁺吸收的影响. 西北植物学报(2): 70-76.

严小龙, 郑少玲, 连兆煌. 1991. 水稻耐盐机理的研究: Ⅰ. 不同基因型植株水平耐盐性初步比较. 华南农业大学学报(4): 6-11.

晏斌, 戴秋杰. 1994. 外界 K⁺水平对水稻幼苗耐盐性的影响. 中国水稻科学(2): 119-122.

晏斌, 汪宗立. 1994. 水稻苗期体内 Na⁺的分配与品种耐盐性. 江苏农业学报(1): 1-6.

杨月红, 孙庆艳, 沈浩. 2002. 植物的盐害和抗盐性. 生物学教学(11): 1-2.

余叔文, 汤章城. 1998. 植物生理与分子生物学. 2 版. 北京: 科学出版社.

张川红, 沈应柏, 尹伟伦. 2002. 盐胁迫对国槐和核桃幼苗光合作用的影响. 林业科学研究(1): 41-46.

张海燕. 2001. NaCl 胁迫对滨藜生长及其根和叶中无机离子含量的影响. 武汉植物学研究(5): 409-415.

赵福庚, 刘友良. 1999. 胁迫条件下高等植物体内脯氨酸代谢及调节的研究进展. 植物学通报(5): 540-546.

赵可夫, 冯立田, 范海. 1999. 盐生植物种子的休眠、休眠解除及萌发的特点. 植物学通报(6): 677-685.

郑国琦, 许兴, 徐兆桢. 2002. 盐胁迫对枸杞光合作用的气孔与非气孔限制. 西北植物学报(6): 75-79.

郑少玲, 严小龙, 连兆煌. 1992. 水稻耐盐机理的研究: Ⅲ. 不同基因型对 NaCl 吸收和运转的动力学比较. 华南农业大学学报(4): 19-25.

周荣仁, 杨燮荣, 余叔文. 1989. 利用组织培养研究植物耐盐机理与筛选耐盐突变体的进展. 植物生理学通讯(5): 11-19, 27.

朱新广, 张其德, 匡廷云. 1999. NaCl 胁迫对 PSII 光能利用和耗散的影响. 生物物理学报(4): 787-791.

Aro E M, Virgin I, Andersson B. 1993. Photoinhibition of photosystem II. Inactivation, protein damage and turnover. Biochimica et Biophysica Acta (BBA)-Bioenergetics, 1143(2): 113-134.

Ayers A D. 1952. Seed germination is affected by soil moisture and salinity. Agronomy Journal, 44: 82-84.

Bernstein L, Francois L E, Clark R A. 1974. Interactive effects of salinity and fertility on yields of grains and vegetables. Agronomy Journal, 66(3): 412-421.

Bhaskaran S, Smith R H, Newton R J. 1985. Physiological changes in cultured sorghum cells in response to induced water stress: I. Free proline. Plant Physiology, 79(1): 266-269.

Binzel M L, Hasegawa P M, Rhodes D, et al. 1987. Solute accumulation in tobacco cells adapted to NaCl. Plant Physiology, 84(4): 1408-1415.

Chartzoulakis K, Klapaki G. 2000. Response of two greenhouse pepper hybrids to NaCl salinity during different growth stages. Scientia Horticulturae, 86(3): 247-260.

Esechie H A, Al-Barhi B, Al-Gheity S, et al. 2002. Root and shoot growth in salinity-stressed alfalfa in response to nitrogen source. Journal of Plant Nutrition, 25(11): 2559-2569.

Everard J D, Gucci R, Kann S C, et al. 1994. Gas exchange and carbon partitioning in the leaves of celery (*Apium Graveolens* L.) at various level of root zone salinity. Plant Physiology, 106: 281.

Flowers T J, Flowers S A. 2005. Why does salinity pose such a difficult problem for plant breeders?. Agricultural Water Management, 78: 15-24.

Flowers T J, Yeo A R. 1981. Variability in the resistance of sodium chloride salinity within rice (*Oryzasativa* L.) varieties. New Phytol, 88(2): 363-373.

Gupta R K, Abrol I P. 1990. Salt-affected soils: Their reclamation and management for crop production//Lal R, Stewart B A. Advances in Soil Science, New York: Springer: 223-288.

Hartzendorf T, Rolletschek H. 2001. Effects of NaCl-salinity on amino acid and carbohydrate contents of Phragmites australis. Aquatic Botany, 69(2-4): 195-208.

Hoffman G J. 1986. Developments in Agricultural Engineering. Phoenix: U. S. Department of Agriculture: 345-362.

Janardhan K V, Murty K S. 1970. Effect of sodium Chloride treatment in leaf injury and chloride uptake by young rice seedlings. Indian Journal of Plant Physiology, 13: 225-232.

Khan M A, Abdullah I. 2003. Salinity-sodicity induced changes in reproductive physiology of rice (*Oryza sativa*) under dense soil conditions. Environmental and Experimental Botany, 49(2): 145-157.

Levitt J. 1980. Responses of Plants to Environmental Stress, 2nd edition, Volume 1: Chilling, Freezing, and High Temperature Stresses. New York: Academic Press.

Lutts S, Kinet J M, Bouharmont J. 1996. NaCl-induced senescence in leaves of rice (*Oryza sativa* L.) cultivars differing in salinity resistance. Annals of Botany, 78(3): 389-398.

Moftah A E, Michel B E. 1987. The effect of sodium chloride on solute potential and proline accumulation in soybean leaves. Plant Physiology, 83(2): 238-240.

Munns R. 1993. Physiological processes limiting plant growth in saline soils: Some dogmas and hypotheses. Plant, Cell & Environment, 16(1): 15-24.

Munns R. 2002. Comparative physiology of salt and water stress. Plant, Cell and Environment, 25: 239-250.

Munns R, Tester M. 2008. Mechanisms of salinity tolerance. Annual Review of Plant Biology, 59: 651-681.

Murillo-Amador B, Troyo-Diéguez E, López-Cortés A, et al. 2001. Salt tolerance of cowpea genotypes in the emergence stage. Australian Journal of Experimental Agriculture, 41(1): 81-88.

Plaut Z, Meinzer F C, Federman E. 2000. Leaf development, transpiration and ion uptake and distribution in sugarcane cultivars grown under salinity. Plant and Soil, 218: 59-69.

Ponnamperuma F N. 1984. Role of cultivar tolerance in increasing rice production on saline lands. New York: Wiley.

Sabu A, Sheeja T E, Nambisan P. 1995. Comparison of proline accumulation in callus and seedlings of two cultivars of *Oryza saliva* L. differing in salt tolerance. Indian Journal of Experimental Biology. 2(33): 139-141.

Staples R C, Toenniessen G H. 1984. Salinity Tolerance in Plants, Strategies for Crop Improvement. New York: A Wiley-Interscience Publication.

Streward C R. 1983. Effect of NaCl on praline synthesis and utilization in exercised barley leaves. Plant Physiology, 72: 664.

Strogonov B P. 1973. Salt tolerance in isolated tissues and cells. Structure and Function of Plant Cells in Saline Habitats: New Trends in the Study of Salt Tolerance. New York: Wiley: 1-33.

Tobe K, Li X M, Omasa K. 2002. Effects of sodium, magnesium and calcium salts on seed germination and radicle survival of a halophyte, Kalidium caspicum (Chenopodiaceae). Australian Journal of Botany, 50(2): 163-169.

van Swaaij A C, Jacobsen E, Kiel J, et al. 1986. Selection, characterization and regeneration of hydroxyproline - resistant cell lines of Solanum tuberosum: Tolerance to NaCl and freezing stress. Physiologia plantarum, 68(3): 359-366.

Wang J L, Shuman L M. 1994. Transformation of phosphate in rice(*Oryza Sativa* L) rhizosphere and its influence on phosphorus-nutrition of rice. Journal of Plant Nutrition, 17(10): 1803-1815.

Wang X J, Ji R S, Li S J, et al. 2000. Studies on salinity-resistant selection of cucumber during germination. Journal of Shandong Agricultural University, 31(1): 71-73, 78.

Wright D, Rajper I. 2000. An assessment of the relative effects of adverse physical and chemical properties of sodic soil on the growth and yield of wheat(*Triticum aestivum* L.). Plant and Soil, 223: 277-285.

第七章 水稻耐盐碱鉴定及盐碱胁迫下的水稻穗部性状特征

第一节 水稻耐盐碱相关研究

一、相关概念

植物适应盐碱胁迫，能够在盐碱环境下正常生长的能力即为植物耐盐碱性。根据植物生长对盐渍的反应，可以将植物划分为盐生植物（halophyte）和非盐生植物（glycophyte）（赵可夫等，1993）。盐生植物对盐渍生境有较强的适应能力，在盐渍土壤上能够正常生长，并完成生活史，而非盐生植物则不能。盐生植物和非盐生植物的耐盐碱机制不同。几乎所有农作物都是非盐生植物。提高非盐生植物的耐盐碱性，使其能在盐碱土上正常生长并获得一定的产量一直是人们追求的目标。然而植物耐盐碱性是受多基因控制的数量性状，其中存在许多机理问题有待于深入研究。

二、环境因素对植物耐盐碱性影响

影响植物耐盐碱性的环境因子主要是土壤、水分和气候。关于土壤盐渍化抑制植物生长的机理，学术界存在两种观点：一是渗透效应；二是离子毒害效应。究竟哪个效应占主导目前仍有争议（陈德明，1994）。土壤溶液中可溶性盐含量的增加将导致溶液渗透压增大，引起植物发生生理干旱，从而抑制植物正常生长。在干旱或半干旱地区，大量的地表蒸发使土壤溶液不断浓缩，促使盐分离子进入植株体内并积累，同时还发生离子拮抗，阻碍或破坏了正常的生理代谢，致使植物畸形或死亡（陈德明，1994）。植物抵抗盐碱伤害的关键在于：一是防止有毒离子进入细胞；二是将其储存在细胞某一区域，使其不能干扰植物正常生理代谢（Munns，2002；Frommer et al.，1999）。不同土壤盐渍化类型对作物的危害程度存在差异。一般情况下，碳酸盐和碳酸氢盐对作物的危害比氯化物盐和硫酸盐大，而氯化物盐对作物的危害又比硫酸盐重。Balba 等（1980）提出了在盐渍条件下，植物生长量是土壤盐度或土壤溶液盐度的函数，Maas 等（1977）建立了不同盐渍化水平下作物产量效应的 Mass-Hoffman 模型：$Y_r = 100 - B(EC_e - A)$。其基本含义为在一定盐浓度范围内，作物的相对产量与饱和土壤浸出液的电导率呈负相关，Y_r 为作物的相对产量，A 为盐分阈值（不影响产量的最高盐浓度），B 为盐分临界值以上每增加单位盐度时产量降低的百分率。水分和气候对植物耐盐碱性的影响一般是对土壤盐渍化程度的作用和对植物生长的作用的间接结果。气候干旱，水分亏缺，会加剧土壤的盐渍化程度，抑制植物生长，使其耐盐碱性下降；气候适宜，土壤水分充足，植物生长旺盛，则呈现出较强的耐盐碱能力。另外，盐渍环境下植物根区盐分与养分元素之间的协同或拮抗作用，可能加强或减弱盐分对植物生长和养分吸收的影响程度，从而对植物耐盐碱性产生影响。这方面研究对盐碱地施肥具有重要指导意义，正在成为研究的热点之一（陈德明，1994）。

三、植物耐盐碱数据库和植物耐盐碱种质资源评价

国外学者非常重视植物耐盐碱数据库建设和植物耐盐碱种质资源评价工作。美国盐土实验室在这方面走在世界前列。他们采用植物对土壤 NaCl 盐性反应模型开展了 65 种草本植物、35 种蔬菜和果树、27 种纤维和禾谷类植物的耐盐碱性评价，建立了多种植物的相对耐盐碱性数据库（Tanji，2002）。耐盐碱程度依次列为敏感（S）、中度敏感（MS）、中度耐性（MT）、强耐性（T）。Shannon 等（1998）报道了加利福尼亚 11 个主要水稻品种对 NaCl 盐性反应的评价，指出盐渍环境下不同品种生长速率存在明显差异，但相对耐盐碱性差别不大。菲律宾国际水稻所通过室内和田间试验，鉴定了 60261 份水稻品种和育种材料对 NaCl 盐的耐性，其中 Pokkali、Getu、Nona Bokra 及其后代品系等 10 份材料具有良好的耐盐碱性，为水稻耐盐碱性品种选育提供了技术储备（Ponnamperuma，1984）。其他耐盐碱性评价工作还有番茄（Santa-Cruz et al.，2002；Alian et al.，2000；Cuartero et al.，1999）、莴苣（Shannon et al.，1984，1983；Ayers 等，1951）、洋葱（Bernstein et al.，1953）、大豆（Essa，2002）、小麦（Khatkar et al.，2000；Reggian et al.，1995）等作物。尽管这些是在当地盐渍环境和当时评价标准下完成的，但研究结果为评价耐盐碱植物种质资源工作奠定了重要基础。

综合过去的植物耐盐碱种质资源评价工作不难发现，评价指标绝大多数是植物的生物学性状和农艺性状，没有将植物在盐碱胁迫下的生理指标纳入评价体系中，而且选择的盐碱成分绝大多数是 NaCl。

四、植物耐盐碱的生理生化基础

近年来，各国学者对植物耐盐碱的生理生化基础进行了许多研究，主要涉及盐环境下植物在渗透调节物质的合成、光合与代谢、钙调蛋白、通道蛋白、胚相关蛋白等方面所发生的变化。渗透调节物质脯氨酸能够防止质膜通透性的变化，对质膜的完整性有保护作用，其在细胞内积累能够提高植物的耐盐碱性。甜菜碱是在盐碱胁迫下植物体内积累的物质，外源甜菜碱的施加也会缓解植物的盐害反应。某些植物的盐敏感性可以归结为植物蒸腾流和地上部细胞质不能够有效地排除 Na^+ 和 Cl^-。在盐分胁迫条件下，耐盐碱植物能够在获得养分的同时限制有害离子的吸收。植物对 Na^+ 和 K^+ 的选择性吸收可能是适应的结果（Harvey，1985；Flowers et al.，1977）。培育盐渍环境下能够有效吸收养分或保持低离子积累可能是改进某些敏感品种耐盐碱的最简单方法。Munns 等（1986）指出长期盐碱胁迫将导致叶中盐分积累以及光合作用下降。Munns 等（1988）总结出盐敏感植物 *Lupinus albus* 韧皮部高盐浓度并没有直接产生生长抑制和叶部伤害，机制在于破坏了根部离子的运输调节。印度学者 Bohra 等（1993）报道了施用钾肥对水稻耐盐碱品种 Pokkali 和盐敏感品种 IR28 耐盐碱性的影响，发现施钾可大大增强光合作用，提高茎秆中 K^+ 的浓度，降低 Na^+ 的浓度，从而降低 Na^+/K^+。盐敏感品种 IR28 施钾增加的耐盐

碱性比耐盐碱品种 Pokkali 表现明显。王鸣刚等（2000）以小麦幼穗、幼胚为原始材料，对其愈伤组织及再生株后代进行了耐盐碱稳定性生理生化分析，耐盐碱品系保持较高的 K^+/Na^+，耐盐碱系有 14 条醇溶蛋白电泳带，而对照系只有 11 条，这说明在蛋白质合成过程中两者存在明显差异，因为醇溶蛋白是小麦品种的"指纹"蛋白，这种差异可能是盐碱胁迫诱导引起的生理生化差异的结果。郭房庆等（1999）的试验结果表明，在 2.0% NaCl 胁迫下，抗盐小麦代谢受阻程度显著低于鲁麦 10 号，相对于野生型小麦而言，在盐碱胁迫下小麦突变体根中 Na^+ 分布比例的提高可有效地减少根中 Na^+ 向地上部转运。细胞代谢物质的积累与植物耐盐碱性密切相关。肖雯等（2000）研究盐生植物组的功能叶片中丙二醛（malondialdehyde，MDA）含量平均高于非盐生植物对照组，而膜透性平均值低于对照组，认为膜透性、渗透调节物质的种类和含量对植物耐盐碱性具有比较明确的指示意义。

　　植物的吸钾排钠机制是植物耐盐碱研究的一个热点。维持植物地上部分低盐分浓度是植物耐盐碱的重要机理之一。小麦、水稻等作物在一定范围 NaCl 胁迫下，根中 Na^+ 比地上部高 3～7 倍，高粱在 100mmol/L NaCl 胁迫 7 天后，其根和茎基部中的 Na^+ 比木质部高 7～10 倍（王宝山等，1997）。任东涛等（1992）研究发现，芦苇耐盐碱的明显特点是限制 Na^+ 向地上部运输，即使在 500mmol/L NaCl 胁迫下，其叶渗透溶质也主要是 K^+、Cl^- 和蔗糖，Na^+ 还不到 10%。田中（1974）把 9 种作物在 0.786mmol/L 和 17mmol/L 钠培养液中培养 20 天后，测地上部和根的含钠量，结果发现旱芹、茼蒿、萝卜是含钠高的植物，而豌豆、小麦、芦笋、玉米是含钠低的植物，说明植物具有内在的排钠机制。目前认为植物排钠机制涉及下列过程：①植物体不将 Na^+ 吸入根细胞内，即使进入细胞也通过 Na^+/H^+ 泵再排出，内皮层细胞内的 Na^+ 也同样被排出，这可能与植物的细胞质膜组成有关；②植物体将吸收的 Na^+ 储存于根茎基部，从而阻止 Na^+ 向叶片运输；③植物体将吸收的 Na^+ 在向木质部运输过程中，被木质部或韧皮部传递细胞吸收，并分泌到韧皮部中再运回根中，最后分泌到环境中，即植物通过脉内再循环把 Na^+ 运到体外，这一点在菜豆、高粱植物中均得到证明（王宝山等，1997；Drew et al.，1985）；④在 NaCl 胁迫下，植物吸收的 Na^+ 向地上部特别是向叶片和果实的运输选择性降低，而 K^+ 运输选择性增加。

　　另外，在盐渍环境下，许多植物还具有选择性吸收土壤溶液中某些浓度较低的必需元素而少吸收非必需元素的特性。由于构成盐渍土的盐类大多为 NaCl，因此，选择吸收 K^+ 的机能对植物至少有下列意义（王宝山等，1997；李景生等，1995）：①在高钠条件下 K^+ 的吸收被抑制，由于植物发挥了较强的选择吸收机能，可避免植物体因缺钾而抑制其生长的现象；②植物从高盐浓度土壤中吸收多量的钾，作为无机渗透调节物质，可避免渗透胁迫；③对钾的吸收可能与细胞拒钠有关（Jeschke，1984）。

第二节　水稻品种耐盐碱性鉴定

　　不同水稻品种的耐盐碱性和磷素吸收利用特点不同，为确保试验的系统性、完整性，本节首先对吉林省广泛种植的 40 个水稻品种进行耐盐碱性鉴定，以选择合适的耐盐碱和盐碱敏感水稻品种进行其生长动态、产量构成、胁迫响应及磷素养分特征等方面的研究。

一、水稻品种生长初期的耐盐碱性鉴定

本节选用 40 个吉林省主要种植的水稻品种，对其进行种子萌发期和幼苗期的耐盐碱鉴定。品种名称及在本节中的编号见表 7-1。

表 7-1　供试水稻品种编号及名称

编号	品种	编号	品种	编号	品种	编号	品种
1	东稻 4	11	松粳 13	21	通育 406	31	龙稻 14
2	长白 9 号	12	九稻 39	22	通系 925	32	龙粳 21
3	长白 10 号	13	九稻 60	23	通科 28	33	龙粳 31
4	长白 20	14	九稻 68	24	吉粳 112	34	龙粳 39
5	长白 22	15	九稻 71	25	吉粳 88	35	绥粳 3 号
6	长白 23	16	白粳 1 号	26	延粳 25	36	绥粳 8 号
7	长白 25	17	金浪 1 号	27	龙稻 3 号	37	绥粳 10 号
8	松粳 6 号	18	通育 315	28	龙稻 5 号	38	吉农大 858
9	松粳 10 号	19	通育 335	29	龙稻 7 号	39	农大 13-3
10	松粳 12	20	通育 403	30	龙稻 13	40	农大 13-4

挑选饱满一致的 40 个水稻品种种子，0.1% HgCl 消毒 10min，蒸馏水冲洗三遍，将不同品种的种子均匀摆放至铺有两层滤纸的 9cm 直径的培养皿中，每品种每个培养皿 50 粒种子，三次重复，分别加入 10mL 不同配比 NaCl、Na_2SO_4、$NaHCO_3$ 和 Na_2CO_3 混合盐碱处理液（表 7-2），蒸馏水作对照。处理后将培养皿于 30 蒸黑暗条件下萌发，三次重复。

表 7-2　供试溶液及其化学特性

溶液类型	摩尔比 NaCl：Na_2SO_4：$NaHCO_3$：Na_2CO_3	浓度/（mmol/L）	pH
对照	0：0：0：0	0	7.12
轻度盐碱	1：2：1：0	50	8.53
重度盐碱	1：1：1：1	50	10.07

芽长为种子长度的一半时视为种子发芽，第七天统计各水稻品种种子萌发率并计算其相对盐碱害率。种子萌发率（%）=（第七天种子发芽数/供试种子数）×100%，相对盐碱害率（%）=[(对照萌发率−处理萌发)/对照萌发率]×100%。参照表 7-3 中水稻品种相对盐碱害率分级标准（祁栋灵等，2006），鉴定不同水稻品种种子萌发期耐盐碱性。

表 7-3　相对盐碱害率分级

耐盐碱等级	相对盐碱害率/%	耐盐碱性
1	0～20	极强
3	20～40	强
5	40～60	中
7	60～80	弱
9	80～100	极弱

结果表明，40 个水稻品种种子在处理第七天时的萌发率明显受到盐碱胁迫的影响，且萌发率随盐碱程度的加重显著降低（图 7-1）。蒸馏水（对照）条件下各水稻品种种子萌发率均保持在 95%～100%，轻度盐碱条件下水稻种子的萌发率均降低，多集中于70%～90%，重度盐碱条件下种子的萌发率显著降低，仅为 40%～70%。由图 7-2 可知，轻度盐碱条件下有 25 个品种的相对盐碱害率小于 20%，重度盐碱条件下则仅有 7 个品种的相对盐碱害率小于 20%，有 3 个品种的相对盐碱害率达到 60%～80%。

综合两种盐碱处理，选择种子平均相对盐碱害率最低（小于 10%）的 5 个水稻品种，即东稻 4（品种编号 1）、长白 9 号（品种编号 2）、长白 23（品种编号 6）、通育 315（品种编号 18）、农大 13-4（品种编号 40）作为耐盐碱品种；平均相对盐碱害率最高（大于45%）的 5 个品种，即长白 25（品种编号 7）、吉粳 112（品种编号 24）、龙粳 31（品种编号 33）、绥粳 8 号（品种编号 36）、绥粳 10 号（品种编号 37）作为盐碱敏感品种。对以上 10 个水稻品种进行生育期耐盐碱鉴定（表 7-4）。

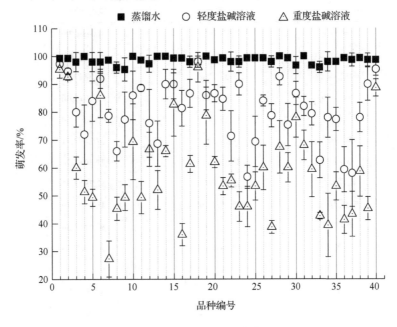

图 7-1　水稻品种萌发率

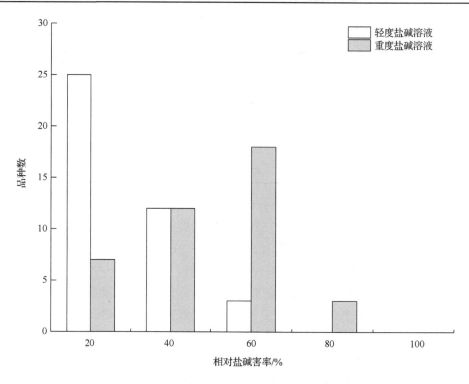

图 7-2 水稻品种相对盐碱害率分布

表 7-4 水稻品种相对盐碱害率

编号	品种	相对盐碱害率±SE/%		平均值/%
		轻度盐碱土	重度盐碱土	
1	东稻 4	2.01±0.67	4.02±1.78	3.02
2	长白 9 号	4.70±0.67	6.71±0.67	5.70
3	长白 10 号	18.37±3.12	38.78±2.36	28.57
4	长白 20	28.00±6.11	48.67±2.40	38.33
5	长白 22	14.29±4.25	49.66±1.80	31.97
6	长白 23	6.12±2.04	12.24±4.71	9.18
7	长白 25	20.27±1.35	72.30±3.76	46.28
8	松粳 6 号	31.25±2.08	52.78±2.51	42.01
9	松粳 10 号	18.88±5.98	48.25±2.79	33.57
10	松粳 12	14.00±5.03	30.67±7.86	22.33
11	松粳 13	10.14±0.68	50.00±3.38	30.07
12	九稻 39	21.92±7.22	31.51±3.63	26.71
13	九稻 60	31.33±4.67	48.00±4.00	39.67
14	九稻 68	10.00±3.05	34.00±1.15	22.00
15	九稻 71	9.40±3.08	16.78±6.61	13.09

续表

编号	品种	相对盐碱害率±SE/%		平均值/%
		轻度盐碱土	重度盐碱土	
16	白粳 1 号	18.12±3.74	63.76±2.33	40.94
17	金浪 1 号	11.56±2.97	37.41±1.80	24.49
18	通育 315	2.72±1.80	7.48±0.68	5.10
19	通育 335	14.00±3.05	21.33±5.92	17.67
20	通育 403	12.16±1.79	37.16±1.17	24.66
21	通育 406	14.77±2.42	46.31±1.78	30.54
22	通系 925	27.21±5.31	43.54±1.36	35.37
23	通科 28	8.16±2.36	53.06±3.12	30.61
24	吉粳 112	42.95±2.42	53.69±4.19	48.32
25	吉粳 88	30.20±5.24	46.31±2.93	38.26
26	延粳 25	15.44±1.16	39.60±4.65	27.52
27	龙稻 3 号	19.73±2.45	60.54±1.36	40.14
28	龙稻 5 号	7.33±1.77	32.67±5.46	20.00
29	龙稻 7 号	24.16±4.40	39.60±3.08	31.88
30	龙稻 13	10.34±2.49	19.31±4.31	14.83
31	龙稻 14	18.00±2.00	32.00±3.05	25.00
32	龙粳 21	17.93±2.49	38.62±5.89	28.28
33	龙粳 31	34.72±3.87	55.56±0.69	45.14
34	龙粳 39	20.41±4.25	59.86±6.70	40.14
35	绥粳 3 号	21.09±2.45	45.58±2.97	33.33
36	绥粳 8	40.27±4.70	58.39±2.93	49.33
37	绥粳 10	41.22±7.02	56.08±4.73	48.65
38	吉农大 858	21.48±3.08	40.94±5.24	31.21
39	农大 13-3	8.78±3.51	54.05±2.44	31.42
40	农大 13-4	3.38±1.35	10.14±1.79	6.76

注：SE 表示标准误差（standard error）

二、水稻品种生育期耐盐碱性鉴定

（一）不同盐碱程度胁迫下水稻耐性分析

供试材料为种子萌发期耐盐碱鉴定结果中挑选出的 10 个水稻品种：东稻 4、长白 9 号、长白 23、通育 315、农大 13-4、长白 25、吉粳 112、龙粳 31、绥粳 8 号、绥粳 10 号。

本试验为玻璃温室内盆栽试验，在中国科学院大安碱地生态试验站进行，试验主要集中在 6～9 月，此阶段玻璃温室昼夜温度为 24～30℃/17～23℃。选取未开垦且植被较少的轻度和重度盐碱土进行处理（轻度和重度为相对盐碱化程度划分，仅适用本节研究），砂土作对照，土壤基本性质见表 7-5。

表 7-5　供试土壤理化指标

土壤类型	pH	EC/ (mS/cm)	ENa$^+$/ (cmol/kg)	CEC/ (cmol/kg)	ESP/ %	有机质/ %	总氮/ (g/kg)	总磷/ (g/kg)	速效磷/ (mg/kg)
砂土	7.59	0.086	0.15	9.74	1.15	0.99	461.8	163.59	2.68
轻度盐碱土	8.81	0.358	1.32	17.33	7.59	1.24	535.9	254.63	9.39
重度盐碱土	9.18	0.529	3.54	19.46	18.19	1.15	494.7	229.48	9.68

于 4 月中旬取饱满的水稻种子浸种催芽，大棚育苗，40 天后选取三叶一心且长势一致的秧苗移栽至盛有 8kg 不同处理土壤的塑料桶（直径 24cm，高 19cm）中，每桶一穴，每穴两株，三次重复。水肥管理同田间，氮肥 175kg/hm^2（尿素 1.25g/盆），磷肥 100kg/hm^2（过磷酸钙 2.5g 盆），80kg/hm^2（硫酸钾 0.5g/盆）。底肥为磷肥全部，氮肥 40%，钾肥 70%；分蘖肥为氮肥 30%；穗肥为氮肥 30%，钾肥 30%。轻度盐碱处理下，水稻成熟后考察其籽粒重和籽粒产量构成因子（穗数、穗粒数、千粒重、结实率），并计算各产量因子与对照条件下的相对值，用模糊函数法计算其隶属度（M），通过各品种产量因子评价水稻耐盐碱性（兰巨生等，1990；吕丙盛，2014）。

$$相对值 = 轻度盐碱土测定值/砂土测定值$$

$$M = (X - X_{min})/(X_{max} - X_{min}) \tag{7-1}$$

式中，X 为各产量性状在胁迫条件下的相对值；X_{max} 为同一产量因子相对值在品种间的最大值；X_{min} 为同一产量因子相对值在品种间的最小值。

重度盐碱处理主要通过各水稻品种的生长动态考察其耐盐碱阈值，待水稻幼苗移栽返青后，每 7 天调查植株的株高、分蘖数和绿叶数。

（二）轻度盐碱胁迫下各水稻品种籽粒产量及构成因子比较

1. 粒重

籽粒是水稻生长发育的终极阶段。本节分别对砂土和轻度盐碱土条件下 10 个不同耐盐碱性水稻品种的成熟期粒重进行了比较分析（图 7-3）。整体来看，10 个水稻品种的粒重均明显受到轻度盐碱胁迫的影响，显著低于对照（砂土）。但品种间的受影响程度并不相同，其中东稻 4 受影响最小，胁迫条件下粒重仅降低 26%，而长白 25 受胁迫影响最大，粒重降低 53%，其他品种在轻度盐碱条件下粒重的相对减少量较为相近，均集中于 35%～41%。

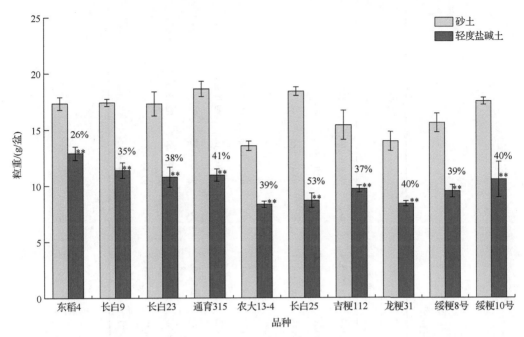

图 7-3　10 个水稻品种成熟期粒重

柱形图上方数字表示水稻品种粒重在轻度盐碱土中的相对减少量 [1-(轻度盐碱土粒重/砂土粒重)×100%]，
**表示显著水平 $P<0.01$

2. 籽粒产量构成因子

穗数、穗粒数、千粒重和结实率是水稻籽粒产量的四个构成因子。表 7-6 表明，在轻度盐碱条件下，大部分水稻品种的产量构成因子均减小，但个别品种的产量构成因子并未受到明显影响。如东稻 4 的穗数虽明显减少（相对值 0.68），但其穗粒数、千粒重和结实率并未明显减小甚至略有增加，最终其籽粒产量受盐碱胁迫影响最小，仅降低 26%（图 7-3）。也有个别品种的多个产量构成因子受到胁迫影响较大，如通育 315 的穗粒数（相对值 0.83）、千粒重（相对值 0.89）、结实率（相对值 0.89）和长白 25 的穗数（相对值 0.70）、穗粒数（相对值 0.73）在胁迫条件下显著减小，导致其籽粒产量显著降低，为 41% 和 53%。

本节对 10 个水稻品种在轻度盐碱条件下的产量构成因子相对值进行了隶属度分析，通过隶属度比较品种间的耐盐碱性差异。水稻品种产量构成因子的相对隶属度值越大，说明该水稻品种受盐碱胁迫的影响越小，该水稻品种耐盐碱性越强。从表 7-7 中可知，10 个水稻品种中，东稻 4 穗数受盐碱胁迫影响最大，但其穗粒数、千粒重和结实率受影响最小，因此受到的综合影响最小，产量构成因子平均隶属度最大，为 0.75；而通育 315 和长白 25 受盐碱胁迫的综合影响最大，产量构成因子平均隶属度最小，仅为 0.27 和 0.28。此结果与表 7-6 中结果一致。依据产量构成因子的平均隶属度，本节用聚类分析将 10 个水稻品种按照耐盐碱性分为 4 类：耐盐碱品种（东稻 4）、中度耐盐碱品种（长白 9 号）、中度盐碱敏感品种（长白 23、农大 13-4、吉粳 112、绥粳号）和盐碱敏感品种（通育 315、长白 25、龙粳 31、绥粳 10 号）。

表 7-6　10 个水稻品种籽粒产量构成

品种	穗数			穗粒数			千粒重			结实率		
	砂土	轻度盐碱土	相对值	砂土	轻度盐碱土	相对值	砂土	轻度盐碱土	相对值	砂土	轻度盐碱土	相对值
东稻 4	7.33±0.33	5.00±0.58	0.68*	94.95±0.54	92.88±5.82	0.98	25.17±0.89	26.59±0.24	1.06	94.00±1.00	96.57±0.33	1.03
长白 9	8.00±0.58	8.00±0.58	1.00	87.85±5.33	68.96±1.59	0.78*	24.38±0.76	23.49±0.95	0.96	92.00±1.00	88.77±4.06	0.96
长白 23	9.67±0.88	8.27±0.33	0.86*	100.2±4.67	73.98±3.57	0.74*	20.30±0.38	19.82±0.11	0.98	88.67±2.60	89.11±2.08	1.00
通育 315	7.33±0.88	6.33±0.33	0.86	106.0±7.13	88.30±6.96	0.83*	24.86±0.90	22.08±0.43	0.89*	94.00±0.58	83.57±2.52	0.89*
农大 13-4	7.33±0.33	7.00±1.00	0.95	96.99±4.68	88.53±6.48	0.91	20.47±0.13	18.77±0.27	0.92	93.33±0.33	80.46±4.63	0.86*
长白 25	9.00±0.58	6.33±0.33	0.70*	92.47±2.22	67.09±0.94	0.73*	23.99±0.42	22.32±0.47	0.93	91.00±1.16	90.10±1.00	0.99
吉粳 112	7.67±0.33	6.00±0.00	0.78*	100.5±7.01	88.00±9.45	0.88	20.97±0.45	20.12±0.34	0.96	94.33±0.33	90.58±0.33	0.96
龙粳 31	6.00±0.00	6.67±0.33	1.11	95.11±3.96	68.03±1.08	0.72*	25.24±0.36	23.63±0.80	0.94	96.67±0.67	82.18±3.22	0.85*
绥粳 8 号	6.67±0.33	5.67±0.33	0.85	88.32±1.55	79.75±2.72	0.90	27.22±0.43	25.25±0.37	0.93	97.33±0.67	92.16±0.58	0.95
绥粳 10 号	8.67±0.33	8.00±0.33	0.92	77.11±1.12	62.50±4.71	0.81*	27.00±0.23	25.48±0.82	0.94	96.67±0.67	85.44±1.86	0.88

注: 相对值 = 轻度盐碱土测定值/砂土测定值; *表示 $P<0.05$ 水平显著

表 7-7　10 个水稻品种籽粒产量构成相对值隶属度

品种	相对穗数隶属度	相对穗粒数隶属度	相对千粒重隶属度	相对结实率隶属度	平均隶属度
东稻 4	0.00	1.00	1.00	1.00	0.75
长白 9	0.74	0.27	0.65	0.45	0.53
长白 23	0.40	0.09	0.87	0.52	0.47
通育 315	0.42	0.45	0.22	0.00	0.27
农大 13-4	0.64	0.75	0.07	0.17	0.41
长白 25	0.05	0.04	0.79	0.25	0.28
吉粳 112	0.23	0.61	0.62	0.42	0.47
龙粳 31	1.00	0.00	0.00	0.29	0.32
绥粳 8 号	0.39	0.71	0.55	0.23	0.47
绥粳 10 号	0.56	0.36	0.19	0.33	0.36

（三）重度盐碱胁迫下水稻品种耐受性比较

重度盐碱处理用于考察各品种生长性状对盐碱胁迫的耐受性。从图 7-4 可以看出，10 个水稻品种在重度盐碱条件下表现出明显不同的生长状态，品种间株高、分蘖数和叶片数差异明显。长白 23 和龙粳 31 最先死亡，通育 315 和长白 25 紧随其后，表明其在重度胁迫下耐盐碱性最弱。只有东稻 4、长白 9 号和农大 13-4 存活下来，表明其在重度胁迫下耐盐碱性最强。

耐性品种的选择对松嫩平原西部苏打盐碱化土壤的水稻种植和产量收获意义重大。由于耗时短、易于操作、结果稳定，种子萌发期常被作为筛选耐盐碱水稻品种的有效方法。但种子萌发期的耐盐碱性并不能完全反映水稻品种的耐盐碱性，因为水稻品种在生长过程中对盐碱胁迫的响应是个动态过程。

本节对水稻种子萌发期筛选出的 5 个耐盐碱品种和 5 个盐碱敏感品种进行了全生育期的耐盐碱鉴定。结果表明，10 个水稻品种的萌发期和全生育期耐盐碱性并未完全一致。东稻 4、长白 9 号、通育 315 和农大 13-4 在轻度和重度盐碱胁迫下均保持了 95% 以上的种子萌发率，长白 23 在两种胁迫条件下的种子萌发率也保持在了 90%，以上 5 个水稻品种均可被认为是萌发期极耐盐碱品种。但在生育期鉴定试验中，各水稻品种对轻度盐碱胁迫表现出了不同的耐性，除东稻 4 继续保持相对较强的耐盐碱性，粒重只降低 26% 以外，长白 9 号粒重降低 35%，通育 315 粒重降低 41%，长白 25 粒重则降低一半以上（53%）。除东稻 4、长白 9 号和农大 13-4 外，其他品种在重度盐碱胁迫下都先后死亡，未能顺利完成其生活史。以上分析可知，水稻种子萌发期要比生育期具有更强的耐盐碱能力。东稻 4 和长白 9 号在两个时期均为耐盐碱品种；通育 315 只在萌发期耐盐碱性较强，在整个植株的生长过程中耐盐碱性较弱，为敏感品种；长白 25 始终为盐碱敏感品种；其他品种为中度耐盐碱品种或中度敏感品种。

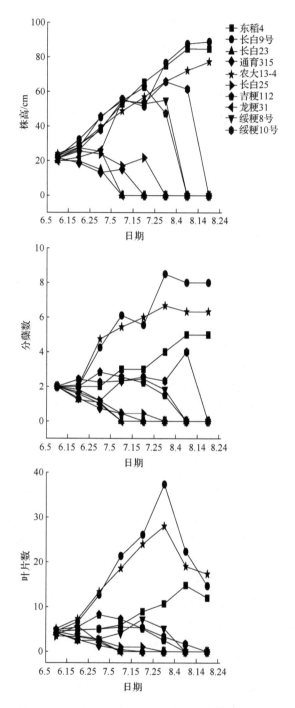

图 7-4　重度盐碱胁迫下水稻株高、分蘖数和叶片数

本节研究还发现，同一生长时期，不同水稻品种对轻度和重度盐碱胁迫的响应也不同。在种子萌发期，耐盐碱品种的萌发率在两种胁迫条件下均较高（东稻 4 和长白 9 号等，萌发率约 95%），敏感品种的萌发率往往在两种胁迫下均较低（吉粳 112 和绥粳 10

等，萌发率约 50%），也有品种的萌发率在轻度胁迫下保持了较高水平，却在重度胁迫下显著降低。如图 7-4 中长白 25 和白粳 1 号，轻度胁迫下萌发率约为 80%，重度胁迫下萌发率只有 30% 左右。在水稻生育期也有类似结果，东稻 4 在轻度盐碱条件下保持了最高的粒重和最小的损失，但其在重度盐碱条件下的分蘖数和叶片数明显少于长白 9，这与品种特性有关，但也反映了不同品种对胁迫条件的响应方式不同，东稻 4 可能通过减少分蘖数和叶片数来使更多的干物质和养分向籽粒供应，以保证籽粒产量性状受到的胁迫影响最小。农大 13-4 在重度盐碱条件下也保持了良好的生长状态，但在试验过程中发现，该品种的生育期明显比其他品种长，为晚熟品种，加之盐碱胁迫会使水稻生育期延长，因此该品种在本试验区域并不能完全成熟，这也解释了其轻度盐碱胁迫下产量明显降低的原因。

第三节　盐碱胁迫水稻灌浆特性研究

一、盐碱胁迫对作物生长的影响研究进展

盐碱害是作物的主要灾害之一，严重限制盐碱地区作物产量的提高，为此引起许多农业科技工作者的关注和探讨（张瑞珍，2003）。水稻是一种对盐碱中度敏感的作物，但整个生长发育期的不同阶段受影响程度不同，水稻苗期对盐碱胁迫非常敏感（Yeo et al.，1990），分蘖期相对较强，生殖生长期再次变得敏感（Heenan et al.，1988），并且在很大程度上影响着产量（Maas et al.，1977；Pearson，1959）。

研究表明，盐分可使水稻种子萌芽期延迟，降低种子发芽率（Munns，2002）。出苗后水稻从异养阶段向自养阶段过渡。水稻苗期对盐碱胁迫非常敏感，若在水稻苗期遇到盐碱胁迫，其叶片会卷缩、枯萎，叶尖变黄，同时叶片的伸长受到抑制，水稻通水新生叶的形成受到抑制；对于根部来说，水稻新根的发出受到抑制，导致侧根和根长显著减少（Hakim et al.，2010；朱晓军，2004；郭望模等，2004；贺长征等，2002；阮松林等，2002）。

盐碱胁迫使水稻插秧后返青期延长，抽穗的时间推迟，且抽穗的整齐度下降。盐碱胁迫造成中后期营养不足，分蘖大量死亡，分蘖力下降，分蘖期干物质积累减少，有效分蘖数下降（章禄标等，2012；潘晓飚，2012；藏金萍，2008；Heenan et al.，1988）。

水稻在生殖阶段受到外界盐碱胁迫，将导致水稻花粉活力降低，柱头识别性下降（Khatun et al.，1995），从而干扰授粉和花粉粒的萌发过程（王志春等，2010）。

盐碱胁迫下水稻灌浆起始时期推迟，使得整个灌浆期持续时间相对缩短，完成籽粒灌浆的时间不充分，影响穗部干物质积累。在水稻灌浆过程中，强势粒、弱势粒灌浆均受到抑制，灌浆速率最大值均降低，并且加剧了弱势粒的弱势效应（李景鹏等，2011；王晓丽等，2002；Kaddah et al.，1973）。

盐碱胁迫严重影响幼穗的正常分化和小穗的形成，导致空秕率的增加，尤其对幼穗分化的影响最大。盐碱胁迫使得幼穗长度显著缩短，每个小穗的一次枝梗数、小穗数、

着粒密度受到显著抑制。盐碱胁迫影响谷粒的长度、厚度、宽度、千粒重及小穗重量,且导致稻草和谷粒产量的下降以及稻米品质的降低(刘金波等,2011;Khan et al.,2003;Abdullah et al.,2001;Zeng et al.,2000)。

水稻产量高低决定于产量库容(单位面积颖花数×粒重)的大小、源(叶面积×净同化率)及流(光合产物向库的运转)的强弱。由于盐分胁迫的影响,水稻叶面积减少,分蘖力下降且小穗分化严重受到抑制,单位面积颖花数显著下降,且成穗率低,粒重减少,最终产量下降(Rao et al.,2008)。

本节以植物生理学、生物统计学、植物生理生态学、土壤学、数值分析等基本理论及方法为基础,以中国科学院大安碱地生态试验站为平台,以苏打盐碱水田为出发点,分析盐碱胁迫下耐盐碱的北方粳稻品种在不同盐碱胁迫下的水稻穗部性状、灌浆特性及源库关系。

二、试验材料与方法

供试品种采用中国科学院东北地理与农业生态研究所选育的高产抗病优质耐盐碱的中早熟水稻品种东稻4、吉林省农业科学院水稻研究所选育的高产优质抗病但对盐碱胁迫较为敏感的中早熟水稻品种长白23。东稻4生育期131天,需有效积温2600~2700℃,株高100cm左右,分蘖力强,穗长18cm,平均穗粒数100.0粒左右,结实率92.2%以上,千粒重28.6g。长白23生育期130天,需有效积温2600~2700℃,株高96.3cm,分蘖力强,穗长17.4cm,平均穗粒数108.2粒,结实率91.6%,千粒重23.4g。

田间试验地点位于中国科学院大安碱地生态试验站,为干旱和半干旱气候区(李彬等,2006),土壤属典型苏打盐碱土。根据美国农业部关于碱化土壤开垦建议性准则以及以往关于松嫩平原盐渍土理化性质的研究结果和结论(Chi et al.,2009),在选取试验用地之前,采集不同地块的耕层土壤进行室内分析。根据该分析结果,结合上述研究内容,本节选择三个土壤盐渍化梯度,设三个土壤处理:Ⅰ轻度盐碱胁迫、Ⅱ中度盐碱胁迫、Ⅲ重度盐碱胁迫。

试验于4月14日浸种催芽,大棚育苗,5月28日选取叶龄一致且大小均等的秧苗移栽。3~4株插秧,密度30cm×13cm。肥料和水层管理按常规。不同梯度苏打盐碱胁迫土壤离子浓度及土壤性质如表7-8所示。

表7-8 不同梯度盐碱胁迫土壤参数

处理类型	$EC_{1:5}$/(mS/cm)	pH	Na^+/(mmol/L)	$Ca^{2+}+Mg^{2+}$/(mmol/L)	CO_3^{2-}/(mmol/L)	HCO_3^-/(mmol/L)	ESP%	CEC/(cmol/kg)	交换性Na^+/(cmol/kg)
Ⅰ	0.25	8.64	2.73	0.26	0.00	2.46	8.52	20.43	1.74
Ⅱ	0.58	9.54	7.95	0.08	1.27	6.79	31.52	13.80	4.35
Ⅲ	0.59	9.46	7.37	0.09	1.01	6.93	40.29	14.67	5.91

以通过叶片绿叶数为指标的水稻品种抗盐碱性测定及大田生产实践证明为耐盐碱品种东稻4、盐碱敏感品种长白23为试材,通过三个土壤处理(轻度盐碱胁迫、中度盐碱胁迫、重度盐碱胁迫)进行减源处理后,分别进行强势粒、弱势粒灌浆速率的测定,并

对其穗部性状进行研究。通过曲线拟合等手段确立在盐碱胁迫下的籽粒增重方程，以揭示盐碱胁迫下，耐盐碱品种与盐碱敏感品种灌浆特性异同。

水稻齐穗期在大田中选择两品种生长整齐一致的地段进行剪叶处理，本节共设 4 个叶片处理：A 剪剑叶、B 剪倒二叶、C 剪倒三叶、D 未剪叶对照。

在水稻抽穗期，供试材料同日选择穗茎抽出 2～3cm 的稻穗，以 4 种不同颜色绳子标记。之后每隔 5 天取样 1 次，每次每份材料各取 10 穗，每次取样 3 次重复。其中强势粒是指着生部位在穗中上部且开花较早的籽粒，弱势粒指着生在穗基部且开花较迟的籽粒。

强势粒取样方法：取直接着生于穗最上部 3 个一次枝梗的顶粒，基部第 1、2 粒，顶部一次枝梗基部、二次枝梗的顶粒。弱势粒取样方法：取穗最基部第 1、2 个一次枝梗基部，2 个二次枝梗上部第 2、3 粒，基部第 3 个一次枝梗基部第 1 个粒，二次枝梗上部第 2、3 粒。

用万分之一天平称取每次取得的强势粒、弱势粒样品鲜重，然后放入烘干箱内 105℃杀青 10min，随后于 80℃烘干 18～20h 至恒重，并称取重量。

在成熟期，选取轻度盐碱胁迫、中度盐碱胁迫、重度盐碱胁迫下不同叶片处理的两水稻品种各 3 穴，按照枝梗着生顺序，测定每穗穗长，分一次枝梗、二次枝梗测定每枝梗的枝梗数、实粒数、秕粒数、空粒数、结实率，以及枝梗总粒重、千粒重、穗重、穴重。

本节采用 Richards 方程拟合籽粒灌浆特征。Richards 方程：

$$y = \frac{A}{(1 + Be^{-K_t})^{1/N}}$$

式中，y 为生长量；A 为生长终值量；B 为初始参数；K 为生长速率参数；t 为时间；N 为性状参数。并且，用配合系数 R^2 表示其配合适度。

除此之外还可通过对方程求导等方法得到一系列次级参数用于描述灌浆特征。

穗部性状数据统计分析采用 SPSS 软件，用单因素方差分析、方差齐次性检验、LSD（最小显著差数）相关分析进行数据处理。

以耐盐碱北方粳稻品种为供试材料，研究耐盐碱、盐碱敏感水稻品种在轻度盐碱胁迫、中度盐碱胁迫、重度盐碱胁迫下，强势粒、弱势粒灌浆特性及变化规律。同时研究在轻度盐碱胁迫下，耐盐碱、盐碱敏感北方粳稻品种强势粒、弱势粒灌浆特性，比较耐盐碱、盐碱敏感品种间灌浆特性的异同。中度盐碱胁迫、重度盐碱胁迫水田亦采用轻度盐碱胁迫水田中的研究方法。

三、轻度盐碱胁迫下籽粒增重及灌浆速率动态变化

（一）强势粒在轻度盐碱胁迫下籽粒增重及灌浆速率动态变化

水稻籽粒的灌浆过程是有机物积累库的动态变化过程，水稻籽粒灌浆过程与产量密切相关（黄发松等，1998）。在轻度盐碱胁迫下，对耐盐碱北方粳稻品种东稻 4 强势粒籽粒灌浆特性的研究结果如图 7-5、图 7-6 所示。整体来看，耐盐碱品种东稻 4 强势粒灌浆受叶片处理影响较小，灌浆过程较为接近，各叶片处理间差异不明显。剪叶后各处理起

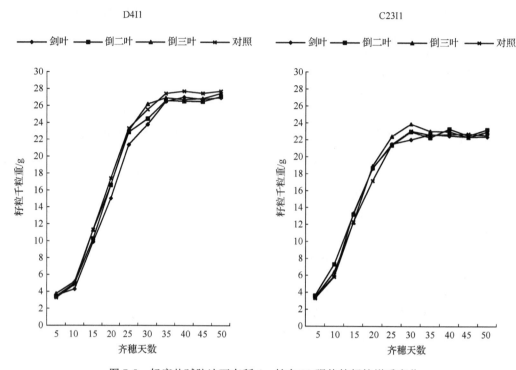

图 7-5 轻度盐碱胁迫下东稻 4、长白 23 强势粒籽粒增重变化

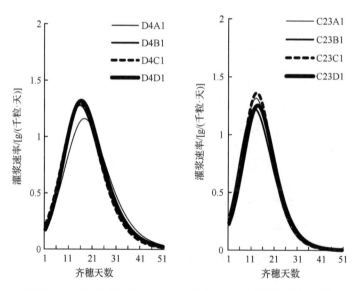

图 7-6 轻度盐碱胁迫下东稻 4、长白 23 强势粒灌浆速率变化

A1～D1 分别表示剑叶、倒二叶、倒三叶、对照

始灌浆时间较为一致；各处理灌浆速率基本相同，灌浆过程较为一致；各处理达到灌浆峰值的时间受剪叶处理影响不明显，基本与对照一致；各处理强势粒的终值受叶片处理影响不大，仍与对照一致。对于盐碱敏感品种，在轻度盐碱胁迫下，长白 23 强势粒受剪

叶处理影响不明显。整体来看，长白 23 强势粒灌浆过程受剪叶处理影响较小。剪叶后各处理起始灌浆时间一致；各处理灌浆速率基本相同，灌浆过程相似；各处理达到灌浆峰值的时间受剪叶处理影响不明显，基本与对照一致；各处理强势粒的终值受叶片处理影响不大，仍与对照一致。

（二）弱势粒在轻度盐碱胁迫下籽粒增重及灌浆速率动态变化

在轻度盐碱胁迫下，耐盐碱水稻品种东稻 4 弱势粒不同剪叶处理籽粒灌浆特性如图 7-7 所示。总体来看，东稻 4 弱势粒灌浆过程受剪叶影响较大，不同剪叶处理对耐盐碱品种弱势粒灌浆影响大小为：剑叶＞倒二叶＞倒三叶＞对照。其中，剑叶与倒二叶处理，弱势粒起始灌浆时间晚于倒三叶与对照，且籽粒灌浆速率较慢，籽粒最终生长量低。倒三叶处理籽粒起始灌浆时间与对照一致，中期弱势粒灌浆速率慢于对照，最终生长量低，但仍高于倒二叶及剑叶处理。在轻度盐碱胁迫下，盐碱敏感北方粳稻品种长白 23 弱势粒灌浆速率如图 7-8 所示。总体来看，各剪叶处理对盐碱敏感水稻品种弱势粒灌浆影响大小为：剑叶＞倒二叶＞倒三叶＞对照。各处理起始灌浆时间较为一致，剑叶处理灌浆速率慢，倒二叶处理与对照相同，倒三叶处理灌浆速率前期较快，中后期各处理灌浆速率基本一致，达灌浆峰值时间基本相同，各处理弱势粒最终生长量除剑叶处理较低外，其他三个处理基本一致。

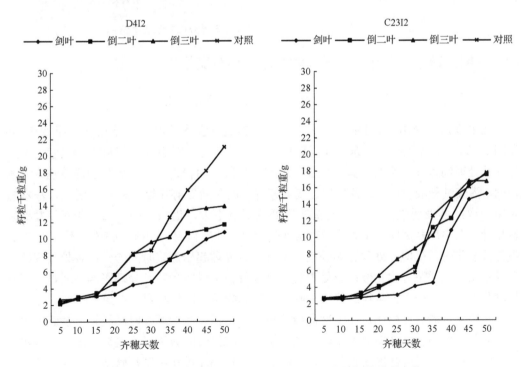

图 7-7　轻度盐碱胁迫下东稻 4、长白 23 弱势粒籽粒增重变化

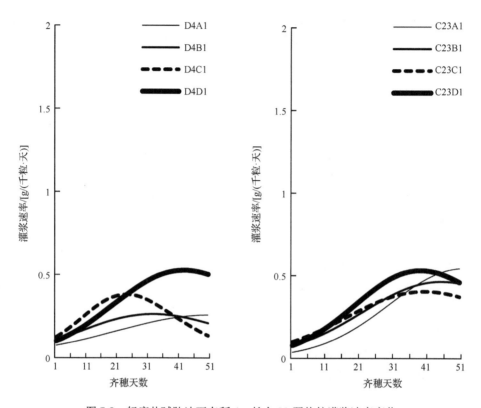

图 7-8　轻度盐碱胁迫下东稻 4、长白 23 弱势粒灌浆速率变化

四、中度盐碱胁迫下籽粒增重及灌浆速率动态变化

（一）强势粒在中度盐碱胁迫下籽粒增重及灌浆速率动态变化

在中度盐碱胁迫下，对耐盐北方粳稻品种东稻 4 强势粒籽粒灌浆研究结果如图 7-9 和图 7-10 所示。整体来看，东稻 4 强势粒灌浆受叶片处理影响较小，灌浆过程较为接近，各叶片处理间差异不明显。剪叶后各处理起始灌浆时间较为一致；各处理灌浆速率基本相同，灌浆过程较为一致；各处理达到灌浆峰值的时间受剪叶处理影响不明显，基本与对照一致；各处理强势粒的终值受叶片处理影响不大，仍与对照一致。相对于盐碱敏感品种，在中度盐碱胁迫下长白 23 强势粒受剪叶处理影响不明显。整体来看，长白 23 强势粒灌浆过程受剪叶处理影响较小。剪叶后各处理起始灌浆时间一致；各处理灌浆速率基本相同，灌浆过程相似；各处理达到灌浆峰值的时间受剪叶处理影响不明显，基本与对照一致；各处理强势粒的终值受叶片处理影响不大，仍与对照一致。

与轻度盐碱胁迫相比，在中度盐碱胁迫下，东稻 4 起始灌浆时间较轻度盐碱胁迫下早，灌浆速率与轻度盐碱胁迫下较一致，达灌浆峰值时间短于轻度盐碱胁迫下，强势粒最终生长量低于轻度盐碱胁迫下。盐碱敏感北方粳稻品种在中度盐碱胁迫下灌浆情况与轻度盐碱胁迫下相比，起始灌浆时间相似，灌浆速度均较快，达灌浆峰值时间比轻度盐碱胁迫下早，且强势粒最终生长量低于轻度盐碱胁迫条件下。

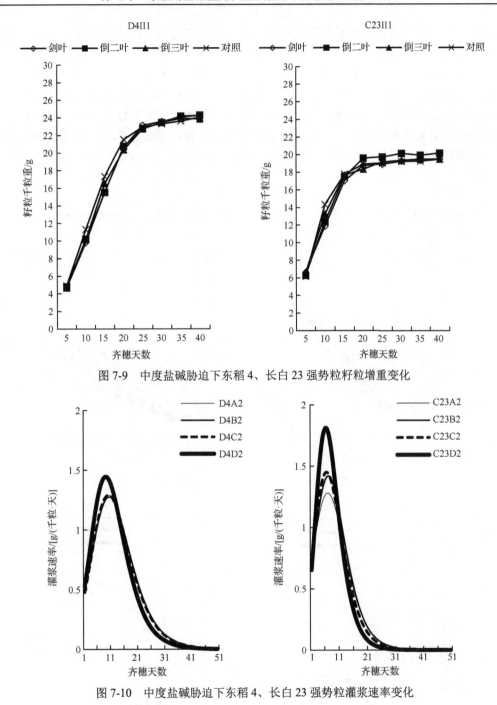

图 7-9　中度盐碱胁迫下东稻 4、长白 23 强势粒籽粒增重变化

图 7-10　中度盐碱胁迫下东稻 4、长白 23 强势粒灌浆速率变化

A2～D2 分别表示剑叶、倒二叶、倒三叶、对照

（二）弱势粒在中度盐碱胁迫下籽粒增重及灌浆速率动态变化

在中度盐碱胁迫下，耐盐碱水稻品种东稻 4 弱势粒不同剪叶处理籽粒灌浆过程如图 7-11 和图 7-12 所示。总体来看，东稻 4 弱势粒灌浆过程受剪叶影响不明显，尤其是

倒二叶、倒三叶处理与对照灌浆情况相似。各叶片处理起始灌浆时间相同，前期灌浆速率一致，到中后期减慢，影响大小为：剑叶＞倒二叶＞倒三叶＞对照。东稻 4 弱势粒最终生长量剑叶最小，倒二叶与倒三叶差异不大，但均小于对照。在中度盐碱胁迫下，盐碱敏感北方粳稻品种长白 23 弱势粒灌浆各剪叶处理对盐碱敏感水稻品种弱势粒灌浆影响大小为：剑叶＞倒二叶＞倒三叶＞对照。各处理起始灌浆时间较为一致，剑叶处理与倒二叶处理灌浆情况较为相似，两处理起始灌浆时间晚，灌浆速率慢，达灌浆峰值时间长，弱势粒最终生长量低。倒三叶处理与对照灌浆情况较为一致，只是弱势粒最终生长量较低。

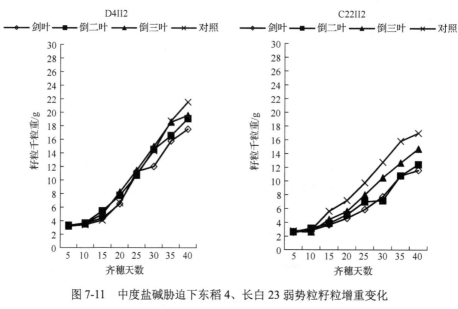

图 7-11　中度盐碱胁迫下东稻 4、长白 23 弱势粒籽粒增重变化

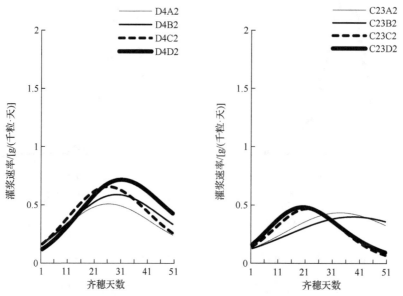

图 7-12　中度盐碱胁迫下东稻 4、长白 23 弱势粒灌浆速率变化

　　耐盐碱北方粳稻品种在中度盐碱胁迫下弱势粒灌浆相比较轻度盐碱胁迫来说，起始灌浆时间稍早，但是灌浆速率低，达灌浆峰值时间较短，弱势粒最终生长量低。盐碱敏感北方粳稻品种在中度盐碱胁迫下弱势粒灌浆相比较轻度盐碱胁迫下来说，起始灌浆时间基本与轻度盐碱胁迫条件一致，灌浆速率低，达灌浆峰值时间短，弱势粒最终生长量低。

五、重度盐碱胁迫下籽粒增重及灌浆速率动态变化

（一）强势粒在重度盐碱胁迫下籽粒增重及灌浆速率动态变化

　　在重度盐碱胁迫下，对耐盐北方粳稻品种东稻 4 强势粒籽粒灌浆研究结果如图 7-13 和图 7-14 所示。整体来看，东稻 4 强势粒灌浆受叶片处理影响较小，灌浆过程较为接近，各叶片处理间差异不明显。剪叶后各处理起始灌浆时间较为一致；各处理灌浆速率基本相同，灌浆过程较为一致；各处理达到灌浆峰值的时间受剪叶处理影响不明显，基本与对照一致；各处理强势粒的终值受叶片处理影响不大，基本与对照一致。东稻 4 各叶片处理基本与对照一致，无明显差异。在重度盐碱胁迫下，对盐敏感北方粳稻品种长白 23 强势粒籽粒灌浆，长白 23 强势粒灌浆受叶片处理影响较小，灌浆过程较为接近，各叶片处理间差异不明显。剪叶后各处理起始灌浆时间较为一致；各处理灌浆速率基本相同，灌浆过程较为一致；各处理达到灌浆峰值的时间受剪叶处理影响不明显，基本与对照一致；各处理强势粒的终值受叶片处理影响不大，基本与对照一致。

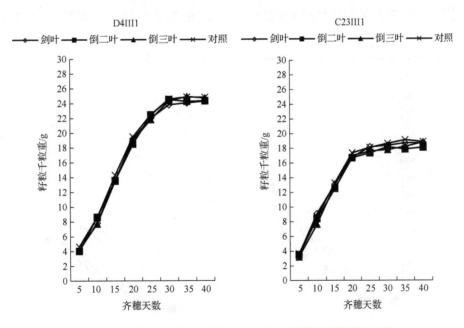

图 7-13　重度盐碱胁迫下东稻 4、长白 23 强势粒籽粒增重变化

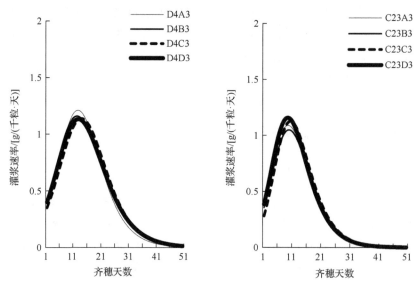

图 7-14　重度盐碱胁迫下东稻 4、长白 23 强势粒灌浆速率变化

A3~D3 分别表示剑叶、倒二叶、倒三叶、对照

（二）弱势粒在重度盐碱胁迫下籽粒增重及灌浆速率动态变化

在重度盐碱胁迫下，对耐盐北方粳稻品种东稻 4 弱势粒籽粒灌浆研究结果如图 7-15 和图 7-16 所示。整体来看，东稻 4 弱势粒灌浆受叶片处理影响大小为：剑叶＞倒二叶＞倒三叶＞对照。叶片处理使得起始灌浆时间推迟，灌浆速率变慢，达灌浆峰值时间提前，

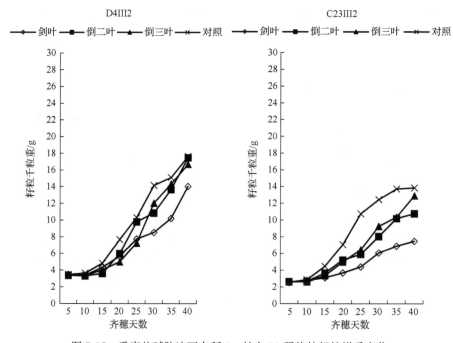

图 7-15　重度盐碱胁迫下东稻 4、长白 23 弱势粒籽粒增重变化

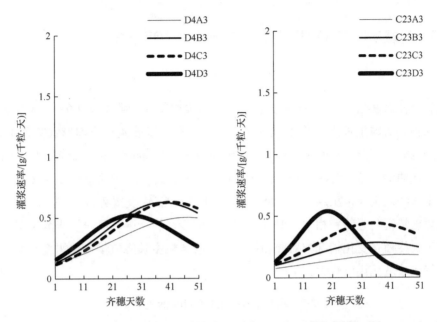

图 7-16　重度盐碱胁迫下东稻 4、长白 23 弱势粒灌浆速率变化

弱势粒最终生长量减小。东稻 4 各叶片处理相对影响较小，起始灌浆时间差别不大，灌浆速率受叶片处理影响较大，达峰值时间大致相同，弱势粒最终生长量减小。在重度盐碱胁迫下，对盐敏感北方粳稻品种长白 23 弱势粒籽粒灌浆，长白 23 弱势粒灌浆受叶片处理影响大小为：剑叶＞倒二叶＞倒三叶＞对照。剪叶后各处理起始灌浆时间较为一致，各处理灌浆速率减慢，各处理达到灌浆峰值的时间变短，各处理强势粒的终值不同程度减小。

在轻度盐碱胁迫、中度盐碱胁迫、重度盐碱胁迫条件下，耐盐碱水稻品种东稻 4 强势粒各叶片处理间差异不明显。与轻度盐碱胁迫相比，在中度盐碱胁迫、重度盐碱胁迫下，耐盐碱水稻品种起始灌浆时间提早，灌浆速率变慢，达灌浆峰值时间变短，强势粒终值减小。在中度盐碱胁迫下耐盐碱水稻品种强势粒灌浆特性与重度盐碱胁迫下较为一致，无明显差异。在轻度盐碱胁迫、中度盐碱胁迫、重度盐碱胁迫条件下，盐敏感水稻品种强势粒各叶片处理间差异不明显。与轻度盐碱胁迫相比，中度盐碱胁迫、重度盐碱胁迫下，盐敏感水稻品种起始灌浆时间早，灌浆速率慢，达灌浆峰值时间短，终值减小。

在轻度盐碱胁迫、中度盐碱胁迫、重度盐碱胁迫条件下，耐盐碱水稻品种弱势粒各叶片处理对灌浆的影响大小为：剑叶＞倒二叶＞倒三叶＞对照。随着盐碱胁迫程度的加重，耐盐碱水稻品种弱势粒起始灌浆时间推迟，灌浆速率变慢，达灌浆峰值时间变短，弱势粒最终生长量减小。在轻度盐碱胁迫、中度盐碱胁迫、重度盐碱胁迫条件下，盐敏感水稻品种弱势粒各叶片处理受剪叶影响较大，尤其是灌浆速率，明显减小。盐敏感品种弱势粒最终生长量也明显减小，与胁迫程度呈负相关。

六、不同盐碱胁迫下水稻籽粒灌浆 Richards 方程拟合

（一）轻度盐碱胁迫下水稻籽粒灌浆 Richards 方程拟合

在轻度盐碱胁迫下，Richards 方程拟合籽粒灌浆特征参数见表 7-9。在轻度盐碱胁迫下，各品种强势粒生长终值量 A_1 均大于弱势粒生长终值量 A_2；方程形状参数 $0<N<1$，根据朱庆森等（1988）对水稻籽粒灌浆特性的研究，Richards 生长曲线是由 N 的大小所决定的一簇曲线，当 $0<N<1$ 时，曲线的拐点即生长速率最大的位置在 $0.3679\sim0.5A$ 之间，速率曲线左偏（朱庆森等，1988）。本节中强势粒 N_1 及弱势粒 N_2 值均小于 1，弱势粒灌浆增重特征与强势粒相似，时间上也近于同步，属于强弱势粒同步灌浆型。对各叶片处理生长终值量变化情况与对照相比发现，强势粒生长终值量变化幅度不大，而弱势粒生长终值量变化幅度较大。

表 7-9　轻度盐碱胁迫下 Richards 方程参数

	A_1	A_2	B_1	B_2	K_1	K_2	N_1	N_2	R^{21}	R^{22}
D4A1	27.75	22.84	5.28	4.73	0.14	0.04	0.48	0.62	0.9997	0.9976
D4B1	27.46	17.86	3.73	2.57	0.15	0.05	0.38	0.51	0.9994	0.9987
D4C1	27.80	16.43	6.24	3.75	0.16	0.08	0.53	0.56	0.9992	0.9989
D4D1	28.39	34.77	4.15	3.65	0.15	0.05	0.39	0.44	0.9994	0.9977
C23A1	22.68	35.22	6.78	5.09	0.20	0.05	0.56	0.38	0.9996	0.9991
C23B1	23.26	30.74	2.91	4.22	0.17	0.05	0.39	0.45	0.9995	0.9985
C23C1	23.40	27.02	7.10	3.44	0.20	0.05	0.55	0.47	0.9994	0.9986
C23D1	23.07	29.35	7.46	4.57	0.19	0.06	0.60	0.45	0.9996	0.9982

注：A_1 表示强势粒生长终值量，A_2 表示弱势粒生长终值量，B_1、K_1、N_1 为强势粒灌浆拟合 Richards 方程参数，B_2、K_2、N_2 为弱势粒灌浆拟合 Richards 方程参数，R^{21} 表示强势粒配合适度，R^{22} 表示弱势粒配合适度。表 7-10 和表 7-11 的参数意义相同

（二）中度盐碱胁迫下水稻籽粒灌浆 Richards 方程拟合

在中度盐碱胁迫下，Richards 方程拟合籽粒灌浆特征参数见表 7-10。由表可知，在中度盐碱胁迫下，各品种强势粒生长终值量 A_1 较轻度盐碱胁迫下小，但中度盐碱胁迫下弱势粒生长终值量 A_2 却较大，可能是取样末期强势粒灌浆基本稳定，弱势粒有机物供应充足，生长潜势较大所致。方程形状参数 $0<N<1$，说明弱势粒灌浆增重特征与强势粒相似，时间上也近于同步，属于强势粒、弱势粒同步灌浆型。

表 7-10　中度盐碱胁迫下 Richards 方程参数

	A_1	A_2	B_1	B_2	K_1	K_2	N_1	N_2	R^{21}	R^{22}
D4A2	24.65	24.00	2.24	2.70	0.17	0.07	0.40	0.44	0.9995	0.9988
D4B2	24.56	29.24	2.36	4.41	0.17	0.07	0.42	0.58	0.9994	0.9986
D4C2	24.20	27.71	1.88	3.91	0.17	0.08	0.35	0.50	0.9996	0.9989
D4D2	24.01	33.09	1.78	3.36	0.19	0.07	0.33	0.39	0.9998	0.9984
C23A2	19.51	25.06	2.07	4.20	0.22	0.06	0.48	0.57	0.9997	0.9976
C23B2	20.21	27.40	2.03	3.69	0.23	0.05	0.42	0.55	0.9997	0.9978
C23C2	19.40	16.30	1.65	9.02	0.24	0.11	0.37	0.86	0.9998	0.9979
C23D2	19.24	17.60	1.53	2.52	0.29	0.09	0.27	0.43	0.9997	0.9978

（三）重度盐碱胁迫下水稻籽粒灌浆 Richards 方程拟合

在重度盐碱胁迫下，Richards 方程拟合籽粒灌浆特征参数见表 7-11。由表可知，在重度盐碱胁迫下，大部分品种强势粒生长终值量 A_1 较轻度盐碱胁迫下小，但与中度盐碱胁迫下差异不明显；重度盐碱胁迫下大部分弱势粒生长终值量 A_2 较轻度中度盐碱胁迫下小，部分可能是取样末期强势粒灌浆基本稳定，弱势粒有机物供应充足，使得生长潜势较大所致。方程形状参数 $0<N<1$，说明弱势粒灌浆增重特征与强势粒相似，时间上也近于同步，属于强势粒、弱势粒同步灌浆型。

表 7-11　重度盐碱胁迫下 Richards 方程参数

	A_1	A_2	B_1	B_2	K_1	K_2	N_1	N_2	R^{21}	R^{22}
D4A3	24.88	37.17	4.78	7.66	0.17	0.05	0.59	0.75	0.9997	0.9977
D4B3	25.41	36.63	2.60	5.87	0.15	0.06	0.43	0.60	0.9997	0.9982
D4C3	25.54	37.45	5.87	7.61	0.16	0.06	0.67	0.65	0.9998	0.9984
D4D3	25.69	25.28	3.39	3.45	0.15	0.07	0.52	0.52	0.9997	0.9984
C23A3	18.90	17.01	1.59	4.17	0.18	0.04	0.30	0.71	0.9997	0.9990
C23B3	18.34	19.87	1.79	3.62	0.18	0.05	0.32	0.59	0.9996	0.9987
C23C3	18.58	25.48	2.10	4.47	0.19	0.06	0.31	0.56	0.9997	0.9980
C23D3	19.17	15.42	1.83	8.86	0.19	0.13	0.32	0.77	0.9996	0.9992

在不同梯度盐碱胁迫下，大部分品种强势粒生长终值量受叶片处理影响不大，处理间差异不明显。中度、重度盐碱胁迫下大部分处理强势粒生长终值量 A_1 较轻度盐碱胁迫下小，但与中度、重度盐碱胁迫下差异不明显；不同梯度盐碱胁迫下，大部分品种弱势粒生长终值量受叶片处理影响较明显，影响大小基本为：剑叶＞倒二叶＞倒三叶＞对照。方程形状参数 $0<N<1$，说明弱势粒灌浆增重特征与强势粒相似，时间上也近于同步，属于强势粒、弱势粒同步灌浆型。

七、不同盐碱胁迫下水稻籽粒灌浆 Richards 方程次级参数

（一）轻度盐碱胁迫下水稻籽粒灌浆 Richards 方程次级参数

起始生长势反映的是受精子房的生长潜势，与籽粒生长初期的生长速率有密切关系。从表 7-12 可知，轻度盐碱胁迫下强势粒起始生长势 R_01 均大于弱势粒起始生长势 R_02，强势粒起始生长势的变化范围为 0.29~0.44，均大于弱势粒 0.07~0.14；达最大生长速率的天数 $t_{Max.G}$，强势粒为 11.86~16.95 天，明显短于弱势粒 24.37~49.21 天；最大生长速率 G_{max} 大部分强势粒高于弱势粒；此外，强势粒活跃生长期 D 明显短于弱势粒。

表 7-12　轻度盐碱胁迫下 Richards 方程次级参数

	R_{01}	R_{02}	$t_{Max.G\,1}$/天	$t_{Max.G\,2}$/天	$G_{max\,1}$/[g/（千粒·天）]	$G_{max\,2}$/[g/（千粒·天）]	I_1/%	I_2/%	D_1/天	D_2/天
D4A1	0.29	0.07	16.95	48.52	5.25	0.58	44.23	45.95	35.20	125.45
D4B1	0.39	0.10	15.56	33.37	16.69	0.99	42.80	44.52	32.28	102.92
D4C1	0.29	0.14	15.76	24.37	4.10	1.03	44.88	45.24	32.51	65.88
D4D1	0.40	0.12	15.48	39.63	15.78	3.51	42.93	43.70	31.11	91.85
C23A1	0.36	0.14	12.58	49.21	3.78	7.31	45.14	42.85	25.68	90.34
C23B1	0.44	0.12	11.86	41.29	13.81	2.97	42.97	43.79	28.16	90.40
C23C1	0.36	0.12	12.94	36.35	3.95	2.23	45.09	44.04	25.84	90.11
C23D1	0.32	0.13	13.47	38.95	2.96	3.00	45.63	43.84	27.65	82.75

注：R_{01} 表示强势粒子房生长潜势，R_{02} 表示弱势粒子房生长潜势，$t_{Max.G\,1}$ 表示强势粒生长速率为最大时的日期，$t_{Max.G\,2}$ 表示弱势粒生长速率为最大时的日期，$G_{max\,1}$ 表示强势粒最大生长速率，$G_{max\,2}$ 表示弱势粒最大生长速率，I_1 表示强势粒生长速率为最大时的生长量相当于生长终值量的百分比，I_2 表示弱势粒生长速率为最大时的生长量相当于生长终值量的百分比，D_1 表示强势粒活跃生长期，D_2 表示弱势粒活跃生长期。表 7-13 和表 7-14 的参数意义相同

（二）中度盐碱胁迫下水稻籽粒灌浆 Richards 方程次级参数

从表 7-13 可知，中度盐碱胁迫下强势粒起始生长势 R_01 均大于弱势粒起始生长势 R_02，强势粒起始生长势的变化范围为 0.39~1.06，均大于弱势粒 0.10~0.22；达最大生长速率的天数 $t_{Max.G}$，强势粒为 5.97~10.47 天，明显短于弱势粒 18.87~35.62 天；最大生长速率 G_{max} 强势粒均高于弱势粒；此外，强势粒活跃生长期 D 明显短于弱势粒。

表 7-13　中度盐碱胁迫下 Richards 方程次级参数

	R_{01}	R_{02}	$t_{Max.G\,1}$/天	$t_{Max.G\,2}$/天	$G_{max\,1}$/[g/（千粒·天）]	$G_{max\,2}$/[g/（千粒·天）]	I_1/%	I_2/%	D_1/天	D_2/天
D4A2	0.42	0.16	10.47	25.60	13.00	3.33	43.07	43.66	28.98	68.93
D4B2	0.39	0.12	10.38	29.18	9.31	1.53	43.45	45.40	29.37	73.92
D4C2	0.49	0.15	9.87	26.23	27.86	2.49	42.37	44.50	27.38	64.13

续表

	R_{01}	R_{02}	$t_{Max.G\,1}$/天	$t_{Max.G\,2}$/天	$G_{max\,1}$ [g/（千粒·天）]	$G_{max\,2}$/ [g/（千粒·天）]	I_1/%	I_2/%	D_1/天	D_2/天
D4D2	0.56	0.18	9.07	29.65	41.27	8.01	42.13	43.02	25.06	66.09
C23A2	0.45	0.10	6.79	35.62	5.87	1.07	44.16	45.36	23.01	92.06
C23B2	0.54	0.10	6.97	35.46	10.87	1.27	43.41	45.08	21.43	94.98
C23C2	0.66	0.13	6.18	21.13	21.80	0.56	42.69	48.64	19.57	51.61
C23D2	1.06	0.22	5.97	18.87	215.07	3.46	41.29	43.57	15.72	52.10

（三）重度盐碱胁迫下水稻籽粒灌浆 Richards 方程次级参数

从表 7-14 可知，重度盐碱胁迫下强势粒起始生长势 R_01 均大于弱势粒起始生长势 R_02，强势粒起始生长势的变化范围为 0.24～0.62，均大于弱势粒 0.06～0.16；达最大生长速率的天数 $t_{Max.G}$，强势粒为 9.16～13.41 天，明显短于弱势粒 19.44～49.56 天；最大生长速率 G_{max} 强势粒均高于弱势粒；弱势粒 I_2 均高于强势粒 I_1；此外，强势粒活跃生长期 D 明显短于弱势粒。

表 7-14　重度盐碱胁迫下 Richards 方程次级参数

	R_{01}	R_{02}	$t_{Max.G\,1}$/天	$t_{Max.G\,2}$/天	$G_{max\,1}$ [g/（千粒·天）]	$G_{max\,2}$/ [g/（千粒·天）]	I_1/%	I_2/%	D_1/天	D_2/天
D4A3	0.28	0.06	12.71	49.56	2.94	0.70	45.52	47.37	31.33	116.82
D4B3	0.35	0.10	12.28	39.45	8.41	1.38	43.48	45.75	32.97	90.44
D4C3	0.24	0.09	13.41	40.30	2.06	1.25	46.55	46.26	33.13	86.69
D4D3	0.29	0.13	12.26	26.67	4.09	1.79	44.69	44.76	32.93	71.52
C23A3	0.61	0.06	9.16	42.06	63.84	0.32	41.68	47.00	25.20	129.16
C23B3	0.57	0.09	9.36	33.46	36.87	0.77	42.01	45.52	25.26	95.08
C23C3	0.62	0.10	9.79	37.06	47.85	1.14	41.89	45.24	23.75	91.70
C23D3	0.58	0.16	9.38	19.44	38.23	0.73	42.02	47.63	25.09	44.06

在轻度、中度盐碱胁迫下，各叶片处理对强势粒、弱势粒起始生长势 R_0 的促进或抑制作用基本一致。重度盐碱胁迫下，呈相反的趋势，即叶片处理对强势粒为促进作用则对弱势粒为抑制作用。达最大生长速率的天数 $t_{Max.G}$，不同盐碱胁迫下各叶片处理的强势粒与对照相比变化范围较小，弱势粒变化较大。不同盐碱胁迫下大部分叶片处理强势粒、弱势粒的最大生长速率 G_{max} 与对照相比均为抑制作用，则剪叶处理使得各处理最大生长速率降低。

第四节　盐碱胁迫下不同叶片处理水稻穗部性状

一、盐碱胁迫下不同叶片处理水稻穗部一次枝梗性状

（一）轻度盐碱胁迫下水稻穗部一次枝梗性状

由表 7-15 可知，在轻度盐碱胁迫下，耐盐碱水稻品种东稻 4 一次枝梗性状较为稳定，受叶片处理影响不显著。由表 7-16 可知，在轻度盐碱性胁迫下，盐碱敏感水稻品种长白 23 一次枝梗性状受叶片处理有显著变化。由于叶片处理是在水稻齐穗期，此时穗部分化已经完成，四个处理之间一次枝梗数及一次枝梗总粒数均无显著差异，证明取样随机性较好，取样合理。表 7-15 和表 7-16 对比可知，盐碱敏感水稻品种一次枝梗实粒数受叶片处理影响显著减少，秕粒数显著增多，尤其是剑叶处理，一次枝梗实粒数、秕粒数、结实率变化显著。

表 7-15　轻度盐碱胁迫下东稻 4 一次枝梗性状比较

处理	一次枝梗数	一次枝梗总粒数	一次枝梗实粒数	一次枝梗秕粒数	一次枝梗结实率/%	每枝梗实粒数	每枝梗秕粒数
剑叶处理	9.63 a	51.75 a	49.25 a	2.50 a	95.00 a	5.12 a	0.26 a
倒二叶处理	9.63 a	49.75 a	47.56 a	2.19 a	95.62 a	4.94 a	0.22 a
倒三叶处理	9.40 a	48.87 a	47.47 a	1.40 a	97.13 a	5.04 a	0.15 a
对照	9.63 a	51.00 a	49.56 a	1.44 a	97.06 a	5.15 a	0.15 a

注：表中不同小写字母表示处理间存在显著性差异（$P<0.01$）。表 7-16～表 7-46 均同此

表 7-16　轻度盐碱胁迫下长白 23 一次枝梗性状比较

处理	一次枝梗数	一次枝梗总粒数	一次枝梗实粒数	一次枝梗秕粒数	一次枝梗结实率/%	每枝梗实粒数	每枝梗秕粒数
剑叶处理	9.83 a	52.17 a	46.50 b	5.67 a	89.42 b	4.73 b	0.58 a
倒二叶处理	9.27 a	50.91 a	48.36 ab	2.55 b	95.00 a	5.21 a	0.28 b
倒三叶处理	9.75 a	52.83 a	50.08 ab	2.75 b	94.67 a	5.13 a	0.29 b
对照	9.83 a	52.83 a	50.92 a	1.92 b	96.33 a	5.17 a	0.20 b

（二）中度盐碱胁迫下水稻穗部一次枝梗性状

对中度盐碱胁迫下，耐盐碱水稻品种东稻 4 不同叶片处理水稻穗部一次枝梗性状进行分析（表 7-17），结果表明，东稻 4 在中度盐碱胁迫下，一次枝梗性状较为稳定，受叶片处理影响不显著，比较而言，剑叶处理对中度盐碱胁迫下东稻 4 一次枝梗性状影响较大。对中度盐碱胁迫下，盐碱敏感水稻品种长白 23 不同叶片处理水稻穗部一次枝梗性

状进行分析（表 7-18），结果表明，长白 23 在中度盐碱胁迫下，一次枝梗性状相对耐盐碱水稻品种在中度盐碱胁迫下受叶片处理显著，尤其是受剑叶处理影响变化较大，一次枝梗实粒数显著减少，一次枝梗秕粒数显著增加，结实率显著下降，每枝梗实粒数显著减少，每枝梗秕粒数显著增加。

表 7-17　中度盐碱胁迫下东稻 4 一次枝梗性状比较

处理	一次枝梗数	一次枝梗总粒数	一次枝梗实粒数	一次枝梗秕粒数	一次枝梗结实率/%	每枝梗实粒数	每枝梗秕粒数
剑叶处理	8.67 b	48.89 b	45.56 b	3.75 a	93.00 a	5.24 a	0.38 a
倒二叶处理	9.58 ab	53.42 ab	49.42 ab	4.37 a	92.67 a	5.18 a	0.41 a
倒三叶处理	10.20 a	55.60 a	51.62 ab	3.20 a	94.00 a	5.13 a	0.31 a
对照	10.15 a	56.77 a	52.40 a	5.15 a	90.92 a	5.08 a	0.51 a

表 7-18　中度盐碱胁迫下长白 23 一次枝梗性状比较

处理	一次枝梗数	一次枝梗总粒数	一次枝梗实粒数	一次枝梗秕粒数	一次枝梗结实率/%	每枝梗实粒数	每枝梗秕粒数
剑叶处理	8.09 ab	44.00 ab	33.09 b	10.91 a	75.55 b	4.10 b	1.35 a
倒二叶处理	8.36 a	45.91 a	41.55 a	4.36 b	90.45 a	4.97 a	0.52 b
倒三叶处理	8.00 ab	44.25 ab	40.92 a	4.00 b	92.50 a	5.11 a	0.41 b
对照	7.64 b	40.64 b	37.82 a	2.82 b	93.00 a	4.96 a	0.37 b

（三）重度盐碱胁迫下水稻穗部一次枝梗性状

对重度盐碱胁迫下，耐盐碱水稻品种东稻 4 不同叶片处理水稻穗部一次枝梗性状进行分析（表 7-19），结果表明，东稻 4 一次枝梗各个性状受叶片处理影响变化不显著。对重度盐碱胁迫下，盐碱敏感水稻品种长白 23 不同叶片处理水稻穗部一次枝梗性状进行分析（表 7-20），结果表明，长白 23 在重度盐碱胁迫下，一次枝梗性状受叶片处理显著尤其是受剑叶处理影响变化较大。尤其是倒二叶及倒三叶处理使得长白 23 一次枝梗实粒数显著减少、秕粒数显著增加、结实率显著减少，剑叶处理影响不显著。

表 7-19　重度盐碱胁迫下东稻 4 一次枝梗性状比较

处理	一次枝梗数	一次枝梗总粒数	一次枝梗实粒数	一次枝梗秕粒数	一次枝梗结实率/%	每枝梗实粒数	每枝梗秕粒数
剑叶处理	9.75 a	51.13 a	46.38 a	4.75 a	89.75 a	4.71 a	0.54 a
倒二叶处理	10.38 a	56.63 a	52.63 a	4.00 a	93.50 a	5.09 a	0.36 a
倒三叶处理	9.80 a	54.10 a	49.10 a	5.00 a	91.10 a	5.02 a	0.50 a
对照	9.71 a	53.25 a	50.38 a	2.88 a	94.62 a	5.20 a	0.31 a

表 7-20 重度盐碱胁迫下长白 23 一次枝梗性状比较

处理	一次枝梗数	一次枝梗总粒数	一次枝梗实粒数	一次枝梗秕粒数	一次枝梗结实率/%	每枝梗实粒数	每枝梗秕粒数
剑叶处理	6.88 ab	36.38 ab	33.13 a	3.25 b	90.88 a	4.78 a	0.49 c
倒二叶处理	7.82 a	41.09 a	29.27 ab	13.00 a	71.45 b	3.76 b	1.50 b
倒三叶处理	7.50 a	39.10 a	22.20 b	16.90 a	54.30 c	2.84 c	2.36 a
对照	6.00 b	31.43 b	29.71 a	1.71 b	94.50 a	4.92 a	0.29 c

分析可见，在轻度、中度、重度盐碱胁迫下，耐盐碱水稻品种东稻 4 一次枝梗性状均较为稳定，受叶片处理影响不大；盐碱敏感水稻品种长白 23 一次枝梗性状在轻度及中度盐碱胁迫下，受剑叶处理影响较大，而在重度盐碱胁迫下受倒二叶及倒三叶影响较大，尤其是倒三叶处理显著抑制一次枝梗性状。

二、盐碱胁迫下不同叶片处理水稻穗部二次枝梗性状

（一）轻度盐碱胁迫下水稻穗部二次枝梗性状

总体来说，在轻度盐碱胁迫下，与对照相比（表 7-21），东稻 4 三个叶片处理二次枝梗实粒数均显著下降，秕粒数均显著增多，二次枝梗结实率显著减少，每枝梗实粒数显著减少，每枝梗秕粒数显著增多。但是三个叶片处理间差异不显著。在轻度盐碱胁迫下，盐碱敏感水稻品种长白 23 二次枝梗性状受剑叶处理影响最大，秕粒数显著增多，实粒数显著下降，结实率显著下降，倒二叶处理主要影响二次枝梗实粒数，秕粒数增加未达到显著水平，受倒三叶处理影响不显著（表 7-22）。

表 7-21 轻度盐碱胁迫下东稻 4 二次枝梗性状比较

处理	二次枝梗数	二次枝梗总粒数	二次枝梗实粒数	二次枝梗秕粒数	二次枝梗结实率/%	每枝梗实粒数	每枝梗秕粒数
剑叶处理	16.00 a	43.94 a	26.25 b	17.69 a	63.12 b	1.71 b	1.02 a
倒二叶处理	18.31 a	50.00 a	30.81 b	19.19 a	62.69 b	1.71 b	1.01 a
倒三叶处理	18.07 a	48.73 a	32.80 b	15.93 a	70.00 b	1.88 b	0.82 a
对照	16.69 a	45.44 a	42.00 a	3.44 b	92.69 a	2.49 a	0.20 b

表 7-22 轻度盐碱胁迫下长白 23 二次枝梗性状比较

处理	二次枝梗数	二次枝梗总粒数	二次枝梗实粒数	二次枝梗秕粒数	二次枝梗结实率/%	每枝梗实粒数	每枝梗秕粒数
剑叶处理	24.00 a	67.33 a	29.67 c	37.67 a	44.17 b	1.24 b	1.58 a
倒二叶处理	22.82 a	63.09 a	39.00 b	24.09 b	62.64 a	1.72 a	1.04 b
倒三叶处理	24.00 a	67.33 a	47.92 a	19.42 b	72.08 a	1.99 a	0.79 b
对照	24.33 a	64.25 a	45.83 ab	18.42 b	73.33 a	1.91 a	0.72 b

（二）中度盐碱胁迫下水稻穗部二次枝梗性状

在中度盐碱胁迫下，东稻4受叶片处理影响二次枝梗性状相对稳定，变化不显著（表 7-23）。在中度盐碱胁迫下，长白 23 二次枝梗性状受剑叶处理影响较大，尤其是二次枝梗实粒数减少显著，二次枝梗秕粒数显著增加，结实率显著下降，每枝梗实粒数显著减少，每枝梗秕粒数显著增加，倒二叶及倒三叶处理对二次枝梗性状影响不明显（表 7-24）。

表 7-23　中度盐碱胁迫下东稻 4 二次枝梗性状比较

处理	二次枝梗数	二次枝梗总粒数	二次枝梗实粒数	二次枝梗秕粒数	二次枝梗结实率/%	每枝梗实粒数	每枝梗秕粒数
剑叶处理	13.33 b	38.22 b	32.22 b	6.00 a	85.44 a	2.43 a	0.42 a
倒二叶处理	13.92 b	38.67 b	32.83 b	5.83 a	86.67 a	2.39 a	0.38 a
倒三叶处理	19.00 a	50.20 a	46.90 a	3.30 a	93.80 a	2.48 a	0.17 a
对照	14.31 b	37.62 b	33.08 b	4.54 a	87.92 a	2.31 a	0.32 a

表 7-24　中度盐碱胁迫下长白 23 二次枝梗性状比较

处理	二次枝梗数	二次枝梗总粒数	二次枝梗实粒数	二次枝梗秕粒数	二次枝梗结实率/%	每枝梗实粒数	每枝梗秕粒数
剑叶处理	13.15 a	39.73 a	14.09 b	25.64 a	36.82 b	1.08 b	1.86 a
倒二叶处理	12.36 a	35.91 a	27.73 a	8.18 b	77.82 a	2.26 a	0.65 b
倒三叶处理	13.08 a	36.83 a	27.58 a	9.25 b	75.17 a	2.12 a	0.71 b
对照	14.55 a	42.55 a	32.82 a	9.73 b	78.91 a	2.34 a	0.62 b

（三）重度盐碱胁迫下水稻穗部二次枝梗性状

在重度盐碱胁迫下，东稻 4 二次枝梗性状稳定受叶片影响变化不显著（表 7-25）。在重度盐碱胁迫下，长白 23 受倒三叶处理二次枝梗性状变化显著，二次枝梗实粒数显著减少，二次枝梗秕粒数显著增加，结实率显著下降，每枝梗实粒数显著减少，每枝梗秕粒数显著增加；倒二叶及倒三叶处理使得二次枝梗秕粒数显著增加，结实率显著降低，每枝梗实粒数显著减少秕粒数显著增加（表 7-26）。

表 7-25　重度盐碱胁迫下东稻 4 二次枝梗性状比较

处理	二次枝梗数	二次枝梗总粒数	二次枝梗实粒数	二次枝梗秕粒数	二次枝梗结实率/%	每枝梗实粒数	每枝梗秕粒数
剑叶处理	10.25 a	27.13 a	20.88 a	6.25 a	79.00 a	2.08 a	0.56 a
倒二叶处理	10.25 a	27.50 a	22.00 a	5.50 a	79.38 a	2.11 a	0.58 a
倒三叶处理	11.80 a	31.30 a	26.00 a	5.30 a	83.70 a	2.21 a	0.43 a
对照	10.00 a	28.63 a	24.54 a	4.08 a	84.92 a	2.42 a	0.44 a

表 7-26　重度盐碱胁迫下长白 23 二次枝梗性状比较

处理	二次枝梗数	二次枝梗总粒数	二次枝梗实粒数	二次枝梗秕粒数	二次枝梗结实率/%	每枝梗实粒数	每枝梗秕粒数
剑叶处理	9.50 ab	25.88 ab	18.88 a	7.00 b	70.75 a	1.94 a	0.79 b
倒二叶处理	12.18 a	34.36 a	12.45 a	21.91 a	34.09 b	0.97 b	1.81 a
倒三叶处理	10.10 ab	27.60 ab	5.30 b	22.30 a	20.60 b	0.53 b	2.12 a
对照	7.07 b	20.86 b	17.93 a	2.93 b	85.93 a	2.52 a	0.39 b

综上可知，在轻度盐碱胁迫下，剪叶处理对耐盐碱水稻品种东稻 4 二次枝梗性状均有显著抑制作用，各叶片处理间差异不显著。中度及重度盐碱胁迫下，剪叶处理对东稻 4 二次枝梗性状影响不明显。对于盐碱敏感水稻品种长白 23 来说，在轻度盐碱胁迫下，二次枝梗性状受剑叶处理影响最大，其次是倒二叶处理，倒三叶处理与对照差异不显著；在中度盐碱胁迫下，二次枝梗性状受剑叶处理显著，其他叶片处理影响不显著；在重度盐碱胁迫下，二次枝梗性状受倒二叶及倒三叶处理影响显著，剑叶处理则不明显。

三、盐碱胁迫下不同叶片处理水稻整体穗部性状

（一）轻度盐碱胁迫下水稻穗部性状

就整个穗部情况来看（表 7-27），在轻度盐碱胁迫下，对于耐盐碱水稻品种东稻 4 来说，穗部总实粒数受叶片处理影响显著降低，总秕粒数增加。穗长及穗总粒数无明显变化。剑叶处理对穗重影响较大，其次是倒二叶处理，倒三叶处理对穗重影响未达到显著水平。

表 7-27　轻度盐碱胁迫下东稻 4 穗部性状比较

处理	总实粒数	总秕粒数	穗总粒数	穗长/cm	穗重/g	秕粒重/g
剑叶处理	75.50 b	20.19 a	95.69 a	20.66 a	2.39 c	0.16 a
倒二叶处理	78.38 b	21.38 a	99.75 a	20.31 a	2.49 bc	0.16 a
倒三叶处理	80.27 b	17.33 a	97.60 a	20.73 a	2.65 ab	0.15 a
对照	91.56 a	4.88 b	96.44 a	19.87 a	2.77 a	0.04 b

由表 7-28 可知，对于盐碱敏感水稻品种长白 23 来说，在轻度盐碱胁迫下，穗部总粒数受剑叶处理影响最大，其次是倒二叶处理，倒三叶处理与对照相比无显著变化；剑叶处理使得长白 23 秕粒数显著增加；穗重受叶片处理影响大小为剑叶＞倒二叶＞倒三叶＞对照。

表 7-28　轻度盐碱胁迫下长白 23 穗部性状比较

处理	总实粒数	总秕粒数	穗总粒数	穗长/cm	穗重/g	秕粒重/g
剑叶处理	76.17 c	43.33 a	119.50 a	18.96 b	2.12 d	0.36 a
倒二叶处理	87.36 b	26.64 b	114.00 a	18.45 b	2.30 c	0.21 b
倒三叶处理	98.00 a	22.17 b	120.17 a	20.05 a	2.48 b	0.17 b
对照	96.75 a	20.33 b	117.08 a	18.92 b	2.65 a	0.19 b

从粒重情况分析来看，在轻度盐碱胁迫下，对于耐盐碱水稻品种东稻 4 来说（表 7-29），一次枝梗实粒重较为稳定，受叶片处理影响不明显。二次枝梗实粒重变化受叶片处理影响作用大小为剑叶＞倒二叶＞倒三叶＞对照。一次枝梗千粒重及二次枝梗千粒重受剑叶及倒二叶处理显著减少。总粒重随二次枝梗实粒重的减少而减少。

表 7-29　轻度盐碱胁迫下东稻 4 粒重情况比较　　　　单位：g

处理	一次枝梗实粒重	二次枝梗实粒重	一次枝梗千粒重	二次枝梗千粒重	总粒重	千粒重
剑叶处理	1.50 a	0.64 c	30.39 b	24.24 c	2.13 c	28.26 b
倒二叶处理	1.43 a	0.81 bc	30.08 b	26.01 b	2.24 bc	28.53 b
倒三叶处理	1.49 a	0.93 ab	31.47 a	28.19 a	2.42 ab	30.11 a
对照	1.54 a	1.11 a	30.99 ab	26.61 b	2.65 a	29.03 b

从表 7-30 可知，对于盐碱敏感水稻品种长白 23 来说，在轻度盐碱胁迫下，一次枝梗实粒重及二次枝梗实粒重受剑叶处理影响显著降低。二次枝梗千粒重受叶片处理显著降低，但各个叶片处理间差异不显著。总粒重受剑叶处理影响最大，其次是倒二叶处理，倒三叶处理与对照相比变化不显著。千粒重受叶片处理显著降低，各个叶片处理间差异不显著。

表 7-30　轻度盐碱胁迫下长白 23 粒重情况比较　　　　单位：g

处理	一次枝梗实粒重	二次枝梗实粒重	一次枝梗千粒重	二次枝梗千粒重	总粒重	千粒重
剑叶处理	1.08 b	0.59 c	23.31 b	20.04 b	1.68 c	22.04 b
倒二叶处理	1.15 ab	0.87 b	23.69 ab	22.04 b	2.02 b	22.99 b
倒三叶处理	1.19 ab	1.04 ab	23.69 ab	22.12 b	2.23 a	22.84 b
对照	1.25 a	1.13 a	24.48 a	24.94 a	2.38 a	24.59 a

（二）中度盐碱胁迫下水稻穗部性状

中度盐碱胁迫，耐盐碱水稻品种东稻 4（表 7-31）与对照相比各个叶片处理对穗部性状影响变化不显著，只是穗重显著降低。对于盐碱敏感水稻品种长白 23（表 7-32），剑叶处理对整个穗部性状影响较大，总实粒数显著降低，总秕粒数显著增加，穗重显著降低，其他叶片处理对穗部性状影响不明显。

表 7-31　中度盐碱胁迫下东稻 4 穗部性状比较

处理	总实粒数	总秕粒数	穗总粒数	穗长/cm	穗重/g	秕粒重/g
剑叶处理	77.78 b	9.33 a	87.11 b	17.81 b	2.21 c	0.06 a
倒二叶处理	82.25 b	9.83 a	92.08 b	17.89 b	2.44 bc	0.09 a
倒三叶处理	99.30 a	6.50 a	105.80 a	18.68 ab	2.96 a	0.05 a
对照	84.69 b	9.69 a	94.38 b	18.96 a	2.51 b	0.08 a

表 7-32　中度盐碱胁迫下长白 23 穗部性状比较

处理	总实粒数	总秕粒数	穗总粒数	穗长/cm	穗重/g	秕粒重/g
剑叶处理	47.18 b	36.55 a	83.73 a	14.92 a	1.25 b	0.29 a
倒二叶处理	69.27 a	12.55 b	81.82 a	15.04 a	1.69 a	0.14 b
倒三叶处理	68.50 a	12.58 b	81.08 a	15.07 a	1.66 a	0.14 b
对照	70.64 a	12.55 b	83.18 a	15.38 a	1.71 a	0.13 b

从粒重情况分析来看，在中度盐碱胁迫下，对于耐盐碱水稻品种东稻 4 来说（表 7-33），一次枝梗实粒重受剑叶处理影响显著降低，其他叶片处理影响变化不显著。一次枝梗千粒重较为稳定，受叶片处理影响变化不显著。二次枝梗千粒重受剑叶处理显著减少。总粒重随二次枝梗实粒重的减少而减少。总体而言，粒重情况受剑叶处理影响较大。

表 7-33　中度盐碱胁迫下东稻 4 粒重情况比较　　　　　　单位：g

处理	一次枝梗实粒重	二次枝梗实粒重	一次枝梗千粒重	二次枝梗千粒重	总粒重	千粒重
剑叶处理	1.28 b	0.80 b	28.04 a	24.77 b	2.07 b	26.70 b
倒二叶处理	1.44 a	0.83 b	29.10 a	25.20 ab	2.27 b	27.59 ab
倒三叶处理	1.51 a	1.30 a	29.04 a	27.87 a	2.81 a	28.46 a
对照	1.45 a	0.89 b	28.19 a	27.40 ab	2.34 b	27.74 ab

盐碱敏感水稻品种长白 23（表 7-34）一次枝梗实粒重及一次枝梗千粒重受剑叶影响显著降低，其他叶片处理变化不显著。二次枝梗实粒重受叶片处理影响作用大小为剑叶＞倒二叶＞倒三叶＞对照。二次枝梗千粒重主要受剑叶影响显著降低，其他叶片处理变化不显著。总粒重及千粒重也主要受剑叶处理影响显著降低，其他叶片处理变化不明显。

表 7-34 中度盐碱胁迫下长白 23 粒重情况比较 单位：g

处理	一次枝梗实粒重	二次枝梗实粒重	一次枝梗千粒重	二次枝梗千粒重	总粒重	千粒重
剑叶处理	0.66 b	0.25 c	19.76 b	17.73 b	0.90 b	19.11 b
倒二叶处理	0.93 a	0.56 b	22.35 a	20.32 a	1.49 a	21.56 a
倒三叶处理	0.90 a	0.55 b	22.09 a	19.97 a	1.45 a	21.22 a
对照	0.84 a	0.68 a	22.19 a	20.81 a	1.52 a	21.49 a

（三）重度盐碱胁迫下水稻穗部性状

在重度盐碱胁迫下，耐盐碱水稻品种东稻 4（表 7-35）与对照相比，各叶片处理差异不显著，穗部性状较为稳定。对于盐碱敏感水稻品种长白 23（表 7-36），倒三叶处理总实粒数显著减少，总秕粒数显著增加，穗重显著降低。总体上不同叶片处理对盐碱敏感水稻品种长白 23 影响作用大小为倒三叶＞倒二叶＞剑叶＞对照。

表 7-35 重度盐碱胁迫下东稻 4 穗部性状比较

处理	总实粒数	总秕粒数	穗总粒数	穗长/cm	穗重/g	秕粒重/g
剑叶处理	67.25 a	11.00 a	78.25 a	16.51 a	1.92 a	0.08 a
倒二叶处理	74.63 a	9.50 a	84.13 a	16.91 a	2.10 a	0.06 a
倒三叶处理	75.10 a	10.30 a	85.40 a	17.16 a	2.11 a	0.07 a
对照	74.92 a	6.96 a	81.88 a	17.15 a	2.06 a	0.04 a

表 7-36 重度盐碱胁迫下长白 23 穗部性状比较

处理	总实粒数	总秕粒数	穗总粒数	穗长/cm	穗重/g	秕粒重/g
剑叶处理	52.00 a	10.25 b	62.25 ab	14.93 a	1.18 a	0.07 b
倒二叶处理	41.73 a	33.73 a	75.45 a	14.75 a	1.04 ab	0.21 a
倒三叶处理	27.50 b	39.20 a	66.70 ab	14.30 a	0.82 b	0.26 a
对照	47.64 a	4.64 b	52.29 b	15.19 a	1.10 a	0.02 b

从粒重情况分析来看，在中度盐碱胁迫下，耐盐碱水稻品种东稻 4（表 7-37）各个叶片处理影响不显著。对于盐碱敏感水稻品种长白 23（表 7-38），二次枝梗实粒重受倒三叶处理影响最大，一次枝梗千粒重及二次枝梗千粒重受倒三叶处理影响最大，其次是倒二叶处理，剑叶处理变化不显著。

表 7-37　重度盐碱胁迫下东稻 4 粒重情况比较　　　　　　单位：g

处理	一次枝梗 实粒重	二次枝梗 实粒重	一次枝梗 千粒重	二次枝梗 千粒重	总粒重	千粒重
剑叶处理	1.27 a	0.50 a	27.54 a	23.54 a	1.77 a	26.36 a
倒二叶处理	1.45 a	0.52 a	27.49 a	23.38 a	1.96 a	26.27 a
倒三叶处理	1.36 a	0.62 a	27.74 a	23.67 a	1.98 a	26.33 a
对照	1.36 a	0.58 a	26.95 a	23.29 a	1.94 a	25.84 a

表 7-38　重度盐碱胁迫下长白 23 粒重情况比较　　　　　　单位：g

处理	一次枝梗 实粒重	二次枝梗 实粒重	一次枝梗 千粒重	二次枝梗 千粒重	总粒重	千粒重
剑叶处理	0.70 a	0.35 a	21.36 ab	18.99 a	1.06 a	20.44 a
倒二叶处理	0.57 ab	0.21 ab	19.12 b	16.77 b	0.78 a	18.48 b
倒三叶处理	0.67 ab	0.09 b	18.36 b	16.50 b	0.50 b	18.04 b
对照	0.42 b	0.35 a	22.92 a	19.78 a	1.03 a	21.72 a

在轻度盐碱胁迫下，耐盐碱水稻品种东稻 4 穗部性状受剑叶处理影响较大，其次是倒二叶、倒三叶；中度及重度盐碱胁迫下，剪叶处理对东稻 4 穗部性状影响不明显。盐碱敏感水稻品种长白 23 在轻度盐碱胁迫下受剑叶处理影响较大，其次是倒二叶、倒三叶；在中度盐碱胁迫下，剑叶对长白 23 影响最大，其次是倒二叶、倒三叶；而重度盐碱胁迫下，倒三叶对穗部性状影响最大，其次是倒二叶，剑叶对穗部性状影响较小。

四、不同盐碱程度胁迫对北方粳稻穗部性状的影响

（一）不同盐碱胁迫对耐盐碱水稻品种穗部性状的影响

在不同盐碱胁迫下（表 7-39），耐盐碱水稻品种东稻 4 的一次枝梗性状较为稳定，受盐碱胁迫影响变化不显著。一次枝梗数稳定，受胁迫影响变化不显著；一次枝梗实粒数稳定，受胁迫影响无显著变化，只是在中度盐碱胁迫下一次枝梗秕粒数显著增加，结实率显著下降。

表 7-39　不同盐碱胁迫对东稻 4 一次枝梗性状的影响

胁迫 强度	一次枝 梗数	一次枝梗 总粒数	一次枝梗 实粒数	一次枝梗 秕粒数	一次枝梗 结实率/%	每枝梗 实粒数	每枝梗 秕粒数
轻度	9.63 a	51.00 a	49.56 a	1.44 b	97.06 a	5.15 a	0.15 b
中度	10.15 a	56.77 a	52.40 a	5.15 a	90.92 b	5.08 a	0.51 a
重度	9.71 a	53.25 a	50.38 a	2.88 b	94.62 a	5.20 a	0.31 b

在不同盐碱胁迫下（表 7-40），耐盐碱水稻品种东稻 4 的二次枝梗性状较一次枝梗

性状稳定性降低，受盐碱胁迫影响变化明显，随着盐碱胁迫的增加二次枝梗受抑制作用递增。与轻度盐碱胁迫相比，在中度盐碱胁迫下，二次枝梗数及二次枝梗总粒数均减少，但均未达到显著水平，二次枝梗实粒数显著减少。在重度盐碱胁迫下：二次枝梗数及二次枝梗总粒数显著减少；二次枝梗实粒数减少极为显著；秕粒数稳定，变化不明显；结实率显著降低；每枝梗实粒数稳定，变化不显著；每枝梗秕粒数增多。

表 7-40　不同盐碱胁迫对东稻 4 二次枝梗性状的影响

胁迫强度	二次枝梗数	二次枝梗总粒数	二次枝梗实粒数	二次枝梗秕粒数	二次枝梗结实率/%	每枝梗实粒数	每枝梗秕粒数
轻度	16.69 a	45.44 a	42.00 a	3.44 a	92.69 a	2.49 a	0.20 b
中度	14.31 a	37.62 a	33.08 b	4.54 a	87.92 ab	2.31 a	0.32 ab
重度	10.00 b	28.63 b	24.54 c	4.08 a	84.92 b	2.42 a	0.44 a

总体来说，在不同盐碱胁迫下（表 7-41），耐盐碱水稻品种东稻 4 的穗部性状受盐碱胁迫影响变化明显，随着盐碱胁迫的增加穗部性状受抑制作用递增。与轻度盐碱胁迫相比，在中度盐碱胁迫下，穗部总实粒数呈减少趋势，但未达到显著水平；总秕粒数显著增加；穗部总粒数稳定，受胁迫影响变化不大；穗长显著减小；穗重呈降低趋势，但未达显著水平。在重度盐碱胁迫下，穗部总实粒数显著减少；穗长减小极为显著；穗重显著降低。

表 7-41　不同盐碱胁迫对东稻 4 穗部性状影响

胁迫强度	总实粒数	总秕粒数	穗总粒数	穗长/cm	穗重/g	秕粒重/g
轻度	91.56 a	4.88 b	96.44 a	19.87 a	2.77 a	0.04 b
中度	84.69 ab	9.69 a	94.38 a	18.96 b	2.51 a	0.08 a
重度	74.92 b	6.96 ab	81.88 b	17.15 c	2.06 b	0.04 b

对于籽粒粒重情况（表 7-42），与轻度盐碱胁迫相比，中度盐碱胁迫下：一次枝梗实粒重降低，但未达到显著水平；二次枝梗实粒重显著降低；一次枝梗千粒重显著降低；二次枝梗千粒重变化不显著；总粒重显著降低；整个穗籽粒千粒重呈降低趋势，但未达到显著水平。在重度盐碱胁迫下：一次枝梗实粒重显著降低；二次枝梗实粒重、一次枝梗千粒重及总粒重均极为显著降低；二次枝梗千粒重及穗部籽粒千粒重降低显著。

表 7-42　不同盐碱胁迫对东稻 4 粒重情况的影响　　　　　　单位：g

胁迫强度	一次枝梗实粒重	二次枝梗实粒重	一次枝梗千粒重	二次枝梗千粒重	总粒重	千粒重
轻度	1.54 a	1.11 a	30.99 a	26.61 a	2.65 a	29.03 a
中度	1.45 ab	0.89 b	28.19 b	27.40 a	2.34 b	27.74 a
重度	1.36 b	0.58 c	26.95 c	23.29 b	1.94 c	25.84 b

　　总体来说，在不同盐碱胁迫下，耐盐碱水稻品种东稻 4 的穗部性状受盐碱胁迫抑制作用显著。其中，一次枝梗性状相对二次枝梗性状稳定，受胁迫影响变化不显著。一次枝梗实粒重的降低主要受一次枝梗千粒重降低的影响，二次枝梗实粒重的降低受二次枝梗数及二次枝梗千粒重减少共同影响。

　　（二）不同盐碱胁迫对盐碱敏感水稻品种穗部性状的影响

　　在不同盐碱胁迫下（表 7-43），盐碱敏感水稻品种长白 23 的一次枝梗性状受胁迫影响变化显著。与轻度盐碱胁迫相比，在中度盐碱胁迫下：一次枝梗数显著降低；一次枝梗实粒数受胁迫影响显著减少；一次枝梗秕粒数稳定，受胁迫影响变化不显著；结实率受胁迫影响呈降低趋势，但未达到显著水平；每枝梗实粒数呈减少趋势，但未达到显著水平；每枝梗秕粒数呈增加趋势，未达到显著水平。在重度盐碱胁迫下：一次枝梗数及一次枝梗实粒数减少极为显著；一次枝梗秕粒数、结实率、每枝梗实粒数、秕粒数稳定，受胁迫影响变化未达到显著水平。由于每枝梗实粒数、秕粒数均较为稳定，受胁迫影响变化不大，一次枝梗总粒数的减少主要受一次枝梗数的减少影响。

表 7-43　不同盐碱胁迫对长白 23 一次枝梗性状的影响

胁迫强度	一次枝梗数	一次枝梗总粒数	一次枝梗实粒数	一次枝梗秕粒数	一次枝梗结实率/%	每枝梗实粒数	每枝梗秕粒数
轻度	9.83 a	52.83 a	50.92 a	1.92 a	96.33 a	5.17 a	0.20 a
中度	7.64 b	40.64 b	37.82 b	2.82 a	93.00 a	4.96 a	0.37 a
重度	6.00 c	31.43 c	29.71 c	1.71 a	94.50 a	4.92 a	0.29 a

　　在不同盐碱胁迫下（表 7-44），盐碱敏感水稻品种长白 23 的二次枝梗性状受胁迫影响变化显著。与轻度盐碱胁迫相比，在中度盐碱胁迫下：二次枝梗数显著降低；二次枝梗实粒数受胁迫影响显著减少；二次枝梗秕粒数显著增加；结实率受胁迫影响呈升高趋势，但未达到显著水平；每枝梗实粒数呈增加趋势，但未达到显著水平；每枝梗秕粒数呈减少趋势，未达到显著水平。在重度盐碱胁迫下：二次枝梗数及二次枝实粒数极为显著减少；二次枝梗秕粒数显著减少；结实率呈升高趋势但未达到显著水平；每枝梗实粒数显著增加；每枝梗秕粒数稳定，受胁迫影响呈减少趋势，但未达到显著水平。由于每枝梗实粒数受胁迫影响呈升高趋势，二次枝梗总粒数的减少主要受二次枝梗数减少影响。

表 7-44　不同盐碱胁迫对长白 23 二次枝梗性状的影响

胁迫强度	二次枝梗数	二次枝梗总粒数	二次枝梗实粒数	二次枝梗秕粒数	二次枝梗结实率/%	每枝梗实粒数	每枝梗秕粒数
轻度	24.33 a	64.25 a	45.83 a	18.42 a	73.33 a	1.91 b	0.72 a
中度	14.55 b	42.55 b	32.82 b	9.73 b	78.91 a	2.34 ab	0.62 a
重度	7.07 c	20.86 c	17.93 c	2.93 b	85.93 a	2.52 a	0.39 a

总体来说，在不同盐碱胁迫下（表 7-45），盐碱敏感水稻品种长白 23 的穗部性状受盐碱胁迫影响变化明显，随着盐碱胁迫的增加穗部性状受抑制作用递增。与轻度盐碱胁迫相比，在中度盐碱胁迫下：穗部总实粒数显著减少；总秕粒数呈减少趋势，但未达到显著水平；穗部总粒数显著减少；穗长显著减小；穗重显著降低。在重度盐碱胁迫下：穗部总实粒数减少极为显著；穗部总秕粒数显著减少；穗长减小显著；穗重极为显著降低。

表 7-45 不同盐碱胁迫对长白 23 穗部性状影响

胁迫强度	总实粒数	总秕粒数	穗总粒数	穗长/cm	穗重/g	秕粒重/g
轻度	96.75 a	20.33 a	117.08 a	18.92 a	2.65 a	0.19 a
中度	70.64 b	12.55 ab	83.18 b	15.38 b	1.71 b	0.13 a
重度	47.64 c	4.64 b	52.29 c	15.19 b	1.10 c	0.02 b

对于籽粒粒重情况（表 7-46），与轻度盐碱胁迫相比，中度盐碱胁迫下：一次枝梗实粒重及二次枝梗实粒重显著降低；一次枝梗千粒重及二次枝梗千粒重显著降低；总粒重显著降低；整个穗籽粒千粒重显著降低。与轻度盐碱胁迫下相比，重度盐碱胁迫下：一次枝梗实粒重及二次枝梗实粒重极为显著降低；一次枝梗千粒重及二次枝梗千粒重显著降低；穗部籽粒千粒重降低显著。重度盐碱胁迫与中度盐碱胁迫相比，一次枝梗及二次枝梗千粒重无显著差异。

在不同盐碱胁迫下，对于盐碱敏感水稻品种长白 23 来说，其一次枝梗性状及二次枝梗性状均受到严重抑制。一次枝梗实粒重的降低受一次枝梗千粒重及一次枝梗数减少共同影响；二次枝梗实粒重的降低受二次枝梗千粒重及二次枝梗数减少共同影响。

表 7-46 不同盐碱胁迫对长白 23 粒重情况的影响　　　　　　　　单位：g

胁迫强度	一次枝梗实粒重	二次枝梗实粒重	一次枝梗千粒重	二次枝梗千粒重	总粒重	千粒重
轻度	1.25 a	1.13 a	24.48 a	24.94 a	2.38 a	24.59 a
中度	0.84 b	0.68 b	22.19 b	20.81 b	1.52 b	21.49 b
重度	0.42 c	0.35 c	22.92 b	19.78 b	1.03 c	21.72 b

参 考 文 献

藏金萍. 2008. 水稻抗旱、耐盐 QTL 表达的遗传背景效应及抗旱、耐盐的遗传重叠研究. 北京: 中国农业科学院.

陈德明. 1994. 盐渍环境中的植物耐盐性及其影响因素. 土壤学进展, 22(5): 22-29.

郭房庆, 汤章城. 1999. 小麦抗盐突变体质膜 K^+ 通道 K^+、Na^+ 通透性的改变. 科学通报(5): 524-529.

郭望模, 傅亚萍, 孙修宗. 2004. 水稻芽期和苗期耐盐指标的选择研究. 浙江农业科学(1): 30-33.

贺长征, 胡晋, 朱志玉. 2002. 混合盐引发对水稻种子在逆境条件下发芽及幼苗生理特性的影响. 浙江大学学报(农业与生命科学版)(2): 59-62.

黄大明, 李有明, 刘金波. 2010. 水稻机械化插秧育苗关键技术. 农家顾问(3): 51-52.

黄发松, 孙宗修, 胡培松, 等. 1998. 食用稻米品质形成研究的现状与展望. 中国水稻科学(3): 172-176.

兰巨生, 胡福顺, 张景瑞. 1990. 作物抗旱指数的概念和统计方法. 华北农学报, 5(2): 20-25.

李彬, 王志春. 2006. 松嫩平原苏打盐渍土碱化特征与影响因素. 干旱区资源与环境(6): 183-191.

李景鹏, 周继全, 王晓丽, 等. 2011. 苏打盐碱胁迫下粳稻籽粒灌浆动态研究. 吉林农业大学学报, 33(2): 126-129.

李景生, 黄韵珠. 1995. 浅述植物的耐盐生理. 植物学通报(3): 15-19.

刘金波, 徐大勇, 潘启民, 等. 2011. 水稻光温敏核质互作型不育系的选育. 中国稻米, 17(1): 13-16.

吕丙盛. 2014. 水稻(Oryzasativa L.)应对盐碱胁迫的生理及分子机制研究. 长春: 中国科学院东北地理与农业生态研究所.

潘晓飚. 2012-12-21. 杂交水稻恢复系的分子育种改良. 浙江省台州市农业科学研究院.

祁栋灵, 张三元, 曹桂兰, 等. 2006. 水稻发芽期和幼苗前期耐碱性的鉴定方法研究. 植物遗传资源学报, 7(1): 74-80.

任东涛, 张承烈. 1992. 河西走廊不同生态型芦苇可溶性蛋白质、总氨基酸和游离氨基酸分析. 植物学报(9): 698-704.

阮松林, 薛庆中. 2002. 盐胁迫条件下杂交水稻种子发芽特性和幼苗耐盐生理基础. 中国水稻科学(3): 84-87.

田中. 1974. 植物体中的钠. 土肥志(45): 285.

王宝山, 赵可夫, 邹琦. 1997. 作物耐盐机理研究进展及提高作物抗盐性的对策. 植物学通报(S1): 26-31.

王鸣刚, 陈睦传, 沈明山. 2000. 小麦耐盐突变体筛选及生理生化特性分析. 厦门大学学报(自然科学版)(1): 111-115.

王晓丽, 王勇, 石雨, 等. 2002. 源库调节对水稻灌浆特性的影响. 吉林农业大学学报(5): 13-16.

王志春, 杨福, 齐春艳. 2010. 盐碱胁迫对水稻花粉扫描特征和生活力的影响. 应用与环境生物学报(1): 63-66.

肖雯, 贾恢先, 蒲陆梅. 2000. 几种盐生植物抗盐生理指标的研究. 西北植物学报(5): 818-825.

张瑞珍. 2003. 盐碱胁迫对水稻生理及产量的影响. 长春: 吉林农业大学.

章禄标, 潘晓飚, 张建. 2012. 全生育期耐盐恢复系在正常灌溉条件下性状表现及耐盐杂交稻的选育. 作物学报, 38(10): 1782-1790.

赵可夫, 邹琦, 李德全. 1993. 盐分和水分胁迫对盐生和非盐生植物细胞膜脂过氧化作用的效应. 植物学报(7): 519-525.

朱庆森, 曹显祖, 骆亦其. 1988. 水稻籽粒灌浆的生长分析. 作物学报(3): 182-193.

朱晓军. 2004. 钙对盐胁迫下水稻幼苗盐害缓解的效应及机理研究. 南京: 南京农业大学.

Abdullah Z, Khan M A, Flowers T. 2001. Causes of sterility in seed set of rice under salinity stress. Journal of Agronomy and Crop Science, 187(1): 25-32.

Alian A, Altman A, Heuer B. 2000. Genotypic difference in salinity and water stress tolerance of fresh market tomato cultivars. Plant Science, 152(1): 59-65.

Ayers A D, Wadleigh C H, Bernstein L. 1951. Salt tolerance of six varieties of lettuce. Horticultural Science, 57: 237-242.

Balba A M, El Etriby F. 1980. Quantitative expression of water salinity on plant growth and nutrient absorption//International Symposium on Salt Affected Soils. Karnal, India: Central Soil Salinity Research Institute.

Bernstein L, Ayers A D. 1953. Salt tolerance of five varieties of onions. Horticultural Science, 62: 367-370.

Bohra J S, Doerffling K. 1993. Potassium nutrition of rice (Oryza sativa L.) varieties under NaCl salinity. Plant and Soil, 152(2): 299-303.

Chi C M, Wang Z C. 2009. Characterizing Salt-Affected Soils of Songnen Plain Using Saturated Paste and 1 : 5 Soil-to-Water Extraction Methods. Arid Land Research and Management, 24(1): 1-11.

Cuartero J, Fernández-Muñoz R. 1999. Tomato and salinity. Scientia Horticulture, 78(1-4): 83-125.

Drew M C, Lauchli A. 1985. The distribution of Na ion in plant. Plant Physiology, 79: 171.

Essa T A. 2002. Effect of salinity stress on growth and nutrient composition of three soybean (Glycine max L. Merrill) cultivars. Journal Agronomy and Crop Science, 188(2): 86-93.

Flowers T J, Troke P F, Yeo A R. 1997. The mechanism of salt tolerance in halophytes. Annual Review of Plant Physiology, 28(1): 89-121.

Frommer W B, Ludewig U, Rentsch D. 1999. Taking transgenic plants with a pinch of salt. Science, 285: 1222-1223.

Hakim M A, Juraimi A S, Begum M, et al. 2010. Effect of salt stress on germination and early seedling growth of rice (Oryza sativa L.). African Journal of Biotechnology, 9(13): 1911-1918.

Harvey D M R. 1985. The effects of salinity on iron concentrations within the root cells of Zea mays L. Planta, 165: 242-248.

Heenan D P, Lewin L G, McCaffery D W. 1988. Salinity tolerance in rice varieties at different growth stages. Australian Journal of Experimental Agriculture, 28(3): 343-349.

Jeschke W D. 1984. K$^+$-Na$^+$ exchange at cellular membranes, intracellular compartmentation of cations, and salt tolerance. Salinity Tolerance in Plants Strategies for Crop Improvement, 1984: 37-66.

Kaddah M T, Lehman W F, Robinson F E. 1973. Tolerance of rice (*Oryza Sativa* L.) to salt during boot, flowering, and grain-filling stages 1. Agronomy Journal, 65(5): 845-847.

Khan M A, Abdullah Z. 2003. Salinity-sodicity induced changes in reproductive physiology of rice (*Oryza sativa*) under dense soil conditions. Environmental and Experimental Botany, 49(2): 145-157.

Khatkar D, Kuhad M S. 2000. Short-term salinity induced changes in two wheat cultivars at different growth stages. Biologia Plantarum, 43(4): 629-632.

Khatun S, Flowers T J. 1995. Effects of salinity on seed set in rice. Plant Cell Environment, 18(1): 61-67.

Maas E V, Hoffman G J. 1977. Crop salt tolerance—current assessment. Journal of the Irrigation and Drainage Division, 103(2): 115-134.

Munns R. 2002. Comparative physiology of salt and water stress. Plant, Cell & Environment, 25(2): 239-250.

Munns R, Gardner P A, Tonnet M L, et al. 1988. Growth and development in NaCl-treated plants. II. Do Na$^+$ or Cl-concentrations in dividing or expanding tissues determine growth in barley?. Functional Plant Biology, 15(4): 529-540.

Munns R, Termaat A. 1986. Whole-plant responses to salinity. Functional Plant Biology, 13(1): 143-160.

Pearson G A. 1959. Factors influencing salinity of submerged soils and growth of Caloro rice. Soil Science, 87(4): 198-206.

Ponnamperuma F N. 1984. Role of cultivar tolerance in increasing rice production on saline lands. New York: Wiley.

Rao P S, Mishra B, Gupta S R, et al. 2008. Reproductive stage tolerance to salinity and alkalinity stresses in rice genotypes. Plant Breeding, 127(3): 256-261.

Reggiani R, Bertini F, Mattana M. 1995. Incorporation of nitrate nitrogen into amino acids during the anaerobic germination of rice. Amino Acids, 9(4): 385-390.

Richard L A. 1954. Diagnosis and improvement of saline and alkali soils//USDA Hand Book. No. 60. Washington, D. C.: US Govt. Press: 160.

Santa-Cruz A, Martinez-Rodriguez M M, Perez-Alfocea F, et al. 2002. The rootstock effect on the tomato salinity response depends on the shoot genotype. Plant Science, 162(5): 825-831.

Shannon M C, Grieve C M. 1998. Tolerance of vegetable crops to salinity. Scientia Horticulturae, 78(1-4): 5-38.

Shannon M C, McCreight J D. 1984. Salt tolerance of lettuce introductions. HortScience, 19: 673-675.

Shannon M C, McCreight J D, Draper J H. 1983. Screening tests for salt tolerance in lettuce. Journal of American Society of Horticulture Science, 108: 225-230.

Tanji K K. 2002. Salinity in the soil environment//Salinity: Environment-Plants-Molecules. Dordrecht: Springer: 21-51.

Yeo A R, Yeo M E, Flowers S A, et al. 1990. Screening of rice (*Oryza sativa* L.) genotypes for physiological characters contributing to salinity resistance, and their relationship to overall performance. Theoretical and Applied Genetics, 79(3): 377-384.

Zeng L, Shannon M C. 2000. Salinity effects on seedling growth and yield components of rice. Crop Science, 40(4): 996-1003.

第八章 盐碱胁迫下水稻磷素吸收利用转运特征

第一节 土壤盐碱化和磷素营养

一、盐碱胁迫下土壤磷素有效性及作物响应

盐渍土，也称盐碱土，是指含有大量可溶性盐类而导致盐化或碱化的土壤，是对盐土和碱土的总称（邓伟等，2006）。盐土指含过量水溶性中性盐（以 NaCl 和 Na_2SO_4 为主）的土壤，容易对植物产生渗透胁迫和离子毒害。而碱土指含可溶性碱性盐（以 Na_2CO_3、$NaHCO_3$ 为主）的土壤，pH 较高，多在 8.5 以上（祝寿泉等，1989）。土壤碱化常与盐化相伴而生，因此还有大量盐化碱土、碱化盐土等盐渍化土壤类型的存在，松嫩平原土壤类型属于典型苏打盐碱土。植物受到的盐碱胁迫是指渗透胁迫、离子毒害、高 pH 胁迫和营养失衡等综合影响。苏打盐碱土有机质含量低，营养元素含量低，养分对植物的有效性低。盐碱和养分的双重胁迫限制作物正常生长发育，使苏打盐碱土农田多为不同程度的中低产田。

磷是作物生长发育必需的大量元素之一，既是作物体内多种重要化合物的组成成分，又以多种方式参与内部的代谢。磷缺乏是作物高产的限制因子之一（Ticconi et al.，2004）。作物对土壤中磷素的吸收以无机磷为主，其中 $H_2PO_4^-$ 和 HPO_4^{2-} 最容易被吸收，而超过80%的无机磷在土壤溶液中移动性较差（Ticconi et al.，2004）。不同土壤 pH 对磷素的存在形式也有较大影响。酸性条件利于 $H_2PO_4^-$ 的形成，但可溶性磷酸盐易与土壤中的交换性铁、铝化合物产生强烈的吸附作用，不利于植物吸收利用（Koyama et al.，2000）。中性土壤中 $H_2PO_4^-$ 与 HPO_4^{2-} 数量相当，此时磷素有效性最高。当 pH 升高至 9.0 左右时，土壤中 HPO_4^{2-} 与 PO_4^{3-} 的数量较多，磷素的溶解度明显降低（宋志伟，2009；Wang et al.，1994）。

苏打盐碱土中大量存在 Na_2CO_3 和 $NaHCO_3$，土壤 pH 较高，Na^+、Cl^-、CO_3^{2-} 等与有效磷竞争，交换性钙与之结合成难溶性磷酸钙盐，导致作物根际有效磷减少（赵兰坡等，2013；Hu et al.，2005；Wang et al.，1994）。另外，碱土及碱化土壤在 Na^+ 影响下胶体高度分散，土壤物理性质恶化，湿润时泥泞不透水，干旱时地表容易形成坚硬的土结壳，严重影响作物出苗、根系生长和养分吸收。因此，盐碱胁迫在降低土壤有效磷含量的同时也造成了作物根系的生理性缺磷，二者共同影响作物的生长发育和产量形成（Mittler et al.，2010；Qadir et al.，2005）。但作物缺磷是由于土壤缺磷还是根系生理缺磷，仍缺乏深入研究和讨论。

　　植物可通过一系列变化调节自身状态以减轻甚至消除土壤中有效磷减少所造成的危害。提高植物磷素吸收利用的方式通常有两种：增加植株磷素的获取，产生更密、更粗、延伸范围更广的根部，即增加地下部的生物量，提高根冠比，增加吸收磷的面积（Hermans et al.，2006）；提高自身利用磷的效率，以较少的磷吸收量生产较大的植株生物量和产量（Hu et al.，2005；Vance et al.，2003）。不同作物、同一作物不同基因型在逆境条件下对磷的吸收和转运有很大的差异，如磷高效基因型具有较高的磷再利用能力，能使磷素在体内进行再分配，通过改变磷在不同部位的分布来适应磷素缺乏，使更多的磷优先分配到籽粒中来提高产量和磷吸收利用效率（刘建中等，1994）。磷素重新分配的同时也伴随着盐分的转运，有研究发现水稻受到盐碱胁迫时，植株可通过木质部把地上部过量积累的 Na^+ 回流到根部，从而减轻地上部 Na^+ 毒害，一定程度上增强水稻耐盐碱性（Gao et al.，2007；Ren et al.，2005）。因此，盐碱胁迫下水稻体内的磷吸收利用和转运及其对外施磷的响应特点亟须阐明，可为农业生产中优良品种选育和合理施肥提供参考。

二、磷对水稻生长发育的影响

　　磷直接参与植物体内物质合成和能量代谢，且存在于细胞分裂和分生组织等生理活性高的部位。缺磷时水稻植株矮小，往往呈暗绿色，叶片窄而直立，下部叶片枯死，分蘖减少，根系发育不良，养分吸收和物质合成减缓，结实减少且较容易早衰，最终产量降低。这是由于磷素缺乏显著影响水稻颖花的分化，导致水稻穗部一次枝梗、二次枝梗及其颖花的分化数量减少，已分化颖花的退化数增加，且对二次枝梗及其颖花数的作用更显著。此外，缺磷时，植物体内 ATP 合成减少，蔗糖含量下降，光合作用产生的磷酸丙糖不能运输至细胞质，严重影响物质能量代谢。磷素供应充足，水稻根系生长良好，分蘖增加，光合和代谢作用旺盛，抗逆性增强，糖类等有机物和磷素养分能快速转运至籽粒，促进早熟、提高产量。磷对植物吸收氮、钾、钙、镁、硅等元素有非常明显的促进作用，当植物吸收磷受到抑制时，其他元素的吸收和利用也受到影响。缺磷条件下，水稻根表面还会产生一层红棕色的铁氧化物而影响其他物质的吸收，并且这种现象只会出现在水稻的根上，可能是由根系活性的变化引起。

第二节　盐碱胁迫对水稻生物量与磷积累转运的影响

一、盐碱胁迫下水稻产量与磷积累研究现状

　　水稻的源库关系在植株生长和产量形成中有重要作用（Borras et al.，2004）。不同水稻品种对盐碱胁迫的耐受性不同，其磷素积累转运特点也不同。水稻耐盐品种和相对耐盐品种的茎中 Na^+、Cl^- 含量较低，P 和 Zn 含量较高，且根中 P/Zn 明显低于盐敏感品种（Aslam et al.，1996）。因为当盐碱胁迫加重时耐盐水稻品种能够有效减缓根部对 Na^+ 和

Cl⁻的吸收，甚至重新分配有毒离子在体内的分布以减轻胁迫伤害，利于根系生长和养分吸收（Flowers et al.，2005）。虽然胁迫下作物吸收磷减少，但磷高效品种能够在体内磷浓度较低的情况下获得较高的生物量和产量，尤其是在收获部位（Richardson et al.，2011）。不同磷敏感水稻基因型的磷吸收效率较易受到盐碱胁迫的影响，且在外施磷肥条件下变化较小（Yang et al.，2009）。胁迫条件下水稻在不同生长时期磷素利用也不相同，这与水稻耐盐碱性的动态变化有关（田志杰等，2017）。研究发现耐盐碱水稻品种在生长初期并未表现出较大的生物量，甚至比敏感品种的生物量要小，但在生殖生长阶段耐盐碱品种的相对生物量及产量显著大于敏感品种，磷素积累明显增多，耐盐碱性增强（Tian et al.，2016）。低磷条件下耐低磷品种在分蘖期的磷吸收效率较高，成熟期相对磷吸收量最高；而在碱性土壤上，磷吸收量和利用效率的绝对值在分蘖期均最低，相对值却最高，孕穗期和成熟期也表现出不同的磷营养特性（杨建峰等，2009）。表明水稻磷效率对盐碱胁迫的响应是动态过程，且不同耐性品种在胁迫条件下的磷吸收量和产量也不同，耐盐碱品种和盐碱敏感品种间磷素吸收利用转运特征的差异及磷素对其抗逆性的影响需深入研究。

二、试验设计与方法

选择生育期耐盐碱鉴定试验中生育期相近（135 天）的两个耐盐碱水稻品种东稻 4 和长白 9 号，两个盐碱敏感水稻品种长白 25 和通育 315 作为研究对象，轻度盐碱土作为处理，砂土作为对照，研究轻度盐碱胁迫对水稻生物量和磷素积累转运的影响。

分别于水稻分蘖期、抽穗期和成熟期取样测茎鞘、叶、穗各部位（成熟期取穗部实粒）鲜重后于 80℃烘干至恒重，称重粉碎后，植物样品用 98.3% H_2SO_4 和 30% H_2O_2 消解后定容至 100mL，用钼锑抗比色法测定植物各部位全磷含量。对 4 个水稻品种分蘖期、抽穗期和成熟期各部位干重和磷含量进行统计分析，计算不同水稻品种在轻度盐碱条件下地上部生物量和比较磷由抽穗期营养部位向成熟期穗部的转运特征。计算方式如下（Tian et al.，2016；Darwish et al.，2009；吴照辉等，2008；Vance et al.，2003；）：

干物质转运量（g/盆）=抽穗期地上干重–成熟期干重（茎鞘+叶）。

干物质转运效率（%）=(干物质转运量/抽穗期地上部干重)×100%。

干物质积累对籽粒重的贡献率（%，以下简称干物质转运贡献率）=(干物质转运量/成熟期籽粒干重)×100%。

收获指数=成熟期籽粒干重/成熟期地上部干重。

地上部磷利用效率（g/mg）=地上部生物量/地上部磷积累量。

磷转运量（mg/盆）=抽穗期磷含量–成熟期磷含量（茎鞘+叶）。

磷转运效率（%）=(磷转运量/抽穗期磷含量)×100%。

磷转运对籽粒磷含量的贡献率（%，以下简称磷转运贡献率）=(磷转运量/成熟期籽粒磷含量)×100%。

磷收获指数=成熟期籽粒磷含量/成熟期地上部总磷含量。

三、盐碱胁迫对水稻干物质积累的影响

由表 8-1 可看出，四个水稻品种各部位干重在轻度盐碱胁迫下均明显减小，分蘖期受胁迫影响最大，除长白 25 茎部干重比对照减少 38.18%外，其他品种的各部位生物量均减少约 50%。东稻 4 和通育 315 的茎和叶相对干重减少约 68%，表明这两个品种在分蘖期对轻度盐碱胁迫更敏感。与分蘖期相比，抽穗期水稻各部位受轻度盐碱胁迫的影响减弱，但粒重的相对减少量较茎和叶干重大。东稻 4 和长白 9 植株各部位受轻度盐碱胁迫的影响较小；而长白 25 和通育 315 受轻度盐碱胁迫的影响较明显，尤其是长白 25，茎和叶干重减少约 35%，粒重减少 47.6%。抽穗期到成熟期，茎和叶干重减小，粒重显著增加，表明在成熟过程中存在干物质向籽粒的运移。水稻成熟期耐盐碱性与抽穗期相比减弱，但粒重仍比茎和叶受到轻度盐碱胁迫的影响大。东稻 4 和长白 9 粒重分别减少 25.67%和 34.74%；而长白 25 和通育 315 粒重减少 52.94%和 40.98%，长白 25 茎干重减少 51.87%。以上结果表明，水稻在生长发育过程中的耐盐碱性抽穗期>成熟期>分蘖期。盐碱胁迫对籽粒的影响显著大于对营养部位的影响，耐盐碱品种则受轻度盐碱胁迫的影响较小。

四、盐碱胁迫对水稻地上部磷含量的影响

四个水稻品种各部位磷浓度在生长发育过程中变化明显，见表 8-2。两种土壤条件下，植株茎和叶部在分蘖期表现出最高的磷浓度，进入生殖生长后，粒部磷浓度明显增加，茎和叶部磷浓度显著降低，表明在籽粒成熟过程中磷会由营养部位向生殖部位转运。与对照（砂土）条件相比，轻度盐碱条件下各水稻品种在分蘖期的植株茎、叶部磷浓度均有减少，但不显著，相对磷浓度保持在 80%以上，且并未表现出明显的品种间差异。而在抽穗期的各部位和成熟期茎部和叶部，大部分水稻品种在轻度盐碱胁迫下的磷浓度均略有增加，只有成熟期籽粒磷浓度表现出微弱的减少。总之，轻度盐碱条件并未对四个水稻品种的各部位磷浓度产生显著影响，品种间在胁迫条件下的相对磷浓度也没有明显差异。

两种土壤条件四个水稻品种的地上部磷积累量随着植株的生长发育持续增加，且明显受到轻度盐碱胁迫的影响，品种间的差异也较大（图 8-1）。与对照（砂土）条件相比，分蘖期东稻 4 的地上部磷含量在轻度盐碱胁迫下减少最显著，达 72.77%，其他品种的地上部磷含量也都减少 50%左右。抽穗期对照条件下东稻 4 和通育 315 地上部磷积累量小于长白 25 和通育 315，但在轻度盐碱胁迫下后两个水稻品种的地上部磷积累量明显减小，分别达 41.48%（长白 25）和 27.59%（通育 315）。成熟期各水稻品种的地上部磷积累量变化在对照条件下较为一致，但在轻度盐碱条件下表现出显著差异。耐盐碱品种东稻 4 和长白 9 地上部磷积累量仅减少约 25%，而盐碱敏感品种长白 25 和通育 315 地上部磷积累量分别减少 52.48%和 40.05%。

表 8-1 分蘖期、抽穗期和成熟期 4 个水稻品种茎、叶和粒干重

干重/（g/盆）

时期	品种	茎			叶			粒		
		砂土	轻度盐碱土	相对减少量	砂土	轻度盐碱土	相对减少量	砂土	轻度盐碱土	相对减少量
分蘖期	东稻 4	2.46±0.09	0.79±0.03	67.73a**	2.17±0.1	0.65±0.03	69.98a**	—	—	—
	长白 9 号	1.96±1.10	1.01±0.04	48.55b**	1.43±0.08	0.76±0.05	46.90c**	—	—	—
	长白 25	1.88±0.10	1.16±0.10	38.18c**	1.99±0.06	0.86±0.05	56.58b**	—	—	—
	通育 315	2.35±0.11	0.71±0.16	69.89a**	1.83±0.10	0.57±0.04	68.83a**	—	—	—
抽穗期	东稻 4	11.77±0.38	10.48±0.30	10.88a	4.09±0.17	4.05±0.12	1.01c	2.55±0.07	2.02±0.11	20.33b*
	长白 9 号	11.96±0.60	10.68±0.51	10.64c	3.61±0.14	3.41±0.16	5.60c	2.02±0.13	1.56±0.14	22.89b
	长白 25	12.33±0.72	7.92±0.44	35.78c**	4.32±0.14	2.79±0.16	35.57a**	2.35±0.09	1.23±0.05	47.60a**
	通育 315	12.20±0.40	9.04±1.30	25.87a**	4.19±0.06	3.48±0.12	16.94b**	2.23±0.24	1.59±0.10	28.11b
成熟期	东稻 4	9.61±0.29	8.03±0.82	16.40c*	3.63±0.14	2.83±0.13	22.13d	17.34±0.57	12.89±0.59	25.67c**
	长白 9 号	10.39±0.54	8.45±0.30	18.52c*	3.04±0.10	2.73±0.11	10.32d	17.42±1.33	11.38±0.68	34.74bc**
	长白 25	11.98±0.73	5.78±0.42	51.87a**	3.65±0.42	2.09±0.17	42.85a**	18.39±0.83	8.68±0.65	52.94a**
	通育 315	12.85±0.68	8.74±0.46	31.91b**	4.00±0.21	2.80±0.15	30.01b**	18.63±0.86	10.95±0.55	40.98b**

注：干重相对减少量＝1-(轻度盐碱处理干重/砂土处理干重)×100；"—"表示分蘖期无穗部生物量；a、b、c、d 表示盐碱胁迫下品种间生物量相对减少量显著性；*表示同一水稻品种相对减少量生物量在不同土壤处理间呈 $P < 0.05$ 水平显著；**表示同一水稻品种处理间呈 $P < 0.01$ 水平显著；三次重复（平均值±SE）

表 8-2 分蘖期、抽穗期和成熟期 4 个水稻品种茎、叶和粒磷浓度

时期	品种	磷浓度 (mg/g)								
		茎			叶			粒		
		砂土	轻度盐碱土	相对磷浓度	砂土	轻度盐碱土	相对磷浓度	砂土	轻度盐碱土	相对磷浓度
分蘖期	东稻4	3.78±0.12	3.14±0.21	0.83b	2.76±0.08	2.57±0.03	0.93a	—	—	—
	长白9号	3.63±0.12	3.25±0.15	0.89ab	3.13±0.10	2.61±0.05	0.84a**	—	—	—
	长白25	3.45±0.04	2.82±0.03	0.82b**	2.64±0.11	2.41±0.12	0.92a	—	—	—
	通育315	3.01±0.08	3.00±0.20	1.00a	2.38±0.07	2.25±0.07	0.95a	—	—	—
抽穗期	东稻4	2.04±0.05	2.16±0.11	1.06ab	2.08±0.06	2.29±0.04	1.11a*	1.68±0.04	2.03±0.08	1.21a*
	长白9号	2.15±0.05	2.48±0.12	1.15a	2.46±0.10	2.18±0.08	0.89b	1.76±0.06	1.76±0.02	1.01b
	长白25	2.62±0.13	2.33±0.30	0.89c	2.17±0.05	2.16±0.05	1.00ab	1.79±0.03	1.99±0.12	1.12ab
	通育315	2.25±0.02	2.10±0.04	0.94bc*	2.33±0.09	2.07±0.03	0.89b	1.77±0.03	2.23±0.09	1.26**
成熟期	东稻4	0.81±0.03	0.84±0.04	1.04a	1.19±0.02	1.36±0.04	1.15a*	3.43±0.03	3.33±0.09	0.97a
	长白9号	0.94±0.30	0.90±0.03	0.96a	1.23±0.07	1.05±0.08	0.86b	3.66±0.30	3.53±0.11	0.96a
	长白25	0.80±0.03	0.84±0.06	1.05a	0.92±0.01	1.04±0.03	1.13a*	3.26±0.33	3.19±0.05	0.98a
	通育315	0.62±0.05	0.68±0.01	1.11a	0.72±0.02	0.91±0.02	1.26a**	3.38±0.15	3.25±0.02	0.97a

注: 相对磷浓度=轻度盐碱处理磷浓度/砂土处理磷浓度; "—" 表示分蘖期无穗部磷浓度; a, b, c 表示盐碱胁迫下品种间相对磷浓度显著性; *表示同一水稻品种磷浓度相对值在不同土壤处理间呈 $P<0.01$ 水平显著; **表示同一水稻品种磷浓度相对值在不同土壤处理间呈 $P<0.05$ 水平显著; 三次重复 (平均值±SE)

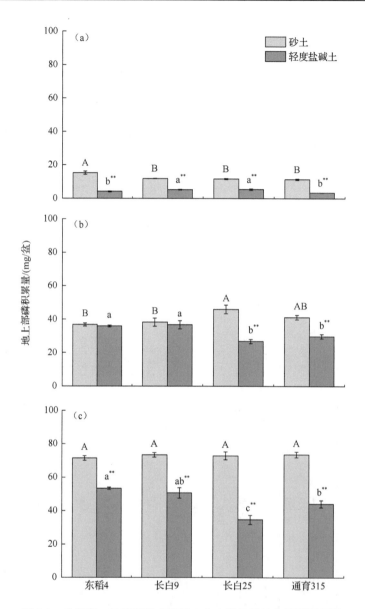

图 8-1　分蘖期、抽穗期和成熟期 4 个水稻品种地上部磷积累量

（a）、（b）、（c）分别表示分蘖期、抽穗期、成熟期植株地上部磷积累量。三次重复，以平均值±SE 表示。

A、B 表示砂土条件下水稻品种间差异显著性；a、b、c 表示轻度盐碱土条件下水稻品种间差异显著性；

**表示同一品种在不同类型土壤条件下的地上部磷积累量存在 $P < 0.01$ 水平的显著性

五、盐碱胁迫对水稻地上部磷利用效率的影响

四个水稻品种的地上部磷利用效率在分蘖期最低，抽穗期和成熟期有所增加（图 8-2）。轻度盐碱胁迫下，除抽穗期东稻 4 和长白 9 的地上部磷利用效率略有降低，其他时期和品种的地上部磷利用效率均增加，但大多增加量未达到显著水平。分蘖期和

成熟期耐盐碱品种东稻 4 和长白 9 在两种土壤条件下的磷利用效率均小于盐碱敏感品种长白 25 和通育 315，只有在抽穗期砂土条件下耐盐碱品种的磷利用效率显著大于敏感品种。总体来看，盐碱胁迫会使水稻品种的地上部磷利用效率增加，但效果不显著；耐盐碱和盐碱敏感型水稻品种的地上部磷利用效率也未表现出较明显的差。

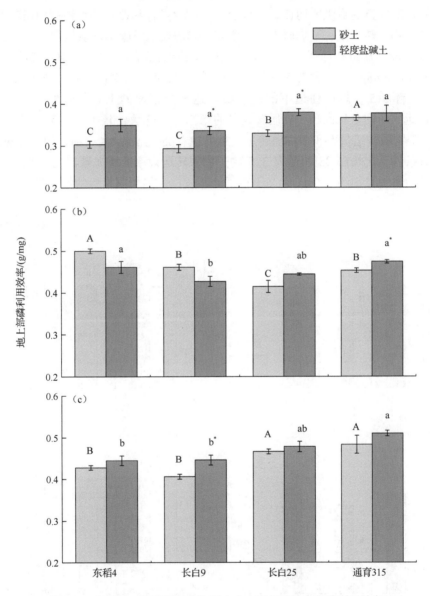

图 8-2　分蘖期、抽穗期和成熟期 4 个水稻品种地上部磷利用效率

（a）、（b）、（c）分别表示分蘖期、抽穗期、成熟期植株地上部磷利用效率。三次重复，以平均值±标准误表示。A、B、C 表示砂土条件下水稻品种间差异显著性；a、b 表示轻度盐碱土条件下水稻品种间差异显著性；*表示同一品种在不同类型土壤条件下的地上部磷积累量存在 $P < 0.05$ 水平的显著性

六、盐碱胁迫对水稻干物质转运的影响

砂土条件下耐盐碱品种东稻 4 和长白 9 的干物质转运能力明显比盐碱敏感品种长白 25 和通育 315 强（图 8-3）。前两个品种的干物质转运量超过了 4g/盆，干物质转运效率和干物质转运对粒重的贡献率均在 20% 以上。与砂土条件相比，各水稻品种在轻度盐碱土条件下的干物质转运量、干物质转运效率和干物质转运贡献率均明显增高，且在品种间差异显著。轻度盐碱条件下，东稻 4 和长白 9 依然保持了较高的干物质转运量（分别为 5.69g/盆和 4.48g/盆），通育 315 的干物质转运量最低（2.57g/盆）。但盐碱敏感品种长白 25 和通育 315 在轻度胁迫下的干物质转运量分别比砂土条件时增加了 20.77% 和 44.93%，远大于耐盐碱品种干物质转运量的增加量（东稻 4 增加 10.19%，长白 9 增加 7.61%）。干物质转运效率和干物质转运贡献率也有类似结果，且在品种间差异更为显著：轻度盐碱条件下，长白 25 和通育 315 的干物质转运效率的增加量超过 90%，干物质转运贡献率的增加量则约 150%，远高于东稻 4 和长白 9 的相同指标的增加量（分别约 20%

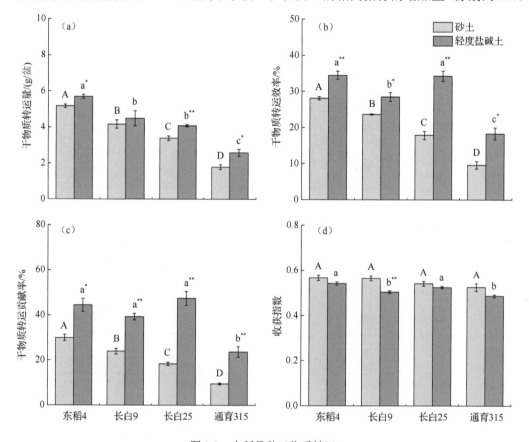

图 8-3　水稻品种干物质转运

（a）、（b）、（c）、（d）分别表示四个水稻品种干物质转运量、干物质转运效率、干物质转运贡献率和收获指数。三次重复，以平均值±标准误表示。A、B、C 表示砂土条件下水稻品种间差异显著性；a、b、c 表示轻度盐碱土条件下水稻品种间差异显著性；*和**分别表示同一品种在不同类型土壤条件下的地上部磷积累量存在 $P < 0.05$ 和 $P < 0.01$ 水平的显著性

和 50%）。长白 25 在轻度盐碱胁迫条件下的干物质转运效率和干物质转运贡献率明显超过了东稻 4 和长白 9，达到最高值（34.25%和 47.37%）。以上结果说明在轻度盐碱条件下，盐碱敏感水稻品种会显著增加其由营养部位向生殖部位的干物质转运，以减小籽粒产量受到的影响，而耐盐碱水稻品种的干物质转运则较为稳定，产量也较高。水稻品种的收获指数则在砂土条件下并未表现出显著的品种间差异，均保持在 55%左右。虽然在轻度盐碱胁迫下有所减少，但只有长白 9 的减少量最大，为 10.83%，达到显著水平，四个品种的收获指数也基本在 0.5 左右。因此，不同水稻品种间的收获指数并未存在较大差异，轻度盐碱胁迫也未对收获指数产生显著影响。

　　水稻的生长和干物质积累受盐碱胁迫的影响较显著。本节中，轻度盐碱胁迫下四个水稻品种在其三个生长阶段的各部位干重均显著减小。水稻耐盐碱性在其生长发育过程中是动态变化的，且分蘖期和成熟期受盐碱胁迫的影响更大。分蘖期由于生物量较小，体内有害离子浓度较高，受盐碱胁迫影响最大。抽穗期和成熟期受盐碱胁迫的影响相对较大，尤其表现在籽粒部位。籽粒在灌浆成熟过程中，其灌浆速度、千粒重和结实率等均在盐碱胁迫下显著减小（杨建峰等，2009）。并且敏感品种对盐碱胁迫的影响更显著，光合作用和物质合成受到严重抑制，花粉不育率增加，产量降低。

　　营养器官在储存盐分离子、向籽粒运输水分和养分过程中有重要作用（Asch et al.，1999）。从水稻抽穗期到籽粒成熟，茎和叶生物量减小，穗部生物量增加，意味着此生长阶段存在干物质和养分的转运。在砂土条件下，各水稻品种的干物质转运量、干物质转运效率和干物质转运贡献率均比轻度盐碱条件下的值小。主要由于胁迫条件减弱了植物的光合作用，减少了碳水化合物的合成，植物将更多营养部位的生物量转运至籽粒以保证其产量（Masoni et al.，2007）。本节中，砂土条件下，耐盐碱品种东稻 4 和长白 9 号的干物质转运量、干物质转运效率和干物质转运贡献率均显著低于敏感品种长白 25 和通育 315。但在轻度盐碱条件下，盐碱敏感水稻品种干物质转运的相对增加量显著高于耐盐碱品种，证明了盐碱敏感品种的光合作用和物质合成受轻度盐碱胁迫的影响更大。而耐盐碱品种的光合作用受胁迫影响较小，依然可以产生较多的有机物用于籽粒灌浆，耐盐碱品种较高的干物质转运也为其在胁迫条件下保持较高的籽粒产量提供了保障。此外，与砂土条件相比，各水稻品种的收获指数在轻度盐碱条件下略有减小，这是由胁迫条件下籽粒千粒重和结实率下降所致。

七、盐碱胁迫对水稻磷转运的影响

　　四个水稻品种的磷转运特点见图 8-4。其中磷转运量和磷转运贡献率在不同水稻品种间和不同土壤条件下的差异最为明显。耐盐碱品种东稻 4 和长白 9 在两种土壤下的磷转运量无明显变化，约为 25mg/盆，盐碱敏感品种长白 25 和通育 315 的磷转运量则分别由砂土条件下的 33.07mg/盆和 30.31mg/盆减小至盐碱胁迫下的 19.85mg/盆和 21.28mg/盆，分别减小 39.97%和 29.79%。砂土条件下，东稻 4 和长白 9 的磷转运贡献率（约 40%）明显小于长白 25 和通育 315 的磷转运贡献率（约 50%），但在轻度盐碱胁迫下，耐盐碱水稻品种的磷转运贡献率分别增加了 42.05%（东稻 4）和 68.42%（长白 9），远大于盐碱敏感水稻品种磷转运贡献率的增加量（20%～30%）。东稻 4 和长白 9 的磷转运效率也在盐碱条件下增加，并与长白 25 和通育 315 的磷转运效率持平，约 71%。这说明耐盐碱水稻品种在轻度盐碱胁迫时的磷转运能力比盐碱敏感品种强。与收获指数相似，磷收获指数在品种间并未表现出明显差异；不同的是由砂土条件下的 83%，减少至轻度盐碱土条件下的 80%。

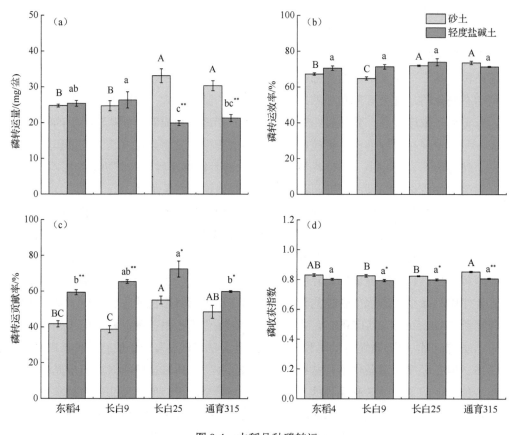

图 8-4　水稻品种磷转运

（a）、（b）、（c）、（d）分别表示四个水稻品种磷转运量、磷转运效率、磷转运贡献率和磷收获指数。三次重复，以平均值±标准误表示。A、B、C 表示砂土条件下水稻品种间差异显著性；a、b、c 表示轻度盐碱土条件下水稻品种间差异显著性；*和**分别表示同一品种在不同类型土壤条件下的地上部磷积累量存在 $P < 0.05$ 和 $P < 0.01$ 水平的显著性

无机磷在植物体内的含量较少，但在调节细胞 pH 和渗透平衡、物质合成及能量代谢等多种生物过程中发挥着重要作用。盐碱胁迫严重影响作物无机磷的吸收和利用，但对作物磷素转运的研究较少。

Naheed 等（2008）发现 NaCl 处理未对水稻体内磷浓度产生明显影响。本节中也有类似发现，虽然各水稻品种磷浓度在土壤处理间差异较小，但在不同生长时期间变化明显。在两种土壤条件下，水稻在分蘖期体内磷浓度最高，随着植株生长，营养部位磷浓度逐渐降低，而从抽穗期开始，籽粒中磷浓度显著增加并于成熟期达到最高水平。砂土

条件下四个水稻品种的地上部磷积累量相近，但耐盐碱品种东稻 4 和长白 9 地上部磷积累量受轻度盐碱胁迫影响较盐碱敏感品种小。这说明干物质和磷的积累在品种间的差异远小于其在不同土壤条件下的差异，且耐盐碱品种在胁迫条件下具有更强的干物质和磷积累能力。较高的磷含量也有助于作物细胞的渗透调节和物质平衡，增强作物耐盐碱性（Awad et al., 1990）。此外，Zirbi 等（2014）发现耐盐碱水稻品种具有更高的磷吸收效率，利用效率则无明显优势。本节试验结果中，盐碱敏感品种通育 315 和长白 25 在分蘖期和成熟期的地上部磷利用效率均比耐盐碱品种东稻 4 和长白 9 高，但盐碱敏感品种在轻度盐碱条件下的生物量和磷积累均受到显著影响，这说明较高的磷利用效率并不一定能使水稻获得较大的生物量和磷素养分。

水稻成熟期营养部位极低的磷含量说明大部分磷转运到了籽粒中。在本节试验中，磷转运量和磷转运贡献率在水稻品种间和土壤处理间的差异较为显著。轻度盐碱胁迫下东稻 4 和长白 9 号的磷转运量仍较大，且磷转运效率和磷转运贡献率的增加量显著大于长白 25 和通育 315。说明耐盐碱水稻品种在轻度胁迫条件下仍可保持较高的磷转运量，且对籽粒磷的贡献率增加。较高的籽粒磷含量也利于籽粒灌浆和产量增加（Reich et al., 2017）。胁迫条件下作物通过增加生物量和养分的转运量以减轻胁迫对其籽粒产量和营养物质的影响。此结论与本节中的干物质转运结果一致，但长白 25 和通育 315 的磷转运在轻度盐碱胁迫条件下显著减小，只有磷转运贡献率增加，说明这两个品种的磷转运也受到了胁迫条件的抑制。磷收获指数也在轻度盐碱胁迫下略有减小，基本保持在 80% 左右，这说明同一物种的磷收获指数受环境条件的影响较小，可能与植株较高的磷转运量和磷转运贡献率有关。

第三节　盐碱胁迫下磷对水稻生长的影响

一、磷对水稻耐盐碱性影响的研究现状

一方面盐碱胁迫影响作物的磷素吸收利用，另一方面足够的磷素营养可以通过调节细胞物质分配和提高作物的水分利用率、气孔导度和光合作用等来加强作物的生理功能，提高作物抗逆性，在一定程度上增加作物产量（Mahmood et al., 2015）。对作物自身而言，体内无机态磷的含量虽少，但它们有着重要的缓冲作用，$H_2PO_4^-$ 与 HPO_4^{2-} 之间的不断转化能使细胞原生质的酸碱度保持在相对稳定的状态，提高作物抗逆性（Qadir et al., 2002）。但作物生长和磷素吸收受多重非生物因子的影响（Kang et al., 2005；Khan et al., 2003）。水稻在移栽前 2～3 天于苗床施用 $150g/m^2$ 磷酸二铵，插秧后秧苗耐冷性增强，磷肥利用效率能达到 48.2%（陈书强等，2012）。水分可影响作物对磷素的吸收及体内的转运和利用，限制部分作物器官中磷的运输。干旱胁迫下适当增施磷肥可以促进马铃薯的根系活力，从而提高其抗旱能力（龚学臣等，2013）。说明磷可以改变作物对水分的利用，适宜的养分浓度可提高作物的水分利用率，提高作物对干旱条件的适应性。

磷能减轻非生物胁迫对作物的伤害，但对作物抗逆性的提高作用相对有限。研究发现，低盐条件下磷可提高作物抗逆性，但中度盐碱胁迫时磷素并未对作物产生明显影响，甚至在重度盐碱胁迫时，施加磷素还会减弱作物抗逆性（Champagnol，1979）。Nieman 等（1976）认为盐分胁迫下最适的磷浓度可能不利于正常条件下玉米生长，甚至有毒害作用。此外，磷对盐分的作用也取决于环境中的养分状况（Grattan et al.，1999）。不同形式的磷对盐碱胁迫下的小麦作用不同，当无机磷与有机磷搭配施入时，根系对磷素的吸收、根和茎干重的增加效果最好，有机磷单施效果次之，无机磷单施效果最弱（Zahoor et al.，2007）。

二、试验设计与方法

本试验于 2015 年在中国科学院大安碱地生态试验站的玻璃温室中进行，选取耐盐碱水稻品种东稻 4 和盐碱敏感品种通育 315。

选取饱满的水稻种子于 4 月 15 日浸种催芽，5 天后育苗。5 月 30 日选择长势良好的水稻幼苗移栽到盛有 18kg 盐碱土的塑料桶（直径 34cm，高 29cm）中，每桶 2 穴，每穴 3 株，3 次重复，返青后每穴保留 2 株长势一致的幼苗。两种处理土壤分别为轻度盐碱土和重度盐碱土，均取自水稻本田 0～20cm，过 5mm 筛子后装桶，土壤理化性质见表 8-3。

表 8-3　供试土壤理化指标

土壤类型	pH	EC/(mS/cm)	ENa^+/(cmol/kg)	CEC/(cmol/kg)	ESP/%	有机质/%	总氮/(mg/kg)	总磷/(mg/kg)	速效磷/(mg/kg)
轻度盐碱土	8.27	0.271	1.75	18.00	9.70	1.77	740.4	384.0	35.15
重度盐碱土	9.09	0.396	3.19	14.81	21.56	1.18	615.1	344.2	28.60

水肥管理同田间，氮肥施用量为 $175kg/hm^2$（尿素 2.5g），底肥 40%，分蘖肥 30%，穗肥 30%；钾肥施用量为 $80kg/hm^2$（硫酸钾 1g），底肥 70%，穗肥 30%；磷肥施用量分五个梯度 $0kg/hm^2$（过磷酸钙 0g/盆）、$50kg/hm^2$（2.5g/盆）、$100kg/hm^2$（5g/盆）、$150kg/hm^2$（7.5g/盆）和 $200kg/hm^2$（10g/盆），作底肥全部施入。水稻移栽返青后每 7 天调查株高、分蘖、叶片数，自抽穗开始调查水稻抽穗动态变化，于分蘖期、抽穗期和成熟期取植株茎鞘、叶、根；抽穗期增加穗部；成熟期增加籽粒（实粒）和稻壳（穗部枝梗和秕粒）。各部于 80℃烘干至恒重，称重后粉碎待测。各部位植物样品用 98% H_2SO_4 和 30% H_2O_2 消解后定容至 100mL，钼锑抗比色法测定植物各部位全磷含量，火焰光度计法测定植物各部位 K^+、Na^+ 含量。对两个水稻品种分蘖期、抽穗期和成熟期各部位干重和磷含量进行统计分析，并比较不同水稻品种在盐碱条件下生物量和磷积累、利用和转运特征。

三、盐碱胁迫下磷对水稻生长性状的影响

（一）盐碱胁迫下磷对水稻株高的影响

从图 8-5 可知，盐碱胁迫对水稻株高的影响大于磷处理对水稻株高的影响（P0、P50、P100、P150 和 P200 分别表示 5 个磷肥处理，即 0kg/hm²、50kg/hm²、100kg/hm²、150kg/hm² 和 200kg/hm²）。轻度盐碱胁迫时两个水稻品种株高均出现明显的快速生长阶段（约 7 月 13 日~7 月 31 日），即拔节期。而重度盐碱胁迫时水稻未出现快速生长阶段，生长速率较为平缓，植株生长受到明显抑制，株高显著低于轻度盐碱胁迫。盐碱胁迫下两个品种株高基本未受到磷处理的影响，仅在成熟后期（8 月 24 日后）有差异。轻度盐碱条件下，两个水稻品种在 P150 处理下的株高均略高于其他磷处理的株高；重度盐碱条件下，仅东稻 4 在 P200 处理下的株高显著增加。

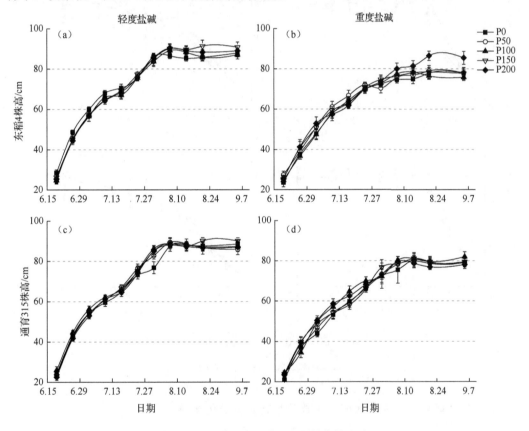

图 8-5　盐碱胁迫下磷对水稻株高的影响

图中数值以平均值±SE 表示（*n*=3）

（二）盐碱胁迫下磷对水稻分蘖数的影响

两个水稻品种的分蘖数在盐碱胁迫和磷处理下均产生了变化（图 8-6）。轻度盐碱条

件下两个水稻品种的分蘖数在 7 月 10 日前后即达到稳定状态,而重度盐碱胁迫明显抑制了分蘖的产生并延迟了水稻的整个分蘖时期,也减少了水稻的分蘖数。磷处理对水稻分蘖的影响也较为明显。东稻 4 在两种盐碱胁迫下低磷处理(P0 和 P50)的分蘖数明显小于高磷处理(P100～P200)处理的分蘖数;轻度盐碱条件下,P50 处理的分蘖数最小,而 P150 处理的分蘖数最大;重度盐碱条件下,分蘖数随施磷量的增加而增加,在 P200 处理时分蘖数达到最大。通育 315 分蘖数则受施磷处理的影响较小,仅成熟期在两种盐碱条件下于 P150 处理获得较大分蘖数,在重度盐碱胁迫时 P0 处理的分蘖数先增后降,这可能是其产生了部分无效分蘖。

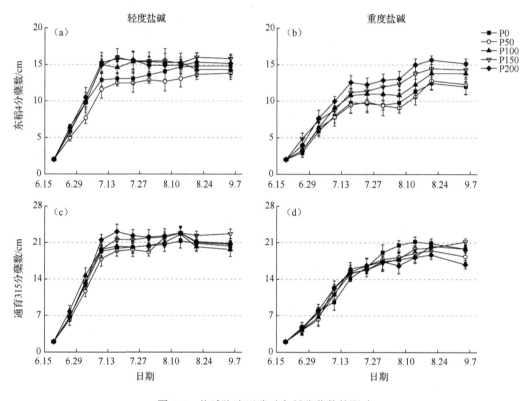

图 8-6　盐碱胁迫下磷对水稻分蘖数的影响

图中数值以平均值±SE 表示(n=3)

(三)盐碱胁迫下磷对水稻叶片数及抽穗期穗数的影响

水稻植株叶片数先增加后降低,且明显受到盐碱和磷处理的影响(图 8-7)。与轻度盐碱胁迫相比,重度盐碱胁迫下两个水稻品种的叶片数均减少约 30%。不同磷处理叶片数变化与分蘖数变化基本一致,轻度盐碱条件下东稻 4 叶片数最大值出现在 P150,重度盐碱条件下则出现在 P200。通育 315 叶片数在两种盐碱条件下对磷的响应依然不明显。

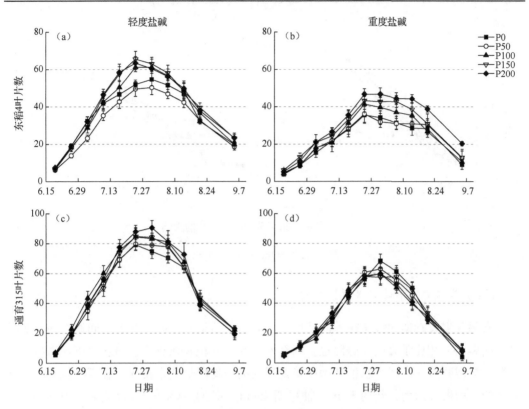

图 8-7　盐碱胁迫下磷对水稻叶片数的影响

图中数值以平均值±SE 表示（n=3）

本节选取各处理中 10 穴水稻穗数作为群体调查抽穗期（图 8-8）。重度盐碱胁迫显著延迟水稻始穗期 5 天以上，抽穗稳定后水稻的平均穗数减少约 30%。东稻 4 对磷较敏感，轻度盐碱胁迫下，P0 处理提早抽穗，但后期抽穗速率减慢，穗数减少；P50 处理抽穗较晚，速率较低，穗数最少；P150 处理获得最大穗数。重度盐碱胁迫下，东稻 4 穗数随施磷水平的增加显著增加，于 P150 和 P200 处理穗数最高，达 120。通育 315 穗数的变化受磷素影响较小，P100 处理的水稻植株抽穗较早，并在抽穗末期的穗数略高于其他磷处理的穗数。

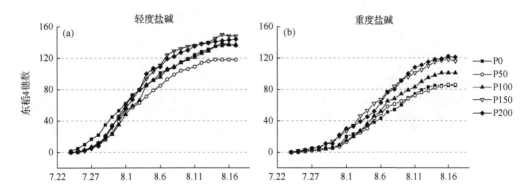

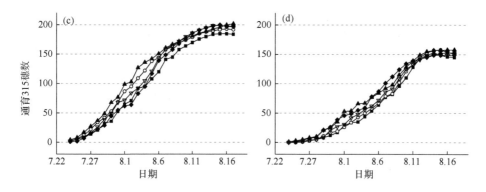

图 8-8　盐碱胁迫下磷对水稻穗数的影响

图中数值以平均值±SE 表示（*n*=3）

（四）盐碱胁迫下磷对水稻根长的影响

　　水稻各生长时期的根长在不同品种、不同盐碱胁迫和不同磷素处理间均存在显著差异（图 8-9）。相比于轻度盐碱胁迫，两个水稻品种的根长在重度盐碱胁迫下显著减小。在同一盐碱胁迫下，两个水稻品种在磷处理间的平均根长基本相同：轻度盐碱胁迫下两品种的平均根长约为分蘖期 35cm，抽穗期 43cm，成熟期 50cm；重度盐碱胁迫下的平均根长约为分蘖期 25cm，抽穗期 35cm，成熟期 40cm。且抽穗期和成熟期东稻 4 的磷处理平均根长仅略高于通育 315 的磷处理平均根长。

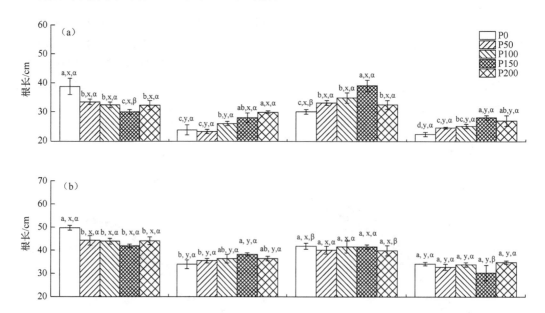

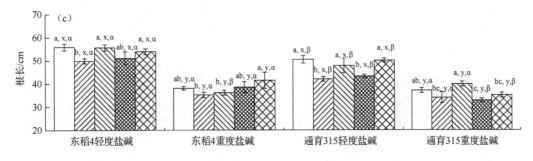

图 8-9　盐碱胁迫下磷对水稻根长的影响

（a）、（b）、（c）图分别为水稻分蘖期、抽穗期和成熟期根长。数值（平均值±SE，$n=3$）上方的字母分别表示不同因素间显著性水平（$P<0.05$）。a、b、c、d 表示同一品种在同一盐碱条件下不同磷素水平间根长的差异显著性；x、y 表示同一品种在同一磷素水平下不同盐碱胁迫间根长的差异显著性；α、β 表示同一盐碱条件同一磷素水平不同品种间根长的差异显著性

　　轻度盐碱胁迫下，三个生长时期中东稻 4 的根长始终在 P0 处理时最大（分蘖期 38.76cm，抽穗期 49.73cm，成熟期 55.93cm），在 P150 处理时则较小（分蘖期 30.00cm，抽穗期 41.97cm，成熟期 51.13cm）。通育 315 在分蘖期根长随施磷水平的增加而增加，在 P150 处理达到最大值（39.03cm）；抽穗期各磷处理之间的根长较为一致（约 40cm）；成熟期根长在 P50 和 P100 处理下最低，其他磷处理的根长较高。重度盐碱胁迫下，东稻 4 在分蘖期的根长随施磷量的增加而增加，在 P200 处达到最大值（32.27cm）；抽穗期和成熟期磷处理间植株根长的差异逐渐减小，但 P150 和 P200 处理仍保持了较大的根长，成熟期 P0 处理的根长也较长。而通育 315 在重度盐碱胁迫下各时期根长对施磷处理的响应与其在轻度盐碱胁迫下根长对施磷处理的响应较为一致。

　　两个水稻品种的根冠比在不同盐碱胁迫和不同施磷处理间呈现出较大差异，且随着植株生长，根冠比逐渐减小（图 8-10）。与轻度盐碱胁迫相比，重度盐碱胁迫下两个品种各时期的根冠比均有不同程度的减小（成熟期通育 315 在 P100 和 P150 处理的根冠比增大除外）。在分蘖期和抽穗期，东稻 4 在两种盐碱胁迫下于 P0 处理的根冠比均显著大于其他磷处理的根冠比，也大于通育 315 在 P0 处理的根冠比，尤其是在重度盐碱胁迫下更显著。但在 P50～P200 处理时，轻度盐碱胁迫下通育 315 在分蘖期和抽穗期的根冠比均大于东稻 4 的根冠比，重度盐碱胁迫下分蘖期的根冠比也有类似结果。这说明东稻 4 在两种土壤条件下的根冠比均随施磷量的增加而减少，而通育 315 在轻度盐碱胁迫下的根冠比则在施磷处理下相对稳定，在重度盐碱胁迫下仅在分蘖期 P200 处理和抽穗期 P100 处理达到最大值 0.22 和 0.14。成熟期水稻根冠比随磷处理的变化与分蘖期和抽穗期不同。轻度盐碱胁迫下，东稻 4 在 P0 处理的根冠比减小，在 P100 处理的根冠比最大（0.085）；通育 315 根冠比随施磷量的变化与东稻 4 相反，在 P0 处理根冠比最高（0.074），在 P100 处理根冠比最低（0.061）。重度盐碱胁迫下，东稻 4 在 P150 和 P200 处理获得较大根冠比（0.062）；通育 315 则在 P100 处理时根冠比最大（0.077），且除 P200 处理较小外，在重度盐碱胁迫下各施磷处理的根冠比均显著大于东稻 4，这可能与通育 315 在重度盐碱胁迫下地上部生物量显著减少有关。

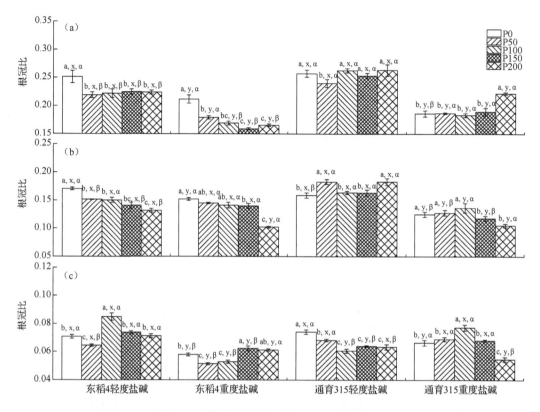

图 8-10　盐碱胁迫下磷对水稻根冠比的影响

（a）、（b）、（c）图分别为水稻分蘖期，抽穗期和成熟期根冠比。数值（平均值±SE, $n=3$）上方的
字母分别表示不同因素间显著性水平（$P<0.05$）。a、b、c 表示同一品种在同一盐碱条件下不同磷
素水平间根冠比的差异显著性；x、y 表示同一品种在同一磷素水平下不同盐碱胁迫间根冠比的差
异显著性；α、β 表示同一盐碱条件同一磷素水平下不同品种间根冠比的差异显著性

（五）盐碱胁迫下磷对水稻各时期生物量和产量的影响

1. 盐碱胁迫下磷对水稻分蘖期植株干重的影响

分蘖期水稻各部位干重在不同品种、不同盐碱胁迫和不同磷处理间均存在显著差
异（表 8-4）。轻度盐碱胁迫下，东稻 4 在 P0 处理获得最大茎叶部、根部和总植株干重，
（11.35g/盆，2.85g/盆和 14.20g/盆），在 P150 处理的干重略低于 P0 处理。通育 315 则在
P200 处理积累了最大的茎叶部、根部和总植株干重（11.43g/盆，2.89g/盆和 14.32g/盆），
在 P150 处理时积累的各部位干重次之，该品种在 P0 处理的各部位干重稍高于在 P50 和
P100 处理的干重，但无显著性差异。

与轻度盐碱胁迫相比，重度盐碱胁迫显著抑制了水稻的生物量积累。两个水稻品种
的干重均在 P0 处理时受重度盐碱胁迫影响最大，东稻 4 和通育 315 的干重相对减少达
80%和 70%。随着施磷水平的增加，两个水稻品种的各部位干重显著增加。东稻 4 茎叶
部、根部和总植株干重分别由 P0 处理时 2.36g/盆、0.51g/盆和 2.87g/盆增加至 P200 处理

表 8-4 盐碱胁迫下磷对水稻分蘖期植株茎叶干重、根干重和总干重的影响

磷	土壤盐碱化程度	茎叶干重/（g/盆）		根干重/（g/盆）		总干重/（g/盆）	
		东稻 4	通育 315	东稻 4	通育 315	东稻 4	通育 315
P0	轻度	11.35±0.56a, x, α	9.10±0.33bc, x, β	2.85±0.13a, x, α	2.34±0.10b, x, β	14.20±0.65a, x, α	11.44±0.42b, x, β
	重度	2.36±0.14c, y, α	2.66±0.20c, y, α	0.51±0.02c, y, α	0.49±0.03c, y, α	2.87±0.16c, y, α	3.15±0.23c, y, α
P50	轻度	9.04±0.51ab, x, α	8.84±0.25c, x, α	2.03±0.14b, x, α	2.32±0.06b, x, α	11.07±0.65ab, x, α	11.16±0.25b, x, α
	重度	3.41±0.22c, y, α	2.77±0.19c, y, α	0.56±0.03c, y, α	0.61±0.04bc, y, α	3.97±0.26c, y, α	3.38±0.22c, y, α
P100	轻度	8.34±0.62b, x, α	9.01±0.34c, x, α	1.88±0.17b, x, α	2.17±0.14b, x, α	10.22±0.78b, x, α	11.18±0.48b, x, α
	重度	4.80±0.29b, y, α	3.35±0.16bc, y, β	0.86±0.06b, y, α	0.63±0.03bc, y, β	5.66±0.35b, y, α	3.98±0.19bc, y, β
P150	轻度	10.63±0.67ab, x, α	10.97±0.67ab, x, α	2.40±0.20ab, x, α	2.88±0.14a, x, α	13.03±0.87ab, x, α	13.85±0.82a, x, α
	重度	6.08±0.20a, y, α	4.39±0.34b, y, β	1.03±0.06b, y, α	0.82±0.06b, y, α	7.11±0.26a, y, α	5.22±0.39b, y, β
P200	轻度	9.13±0.51ab, x, β	11.43±0.34a, x, α	2.06±0.14b, x, β	2.89±0.08a, x, α	11.19±0.65ab, x, β	14.32±0.41a, x, α
	重度	7.07±0.33a, y, α	5.51±0.25a, y, β	1.12±0.05a, y, α	1.06±0.06a, y, α	8.19±0.38a, y, α	6.57±0.31a, y, β

注：表中数值以平均值±SE 表示（n=3），数值后字母分别表示不同因素间显著性水平（$P<0.05$）。a、b、c 表示同一品种同一盐碱条件下不同磷素水平间干重的差异显著性；α、β 表示同一磷素水平下不同盐碱水平间干重的差异显著性；x、y 表示同一品种同一磷素水平下同一盐碱条件下同一盐碱条件下不同品种间干重的差异显著性

时的 7.07g/盆、1.12g/盆和 8.19g/盆。其中茎叶部和总植株干重增加近 2 倍，根部干重增加约 1 倍。而通育 315 在 P200 处理时的各部位干重仅比 P0 处理时增加约 1 倍。因此，重度盐碱胁迫下 P200 处理时东稻 4 的各部位干重均大于通育 315，尤其是茎叶部和总植株干重的差异达到显著水平。

2. 盐碱胁迫下磷对水稻抽穗期植株干重的影响

抽穗期两个水稻品种的植株干重明显大于分蘖期（表 8-5）。轻度盐碱胁迫下，在 P0 和 P150 处理时东稻 4 各部位干重大于通育 315，其他施磷处理时两个品种各部位干重则大小相反。两个品种地上部干重和根部干重随施磷处理并不相同。东稻 4 在 P150 处理时收获最大的是茎叶部和总植株干重（分别为 78.69g/盆和 89.75g/盆），P0 处理的茎叶部和总植株干重次之，但其根部干重最大（11.94g/盆）。通育 315 也在 P150 处理获得最大茎叶部和总植株干重（69.09g/盆和 80.36g/盆），却在 P200 时获得最大根干重（12.09g/盆）。两个水稻品种的茎叶部和总植株干重相近且均在 P50 处理时最小，约 60g/盆和 73g/盆。东稻 4 在 P200 处理时根干重最小（8.92g/盆），通育 315 则在 P0 处理时根干重最小（10.78g/盆）。

重度盐碱胁迫显著减少了抽穗期水稻各部位干重，但影响较分蘖期小，且两个水稻品种对磷处理表现出明显不同的响应。东稻 4 茎叶部和总植株干重随施磷量的增加分别由 42.13g/盆和 48.53g/盆（P0）显著增加至 61.57g/盆和 67.86g/盆（P200），其根部干重则由 6.40g/盆（P0）增加至 7.77g/盆（P150），在 P200 处理时又明显减小至 6.29g/盆，这可能是由于高浓度磷处理减轻了重度盐碱胁迫对东稻 4 根部磷素吸收的影响，根系生长减缓。通育 315 在 P200 处理时获得最大茎叶部和总植株干重（分别为 41.58g/盆和 45.96g/盆），但其最小茎叶部和总植株干重却出现在 P100 处理（分别为 33.28g/盆和 37.81g/盆），根部干重则未受到施磷处理的显著影响，始终保持在 4.6g/盆左右。由于地上部干重远大于根部干重，因此植株总干重主要依赖于地上部干重，其随磷处理的变化也基本与地上部干重的变化一致。研究结果表明胁迫条件下施磷量的增加不一定促进水稻的生长和生物量的积累。

3. 盐碱胁迫下磷对水稻成熟期植株干重的影响

与抽穗期植株干重相比，轻度盐碱胁迫下两个水稻品种的茎叶部干重和植株总干重在成熟期明显减少；而重度盐碱条件下，除东稻 4 在 P50 和 P100 处理时的茎叶部干重略有减少外，两个品种在成熟期的茎叶部干重均显著大于抽穗期的茎叶部干重，通育 315 根部干重也表现出较明显的增加（表 8-6）。

不同品种的各部位干重在盐碱胁迫和磷处理间仍存在显著差异。轻度盐碱胁迫下，东稻 4 的茎叶部、籽粒、根部和植株总干重均在 P150 处理时达到最大值（分别为 68.90g/盆、78.04g/盆、10.84g/盆和 157.79g/盆）；通育 315 在 P150 处理时只有茎叶部干重获得最大值（67.80g/盆），最大粒重则在 P100 处理（76.08g/盆），最大根干重出现在 P0 处理（9.58g/盆），该品种在 P100 和 P150 处理时的总植株干重则较为接近（150g/盆）。在 P100 处理时通育 315 的粒重和总植株干重大于东稻 4 的粒重和总植株干重，而在 P150 处理时情况正好相反。此外，高磷处理（P100～P200）时东稻 4 的根干重显著大于通育 315 的根干重。

表 8-5 盐碱胁迫下磷对水稻抽穗期植株茎叶干重、根干重和总干重的影响

磷	土壤盐碱化程度	茎叶干重/(g/盆) 东稻4	通育315	根干重/(g/盆) 东稻4	通育315	总干重/(g/盆) 东稻4	通育315
P0	轻度	70.04±1.08b, x, α	67.97±1.58ab, x, α	11.94±0.13a, x, α	10.78±0.41a, x, α	81.98±1.16b, x, α	78.75±1.88a, x, α
	重度	42.13±1.22c, y, α	39.52±1.28ab, y, α	6.40±0.20bc, y, α	4.92±0.15b, y, β	48.53±1.40c, y, α	44.44±1.42ab, y, α
P50	轻度	61.56±1.34d, x, α	62.88±1.14b, x, α	9.33±0.21b, x, β	11.78±0.32a, x, α	70.89±1.55d, x, α	74.66±1.33a, x, α
	重度	50.62±1.43b, y, α	37.49±1.33ab, y, β	7.33±0.16ab, y, α	4.78±0.37a, y, β	57.95±1.59b, y, α	42.27±1.67ab, y, β
P100	轻度	64.06±0.57cd, x, β	67.77±1.01ab, x, α	9.63±0.35b, x, β	11.09±0.11a, x, α	73.69±0.86cd, x, β	78.86±1.03a, x, α
	重度	54.22±0.95b, y, α	33.28±0.54b, y, β	7.65±0.30a, y, α	4.53±0.06a, y, β	61.88±1.12ab, y, α	37.81±0.57b, y, β
P150	轻度	78.69±1.62a, x, α	69.09±0.58a, x, α	11.06±0.30a, x, α	11.27±0.51a, x, α	89.75±1.52a, x, α	80.36±1.07a, x, α
	重度	55.69±1.18b, y, α	38.49±2.98ab, y, β	7.77±0.10a, y, α	4.53±0.23a, y, β	63.46±1.08ab, y, α	43.02±2.77ab, y, β
P200	轻度	67.77±0.74bc, x, α	66.13±1.26ab, x, α	8.92±0.29b, x, β	12.09±0.17a, x, α	76.70±0.99bc, x, α	78.22±1.10a, x, α
	重度	61.57±1.05a, y, α	41.58±1.40a, y, β	6.29±0.20c, y, α	4.37±0.14a, y, β	67.86±1.25a, y, α	45.96±1.49a, y, β

注：抽穗期茎叶干部包括穗部。表中数值以平均值±SE表示（n=3），数值后字母分别表示同一因素间显著性水平（P<0.05）。a、b、c、d表示同一盐碱条件下同一品种在同一磷素水平下不同磷素水平间干重的差异显著性；α、β表示同一磷素水平下同一品种在不同盐碱条件下干重的差异显著性；x、y表示同一盐碱条件下同一品种在不同磷素水平下干重间的差异显著性。

表 8-6　盐碱胁迫下磷对水稻成熟期茎叶干重、籽粒干重、根干重和总干重的影响

磷	土壤碱化程度	茎叶干重/（g/盆）		籽粒干重/（g/盆）		根干重/（g/盆）		总干重/（g/盆）	
		东稻 4	通育 315	东稻 4	通育 315	东稻 4	通育 315	东稻 4	通育 315
P0	轻度	60.87±0.48 b, x, α	59.99±1.28 bc, x, α	70.35±2.00 bc, x, α	69.24±1.34 bc, x, α	9.31±0.33 b, x, α	9.58±0.28 a, x, α	140.54±2.73 bc, x, α	138.81±1.42 b, x, α
	重度	48.10±0.46 c, y, α	46.84±0.82 a, y, α	38.22±1.33 d, x, α	35.11±0.39 cd, y, α	5.00±0.15 c, y, α	5.44±0.19 bc, y, α	91.32±1.33 d, y, α	87.39±0.61 b, y, α
P50	轻度	58.16±0.96 bc, x, α	55.24±1.31 c, x, α	63.20±2.00 d, x, α	64.29±0.99 c, x, α	7.83±0.17 c, x, α	8.17±0.17 b, x, α	129.19±3.11 d, x, α	127.70±2.27 c, x, α
	重度	47.96±1.41 c, y, α	47.80±1.39 a, y, α	32.90±0.77 e, y, α	31.75±0.44 d, y, α	4.61±0.13 d, y, β	5.49±0.19 bc, y, α	85.02±2.15 e, y, α	85.47±1.21 b, y, α
P100	轻度	55.61±0.83 c, x, β	65.55±0.49 ab, x, α	66.03±0.69 cd, x, β	76.08±0.93 a, x, α	10.34±0.28 ab, x, α	8.58±0.14 ab, x, β	131.98±0.37 cd, x, β	150.21±0.89 a, x, α
	重度	46.50±1.08 c, y, α	46.11±0.37 a, y, α	46.24±0.81 c, y, α	44.18±1.04 a, y, α	4.90±0.08 c, y, β	6.97±0.15 a, y, α	97.64±0.51 c, y, α	97.27±1.32 a, y, α
P150	轻度	68.90±1.62 a, x, α	67.80±1.76 a, x, α	78.04±0.78 a, x, α	72.34±1.47 ab, x, β	10.84±0.09 a, x, α	8.90±0.19 ab, x, β	157.79±2.43 a, x, α	149.04±0.83 a, x, β
	重度	59.34±1.33 b, y, α	46.42±1.55 a, y, β	57.92±0.97 b, y, α	39.59±0.80 b, y, β	7.31±0.17 b, y, α	5.87±0.13 b, y, β	124.57±0.74 b, y, α	91.88±1.84 ab, y, β
P200	轻度	65.89±0.84 a, x, α	64.31±0.91 ab, x, α	74.50±1.14 ab, x, α	71.27±0.95 ab, x, α	10.01±0.23 ab, x, α	8.59±0.27 ab, x, β	150.39±1.77 ab, x, α	144.18±1.85 ab, x, α
	重度	65.61±0.69 a, x, α	50.35±1.27 a, y, β	64.15±0.85 a, y, α	37.27±1.00 bc, y, β	7.94±0.12 ab, x, α	4.79±0.24 c, y, β	137.70±0.46 ab, x, α	92.40±2.29 ab, x, β

注：成熟期茎叶部包括枝梗和秕粒。表中数值以平均值±SE表示（n=3），数值后字母分别表示不同因素间显著性水平（P<0.05）。a、b、c、d表示同一盐碱条件下同一品种在同一盐碱条件下不同磷素水平间干重的差异显著性；x、y表示同一品种不同盐碱条件下不同磷素水平间干重的差异显著性；α、β表示同一品种同一磷素水平下不同盐碱条件下干重的差异显著性

重度盐碱胁迫下，东稻 4 各部位生物量随施磷量的变化较一致，在 P200 处理时积累了最大的茎叶部、籽粒、根部和植株总干重（分别为 65.61g/盆、64.15g/盆、7.94g/盆和 137.70g/盆）。通育 315 各部位生物量随施磷量的变化则表现出明显差异，在 P200 处理积累了最大茎干重（50.35g/盆），在 P100 处理积累了最大籽粒、根部和植物总干重（分别为 44.18g/盆、6.97g/盆和 97.27g/盆），说明通育 315 在不同磷处理条件下对植株营养生长和生殖生长的侧重不同。以上结果可以看出重度盐碱条件下最适磷处理时东稻 4 的籽粒产量及营养部位生物量均远大于通育 315。此外，P150 和 P200 处理时东稻 4 根干重显著大于通育 315，这可能有利于提高植物耐盐碱能力，使其吸收积累更多养分以提高籽粒产量。

4. 盐碱胁迫下磷对水稻千粒重和结实率的影响

本节试验中，水稻千粒重和结实率随品种、盐碱胁迫程度和磷处理水平的不同而表现出显著差异（图 8-11）。东稻 4 在两种盐碱胁迫下的千粒重和结实率均显著大于通育 315，这说明水稻产量性状在不同品种间存在差异。轻度盐碱胁迫下，东稻 4 在 P150 和 P200 处理时的千粒重较为接近（约 27.7g/盆），并显著大于 P0~P100 处理时的千粒重（约 26.3g/盆），结实率则未受到磷处理的影响，均保持在 90% 左右。通育 315 的千粒重和结实率对施磷处理的响应较为一致，均在 P100 处理时获得最大值（千粒重 22.27g/盆，结实率 89.30%），P0 处理时的千粒重和结实率则最小（分别为 20.78g/盆和 81.92%）。

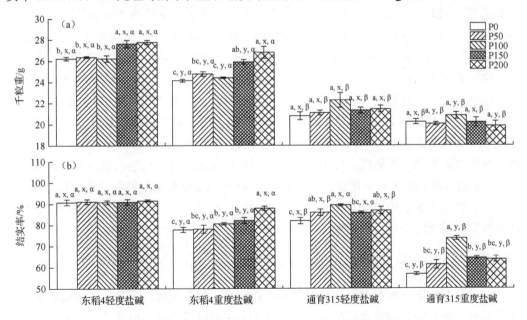

图 8-11　盐碱胁迫下磷对水稻千粒重和结实率的影响

（a）、（b）图分别为水稻成熟期收获后千粒重和结实率。数值（平均值±SE，n=3）上方的字母分别表示不同因素间显著性水平（$P < 0.05$）。a、b、c 表示同一品种在同一盐碱条件下不同磷素水平间千粒重和结实率的差异显著性；x、y 表示同一品种在同一磷素水平下不同盐碱胁迫间千粒重和结实率的差异显著性；α、β 表示同一盐碱条件同一磷素水平下不同品种间千粒重和结实率的差异显著性

两个水稻品种的千粒重和结实率在重度盐碱胁迫下显著降低,在P0处理时受重度盐碱胁迫的影响最严重。与轻度盐碱胁迫下的相同磷处理相比,东稻4在P0处理的千粒重和结实率分别下降8%和14%,通育315在P0处理的千粒重和结实率则分别下降3%和31%。由此可知,重度盐碱胁迫对结实率的影响远大于对千粒重的影响,且盐碱敏感品种的结实率受胁迫影响更大。随着施磷量的增加,重度盐碱胁迫下东稻4的千粒重和结实率分别由24.14g/盆和77.77%(P0)增加至26.78g/盆和87.82%(P200),接近轻度盐碱胁迫下的千粒重和结实率。通育315则仅在P100处理时获得最大千粒重(20.80g/盆)和结实率(73.54%),仍远小于其在轻度盐碱条件下的千粒重和结实率。

(六)盐碱胁迫下磷对水稻各时期磷积累量的影响

1. 盐碱胁迫下磷对水稻分蘖期植株磷积累量的影响

分蘖期两个水稻品种对不同盐碱胁迫的响应差异显著(表8-7)。轻度盐碱胁迫下,通育315在5个磷处理的植株各部位磷积累量均高于东稻4的对应部位磷积累量,且在P50~P200处理时通育315的植株总磷积累量均比东稻4的植株总磷积累量多10mg/盆以上。重度盐碱胁迫显著减少了植株磷积累量,通育315植株各部位的磷积累量急剧减少,且少于东稻4的各部位磷积累量。

两个品种对不同磷处理的响应也明显不同。轻度盐碱胁迫下,东稻4在P0和P150处理有相近且较大的植株磷积累量(茎叶、根和总磷积累量约为30mg/盆、4mg/盆和34mg/盆);通育315则在P150和P200处理获得较大茎叶部和总磷积累量(约40mg/盆和45mg/盆),在P50处理获得最大根部磷积累量(9.59mg/盆)。这说明磷素营养对水稻各部位磷素积累的影响与品种有关。重度盐碱胁迫严重抑制了两个品种的磷素吸收和积累,植株体内磷积累量显著降低。两个水稻品种的各部位磷积累量均在P0处理时最低,且不到轻度盐碱胁迫P0处理时各部位磷积累量的30%,其中只有东稻4的根部磷积累量受重度盐碱胁迫影响较小,约为轻度盐碱胁迫下P0处理时根部磷积累量的65%,说明在重度盐碱胁迫和不施磷条件下,东稻4根系仍能保持较大磷吸收量。随着施磷量的增加,水稻植株磷积累量也增加,两个水稻品种均在P200处理时磷积累量达到最大(茎叶、根、总磷积累量约为20.5mg/盆、5.5mg/盆和26mg/盆)。这说明磷素施加可有效增加分蘖期水稻对磷的吸收和积累。

2. 盐碱胁迫下磷对水稻抽穗期植株磷积累量的影响

与分蘖期相比,两个水稻品种均在抽穗期积累了更多的磷,但品种间的磷积累量仍存在差异(表8-8)。轻度盐碱胁迫下,通育315在所有磷处理和植株部位的磷积累量均高于东稻4在对应磷处理和植株部位的磷积累量,植株茎叶部磷积累量和总磷积累量的差异尤为显著,仅在P150处理时两个水稻品种的各部位磷积累量相近(茎叶、根和总磷积累量分别约219mg/盆、18.5mg/盆和238mg/盆),这是由于此时东稻4植株各部位磷积累量均最大,也说明东稻4植株根系对磷素的吸收能力更强。此外,两个水稻品种在P0

处理时的茎叶部磷积累量和总磷积累量也较高，仅次于其在 P150 处理时的最高磷积累量，但此时东稻 4 的植株磷积累量显著小于通育 315 的植株磷积累量。

重度盐碱胁迫显著降低了抽穗期两个水稻品种的茎叶磷积累量和总磷积累量，且在 P0 处理时的磷积累量最低。而两个品种的根部磷积累量却有不同表现。重度盐碱胁迫下东稻 4 在各磷处理的根部磷积累量（磷处理间平均约 18mg/盆）均高于其在轻度盐碱胁迫下的根部磷积累量（磷处理间平均约 16mg/盆），通育 315 的根部磷积累量则表现相反。这反映了东稻 4 根系更强的耐盐碱能力，有利于其从土壤中吸收更多的无机磷。因此随着施磷量的增加，东稻 4 茎叶和总磷积累量由 P0 处理时的 108.02mg/盆和 126.63mg/盆显著增加至 P200 处理时的 165.17mg/盆和 181.98mg/盆，增幅达 53%和 44%。通育 315 茎叶和总磷积累量也在 P200 处理时最大（142.51mg/盆和 149.89mg/盆），但植株磷积累量在各磷处理间差异较小。这说明重度盐碱胁迫下通育 315 对磷素营养的响应较弱，磷素吸收受到影响。

3. 盐碱胁迫下磷对水稻成熟期植株磷积累量的影响

成熟期大量磷素由营养部位向生殖部位转运，因此两种盐碱胁迫下两个水稻品种的茎叶部磷积累量均明显减少，籽粒和植株总含磷量则显著增加（表 8-9）。水稻根部磷积累量也显著增加，说明其在成熟期仍保持较大的磷吸收量供植物地上部使用。植株总磷积累量大部分来自于籽粒，因此其在品种、盐碱胁迫和磷处理间的变化与籽粒磷积累量基本一致。

由表 8-9 可知，轻度盐碱胁迫下，两个水稻品种茎叶部的磷积累量在任一磷处理时均较为接近，且在不同磷处理间也未表现出显著差异，始终保持在 50mg/盆左右。通育 315 在各磷处理时的根部磷积累量均显著大于东稻 4 在对应磷处理时的根部磷积累量；相反，东稻 4 在各磷处理下获得的籽粒磷积累量均远大于通育 315 的籽粒磷积累量，这说明东稻 4 籽粒对磷的需求远大于通育 315。东稻 4 的最高籽粒磷积累量出现在 P150 处理（267.19mg/盆），此磷处理时茎叶部磷积累量和总植株磷积累量也最大（分别为 56.05mg/盆和 342.88mg/盆）。通育 315 则在 P100 处理获得最大籽粒磷积累量（186.26mg/盆）。此外，两个水稻品种的籽粒磷积累量均在 P50 处理时最低（东稻 4 为 220.24mg/盆，通育 315 为 152.38mg/盆）。

两个水稻品种在重度盐碱胁迫下的各部位磷积累量也有显著差异。通育 315 各部位磷积累量均在重度盐碱胁迫下显著减少，尤其是籽粒和总磷积累量；东稻 4 仅籽粒和总磷积累量减小，茎叶部和根部磷积累量反而在重度盐碱胁迫下增加，尤其是根部磷积累量的增加显著，且在 P0 处理时达到最大值（48.08mg/盆）。以上结果可能说明重度盐碱胁迫下东稻 4 根系仍保持了较强的磷吸收和转运能力，较大的根部磷积累量为地上部较大的磷素需求提供了保障，且在缺磷条件下磷素吸收能力增强。因此，东稻 4 除在 P200 处理时获得最大籽粒和总磷积累量（222.77mg/盆和 301mg/盆）外，在 P0 处理获得的籽粒和总磷积累量也较大（131.24mg/盆和 232.25mg/盆）。通育 315 则在两种盐碱胁迫下对磷处理的响应相似，重度盐碱胁迫下在 P100 处理获得最大籽粒和总磷积累量（101.83mg/盆和 176.44mg/盆）。

表8-7　盐碱胁迫下水稻对磷分蘖期茎叶磷积累量、根磷积累量和总磷积累量的影响

磷	土壤盐化程度	茎叶磷积累量/ (mg/盆)		根磷积累量/ (mg/盆)		总磷积累量/ (mg/盆)	
		东稻4	通育315	东稻4	通育315	东稻4	通育315
P0	轻度	29.86±1.82ab, x, α	31.46±1.33bc, x, α	4.54±0.40a, x, β	6.80±0.63ab, x, α	34.39±1.57a, x, α	38.26±1.95ab, x, α
	重度	6.88±0.44d, y, β	9.62±0.71c, y, α	2.97±0.22c, y, α	2.12±0.07d, y, α	9.85±0.39d, y, α	11.73±0.76c, y, α
P50	轻度	24.57±0.47ab, x, α	29.79±1.84c, x, α	3.47±0.36a, x, β	9.59±0.43a, x, α	28.04±0.79a, x, β	39.38±2.17ab, x, α
	重度	11.77±0.87c, y, α	10.26±0.73c, y, α	3.20±0.03bc, x, α	3.03±0.17bc, y, α	14.96±0.89c, y, α	13.30±0.87c, y, α
P100	轻度	24.40±1.65b, x, α	31.25±2.15bc, x, α	3.64±0.40a, x, α	5.37±0.73b, x, α	28.04±2.04a, x, α	36.62±2.72b, x, α
	重度	13.51±0.29c, y, α	11.78±0.51bc, y, β	4.07±0.25b, x, α	2.68±0.19cd, y, β	17.58±0.53c, y, α	14.45±0.60c, y, β
P150	轻度	30.44±1.05a, x, β	38.15±1.25ab, x, α	3.67±0.23a, y, β	8.99±0.76a, x, α	34.11±1.17a, x, β	47.14±1.75a, x, α
	重度	17.06±0.30b, y, α	15.60±1.49b, y, α	5.21±0.38a, x, α	3.55±0.13b, y, β	22.27±0.57b, y, α	19.14±1.61b, y, α
P200	轻度	25.29±0.86ab, x, β	40.01±0.35a, x, α	3.48±0.10a, y, α	4.87±0.65b, x, α	28.77±0.96a, x, β	44.88±0.76ab, x, α
	重度	20.77±0.89a, y, α	20.44±0.56a, y, α	5.75±0.14a, x, α	4.99±0.26a, x, α	26.52±1.02a, x, α	25.43±0.44a, y, α

注：表中数值以平均值±SE表示（$n=3$），数值后字母分别表示不同因素间显著性水平（$P<0.05$）。a、b、c、d表示同一品种在同一盐碱条件下不同磷素水平间干重的差异显著性；x、y表示同一品种在同一磷素水平下不同盐碱胁迫间干重的差异显著性；α、β表示同一盐碱条件下不同品种间干重的差异显著性

表8-8 盐碱胁迫下水稻对磷抽穗期茎叶磷积累量、根磷积累量和总磷积累量的影响

磷	土壤盐碱化程度	茎叶磷积累量/（mg/盆）		根磷积累量/（mg/盆）		总磷积累量/（mg/盆）	
		东稻4	通育315	东稻4	通育315	东稻4	通育315
P0	轻度	186.42±2.49b, x, β	216.76±3.16ab, x, α	16.27±1.27ab, x, α	19.89±0.45ab, x, α	202.70±2.44b, β	236.66±2.92a, x, α
	重度	108.02±1.04d, y, β	128.17±3.64ab, y, α	18.61±0.42a, x, α	11.62±0.45a, y, β	126.63±0.62c, y, β	139.79±3.21ab, y, α
P50	轻度	127.41±1.85c, x, β	182.60±1.29c, x, α	15.22±0.90ab, x, β	23.81±1.46a, x, α	142.63±1.62c, β	206.41±0.23b, x, α
	重度	128.48±3.40c, x, α	125.19±2.35ab, y, α	16.09±0.53a, x, α	11.46±0.65a, y, β	144.56±2.89b, x, α	136.65±2.96ab, y, α
P100	轻度	123.12±1.88c, x, β	206.02±2.25b, x, α	16.83±0.84ab, x, β	20.78±1.11ab, x, α	139.96±1.96c, β	226.80±2.14a, x, α
	重度	131.95±3.21c, x, α	115.36±3.07b, y, β	19.56±1.53a, x, α	9.69±0.66a, y, β	151.51±4.72b, x, α	125.05±3.73b, y, β
P150	轻度	218.90±6.61a, x, α	219.59±3.51a, x, α	18.20±0.20a, x, α	18.61±1.18b, x, α	237.10±6.75a, x, α	238.20±4.67a, x, α
	重度	150.70±0.81b, y, α	133.31±8.35ab, y, α	20.46±1.37a, x, α	10.97±0.79a, y, β	171.15±1.91a, y, α	144.29±7.77ab, y, β
P200	轻度	177.82±5.57b, x, β	211.92±2.28ab, x, α	14.09±0.43b, y, β	19.50±0.58ab, x, α	191.92±5.44b, x, β	231.41±2.87a, x, α
	重度	165.17±0.92a, x, α	142.51±1.21a, y, α	16.81±0.65a, x, α	7.38±0.14b, y, β	181.98±0.31a, x, α	149.89±1.25a, y, α

注：抽穗期茎叶部包括穗部。表中数值以平均值±SE 表示（n=3），数值后字母分别表示同一因素间不同因素间显著性水平（P<0.05）。a、b、c、d 表示同一品种在同一盐碱条件下不同磷素水平间干重的差异显著性；α、β 表示同一盐碱条件下不同磷素水平同一磷素水平下干重的差异显著性；x、y 表示同一品种在同一磷素水平下不同盐碱胁迫同干重的差异显著性。

表8-9 盐碱胁迫下磷对水稻成熟期茎叶磷积累量、籽粒磷积累量、根磷积累量和总磷积累量的影响

磷	土壤盐碱化程度	茎叶磷积累量/(mg/盆)		籽粒磷积累量/(mg/盆)		根磷积累量/(mg/盆)		总磷积累量/(mg/盆)	
		东稻4	通育315	东稻4	通育315	东稻4	通育315	东稻4	通育315
P0	轻度	44.81±1.63 b, x, α	45.69±2.60 b, x, α	247.63±5.33 ab, x, α	151.90±5.66 c, x, β	21.72±1.95 a, y, β	33.79±0.18 bc, x, α	314.16±8.86 abc, x, α	231.38±3.70 d, x, β
	重度	52.93±2.97 ab, x, α	33.92±1.38 b, y, β	131.24±7.75 d, y, α	82.24±0.46 b, y, β	48.08±0.81 a, x, α	30.41±0.82 bc, y, β	232.25±8.31 bc, x, α	146.57±2.19 c, y, β
P50	轻度	47.29±1.24 b, x, α	50.76±2.26 ab, x, α	220.24±8.85 b, x, α	152.38±3.83 c, x, β	22.90±1.22 a, y, β	36.92±1.37 ab, x, α	290.43±10.79 c, x, α	240.07±0.63 cd, x, β
	重度	59.45±1.40 a, y, α	40.70±0.84 ab, y, β	112.49±2.59 d, y, α	77.86±1.37 b, y, β	35.84±2.04 bc, x, α	35.19±1.26 ab, x, α	207.77±5.50 c, y, α	153.76±0.96 bc, y, β
P100	轻度	42.84±0.50 b, x, β	55.37±1.61 a, x, α	231.08±7.42 a, x, α	186.26±1.92 a, x, β	19.78±1.14 a, y, β	28.65±0.58 d, y, α	293.70±8.60 bc, x, α	270.29±4.09 a, x, α
	重度	45.62±2.95 b, x, α	35.56±1.39 ab, y, β	157.07±0.41 c, y, α	101.83±4.64 a, y, β	31.32±1.46 c, x, α	39.05±3.21 a, x, α	234.00±4.42 b, y, α	176.44±0.96 a, y, β
P150	轻度	56.05±2.37 a, x, α	54.57±0.56 a, x, α	267.19±3.81 a, x, α	169.70±3.42 ab, x, β	19.64±1.59 a, y, β	38.49±0.72 a, x, α	342.88±6.69 a, x, α	262.76±3.04 ab, x, β
	重度	57.53±0.97 a, x, α	38.44±2.37 ab, y, β	200.57±4.79 b, y, α	97.71±2.57 a, y, β	42.18±0.84 ab, x, α	28.52±1.92 bc, y, β	300.27±4.45 ab, y, α	164.67±3.00 ab, y, β
P200	轻度	50.03±1.80 ab, x, α	53.64±1.44 ab, x, α	261.86±2.50 a, x, α	166.20±2.11 bc, x, β	17.22±1.66 a, y, β	30.65±1.12 cd, y, α	329.11±3.60 ab, x, α	250.50±4.13 bc, x, β
	重度	54.15±2.09 ab, x, α	43.55±3.03 a, y, β	222.77±1.80 a, y, α	90.28±3.12 b, y, β	24.08±2.09 d, x, α	26.03±0.30 c, y, α	301.00±2.23 ab, y, α	159.85±4.16 b, y, β

注: 成熟期茎叶部包括枝梗和秕粒。表中数值以平均值±SE表示 ($n=3$), 数值后同一因素不同同一因素间显著性水平 ($P<0.05$)。a, b, c, d 表示同一品种在同一盐碱条件下不同磷素水平间干重间的差异显著性; x, y 表示同一品种在同一磷素水平下不同盐碱胁迫间干重的差异显著性; α, β 表示同一盐碱条件同一磷素水平下不同品种和间干重的差异显著性

4. 成熟期生物量和磷积累量的相关性分析

本节对水稻成熟期各部位生物量和磷积累量做了相关性分析（图 8-12）。从图 8-12 中可知，两种盐碱条件下，两个水稻品种在各磷处理的茎叶、籽粒和总植株干重与其对应的磷积累量均呈显著正相关（$R^2 = 0.62 \sim 0.99$），其中东稻 4 植株各部位干重和磷积累量的相关性均大于 0.95；通育 315 植株各部位干重和磷积累量的相关性略低，且在重度盐碱胁迫下的相关性（$R^2 = 0.83 \sim 0.94$）均显著高于轻度盐碱胁迫下的相关性（$R^2 = 0.62 \sim 0.82$）。植株根干重和根部磷积累量的相关性较小，仅重度盐碱胁迫下通育 315 在各磷处理时的相关性达到显著水平（$R^2 = 0.82$），东稻 4 的根干重和根磷积累量则呈负相关，但未达到显著水平。

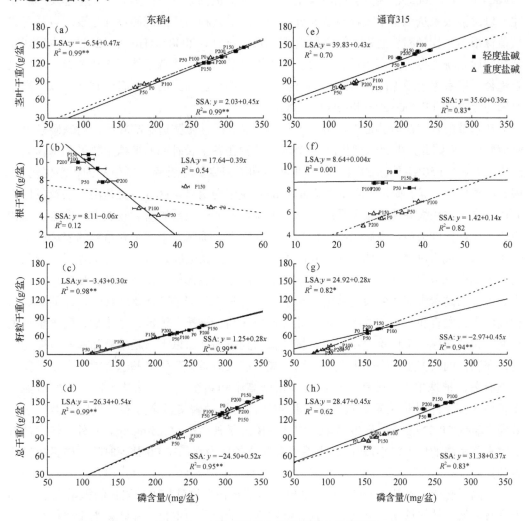

图 8-12　水稻成熟期生物量和磷含量相关性

成熟期茎叶部包括枝梗和秕粒。图中数值以平均值±磷含量 SE 表示（$n=3$），*和**分别表示 $P < 0.05$ 和 $P < 0.01$ 水平的显著性差异

5. 盐碱胁迫下水稻生物量和磷积累特征

从本节研究结果可知，除根部外两个水稻品种的各部位和总植株的生物量及磷积累量均呈显著正相关，尤其是东稻4（$R^2 > 0.95$），表明植株生物量较大时吸收的磷素养分也较多。

土壤中的无机磷由作物根细胞磷转运体吸收并运输至地上部。而根系对磷的吸收主要分为高亲和转运系统和低亲和转运系统两种途径（Lin et al.，2009；Gao et al.，2008）。高亲和转运系统由磷缺乏条件诱导表达，恢复供磷时其表达立即受到抑制；低亲和转运系统则为组成型表达，不受作物基因型和养分条件的影响（Raghothama et al.，2005；Gordon et al.，2003）。当外界无磷素施加时，水稻植株会发生诸多分子、生理及形态变化，以增强根系从土壤中吸收磷素养分的能力。高亲和转运系统的特异性表达可显著增加植株根系生物量和表面积，提高根冠比（Yuan et al.，2008）。Hu 等（2011）也发现高亲和转运系统主导的上调和根长、根干重的增加是水稻在缺磷条件下增加磷素积累的重要途径。根系也会增加酸性磷酸酶和有机酸的分泌来提高土壤中的有效磷含量以提高根系磷的吸收量（Franco-Zorrilla et al.，2004）。

在本节的轻度盐碱胁迫下，两个水稻品种受到的盐碱胁迫影响较小，对缺磷条件的响应则较强。因此，在P0处理时，两个水稻品种在各生长时期的植株生物量和磷积累量均较高（高于P50甚至P100处理时的生物量和磷积累量），并保持了较高的根系生物量、根长和根冠比，尤其是耐盐碱品种东稻4的表现更为明显。这可能就是由于缺磷条件特异性诱导了水稻根系磷高亲和系统的表达上调，增加了根系的磷吸收能力，促进了植物生长。而恢复施磷后，磷高亲和系统的表达立刻受到抑制，磷低亲和系统的表达起主导作用，水稻根系对磷的敏感性和吸收能力显著降低，磷吸收量减少，植株生长也受到影响，因此在P50和P100处理时2个水稻品种的植株各部位生物量和磷积累量均较低。直到外界的磷素供应达到最适施磷量（东稻4为P150，通育315为P100），才能满足水稻最优生长发育和产量构成的需求，此时植株株高、分蘖、穗数、生物量、磷含量等生长性状和结实率、千粒重、粒重等产量性状达到最高。而以上水稻植株随施磷量变化的规律在以往的研究工作中尚未发现，这可能与前人的研究工作多基于有效磷含量极低的土壤有关，植株根系即使在不施磷时大量磷高亲和系统，仍无法从土壤中获取所需的无机磷。而常年过量施磷导致本节试验的供试土壤中磷素盈余过多，重度盐碱土中速效磷含量为28.60mg/kg，轻度盐碱土中速效磷含量则高达35.15mg/kg。此外，轻度盐碱土对水稻植株的伤害较小，较高的土壤磷素养分条件为水稻在P0处理时吸收磷素提供了条件。

不同于轻度盐碱胁迫的是，重度盐碱胁迫下水稻生物量和磷积累量的积累水平在P0处理时最低，植株株高、分蘖、穗数、结实率、千粒重、生物量和磷积累量等均最小。但随着施磷量的增加，植株生长、生物量和磷积累量显著增加，这与前人的诸多研究结果均一致，表明磷可以显著提高作物的耐盐碱性（Gibson，1988）。Elgharably（2011）发现 NaCl 胁迫时施磷增加了小麦茎和根的生物量，也增加了茎的磷含量，当施磷量达

60mg/kg 时小麦根系对 Cl^- 的吸收明显减少，耐盐碱性增强。茎叶部 Na^+/K^+ 减小也促进了 K^+、Ca^{2+} 和 P 的吸收，植株体内的水分状况和叶片光合能力在施磷条件下显著提高（Sato et al.，2010；Awad et al.，1990）。也有研究表明磷促进植物水分和磷素吸收是通过增加根系生长、根系生物量和根冠比等机制实现的（Tran et al.，2010）。但本节试验中仅发现施磷条件下耐盐碱品种东稻 4 根长和根生物量和磷积累量增加，其根冠比却随磷的施加减小，可能是由地上部生物量的增加远大于根系生物量的增加所致，而盐碱敏感品种通育 315 的根部性状则无显著变化。此外，重度盐碱胁迫下，耐盐碱品种东稻 4 的植株生长状况、生物量和磷积累量的积累及产量构成均随施磷量的增加显著增加，并在P200 处理时达到最大值；而盐碱敏感品种通育 315 对磷素施加的响应较差，仅在 P100 处理时的生物量和磷积累量最大，过低和过高的施磷水平均显著影响其植株生长和产量形成。东稻 4 的植株生物量和磷积累量也显著大于通育 315。两个品种的以上差异与其不同耐盐碱性有关，分蘖期东稻 4 的耐盐碱性较弱，抽穗期至成熟期，东稻 4 的耐盐碱能力显著增强，并能通过增加向营养部位的磷素转运和分配减轻胁迫伤害。因此，本节试验中水稻各部位生物量、磷积累量均与水稻耐盐碱能力紧密联系。

第四节　盐碱胁迫对磷利用和转运的影响

一、作物磷效率研究现状

作物磷效率常用磷吸收效率、利用效率和转运效率来评价。但目前国内外对于这三种磷效率的评价仍不一致。磷吸收效率通常用来反映作物从土壤中吸收磷的能力，多数研究通过植物体单位根干物质所吸收的磷含量来衡量（Santos et al.，2015；Zribi et al.，2014），但也有研究者将其定义为植株地上部磷积累量（吴照辉等，2008），或单位外施磷产生的植物含磷量（Koocheki et al.，2015）。关于磷利用效率的研究较多，其评价方式基本分为两种，即单位磷吸收量产生的植物干物质量（Pandey et al.，2015）和外施单位磷肥产生的作物产量（Singh et al.，2015；Usman，2013），后者多作为农业生产方面的磷肥利用效率来评价施肥与产量的投入产出平衡。李莉等（2014）根据水稻磷籽粒生产效率（单位植株磷积累量所产生的籽粒产量）将不同水稻品种分为四种类型，即低产磷高效型、高产磷高效型、低产磷低效型和高产磷低效型，从中发现磷吸收效率对水稻产量的作用大于磷利用效率，即磷积累量对作物产量的贡献更大。此外，磷吸收效率与磷利用效率间可能存在负相关，二者共同影响水稻的磷素养分平衡（明凤等，2000）。磷转运效率指收获后生殖部位磷积累量占其地上部磷积累量的百分数，即作物的磷收获指数，多项研究发现磷收获指数对作物产量的贡献较小，且在不同磷处理下的差异较小（李莉等，2014；Fageria et al.，2014）。吴照辉等（2008）则认为磷利用效率对水稻产量更重要，其次是磷转运效率和磷吸收效率。也有将磷转运效率定义为作物地上部磷占总磷百分数（Santos et al.，2015），即磷素在根部和地上部之间的转运，但其不能反映作物营养部位对产量构成的转运和贡献。还有研究者将作物抽穗期向成熟期籽粒转运磷含量的百分比作为磷转运效率评价方式（Tian et al.，2016；Masoni et al.，2007），此种评价方式能清晰地阐明不同生长发育阶段磷素养分在作物体内的利用和运移状态，对分析籽粒磷素养分来源也有重要意义，较为合理。由于胁迫条件下作物的生长发育和养分利用均会发生变化，应在综合以上三项评价指标的同时考虑磷素营养对胁迫条件下作物各耐性指标的影响，如相对分蘖数、相对生长速率和产量构成等（Li et al.，2010；郭玉春等，2002）。

二、试验设计与方法

试验设计同第八章第三节中"二、试验设计与方法"，水稻干物质和磷转运指标及计算方法如下：

干物质转运量（g/盆）=抽穗期干重-成熟期干重（茎鞘+叶+稻壳+根）；

干物质转运效率（%）=(干物质转运量/抽穗期干重)×100%；

干物质转运对粒重的贡献率（%，以下简称干物质转运贡献率）=(干物质转运量/成熟期籽粒干重)×100%；

收获指数=成熟期籽粒干重/成熟期地上部干重；

磷吸收效率（mg/g）=植株磷积累量/根部干重；

磷利用效率（g/mg）=植株生物量/植株磷积累量；

磷转运量（mg/盆）=抽穗期磷含量-成熟期磷含量（茎鞘+叶+稻壳+根）；

磷转运效率（%）=(磷转运量/抽穗期磷含量)×100%；

磷积累对籽粒磷含量的贡献率（%，以下简称磷转运贡献率）=(磷转运量/成熟期籽粒磷含量)×100%；

磷收获指数=成熟期实粒磷含量/成熟期地上部总磷含量。

三、盐碱胁迫下磷对水稻磷吸收效率的影响

作物磷吸收效率是指单位根生物量所吸收的植株磷含量。本节试验中两个水稻品种的磷吸收效率随植株生长逐渐增大（图 8-13）。两个水稻品种各生长时期的磷吸收效率在重度盐碱胁迫下均显著增加（成熟期通育 315 在 P50～P150 处理时的磷吸收效率除外），说明重度盐碱胁迫条件下水稻根系磷吸收能力增强。在两种盐碱胁迫下，分蘖期和抽穗期通育 315 在多数磷处理时的磷吸收效率均大于东稻 4 的磷吸收效率；东稻 4 则在成熟期具有比通育 315 更高的磷吸收效率。此外东稻 4 的磷吸收效率受磷处理的影响更大。

水稻分蘖期，东稻 4 在轻度盐碱胁迫下 P50～P200 处理的磷吸收效率相近（约14mg/g），显著大于其在 P0 处理的磷吸收效率（12.11mg/g）；在重度盐碱胁迫下的磷吸收效率随施磷量的增加而增加，P50 处理所获得的最大磷吸收效率除外（26.56mg/g），这可能是由于重度盐碱胁迫严重抑制了 P50 处理时水稻根部生物量的增长。通育 315 的磷吸收效率对施磷处理的响应则较差，轻度盐碱胁迫下约 16mg/g，重度盐碱胁迫下约23mg/g。抽穗期，东稻 4 在两种盐碱胁迫下的 P200 处理均获得了最大磷吸收效率，通育 315 仅在重度盐碱胁迫下的 P200 处理时磷吸收效率最大。成熟期，东稻 4 在两种盐碱

胁迫下的 P0 和 P50 处理均获得了较大磷吸收效率，通育 315 的磷吸收效率在轻度盐碱胁迫下 P100 处理时最大，却在重度盐碱胁迫下 P100 处理时最小。

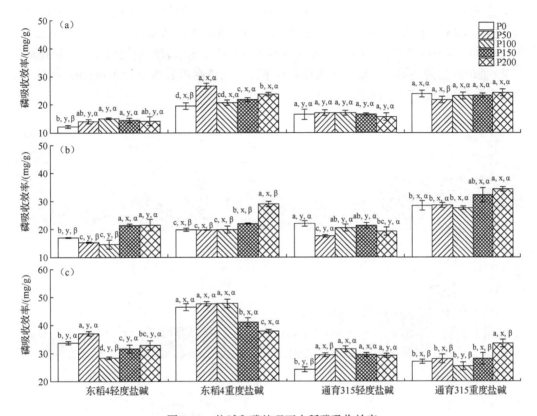

图 8-13 盐碱和磷处理下水稻磷吸收效率

（a）、（b）、（c）图分别为水稻分蘖期、抽穗期和成熟期的磷吸收效率。数值（平均值±SE，$n=3$）上方的字母分别表示不同因素间显著性水平（$P<0.05$）。a、b、c、d 表示同一品种在同一盐碱条件下不同磷素水平间磷吸收效率的差异显著性；x、y 表示同一品种在同一磷素水平下不同盐碱胁迫间磷吸收效率的差异显著性；α、β 表示同一盐碱条件同一磷素水平下不同品种间磷吸收效率的差异显著性

四、盐碱胁迫下磷对水稻磷利用效率的影响

作物磷利用效率指吸收单位磷所产生的生物量。本节试验中两个水稻品种在重度盐碱胁迫下各施磷处理的磷利用效率均低于轻度盐碱胁迫下的磷利用效率，尤其是东稻 4 的磷利用效率在盐碱胁迫间的差异更显著（图 8-14）。但在同一盐碱胁迫下不同施磷处理间的水稻磷利用效率则无显著差异。随着植株生长，通育 315 的磷利用效率逐渐升高（分蘖期约 0.3g/mg 增加至成熟期约 0.57g/mg），东稻 4 的磷利用效率则在生长时期间变化较小（0.4～0.45g/mg）。在水稻分蘖期和抽穗期，东稻 4 的磷利用效率均高于通育 315，成熟期则正好相反，通育 315 的磷利用效率显著高于东稻 4 的磷利用效率。

与植株的磷吸收效率相比，两个水稻品种的磷利用效率受不同磷处理的影响较小。东稻 4 在分蘖期轻度和重度盐碱胁迫下分别于 P100 和 P50 处理时获得最低磷利用效率

（分别为 0.36g/mg 和 0.27g/mg）；在抽穗期则在 P50 和 P100 处理时的磷利用效率最高（轻度盐碱胁迫约为 0.5g/mg，重度盐碱胁迫约为 0.4g/mg）；成熟期东稻 4 在轻度盐碱胁迫下磷处理间的磷利用效率较一致（约 0.45g/mg），在重度盐碱胁迫下仅 P200 处理的磷利用效率达 0.46g/mg，其他磷处理的磷利用效率均保持在 0.41g/mg 左右。通育 315 在 3 个生长时期的磷利用效率在不同盐碱胁迫和不同磷处理下均未表现出较大差异，仅在成熟期 P0 处理时的磷利用效率较高（两种盐碱条件下的磷利用效率均在 0.60g/mg 左右，其他处理的磷利用效率则约 0.56g/mg）。

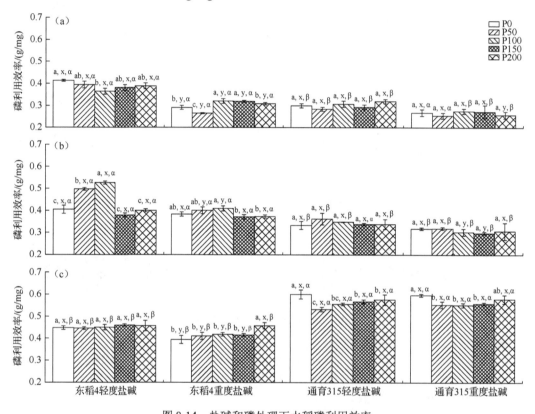

图 8-14　盐碱和磷处理下水稻磷利用效率

（a）、（b）、（c）图分别为水稻分蘖期、抽穗期和成熟期的磷利用效率。数值（平均值±SE，n=3）上方的字母分别表示不同因素间显著性水平（$P < 0.05$）。a、b、c 表示同一品种在同一盐碱条件下不同磷素水平间磷利用效率的差异显著性；x、y 表示同一品种在同一磷素水平下不同盐碱胁迫间磷利用效率的差异显著性；α、β 表示同一盐碱条件同一磷素水平下不同品种间磷利用效率的差异显著性

五、盐碱胁迫下水稻磷吸收效率和利用效率

提高磷吸收效率可通过增加植株根长、根生物量、根冠比、有机酸分泌及转运蛋白的表达合成等方式（Niu et al.，2013；Lynch，2011）；提高磷利用效率则通过减缓植株生长速率，增加细胞中无机磷浓度及代谢过程中磷的利用等方式（Veneklaas et al.，2012；Plaxton et al.，2011）。但以上两种磷效率随作物种类、养分浓度和环境条件的不同而变化，对作物生长和产量形成所发挥的作用也不同。Pan 等（2008）发现，大豆磷高效品

种在低磷条件下同时具有较高的磷吸收效率和利用效率。而本节试验结果表明两个水稻品种的磷吸收效率和利用效率均在重度盐碱胁迫下显著减小,说明水稻的磷素积累和利用均受到了显著影响。Zribi等(2014)则发现在盐碱胁迫下大麦的磷吸收效率和磷利用效率呈负相关,缺磷条件下大麦的磷吸收效率降低,利用效率升高,供磷后则磷吸收效率升高,利用效率降低。本节试验的结果与Zribi等(2014)的结果较为相似,且在不同水稻品种和生长时期间有较大差异。与盐碱敏感品种通育315的磷效率相比,耐盐碱品种东稻4的磷吸收效率在分蘖期和抽穗期较小,在成熟期较大,磷利用效率则相反。重度盐碱胁迫下,成熟期较高的磷吸收效率使东稻4植株的产量和籽粒磷含量显著高于通育315。这说明在重度盐碱胁迫下,成熟期的磷吸收效率对不同水稻品种产量高低和耐盐碱性强弱尤为重要,诸多已有结果也证明胁迫条件下耐盐碱品种有更高的磷吸收效率和产量(李莉等,2014;杨建峰等,2009)。Santos等(2015)也发现充足的磷素供应会提高棉花的磷吸收效率。但对同一品种的不同磷处理而言,成熟期东稻4在轻度盐碱胁迫下磷吸收、利用效率与其磷含量和产量无明显一致性,在重度盐碱胁迫下施磷量增加,植株磷吸收效率降低,磷利用效率提高,这是植株耐盐碱性增强后植株生物量和产量显著增加的结果。

六、盐碱胁迫下磷对水稻干物质和磷转运特征的影响

(一)盐碱胁迫下磷对水稻干物质转运的影响

由图8-15可知,同一盐碱胁迫下同一品种的干物质转运量、干物质转运效率和干物质转运贡献率对磷处理的响应基本一致。这3个干物质转移参数在轻度盐碱胁迫下均为正值,但在重度盐碱胁迫下却显著减小,成为负值(P50和P100处理东稻4的干物质转运除外),这与重度盐碱胁迫下该品种在成熟期有较高的茎叶部干重有关。轻度盐碱胁迫下,东稻4在P0处理的干物质转运量、干物质转运效率和干物质转运贡献率最高(分别为11.8g/盆、14.4%和16.8%),在P150处理的转运参数略小,在P200处理的转运参数最小(干物质转运量、干物质转运效率和干物质转运贡献率分别为0.8g/盆、1.0%和1.1%)。通育315则在P0和P50处理获得较大的干物质转运量、干物质转运效率和干物质转运贡献率(约10.0g/盆、13.0%和15.0%),P100~P200处理的干物质转运参数显著减小且数值相近(约4.5g/盆、6.0%和6.0%)。

重度盐碱胁迫下,通育315受胁迫影响极为明显,其在各个磷处理时的干物质转运量、干物质转运效率和干物质转运贡献率均显著小于东稻4,且在P100时达到最低(分别为-15.28g/盆、-40.48%和-34.55%)。两个水稻品种的干物质收获指数在轻度盐碱胁迫下相近,且受磷处理的影响较小,均保持在0.55左右;在重度盐碱胁迫下则显著降低,且于P50处理时受胁迫影响最大,干物质收获指数最小(两个品种均为0.40),P0处理时的干物质收获指数受胁迫影响次之。此外,重度盐碱胁迫下东稻4在P100~P200处理时的干物质收获指数较为相近(约0.50),通育315仅在P100时的干物质收获指数最大(0.49),施磷量继续增加则导致其收获指数显著减小,该品种在P200处理时的收获指数仅为0.43。

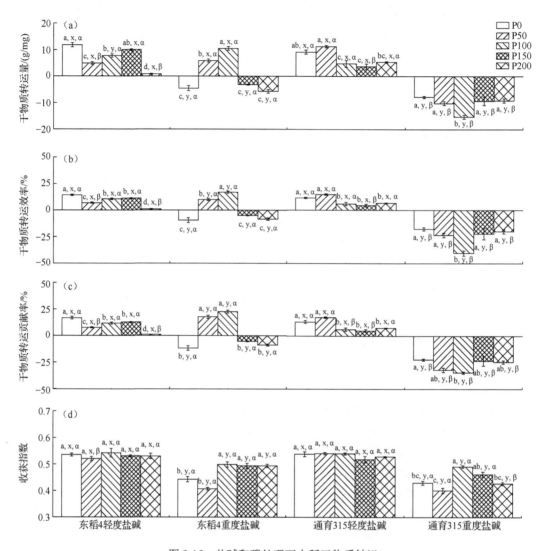

图 8-15　盐碱和磷处理下水稻干物质转运

（a）、（b）、（c）、（d）图分别为水稻干物质转运量、干物质转运效率、干物质转运贡献率和收获指数。数值（平均值±SE，$n=3$）上方的字母分别表示不同因素间显著性水平（$P<0.05$）。a、b、c、d 表示同一品种在同一盐碱条件下不同磷素水平间干物质转运的差异显著性；x、y 表示同一品种在同一磷素水平下不同盐碱胁迫间干物质转运的差异显著性；α、β 表示同一盐碱条件同一磷素水平下不同品种间干物质转运的差异显著性

（二）盐碱胁迫下磷对水稻磷转运的影响

本节试验中，水稻磷转运效率、磷转运贡献率及磷收获指数均显著大于干物质转运效率、干物质转运贡献率和干物质收获指数（图 8-16），说明水稻籽粒的磷积累大部分依赖于营养部位的转运。轻度盐碱胁迫下，东稻 4 的磷转运量、磷转运效率和磷转运贡献率均在 P150 处理时最大（分别为 161.41mg/盆、68.01%和 60.40%），P0 和 P200 处理时稍小，P50 和 P100 处理时最小且相近（磷转运量、磷转运效率和磷转运贡献率分别约

75.00mg/盆、53.00%和33.00%)。通育315的3个磷转运参数则受磷处理的影响较小，仅在P0处理时有最高值（磷转运量、磷转运效率和磷转运贡献率分别为157.17mg/盆、118.73%和142.77%）。两个品种的磷收获指数均未受到磷处理的显著影响，且东稻4的磷收获指数（约0.78）显著大于通育315的磷收获指数（约0.65）。

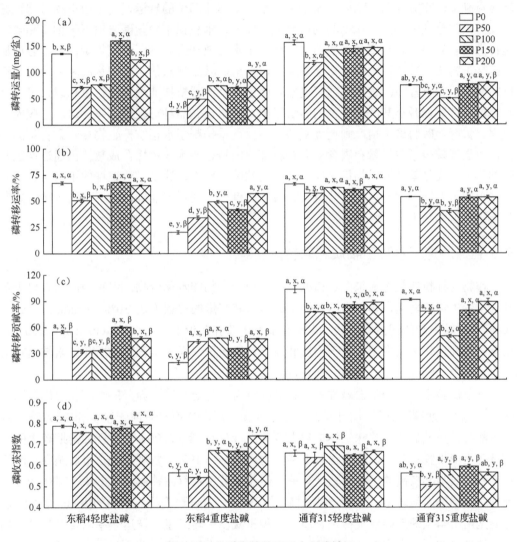

图8-16 盐碱和磷处理下水稻磷转运

（a）、（b）、（c）、（d）图分别为水稻磷转运量，磷转运效率，磷转运贡献率和磷收获指数。数值（平均值±SE，$n=3$）上方的字母分别表示不同因素间显著性水平（$P<0.05$）。a、b、c、d表示同一品种在同一盐碱条件下不同磷素水平间磷转运的差异显著性；x、y表示同一品种在同一磷素水平下不同盐碱胁迫间磷转运的差异显著性；α、β表示同一盐碱条件同一磷素水平下不同品种间磷转运的差异显著性

重度盐碱胁迫显著减少了两个水稻品种的磷转运参数和磷收获指数（东稻4在P50和P100处理时的磷转运贡献率除外）。东稻4的磷转运量、磷转运效率、磷转运贡献率和磷收获指数均随施磷量的增加显著增加，并在P200处理时达到最大（分别为103.76mg/盆、

57.01%、46.58%和0.74）。通育315的磷转运量、磷转运效率和磷转运贡献率则在P100处理时最小（分别为50.44mg/盆、40.44%和49.67%），其磷收获指数除在P50处理略低外，在其他磷处理的值差异较小，约为0.57。

以上研究结果表明水稻磷转运效率和磷转运贡献率远大于干物质转运效率和干物质转运贡献率，充分证明水稻籽粒磷素主要来源于营养部位的转运，而籽粒干物质则正好相反，大部分依赖于光合作用的物质合成。此外，水稻在不同盐碱胁迫下干物质和磷转运特点的差异显著。轻度盐碱胁迫虽然减少了水稻植株生物量和磷积累量，但显著增加了植株干物质、磷转运效率和转运贡献率，且耐盐碱品种东稻4的干物质和磷转运受轻度盐碱胁迫影响较小。这证明在轻度盐碱胁迫下，水稻植株能增加生物量和磷含量向籽粒部位的转运以减小其产量受到的胁迫影响，且耐盐碱品种对轻度盐碱胁迫的适应能力更强。重度盐碱胁迫下情况则更为复杂，不仅严重抑制了水稻植株生物量和磷含量的积累，也显著减少了生物量和磷含量向籽粒部位的转运。水稻植株在成熟期仍通过增加营养部位（主要是茎部）生物量来减轻其受到的胁迫伤害，这是导致植株的干物质转运显著减少的重要原因之一，尤其盐碱敏感品种通育315在重度盐碱胁迫下干物质转运效率和转运贡献率减少了30%以上。

七、盐碱胁迫下水稻干物质和磷转运

作物的籽粒产量主要来源于植株光合作用产生的碳水化合物，仅有少部分来自于营养部位的干物质转运，如小麦的干物质转运对其产量的贡献不足30%（Arduini et al.，2006）。籽粒中磷的积累则不同，大部分依赖于营养部位的转运（Masoni et al.，2007）。已有的研究工作多集中于小麦干物质和氮素转运特征，而对水稻干物质和磷素转运特征的研究较少（Fang et al.，2010；Papakosta，1994）。

本节试验中，不同耐盐碱性的水稻品种对盐碱胁迫和磷素养分的响应表现出较明显的差异。轻度盐碱胁迫下，耐盐碱品种东稻4在P0和P150处理时干物质和磷转运较多，这可能与其在抽穗期的植株生物量较大有关。Arduini等（2006）也发现抽穗期较大的生物量对小麦生物量向籽粒的转运有重要作用。Dewit（1992）发现作物在最适施磷量时籽粒产量构成与其较高的干物质转运有关。但盐碱敏感水稻品种通育315却在P0和P50处理时干物质转运较多，在P0处理时磷转运较多，对籽粒干物质和磷的贡献也较大。这可能是由于磷素缺乏导致植株干物质和磷积累减少，转运量、转运效率以及对籽粒干物质和磷含量的贡献率则增加。Panigrahy等（2009）发现磷素供应不足时，水稻植株在营养生长阶段将部分磷素储于液泡，生殖生长时则将储存的无机磷大量转运到籽粒。以上结果表明，不同水稻品种可能具有不同的干物质和磷转运调节机制，且耐盐碱品种东稻4对外施磷肥更敏感。

重度盐碱胁迫会显著影响作物生物量和养分的积累和转运（Naheed et al.，2008；Khan et al.，2003），但目前国内外对此方面的研究仍严重不足。Masoni等（2007）认为胁迫条件抑制了作物的光合作用和碳水化合物的合成，因此干物质和养分对籽粒的转运和贡献率均增加。Abdullah等（2001）则认为胁迫条件还抑制了部分磷酸酶类和转运蛋白的活性，导致可溶性糖和养分的转运减少。本节试验中，两个水稻品种的干物质和磷转运量、转运效率和转运贡献率均在重度盐碱胁迫下显著减小，干物质的转运甚至成为负值，这主要由两个原因造成：①重度盐碱胁迫使水稻灌浆延迟，结实率降低，成熟期穗部枝梗和秕粒等无效部位生物量所占穗重比例增加，也占用了更多的干物质转运量，使实粒的有效干物质转运减少；②重度盐碱胁迫对水稻穗数的影响远大于对分蘖数的影响，这说明存在大量的无效分蘖，而无效分蘖的生长使成熟期水稻营养部位的干物质量不降反升，导致干物质和磷的转运减少。部分研究表明，水稻品种的分蘖数在一定盐碱范围内均随盐浓度的增加而增加，且盐敏感品种增加较明显，但有效分蘖数明显减少，无效分蘖的增加会降低植物细胞内盐分离子浓度，这也是一种耐盐机制，用以减轻盐分的负面影响。此外，通育 315 在最适磷浓度（P100）时干物质和磷的收获指数较大，转运量和转运贡献率却较小。Przulj 等（2001）的结果也发现大麦产量较高时其干物质的转运量和转运贡献率较小。但东稻 4 在其最适磷浓度（P200）时干物质和磷的转运和收获指数则较大。以上结果表明耐盐碱水稻品种在重度盐碱胁迫下对磷的敏感性更强，也具有更强的干物质和磷转运能力。

八、盐碱胁迫下的合理施肥

（一）水稻磷肥的最适施磷量

磷作为大量养分元素，对作物的生长发育和产量形成有重要作用，但不同作物对磷的敏感性不同，其磷素吸收利用特点不同，因此存在不同的最适施肥量。Grattan 等（1999）认为最适养分浓度取决于环境条件、胁迫程度和作物种类。低温胁迫下，随着施磷量的增加水稻品种抽穗速度、穗长和株高均有所增加，且在施磷量为 120kg/hm^2 时表现最好，结实率和产量增加，当施磷量达到 160kg/hm^2 时，各性状的表现又降低（马巍等，2011）。这说明磷肥的施加只能在一定范围内减缓低温对水稻产生的影响，继续增加磷肥可能超出了水稻的接受能力甚至产生毒害作用。在本节试验中，不同盐碱胁迫下不同水稻品种获得最大生物量和产量所需要的最适施磷量同样存在显著差异。

轻度盐碱对水稻造成的胁迫影响相对较小，水稻对磷素营养的利用和转运较高，但植株生物量和磷的积累利用转运及籽粒产量均未随施磷量的增加而持续增加。耐盐碱品种东稻 4 的产量在 P150 处理时最高，在该磷浓度的各时期植株生长指标、生物量和磷含量的积累也最高；当施磷量增加至 P200 时各时期植株生物量、磷含量和籽粒产量均下降，虽然此时东稻 4 仍具有较高的千粒重和结实率，但 P200 处理在成熟期的分蘖数和穗数均小于在 P150 处理时的分蘖数和穗数。盐碱敏感品种通育 315 在 P100 处理时获得最高籽粒产量、千粒重和结实率，却在 P150 处理获得最大株高、分蘖数、穗数、营养部位生物量和磷含量，且千粒重和结实率减小。这说明通育 315 的最适磷浓度为 P100，此后继续增加磷肥施用只能促进水稻植株营养部位的生长，甚至抑制植株生长，这与前人的相关研究结果一致。Usman（2013）发现施磷量 P150 时水稻的产量构成因素——单位面积穗数、结实率和产量均最高，这可能是因为弱势粒的灌浆增强，但更高的磷素供应则会导致结实率和产量下降（Alam et al.，2009）。

植株的生长受磷素养分的影响,但受盐碱胁迫的影响更大(Turkan et al.,2009;Eraslan et al.,2007)。重度盐碱胁迫下两个水稻品种之间最适磷浓度的差异也更明显。耐盐碱品种东稻 4 的生长状态、生物量和磷含量的积累及产量均随施磷量的增加而显著增加,并在 P200 处理时达到最大。本试验所采用的供试土壤有效磷含量均较高,因此植株生物量、磷含量和产量随施磷量的增加而增加可能是因为施磷提高了植株耐盐碱能力,减轻了盐碱胁迫。但最适施磷量的增加并非适合所有品种,盐碱敏感品种通育 315 的最适磷浓度并未增加,仍为 P100。可能是由于该品种自身对磷肥的作用不敏感,也可能是由于重度盐碱胁迫严重影响了了该品种正常的养分吸收和积累。这说明磷对水稻的作用也取决于盐碱胁迫程度。盐碱程度较重时,盐碱胁迫更显著地抑制了敏感品种对磷的响应。

(二)水稻品种类型和土壤盐碱化程度对施肥量的影响

本节试验结果表明只有在重度盐碱胁迫下,耐盐碱水稻品种东稻 4 的所有生长指标、干物质和磷积累及转运随施磷量的增加而不断增加,产量也随之明显增加,与农业生产中的传统施肥理念相一致。但该品种在轻度盐碱胁迫下的各项生长及磷养分指标均未随施磷量的增加而增加,盐碱敏感品种则在两种盐碱土壤下均表现出相似结果。两个水稻品种在盐碱胁迫下均出现最适施磷量,在此磷浓度下水稻植株生长指标、磷素养分运移及产量构成最优,产量最高。耐盐碱品种东稻 4 在轻度和重度盐碱胁迫下的最适施磷量分别为 150kg/hm^2 和 200kg/hm^2,盐碱敏感品种通育 315 则在两种盐碱胁迫下的最适施磷量相同,均为 100kg/hm^2。以上结果表明耐盐碱品种可能对外施磷肥具有更高的敏感性,尤其在重度盐碱胁迫下植株生物量和磷积累显著减少,Na^+/K^+ 显著增大,对磷肥的响应更显著,说明胁迫越重,耐盐碱品种的磷素养分需求越高,施磷也能有效降低植株体内 Na^+/K^+,调节 Na^+ 和 K^+ 平衡,显著促进植株生长、养分吸收和产量积累;盐碱敏感品种则对磷肥不敏感,这是由于其对磷的吸收、利用及转运过程受盐碱胁迫影响较重造成,其 Na^+/K^+ 始终维持在较高水平,光合作用和物质代谢受到严重抑制。因此,农业生产中"盐碱地施磷越多产量越高"的说法并不完全正确,需要结合不同土地的盐碱化程度和所栽培水稻品种来确定最适施磷量,施肥过多或过少均会对水稻产量造成不良影响,尤其在重度盐碱地要选择栽培耐盐碱品种。

此外,由于磷肥的常年大量施用,水稻对施入磷肥的吸收利用率降低,导致稻田土壤中的磷素大量积累。本节试验中的供试盐碱化土壤即取自多年耕作的稻田土壤表层 0~20cm,分析测试结果表明重度盐碱土壤速效磷含量已经超过 25mg/kg,轻度盐碱土中速效磷含量甚至达到 30mg/kg 以上。这两种盐碱化土壤早已不缺磷,加之水稻对磷的敏感性较差,施磷很可能不会对水稻产量产生显著影响。这也解释了本节研究结果中轻度盐碱胁迫下两个水稻品种在不施磷的情况下仍能获得较高的生物量和磷的积累和转移,产量也较高,因为水稻根系通过调节自身高亲和磷转运系统的表达和根系形态的变化即可从土壤中获得所需的磷素养分。但此结论并不代表水稻栽培不需要施磷,在最适施磷量时可以实现水稻的最大产量。而重度盐碱胁迫下,两个水稻品种在不施磷时并未表现出较高的生长状态和产量性状,但耐盐碱水稻品种的产量随施磷量的增加而持续增加,盐碱敏感水稻品种在 $100kg/hm^2$ 即达到其磷肥阈值，这说明水稻磷积累的减少主要是因为重度盐碱胁迫下居高不下的 Na^+/K^+ 抑制了植株新陈代谢及根系对磷的吸收，并非是土壤速效磷含量不足的原因，而磷素的施加也主要是加强了水稻植株对盐碱胁迫的耐受性而促进了生长性状和产量构成的增加。

综上，本节研究结果的现实指导意义为：在日后的水稻栽培生产实践中，应注意结合不同土壤的盐碱条件来选择合适的水稻品种和相应的最适磷肥使用量。耐盐碱水稻品种具有更强的磷敏感性，对磷的吸收积累能力较强，尤其是在重度盐碱胁迫下，施磷可显著增加其耐盐碱能力和籽粒产量；轻度盐碱胁迫则应考虑土壤中速效磷含量及不同水稻品种在其最适磷肥施用量的投入与产出之间的平衡关系来确定合适的栽培计划。鉴于本节研究结果是基于盆栽试验得出，农业生产中的实际施磷量还需进行田间试验以进行准确确定。

参 考 文 献

曹显祖, 朱庆森. 1987. 水稻品种的源库特征及其类型划分的研究. 作物学报, 13(4): 265-272.

陈磊, 王盛锋, 刘自飞, 等. 2011. 低磷条件下植物根系形态反应及其调控机制. 中国土壤与肥料(6): 5-16.

陈书强, 杨丽敏, 赵海新, 等. 2012. 寒地水稻低温冷害防御技术研究进展. 沈阳农业大学学报, 43: 693-698.

陈温福, 徐正进. 2006. 水稻超高产育种理论与方法. 北京: 科学出版社.

陈温福, 徐正进, 张文忠, 等. 2001. 水稻新株型创造与超高产育种. 作物学报, 27(5): 665-672.

邓伟, 裘善文, 梁正伟. 2006. 中国大安碱地生态试验站区域生态环境背景. 北京: 科学出版社.

龚学臣, 抗艳红, 赵海超, 等. 2013. 干旱胁迫下磷营养对马铃薯抗旱性的影响. 东北农业大学学报, 44: 48-52.

关欣, 陈温福, 徐正进, 等. 2004. 不同年代水稻品种穗部性状比较研究. 沈阳农业大学学报, 35(2): 81-84.

郭望模, 傅亚萍, 孙修宗. 2004. 水稻芽期和苗期耐盐指标的选择研究. 浙江农业科学(1): 30-33.

郭玉春, 林文雄, 石秋梅. 2002. 水稻苗期磷高效基因型筛选研究. 应用生态学报, 13(12): 1587-1591.

韩朝红, 孙谷畴. 1998. NaCl 对吸胀后水稻的种子发芽和幼苗生长的影响. 植物生理学通讯, 34(5): 339-342.

胡继新. 2011. 水稻穗部性状与产量的关系. 农业科技与装备, 2: 7-13.

黄发松, 孙宗修, 胡培松, 等. 1998. 食用稻米品质形成研究的现状与展望. 中国水稻科学(3): 172-176.

黄耀祥. 1990. 水稻超高产育种研究. 作物杂志(4): 1-2.

兰巨生, 胡福顺, 张景瑞. 1990. 作物抗旱指数的概念和统计方法. 华北农学报, 5: 20-25.

李杰, 张洪程, 龚金龙, 等. 2011. 不同种植方式对超级稻籽粒灌浆特性的影响. 作物学报(9): 1631-1641.

李景鹏, 周继全, 王晓丽, 等. 2011. 苏打盐碱胁迫下粳稻籽粒灌浆动态研究. 吉林农业大学学报, 33(2): 126-129.

李莉, 张锡洲, 李廷轩, 等. 2014. 高产磷高效水稻磷素吸收利用特征. 应用生态学报, 7: 1963-1970.

李宗云, 刘元英, 陈丽楠, 等. 2010. 养分管理对寒地水稻籽粒灌浆特性的影响. 东北农业大学学报(9): 15-20.

利容千. 1976. 水稻幼穗分化过程中多糖的变化. 武汉大学学报: 自然科学版, 2: 60-70.

梁正伟, 杨福, 王志春, 等. 2004. 盐碱胁迫对水稻主要生育性状的影响. 生态环境, 13(1): 43-46.

刘建中, 李振声, 李继云. 1994. 利用植物自身潜力提高土壤中磷的生物有效性. 生态农业研究, 2(1): 16-23.

柳新伟, 孟亚利, 周治国, 等. 2005. 水稻颖花分化与退化的动态特征. 作物学报, 31(4): 451-455.

马巍, 侯立刚, 赵国臣, 等. 2011. 孕穗期低温胁迫下不同磷营养对水稻生长发育影响的研究. 北方水稻, 5: 151-154.

明凤, 米国华, 张福锁, 等. 2000. 水稻对低磷反应的基因型差异及其生理适应机制的初步研究. 应用与环境生物学报, 6: 138-141.

齐春艳, 梁正伟, 杨福. 2009. 苏打盐碱胁迫下水稻抽穗期的变化规律及其影响因素的研究. 农业系统科学与综合研究, 25(2): 198-203, 207.

祁栋灵, 韩龙植, 张三元. 2006. 水稻耐盐/碱性鉴定评价方法. 植物遗传资源学报, 6: 226-230.

荣湘民, 刘强, 朱红梅, 等. 1998. 水稻的源库关系及碳、氮代谢的研究进展. 中国水稻科学(S1): 63-69.

邵玺文, 张瑞珍, 童淑媛. 2005. 松嫩平原盐碱土对水稻叶绿素含量的影响. 中国水稻科学, 19(6): 570-572.

宋志伟. 2009. 土壤肥料. 北京: 高等教育出版社.

田志杰, 李景鹏, 杨福. 2017. 非生物胁迫下作物磷素利用研究进展. 生态学杂志, 36(8): 2336-2342.

王丰, 张国平, 白朴. 2005. 水稻源库关系评价体系研究进展与展望. 中国水稻科学(6): 556-560.

王贺正, 马均, 李旭毅, 等. 2009. 水分胁迫对水稻籽粒灌浆与淀粉合成有关酶活性的影响. 中国农业科学(5): 1550-1558.

王秋菊, 李明贤, 赵宏亮, 等. 2012. 黑龙江省水稻种质资源耐盐碱筛选与评价. 作物杂志(4): 116-120.

王仁雷, 华春, 刘友良. 2002. 盐胁迫对水稻光合特性的影响. 南京农业大学学报, 25(4): 11-14.

王维, 蔡一霞, 蔡昆争, 等. 2006. 水分胁迫对贪青水稻籽粒充实及其淀粉合成关键酶活性的影响. 作物学报(7): 972-979.

王晓丽, 王勇, 石雨, 等. 2002. 源库调节对水稻灌浆特性的影响. 吉林农业大学学报(5): 13-16.

王余龙, 蔡建中, 何杰升, 等. 1992. 水稻颖花根活量与籽粒灌浆结实的关系. 作物学报(2): 81-89.

王志春, 杨福, 齐春艳. 2010. 盐碱胁迫对水稻花粉扫描特征和生活力的影响. 应用与环境生物学报(1): 63-66.

吴照辉, 贺立源, 左雪冬, 等. 2008. 磷素缺乏下不同基因型水稻阶段性磷营养特征. 中国水稻科学, 22(1): 71-76.

谢光辉, 杨建昌, 王志琴, 等. 2001. 水稻籽粒灌浆特性及其与籽粒生理活性的关系. 作物学报(5): 557-565.

熊洁, 耿春苗, 丁艳锋, 等. 2011. 不同库容类型杂交早籼稻品种源库结构对垩白的影响. 中国农业科学(19): 3970-3980.

徐芬芬, 罗雨晴. 2012. 混合盐碱胁迫对水稻种子萌发的影响. 种子, 31(2): 85-87.

徐正进, 陈温福, 张龙步, 等. 1991. 水稻高产生理研究的现状与展望. 沈阳农业大学学报, 22(S0): 115-123.

徐正进, 陈温福, 张树林, 等. 2005. 辽宁水稻穗型指数品种间差异及其与产量和品质的关系. 中国农业科学, 38(9): 1926-1930.

徐正进, 陈温福, 张文忠, 等. 2000. 水稻的产量潜力与株型演变. 沈阳农业大学学报, 31(6): 534-536.

杨福, 梁正伟. 2007. 关于吉林省西部盐碱化土地水稻发展的战略思考. 北方水稻, 6: 7-12.

杨福, 梁正伟, 王志春. 2007. 苏打盐碱胁迫下水稻净光合速率日变化及其与影响因子的关系. 中国水稻科学, 21(4): 386-390.

杨福, 梁正伟, 王志春. 2010. 苏打盐碱胁迫对水稻品种长白9号穗部性状及产量构成的影响. 华北农学报, 25(12): 59-61.

杨福, 梁正伟, 王志春, 等. 2007. 水稻耐盐碱品种(系)筛选试验与省区域试验产量性状的比较. 吉林农业大学学报, 29(6): 596-600.

杨福, 梁正伟, 王志春, 等. 2007. 苏打盐碱胁迫对水稻不同生育时期各器官干物质积累的影响. 农业系统科学与综合研究, 23(3): 372-376.

杨建昌, 彭少兵, 顾世梁, 等. 2001. 水稻结实期籽粒和根系中玉米素与玉米素核苷含量的变化及其与籽粒充实的关系. 作物学报(1): 35-42.

杨建峰, 贺立源, 左雪冬, 等. 2009. 不同pH低磷土壤上水稻磷营养特性研究. 植物营养与肥料学报, 15(1): 62-68.

杨仁崔. 1996. 国际水稻所的超级稻育种. 世界农业(2): 25-27.

杨守仁. 1987. 水稻超高产育种的新动向: 理想株形与有利优势相结合. 沈阳农业大学学报, 18(1): 1-5.

杨守仁. 1990. 水稻高产栽培与高产论丛. 北京: 农业出版社.

张素红, 刘立新, 刘忠卓. 2009. 水稻耐盐研究与育种进展. 北方水稻, 39(3): 118-121.

张文学, 管珊红, 孙刚, 等. 2012. 外源激素复配剂对早稻籽粒灌浆特性的影响. 江西农业学报(2): 1-5.

张志兴, 陈军, 李忠, 等. 2012. 水稻籽粒灌浆过程中蛋白质表达特性及其对氮肥运筹的响应. 生态学报(10): 3209-3224.

赵兰坡, 尚庆昌, 李春林. 2000. 松辽平原苏打盐碱土改良利用研究现状及问题. 吉林农业大学学报(S1): 79-83, 85.

赵兰坡, 王宇, 冯君, 等. 2013. 松嫩平原盐碱化土地改良利用: 理论与技术. 北京: 科学出版社.

朱庆森, 曹显祖, 骆亦其. 1988. 水稻籽粒灌浆的生长分析. 作物学报(3): 182-193.

祝寿泉, 王遵亲. 1989. 盐渍土分类原则及其分类系统. 土壤(2): 106-109.

左静红, 李景鹏, 杨福. 2013. 不同土壤类型对北方粳稻穗部性状及产量构成的影响. 生态学杂志, 32(1): 59-63.

Abdullah Z, Khan M A, Flowers T J. 2001. Causes of sterility in seed set of rice under salinity stress. Journal of Agronomy and Crop Science, 187(1): 25-32.

Alam M M, Ali M H, Amin A, et al. 2009. Yield attributes, yield and harvest index of three irrigated rice varieties under different levels of phosphorus. Advances in Biological Research, 3: 132-139.

Arduini I, Masoni A, Ercoli L, et al. 2006. Grain yield, and dry matter and nitrogen accumulation and remobilization in durum wheat as affected by variety and seeding rate. European Journal of Agronomy, 25: 309-318.

Asch F, Dingkuhn M, Wittstock C. 1999. Sodium and potassium uptake of rice panicles as affected by salinity and season in relation to yield and yield components. Plant and Soil, 207(2): 133-145.

Aslam M, Flowers T J, Qureshi R H, et al. 1996. Interaction of phosphate and salinity on the growth and yield of rice (*Oryza sativa* L.). Journal of Agronomy and Crop Science, 176(4): 249-258.

Awad A S, Edwards D G, Campbell L C. 1990. Phosphorus enhancement of salt tolerance of tomato. Crop Science, 30: 123-128.

Borras L, Slafer G A, Otegui M E. 2004. Seed dry weight response to source-sink manipulations in wheat, maize and soybean: A quantitative reappraisal. Field Crops Research, 86: 131-146.

Champagnol F. 1979. Relationships between phosphate nutrition of plants and salt toxicity. Phosphorus Agriculture, 76: 35-43.

Darwish E, Testerink C, Khalil M, et al. 2009. Phospholipid signaling responses in salt-stressed rice leaves. Plant and Cell Physiology, 50: 986-997.

Dewit C T. 1992. Resource use efficiency in agriculture. Agricultural Systems, 40: 125-151.

Elgharably A. 2011. Wheat response to combined application of nitrogen and phosphorus in a saline sandy loam soil. Soil Science and Plant Nutrition, 57(3): 396-402.

Eraslan F, Inal A, Gunes A, et al. 2007. Impact of exogenous salicylic acid on the growth, antioxidant activity and physiology of carrot plants subjected to combined salinity and boron toxicity. Scientia Horticulturae, 113: 120-128.

Fageria N K, Baligar V C. 2014. Macronutrient use efficiency and changes in chemical properties of an oxisol as influenced by phosphorus fertilization and tropical cover crops. Communications in Soil Science and Plant Analysis, 45(9): 1227-1246.

Fang Y, Xu B C, Turner N C, et al. 2010. Grain yield, dry matter accumulation and remobilization, and root respiration in winter wheat as affected by seeding rate and root pruning. European Journal of Agronomy, 33: 257-266.

Flowers T J, Flowers S A. 2005. Why does salinity pose such a difficult problem for plant breeders?. Agricultural Water Management, 78: 15-24.

Franco-Zorrilla J M, Gonzalez E, Bustos R, et al. 2004. The transcriptional control of plant responses to phosphate limitation. Journal of Experamental and Botany, 55: 285-293.

Gao J P, Chao D Y, Lin H X. 2007. Understanding abiotic stress tolerance mechanisms: Recent studies on stress response in rice. Journal of Integrative Plant Biology, 49(6): 742-750.

Gao J P, Chao D Y, Lin H X. 2008. Toward understanding molecular mechanisms of abiotic stress responses in rice. Rice, 1: 36-51.

Gibson T. 1988. Carbohydrate metabolism and phosphorus/salinity interactions in wheat (*Triticum aestivum* L.). Plant and Soil, 111: 25-35.

Gordon W R, Tong Y, Davies T G E, et al. 2003. Restricted spatial expression of a high affinity phosphate transporter in potato roots. Journal of Cell Science, 116: 3135-3144.

Grattan S R, Grieve C M. 1999. Salinity mineral nutrient relations in horticultural crops. Scientia Horticulturae, 78(1-4): 127-157.

Guo R, Shi L, Yang Y. 2009. Germination, growth, osmotic adjustment and ionic balance of wheat in response to saline and alkaline stresses. Soil Science and Plant Nutrition, 55(5): 667-679.

Hakim M, Juraimi A, Begum M. 2010. Effect of salt stress on germination and early seedling growth of rice (*Oryza sativa* L.). African Journal of Biotechnology, 9(13): 1911-1918.

Hermans C, Hammond J P, White P J, et al. 2006. How do plants respond to nutrient shortage by biomass allocation?. Trends in Plant Science, 11: 610-617.

Hu B, Chu C. 2011. Phosphate starvation signaling in rice. Plant Signaling and Behavior, 6: 927-929.

Hu Y, Schmidhalter U. 2005. Drought and salinity: A comparison of their effects on mineral nutrition of plants. Journal of Plant Nutrition and Soil Science, 168(4): 541-549.

Kang D J, Seo Y J, Lee J D, et al. 2005. Jasmonic acid differentially affects growth, ion uptake and abscisic acid concentration in salt tolerant and salt sensitive rice cultivars. Journal of Agronomy and Crop Science, 191(4): 273-282.

Khan M A, Abdullah Z. 2003. Salinity-sodicity induced changes in reproductive physiology of rice (*Oryza sativa*) under dense soil conditions. Environmental and Experimental Botany, 49(2): 145-157.

Khatun S, Flowers T J. 1995. Effects of salinity on seed set in rice. Plant Cell Environment, 18: 61-67.

Koocheki A, Sdyyedi S M. 2015. Relationship between nitrogen and phosphorus use efficiency in saffron(*Crocus sativus* L.) as affected by mother corm size and fertilization. Industrial Crops and Products, 71: 128-137.

Koyama H, Kawamura A, Kihara T. 2000. Overexpression of mitochondrial citrate synthase in Arabidopsis thaliana improved growth on a phosphorus-limited soil. Plant and Cell Physiology, 41(9): 1030-1037.

Li R, Shi F, Fukuda K. 2010. Interactive effects of various salt and alkali stresses on growth, organic solutes, and cation accumulation in a halophyte (*Spartina alterniflora*) Poaceae. Environmental and Experimental Botany, 68(1): 66-74.

Lin W Y, Lin S I, Chiou T J. 2009. Molecular regulators of phosphatehomeostasis in plants. Journal of Experimental Botany, 60: 1427-1438.

Lynch J P. 2011. Root phenes for enhanced soil exploration and phosphorus acquisition: Tools for future crops. Plant Physiology, 156: 1041-1049.

Mahmood I A, Ali A. 2015. Response of direct seeded rice and wheat crops to phosphorus application with crop residue incorporation in saline-sodic soil. International Journal of Agriculture and Biology, 17: 1219-1224.

Masoni A, Ercoli L, Mariotti M, et al. 2007. Post-anthesis accumulation and remobilization of dry matter, nitrogen and phosphorus in durum wheat as affected by soil type. European Journal of Agronomy, 26: 179-186.

Mittler R, Blumwald E. 2010. Genetic engineering for modern agriculture: Challenges and perspectives. Annual Review of Plant Biology, 61: 443-462.

Munns R. 2002. Comparative physiology of salt and water stress. Plant, Cell and Environment, 25: 239-250.

Naheed G, Shahbaz M, Akram N A. 2008. Interactive effect of rooting medium application of phosphorus and NaCl on plant biomass and mineral nutrients of rice (*Oryza sativa* L.). Pakistan Journal of Botany, 40: 1601-1608.

Nieman R H, Clark R A. 1976. Interactive effects of salinity and phosphorus nutrition on concentrations of phosphate and phosphate esters in mature photosynthesizing corn leaves. Plant Physiology, 57(2): 157-161.

Niu Y F, Chai R S, Jin G L, et al. 2013. Responses of root architecture development to low phosphorus availability: A review. Annals of Botany, 112: 391-408.

Pan X W, Li W B, Zhang Q Y, et al. 2008. Assessment on phosphorus efficiency characteristics of soybean varieties in phosphorus-deficient soils. Agricultural Sciences in China, 7: 958-969.

Pandey R, Dubey K K, Ahad A, et al. 2015. Elevated CO_2 improves growth and phosphorus utilization efficiency in cereal species under sub-optimal phosphorus supply. Journal of Plant Nutrition, 38: 1196-1217.

Panigrahy M, Rao D N, Sarla N. 2009. Molecular mechanisms in response to phosphate starvation in rice. Biotechnology Advances, 27: 389-397.

Papakosta D K. 1994. Phosphorus accumulation and translocation in wheat as affected by cultivar and nitrogen fertilization. Journal of Agronomy and Crop Science, 173: 260-270.

Plaxton W C, Tran H T. 2011. Metabolic adaptations of phosphate-starved plants. Plant Physiology, 156: 1006-1015.

Przulj N, Momcilovic V. 2001. Genetic variation for dry matter and nitrogen accumulation and translocation in two-rowed spring barley II. Nitrogen translocation. European Journal of Agronomy, 15: 255-265.

Qadir M, Noble A D, Oster J D, et al. 2005. Driving forces for sodium removal during phytoremediation of calcareous sodic and saline-sodic soils: A review. Soil Use and Management, 21: 173-180.

Qadir M, Qureshi R H, Ahmad N. 2002. Amelioration of calcareous saline sodic soils through phytoremediation and chemical strategies. Soil Use Management, 18: 381-385.

Qadir M, Schubert S. 2002. Degradation processes and nutrient constraints in sodic soils. Land Degradation and Development, 13(4): 275-294.

Raghothama K G, Katthikeyan A S. 2005. Phosphate acquisition. Plant and Soil, 274: 37-49.

Rao P S, Mishra B, Gupta S R, et al. 2008. Reproductive stage tolerance to salinity and alkalinity stresses in rice genotypes. Plant Breeding, 127(3): 256-261.

Reich M, Aghajanzadeh T, Helm J, et al. 2017. Chloride and sulfate salinity differently affect biomass, mineral nutrient composition and expression of sulfate transport and assimilation genes in Brassica rapa. Plant and Soil, 411(1): 1-14.

Ren Z H, Gao J P, Li L G, et al. 2005. A rice quantitative trait locus for salt tolerance encodes a sodium transporter. Nature Genetics, 37(10): 1141-1146.

Richardson A E, Simpson R J. 2011. Soil microorganisms mediating phosphorus availability. Plant Physiology, 156: 989-996.

Santos E, Marcante N, Muraoka T, et al. 2015. Phosphorus use efficiency in pima cotton (*Gossypium barbadense* L.) varieties. Chilean Journal of Agricultural Research, 75: 210-215.

Sato A M, Catuchi T A, Ribeiro R V, et al. 2010. The use of network analysis to uncover homeostatic responses of a drought-tolerant sugarcane cultivar under severe water deficit and phosphorus supply. Acta Physiologiae Plantarum, 32: 1145-1151.

Singh A L, Chaudhari V, Ajay B C. 2015. Screening of groundnut varieties for phosphorus efficiency under field conditions. Indian Journal of Genetics and Plant Breeding, 75: 363-371.

Tian Z J, Li J P, Jia X Y, et al. 2016. Assimilation and translocation of dry matter and phosphorus in rice varieties affected by saline-alkaline stress. Sustainability, 8(6): 568.

Ticconi C A, Abel S. 2004. Short on phosphate: Plant surveillance and countermeasures. Trends in Plant Science, 9: 548-555.

Tran H T, Hurley B A, Plaxton W C. 2010. Feeding hungry plants: The role of purple acid phosphatases in phosphate nutrition. Plant Science, 179: 14-27.

Turkan I, Demiral T. 2009. Recent updates on salinity stress in rice: From physiological to molecular responses. Environmental and Experimental Botany, 67: 2-9.

Usman K. 2013. Effect of phosphorus and irrigation levels on yield, water productivity, phosphorus use efficiency and income of lowland rice in northwest Pakistan. Rice Science, 20(1): 61-72.

Vance C P. 2001. Symbiotic nitrogen fixation and phosphorus acquisition. Plant nutrition in a world of declining renewable resources. Plant Physiology, 127(2): 390-397.

Vance C P, Uhde-Stone C, Allan D L. 2003. Phosphorus acquisition and use: Critical adaptations by plants for securing a nonrenewable resource. New Phytologist, 157(3): 423-447.

Veneklaas E J, Lambers H, Bragg J, et al. 2012. Opportunities for improving phosphorus use efficiency in crop plants. New Phytologist, 195: 306-320.

Wang J L, Shuman L M. 1994. Transformation of phosphate in rice (*Oryza Sativa* L) rhizosphere and its influence on phosphorus nutrition of rice. Journal of Plant Nutrition, 17(10): 1803-1815.

Wang X J, Ji R S, Li S J, et al. 2000. Studies on salinity resistant selection of cucumber during germination. Journal of Shandong Agricultural University, 31(1): 71-73, 78.

Yang C W, Xu H H, Wang L L, et al. 2009. Comparative effects of salt stress and alkali stress on the growth, photosynthesis, solute accumulation, and ion balance of barley plants. Photosynthetica, 47: 79-86.

Yuan H, Liu D. 2008. Signaling components involved in plant responses to phosphate starvation. Journal of Integrative Plant Biology, 50: 849-859.

Zahoor A, Honna T, Yamamoto S, et al. 2007. Wheat (*Triticum aestivum* L.) response to combined organic and inorganic phosphorus fertilizers application under saline conditions. Acta Agriculturae Scandinavica Section B: Soil and Plant Science, 57(3): 222-230.

Zribi O T, Houmani H, Kouas S, et al. 2014. Comparative study of the interactive effects of salinity and phosphorus availability in wild (*Hordeum maritimum*) and cultivated barley (H. *vulgare*). Journal of Plant Growth Regulation, 33(4): 860-870.

第三篇　苏打盐碱土障碍因子解析与盐碱障碍消减机制

　　土壤盐碱化是干旱半干旱地区和灌溉地区农业可持续发展的资源制约因素。土壤盐碱组成不同，土地利用类型不同，其限制作物生长和产量的障碍因子的贡献率也不同。准确诊断土壤障碍因子及其特征是土壤精准管理、作物产量提升及环境风险降低的重要前提。盐碱土中盐分、pH、养分亏缺及毒害等多种潜在障碍因子并存，从而使鉴定结果复杂化。依据评价目的选取适宜的障碍因子解析方法对于准确解析障碍因子意义重大。耕作措施作为农业生产的重要部分，其对盐碱土的改良作用也越来越受到国内外研究者的关注。深松是农业生产上经常采用的盐碱土改良技术，秸秆覆盖和深松措施相结合对农田土壤盐碱化防治效果更为突出。覆盖秸秆是有效的保水措施，可通过抑制水分大量蒸发阻止表层土壤积盐。生化制剂的应用能降低植物根系层内的盐碱毒害，改善作物生长环境。

　　翻耕和整地也是重要的耕作措施。翻耕能切断土壤毛管孔隙，抑制土壤深层的盐分上返，也切断了冻融作用的积盐途径。整地可使表土水分蒸发一致，均匀下渗，便于控制灌溉定额，保证灌溉质量。整地是削高垫低，使地表平整，防止高处聚盐和低洼积盐，耙地泡田洗盐时，盐分很容易随水排走，降低耕层土壤盐分。对松嫩平原内陆苏打盐碱土而言，快速、有效降低土壤碱化度，降低 pH 对盐碱地农业利用是必要的。添加外源物质进行化学改良对土壤盐碱障碍具有明显消减作用。外源物质主要包括土壤结构改良剂、含 Ca^{2+} 的改良剂、其他改良剂或调理剂等。添加外源物质结合适宜的灌溉排水管理可以增强对土壤盐碱障碍的消减作用。此外，松嫩平原苏打盐碱土土壤盐碱化程度呈现显著的空间异质性，即俗称"一步三换土"。土壤盐碱的这种不均匀性，给大面积土壤改良和规模化利用带来困难。准确诊断、定位不同盐碱化程度土壤，定量消减土壤盐碱危害，实现盐碱地定位精准改良，具有重要的实践意义。本篇内容结合这些措施，探讨多种改良措施对苏打盐碱土的障碍消减机制。

第九章 苏打盐碱土障碍因子解析

第一节 土壤障碍因子常规鉴定方法

准确诊断土壤障碍因子及其特征是土壤精准管理、作物产量提升及环境风险降低的重要前提（Nawar et al., 2017；曾希柏等，2014；Rengasamy，2010；Adcock et al., 2007）。中低产田土壤障碍因子多，常表现为盐碱、黏重板结、土层浅薄、存在障碍层、叠加瘠薄、干旱、水土流失和重金属污染等问题（孙波等，2017；曾希柏等，2014；张佳宝等，2011；石全红等，2010）。实践中，常常由于盐分、钠质化程度、pH、养分亏缺及毒害等多种潜在障碍因子并存（诸如苏打盐碱土中），使鉴定结果复杂化（Adcock et al., 2007；Rengasamy et al., 2003）。因而，依据评价目的选取适宜的障碍因子解析方法对于准确解析障碍因子意义重大。当前，障碍因子解析方法主要包括常规的以土壤与植物为基础的障碍因子诊断法、针对土壤养分的土壤养分状况系统研究法、土壤障碍因子诊断模型等方法。

一、常规的以土壤与植物为基础的障碍因子诊断法

常规的作物障碍诊断方法，针对养分亏缺，常常分为两类：以植物为基础或者以土壤为基础的障碍因子诊断方法（Adcock et al., 2007）。前者指植物组织可见症状及其临界浓度，后者主要指临界土壤浓度（Peverill et al., 1999）。诊断养分有效性的技术涉及土壤植物系统的养分亏缺、毒害或失衡鉴定（Fageria et al., 2005）。当土壤介质中没有足够养分或者不利环境下植物不能够吸收利用养分的时候，发生养分亏缺（Fageria et al., 2009）。鉴定作物的养分状况对于最大化作物生产效率非常重要，缺乏对作物养分状况的了解常导致肥料过量应用及作物养分失衡（Fageria et al., 2009）。当前，评估养分有效性或者植物生长所需矿物养分的盈余主要采用五种诊断方法——外观症状、土壤测试、植物组织测试、作物生长响应及无损诊断，实践中这些方法单个或者复合应用于养分有效性评价，以及养分亏缺、富余的辅助诊断等（宋丽娟等，2017；Fageria et al., 2009，2005；Hunter，1980）。

（一）外观症状

植物整个生长期内所必需的营养元素包括 16 种（Fageria et al., 2009），具体为碳（C）、氢（H）、氧（O）、氮（N）、磷（P）、钾（K）、钙（Ca）、镁（Mg）、硫（S）、铁（Fe）、锰（Mn）、锌（Zn）、铜（Cu）、钼（Mo）、硼（B）、氯（Cl）。这 16 种必需的营养元素又可分为大量营养元素、中量营养元素、微量营养元素。大量营养元素在植物体

内含量为植物干重的千分之一到百分之几十,包括 C、H、O、N、P、K。中量营养元素在植物体内含量占植物干重的千分之一到百分之一,包括 Ca、Mg、S。微量营养元素在植物体内含量很少,一般只占植物干重的十万分之几到千分之几。

植物"缺素症"或者"中毒症"是指由于缺乏或者含有过量的某种或几种必需的营养元素,植物生长发育受限,从而显示出某种特殊的颜色或畸形,严重缺乏时常会导致植物组织死亡(宋丽娟等,2017;Fageria et al.,2009,2005)。植物的"缺素症"或者"中毒症"常通过植物自身的叶色、长势及症状表现出来,会表现出某种相应的特征。

利用外观症状的监测结果,可节省如土壤植物分析等需要昂贵仪器及实验室支持的花费,具有可以直接应用于田间的优点。然而,外观诊断通常只适用于植株缺乏一种营养元素的情况。随着农作物品种的频繁更新换代以及人们在颜色上的视知觉差异,外观诊断的结果相对粗放,从而限制了该技术在生产中的应用(宋丽娟等,2017;Fageria et al.,2009)。此外,产生可见症状时,某种营养元素失衡症状有时可能已经很严重,故鉴定具体症状时,校正某种营养元素可能为时已晚。对某些失衡营养元素而言,当可见症状出现时,可能已经出现了相当多的产量损失(Fageria et al.,2009)。

(二)土壤测试

土壤测试是指导农业土壤施肥的常见措施。通过测定土壤的有效养分,可以判断土壤环境是否能够满足作物根系生长的需要,且土壤分析结果可以单独或与植株分析结果综合判断植株养分的丰缺(Fageria et al.,2009;郭建华等,2008)。一般而言,80%的粮食作物根系出现在 0~20cm 土层,因而多数作物可于 0~20cm 土层土壤取样(Fageria et al.,2006)。土壤测试是鉴定土壤某种元素亏缺或者富余的有效工具,取样时也需要重点考虑取样区域,注意实验室土壤样品的准备分析以及适宜的提取溶液(Fageria et al.,2009)。此外,为了比较某种特殊土壤因素以及作物的土壤分析结果,常需要获得土壤校正数据(Fageria et al.,2009)。

土壤测试方法仅对土壤中不可移动的元素有效,例如磷、钾(Fageria et al.,2009),而对于可移动元素无效,例如氮对植物的有效性常随着有机质的矿化以及源自土壤植物系统中淋洗、反硝化及挥发而导致的损失而发生周期变化(Fageria et al.,2005)。因而,关于氮亏缺或者过量的土壤测试鉴定非常困难,但一些作者提及了可在硝态氮及铵态氮分析基础上推荐氮用量从而用于生产的指导方法(Fageria et al.,2009)。从这个角度讲,作物中养分失衡的鉴定也并非一个很准确的方法(Fageria et al.,2009)。

(三)植物组织测试

植物组织测试常被用于作物养分失衡鉴定,即通过测定植株体内的养分(例如含氮量)并与不同植株样本进行对比,进而做出植株养分(例如氮素)丰缺判断(Fageria et al.,2009;郭建华等,2008)。由于植物组织中必需营养元素的浓度能够稳定在一个较窄的界限范围内,因而尽管诸如土壤、气候、植物及其互作关系影响了生长植物的养分吸收,但植物可以稳态的方式响应环境的波动性(Fageria et al.,2005)。从这个角度讲,植物组织测试结果相比土壤测试结果更加稳定。因而，一个位置同一种植物的植物组织测试结果可一定程度解释另一位置的植物测试结果，甚至使某种给定作物物种的植物分析结果在不同国家间具有可比性（Fageria et al.，2005）。

但对于不同农业气候区域条件，为了更好地解释分析结果，有必要获得每个作物物种的植物分析测试结果（Fageria et al.，2005）。实践中，这种鉴定养分亏缺或过量的方法存在花费大的问题，当采用植物组织测试鉴定养分亏缺或者过量时需要综合考虑各因素。总体上，相比其他测试方法，植物组织测试是更有效且可信赖的。

（四）作物生长响应

Fageria 等（2005）研究指出，如果给定的作物在某种土壤条件下响应于施用的养分，意味着该种作物对于所施加的养分是亏缺的。因而，通过评估基于施用养分的作物响应可以诊断一年生作物的养分亏缺状况。Fageria 等（2006）以巴西氧化土为例，研究了旱稻、菜豆、玉米、大豆及小麦的主导限制营养元素，发现磷亏缺是一年生作物的主导限制营养元素。进一步研究发现，相比某种养分的富余水平，养分亏缺造成作物产量降低，由此可给出养分亏缺量的大致概念（Fageria et al.，2009）。从这个角度讲，通过评估施用养分的作物响应可以较好地诊断一年生作物的养分亏缺状况。

（五）无损诊断技术

无损诊断技术是在不破坏植株组织结构的基础上，利用科技手段及方法对植株的生长、营养状况进行检测（宋丽娟等，2017；贾良良等，2001）。无损诊断技术主要包括叶绿素仪诊断（宋丽娟等，2017；李桂娟等，2008；赵满兴等，2005；Argenta et al.，2004；吴良欢等，1999；Blacknler et al.，1994；Evans et al.，1984）、光谱遥感技术（宋丽娟等，2017；刘宏斌等，2004；Jia et al.，2004；薛利红等，2003a；Tumbo et al.，2002；Thomas et al.，1977）、图像识别及机器视觉诊断（宋丽娟等，2017；薛利红等，2003b；张宏名，1994）等。随着产业的发展和科技的进步，无损诊断技术正朝着精准定量化和科技智能化的方向发展，由手工测试转向智能化测试，由单植株检测转向群体检测，由过去的室内检测发展到室外群体检测，并进一步应用于农业生产中（宋丽娟等，2017；罗元利，2014）。利用无损诊断技术进行营养元素诊断可以很好地监测作物营养元素状况，从而指导农户合理施肥，以提高肥料利用率，达到节本增效的目的（宋丽娟等，2017；罗元利，2014）。

二、土壤养分状况系统研究法

土壤养分状况与作物生长发育密切相关，不同类型土壤养分状况差异较大，诸多因子的影响使土壤植物营养体系更加复杂。因而关于土壤养分限制因子诊断的方法，是农业科技工作者长期以来研究的重要课题之一。以往缺素研究多采用个体因子或少数因子配合的研究手段，对诸多营养元素间的平衡和相对丰缺状况缺乏系统研究（张树兰等，1997）。然而，土壤养分的过量及亏缺指标依赖于土壤测试方法（Wei et al.，2007）。土壤测试方法广泛多样，土壤测试值属于相对的数值，应被解释为某种特定土壤养分的低中高值（Wei et al.，2007）。更为重要的是，除非这些数字是相关的，且被所测定土壤养分施用下的作物响应所校正，否则土壤测试结果是没有农艺学意义的（Wei et al.，2007；Defiani，1999；Wang et al.，1998；Agboola et al.，1987）。因而，一个好的土壤测试方法必须是快速、便宜、可复制且与植物响应相关性很好的（Allen et al.，1994）。

　　土壤养分状况系统研究法（简称 ASI 法）是由美国的国际农化服务中心（Agro Services International，Inc.）主任 Hunter 博士于 1980 年首次提出（Hunter，1980），后经加拿大钾磷肥研究所（Phosphate Institute of Canada，PPIC）Porth 博士介绍到中国（加拿大钾磷研究所北京办事处，2005；金继运等，2006）。该方法主要包括土壤的常规分析、养分吸附试验和指示作物盆栽试验三个主要部分（加拿大钾磷研究所北京办事处，2005；张树兰等，1997；金继运等，2006；Hunter，1980），可测定土壤中的 15 个肥力指标（包括 11 种营养元素），即土壤活性有机质、pH、交换性酸、铵态氮(NH_3-N)、硝态氮(NO_3-N)、速效 P、速效 K、速效 Ca、速效 Mg、速效 S、速效 B、速效 Cu、速效 Fe、速效 Mn、速效 Zn 元素。该方法将土壤化学分析与植株营养效应紧密结合，是目前世界上较为全面评价土壤养分丰缺和科学推荐施肥的综合技术之一（阮云泽等，2005）。

　　该法自引入我国以来，已在多个省份开展了应用研究，对多种类型土壤及作物进行了养分诊断（尹力初等，2011；赵瑞芬等，2003；李娟等，2002；刘平等，2001；张学军等，2000；章明清等，2000；谭雪明等，1998），在田间实践中已逐渐形成了一套针对我国主要土壤类型和作物种类的测土推荐施肥方法与技术体系，可对我国不同土壤类型和 130 多种作物进行测土并做出施肥推荐（白由路等，2006；金继运等，2006）。总体上，ASI 法复合了很多土壤科学家的经验，且这些科学家通过多年数以千计的分析及试验改善了这种方法的程序，使 ASI 法成为一种比较好的土壤测试方法（杨俐苹等，2007；金继运等，2006；Portch et al.，2002）。大多数研究结果表明，土壤养分状况系统研究法在平衡施肥、测土施肥上有着良好的应用前景（尹力初等，2011；吴志鹏等，2008；杨苞梅等，2008；妥德宝等，2006；张炎等，2005；Ye et al.，2006；张树兰等，1997）。

　　土壤养分状况不是一个孤立因素，而是受土壤其他理化性状、气候、环境和作物营养特性等多种因素的综合影响（杨苞梅等，2008）。因而，任何一种分析方法在任何情况下评价、预测土壤调理剂以及肥料的需求以校正肥力问题是不完美的（Yang et al.，2011）。仝淑慧等（2012）探讨了我国北方主要农田土壤的 ASI 法养分测试值与植物吸收可溶性 Zn、Cu、Fe、Mn 的相关性，检验了 ASI 法在我国北方主要农田土壤上的适用性，发现 ASI 法在我国北方主要农田土壤上确立土壤养分丰缺指标尚待进一步研究。基于此，为了准确诊断土壤养分限制因子，需要在常规土壤养分状况系统研究法基础上，针对每种作物类型，依据土壤类型及气候条件，更加准确地确定土壤养分的限制因子及其缺乏程度。

三、土壤障碍因子诊断模型

　　一般来讲，影响作物产量的因素可以归为三大类，即位置特征（例如土壤特征）、管理措施及随机因素（Bullock et al.，1998），其中诸如天气等随机因素常不可控。在农业生产框架内，良好的土壤质量常被认为可维持高的土壤生产力，且无显著的土壤或者环境退化（Griffiths et al.，2010；Hejcman et al.，2010；Govaerts et al.，2006）。因而，可以通过评价土壤质量的方式得到土壤障碍因子。

　　基于土壤质量的土壤障碍因子诊断方法的主要流程为：首先依评价区域、评价对象和评价目的而选取不同物理指标、化学指标、生物指标及污染物指标，将具体的指标"实测值"与已有的"标准"进行比较，对单一指标进行评价，了解土壤的实际具体问题所在（林卡等，2017）；其次利用主观法、客观法和主客观综合法确定土壤质量评价指标的权重，然后利用综合指数法、内梅罗指数法、模糊判别法、灰色关联法、神经网络模型法、灰色聚类法、线性回归法、物元模型法等针对所有指标进行综合评价，总体了解土壤质量的优劣（林卡等，2017）；在此基础上，通过比较不同水平的土壤质量综合指数及其重要土壤质量评估指标，结合产量/生物量与土壤质量综合指数关系综合确定土壤障碍因子及其阈值（樊亚男等，2017；Liu et al.，2014abc；张贝尔等，2012），或者通过引入土壤质量障碍因子诊断模型鉴定出土壤障碍因子（王琪琪等，2016；杨奇勇等，2010）。

　　由于土壤质量评价更多强调土壤自身，而产量受多种因素影响（Bullock et al.，1998），可能会出现土壤质量综合指数与作物产量不显著相关的问题（Armenise et al.，2013），因而基于土壤质量的土壤障碍因子诊断模型可能更适宜于较大区域（县域或者更大尺度区域）（樊亚男等，2017；王琪琪等，2016；Liu et al.，2014abc；张贝尔等，2012；杨奇勇等，2010）。

第二节　盐碱土障碍特征及其障碍因子解析进展

　　随着世界人口增长，对于食物、纤维及饲料等需求必将增加，使作为重要后备土地资源的盐碱地受到科学界和产业界越来越多的关注（Qadir et al.，2014）。治理好盐碱地，对补充耕地资源、保障粮食安全和重要农产品的有效供给、建设生态文明具有重要意义。最新研究表明：未来全球土壤盐碱化表现为区域性凸显与全球加剧并存、湿润半湿润区次生盐碱化与干旱半干旱区盐碱地并存、局地盐碱化减缓与加剧并存、新技术应用推广与旧田间管理体制并存等特征（李建国等，2012）。当前，盐碱地的治理与农业利用技术研发、应用和产业推进被推上了新台阶，成为国内外研究的热点（杨劲松等，2015）。在这种背景下，梳理盐碱地障碍特征，进而解析盐碱地的障碍因子，对于精准消减盐碱型中低产田土壤主要障碍因子、高效提升作物产量具有重要的理论意义和实践价值。

一、盐碱地障碍特征

（一）盐碱土分类

　　准确划分盐碱土类型是盐碱地治理与利用的重要前提。由于世界各国盐碱土形成的自然条件、成土过程及主要类型和特性不同，采用的分类系统也不完全统一。国际上，主要依据土壤饱和提取液的电导率（EC_e）、钠吸附比（SAR）、碱化度（ESP）将盐碱土划分成不同类型（Rengasamy，2010；Richard，1954），其中以美国与澳大利亚盐碱土分类标准作为代表。美国将 $EC_e \geqslant 4mS/cm$、$SAR_e < 13(mmol_c/L)^{1/2}$、$ESP < 15$ 的土壤定为盐土，将 $EC_e < 4mS/cm$、$SAR_e \geqslant 13(mmol_c/L)^{1/2}$ 或者 $ESP \geqslant 15$ 的土壤定为钠质土，将 $EC_e \geqslant 4mS/cm$、$SAR_e \geqslant 13(mmol_c/L)^{1/2}$ 或者 $ESP \geqslant 15$ 的土壤定为盐化钠质土（Ghasemi et al.，1995；Richard，1954）。澳大利亚将 $EC_e \geqslant 4mS/cm$、$SAR_e < 6(mmol_c/L)^{1/2}$ 或者 $ESP < 6$ 的土壤定为盐土，将 $EC_e < 4mS/cm$、$SAR_e \geqslant 6(mmol_c/L)^{1/2}$ 或者 $ESP \geqslant 6$ 的土壤定为钠质土，将 $EC_e \geqslant 4mS/cm$、$SAR_e \geqslant 6(mmol_c/L)^{1/2}$ 或者 $ESP \geqslant 6$ 的土壤定为盐化钠质土（Rengasamy，2010）。中国则在与全国土壤分类原则一致的基础上，整合了成土条件、形成过程和土壤盐渍特性（以土水比 1∶5 为基础，包括 pH、含盐量、ESP 等），将盐碱土分为盐土和碱土两种类型，并统称为盐碱土（祝寿泉等，1989）。

（二）土壤盐碱化过程

土壤盐分主要源自降水与岩石风化，降水、岩石风化及灌溉等有助于盐分累积，而气候及景观特征影响以及人类活动影响决定了景观中盐分可能累积的地点（Rengasamy，2006）。Ghassemi 等（1995）将土壤盐碱化分为原生盐碱化与次生盐碱化，原生盐碱化是指影响土壤发育的各种自然因素综合影响下发生的土壤盐碱化过程，次生盐碱化经常发生在灌溉农业区，由于不合理的管理而使非盐碱化土壤发生盐碱化，或使自然盐碱化土壤盐碱化加重。Rengasamy（2006）提出了不同于 Ghassemi 等（1995）定义的土壤盐碱化新分类。

Rengasamy（2006）认为土壤盐碱化过程主要有三种类型，包括地下水相关的土壤盐碱化、非地下水相关的土壤盐碱化以及灌溉相关的土壤盐碱化。①地下水相关的土壤盐碱化过程。驱动水分及盐分向上的主要因素是土壤蒸发及植物蒸腾。一般而言，景观地下水位位于地表或者接近于地表，可导致水分以最大速率经过表层土壤，从而产生了土壤盐碱化。Talsma（1963）发现当地下水低于 1.5m 时，盐分积累很高。然而，地下水位临界值深度根据气候条件与土壤导水特征而变化（Rengasamy，2006）。例如，中国松嫩平原苏打盐碱土地区，一定程度上潜水埋深决定着土壤的盐碱化程度，例如潜水埋深小于 1.7m 的区域土壤多呈重度盐碱化，潜水埋深 1.7～2.2m 的区域土壤多呈中度盐碱化，潜水埋深 2.2～3.5m 的区域土壤多呈轻度盐碱化，潜水埋深大于 3.5m 的区域土壤不产生盐碱化（宋长春等，2000；杨建强等，1999）。②非地下水相关的土壤盐碱化过程。地下水位较深但排水情况很差的景观，由降水、风化及风积土等因素引入的盐分常被存储在景观表层土壤中。因而，在这种类型景观中，浅层土壤的弱导水性常导致盐分在土壤表层和亚表层积累，从而影响了农业生产力。钠质土为主的区域常以这种土壤盐碱化过程类型为主。③灌溉相关的土壤盐碱化过程。由灌溉引入的盐分因淋洗不充分常储存在作物根区，而质量很差的灌溉水、具有较低饱和导水率特征的重黏土壤及钠质土和高蒸发条件加重了灌溉引发的次生盐碱化问题。此外，高盐废水、不合理的排水及不当的土壤管理也增加了灌溉土壤的盐碱化风险。很多灌溉区，上升的地下咸水与根区土壤相互作用常使这个问题复杂化。

（三）盐碱土障碍特征

土壤盐碱作为影响盐碱地农田土壤质量的重要障碍因素，抑制了土壤地力的发挥及作物的生长，导致土地生产效率的普遍偏低。因此，厘清盐碱农田土壤盐碱特征，对于高效消减盐碱障碍因子、提升农田地力具有重要意义。

1. 盐土障碍特征

一般而言，土壤中盐分积累到一定程度就形成盐土。美国盐土实验室定义盐土为 EC_e >4mS/cm、SAR_e<13（$mmol_c/L$）$^{\frac{1}{2}}$、ESP<15%的土壤（Richard，1954）。由于盐土存在大量盐分但缺乏交换性 Na^+，当土壤溶液盐分超过 960mg/L（1.5mS/cm）或者灌溉水溶液盐分超过 0.5mS/cm 时，土壤胶体的絮凝加强（Hanson et al.，2006）。土壤溶液中相对高的盐分浓度推动着吸附的阳离子更靠近于土壤颗粒表面，促使土壤团聚体聚在一起（Barbour et al.，1998；Miller et al.，1995；Shainberg et al.，1984；Buckman et al.，1967）。因而盐土胶体通常是凝聚的，土壤结构良好，渗透性等于或者高于类似非盐碱土（Richard，1954）。此外，盐分环境下，以低养分离子活性以及 Na^+/Ca^{2+}、Na^+/K^+、Ca^{2+}/Mg^{2+} 及 Cl^-/NO_3^- 等离子比为特征（Grattan et al.，1999a；Curtin et al.，1998），除了影响土壤物理特征外，盐分还影响土壤化学特征，例如 pH、阳离子交换量、碱化度（ESP）、土壤有机质，以及土壤溶液的渗透势及基质势（Wang et al.，2014；Qadir et al.，2007a；Naidu et al.，1993）。另外，包括盐土在内大部分的盐碱土还存在养分亏缺的问题（Irshad et al.，2002；Grattan et al.，1999b）。在生物特征方面，Garcia 等（1996）展示了盐度的增加抑制了土壤酶活性，例如碱性磷酸酶和 β-葡萄糖苷酶。Rietz 等（2003）暗示盐分影响了土壤微生物生物量中的碳及酶活性。值得注意的是，盐土中微生物生物量中的真菌部分显著降低（Walpola et al.，2010）。

当前，土壤盐分对于植物的影响已受到广泛关注，Alexander 等（2019）系统梳理了盐分胁迫对于植物的影响，发现盐分从多个层面影响植物生长，包括渗透胁迫、养分失衡、光合降低、繁殖下降、离子毒害、氧化胁迫、产生过多乙烯等。渗透胁迫下，根系吸水受限，导致了蒸腾速率及叶面积扩展、气孔关闭、水分利用效率降低，同时提升了老叶的枯死速率（Munns et al.，2008），渗透胁迫还导致了活性氧（ROS）生成，产生了自噬效应。盐分还影响植物光合活性（Netondo et al.，2004），扰乱植物的生殖过程，抑制小孢子发生（小孢子的形成）、花发育，胚珠败育，使胚胎停滞和受精胚胎衰老，诱导了某些生殖组织细胞凋亡（Shrivastava et al.，2015）。在离子毒害效应方面，过量的 Na^+ 可引起焦叶、落叶（Podmore，2009），过多的 Cl^-，干扰了叶片硝态氮的吸收，降低了硝酸还原酶活性，影响了植物氮同化（Baki et al.，2000），可引起某些植物的叶片青铜症及坏死斑（Rahnama et al.，2010）。在氧化胁迫效应方面，盐分诱导了活性氧和自由基的产生，引起了氧化胁迫，降低了植物诸如过氧化氢酶（catalase，CAT）、超氧化物歧化酶（superoxide dismutase，SOD）、脯氨酸氧化酶（prolineoxidase，POX）、还原型谷胱甘肽（glutathione，GSH）、谷胱甘肽过氧化物酶（glutathione peroxidase，GPX）、甘肽还原酶（glutathione reductase，GR）、谷胱甘肽硫转移酶（glutathione S-transferase，GST）及单脱氢抗坏血酸还原酶等抗氧化酶水平（AbdElgawad et al.，2016）。ROS 对于细胞成分有害，损坏了脂质、蛋白质和核酸，长期胁迫可引起宿主物种的死亡。盐分胁迫下，植物还可能产生过多的乙烯，从而严重限制根系发育（Mahajan et al.，2005；Ma et al.，2003）。此外，盐分胁迫通过降低细胞周期蛋白和细胞周期蛋白依赖性激酶表达与活性影响细胞周期与分化（Alexander et al.，2019）；过量的盐分还可引起钾被钠替代，引起许多蛋白质和酶的构象变化，从而可能影响植物代谢及分子改变（Chinnusamy et al.，2006；Zhu，2002）。一些报告还展示了盐分也会降低植物种子萌发、幼苗生长及其酶活性（Seckin et al.，2009），从而影响作物产量。

2. 钠质土及盐化钠质土

钠质土及盐化钠质土主要分布于干旱半干旱区，约占世界盐碱土面积的 60%（Qadir et al.，2007a）。钠质土及盐化钠质土以过多的 Na^+ 为特征（$SAR_e > 13 (mmol_c/L)^{\frac{1}{2}}$ 或者 ESP >15%），并达到了影响土壤结构及一些养分的有效性的程度，且土壤常因土壤溶液离子比例以及交换性离子的改变、土壤反应（pH）、渗透胁迫以及离子毒害及养分失衡而发生恶化（Rengasamy，2010；Qadir et al.，2007b）。同时，钠质土及盐化钠质土因一些土壤物理过程（黏粒矿物的崩解、膨胀及分散），以及特殊条件（表面结皮和硬实）而产生结构问题，可能影响水分及空气运动、植物可获取的持水力、根系穿透、出苗、径流、侵蚀、耕作及播种等（Rengasamy，2010；Oster et al.，1999；Sumner，1993；Gupta et al.，1990；Shainberg et al.，1984）。

对养分而言，由于大部分钠质土及盐化钠质土的土壤溶液及阳离子交换位点上的 Na^+ 升高以及 pH 较高，影响了一些土壤营养元素的转化及其有效性，常造成土壤中养分阳离子的严重失衡，例如 Na^+ 含量高，某些养分如全氮及速效氮含量低，有机质含量低（Naidu et al.，1993）。Qadir 等（2007b）梳理了钠质土及盐化钠质土条件下大量元素以及微量元素的特征，发现钠质土及盐化钠质土氮损失的主要途径是氨挥发（Li et al.，2017；Gupta et al.，1990），且可达到施用氮的 32%～52%（Bhardwaj et al.，1978）。此外，氮有效性也受 Cl^- 影响（Grattan et al.，1999b），在间歇渍涝条件下反硝化作用受到限制（Qadir et al.，2007b）。对磷而言，钠质土及盐化钠质土通常有较高的磷含量，但有报道显示澳大利亚钠质土磷亏缺常常发生（Naidu et al.，1993）。对钾而言，钠质土及盐化钠质土的黏粒矿物组成常以云母矿物为主，因而这些土壤中钾含量较高（Gupta et al.，1990），较高水平的钾可获性有助于避免植物受 Na^+ 毒害，尤其是草本植物（Fortmeier et al.，1995），而在澳大利亚钠质土中 K^+ 也常被视为植物生长限制元素（Ford et al.，1993）。

鉴于钠质土及盐化钠质土土壤的高 pH 特征，这些土壤大部分微量元素含量较低（Naidu et al.，1993）。一般而言，随着 pH 升高，阴离子微量元素的溶解度升高，而阳离子微量元素的溶解度降低（Qadir et al.，2007b；Page et al.，1990）。因而，钠质土及盐化钠质土中微量元素（诸如铜、铁、镁、锌）常展示出可溶解度低的特点，从而导致了土壤微量元素的缺乏（Page et al.，1990）。Singh 等（1987）发现尽管水稻具备土壤 ESP 中等耐性能力，但是对于锌亏缺比较敏感。缺锌条件下，水稻生长早期常呈现生长迟缓、分蘖不良、成熟叶片存在锈褐色斑点（Qadir et al.，2007b），说明了锌对于钠质土水稻种植非常重要。总之，钠质土及盐化钠质土的物理化学变化与植物根系活性及土壤微生物关系密切，最终影响了作物生长及产量（Qadir et al.，2007b）。

二、盐碱土的障碍因子解析研究现状与存在的问题

（一）国际上盐碱土的障碍因子解析研究现状与存在的问题

Rengasamy 等（2003）以澳大利亚盐碱土为例，梳理并分析了澳大利亚干旱土壤农业生产力限制的根区障碍，主要包括土壤硬实、紧实、结皮、盐分、钠质化、酸性、碱性、养分亏缺、有机质及微生物活性低下，以及由硼、碳酸根及铝带来的毒害，认为这些土壤物理化学及生物障碍胁迫了植物（图 9-1），限制了植物生长及发育，提出这些相互作用的土壤特征可精确地指示某一时刻植物根系土壤环境。

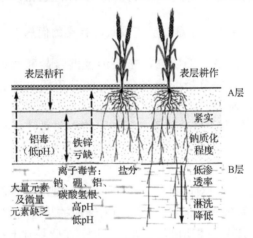

图 9-1　盐碱土物理化学及生物障碍对于根系生长的限制（Rengasamy et al.，2003）

Dang 等（2010）以澳大利亚新南威尔士及南昆士兰、中央昆士兰为例，指出了这些区域的亚表层障碍包括钠质化、盐分含量高、pH 高，达到毒害浓度水平的 Na_2CO_3、$NaHCO_3$、Cl^- 及 Na^+，以及严重的紧实度问题（Dang et al.，2006；Daniells et al.，2002；Irvine et al.，2001；Shaw et al.，1994；McGarry，1992），并指出这些障碍因素及其相互作用常在水平及垂直方向上发生变化（Dang et al.，2010，2004），因而提出主导障碍因子及其与其他因素的关系解析是实施可持续土壤管理的重要前提。在此基础上，Dang 等（2010）利用岭回归分析土壤水分供应以及土壤物理化学特征与产量的关系，发现亚表层 Cl^- 是产量降低的主导障碍因子。McDonald 等（2012）进一步总结了澳大利亚南澳与西澳土壤常发生的亚表层障碍，包括与石灰性土壤有关的高 pH、高浓度的硼、微量元素的亏缺，以及铝毒导致的酸性，土壤盐分、钠质化程度及密实土壤（Haling et al.，2011；MacEwan et al.，2010；Schnurbusch et al.，2010；

Millar et al.，2007；Adcock et al.，2007；Nuttall et al.，2003；Hamza et al.，2002；Naidu et al.，1995），发现土壤亚表层的单个障碍报道较多，但是跨区域条件下这些胁迫因素对于作物产量影响的相对贡献信息较少。因而，McDonald 等（2012）依托从育种试验得来的历史数据，量化了这些障碍因素的贡献，发现盐分是跨区域谷物带的主导障碍因子。Simmonds 等（2013）以美国盐碱化水田为例，在包括多个流域在内的大尺度上，针对水稻产量变异时空驱动机制认知不足难以支撑田间亚尺度下的有效管理的问题，利用分类回归树模型解析了驱动大尺度下水稻产量变异的障碍因子，发现土壤盐分或植物有效磷被鉴定为主导障碍因子。van Gool（2016）基于传统的主导障碍因子方法，鉴定了澳大利亚西澳小麦产量的障碍因素，建议在障碍因子鉴定时需要综合考虑经济收益。

国外基于盐碱土的障碍因子解析，多是在田间条件下展开的相关研究，采用线性回归、岭回归等多种统计方法，量化了田间条件下土壤物理化学特征对于作物产量的影响，从而得出主导障碍因子，鉴定结果可应用于指导实践。然而，尽管当前关于障碍因子研究得较多，但对影响作物产量的障碍因子的认识尚不足，多重障碍并存的主导障碍因子的鉴定有待进一步的研究（Rengasamy，2010）。

（二）国内盐碱土的障碍因子解析研究现状与存在的问题

国内关于盐碱土障碍鉴定的研究，主要涉及混合盐碱胁迫对于不同植物生长的影响，利用线性回归、相关分析或趋势分析等统计手段与工具，解析盐碱胁迫下影响植物生长的主导障碍因子。

在混合盐碱胁迫条件下，盛彦敏等（1999）的相关研究开展较早，主要将 NaCl、Na_2SO_4、$NaHCO_3$ 和 Na_2CO_3 这 4 种盐按不同比例混合成 30 种盐碱强度不同的混合盐溶液（浓度为 50～250mmol/L，pH 为 7.12～10.72），对向日葵幼苗进行盐碱混合胁迫处理，通过趋势定性了盐碱混合胁迫对向日葵生长的影响，发现低盐时盐浓度为主要伤害因素，高碱时碱浓度为主要伤害因素，但其胁迫作用所造成的胁迫反应远比单纯中性盐的胁迫反应强烈而复杂，其胁迫效力体现出盐与碱的协同。在此基础上，石德成等（2002）、Shi 等（2005）进一步利用多元线性回归分析方法，分析了混合盐碱胁迫下各种致胁变因素与诸项胁变指标间的相互关系，发现缓冲量和盐度是复杂盐碱条件下对向日葵起胁迫作用的主导因素。在限制其他草本植物生长的主导障碍因子解析方面，李玉明等（2002）利用 50mmol/L、100mmol/L、200mmol/L、300mmol/L 含有不同比例 NaCl、Na_2SO_4、$NaHCO_3$ 和 Na_2CO_3 的混合盐溶液对高粱（*Sorghum bicolor* L.）幼苗进行混合盐碱胁迫处理，测定了高粱幼苗存活率、相对生长率、相对含水率、相对根系活力以及电解质外渗率等胁变指标，发现上述各项胁迫反应均随盐浓度和碱性盐比例增加而加剧，提出了混合盐碱胁迫中盐胁迫强度可用总盐度表示，而碱胁迫强度可用 pH 表示，在碱胁迫较弱时胁变主要受盐度影响，随碱胁迫增强 pH 成为影响胁变的主要因素。冯建永等（2010）将中性盐 NaCl、Na_2SO_4 和两种碱性盐 $NaHCO_3$、Na_2CO_3 按不同比例混合，模拟出 24 种盐度和碱度各不相同的复杂盐碱条件，量化盐碱胁迫对黄顶菊种子萌发和幼苗生长的影

响，结果显示在各胁迫因素中盐浓度是影响黄顶菊种子萌发和幼苗生长的主导因素，pH
对黄顶菊种子萌发和幼苗生长没有决定性作用。许耀照等（2013）将中性盐 NaCl、Na$_2$SO$_4$
和两种碱性盐 NaHCO$_3$、Na$_2$CO$_3$ 按不同比例混合，模拟 20 种盐度和 pH 不同的盐碱条件，
对冬油菜"陇油 6 号"的种子和幼苗进行盐碱混合胁迫处理，测定种子发芽率、根系活
力和叶片细胞膜透性等 6 项胁变指标，探讨了盐碱混合条件对冬油菜"陇油 6 号"胁迫
作用的主导因素，发现 pH、盐度和 CO$_3^{2-}$ 是盐碱混合条件下对冬油菜产生胁迫的主导因
素。李玉梅等（2019）以野生东北薄荷种子为试材，将两种中性盐（NaCl 和 Na$_2$SO$_4$）、
两种碱性盐（NaHCO$_3$ 和 Na$_2$CO$_3$）按不同比例混合，模拟出 25 种盐度和碱度不同的盐
碱条件，系统地研究了盐碱混合胁迫对东北薄荷种子萌发和幼苗生长的影响，探讨了复
杂盐碱条件对东北薄荷种子萌发和幼苗生长阶段的胁迫作用机理。混合盐碱胁迫条件下，
混合盐浓度是引起东北薄荷种子萌发指标和胚芽生长受抑的主导因素，而 pH 则是引起
胚根生长受抑的主要胁迫因素，二者之间的交互作用影响较弱。

在盐碱胁迫下限制木本植物生长的主导障碍因子解析方面，武德等（2007）将中性
盐 NaCl、Na$_2$SO$_4$ 和碱性盐 NaHCO$_3$、Na$_2$CO$_3$ 按不同比例混合，模拟出 20 种盐度、碱度
各不相同的复杂盐碱逆境条件，在盐碱混合胁迫处理下进行刺槐发芽试验，分析逆境因素
与诸项指标间的相互关系，发现混合盐碱胁迫下影响刺槐种子萌发的主导因素是盐浓度和
pH。丁俊男等（2014）将两种中性盐（NaCl 和 Na$_2$SO$_4$）、两种碱性盐（NaHCO$_3$ 和 Na$_2$CO$_3$）
按不同比例混合，模拟出 16 种盐度和碱度不同的盐碱条件，并对桑树种子萌发过程进行
混合盐碱处理，测定桑树种子发芽率、发芽指数和发芽势等种子萌发参数，以及萌发中
根系长度和活力指数等根系生长指标，通过模糊数学隶属函数值的方法分析了各参数与
各种致胁变因素之间的相关关系。结果显示在复杂的盐碱混合胁迫下，影响桑树种子萌
发和根系生长的致胁变因素主要是盐度、pH 和缓冲量，其中盐度是桑树种子萌发过程中
的主导因素，碱胁迫的影响较小，而碱胁迫（pH）主要抑制桑树种子萌发过程中根系生
长和活力指数，尤其是 pH 大于 8.0 时，桑树幼根褐化、变软，根系生长主要受 pH 和缓
冲量等碱性条件的制约。

田间条件下，在盐碱胁迫限制植物生长的主导障碍因子解析方面，于海峰等（2013）
在内陆盐碱地条件下，以 14 个向日葵材料作为试验材料，从盐胁迫对向日葵农艺性状、
产量性状的影响及生理生化响应等方面入手，通过灰色关联度分析和通径分析，探讨了
盐胁迫下向日葵产量形成的主要因素，轻度盐碱地条件下（0.26%含盐量）向日葵产量
的主导因素是百粒质量和叶片数，中度盐碱地条件下（0.39%含盐量）向日葵产量的主
导因素是株高，重度盐碱地条件下（0.83%含盐量）向日葵产量的主导因素是单盘粒重
和叶面积。

总结上述研究，国内关于盐碱土障碍因子解析多基于人工模拟盐碱条件下的控制试验，
未涉及盐碱胁迫可能对土壤带来的结构恶化（Rengasamy，2010；Quirk，2001；Shainberg
et al.，1984）、养分亏缺问题（Qadir et al.，2007b；Qadir et al.，2002；Marschner，1995），
缺乏直接针对田间条件盐碱土的主导障碍因素解析的研究，限制了对于包括苏打盐碱土
在内的盐碱地治理与利用的精准策略的实施（Wang et al.，2018）。

综合国内外盐碱土障碍解析研究，国外研究更多地考虑了田间条件下土壤物理化学特征对于作物产量的影响，从而得出更为可行的鉴定结果，但针对多重障碍并存的情况仍有待于进一步开展相关研究。而国内关于盐碱土条件下的障碍因子解析研究，更多的是在控制条件下，与田间实际条件差异较大，一定程度上会限制障碍因子鉴定结果的应用与实施，亟待开展田间条件下的盐碱土障碍因子解析。

第三节　苏打盐碱地水田土壤障碍因子案例解析

松嫩平原是我国苏打盐碱地的最大集中分布区，该区地势低平，泡沼遍布，排水不畅，缺乏有效淋洗而蒸发强烈，致使盐分大量累积，土壤盐碱化严重（王春裕，2004）。2007 年开始实施的吉林省西部土地开发整理重大项目，计划新增水田 144 万亩[①]，年增产水稻 16.5 亿 kg。2010 年，吉林省西部地区三大灌区大规模水田建成，建成的水田以中度和重度盐碱地为主。该土壤以 Na_2CO_3 和 $NaHCO_3$ 为主要盐碱成分，pH 高，交换性 Na^+ 含量（ESP）高（张晓光等，2013；赵兰坡等，2012，2000），土壤结构恶化，饱和导水率低（Chi et al.，2012；杨俊鹏等，2006；雒鹏飞，2004），已被视为松嫩平原苏打盐碱化水田发展的重要障碍（Wang et al.，2018；Yu et al.，2010）。

关于松嫩平原苏打盐碱土种稻改良，20 世纪 60 年代于松嫩平原西部的前郭灌区就已开展了相关研究。几十年的实践证明，苏打盐碱地种稻改良是促进地区农业经济发展、改善生态环境、提高农民收入的一条有效途径（赵兰坡等，2012，2000；王春裕，2004；裘善文等，1997）。据报道，苏打盐碱土水田改良主要为石膏改良（Zhao et al.，2018；Chi et al.，2012；Liu et al.，2010a；孙毅等，2001）、砂土改良（Wang et al.，2016；Liu et al.，2010b；Wang et al.，2010a；Yu et al.，2010）、有机肥改良（Liu et al.，2010c；Yu et al.，2010；王春裕，2004）、硫酸铝改良（赵兰坡，2012；王宇等，2006）、灌排冲洗改良（Wang et al.，2016，2010ab；王春裕，2004；罗新正等，2004）、耐性水稻品种改良（齐春艳等，2009；杨福等，2007）、栽培措施改良（Wang et al.，2010c；李取生等，2003）、施肥改良（Huang et al.，2016；黄立华等，2010），实践中常采用一种方式或者多种方式结合实施。然而试验期内所报道的水稻产量多低于 $6000kg/hm^2$，仍属于典型的中低产田（Wang et al.，2018；刘兴土等，1998），暗示了土壤障碍因子仍然存在。在当前苏打盐碱地水田开发备受重视的背景下，准确判别其土壤主导障碍因子并提出消减对策，有助于提高障碍因子解析的准确性及其苏打盐碱地水田产量的有效提升。

准确探寻作物产量的障碍因子是精准消减主导障碍因子、提升作物产量的重要前提（Wang et al.，2018；Dang et al.，2016，2006；Rengasamy，2010；Adcock et al.，2007）。传统的土壤障碍因子鉴定方法常以播种前土壤特征为自变量，以作物产量为因变量，利用多元统计方法量化作物产量与土壤特征的定量关系而解析出土壤主导障碍因子（Wang et al.，2018；Farid et al.，2016；Zheng et al.，2015，2009；Tittonell et al.，2008）。然而，

[①] 1 亩≈666.7m²

作物敏感生育期（例如抽穗期）土壤特征对于作物产量的影响可能要大于播种前土壤特征对于作物产量的影响（Wang et al., 2018；Rao et al., 2008；Fageria, 2007），因而这种未结合作物敏感生育期的传统障碍因子解析方法可能影响了障碍因子鉴定结果的精度（Wang et al., 2018）。基于此，Wang 等（2018）提出了纳入作物敏感生育期土壤特征能够提升对于作物产量预测精度的假说。因而本节以苏打盐碱土为例，以水稻抽穗期作为作物敏感生育期，解析苏打盐碱土影响水稻产量的主导障碍因子。

一、研究区域介绍

研究区域选择在松嫩平原，该区属于温带半湿润半干旱气候。在水利工程措施配套下，盐碱化水田是该区的代表性土地利用方式，属单季稻稻作制度，每年 5 月开始，10 月结束。

田间调查试验选择在中国科学院大安碱地生态试验站，多年平均降水量为 413.7mm，其中 88.3%集中于每年 5 月到 9 月，年平均蒸发量为 1696.9mm，平均温度为 4.70℃。该站位于大安灌区，具有典型性和代表性。

二、试验材料与方法

所调查的试验田分别于 2003 年、2008 年开始苏打盐碱地种稻改良，包括单个措施改良或者多个措施复合改良，例如石膏改良、砂土改良、有机肥改良、冲洗改良及其他措施（表 9-1）。鉴于盐碱地改良措施随着时间效果分异（Qadir et al., 2007b），因而允许基于改良梯度的产量与水稻及土壤的定量关系解析。2012 年开始调查，所有采样点水稻品种均为东稻 4 号，所有田间栽培密度均相同，施肥、除草等措施也均一致。

表 9-1　试验的盐碱地水田改良与灌排措施

苏打盐碱地起始阶段所采用的改良措施	每种改良类型所采样的点数	改良后每年所采用的主要灌排措施
2008 年石膏改良	8	2008 年开始正常灌排
2008 年砂土改良	8	2008 年开始正常灌排
2008 年石膏与砂土改良	4	2008 年开始正常灌排
2008 年有机肥改良	6	2008 年开始正常灌排
2008 年石膏、砂土及有机肥复合改良	2	2008 年开始正常灌排
2008 年砂土复合改良，水稻生长季冲洗改良	3	2008 年正常灌排以及水稻生长季冲洗
2008 年对照未改良	3	2008 年开始正常灌排
2008 年水稻生长季冲洗改良	3	2008 年正常灌排以及水稻生长季冲洗
2003 年水稻生长季深灌改良	9	2003 年以后继续深水灌溉
2003 年水稻生长季浅灌改良	6	2003 年以后继续浅水灌溉

试验开始调查时，在泡田前阶段（施肥与灌溉之前），定位与标记采样点，共 52 个样点。取样共分为三个时期，包括泡田期、抽穗期与收获期。第一个取样时期为泡田期，土壤取样分为两层（0～10cm 与 10～20cm），主要用来测试土壤物理化学特征，包括土

壤物理指标（含水率、容重、质地）、土壤养分（全氮、速效氮、全磷、速效磷、速效钾、速效锌、有机质含量）与土壤盐碱化指标 [pH、EC、SAR、Na^+、Mg^{2+}、K^+、Ca^{2+}、CO_3^{2-}、HCO_3^-、Cl^-、SO_4^{2-}、总碱度、残余碳酸钠（RSC）、TCC（四大阳离子浓度之和）、TAC（四大阴离子浓度之和）、TIC（八大离子浓度之和）、$(CO_3^{2-}+HCO_3^-)/(SO_4^{2-}+Cl^-)$、$Na^+/(Cl^-+SO_4^{2-})$、EC/SAR、SAR/EC、钠化率、$Na^+/(Ca^{2+}+Mg^{2+})$]。第二个时期是抽穗期，该时期被选择作为水稻敏感生育期是因为相比水稻生育的其他阶段，该阶段对于盐碱最敏感（Rao et al., 2008；Fageria, 2007），该阶段取样分为两层（0～10cm 与 10～20cm），主要调查土壤养分（全氮、速效氮、全磷、速效磷、速效钾、速效锌、有机质含量）与土壤盐碱化指标 [pH、EC、SAR、Na^+、Mg^{2+}、K^+、Ca^{2+}、CO_3^{2-}、HCO_3^-、Cl^-、SO_4^{2-}、总碱度、残余碳酸钠（RSC）、TCC（四大阳离子浓度之和）、TAC（四大阴离子浓度之和）、TIC（八大离子浓度之和）、$(CO_3^{2-}+HCO_3^-)/(SO_4^{2-}+Cl^-)$、$Na^+/(Cl^-+SO_4^{2-})$、EC/SAR、SAR/EC、钠化率、$Na^+/(Ca^{2+}+Mg^{2+})$]。第三个时期为收获期，每个样点调查 9 个 $1m^2$ 样方，主要调查水稻的产量及产量构成，主要包括单产、单位面积穗数、每穗粒数、结实率和千粒重。

采用分类回归树模型，量化不同土壤理化因子及水稻参数对于水稻产量的贡献，其中产量作为因变量，土壤及水稻参数作为自变量。不同时期及不同土层的土壤特征之间的关系利用 SPSS 软件进行方差分析、相关分析等。

三、试验结果与分析

（一）苏打盐碱地水田土壤、产量调查指标变异特征

分别于泡田期（泡田洗盐之前）及抽穗期 0～10cm 及 10～20cm 土层调查土壤物理、养分及盐碱化指标。通过对典型苏打盐碱地水田 52 个采样点（泡田期与抽穗期 0～10cm 以及 10～20cm 土层）土壤物理指标、养分及盐碱化指标与产量指标进行统计与分析（表 9-2、表 9-3），发现产量构成、土壤盐碱以及养分、土壤物理指标变异程度差异较大。其中土壤 pH、土壤容重、0.05～2mm 比例与单位面积穗数、每穗粒数及千粒重等指标变异系数较小，低于 13%；而 Mg^{2+}、Ca^{2+}、CO_3^{2-}、HCO_3^-、SO_4^{2-}、总碱度、TAC、残余碳酸钠、$(CO_3^{2-}+HCO_3^-)/(SO_4^{2-}+Cl^-)$、EC/SAR 指标变异系数较大，高于 70%。

表 9-2　苏打盐碱地水田采样点土壤特征

| 参数 | 均值 | | | | 变异系数 | | | |
| | 泡田期 | | 抽穗期 | | 泡田期 | | 抽穗期 | |
	0～10cm	10～20cm	0～10cm	10～20cm	0～10cm	10～20cm	0～10cm	10～20cm
有机质	1.16%	1.05%	1.16%	1.05%	29.44%	43.92%	40.03%	69.03%
TP	270.21mg/kg	250.68mg/kg	279.24mg/kg	248.29mg/kg	15.67%	23.66%	16.66%	15.52%
速效 P	17.12mg/kg	12.55mg/kg	15.66mg/kg	11.30mg/kg	39.91%	60.61%	34.17%	42.69%

续表

参数	均值				变异系数			
	泡田期		抽穗期		泡田期		抽穗期	
	0～10cm	10～20cm	0～10cm	10～20cm	0～10cm	10～20cm	0～10cm	10～20cm
速效 N	57.46mg/kg	47.12mg/kg	60.16mg/kg	50.74mg/kg	30.64%	48.89%	33.63%	35.72%
有效 Zn	0.34mg/kg	0.22mg/kg	0.27mg/kg	0.15mg/kg	68.33%	116.91%	38.38%	75.52%
TN	885.73mg/kg	834.97mg/kg	822.12mg/kg	724.10mg/kg	29.22%	36.30%	28.87%	33.93%
Na^+	5.64mmol/L	8.22mmol/L	4.77mmol/L	7.81mmol/L	63.93%	64.96%	89.94%	76.90%
Mg^{2+}	0.74mmol/L	1.20mmol/L	0.86mmol/L	1.13mmol/L	80.25%	78.25%	103.68%	94.24%
K^+	0.14mmol/L	0.18mmol/L	0.15mmol/L	0.14mmol/L	55.73%	63.24%	66.69%	61.36%
Ca^{2+}	2.53mmol/L	4.43mmol/L	2.92mmol/L	4.45mmol/L	89.87%	75.14%	128.27%	108.77%
CO_3^{2-}	0.30mmol/L	0.79mmol/L	0.34mmol/L	0.84mmol/L	114.65%	92.20%	119.52%	92.17%
HCO_3^-	7.54mmol/L	13.86mmol/L	9.21mmol/L	16.15mmol/L	85.09%	77.28%	113.11%	105.54%
Cl^-	1.32mmol/L	1.28mmol/L	1.00mmol/L	1.14mmol/L	40.98%	70.90%	35.35%	29.57%
SO_4^{2-}	0.37mmol/L	0.26mmol/L	0.14mmol/L	0.11mmol/L	297.43%	250.60%	81.70%	94.93%
pH	8.83	9.23	8.90	9.25	7.23%	7.89%	6.94%	8.15%
EC	525.87μS/cm	503.87μS/cm	366.25μS/cm	451.10μS/cm	46.20%	43.71%	52.14%	51.98%
SAR	3.42	3.51	2.66	3.41	40.91%	44.06%	50.15%	51.90%
总碱度	7.84mmol/L	14.66mmol/L	9.55mmol/L	16.99mmol/L	85.61%	77.55%	112.92%	104.13%
TCC	9.06mmol/L	14.03mmol/L	8.69mmol/L	13.54mmol/L	64.52%	64.42%	94.91%	80.73%
TAC	9.53mmol/L	16.19mmol/L	10.69mmol/L	18.24mmol/L	72.39%	72.24%	103.33%	98.02%
TIC	18.59mmol/L	30.21mmol/L	19.38mmol/L	31.78mmol/L	68.09%	67.83%	99.15%	89.35%
残余碳酸钠	4.57mmol/L	9.02mmol/L	5.77mmol/L	11.41mmol/L	108.92%	88.57%	116.11%	107.16%
$(CO_3^{2-}+HCO_3^-)/$ $(SO_4^{2-}+Cl^-)$	4.97	9.77	7.19	12.32	80.29%	71.48%	92.59%	100.85%
$Na^+/(Cl^-+SO_4^{2-})$	3.62	5.54	3.77	5.72	57.14%	58.58%	71.44%	68.87%
EC/SAR	234.15	168.81	210.78	157.78	182.67%	124.26%	202.02%	127.09%
SAR/TCC	0.28	0.20	0.28	0.22	65.82%	72.89%	76.91%	78.08%
钠化率	65.55%	61.49%	60.42%	62.02%	22.17%	18.05%	26.60%	20.98%
$Na^+/(Ca^{2+}+Mg^{2+})$	2.63	1.94	2.30	2.12	64.22%	48.87%	77.67%	57.93%
含水率	19.54%	26.28%	—	—	44.79%	23.83%	—	—
容重	1.56g/cm³	1.72g/cm³	—	—	10.62%	8.26%	—	—
0.05～2mm 比例	65.76%	66.06%	—	—	12.23%	9.82%	—	—
0.002～0.05mm 比例	28.52%	28.33%	—	—	22.46%	18.77%	—	—
<0.002mm 比例	5.72%	5.61%	—	—	30.63%	22.46%	—	—

表 9-3　苏打盐碱地水田采样点水稻产量特征

产量指标	极小值	极大值	均值	变异系数
单产	2.14t/hm^2	8.93t/hm^2	5.97t/hm^2	24.82%
单位面积穗数	271.33 穗/m^2	476.44 穗/m^2	364.07 穗/m^2	11.90%
每穗粒数	53.20 个	97.02 个	73.00 个	11.87%
结实率	40.93%	94.95%	77.79%	19.28%
千粒重	23.28g	30.80g	27.61g	6.69%

（二）苏打盐碱地不同调查时期所调查的土壤参数差异

量化并比较了苏打盐碱地水田土壤主要物理、化学和养分特征（表 9-4），发现了基于改良与未改良苏打盐碱地水田的土壤盐碱特征与养分特征时空分异规律。

表 9-4　不同调查时期不同土层所调查土壤参数对比

所调查参数	成对 t 检验			
	泡田期 0～10cm 土层与 10～20cm	抽穗期 0～10cm 土层与 10～20cm	泡田期 0～10cm 土层与抽穗期 0～10cm	泡田期 10～20cm 土层与抽穗期 10～20cm
土壤有机质	>,*	ns	ns	ns
全磷	>,*	>,*	ns	ns
速效磷	>,*	>,*	ns	ns
速效氮	>,*	>,*	ns	ns
有效锌	>,*	>,*	>,*	ns
全氮	ns	>,*	>,*	>,*
Na$^+$	<,*	<,*	>,*	ns
Mg^{2+}	<,*	<,*	ns	ns
K$^+$	<,*	ns	ns	>,*
Ca^{2+}	<,*	<,*	ns	ns
CO$_3^{2-}$	<,*	<,*	ns	ns
HCO$_3^-$	<,*	<,*	ns	ns
Cl$^-$	ns	<,*	>,*	ns
SO$_4^{2-}$	ns	>,*	ns	ns
pH	<,*	<,*	ns	ns
EC	ns	<,*	>,*	>,*
SAR	ns	<,*	>,*	ns
总碱度	<,*	<,*	ns	ns
TCC	<,*	<,*	ns	ns

续表

所调查参数	成对 t 检验			
	泡田期 0～10cm 土层与 10～20cm	抽穗期 0～10cm 土层与 10～20cm	泡田期 0～10cm 土层与抽穗期 0～10cm	泡田期 10～20cm 土层与抽穗期 10～20cm
TAC	<,*	<,*	ns	ns
TIC	<,*	<,*	ns	ns
残余碳酸钠	<,*	<,*	ns	<,*
$(CO_3^{2-}+HCO_3^-)$ /$(SO_4^{2-}+Cl^-)$	<,*	<,*	<,*	ns
$Na^+/(Cl^-+SO_4^{2-})$	<,*	<,*	ns	ns
EC/SAR	ns	ns	ns	ns
$Na^+/(Na^++Mg^{2+}+K^++Ca^{2+})$	>,*	ns	>,*	ns
$Na^+/(Ca^{2+}+Mg^{2+})$	>,*	ns	>,*	ns
土壤含水率	<,*	—	—	—
土壤容重	<,*	—	—	—
0.05～2mm 土壤颗粒含量	ns	—	—	—
0.02～0.05mm 土壤颗粒含量	ns	—	—	—
<0.002mm 土壤颗粒含量	ns	—	—	—

注：>,* 显著高于；<,* 显著低于；ns 无显著差异；— 无数据

1. 基于土壤物理、养分及盐碱化指标的泡田期 0～10cm 与 10～20cm 土层土壤比较

与 10～20cm 土层土壤泡田期土壤物理、养分及盐碱化指标相比，0～10cm 土层土壤物理、养分及盐碱化指标差异明显（表 9-4）。土壤物理指标中，土壤质地土层间差异不显著，而泡田期 0～10cm 土层土壤含水率及容重显著低于泡田期 10～20cm 土层。土壤养分指标，除全氮土层间差异不显著外，泡田期 0～10cm 土层有机质、速效氮、全磷、速效磷、有效锌显著高于泡田期 10～20cm 土层。八大离子中，Cl^-、SO_4^{2-} 土层间差异不显著，而泡田期 0～10cm 土层 Na^+、K^+、Mg^{2+}、Ca^{2+}、HCO_3^-、CO_3^{2-} 含量显著低于泡田期 10～20cm 土层。其余调查的盐碱化指标中，除 EC、SAR、EC/SAR 土层间差异不显著外，泡田期 0～10cm 土层 pH、总碱度、残余碳酸钠、TCC、TAC、TIC、$(CO_3^{2-}+HCO_3^-)/(SO_4^{2-}+Cl^-)$、$Na^+/(Cl^-+SO_4^{2-})$ 显著低于泡田期 10～20cm 土层，而泡田期 0～10cm 土层 $Na^+/(Na^++Ca^{2+}+Mg^{2+}+K^+)$、$Na^+/(Ca^{2+}+Mg^{2+})$ 显著高于泡田期 10～20cm 土层。综上，泡田期土壤 0～10cm 与 10～20cm 土层物理、养分及盐碱化指标出现明显的空间分异规律。

2. 基于土壤物理、养分及盐碱化指标的抽穗期 0～10cm 与 10～20cm 土层土壤比较

与抽穗期 10～20cm 土层土壤物理、养分及盐碱化指标相比，0～10cm 土层土壤物

理、养分及盐碱化指标差异明显（表 9-4）。调查土壤养分指标，除土壤有机质土层间差异不显著外，抽穗期 0～10cm 土层全氮、速效氮、全磷、速效磷、有效锌显著高于抽穗期 10～20cm 土层。八大离子中，除 K^+ 土层间差异不显著外，抽穗期 0～10cm 土层 Na^+、Mg^{2+}、Ca^{2+}、HCO_3^-、CO_3^{2-}、Cl^- 含量显著低于抽穗期 10～20cm 土层，而抽穗期 0～10cm 土层 SO_4^{2-} 显著高于抽穗期 10～20cm 土层。其余调查盐碱化指标中，除 EC/SAR、$Na^+/(Na^++Ca^{2+}+Mg^{2+}+K^+)$、$Na^+/(Ca^{2+}+Mg^{2+})$外，抽穗期 0～10cm 土层 pH、EC、SAR、总碱度、残余碳酸钠、TCC、TAC、TIC、$(CO_3^{2-}+HCO_3^-)/(SO_4^{2-}+Cl^-)$、$Na^+/(Cl^-+SO_4^{2-})$ 显著低于抽穗期 10～20cm 土层。综上，抽穗期土壤 0～10cm 与 10～20cm 土层养分及盐碱化指标也呈现出明显的空间分异规律。

3. 基于土壤物理、养分及盐碱化指标的泡田期与抽穗期 0～10cm 土层指标比较

与泡田期 0～10cm 土层土壤物理、养分及盐碱化指标相比，部分抽穗期 0～10cm 土层土壤物理、养分及盐碱化指标差异显著（表 9-4）。养分指标中，同一土层土壤有机质、速效氮、全磷、速效磷不同取样时期差异不显著，泡田期 0～10cm 土层全氮、有效锌含量显著高于抽穗期。八大离子中，除 K^+、Mg^{2+}、Ca^{2+}、HCO_3^-、CO_3^{2-} 不同取样期差异不显著外，泡田期 0～10cm 土层 Na^+、Cl^- 含量显著高于抽穗期。其余调查盐碱化指标中，泡田期 0～10cm 土层 EC、SAR、$Na^+/(Na^++Ca^{2+}+Mg^{2+}+K^+)$、$Na^+/(Ca^{2+}+Mg^{2+})$显著高于抽穗期，泡田期 0～10cm 土层$(CO_3^{2-}+HCO_3^-)/(SO_4^{2-}+Cl^-)$显著低于抽穗期，泡田期 0～10cm 土层其余盐碱化指标与抽穗期 0～10cm 土层相应指标差异不显著。综上，0～10cm 土层生长季内出现了土壤化学指标分异现象。

4. 基于土壤物理、养分及盐碱化指标的泡田期与抽穗期 10～20cm 土层指标比较

与泡田期 10～20cm 土层土壤物理、养分及盐碱化指标相比，小部分抽穗期 10～20cm 土层土壤物理、养分及盐碱化指标差异显著（表 9-4）。养分指标中，土壤有机质、速效氮、全磷、速效磷、有效锌不同时期差异不显著，而泡田期 10～20cm 土层全氮含量显著高于抽穗期。八大离子中，同一土层 Na^+、Mg^{2+}、Ca^{2+}、HCO_3^-、CO_3^{2-}、Cl^-、SO_4^{2-} 不同取样期差异不显著，而泡田期 10～20cm 土层 K^+含量显著高于抽穗期。其余调查盐碱化指标中，除泡田期 10～20cm 土层 EC 显著高于抽穗期以及泡田期 10～20cm 土层残余碳酸钠显著低于抽穗期外，泡田期 10～20cm 土层其余盐碱化指标与抽穗期 10～20cm 土层相应指标差异不显著。综上，10～20cm 土层生长季内出现了土壤化学指标分异现象。

（三）苏打盐碱地水田土壤主导障碍因子解析

利用分类回归树模型在大数据以及处理数据共线性方面的优势，采用分类回归树模型，通过纳入不同土壤及水稻产量构成参数，量化出土壤特征及水稻产量构成对于水稻产量的贡献力，鉴定主导障碍因子（图 9-2）。

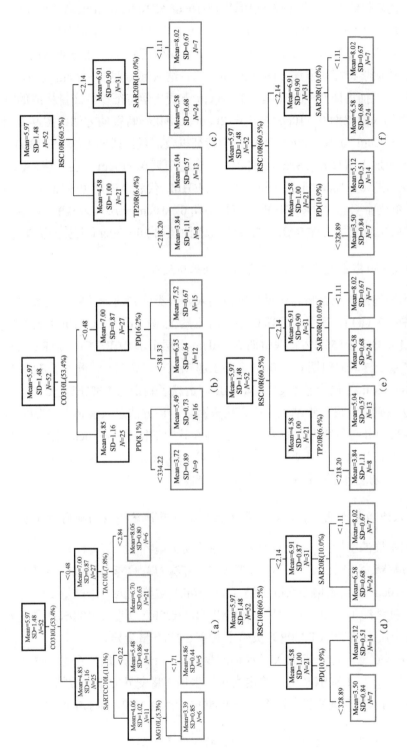

图 9-2 苏打盐碱地水田土壤因子及产量构成解释产量变异性的回归树

Mean 为均值；SD 为标准差；N 为样本数

图 9-2（a）代表传统方法，即纳入泡田期 0～10cm 与 10～20cm 土壤物理化学特征；图 9-2（b）代表纳入泡田期 0～10cm 与 10～20cm 土壤物理化学特征与产量构成的方法；图 9-2（c）代表纳入泡田期 0～10cm 与 10～20cm 土壤物理化学特征与抽穗期 0～10cm 与 10～20cm 土壤化学特征的方法；图 9-2（d）代表纳入泡田期 0～10cm 与 10～20cm 土壤物理化学特征、抽穗期 0～10cm 与 10～20cm 土壤化学特征以及产量构成的方法；图 9-2（e）代表纳入抽穗期 0～10cm 与 10～20cm 土壤化学特征的方法；图 9-2（f）代表纳入抽穗期 0～10cm 与 10～20cm 土壤化学特征以及产量构成的方法。CO310L 代表泡田期 0～10cm 土层土壤 CO_3^{2-}，SARTCCR10L 代表泡田期 0～10cm 土层土壤 SAR/TCC，TAC10L 代表泡田期 0～10cm 土层土壤 TAC，MG10L 代表泡田期 0～10cm 土层土壤 Mg^{2+}，PD 代表单位面积穗数，RSC10R 代表抽穗期 0～10cm 土层残余碳酸钠，SAR20R 代表抽穗期 10～20cm 土层土壤 SAR，TP20R 代表抽穗期 10～20cm 土层土壤 TP。

1. 基于纳入泡田期土壤特征以及产量构成的障碍因子鉴定

传统方法，即泡田期土壤物理化学特征被纳入到分类回归树，解释了较大的产量变异（77.6%）[图 9-2（a）]。其中泡田期 0～10cm 土层土壤 CO_3^{2-}（CO310L）被鉴定为对于产量变异的最大贡献者（53.4%），泡田期 0～10cm 土层土壤 SAR/TCC（SARTCCR10L）贡献了 11.1%产量变异，泡田期 0～10cm 土层土壤 TAC（TAC10L）贡献了 7.8%产量变异，而泡田期 0～10cm 土层土壤 Mg^{2+}（MG10L）贡献了剩余的 5.3%产量变异。

在传统方法基础上，进一步纳入了产量构成因素，该方法总共解释了 77.7%的水稻产量变异[图 9-2（b）]，与传统方法的总解释力相近。其中泡田前 0～10cm 土层土壤 CO_3^{2-}（CO310L）仍被鉴定为对于产量变异的最大贡献者（53.4%），但与传统方法不同，单位面积穗数（PD）分别解释了产量变异 16.2%和 8.1%。

2. 基于纳入泡田期土壤特征与抽穗期土壤特征以及产量构成的障碍因子鉴定

在传统方法扩展的基础上，进一步纳入了抽穗期土壤特征，该方法对于产量变异贡献了 76.9%的总解释力 [图 9-2（c）]，仍然与传统方法的总解释力相似。不同于传统方法，抽穗期 0～10cm 土层土壤残余碳酸钠（RSC10R）被鉴定为对于产量变异的最大贡献者（60.5%），抽穗期 10～20cm 土层土壤 SAR（SAR20R）贡献了 10.0%产量变异，抽穗期 10～20cm 土层土壤 TP（TP20R）贡献了其余 6.4%产量变异。

在这个方法基础上，进一步纳入了水稻产量构成，该方法贡献了最大的总贡献力（81.4%）[图 9-2（d）]。RSC10R 仍被鉴定为对于水稻产量变异的最大贡献者（60.5%），PD 贡献了 10.9%的水稻产量变异，而 SAR20R 贡献了其余 10.0%的水稻产量变异。

3. 基于纳入抽穗期土壤特征以及产量构成的障碍因子鉴定

依赖于上述结果，仅纳入抽穗期土壤化学特征为自变量预测水稻产量 [图 9-2（e）]。与纳入泡田期土壤特征及抽穗期土壤特征结果完全相同，该方法对于产量变异贡献了76.9%的总解释力，其中抽穗期 0～10cm 土层土壤残余碳酸钠（RSC10R）被鉴定为对于产量变异的最大贡献者（60.5%），抽穗期 10～20cm 土层土壤 SAR（SAR20R）贡献了 10.0%的产量变异，抽穗期 10～20cm 土层土壤 TP（TP20R）贡献了其余 6.4%产量变异。

当纳入抽穗期土壤特征及产量构成因素时［图 9-2（f）］，与纳入泡田期土壤特征、抽穗期土壤特征及产量构成结果完全相同，该方法也贡献了最大的总贡献力（81.4%）。RSC10R 仍被鉴定为对于水稻产量变异的最大贡献者（60.5%），PD 贡献了 10.9%的水稻产量变异，而 SAR20R 贡献了其余 10.0%的水稻产量变异。

4. 苏打盐碱地水田主导障碍因子的主控因素分析

进一步通过分类回归树方法解析 52 个采样点泡田期及抽穗期 0～10cm 与 10～20cm 土壤物理、养分以及盐碱化因子对抽穗期 0～10cm 土层残余碳酸钠变异的贡献（图 9-3），发现抽穗期 0～10cm 土层 Na^+ 含量对抽穗期 0～10cm 土层残余碳酸钠变异贡献了 59.8%，抽穗期 0～10cm 土层 EC/SAR 贡献了 13.4%，泡田期 0～10cm 土层残余碳酸钠含量贡献了 5.9%。说明抽穗期 0～10cm 土层 Na^+ 含量是抽穗期 0～10cm 土层残余碳酸钠的主控因子。

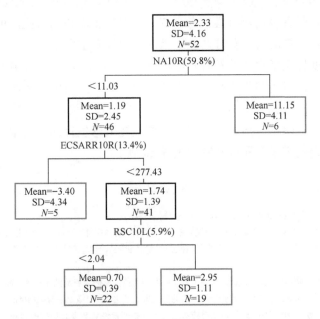

图 9-3　苏打盐碱地水田土壤因子解释抽穗期 0～10cm 土层残余碳酸钠

变异性的回归树（NA10R 为抽穗期 0～10cm Na^+ 含量；ECSARR10R 为
抽穗期 0～10cm EC/SAR；RSC10L 为泡田期 0～10cm 残余碳酸钠含量）

传统方法（仅泡田期土壤特征）对于产量的总解释力为 77.6%，泡田期 0～10cm 土层 CO_3^{2-} 为水稻产量的最大解释力变量（53.4%）。而纳入抽穗期土壤特征与产量构成，无论纳入泡田期土壤特征与否，对于水稻产量的总解释力提升至 81.4%。对数据进一步挖掘发现，只要纳入抽穗期土壤特征，无论纳入泡田期土壤特征及产量构成与否，抽穗期 0～10cm 土层残余碳酸钠均为水稻产量的最大解释力变量（60.5%），可被鉴定为土壤主导障碍因子。此外，抽穗期 0～10cm Na^+ 含量可被鉴定为抽穗期 0～10cm 土层残余碳酸钠的主控因子。同时我们推测，在 pH<8.5 或者碳酸根及碳酸氢根含量不高的土壤条件下，土壤残余碳酸钠可能不是主要的障碍因子。

　　研究结果证实，纳入抽穗期土壤特征，可通过增加鉴定出的土壤主导障碍因子的解释力来提高对于水稻产量的预测精度。这凸显了作物敏感生育期土壤特征在障碍因子解析研究中的重要性，为传统的障碍因子解析方法纳入作物敏感生育期土壤特征提供了重要依据，对于靶向消减土壤主导障碍因子与精准调控作物产量具有重要的理论意义与实践价值。这些结果鼓励在更多的土壤类型及气候条件下开展研究，验证作物敏感生育期土壤特征在障碍因子解析以及作物产量预测精度方面的重要作用及意义。

　　障碍因子鉴定的每种方法均成功产生了回归树，暗示了取样的田块存在显著的空间结构以及足够的产量变异（Plant et al.，1999），这对于精准管理非常有利（Shukla et al.，2017）。Plant 等（1999）指出，分类回归树方法适用于鉴定作物产量与土壤及作物特征的关系。因而，我们进一步将不同的采样点划分到不同的管理区内，建成以 RSC10R、PD 以及 SAR20R 为节点变量，以平均水稻产量 3.50t/hm²、5.12t/hm²、6.58t/hm² 及 8.02t/hm² 为特征的管理区。尽管我们没有尝试考虑空间位置产生潜在的效应，但是主导障碍因子及管理区的信息对于精准管理苏打盐碱地水田障碍具有重要意义。

　　水稻产量的变异包括永久性及暂时性部分（Simmonds et al.，2013）。永久性部分受本地田间土壤特征或者内部因素影响，而暂时性部分受外部因素影响，例如气候，杂草及管理因素（Zheng et al.，2015；Bakhsh et al.，2000）。而在本节研究中，尽管采用了同样的栽培、施肥以及除草等措施，但仍有必要依托敏感生育期土壤特征，在更多气候与条件下进一步调查产量变异以及鉴定主导障碍因子。

参 考 文 献

白由路, 杨俐苹. 2006. 我国农业中的测土配方施肥. 土壤肥料, 2: 3-7.

丁俊男, 迟德富. 2014. 混合盐碱胁迫对桑树种子萌发和根系生长的影响. 中南林业科技大学学报, 34(12): 78-82.

樊亚男, 姚利鹏, 瞿明凯, 等. 2017. 基于产量的稻田肥力质量评价及障碍因子区划: 以进贤县为例. 土壤学报, 54(5): 1157-1169.

冯建永, 庞民好, 张金林, 等. 2010. 复杂盐碱对黄顶菊种子萌发和幼苗生长的影响及机理初探. 草业学报, 19(5): 77-86.

郭建华, 赵春江, 王秀, 等. 2008. 作物氮素营养诊断方法的研究现状及进展. 中国土壤与肥料(4): 10-14.

黄立华, 沈娟, 冯国忠, 等. 2010. 不同氮磷钾肥配施对盐碱地水稻产量性状和吸肥规律的影响. 农业现代化研究, 31(2): 216-219.

加拿大钾磷研究所北京办事处. 2005. 土壤养分状况系统研究法. 北京: 中国农业科技出版社.

贾良良, 陈新平, 张福锁. 2001. 作物氮营养诊断的无损测试技术. 世界农业(6): 36-37.

金继运, 白由路, 杨俐苹. 2006. 高效土壤养分测试技术与设备. 北京: 中国农业科技出版社.

李桂娟, 朱丽丽, 李井会. 2008. 作物氮素营养诊断的无损测试研究与应用现状. 黑龙江农业科学, 4: 127-129.

李建国, 濮励杰, 朱明, 等. 2012. 土壤盐碱化研究现状及未来研究热点. 地理学报, 67(9): 1233-1245.

李娟, 赵良菊, 郭天文. 2002. 土壤养分状况系统研究法在兰州灌淤土平衡施肥中的应用研究. 甘肃农业研究, 6: 39-41.

李取生, 李秀军, 李晓军, 等. 2003. 松嫩平原苏打盐碱地治理与利用. 资源科学, 25(1): 15-20.

李玉梅, 冯颖, 姜云天, 等. 2019. 混合盐胁迫对东北薄荷种子萌发及幼苗生长的影响. 西北农林科技大学学报(自然科学版), 47(10): 52-62.

李玉明, 石德成, 李毅丹, 等. 2002. 混合盐碱胁迫对高粱幼苗的影响. 杂粮作物, 22(1): 41-45.

李志刚, 叶正钱, 方云英, 等. 2003. 供锌水平对水稻生长和锌积累和分配的影响. 中国水稻科学, 17(1): 61-66.

林卡, 李德成, 张甘霖. 2017. 土壤质量评价中文文献分析. 土壤通报, 48(3): 736-744.

刘宏斌, 张云贵, 李志宏, 等. 2004. 光谱技术在冬小麦氮素营养诊断中的应用研究. 中国农业科学, 37(11): 1743-1748.

刘俊萍, 喻苏琴, 孟凡虎, 等. 2017. 不同母岩油茶林土壤养分限制因子研究. 土壤通报, 48(6): 1409-1414.

刘平, 张仁绥, 卢益武. 2001. 土壤养分系统研究法的改进及应用. 西南农业学报, 1: 65-69.

刘兴土, 佟连军, 武志杰, 等. 1998. 东北地区粮食生产潜力的分析与预测. 地理科学, 18: (6): 501-509.

罗新正, 孙广友. 2004. 松嫩平原含盐碱斑的重度盐化草甸土种稻脱盐过程. 生态环境, 13(1): 47-50.

罗元利. 2014. 基于多光谱成像的氮素胁迫下玉米营养诊断的研究. 哈尔滨: 东北农业大学.

雒鹏飞, 高勇, 宋凤斌, 等. 2004. 吉林省西部盐碱土资源开发利用中的若干问题. 吉林农业大学学报, 26(6): 659-663.

齐春艳, 梁正伟, 杨福. 2009. 苏打盐碱胁迫下水稻抽穗期的变化规律及其影响因素的研究. 农业系统科学与综合研究, 25(2): 198-203, 207.

裘善文, 孙酉石. 1997. 松嫩平原盐碱地与风沙地农业综合发展研究. 北京: 科学出版社.

阮云泽, 孙桂芳, 唐树梅. 2005. 土壤养分状况系统研究法在菠菜平衡施肥上的应用. 植物营养与肥料学报, 11(4): 530-535.

盛彦敏, 石德成, 肖洪兴, 等. 1999. 不同程度中碱性复合盐对向日葵生长的影响. 东北师范大学学报(4): 65-69.

石德成, 盛艳敏, 赵可夫. 2002. 复杂盐碱条件对向日葵胁迫作用主导因素的实验确定. 作物学报, 28(4): 461-467.

石全红, 王宏, 陈阜, 等. 2010. 中国中低产田时空分布特征及增产潜力分析. 中国农学通报, 26(19): 369-373.

宋丽娟, 叶万军, 郑妍妍, 等. 2017. 作物氮素无损快速营养诊断研究进展. 中国稻米, 23(6): 19-22.

宋长春, 邓伟. 2000. 吉林西部地下水特征及其与土壤盐碱化的关系. 地理科学, 20(3): 246-250.

孙波, 陆雅海, 张旭东, 等. 2017. 耕地地力对化肥养分利用的影响机制及其调控的研究进展. 土壤, 49(2): 209-216.

孙毅, 高玉山, 闫孝贡, 等. 2001. 石膏改良苏打盐碱土研究. 土壤通报, 6(32): 97-101.

谭雪明, 石庆华, 潘晓华. 1998. 江西省4种水稻土养分限制因子的初步研究. 江西农业大学学报, 25(12): 427-432.

仝淑慧, 王莉, 程丽萍. 2012. ASI法测定土壤有效 Zn、Cu、Fe、Mn 与植物吸收的相关性研究. 山西师范大学学报(自然科学版), 26(4): 43-49.

妥德宝, 段玉, 赵沛义, 等. 2006. 土壤养分状况系统评价法及其在内蒙古旱作农业上的应用. 内蒙古农业科技, 6: 9-10.

王春裕. 2004. 中国东北盐碱土. 北京: 科学出版社.

王琪琪, 濮励杰, 朱明, 等. 2016. 沿海滩涂围垦区土壤质量演变研究: 以江苏省如东县为例. 地理科学, 36(2): 256-264.

王宇, 韩兴, 赵兰坡. 2006. 硫酸铝对苏打盐碱土的改良作用研究. 水土保持学报, 20(4): 50-53.

吴良欢, 陶勤南. 1999. 水稻叶绿素计诊断追氮法研究. 浙江大学学报(农业与生命科学版), 25(2): 135-138.

吴志鹏, 马友华, 宋法龙, 等. 2008. 江淮丘陵地区水稻"颖壳不闭"土壤养分限制因子研究. 中国农学通报, 24(7): 288-293.

武德, 曹帮华, 刘欣玲, 等. 2007. 盐碱胁迫对刺槐和绒毛白蜡叶片叶绿素含量的影响. 西北林学院学报, 22(3): 51-54.

许耀照, 孙万仓, 曾秀存, 等. 2013. 盐碱胁迫冬油菜的主导因素分析. 草业科学, 30(3): 423-429.

薛利红, 曹卫星. 2003a. 基于冠层反射光谱的水稻群体叶片氮素状况监测. 中国农业科学, 36(7): 807-812.

薛利红, 罗卫红, 曹卫星, 等. 2003b. 作物水分和氮素光谱诊断研究进展. 遥感学报, 7(1): 73-80.

杨苞梅, 李敏怀, 姚丽贤, 等. 2008. 广东省香蕉主产区蕉园土壤的养分限制因子研究. 云南农业大学学报, 23(6): 818-825.

杨福, 梁正伟. 2007. 关于吉林省西部盐碱地水稻发展的战略思考. 北方水稻, 6: 7-12.

杨建强, 罗先香. 1999. 土壤盐碱化与地下水动态特征关系研究. 水土保持通报, 19(6): 11-15.

杨劲松, 姚荣江. 2015. 我国盐碱地的治理与农业高效利用. 中国科学院院刊, 30: 257-265.

杨俊鹏, 胡克, 刘玉英. 2006. 吉林西部盐碱化土壤碳酸盐的碳稳定同位素特征. 吉林大学学报(地球科学版), 36(2): 245-249.

杨俐苹, 金继运, 白由路, 等. 2007. 土壤养分综合系统评价法与平衡施肥技术研究回顾与展望. 中国农业科学, 40(增刊): 226-232.

杨奇勇, 杨劲松, 姚荣江, 等. 2010. 基于 GIS 的耕地土壤养分贫瘠化评价及其障碍因子分析. 自然资源学报, 25(8): 1375-1384.

尹力初, 罗兰芳, 彭宇, 等. 2011. 湘西与湘中耕地的土壤养分限制因子差异分析. 土壤通报, 42(6): 1411-1414.

于海峰, 龙珏臣, 李美娜, 等. 2013. 向日葵产量相关性状的耐盐性分析. 华北农学报, 28(6): 192-198.

曾希柏, 张佳宝, 魏朝富, 等. 2014. 中国低产田状况及改良策略. 土壤学报, 51(4): 675-682.

张贝尔, 黄标, 赵永存, 等. 2012. 华北平原典型区土壤肥力低下区识别及限制因子分析. 土壤学报, 49(5): 841-849.

张宏名. 1994. 农田作物光谱特征及其应用. 光谱学与光谱分析, 14(5): 25-30.

张佳宝, 林先贵, 李晖. 2011. 新一代中低产田治理技术及其在大面积均衡增产中的潜力. 中国科学院院刊, 26(4): 375-382.

张树兰, 吕殿青, 李瑛. 1997. 土壤养分限制因子的系统诊断研究. 西北农业大学学报, 25(1): 26-30.

张晓光, 黄标, 梁正伟, 等. 2013. 松嫩平原西部土壤盐碱化特征研究. 土壤, 45(2): 332-338.

张学军, 桂林国, 王兴仁. 2000. 宁夏扬黄新灌区春小麦产量的土壤养分限制因子的初步研究. 土壤通报, 31(4): 183-184.

张炎, 王讲利, 李磐. 2005. 新疆棉田土壤养分限制因子的系统研究. 水土保持学报, 6: 57-60.

章明清, 彭嘉桂, 杨杰. 2000. 土壤养分状况系统研究法在花生平衡施肥上的应用研究. 福建农业学报, 15(1): 55-58.

赵兰坡, 冯君, 王宇, 等. 2012. 松嫩平原盐碱地种稻开发的理论与技术问题. 吉林农业大学学报, 34(3): 237-241.

赵兰坡, 尚庆昌, 李春林. 2000. 松辽平原苏打盐碱土改良利用研究现状及问题. 吉林农业大学学报, 22: 79-83, 85.

赵满兴, 周建斌, 翟丙年. 2005. 旱地不同冬小麦品种的氮素营养的叶绿素诊断. 植物营养与肥料学报, 11(4): 461-466.

赵瑞芬, 陈明昌, 张强. 2003. 山西省褐土土壤养分限制因子研究. 山西农业科学, 31(3): 35-39.

祝寿泉, 王遵亲. 1989. 盐碱土分类原则及其分类系统. 土壤, 2: 106-109.

AbdElgawad H, Zinta G, Hegab M M, et al. 2016. High salinity induces different oxidative stress and antioxidant responses in maize seedlings organs. Frontiers in Plant Science, 7: 276.

Adcock D, McNeill A M, McDonald G K, et al. 2007. Subsoil constraints to crop production on neutral and alkaline soils in south-eastern Australia: A review of current knowledge and management strategies. Australian Journal of Experimental Agriculture, 47: 1245-1261.

Agboola A, Ayodele O. 1987. Soil test calibration for upland rice in south western Nigeria. Nutrient Cycling Agroecosystems, 14(3): 227-234.

Alexander A, Mishra A, Jha B. 2019. Halotolerant rhizobacteria: A promising probiotic for saline soil-based agriculture//Kumar M, Etesami H, Kumar V, eds. Saline Soil-based Agriculture by Halotolerant Microorganisms. Singapore: Springer.

Allen E R, Johnson G V, Unruh L G. 1994. Current approaches to soil testing methods: Problems and solutions//Havlin J L, Jacobson J S, eds. Soil Testing: Prospects for Improving Nutrient Recommendations. Madison: SSSA Special Publication: 203-220.

Argenta G, Silva P R F, Sangoi L. 2004. Leaf relative chlorophyll content as an indicator parameter to predict nitrogen fertilization in maize. Ciencia Rural, 34: 1379-1387.

Armenise E, Redmile-Gordon M A, Stellacci A M, et al. 2013. Developing a soil quality index to compare soil fitness for agricultural use under different managements in the Mediterranean environment. Soil & Tillage Research, 130: 91-98.

Ashraf M. 2004. Some important physiological selection criteria for salt tolerance in plants. Flora, 199: 361-376.

Bakhsh A, Jaynes D B, Colvin T S, et al. 2000. Spatio-temporal analysis of yield variability for a corn-soybean field in Iowa. Transactions of the ASAE, 43: 31-38.

Baki A E, Siefritz F, Man H M, et al. 2000. Nitrate reductase in *Zea mays* L. under salinity. Plant, Cell & Environment, 23: 515-521.

Bano A, Fatima M. 2009. Salt tolerance in *Zea mays* (L). following inoculation with Rhizobium and Pseudomonas. Biology and Fertility of Soils, 45(4): 405-413.

Barbour M G, Burk J H, Pitts W D, et al. 1998. Terrestrial Plant Ecology. California: Benjamin Cummings.

Bhardwaj K K R, Abrol I P. 1978. Nitrogen management in alkali soils. Proceedings of National Symposium on Nitrogen Assimilation and Crop Productivity, Hisar, India.

Blacknler T M, MSehePers J S, Vhrel G E. 1994. Light reflectance compared with other nitrogen stress measurements in corn leaves. Agronomy Journal, 86: 934-938.

Buckman H O, Brady N C. 1967. The Nature and Properties of Soils. New York: The MacMillan Company.

Bullock D G, Bullock D S, Nafziger E D, et al. 1998. Does variable rate seeding of corn pay?. Agronomy Journal, 90, 830-836.

Chi C M, Wang Z C. 2010. Characterizing salt-affected soils of Songnen Plain using saturated paste and 1: 5 soil-to-water extraction methods. Arid Land Research & Management, 24: 1-11.

Chi C M, Zhao C W, Sun X J, et al. 2012. Reclamation of saline-sodic soil properties and improvement of rice (Oriza sativa L.) growth and yield using desulfurized gypsum in the west of Songnen Plain, northeast China. Geoderma, 187-188: 24-30.

Chinnusamy V, Zhu J, Zhu J K. 2006. Gene regulation during cold acclimation in plants. Physiologia Plantarum, 126(1): 52-61.

Curtin D, Naidu R. 1998. Fertility constraints to plant production//Sumner M E, Naidu R, eds. Sodic Soil: Distribution, Management and Environmental Consequences. New York: Oxford University Press.

Dang Y P, Dalal R C, Buck S R, et al. 2010. Diagnosis, extent, impacts, and management of subsoil constraints in the northern grains cropping region of Australia. Soil Research, 48(2): 105-119.

Dang Y P, Dalal R C, Routley R, et al. 2006. Subsoil constraints to grain production in the cropping soils of the north-eastern region of Australia. Australian Journal of Experimental Agriculture, 46(1): 19-35.

Dang Y, Dalal R, Harms B, et al. 2004. Subsoil constraints in the grain cropping soils of Queensland//Singh B, eds. Proceedings of the SuperSoil 2004 Conference. New South Wales: The University of Sydney.

Dang Y P, Moody P W. 2016. Quantifying the costs of soil constraints to Australian agriculture: A case study of wheat in north-eastern Australia. Soil Research, 54(6): 700-707.

Daniells I, Manning B, Pearce L. 2002. Profile Descriptions: District Guidelines for Managing Soils in North-West NSW. New South Wales: NSW Department of Primary Industries.

Defiani M R. 1999. Zinc Requirements of Rice at Elevated CO_2. Hawkesbury, Australia: University of Western Sydney: 1-180.

Evans J R, Seemaxm J R. 1984. Difference between wheat genotypes in specific activity of ribulose-1, 5 bisphosphate carboxylase and the relationship to photo synthesis. Plant Physiology, 74: 759-765.

Fageria N K. 2007. Yield physiology of rice. Journal of Plant Nutrition, 30(6): 843-879.

Fageria N K, Baligar V C. 2005. Enhancing nitrogen use efficiency in crop plants. Advances in Agronomy, 88: 97-185.

Fageria N K, Baligar V C, Clark R B. 2006. Crop Production Physiology. New York: The Haworth Press.

Fageria N K, Filho M P B, Moreira A, et al. 2009. Foliar fertilization of crop plants. Journal of Plant Nutrition, 32(6): 1044-1064.

Farid H U, Bakhsh A, Ahmad N, et al. 2016. Delineating site-specific management zones for precision agriculture. Journal of Agricultural Science, 154(2): 273-286.

Ford G W, Martin J J, Rengasamy P, et al. 1993. Soil sodicity in Victoria. Australian Journal of Soil Research, 31: 869-910.

Fortmeier R, Schubert S. 1995. Salt tolerance of maize (Zea mays L.): The role of sodium exclusion. Plant, Cell & Environment, 18: 1041-1047.

Garcia C, Hernandez T. 1996. Influence of salinity on the biological and biochemical activity of a calciorthird soil. Plant Soil, 178, 255-263.

Ghassemi F, Jakeman A J, Nix H A. 1995. Salinization of land and water resources//Human Causes, Extent, Management and Case Studies. Sydney: University of New South Wales Press Ltd.

Govaerts B, Sayre K D, Deckers J. 2006. A minimum data set for soil quality assess-ment of wheat and maize cropping in the highlands of Mexico. Soil & Tillage Research, 87(2): 163-174.

Grattan S R, Grieve C M. 1999a. Mineral nutrient acquisition and response by plants grown in saline environments//Pessarakli M, eds. Handbook of Plant and Crop Stress. New York: Marcel Dekker.

Grattan S R, Grieve C M. 1999b. Salinity-mineral nutrient relations in horticultural crops. Scientia Horticulturae, 78: 127-157.

Griffiths B S, Ball B C, Daniell T J, et al. 2010. Integrating soil quality changes to arable agricultural systems following organic matter addition, or adoption of a ley-arable rotation. Applied Soil Ecology, 46(1): 43-53.

Gupta R K, Abrol I P. 1990. Salt-affected soils: Their reclamation and management for crop production. Advances in Soil Science, 11: 223-288.

Haling R E, Simpson R J, Culvenor R A, et al. 2011. Effect of soil acidity, soil strength and macropores on root growth and morphology of perennial grass species differing in acid-soil resistance. Plant, Cell & Environment, 34(3): 444-456.

Hamza M A, Anderson W K. 2002. Improving soil physical fertility and crop yield on a clay soil in Western Australia. Australian Journal of Agricultural Research, 53(5): 615-620.

Hanson B, Grattan S R, Fulton A. 2006. Agricultural Salinity and Drainage. California: University of California, Division of Agriculture and Natural Resources Publication.

Hejcman M, Kunzova E. 2010. Sustainability of winter wheat production on sandy-loamy Cambisol in the Czech Republic: Results from a long term fertilizer and crop rotation experiment. Field Crops Research, 115(2): 191-199.

Huang L H, Liang Z W, Suarez D L, et al. 2016. Impact of cultivation year, nitrogen fertilization rate and irrigation water quality on soil salinity and soil nitrogen in saline-sodic paddy fields in Northeast China. Journal of Agricultural Science, 154(4): 632-646.

Hunter A H. 1980. Laboratory and Greenhouse Techniques for Nutrient Survey to Determine the Soil Amendments Required for Optimum Plant Growth. Florida, USA: Mimeograph.

Irshad M, Honna T, Eneji A E, et al. 2002. Wheat response to nitrogen source under saline conditions. Journal of Plant Nutrition, 25: 2603-2612.

Irvine S A, Doughton J A. 2001. Salinity and sodicity, implications for farmers in Central Queensland//Rowe B, eds. Proceedings of the 10th Australian Agronomy Conference. ASA: Hobart.

Jia L L, Cheng X P. 2004. Use of digital camera to assess nitrogen status of winter wheat in the northern China Plain. Journal of Plant Nutrition, 27(3): 441-450.

Li Y Y, Huang L H, Zhang H, et al. 2017. Assessment of ammonia volatilization losses and nitrogen utilization during the rice growing season in alkaline salt-affected soils. Sustainability, 9(1): 132.

Liu M, Liang Z W, Ma H Y, et al. 2010a. Responses of rice (*Oryza sativa* L.) growth and yield to phosphogypsum amendment in saline-sodic soils of Northeast China. Journal of Food, Agriculture & Environment, 8(2): 827-833.

Liu M, Liang Z W, Ma H Y, et al. 2010c. Application of sheep manure in saline-sodic soils of Northeast China. Effect on rice (*Oryza sativa* L.) yield and yield components. Journal of Food, Agriculture & Environment, 8(3-4): 524-529.

Liu M, Liang Z W, Yang F, et al. 2010b. Impacts of sand amendment on rice (*Oryza sativa* L.) growth and yield in saline-sodic soils of Northeast China. Journal of Food, Agriculture & Environment, 8(2): 412-418.

Liu Z J, Zhou W, Shen J B, et al. 2014a. Soil quality assessment of yellow clayey paddy soils with different productivity. Biology and Fertility of Soils, 50: 537-548.

Liu Z J, Zhou W, Shen J B, et al. 2014b. Soil quality of acid sulfate paddy soils with different productivities in Guangdong province. Journal of Integrative Agriculture, 13: 177-186.

Liu Z J, Zhou W, Shen J B, et al. 2014c. Soil quality assessment of Albic soils with different productivities for eastern China. Soil & Tillage Research, 140: 74-81.

Ma W, Guinel F C, Glick B R. 2003. *Rhizobium leguminosarum* biovar viciae 1-aminocyclopropane-1-carboxylate deaminase promotes nodulation of pea plants. Applied and Environmental Microbiology, 69(8): 4396-4402.

MacEwan R J, Crawford D M, Newton P J, et al. 2010. High clay contents, dense soils, and spatial variability are the principal subsoil constraints to cropping the higher rainfall land in south-eastern Australia. Soil Research, 48(2): 150-166.

Mahajan S, Tuteja N. 2005. Cold, salinity and drought stresses: An overview. Archives of Biochemistry and Biophysics, 444(2): 139-158.

Marschner H. 1995. Mineral Nutrition of Higher Plants. London, San Diego, CA, USA: Academic Press.

McDonald G K, Taylor J D, Verbyla A, et al. 2012. Assessing the importance of subsoil constraints to yield of wheat and its implications for yield improvement. Crop & Pasture Science, 63(2): 1043-1065.

McGarry D. 1992. Degradation of soil structure//McTainsh G, Boughton W, eds. Land Degradation Processes in Australia. Longman Cheshire: Melbourne: 271-305.

Millar A L, Rathjen A J, Cooper D S. 2007. Genetic variation for subsoil toxicities in high pH soils//Buck H T, Nisi J E, Salomon N, eds. Wheat Production in Stressed Environments (Vol. 12). Springer: Dordrecht: 395-401.

Miller R W, Donahue R L. 1995. Soils in Our Environment (Seventh Edition). Prudence Hall: Cliff: 323.

Munns R, Tester M. 2008. Mechanisms of salinity tolerance. Annual Review of Plant Biology, 59: 651-681.

Naidu R, Rengasamy P. 1993. Ion interactions and constraints to plant nutrition in Australian sodic soils. Australian Journal of Soil Research, 31(6): 801-819.

Naidu R, Rengasamy P. 1995. Ion interactions and constraints to plant nutrition in Australian sodic soils//Naidu R, Sumner M E, Rengasamy P, eds. Australian Sodic Soils. Distribution, Properties and Management. Melbourne: CSIRO: 127-137.

Nawar S, Corstanje R, Halcro G, et al. 2017. Delineation of soil management zones for variable-rate fertilization: A review. Advances in Agronomy, 143: 175-245.

Netondo G W, Onyango J C, Beck E. 2004. Sorghum and salinity. Crop Science, 44(3): 797-805.

Nuttall J G, Armstrong R D, Connor D J. 2003. Evaluating physicochemical constraints of Calcarosols on wheat yield in the Victorian southern Mallee. Australian Journal of Agricultural Research, 54: 487-497.

Oster J D, Shainberg I, Abrol I P. 1999. Reclamation of salt affected soils//Skaggs R W, van Schilfgaarde J, eds. Agricultural Drainage. Madison: ASA-CSSA-SSSA: 659-691.

Page A L, Chang A C, Adriano D C. 1990. Deficiencies and toxicities of trace elements//Tanji K K, eds. Agricultural Salinity Assessment and Management: Manuals and Reports on Engineering Practices No. 71. New York: American Society of Civil Engineers: 38-60.

Peverill K I, Sparrow L A, Reuter D J. 1999. Soil Analysis: An Interpretation Manual. Collingwood: CSIRO.

Plant R E, Mermer A, Pettygrove G S, et al. 1999. Factors underlying grain yield spatial variability in three irrigated wheat fields. Transactions of the ASAE, 42(5): 1187-1202.

Podmore C. 2009. Irrigation salinity: Causes and impacts. Primefacts, 937(1): 1-4.

Portch S, Hunter A. 2002. A systematic approach to soil fertility evaluation and improvement. https://agroservicesinternational.com/.

Qadir M, Oster J D, Schubert S, et al. 2007a. Phytoremediation of sodic and saline-sodic soils. Advances in Agronomy, 96: 197-247.

Qadir M, Quillérou E, Nangia V, et al. 2014. Economics of salt-induced land degradation and restoration. Natural Resources Forum, 38(4): 282-295.

Qadir M, Schubert S. 2002. Degradation processes and nutrient constraints in sodic soils. Land Degradation & Development, 13: 275-294.

Qadir M, Schubert S, Badia D, et al. 2007b. Amelioration and nutrient management strategies for sodic and alkali soils. CAB Reviews Perspectives in Agriculture Veterinary Science Nutrition and Natural Resources, 21: 1-13.

Qadir M, Schubert S, Ghafoor A, et al. 2001. Amelioration strategies for sodic soils: A review. Land Degradation & Development, 12: 357-386.

Quirk J P. 2001. The significance of the threshold and turbidity concentrations in relation to sodicity and microstructure. Australian Journal of Soil Research, 39(6): 1185-1217.

Rahnama A, James R A, Poustini K, et al. 2010. Stomatal conductance as a screen for osmotic stress tolerance in durum wheat growing in saline soil. Functional Plant Biology, 37(3): 255-263.

Rao P S, Mishra B, Gupta S R, et al. 2008. Reproductive stage tolerance to salinity and alkalinity stresses in rice genotypes. Plant Breeding, 127(3): 256-261.

Rengasamy P. 2006. World salinization with emphasis on Australia. Journal of Experimental Botany, 57: 1017-1023.

Rengasamy P. 2010. Soil processes affecting crop production in salt-affected soils. Functional Plant Biology, 37: 613-620.

Rengasamy P, Chittleborough D, Helyar K. 2003. Root-zone constraints and plant-based solutions for dryland salinity. Plant and Soil, 257: 249-260.

Richards L A. 1954. Diagnosis and improvement of saline alkali soils. Washington: US Department of Agriculture.

Rietz D N, Haynes R J. 2003. Effects of irrigation-induced salinity and sodicity on soil microbial activity. Soil Biology & Biochemistry, 35(6): 845-854.

Romero-Aranda R, Soria T, Cuartero J. 2001. Tomato plant-water uptake and plant-water relationships under saline growth conditions. Plant Science, 160(2): 265-272.

Schnurbusch T, Hayes J, Sutton T. 2010. Boron toxicity tolerance in wheat and barley: Australian perspectives. Breeding Science, 60(4): 297-304.

Seckin B, Sekmen A H, Türkan I. 2009. An enhancing effect of exogenous mannitol on the antioxidant enzyme activities in roots of wheat under salt stress. Journal of Plant Growth Regulation, 28(1): 12-20.

Shainberg I, Letey J. 1984. Response of soils to sodic and saline conditions. Hilgardia, 61: 21-57.

Shaw R J, Brebber L, Ahern C R, et al. 1994. A review of sodicity and sodic soil behaviour in Queensland. Australian Journal of Soil Research, 32(2): 143-172.

Shi D, Sheng Y. 2005. Effect of various salt-alkaline mixed stress conditions on sunflower seedlings and analysis of their stress factors. Environmental and Experimental Botany, 54(1): 8-21.

Shrivastava P, Kumar R. 2015. Soil salinity: A serious environmental issue and plant growth promoting bacteria as one of the tools for its alleviation. Saudi Journal of Biological Sciences, 22(2): 123-131.

Shukla A K, Sinha N K, Tiwari P K, et al. 2017. Spatial distribution and management zones for sulfur and micronutrients in Shiwalik Himalayan region of India. Land Degradation & Development, 28(3): 959-969.

Simmonds M B, Plant R E, Peña-Barragán J M, et al. 2013. Underlying causes of yield spatial variability and potential for precision management in rice systems. Precision Agriculture, 14: 512-540.

Singh M V, Chabra R, Abrol I P. 1987. Interaction between application of gypsum and zinc sulfate on the yield and chemical composition of rice grown on an alkali soil. Journal of Agricultural Research, 108(2): 275-279.

Sumner M E. 1993. Sodic soils: New perspectives. Australian Journal of Soil Research, 31(6): 683-750.

Talsma T. 1963. The control of saline groundwater. Wageningen: University of Wageningen.

Tanji K K. 2002. Salinity in the soil environment//Läuchli A, Lüttge U, eds. Salinity: Environment-Plants-Molecules. Kluwer Academic Publishers: Dordrecht: 21-51.

Thomas J R, Gausman H W. 1977. Leaf reflectance vs leaf chlorophyll and carotenoid concentration for eight crops. Agronomy Journal, 69(5): 799-802.

Tittonell P, Shepherd K D, Vanlauwe B, et al. 2008. Unravelling the effects of soil and crop management on maize productivity in smallholder agricultural systems of western Kenya-An application of classification and regression tree analysis. Agriculture, Ecosystems & Environment, 123: 137-150.

Tumbo S D, Wagner D G, Heinemann P H. 2002. Hyper spectral characteristics of corn plants under different chlorophyll levels. Trans of the ASAE, 45(3): 815-823.

van Gool D. 2016. Identifying soil constraints that limit wheat yield in South-West Western Australia. Perth: Department of Agriculture and Food, Western Australia.

Walpola B C, Arunakumara K K I U. 2010. Effect of salt stress on decomposition of organic matter and nitrogen mineralization in animal manure amended soils. Journal of Agricultural Science, 5: 9-18.

Wang L, Sun X, Li S, et al. 2014. Application of organic amendments to a coastal saline soil in North China: Effects on soil physical and chemical properties and tree growth. PLoS ONE, 9(2): e89185.

Wang M M, Liang Z W, Wang Z C, et al. 2010a. Effect of sand application and flushing during the sensitive stages on rice biomass allocation and yield in a saline sodic soil. Journal of Food, Agriculture & Environment, 8(3-4): 692-697.

Wang M M, Liang Z W, Wang Z C, et al. 2010b. Effect of different water depth on rice growth and yield in a saline sodic soil. Journal of Food, Agriculture & Environment, 8(3-4): 530-534.

Wang M M, Liang Z W, Yang F, et al. 2010c. Effects of number of seedlings per hill on rice biomass partitioning and yield in a saline-sodic soil. Journal of Food, Agriculture & Environment, 8(2): 628-633.

Wang M M, Rengasamy P, Wang Z C, et al. 2018. Identification of the most limiting factor for rice yield using soil data collected before planting and during the reproductive stage. Land Degradation & Development, 29(8): 2310-2320.

Wang M M, Yang F, Ma H Y, et al. 2016. Cooperative effects of sand application and flushing during the sensitive stages of rice on its yield in a hard saline-sodic soil. Plant Production Science, 19(4): 468-478.

Wang R M, Yang X E, Yang Y A. 1988. Analysis of genotype differences of rice response to low Zn^{2+} activity and some morphological characteristics. Chinese Rice Research Newsletter, 6(3): 11-12.

Wei Y C, Bai Y L, Jin J Y, et al. 2007. Sufficiency and deficiency indices of soil available zinc for rice in the alluvial soil of the coastal yellow sea. Rice Science, 14(3): 223-228.

Yang L P, Jin J Y, Bai Y L, et al. 2011. Evaluation of Agro services international soil test method for phosphorus and potassium. Communications in Soil Science and Plant Analysis, 42(19): 2402-2413.

Ye X J, Wang Z Y, Tu S H. 2006. Nutrient limiting factors in acidic vegetable soils. Pedosphere, 16(5): 624-633.

Yu J B, Wang Z C, Meixner F X, et al. 2010. Biogeochemical characterizations and reclamation strategies of saline sodic soil in northeastern China. Clean: Soil Air Water, 38(11): 1010-1016.

Zhao Y G, Wang S J, Li Y, et al. 2018. Extensive reclamation of saline-sodic soils with flue gas desulfurization gypsum on the Songnen Plain, Northeast China. Geoderma, 321: 52-60.

Zheng H F, Chen L D, Han X Z, et al. 2009. Classification and regression tree (CART) for analysis of soybean yield variability among fields in Northeast China: The importance of phosphorus application rates under drought conditions. Agriculture, Ecosystems & Environment, 132(1-2): 98-105.

Zheng H F, Chen L D, Yu X Y, et al. 2015. Phosphorus control as an effective strategy to adapt soybean to reproductive-stage drought: Evidence from field experiments across Northeast China. Soil Use & Management, 31(1): 19-28.

Zhu J K. 2002. Salt and drought stress signal transduction in plants. Annual Review of Plant Biology, 53(1): 247-273.

第十章　耕作及增施改良剂对苏打盐碱土障碍的消减作用

第一节　耕作对土壤盐碱障碍的消减作用

一、耕作改良盐碱土基本概况

土壤的盐碱化和次生盐碱化是由于其会使土壤理化性质恶化而导致农业利用价值降低甚至丧失，已经成为全球性的问题，也是世界干旱半干旱地区和灌溉地区农业可持续发展的资源制约因素（王春裕，1997）。中国东北地区盐渍土主要分布在平原西部的半干旱和干旱地区，主要包括吉林西部的松原和白城地区，以及黑龙江的"三肇"（肇东、肇州、肇源）、安达、大庆和齐齐哈尔等地区（宋长春等，2000）。东北地区盐碱化土壤类型主要以苏打盐碱土为主，碱化严重，土壤渗透性差，治理难度大，同时潜水位接近地表，蒸发强烈，土壤极易积盐返盐，导致大量土壤资源丧失，农业生产条件恶化，严重阻碍了当地农业和农村经济的持续健康发展。

土壤耕作作为农业生产的重要农艺措施，对盐碱土的改良作用也越来越受到国内外研究者的关注。深耕是美国、加拿大等国常采用的盐渍土改良技术，秸秆覆盖和深耕措施对盐渍化防治效果更为突出，在生产上常配合应用。免耕法是近年兴起的一种土壤保护性耕作法。秸秆覆盖与免耕法配合是有效的保水措施，可以抑制水分蒸发，防止盐分表聚。Sadiq 等（2007）曾利用耕作结合硫酸改良盐碱土，分别利用圆盘犁、旋耕机和中耕机，并结合硫酸（20%石膏需求量）在不同的地点布置试验，结果表明圆盘犁不仅能保证良好的产量，还有助于提高土壤质量，是效果最好的耕作措施。刘长江等（2007）在吉林大安做了相关试验，证明了深松能降低苏打盐碱化土壤容重，促进作物根系发育，显著提高作物产量，说明深松是改良容重大、结构紧实、渗透性差的苏打盐碱土的有效耕作方式。振动能够使犁板前的土壤松动，减少犁的工作阻力。振动深松能打破土壤板结层，重新组合土壤团粒结构，增大土壤蓄水量，提高降水利用率，并且可切断土壤上升毛管，抑制盐分向表层累积。生化制剂的运用更能降低植物根系层内的盐碱毒害，改善作物生长环境（曲璐等，2008）。全方位深松机起源于 20 世纪 80 年代初的苏联，是一种用于铺放暗管的梯形框架式部件，能够创造出一个适宜于作物生长发育的上虚下实、左右松紧相间、紧实下面有鼠道的土体结构。这种构造既利于通水透气又利于养分释放和储存，也利于根系穿扎固定。全方位深松半年之后，土壤渗透率增大了 5～10 倍，盐碱土全盐量下降 12%，在地表返盐时期，HCO_3^- 和 Cl^- 含量分别比未处理地减少了 13% 和 62%，说明全方位深松能降低耕层含盐量，防止地表返盐。全方位深松使土壤中水肥气热相协调，从而促进作物根系发育，有助于提高作物产量（姜文珍等，2010；廖植樨等，1995）。

除了深松之外，翻耕和整地也是非常重要的耕作措施。秋翻春泡效果好。秋季耕翻晒垡，风干耕土，促进土壤微生物活动，加速土壤养分分解，翻耕能切断土壤毛管孔隙，可抑制土壤深层的盐分上返，也切断了冻融作用的积盐途径（高金方，1987）。翻耕还能氧化土壤里的一些长期处于还原态的有毒物质，翻压杂草，增加有机质含量，冻死残留虫卵，减少病虫害，优化土壤环境，有利于下茬作物生长。

平整土地对改良盐碱地也极为重要。土地盐碱化的发生常与地表不平整有关，相同水文地质条件下，不平整的地面上，排灌不畅会导致田里留有尾水，高地先干，造成返盐，形成盐碱斑。盐碱斑部位一般比邻近土地高出 2~5cm，盐碱从边缘到中心逐渐加重（姚荣江等，2006）。平整土地可使表土水分蒸发一致，均匀下渗，便于控制灌溉定额，保证灌溉质量。整地是削高垫低，使地表平整，防止高处聚盐和低洼积盐，水田耙地泡田洗盐时，盐分很容易随水流走，降低了耕层土壤盐分，为作物提供良好的生长环境。

松嫩平原盐碱地以苏打盐碱土为主，较高的交换性 Na^+ 导致土壤的渗透性差，土壤的水盐运移受阻，土体的盐分很难随水分移动，耕作改良是根据盐碱土的理化性质而对症下药的改良方法。适宜性的耕作措施可以显著增加土壤孔隙度，改善土壤渗透性，结合化学改良剂则能更有效地促进水盐运移，增强盐分淋洗效果。耕作是改良盐碱土的基础，正确的耕作措施对盐碱土改良的成功非常关键。耕作与工程、生物、农艺和化学改良等措施相结合，因地制宜，才能取得满意的治理效果。总之，耕作措施结合其他改良方法是盐碱土综合改良的主要方向。

二、耕作改良苏打盐碱土试验设计

（一）田间试验设计

试验区位于吉林省大安市乐胜乡，半湿润半干旱季风气候区，年平均气温 4.7℃，年降水量为 413.7mm，主要集中在 7 月至 9 月，年蒸发量为 1749mm，是年降水量的 4 倍以上，无霜期 142 天。土壤质地为砂性，耕层土壤中砂粒占 82.0%，粉粒占 12.2%，黏粒占 5.8%。

本试验有四个处理：处理 1 是凿式深松 40cm（S40）；处理 2 是凿式深松 60cm（S60）；处理 3 是全方位深松 40cm（SQ40）；处理 4 是对照（CK），不做任何处理。处理 1 和处理 2 都由凿式条带深松机实现，处理 3 由倒梯形全方位深松机实现，作业动力来自雷沃 824 拖拉机。

（二）调查分析和数据处理

分别在试验处理前和作物成熟收获后对土壤进行容重、孔隙度、紧实度、饱和导水率以及含水率等指标测试，并且对作物产量和根系做了采样分析，每次测试均为三次重复。容重采用环刀法测试，孔隙度由容重和比重计算可得，紧实度采用土壤紧实度仪

SC-900 实地测得,土壤饱和导水率使用 Guelph 入渗仪实地监测,并采用双水头法计算,土壤按 0~20cm、20~40cm、40~60cm、60~80cm、80~100cm 分层采样,其含水率采用烘干法测定。利用 Excel 和 SPSS 17.0 软件进行数据处理和统计分析,并用 Origin 9.0 作图。

三、不同耕作方式对土壤物理特性的影响

(一)不同耕作方式对土壤容重和孔隙度的影响

深松措施仅能打破坚硬的犁底层土块,并未将其粉碎,其容重变化不明显。实验室测得土壤比重为 2.57g/cm³,根据公式"孔隙度=1-容重/比重"可计算得出孔隙度大小。容重和孔隙度结果如表 10-1 所示。可以看出,春季深松的扰动作用促使耕层土壤容重降低,孔隙度增大,深松对犁底层土壤容重有降低作用,但是效果不明显,与王俊河等(2011)的研究结果一致。

表 10-1 深松后每个土层的容重和孔隙度

测试季节	土层	深松		未深松	
		容重/(g/cm³)	孔隙度/%	容重/(g/cm³)	孔隙度/%
春	耕层	1.01a	60.7a	1.07a	58.4a
	犁底层	1.27bc	50.1bc	1.35bc	47.5bc
秋	耕层	1.22b	52.5b	1.26b	51.0b
	犁底层	1.31c	49.0c	1.39c	45.9c

注:小写字母表示置信度为 95%时的多重比较结果,下同

经过一个作物生长期,土壤自身的沉积和压实作用,耕层土壤容重有所增加,深松处理耕层土壤容重比春季增加了 20.8%,孔隙度降低了 13.5%,达到了差异显著水平($P<0.05$),犁底层土壤容重增加了 3.1%,孔隙度降低了 2.2%,差异不明显;未深松处理耕层土壤容重比春季增加了 17.8%,孔隙度降低了 12.7%,达到了差异显著水平($P<0.05$),犁底层土壤容重增加了 3.0%,孔隙度降低了 3.4%,差异不明显。结果表明,耕层土壤容重和孔隙度在作物生长期前后变化幅度大,说明作物生长期的管理措施和土壤自身的压实作用对耕层土壤容重和孔隙度影响显著,而对犁底层的影响不明显。土壤有自身平衡作用,最终将达到一个较稳定状态。

(二)不同耕作方式对土壤紧实度的影响

春秋两季的土壤紧实度如表 10-2 所示。从春季田间测定的结果可以看出,土壤耕层 0~15cm 内不同处理的紧实度差异不显著。15~25cm 则是长期耕作产生的犁底层,可以看出对照均比各处理紧实度值大,且达到差异极显著水平($P<0.01$),凿式深松比全方位深松更利于降低犁底层土壤紧实度,影响更为显著($P<0.05$)。对于犁底层以下的土层,对照均比各处理紧实度值大,且都达到了差异极显著水平($P<0.01$),说明各深松处理均

能有效降低各层土壤紧实度，凿式深松比全方位深松更能有效地打破坚硬的犁底层，与石彦琴等（2010）的研究结果一致。

表 10-2　深松后每个土层的紧实度　　　　　　　　单位：kPa

处理	0~15cm		15~25cm		25~35cm		35~45cm	
	春	秋	春	秋	春	秋	春	秋
S40	432.5aA	379.1aA	914.9aA	952.7aA	796aA	1218aA	1154aA	1411aAB
S60	337.5aA	407.7aA	935.7aA	745.6aA	966.2aA	752aA	1269aA	994.8aA
SQ40	323.8aA	504.9aA	1564bA	1212aA	976.5aA	1270aA	1133aA	1483aAB
CK	397.1aA	542.8aA	2871cB	2741bB	2112bB	2095bB	1936bB	2002bB

注：小写字母表示置信度为 95%时的多重比较结果，大写字母表示置信度为 99%时的多重比较结果

从秋季田间测定的结果发现，不同处理未对 0~15cm 土层的紧实度产生显著影响。各深松处理 15~25cm 犁底层紧实度均小于对照，且达到差异显著水平（$P<0.05$），凿式深松土壤的紧实度小于全方位深松，但差异未达到显著水平。对于犁底层以下的土壤，对照均比各深松处理紧实度值大，且都达到差异极显著水平（$P<0.01$），只有 S40 与 SQ40 处理在 35~45cm 的紧实度与对照是差异显著水平。说明经过一个作物生长期，各处理的各层土壤紧实度有一定的沉积压实现象，但是变化不显著。

（三）不同耕作方式对土壤含水率的影响

表 10-3 为春秋两季同期所测得的土壤含水率。可以看出，干旱半干旱地区土壤含水率均处于较低水平。在春季灌溉前，S40、S60、SQ40 处理对耕层 0~20cm 土壤含水率的影响不显著，分别比对照含水率多出了 12.7%、13.0%和 10.4%；但是对 20~40cm 土层土壤含水率的影响显著，S60 处理比对照含水率多出 18.0%。由此可得出，三种耕作措施都可以增加耕层土壤含水率，而且深松深度越大对犁底层土壤破坏性越大，犁底层土壤保墒效果越好。对犁底层以下的土壤来说，含水率的多少对土体的保墒作用有很大的影响。可以看出，S60 处理对 40~60cm 土层的土壤含水率影响显著，SQ40 处理次之，S40 处理效果不明显，说明 S60 处理对增加犁底层以下土壤含水率的效果最佳，其次是 SQ40 处理和 S40 处理。对于深松机达不到的深层土壤 60~100cm，各处理与对照间土壤含水率差异不显著。

表 10-3　深松后每个土层土壤含水率　　　　　　　　单位：%

处理	0~20cm		20~40cm		40~60cm		60~80cm		80~100cm	
	春	秋	春	秋	春	秋	春	秋	春	秋
S40	9.0aA	8.9bA	10.7aA	9.0bA	10.1aA	9.2abA	10.4aA	8.4aA	9.7aA	7.9aA
S60	9.0aA	8.2bA	12.3bA	7.9aA	11.9bA	8.6abA	9.7aA	7.7aA	11.3aA	10.8aA
SQ40	8.8aA	7.8bA	11.3abA	7.8aA	11.0abA	9.4bA	9.5aA	9.7aA	9.5aA	9.4aA
CK	8.0aA	7.2aA	10.5aA	7.8aA	10.1aA	8.1aA	8.7aA	6.9aA	8.3aA	7.0aA

注：小写字母表示置信度为 95%时的多重比较结果，大写字母表示置信度为 99%时的多重比较结果

秋季，各个处理不同土层的土壤含水率有了明显的变化。经过深松处理的土壤耕层含水率显著高于对照（$P<0.05$），说明经过深松处理的土壤耕层保墒效果好，水分条件得到改善。S40 处理在 20～40cm 土层的含水率都较其他处理高，而在 40～60cm 土层各处理均比对照含水率大，且 SQ40 处理与对照达到差异显著水平（$P<0.05$），说明土壤水分能容易到达深松机所耕作到的底部，而未深松到的深层土壤入渗效果较差。60～100cm 土层各处理间含水率差异不显著，说明深松对深层土壤的水分条件改善效果不明显。

（四）不同耕作方式对土壤饱和导水率的影响

饱和导水率是衡量土壤导水能力的重要指标，对调节土壤含水率和预防干旱有重要的指导作用（包含等，2011）。土壤是多孔介质（雷志栋等，1999），深松处理能增加土壤孔隙度，从而增强土壤的导水性能。由于 S40 和 S60 均是凿式深松处理，对耕层和犁底层饱和导水率的作用差异不明显。分别对耕层和犁底层饱和导水率进行测试，结果如图 10-1 所示。

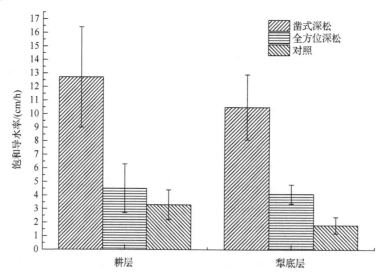

图 10-1　不同处理的土壤饱和导水率

深松处理对土壤饱和导水率的影响明显。凿式深松与全方位深松处理耕层土壤饱和导水率分别比对照增加了 294.1% 和 37.7%，犁底层土壤的饱和导水率分别比对照增加了 476.9% 和 128.6%。结果表明，春耕前的土壤导水性能差，深松处理不仅对耕层土壤导水性能有很大的改善作用，而且对犁底层有一定的破坏作用，凿式深松比全方位深松的破坏效果更为显著，可以显著增强土壤的导水性能。

四、不同耕作方式对土壤化学特性的影响

（一）凿式深松 40cm 对土壤化学特性的影响

土壤电导率（EC）是土壤水溶性盐的测定指标，是土壤的一个重要属性，也是判定土壤中盐离子是否限制作物生长的因素。植物生长不仅要求土壤电导率在合适的范围内，

同时也要求一定的土壤酸碱性，土壤酸碱性用 pH 来表示，土壤 pH 是由土壤溶液测试出来的，适当的 pH 能优化作物生长的土壤环境。

分别对春秋两个时期不同处理的 EC 和 pH 做统计分析，如图 10-2 所示。春季，凿式深松 40cm（S40）后，土壤表层 0~20cm 连年耕种致使土壤电导率变大，下层土壤未经松动电导率基本保持在一个较低水平，而且表层与下层的电导率差异达到了显著水平。表层电导率虽然最大，但是其 pH 最小，且与表层以下土层的差异均达到显著水平。秋季，土壤表层电导率明显降低，且与下层土壤不相伯仲。pH 在整个土层的趋势没有发生改变，仍然是随深度增加逐渐增大的趋势，但是土层间的差异变得显著，0~40cm 土层比其他土层有明显变小的现象，且 60~100cm 土层有明显增大的现象。表明 S40 处理能有效降低表层土壤电导率，但不能改变土壤电导率的整体趋势，S40 处理能降低 0~40cm 土层土壤 pH，增大未深松到的底层土壤 pH，并使 0~40cm 土层与 40~100cm 土层的土壤 pH 差异显著。

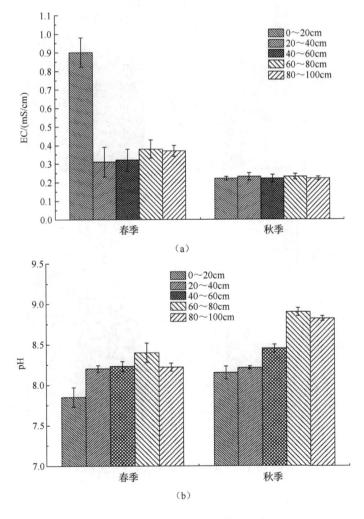

图 10-2　春秋两季 S40 处理的 EC 和 pH

（二）凿式深松 60cm 对土壤化学特性的影响

凿式深松 60cm（S60）处理的 EC 和 pH 见图 10-3。春季，表层土壤电导率也较大，且与 20～40cm 土层的差异达到显著水平，犁底层之下的土层电导率有随深度增加而增大的趋势。土壤 pH 与 S40 处理基本上一致，表层土壤 pH 均比以下土层 pH 小。秋季，表层土壤电导率明显降低，且与最底层土壤电导率差异显著，整个土层电导率随深度增加而增大的趋势没有发生变化。土壤 pH 发生了明显变化，与其他土层相比 0～60cm 土层的土壤 pH 均有变小的迹象，而 60～100cm 土层的土壤 pH 有明显增大现象。表明 S60处理能有效降低土壤表层电导率，S60 处理能降低 0～60cm 土壤 pH，增大 60～100cm土层的 pH，并使 0～60cm 与 60～100cm 土层的土壤 pH 差异显著。

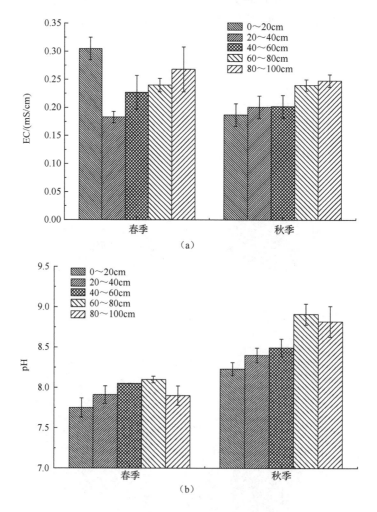

图 10-3　春秋两季 S60 处理的 EC 和 pH

（三）全方位深松 40cm 对土壤化学特性的影响

春季，全方位深松 40cm（SQ40）处理完成后，仍然得到类似结果，表层土壤电导率较大，与以下各层土壤电导率相比，差异均显著，以下各层间土壤电导率差异均不显著。秋季结果仍是表层土壤电导率下降，且与60～80cm土层和80～100cm土层的差异达到显著水平。春季的土壤pH如其他处理一样，由土壤表层向下逐渐增大。秋季，0～40cm土层的土壤pH比60～100cm土层有明显降低现象（图10-4）。说明SQ40处理能有效降低土壤表层EC，对增大表层与底层土壤pH之间的差异也有一定效果。

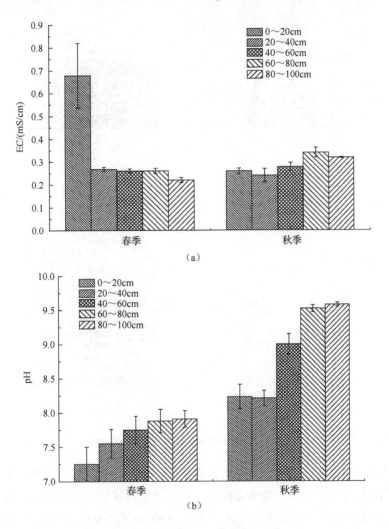

图10-4 春秋两季SQ40处理的EC和pH

（四）对照组土壤化学特性变化

对未作任何处理的对照（CK）来说，春季土壤的状况与其他处理一样，表层土壤电导率明显高于20～40cm土层土壤电导率，而60～80cm土层和80～100cm土层的电导率也明显高于20～40cm土层电导率。秋季土壤表层电导率也明显降低，且表层之下的土层电导率变化趋势没有发生变化，结果如图10-5所示。

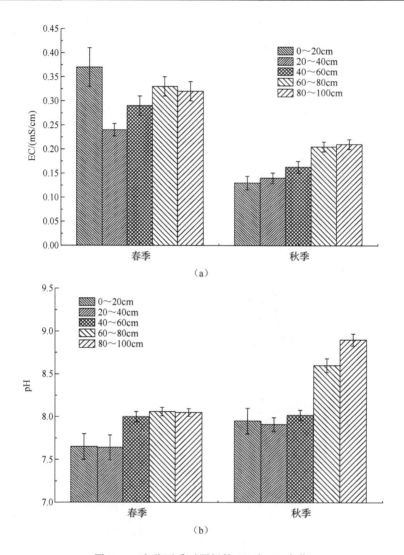

图 10-5　春秋两季对照组的 EC 和 pH 变化

　　总体来说，深松能有效降低耕层土壤容重，增大耕层土壤的孔隙度，但对犁底层土壤容重和孔隙度改善不明显。凿式深松和全方位深松对降低土壤紧实度均有显著影响，凿式深松比全方位深松能更有效地打破犁底层，S60 处理比 S40 处理对打破犁底层效果更佳，作物生长期结束时，各土层的紧实度相对变化不明显。深松处理的土壤水分可以较容易地入渗到深松机所能到达的土层，而更深层的土壤含水率处理间差异不显著。

　　深松结合灌溉对土壤化学性质影响明显，土壤盐碱性变化受深松措施影响不同，深松深度不同对土壤盐碱性的影响范围不同。土壤表层电导率明显降低，底层电导率增大。pH 在整个土层的趋势没有发生改变，仍然是随深度增加逐渐增大的趋势，但是土层间的差异变得显著，尤其是深松到的土层与未深松土层之间差异显著。

第二节 外源物质添加对土壤盐碱障碍的消减作用

一、外源物质添加对土壤盐碱改良概况

松嫩平原盐碱化土壤类型主要以苏打盐碱土为主，碱化严重，土壤渗透性差，治理难度大，同时潜水位接近地表，蒸发强烈，土壤极易积盐返盐。研究认为，该区土壤盐碱化防治应以有效降低潜水位及土壤中 Na^+ 含量为重点；盐碱地改良利用应以适应性、效益性、优化土地生态系统功能和可持续利用为基本原则，添加外源物质对土壤盐碱障碍具有一定消减作用，外源物质主要包括土壤结构改良剂、含 Ca^{2+} 的改良剂或其他改良剂等。

不引入外加钙源而改善土壤物理性质，即应用土壤结构改良剂，该方法能够改善和稳定土壤结构，提高土壤的入渗和导水性能。土壤结构改良剂可分为三类：人工合成高分子聚合物制剂，如聚丙烯酰胺和聚乙烯醇；自然有机制剂，如芦苇胶和田菁胶；无机制剂，如氧化铁（铝）硅酸盐。聚丙烯酰胺能有效提高土壤入渗速率（Tang et al.，2006；彭冲等，2006；Yu et al.，2003；潘英华等，2003；唐泽军等，2002），是盐渍土改良中最常用的土壤结构改良剂。近年来，碎石对土壤渗透和导水性能的改善作用引起了人们的关注（周蓓蓓等，2007，2006；王慧芳等，2006）。深耕或深翻是盐渍土改良中常用的栽培耕作措施。深耕可以降低土壤容重，改善土壤通透性。深翻可以粉碎心土层，提高土壤导水性能，尤其是当盐渍土具有弱透水层或不透水层时，这种作用更明显。而当土壤深层含有钙质矿物时，深翻可使之与表层混合，为生物改良提供钙源。

添加钙源物质主要是指利用 Ca^{2+} 或其他改良剂置换土壤交换性 Na^+，常见的钙源有：可溶性钙盐，如氯化钙（$CaCl_2 \cdot 2H_2O$）和石膏（$CaSO_4 \cdot 2H_2O$）等；微溶性钙盐，如石灰石（$CaCO_3$）。石膏是首选改良剂，脱硫石膏和磷石膏都能有效脱盐和降低土壤碱化度，提高土壤入渗速率，改善理化性质，使作物增产（Lebron et al.，2002；Valzano et al.，2001；Mace et al.，1999；Qadir et al.，1996；Armstong et al.，1992；Oster，1982；Shainberg et al.，1982）。可溶性钙置换土壤交换性 Na^+ 可表示为

$$^{Na^+-}_{Na^+-}\boxed{土壤胶体}^{-Na^+}_{-Na^+}+2Ca^{2+} \Longleftrightarrow 4Na^+ + \boxed{土壤胶体}^{-Ca^{2+}}_{-Ca^{2+}}$$

硫酸铝和康地宝等也对盐碱土有改良效果（王宇等，2006；吕彪等，2004；赵兰坡等，2001）。硫酸铝能将苏打盐碱土逐渐变为硫酸盐土壤，改善土壤环境，促进作物吸收 P、N 肥（李月芬等，2008）；康地宝能络合盐离子并随灌溉水被带到土壤深层，同时改善土壤团粒结构，活化土壤营养元素，激活植物体内酶系活性。有机肥兼具盐碱土改良和培肥效果。试验证明，有机肥能提高土壤孔隙度和渗透性，降低容重和紧实度，降低全盐含量和 pH，不加石膏的情况下，Ca^{2+} 和 SO_4^{2-} 增加，Na^+、CO_3^{2-} 和 HCO_3^- 减少（皓翻身等，1997）。

二、外源物质添加试验设计

（一）研究区概况

研究地点选在中国科学院大安碱地生态试验站长期定位试验小区。试验区土壤容重为 1.61g/cm，砂粒占 23.26%，粉砂占 39.14%，黏土占 37.60%，土壤 pH 为 10.47，土壤电导率为 2.36mS/cm，土壤有机碳（SOC）为 2.80g/kg，土壤交换性 Na^+ 占 79.66%，土壤属于典型的重度苏打盐碱土。

（二）试验材料

供试水稻为本地水稻品种 G19，生育期 135 天。盐碱地所用的外源物质包括有机肥、砂土、脱硫石膏以及这三种物质的混合物——脱碱 1 号（自行研制），于 2009 年施入试验小区，三种外源物质的基本理化性质见表 10-4（Luo et al.，2018）。

表 10-4　三种外源物质的特性

性质	脱硫石膏	砂土	有机肥
pH	7.62	8.92	8.30
EC/(dS/m)	34.20	0.78	—
SOC/(g/kg)	—	4.23	263.30
K^+/(g/kg)	1.00	0.001	13.60
Na^+/(g/kg)	1.59	0.008	4.11
Ca^{2+}/(g/kg)	265.30	0.10	7.49
Mg^{2+}/(g/kg)	1.68	0.01	10.20

（三）试验设计和田间管理

试验设置 5 个处理，不同改良处理包括：①对照，无任何改良物质施入；②添加脱硫石膏，脱硫石膏处理 3kg/m^2；③添加砂土，一次性施入 6kg/m^2 砂土，旋耕混入土壤；④添加有机肥，腐熟农家肥 6kg/m^2 做底肥一次性施入，旋耕混入土壤；⑤添加脱碱 1 号，自行研制苏打盐碱土改良剂，含脱硫石膏、砂土和有机肥，按 6kg/m^2 均匀撒施于地表，旋耕混入土壤。本试验采用随机区组设计，每种处理 3 次重复，共 15 个小区，每个小区面积为 20m^2，小区实行单灌单排，小区之间以埋入土壤 1m 深的塑料布彼此相隔，防止外源物质和水盐侧向运移干扰。

水稻种植的农艺和肥料管理方法在所有小区中都是相同的，并且符合该地区普遍的农业管理。每年向土壤中喷洒化肥，喷洒量 N 为 207kg/m^2（尿素，含氮 46%）、P 为 78kg/m^2（过磷酸钙，含 P_2O_5 12%）、K 为 60kg/m^2（硫酸钾，含 K_2O 45%）。然后耕种土壤，将肥料混入底土中。

每年 5 月 20 日～5 月底，水耙沉淀后移栽水稻，水稻品种为 G19。4 月上旬进行水稻育苗，40 天的秧苗移栽到小区中，定植间距为 30×16.7cm，该种植间距是避免宿根的常用做法，在松嫩平原盐碱地土壤中，建议每穴栽培 3～5 株苗（Wang et al.，2010）。在水稻生育期，通过灌溉和排水，使稻田内保持 3～7cm 的积水深度。9 月中旬，排干小区内积水，准备收割水稻。

（四）指标测定

秋季测定不同外源物质添加下土壤容重、土壤颗粒组成、土壤水分入渗速率以及土壤紧实度。

水稻完熟期，对每个小区水稻进行随机取样，将水稻根系、叶片、叶鞘和籽粒分离，烘干磨碎，将不同器官干样经 H_2SO_4-$HClO_4$ 消煮（Mori et al.，2011），然后静置、过滤，置于 100mL 容量瓶，用去离子水定容。待测样品的 K^+、Na^+ 含量用原子吸收分光光度计（GGX-900）测定。将水稻籽粒、叶片和叶鞘的 K^+ 和 Na^+ 含量进行加权计算得到水稻地上部的 K^+ 和 Na^+ 含量，将水稻籽粒、叶片、叶鞘和根系的 K^+ 和 Na^+ 含量进行加权计算得到水稻整株的 K^+ 和 Na^+ 含量。收割水稻时，测定水稻产量（Zeng et al.，2000）。

水稻收获后进行土壤取样，取样深度分别为 0～10cm、10～20cm、20～40cm、40～60cm、60～80cm 和 80～100cm。配置土水比例 1∶5 土壤浸提液，使用电导率仪（DDS-307）测定土壤电导率（EC，单位为 mS/cm），火焰光度计（FP-6410）测定可溶性 K^+、Na^+，EDTA 滴定法（Jackson，1956）测定 Ca^{2+} 浓度。

土壤渗透势可以作为评价植物对盐碱胁迫反应的指标（de Souza et al.，2012）。在本节中，将 1∶5 的土壤浸提液作为土壤溶液，土壤溶液中的渗透势（OP_{ss}）计算公式如下（Bohn et al.，2002）：

$$OP_{ss}=(-0.36)\times10EC$$

钾钠选择性吸收系数（SA）和选择性运输系数（ST）计算公式如下（Wang et al.，2004，2002）：

$$SA=[K^+/Na^+]_{根系}/[K^+/Na^+]_{土壤}$$
$$ST=[K^+/Na^+]_{地上部}/[K^+/Na^+]_{根系}$$

三、外源物质添加对土壤物理特性的影响

（一）不同外源物质添加对苏打盐碱土容重的影响

添加不同外源物质的试验水田开垦前为碱斑裸地，0～40cm 深度范围内土壤容重高达 $1.61g/cm^3$，高于外源物质添加后的土壤容重。从图 10-6 中可以看出，各处理条件下，土壤的容重值随着采样深度的增加而增加，其中脱硫石膏处理后的土壤容重随采样深度变化最大，而脱碱 1 号则变化不明显。土层深度为 0～10cm 时，土壤容重从高到低依次为初始值>对照>砂土>脱碱 1 号>有机肥>脱硫石膏；土层深度为 10～20cm 时依次为初始值>脱硫石膏>对照>砂土>有机肥>脱碱 1 号。研究结果表明，水田开垦后，容重较初始值降低，说明种稻可以改善土壤结构，而外源物质的添加进一步降低土壤容重，对土壤结构改善显著。

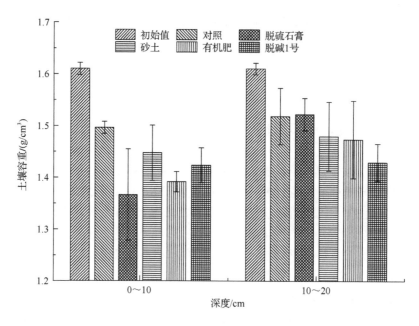

图 10-6　不同外源物质添加下土壤容重

（二）不同外源物质添加对苏打盐碱土颗粒组成的影响

试验区初始土壤颗粒组成为：砂粒占 23.26%，粉砂占 39.14%，黏土占 37.60%。按照中国土壤分级方法，试验区土壤质地为壤土。如表 10-5 所示，不同外源物质添加下的土壤质地属于砂质黏土。相比于初始值，所有处理土壤颗粒组成变化显著，均表现为砂粒含量增加，黏粒含量减少，粉粒含量变化不明显。因此所有改良措施，包括种稻治碱和外源物质添加改良措施，对原始地貌的土壤质地均有改善作用。不同处理之间比较，添加有机肥与脱碱 1 号可以使苏打盐碱土中黏粒与粉粒含量降低而砂粒的含量增加。添加有机肥与脱碱 1 号对苏打盐碱土中砂粒增加效果高于添加脱硫石膏与砂土，说明有机肥与脱碱 1 号的添加对苏打盐碱土质地的改善效果最好。

表 10-5　不同外源物质添加下苏打盐碱土 0～10cm 土壤颗粒组成　　　　单位：%

土壤颗粒	有机肥	脱硫石膏	砂土	脱碱 1 号	对照
黏粒（<2μm）	8.5	13.07	12.08	10.08	10.48
粉粒（2～50μm）	38.99	42.48	43.13	39.56	41.42
砂粒（50～250μm）	52.51	44.45	44.79	50.36	48.1

（三）不同外源物质添加对苏打盐碱土紧实度的影响

不同外源物质处理条件下，苏打盐碱土紧实度在 0～20cm 范围内变化如图 10-7 所示。对照、砂土与有机肥处理下的苏打盐碱土土壤紧实度随着土层深度的增加而减小；脱碱

1号处理下土壤紧实度随着土层深度的增加而上升；脱硫石膏处理下土壤紧实度基本不变。

从图 10-7 可以看出,不同处理下苏打盐碱土土壤紧实度变化特点在 0～20cm 土层内可分成 0～5cm、5～20cm 两个区段。在 0～5cm 范围内,差异较明显,有机肥处理下的苏打盐碱土土壤紧实度最高,其次是砂土和对照处理,脱硫石膏与脱碱 1 号处理下土壤紧实度最低;在 5～20cm 范围内,各外源物质添加下土壤紧实度随土层深度增加而基本保持不变,且曲线基本与 x 轴平行,在 5～20cm 范围内,脱碱 1 号处理下土壤紧实度在 1000kPa 左右,而有机肥与脱硫石膏处理下土壤紧实度在 600kPa 左右,砂土与对照处理下土壤紧实度最低,在 400kPa 左右。

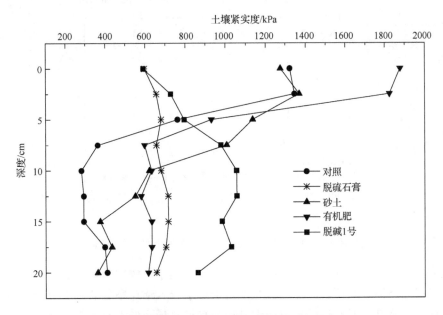

图 10-7　不同外源物质处理下苏打盐碱土紧实度

（四）不同改良处理下苏打盐碱土水分入渗速率

如图 10-8 所示,有机肥（OM）处理下土壤初始水分入渗速率（$0 < t < 15min$）最高时（$t = 5min$）达到 1833mm/天,脱碱 1 号（TJ）次之,达到了 1622mm/天。脱硫石膏（GR）、砂土（SS）与对照（CK）之间的初始水分入渗速率差异明显,土壤的初始水分入渗速率分别达到了 825mm/天、275mm/天和 92mm/天。

在各处理中,脱碱 1 号、有机肥与砂土处理条件下土壤的相对稳定水分入渗速率（IR）在 50min 左右达到相对稳定,脱硫石膏处理下的土壤在 55min 左右达到相对稳定的水分入渗速率,而对照则在 105min 左右达到相对稳定的水分入渗速率（0.31mm/天）。其中,脱碱 1 号处理的稳定水分入渗速率最高,为 2.94mm/天,高于有机肥处理下的稳定水分入渗速率（2.10mm/天）,砂土与脱硫石膏处理条件下土壤相对稳定的水分入渗速率差异不明显,但均小于脱碱 1 号而大于对照处理条件下的土壤相对稳定的水分入渗速率。

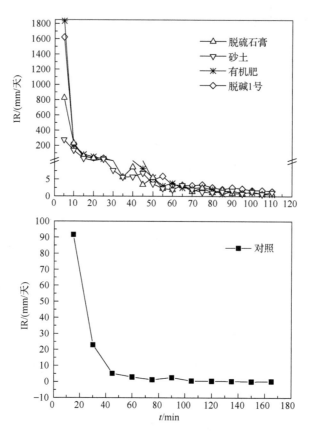

图 10-8   不同外源物质处理下苏打盐碱土水分入渗速率

脱硫石膏处理显著改善苏打盐碱土物理性质，其中土壤容重显著低于对照，土壤水分入渗速率显著高于对照。添加有机肥使得土壤水分入渗速率显著高于对照，容重低于对照，紧实度略高于对照，颗粒组成中黏粒与粉粒含量降低。有机肥的使用，使苏打盐碱土的分散性降低。由于有机肥中多糖和腐殖物质可以通过功能基等不同机制与矿质颗粒形成腐殖物质-矿物质复合体，土壤的孔隙结构得到改善。因此，有机肥处理后苏打盐碱土的物理性质得到改善。砂土改良处理后苏打盐碱土物理性质较对照略有改善，添加砂土使得土壤水分入渗速率较对照略有提高，容重较对照小，黏粒与粉粒含量较对照略高，土壤紧实度较对照略高。主要是因为砂土中的有机肥与钙镁含量低，因此砂土处理后，苏打盐碱土的物理性质改善作用不明显。苏打盐碱土采用脱碱1号改良剂处理后，物理性质的改善效果显著。土壤水分入渗速率显著高于对照，土壤容重显著低于对照，颗粒组成中黏粒与粉粒的含量低于对照。

四、外源物质添加对土壤化学特性的影响

（一）不同外源物质添加对土壤盐碱特征的影响

由图 10-9 可知，对照组土壤 pH 为 9.98，添加脱硫石膏和脱碱 1 号改良剂后土壤 pH

分别为 9.36 和 9.45，与对照相比显著降低了 6.2%和 5.3%。土壤电导率是表征土壤中水溶性盐分离子含量的重要指标，本试验中对照组土壤电导率为 0.74mS/cm，添加脱硫石膏、脱碱 1 号、砂土和有机肥使得土壤电导率分别降至 0.42mS/cm、0.48mS/cm、0.50mS/cm 和 0.62mS/cm。钠吸附比（SAR）是土壤盐碱化程度的一个重要指标，不同的 SAR 会造成土壤理化性质和土壤结构产生不同变化，与对照相比，添加外源物质能够降低土壤 SAR，其中脱硫石膏、砂土和脱碱 1 号使得土壤 SAR 显著降低了 55.9%、43.3%和 43.1%。添加外源物质使得土壤总碱度降低，脱硫石膏处理效果最显著，比对照降低了 46.6%。因此，苏打盐碱土采用脱硫石膏和脱碱 1 号改良剂处理后，土壤盐碱化程度显著降低。

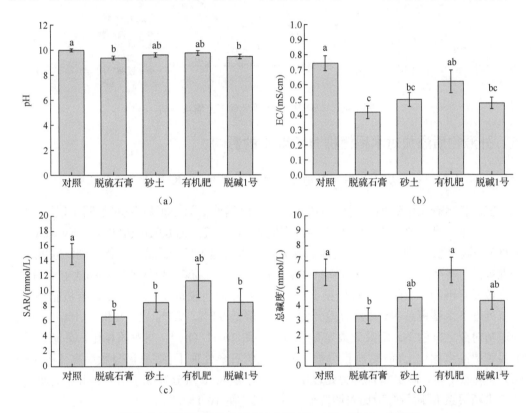

图 10-9　不同外源物质处理下土壤 pH、EC、SAR、总碱度

（二）不同外源物质添加对土壤渗透势的影响

与对照相比，添加外源物质提高了土壤溶液渗透势。由图 10-10 可知，0～40cm 土层中，不同外源物质添加对土壤溶液渗透势的提高作用由大到小依次是：脱碱 1 号>脱硫石膏>砂土>有机肥>对照。0～10cm 土层中，脱碱 1 号、脱硫石膏、砂土和有机肥处理下的土壤溶液渗透势分别比对照提高了 53.8%、40.1%、29.1%和 12.2%。在相同土层中，脱碱 1 号处理下土壤溶液渗透势高于其他处理，说明脱碱 1 号降低土壤溶液盐浓度的能力最强，其次是脱硫石膏。

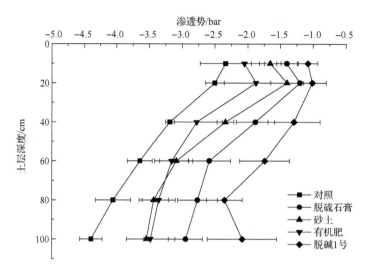

图 10-10　不同外源物质处理下土壤渗透势

五、外源物质添加对水稻植株 Na$^+$和 K$^+$的影响

（一）不同外源物质添加对水稻地上部和地下部 Na$^+$、K$^+$质量分数的影响

在苏打盐碱土中添加不同外源物质，使得水稻地上部 Na$^+$质量分数不同 [图 10-11（a）]。脱碱 1 号处理下水稻地上部的 Na$^+$质量分数最低，为 0.91mg/g DW（dry weight，干重），有机肥、对照、砂土和脱硫石膏处理下水稻地上部 Na$^+$质量分数分别比脱碱 1 号处理提高了 4.4%、7.7%、8.8%和 11.0%。脱硫石膏与脱碱 1 号处理间水稻地上部 Na$^+$质量分数显著不同。对照组水稻根系 Na$^+$质量分数较高，脱碱 1 号、砂土、有机肥和脱硫石膏处理下水稻根系 Na$^+$质量分数分别比对照降低 0.8%、7.1%、9.2%和 15.1%。而改良处理与对照之间的 Na$^+$质量分数差异不显著 [图 10-11（b）]。与对照相比，外源物质添加显著提高水稻地上部 K$^+$质量分数，其中脱硫石膏处理下 K$^+$质量分数最高 [图 10-11（c）]。脱碱 1 号、砂土和有机肥处理使得水稻根系 K$^+$质量分数低于对照，其中有机肥处理下水稻根系 K$^+$质量分数比对照降低了 16.8% [图 10-11（d）]。

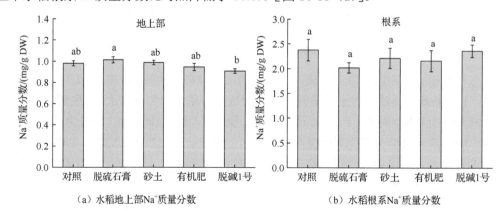

（a）水稻地上部Na$^+$质量分数　　　　　　　（b）水稻根系Na$^+$质量分数

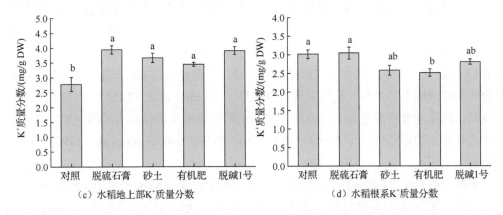

（c）水稻地上部K⁺质量分数　　　　　（d）水稻根系K⁺质量分数

图 10-11　不同外源物质处理下水稻 Na^+ 和 K^+ 质量分数

（二）水稻植株对 Na^+ 和 K^+ 的选择性吸收和运输

由图 10-12 可知，脱碱 1 号处理使得选择性吸收系数比对照降低了 74.8%。然而，与对照相比，脱碱 1 号处理显著提高了水稻的选择性运输系数，是对照组选择性运输系数的 1.5 倍。添加外源物质使得水稻根系对 K^+ 的选择性吸收增强。与对照相比，添加外源物质增强了 K^+ 由水稻根系向地上部的运输能力，其中脱碱 1 号处理下 K^+ 的运输能力最强。

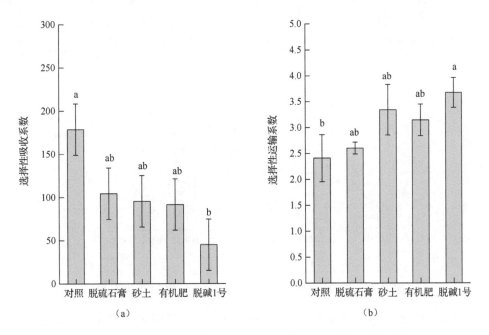

（a）　　　　　　　　　　　　　（b）

图 10-12　不同外源物质添加下水稻对 Na^+、K^+ 吸收和运输的影响

　　添加脱碱 1 号使得土壤渗透胁迫和 Na$^+$毒害显著降低，因此苏打盐碱土添加脱碱 1 号有利于水稻生长（Shi et al.，2019；Luo et al.，2018；Hu et al.，2005；Swarup，1982）。Roy 等（2014）的研究结果表明，重度盐碱胁迫使得植物地上部积累过多 Na$^+$，Syed 等（2017）的研究也显示，随着土壤盐碱性的增强，植物地上部 Na$^+$含量显著增加。添加外源物质能够减缓植物生长过程所受的盐碱胁迫（Chaganti et al.，2015）。对照组土壤盐碱性较高，选择性吸收系数高于改良组，使得水稻细胞溶质保持较高的钾钠比，这是植物耐受盐分胁迫的重要机制（Munns et al.，2010，2008；Dubcovsky et al.，1996；Gorham，1990）。

　　由图 10-13 可知，对照组土壤溶液 Na$^+$物质的量浓度为 6.68mmol$_c$/L，添加脱碱 1 号、脱硫石膏、砂土和有机肥使得土壤溶液 Na$^+$物质的量浓度分别降低至 3.16mmol$_c$/L、4.35mmol$_c$/L、5.11mmol$_c$/L 和 6.60mmol$_c$/L。添加外源物质能够提高土壤溶液 K$^+$和 Ca^{2+}浓度，不同外源物质处理间土壤溶液 Ca^{2+}浓度差异不显著。

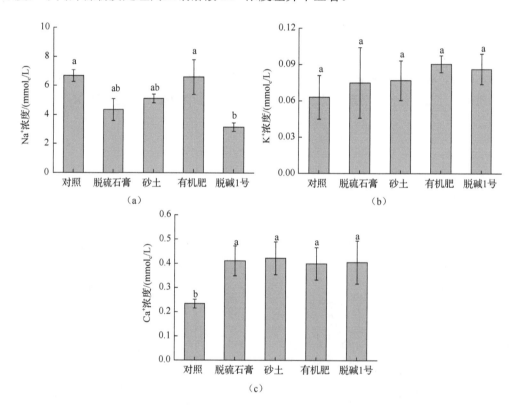

图 10-13　不同外源物质添加对土壤 Na$^+$、K$^+$和 Ca^{2+}浓度的影响

　　进入植物时 K$^+$和 Na$^+$的竞争会对植物的生长产生不利影响，其中 Na$^+$浓度往往高于 K$^+$浓度（Tester et al.，2003）。因此，在植物中保持高 K$^+$/Na$^+$是至关重要的（Maathuis et al.，1999）。添加含 Ca^{2+}的外源物质能够促进植物对 K$^+$的吸收（Alama et al.，2002）。Ca^{2+}可以替代植物中 Na$^+$，维持细胞壁的稳定性和细胞膜的完整性（Wu et al.，2012；Zhang et al.，

2010）。盐碱土添加 Ca^{2+} 可以减轻 Na^+ 毒害，但是不同植物的反应不同。在相同的盐碱条件下，添加 Ca^{2+} 可以显著提高苜蓿（*Medicago sativa*）（Al-Khateeb, 2006）和山茱萸（*Cornus officinalis*）（Renault et al.，2009）对 K^+ 的吸收能力。而 Wang 等（2007）研究表明，施加 Ca^{2+} 对碱蓬（*Suaeda glauca*）的选择性吸收和选择性运输系数没有显著影响。另外，在同种植物中，Na^+ 对 Ca^{2+} 的响应也随土壤溶液渗透势的不同而不同。土壤溶液处于低渗透势时，Ca^{2+} 对水稻植株 K^+ 的选择性吸收和选择性运输没有显著影响（Yeo et al.，2010）。

（三）水稻不同器官 Na^+ 和 K^+ 的分布特征

如图 10-14 所示，不同处理间整株水稻 Na^+ 质量分数差异较小。与对照相比，添加外源物质显著提高整株水稻 K^+ 质量分数，但不同外源物质处理间差异不显著。由表 10-6 可知，添加外源物质会降低水稻根系和籽粒中 Na^+ 质量分数，增加叶鞘和叶片 K^+ 质量分数。添加脱硫石膏、砂土、有机肥和脱碱 1 号使得叶鞘中 K^+ 质量分数分别比对照增加了 57.2%、54.9%、44.1%和 25.5%。

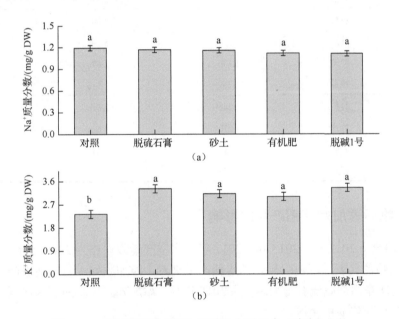

图 10-14 不同外源物质添加下整株水稻 Na^+、K^+ 质量分数

水稻不同器官中 K^+、Na^+ 的分布情况见表 10-6，叶片中 K^+ 质量分数比较高，根系中 Na^+ 质量分数较多，Na^+ 在各器官中的积累量为根系>叶片>叶鞘>籽粒。由于根系保留了较多的 Na^+，减少 Na^+ 向地上部器官运输，从而使叶片、叶鞘和籽粒中 K^+/Na^+ 较高，这也说明添加外源物质有利于水稻进行正常的新陈代谢活动（Ahmad et al.，2005；Borsani et al.，2001）。

表 10-6　不同外源物质添加下水稻各器官 Na^+ 质量分数、K^+ 质量分数和 K^+/Na^+

处理	器官	Na^+ 质量分数/(mg/g DW)	K^+ 质量分数/(mg/g DW)	K^+/Na^+
对照	籽粒	0.53c	2.75ab	7.07a
	叶片	1.38b	3.61a	2.57b
	叶鞘	1.06b	1.99b	1.90b
	根系	2.38a	3.01a	1.36b
脱硫石膏	籽粒	0.25d	2.62b	10.61a
	叶片	1.63b	5.06a	3.18b
	叶鞘	1.30c	4.42a	3.40b
	根系	2.02a	3.04b	1.53c
砂土	籽粒	0.27d	2.69c	10.11a
	叶片	1.59b	4.93a	3.11b
	叶鞘	1.19c	3.56b	2.93b
	根系	2.21a	2.57c	1.28c
有机肥	籽粒	0.19d	2.60b	15.15b
	叶片	1.61b	5.19a	3.23b
	叶鞘	1.13c	2.67b	2.40a
	根系	2.16a	2.51b	1.25b
脱碱 1 号	籽粒	0.24c	2.61b	12.59a
	叶片	1.27b	4.62a	3.85b
	叶鞘	1.31b	4.65a	3.54b
	根系	2.36a	2.80b	1.21c

六、外源物质添加对水稻产量的影响

取 2010 年、2012 年、2015 年、2017 年的水稻产量数据作为 2009 年至 2017 年水稻产量变化趋势的代表（图 10-15）。从水稻产量来看，添加脱碱 1 号是促进产量提高最好的处理，其次是添加脱硫石膏处理。除 2015 年外，添加外源物质的小区水稻产量均显著高于未添加外源物质的小区。

瞬时盐度影响植物对有效水的吸收，影响植物产量（Rengasamy，2010a，2010b）。在苏打盐碱地添加外源物质可以减轻盐碱胁迫对植物的影响（Irshad et al.，2002）。施加外源物质能够提高土壤溶液渗透势，进而降低土壤溶液的渗透压，有利于盐碱地水稻的生长，提高水稻产量。因此，施用外源物质可以提高植物的耐盐性（Cramer，1992）。

施用脱硫石膏、砂土和有机肥可以改善根系环境，提高水稻产量（Abrishamkesh et al.，2015）。本节研究发现添加脱碱 1 号显著降低了水稻地上部对 Na^+ 的吸收，使水稻产量达到最高，这可能是由于脱碱 1 号是由脱硫石膏、砂土和有机肥混合而成，这三种改良剂的协同作用降低了水稻对 Na^+ 的吸收。

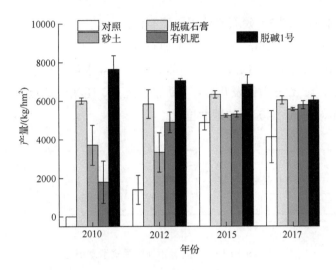

图 10-15　不同外源物质添加下水稻产量变化趋势

第三节　开槽耕作处理结合外源物质石膏添加对土壤盐碱障碍的消减作用

一、材料与方法

（一）田间试验设计

田间试验地点位于中国科学院大安碱地生态试验站（45°36′16″N，123°50′08″E），试验地块为从未开垦的盐碱荒地。该地区属于干旱和半干旱气候区，年降水量 380～450mm，蒸发量则达 1600～1923mm，无霜期 142 天，年平均气温 4.3℃（李彬等，2006a），地下水 EC 为 0.99mS/cm，pH 在 7.5～8.5，土壤盐分以 $NaHCO_3$ 和 Na_2CO_3 为主（李彬等，2006b），属于典型的苏打盐碱土。

试验设置 10 个田间小区，每个小区面积为 120m²（20m×6m），小区四周修筑普通水田池埂，相邻两个小区间设置 2m 间距隔离区，共 5 个处理，2 次重复。试验处理如下。

处理 1：按小区长度方向，第一个槽位置距离池埂 0.5m，然后以 1m 间距确定下一个开槽位置，共开槽 5 个。在 20～40cm 心土层位置开出一条 10cm 宽、20cm 深的槽，将槽内挖出来的土混入磷石膏，然后均匀回填至槽内，并将槽上土壤原状回填。整个小区耕层均匀撒施磷石膏并机械旋耕混入土壤。

处理 2：操作同处理 1，磷石膏改用脱硫石膏。

处理 3：开槽做法如处理 1，但槽内只松土不翻土，也不混入石膏，松土完成后将槽上土壤原状回填。整个小区耕层均匀撒施磷石膏机械旋耕混入土壤。

处理 4：操作同处理 3，磷石膏改用脱硫石膏。

对照：仅地表旋耕 20cm，不开槽也不加石膏。

脱硫石膏和磷石膏用量均是 25t/hm²，即 80% 石膏需求量。开槽方法如图 10-16 所示。图中标识字母 G、J、Y 分别代表开槽点、距槽较近点、距槽较远点，分别指开槽小区内距离开槽点 0cm、20cm、40cm 的地面位置。

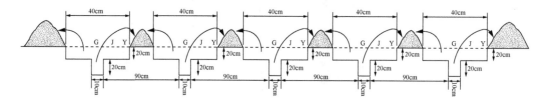

图 10-16　田间等距开槽模式示意图

试验所用的磷石膏和脱硫石膏分别来自辽宁义县磷肥厂和吉林大唐电厂，二者都是粉末状固体。考虑到土壤的盐碱性和作物的耐盐碱能力，选择稗（*Echinochloa crus-galli* (L.) *P. Beauv.*）为供试植物，品种为"朝牧一号"，种植方式为人工均匀撒播，所有小区均在播种前进行土壤耕层水耙 20cm。每个小区在定苗和拔节期各施复合肥 5g，灌溉水为当地地下水，田间管理措施均按常规方法实施，各处理之间灌溉与牧草管理措施相同。

（二）调查分析和数据处理

按上述试验设计布置试验，待成熟期测定牧草株高，收获后测量开槽点和与开槽点不同距离的点的土壤紧实度，以及每个采样点各个土层的 EC、pH 和土壤碱化度（ESP）。土壤紧实度由美国 Fieldscout 土壤紧实度仪 SC-900 实地测得，化学指标均在室内测定，EC 和 pH 均是土水比为 1∶5 土壤浸提液的测量值，分别用电导率仪和 pH 计测得，ESP 用实验室测定的土壤阳离子交换量（CEC）和交换性 Na⁺（NaX）计算得到，交换性 Na⁺ 用乙酸铵-火焰光度计法测得，阳离子交换量用乙酸钠-乙酸铵-火焰光度计法测得。利用 Excel 和 SPSS 17.0 软件进行数据处理和统计分析，用 Origin 9.0 作图。

二、开槽+石膏对土壤物理特性的影响

苏打盐碱土交换性 Na⁺ 含量高，导致土壤无结构，黏粒呈分散状态，加之多年粉砂积累沉淀，形成了一层黏粒和粉砂紧密结合的不透水层，牧草扎根困难，严重限制植物生长。开槽的主要目的是改善土壤结构，使其出现大孔隙，提高土壤通水透气性，有利于土壤脱盐，进一步改善土壤的物理结构（刘长江等，2007）。于秋季收获后进行紧实度测试，各处理的紧实度比较见表 10-7。

表 10-7　开槽处理下不同土层的土壤紧实度　　　　　单位: kPa

深度	处理 1			处理 2			处理 3			处理 4			对照
	G	J	Y	G	J	Y	G	J	Y	G	J	Y	
0cm	152	35	12	—	—	—	—	35	—	—	12	12	1041
2.5cm	164	117	93	—	164	70	70	164	58	117	47	47	971
5cm	210	175	269	70	246	327	222	281	211	304	234	222	667
7.5cm	211	222	292	304	351	316	281	246	234	281	245	269	573
10cm	222	234	269	339	316	351	293	234	211	199	222	269	573
12.5cm	234	211	199	234	234	328	293	222	176	175	234	281	573
15cm	222	234	164	234	257	293	316	187	187	128	316	339	819
17.5cm	374	480	257	421	339	339	281	304	351	269	503	655	924
20cm	397	643	398	562	608	632	234	573	690	339	596	947	982
22.5cm	351	608	526	526	1205	971	222	620	854	398	643	971	1088
25cm	398	655	538	503	1275	1287	222	620	912	409	772	912	1310
27.5cm	456	713	620	585	1205	1509	234	620	924	468	854	947	1298
30cm	468	760	667	620	1182	1450	234	631	994	644	901	947	1474
32.5cm	573	877	702	585	1275	1380	281	667	1041	655	913	1018	1649
35cm	585	971	772	456	1111	1298	327	702	1064	772	1088	1123	1766
37.5cm	667	1064	912	538	1111	1193	386	702	1006	819	1310	1275	1626
40cm	854	1135	994	597	1158	1228	550	748	1053	1041	1439	1392	1696
42.5cm	959	1240	1064	690	1216	1205	678	854	1135	1240	1532	1520	1790
45cm	1064	1334	1123	702	1228	1111	854	830	1158	1193	1684	1696	2187

注: G、J、Y 分别代表相应处理下距开槽点 0cm、20cm、40cm 的位置

1. 土壤耕层（0～20cm）紧实度

本试验小区播种前全部实施机械旋耕，处理 1、处理 2、处理 3 和处理 4 土壤耕层开槽不同距离点之间紧实度均无显著差异，但与对照相比均有所降低，且个别处理与对照达到了差异显著水平，由此得出，与仅旋耕不加石膏处理相比土壤耕层旋耕并施用石膏处理更能有效降低土壤紧实度，改善土壤结构，磷石膏和脱硫石膏对降低土壤紧实度效果差异不明显。

2. 开槽处理对心土层（20～40cm）紧实度的影响

从图 10-17 可以看出，开槽处理 1、处理 2、处理 3 和处理 4 开槽点 20～40cm 心土层的紧实度均比对照有大幅降低，且均达到差异极显著水平；处理 1、处理 2、处理 3 和

处理4开槽点紧实度差异均未达到显著水平。由此表明，开槽比未开槽能显著降低土壤紧实度，槽内施用石膏和槽内松土处理对紧实度的影响差异不明显，磷石膏和脱硫石膏改土效果差异不显著。

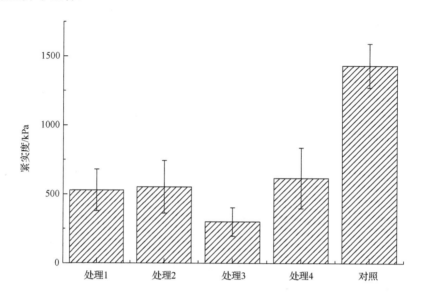

图 10-17　开槽处理与未开槽处理 20～40cm 心土层的紧实度

3. 开槽处理对槽间土壤紧实度的影响

对距离开槽点不同位置的 20～40cm 心土层紧实度进行方差分析，得出结果如下：处理 1 的 P 值为 0.131，处理 2 的 P 值为 0.102，处理 3 的 P 值为 0.048，处理 4 的 P 值为 0.157，开槽处理开槽点均比槽间点的紧实度有所降低，只有处理 3 的开槽点与距槽较远点的紧实度差异显著，距槽较近点紧实度介于两者之间，其他处理的开槽点与槽间点紧实度都没有达到显著差异，且处理 1、处理 2、处理 3 和处理 4 开槽点的 20～40cm 心土层也均未达到差异显著水平，表明开槽并施用石膏能很好地降低土壤紧实度，且对槽间土壤的紧实度有一定影响，开槽松土不施用石膏也可以很好地降低土壤紧实度，等距开槽结合槽内施用石膏能够取得更好的改土效果。

三、开槽+石膏对土壤化学特性的影响

（一）开槽对土壤电导率的影响

土壤水溶性盐是土壤的一个重要属性，是判定土壤中盐类离子是否限制作物生长的因素。本试验中，石膏是改良剂，是影响土壤电导率的主要因素，由开槽来决定石膏影响盐碱土的位置。不同处理对不同土层土壤 EC 的影响如表 10-8 所示，可以看出，开槽处理和施用石膏对耕层土壤的 EC 影响均不明显。

表 10-8　开槽处理下不同土层的土壤 EC　　　　单位：mS/cm

深度	处理 1			处理 2			处理 3			处理 4			对照
	G	J	Y	G	J	Y	G	J	Y	G	J	Y	
0～10cm	1.1	1.4	0.8	1.3	0.8	0.6	1.5	1.5	1.8	0.7	0.7	1.4	1.0
10～20cm	1.1	1.6	0.9	1.4	0.8	0.8	1.2	1.0	1.3	0.8	0.8	1.0	1.0
20～40cm	2.0	1.3	1.1	1.7	1.1	1.0	1.0	1.1	1.1	1.5	1.1	1.2	1.2
40～60cm	1.0	1.2	1.3	1.0	1.1	1.2	1.2	1.2	1.1	1.2	1.1	1.2	1.4
60～80cm	1.0	1.2	1.3	0.9	1.0	1.1	1.2	1.1	1.2	1.3	1.3	1.1	1.1

注：G、J、Y 分别代表相应处理下距开槽点 0cm、20cm、40cm 的位置

1. 土壤耕层（0～20cm）电导率

稗子生长的土层大约在 0～20cm，所以耕层土壤是稗子的主要生存环境，其电导率的大小决定了稗子生长环境的优劣。处理 1、处理 2、处理 3 和处理 4 的耕层均有石膏加入，只有对照未加石膏，图 10-18 为耕层电导率的变化。由图 10-18 可以看出，处理 1、处理 2、处理 3 和处理 4 与对照间差异不显著，脱硫石膏比磷石膏更能增大土壤电导率，但是效果不明显，磷石膏的加入与否对电导率的改变不明显。

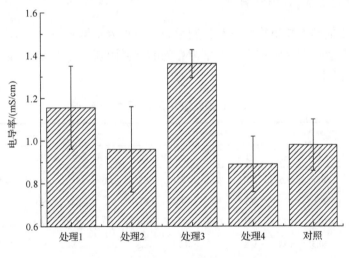

图 10-18　不同处理的耕层土壤电导率

2. 开槽处理对心土层（20～40cm）电导率的影响

此层的土壤环境不直接影响稗子的生长，但会间接影响耕层的土壤环境。由图 10-19 可以看出，开槽并施用石膏能较好地增大槽中电导率，但是仍不能与对照的差异达到显著水平，而仅仅开槽不施用石膏对槽内的电导率影响与对照相当，脱硫石膏与磷石膏的差异也不明显。

对 4 个开槽处理的开槽点和槽间点 20～40cm 心土层电导率指标进行统计分析，结

果发现：处理 1、处理 2、处理 3 和处理 4 的开槽点与槽间点差异均不显著（$P > 0.05$），表明施用石膏配合开槽或松土处理不能改善土壤电导率，且对槽间土壤的改善作用也不明显。

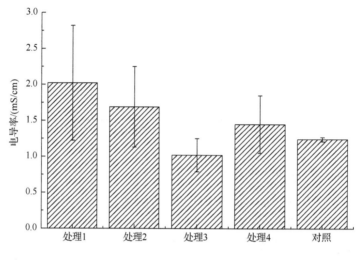

图 10-19　不同处理的心土层土壤电导率

（二）开槽对土壤 pH 的影响

土壤酸碱度能够影响植物生长和施肥效果，可作为土壤肥力的一项指标，而且还是影响土壤养分有效性和化学物质在土壤中行为的主要因素。表 10-9 中显示不同处理下，不同土层 pH 的变化。

表 10-9　开槽处理下不同土层的土壤 pH

深度/cm	处理 1			处理 2			处理 3			处理 4			对照
	G	J	Y	G	J	Y	G	J	Y	G	J	Y	
0～10	8.1	8.6	9.5	7.6	9.0	8.9	8.2	8.1	7.6	9.6	9.4	8.5	10.1
10～20	8.6	9.3	10.1	8.1	9.8	9.8	9.1	9.7	8.6	9.9	10.1	9.9	10.2
20～40	8.0	10.3	10.2	8.2	10.2	10.2	10.1	10.1	10.0	9.7	10.3	10.3	10.2
40～60	10.2	10.3	10.2	9.8	10.2	10.1	10.3	10.1	10.1	10.2	10.3	10.3	10.2
60～80	10.2	9.2	10.2	10.0	10.0	10.0	10.3	10.0	10.1	10.3	10.4	10.3	10.2

注：G、J、Y 分别代表相应处理下距开槽点 0cm、20cm、40cm 的位置

1. 土壤耕层（0～20cm）的 pH

耕层土壤是作物根系活动的主要范围，pH 是影响根养分有效性的重要因素，高的 pH 会导致作物营养失调，某些营养元素如磷、锌、铜、铁、锰等的有效性随土壤 pH 的降低有增有减（Sarkar et al., 1982），还会使得根系细胞内与外界环境酸碱失衡，进而破坏细胞膜的结构，就会造成细胞内溶物外渗而使植物死亡（付莉等，2011）。图 10-20 是

不同处理后耕层土壤 pH 的变化，可以看出，处理 1、处理 2、处理 3 和处理 4 均比对照的 pH 小，且处理 1～3 与对照的差异达到显著水平，表明土壤表层旋耕并施用石膏有助于降低土壤 pH，而仅仅旋耕不加石膏对土壤 pH 的改变效果不明显，脱硫石膏与磷石膏的改良效果不显著。

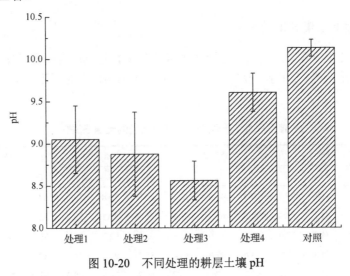

图 10-20　不同处理的耕层土壤 pH

2. 开槽处理对心土层（20～40cm）pH 的影响

本试验是通过开槽试验观察开槽对 20～40cm 心土层 pH 的影响，并对上层土壤是否有影响进行确定。图 10-21 是不同处理下 20～40cm 心土层 pH 的影响。

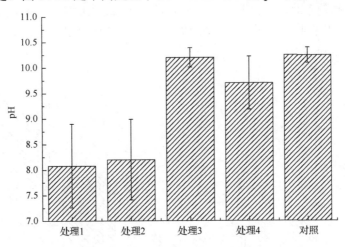

图 10-21　不同处理的心土层土壤 pH

由图 10-21 可以看出，处理 1 和处理 2 的 pH 降低效果显著，处理 3 和处理 4 的 pH 降低效果不显著，表明开槽结合施用石膏能促进开槽点 pH 的降低，而仅仅开槽不加入石膏对 pH 的改良效果不显著，脱硫石膏与磷石膏的改良效果也不显著。

对 4 个开槽处理的开槽点和槽间点 20～40cm 心土层 pH 指标进行统计分析，结果发现（表 10-9）：处理 1 和处理 2 开槽点与槽间点差异均达到显著水平（$P<0.05$）；处理 3 和处理 4 开槽点与槽间点差异均不显著（$P>0.05$），表明槽内施用石膏能有效改善土壤 pH，但对槽间土壤 pH 改善作用不显著，仅槽内松土不加石膏对土壤 pH 的改善不明显，对槽间土壤改良作用更不明显。

（三）开槽对土壤 ESP 的影响

土壤的碱化度（ESP）是指土壤胶体上吸附的交换性 Na^+ 占阳离子交换量的百分率。碱化度是盐碱土分类、利用、改良的重要指标。表 10-10 中显示不同处理下，不同土层 ESP 的变化。

表 10-10　开槽处理下不同土层的土壤 ESP　　　　　单位：%

深度/cm	处理 1			处理 2			处理 3			处理 4			对照
	G	J	Y	G	J	Y	G	J	Y	G	J	Y	
0~10	28.0	41.6	37.9	18.3	41.0	40.2	25.0	39.8	39.8	67.0	45.9	41.3	77.4
10~20	33.3	65.3	63.4	30.7	63.9	67.7	46.4	72.5	72.5	75.0	71.9	68.3	87.1
20~40	42.4	74.9	72.0	41.9	75.0	91.9	73.3	92.2	92.2	79.1	97.0	92.8	92.5
40~60	68.2	74.3	72.8	64.6	77.9	86.4	85.3	91.3	91.3	88.9	99.3	92.1	91.8
60~80	74.2	55.4	75.4	53.7	67.0	66.7	86.2	86.9	86.9	88.0	98.3	86.1	81.6

注：G、J、Y 分别代表相应处理下距开槽点 0cm、20cm、40cm 的位置

1. 土壤耕层（0~20cm）的 ESP

土壤 ESP 高是东北地区盐碱土的一个显著特征，耕层土壤的 ESP 决定土壤结构和理化性质，最终影响作物的生长环境。图 10-22 是不同处理土壤耕层 ESP 的变化。

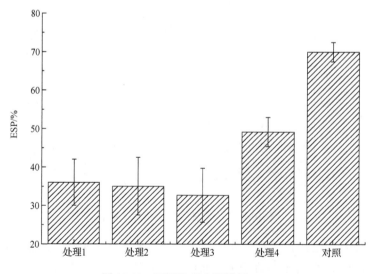

图 10-22　不同处理土壤耕层 ESP

由图 10-22 可以看出，处理 1、处理 2、处理 3 和处理 4 的土壤 ESP 差异不明显，但

是均明显低于对照，且均与对照差异显著，表明耕层旋耕并施用石膏对 ESP 的改良效果显著，仅仅旋耕不加入石膏对土壤 ESP 的改良效果不明显，脱硫石膏与磷石膏改良效果差异不显著。

2. 开槽处理对心土层（20～40cm）ESP 的影响

对土壤 20～40cm 开槽或施用石膏处理，达到对 20～40cm 土层 ESP 改良的目的，并观察上下土层的互相影响。图 10-23 是不同处理心土层 ESP 的变化。

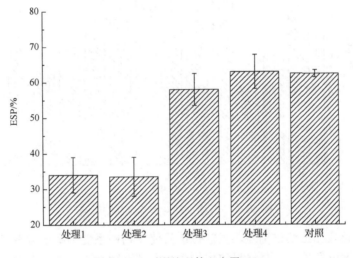

图 10-23　不同处理的心土层 ESP

由图 10-23 可以看出，处理 1 和处理 2 差异不显著，处理 3 和处理 4 和对照间均差异不显著，而处理 1、处理 2 与处理 3、处理 4、对照的差异达到显著水平，说明开槽必须结合施用石膏才能降低土壤 ESP，仅仅开槽对土壤 ESP 的改良几乎没有效果。

对 4 个开槽处理的开槽点和槽间点 20～40cm 心土层 ESP 指标进行统计分析，结果发现：处理 1 开槽点与槽间点均达到差异显著水平（$P<0.05$）；处理 2 开槽点与距槽较远点差异达到了显著水平（$P<0.05$），且距槽较近点的 ESP 介于两者之间；处理 3 和处理 4 开槽点与槽间点差异均不显著（$P>0.05$），表明槽内施用石膏能有效改善土壤 ESP，磷石膏对槽间土壤 ESP 改善作用不甚显著，脱硫石膏能较好地改良距槽较近的土壤，对距槽较远的土壤改良作用不明显，槽内松土对土壤 ESP 的改善作用不明显，对槽间土壤的改良作用更不明显。

四、开槽+石膏对作物的影响

开槽并施用石膏能够改良苏打盐碱土的理化性质，提高土壤质量和保肥能力，经过改良的苏打盐碱土可以生长植物。由图 10-24 可见，对照小区内恶化的土壤结构和高钠质碱化度严重限制了稗子的生殖与生长，导致稗子不能发芽出苗，其他处理小区内稗子均能正常生长。本试验条件下，经过改良的苏打盐碱土上，长势最好的稗子株高也未达到 50cm。处理 1、处理 2 和处理 3 的株高都是按距离开槽点由近到远的顺序递减，且处理 1 开槽点与距开槽点 40cm 采样点的差异达到了显著水平，处理 4 稗子株高并不是按距离开槽点由近到远的顺序递减，但也显示出开槽点比槽间点高，说明耕层旋耕配合施用石膏已经能够提供稗子生长所需的环境，开槽处理不仅对槽内稗子生长有很大的促进作用，对槽间稗子的生长也有一定的促进作用。

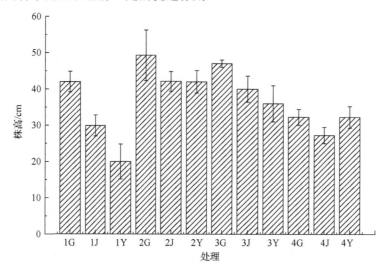

图 10-24　开槽处理对稗子株高的影响

　　土壤盐碱化致使土壤结构差，强盐碱性又使作物根系受到离子毒害和根际渗透压作用而很难吸收水分和养分，最终导致作物生长受到抑制。试验证明石膏是牧草生长的重要因素，石膏施用位置对牧草的生殖生长有很大的影响，耕层 0～20cm 混入石膏为牧草提供了良好的生长环境，开槽并混入石膏则改良 20～40cm 心土层的土壤，更促使根系的发育生长，所以开槽点的牧草长势比其他位置更佳。

　　总体来说，开槽结合石膏对土壤改良和作物生长有较大的促进作用，石膏是起作用的物质，开槽是提供了起作用的可能。土壤物理方面，开槽必须结合施用石膏才能降低紧实度，仅仅开槽的效果不能持久。土壤化学方面，开槽必须结合施用石膏才能降低槽内土壤的 pH 和 ESP，对 EC 的改良也有一定的作用，但是不显著。作物方面，开槽点加石膏的效果最好，且明显比槽间点的作物长势好，距槽较近点与距槽较远点差别不大。

第四节　深松耕作处理结合石膏添加对土壤盐碱障碍的消减作用

一、材料与方法

（一）田间试验设计

　　试验地点位于中国科学院大安碱地生态试验站，试验地块为从未开垦的荒地。该地区属于干旱和半干旱气候区，年降水量 395.5mm，蒸发量则达 1600～1923mm，无霜期

142 天，年平均气温 4.3℃（李彬等，2006a），地下水 EC 为 0.99mS/cm，pH 在 7.5～8.5，土壤盐分以 $NaHCO_3$ 和 Na_2CO_3 为主（李彬等，2006b），属于典型的中度和重度苏打盐碱土。

将整个小区进行旋耕操作，旋耕完成后开始试验分区，4 月末对各分区进行不同深松试验处理。试验设置 7 个田间小区，每个小区面积为 1000m²（20m×50m），小区四周修筑普通水田池埂，相邻小区间有宽约 1m 的池埂隔开，共 7 个处理。用电导率仪 EM38 对所有地块进行大地表观电导率测试，并绘成图，将土壤盐碱性的空间差异分成三部分，根据盐碱化轻重程度分别施入磷石膏量 30t/hm²、14t/hm²、6.7t/hm²，即对每一块地都按其盐碱化程度给予不同的磷石膏施入量。试验处理如下。

处理 1：按小区长度方向，进行全方位深松 40cm，精准施撒磷石膏。

处理 2：不作深松处理，也不施撒磷石膏，即对照。

处理 3：按小区长度方向，进行凿式深松 60cm，精准施撒磷石膏。

处理 4：按小区长度方向，进行全方位深松 30cm，精准施撒磷石膏。

处理 5：按小区长度方向，先进行全方位深松 40cm，然后又凿式深松 60cm，精准施撒磷石膏。

处理 6：不作深松处理，旋耕，精准施撒磷石膏。

处理 7：按小区长度方向，进行凿式深松 40cm，精准施撒磷石膏。

试验所用的磷石膏是粉末状固体，来自辽宁义县磷肥厂。每个小区在定苗和拔节期各施复合肥 5g，灌溉水为嫩江水，田间管理措施均按常规方法实施，各个处理的灌溉与田间管理措施相同。

（二）调查分析与数据处理

试验布置完成后，播种前采样测试各个处理每个采样点各个土层的含水率，以及电导率（EC）、pH 和土壤碱化度（ESP），并用电导率仪 EM38 将表观电导率插值成图，待成熟期测定水稻株高产量，收获后采样测量各个处理不同土层的含水率、化学性质和土壤的颗粒组成，也将表观电导率插值成图。土壤含水率用烘干法测得，土壤颗粒组成由 MS2000 激光粒度分析仪测得，共分黏粒（<0.002mm）、粉粒（0.02～0.002mm）、细砂（0.2～0.02mm）、粗砂（0.2～2mm）四种颗粒。化学指标均在室内测定，EC 和 pH 均是土水比为 1：5 土壤浸提液的测量值，分别用电导率仪和 pH 计测得，ESP 用实验室测定土壤阳离子交换量和交换性 Na^+ 计算得到，交换性 Na^+ 用乙酸铵-火焰光度计法测得，阳离子交换量用乙酸钠-乙酸铵-火焰光度计法测得。利用 Excel 和 SPSS 17.0 软件进行数据处理和统计分析，用 Origin 9.0 作图。

二、深松+石膏对土壤物理特性的影响

（一）不同耕作方式对土壤含水率的影响

水田土壤含水率不仅可以反映土壤的渗透和保水性能，还可以预测土壤的黏附能力，可为土壤耕性改良效果、农机具的选择和改进提供间接依据。春季土壤含水率是在处理

布置完成后采样测试的，并且处理完成后经历了一场大雨，但是当时气温高，风力大，蒸发强烈，采样时表层土壤略有干硬现象。秋季含水率是在收获后不久采样测试的，土壤表面已然没有了试验布置时的处理痕迹，采样时土壤表面仍处于湿硬状态。

全方位深松 40cm（SQ40）疏松了表层 40cm 的土壤，即增加了 0～40cm 土层的土壤大孔隙，能使雨水更容易进入土壤。经过一个生长季，磷石膏对土壤理化性质有改善作用，土壤的保墒能力有所提高，结果如图 10-25 所示，春季时期土壤 0～40cm 土层显著高于 40～100cm 土层的含水率，秋季仍然保持上层含水率高、下层含水率低的状态，只是 40～60cm 土壤含水率相比之下有所增加，与 0～40cm 土层差异不再是显著水平。表明秋季土壤含水率整体比春季要高，但是上下层之间的关系几乎没有发生变化，唯有40～60cm 土层含水率有略微增加现象。

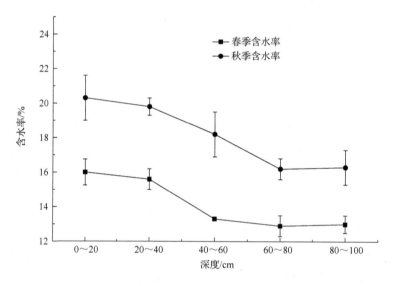

图 10-25　处理 1 的土壤含水率

旋耕能打碎土壤表层土块，也能增加土壤表层的大孔隙，所以春季时期土壤表层 0～20cm 含水率显著高于底层 20～100cm 土壤含水率。经过 5 个月的江水灌溉，秋季土壤表层 0～20cm 含水率仍然显著高于底层土壤含水率，但是 20～40cm 土壤含水率也显著高于底层含水率，如图 10-26 所示。表明秋季土壤含水率整体比春季要高，仍然保持上高下低的状态，唯有 20～40cm 土层有略微增加现象。

凿式深松 60cm 能打破较深层土壤土块，对表层土壤的破坏性更大，如图 10-27 所示，春季各层土壤含水率相当，差异不明显，可能是由于凿式深松利于水分蒸发，表层蒸发比下层强烈，所以 0～20cm 土层比 20～60cm 土层土壤含水率要低，又由于最初的水分入渗，20～60cm 土层仍然比 60～100cm 土层的土壤含水率要高。秋季土壤表面变平，由于磷石膏和灌溉水对土壤理化性质的改良，0～60cm 土层的土壤保墒能力增强，均比 60～100cm 土层土壤含水率大，且 0～40cm 土层与 60～100cm 土层的差异达到显著水平。

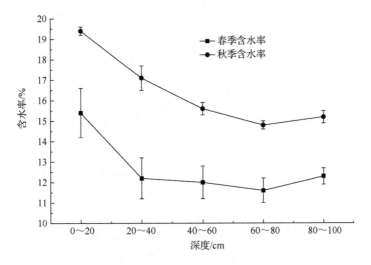

图 10-26　处理 2 的土壤含水率

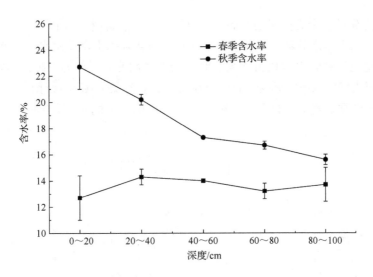

图 10-27　处理 3 的土壤含水率

由处理 1（SQ40）与处理 3（S60）的春季含水率可以看出，全方位深松对降低土壤水分蒸发的能力较强，凿式深松能够促进水分入渗，但也有利于水分蒸发，所以全方位深松的保墒能力比凿式深松更强，全方位深松表层土壤含水率显著高于底层，而凿式深松表层土壤含水率与底层差异不明显。

由处理 2 与处理 1 和处理 3 的秋季含水率可以看出，磷石膏结合灌溉水能够改善土壤的保墒能力，使处理 1 和处理 3 整体含水率均高于处理 2，但是灌溉的江水也可以较好地提高土壤保墒能力。

全方位深松 30cm（SQ30）与 SQ40 结果类似，结果如图 10-28 所示，其春季土壤含水率仅改善到 0～20cm 土层，与底层差异达到显著水平，经过磷石膏溶液和江水的淋洗作用，秋季土壤含水率有了明显提高，且 20～40cm 土层含水率增加幅度较大。

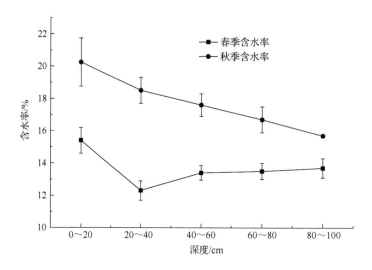

图 10-28　处理 4 的土壤含水率

处理 5 是先进行全方位深松 40cm，然后又进行凿式深松 60cm，对土壤的破坏性最大，凿式深松为土壤水分蒸发提供了良好条件，导致春季土壤含水率 0～60cm 土层都较小，磷石膏也已下移到 0～60cm 土层。秋季土壤表面变平，气温下降，蒸发作用减小，0～60cm 土层土壤含水率明显高于 60～100cm 土层，结果如图 10-29 所示。表明 SQ40 和 S60 结合利于春季土壤水分蒸发，也利于磷石膏溶液向下淋洗，改善下层土壤较为容易。

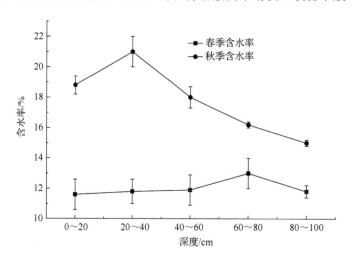

图 10-29　处理 5 的土壤含水率

处理 6 为旋耕并加入磷石膏，结果如图 10-30 所示，土壤各层的含水率与处理 2 也是大同小异，磷石膏结合江水比仅仅用江水更能促进下层土壤的结构改善，提高下层土壤的保墒能力，所以 0～20cm 土层与 20～40cm 土层的土壤含水率差异不显著，而处理 2 的两个土层含水率有显著差异。

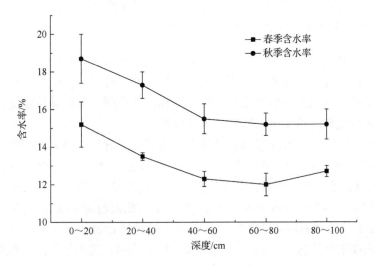

图 10-30　处理 6 的土壤含水率

处理 7 的土壤含水率如图 10-31 所示，春季土壤含水率随土层深度增加而递减，且 0～40cm 土层含水率与最底层差异达到显著水平。秋季土壤表层含水率则有了较明显的增加，0～40cm 土层均较高于 40～100cm 土层，且 0～20cm 土层与 40～100cm 土层含水率差异达到显著水平。表明凿式深松结合磷石膏对增加土壤含水率有较大促进作用。

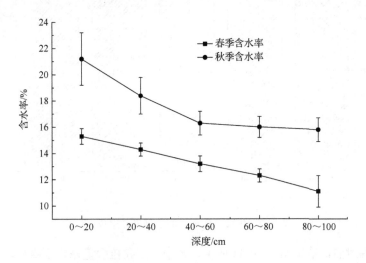

图 10-31　处理 7 的土壤含水率

综上可以看出，不同深松措施与旋耕都能增加 0～20cm 土层土壤孔隙，促进表层水分的深层淋洗和表层蒸发，不同深度的深松犁对不同深度土层的影响不同。全方位深松的保墒效果比凿式深松好，江水和磷石膏对土壤含水率都有较好的促进作用，后者作用尤其明显，究其原因，磷石膏对盐碱土结构的改善作用最终改善了土壤的保水性能。

（二）不同耕作方式对土壤机械组成的影响

土壤机械组成，又叫土壤颗粒组成，是指土壤中各粒级颗粒的相对含量。土壤颗粒的粒径大小、组成比例和排列情况都对土壤的物理性质有很大的影响。磷石膏能提供替代所需要的 Ca^{2+}，进而影响胶体黏粒之间的互相黏合作用，降低黏粒含量，增加大粒径土壤颗粒所占的比例，从而影响作物的生长环境。

处理 1 全方位深松 40cm 能够促使磷石膏溶液向下淋洗，增大磷石膏与土壤的接触面积，促进 Ca^{2+} 对交换性 Na^+ 的替换。如图 10-32 所示，处理 1 全方位深松 40cm 对 0～40cm 土层土壤的改良效果明显，黏粒有明显减少的迹象，尤其是 0～20cm 土层土壤黏粒，只占 5.96%，比 40～60cm 土层减少了 23.9%，如此就增加了细砂和粗砂所占的比例，而 20～40cm 土层土壤黏粒占 7.69%，仅比 40～60cm 土层减少了 1.8%。表明 SQ40 处理能较好地促进磷石膏降低 0～20cm 土层土壤黏粒的比例，改善了土壤的颗粒组成结构，对 20～40cm 土层的改善效果不明显。

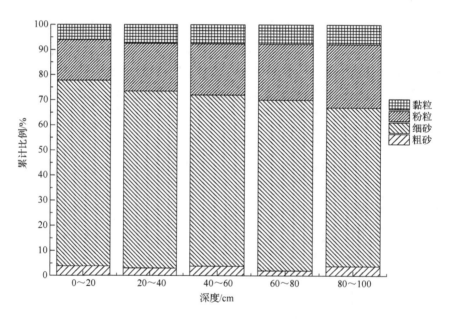

图 10-32　处理 1 的土壤机械组成

处理 2 为对照，结果如图 10-33 所示，各个土层黏粒含量差异不明显，仅仅旋耕而且不加入石膏使土壤表层 0～20cm 土壤黏粒比 20～40cm 土层土壤黏粒仅降低了 7.9%，粉粒降低了 8.9%，这样使细砂和粗砂的比例增加不明显。结果表明，旋耕而不加石膏，仅仅依靠灌溉水所提供的高价离子代换交换性 Na^+ 对土壤颗粒组成结构改善效果不明显。

处理 3 深松 60cm 的作用也是促使磷石膏溶液向下淋洗，增加其与土壤的接触面积，结果如图 10-34 所示。0～40cm 土层土壤黏粒有明显的降低现象，40～60cm 土层黏粒含量最高，值为 10.8%，且高于 60～100cm 土层。表明 S60 处理对 0～40cm 土层的土壤扰动较大，对土块的破坏性较大，磷石膏替换的交换性 Na^+ 经过灌溉排出一部分，仍有一部分下移到底层土壤，如此就增加了底层土壤的 Na⁺，从而增加了土壤颗粒的离散度，这样就使得 0～40cm 土层土壤黏粒减少，40～60cm 土层土壤黏粒增加，60～100cm 土层土壤未被深松到，水盐运移能力差，Na⁺下移到该层有一定的困难。

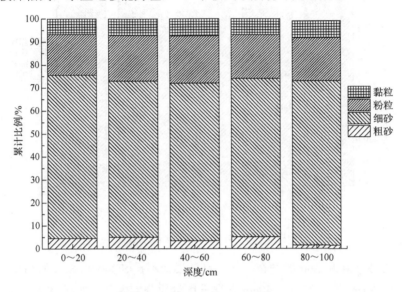

图 10-33　处理 2 的土壤机械组成

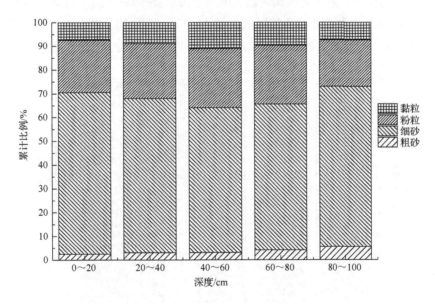

图 10-34　处理 3 的土壤机械组成

处理 4 全方位深松 30cm（SQ30）改良效果与 SQ40 相似，0～20cm 土层和 20～40cm 土层都有黏粒减少的现象，分别比 40～60cm 土层减少了 19.9%和 31.6%，粉粒分别减少了 20.3%和 28.6%，结果如图 10-35 所示。SQ30 与 SQ40 效果类似，都能促进 0～40cm 土层土壤颗粒组成的改善。

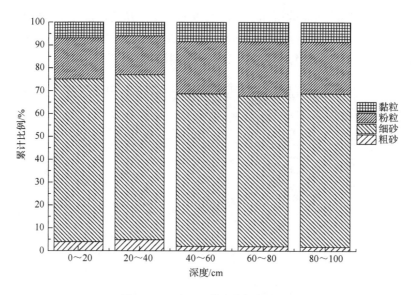

图 10-35　处理 4 的土壤机械组成

　　处理 5 是 SQ40 和 S60 的结合，其改良效果却不是 SQ40 和 S60 的加和，更近似它们的平均。0～20cm 土层和 20～40cm 土层土壤黏粒分别占了 6.7%和 8.4%，又由于 SQ40 和 S60 双重扰动作用，黏粒所占比例最大的土层降低到 60～80cm，值为 10.1%，结果如图 10-36 所示。SQ40 和 S60 结合能降低土壤 0～40cm 土层的黏粒含量，相对于 SQ40 处理的 20～40cm 土层和 S60 处理的 40～60cm 土层而言，同时又加深了改善深度。

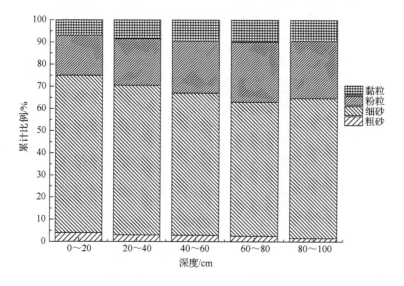

图 10-36　处理 5 的土壤机械组成

　　处理 6 是旋耕结合磷石膏。结果如图 10-37 所示，表层土壤黏粒和粉粒所占比例均比以下各层小，表层 0～20cm 土层黏粒比 20～40cm 土层降低了 15.1%，粉粒降低了

13.6%，与处理 2 相比，黏粒和粉粒的降低幅度较大，说明旋耕结合磷石膏能较好地促进土壤黏粒结合成较大颗粒，比仅仅旋耕的效果更佳。

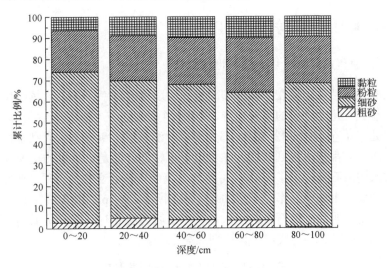

图 10-37　处理 6 的土壤机械组成

凿式深松 40cm（S40）结合施用磷石膏，能促进 0～40cm 土层土壤与磷石膏溶液接触，结果如图 10-38 所示，0～20cm 土层和 20～40cm 土层的土壤黏粒含量有所下降，分别占 7.3%和 8.5%。表层 0～20cm 和 20～40cm 土层的土壤黏粒比 40～60cm 土层分别减少了 24.3%和 11.8%。表明 S40 结合磷石膏对 0～40cm 土层土壤黏粒有较好的降低作用。

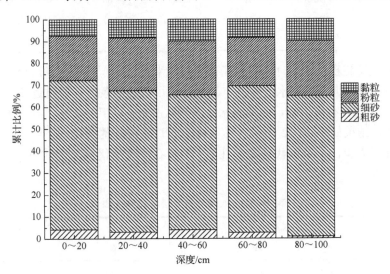

图 10-38　处理 7 的土壤机械组成

综上，耕作措施只能将大土块打碎为较小土块，对土壤颗粒组成影响不明显，磷石膏是影响土壤颗粒组成的主要因素。耕作措施的作用是磷石膏和土壤颗粒充分混合并发生反应，促使黏粒的交换性单价离子替换为高价离子，有利于黏粒之间的互相吸附胶合形成大颗粒。最终有助于降低土壤的黏粒含量，增加土壤的大颗粒含量，从而改善了土壤结构。

三、深松+石膏对土壤化学特性的影响

（一）不同耕作方式对土壤化学特性的影响

盐碱土的化学性质主要在于盐分和碱性，所以将电导率、pH、土壤碱化度这三个指标作为评价盐碱土化学性质的主要内容，现将七个处理的三项指标以表格形式展示如下。

旋耕和处理 1 全方位深松 40cm 都为雨水淋洗表层土壤提供了有利条件。春季时，土壤表层可溶盐分都被淋洗到底层，导致电导率较低，但是土壤里的交换性 Na^+ 无法淋洗下去，加入的磷石膏提供了 Ca^{2+}，可替代土壤中较多的交换性 Na^+，如此 Na^+ 变成了游离状态，增大了土壤电导率，结果如表 10-11 所示。对 pH 和 ESP 来说，春季旋耕和全方位深松作用不明显，磷石膏的加入是秋季土壤表层 pH 和 ESP 降低的主要因素，表层 0～20cm pH 和 ESP 均与底层差异达到显著水平。

表 10-11　处理 1 各土层的化学性质

深度/cm	EC/（mS/cm）		pH		ESP/%	
	春	秋	春	秋	春	秋
0～20	0.46	0.61	8.43	7.71	25.40	15.03
20～40	0.84	0.62	8.71	8.44	40.28	32.53
40～60	0.90	0.61	8.74	8.60	40.02	32.03
60～80	0.81	0.55	8.64	8.57	32.16	26.16
80～100	0.72	0.51	8.51	8.31	27.58	16.13

处理 2 仅有旋耕，春季时表层也能得到雨水淋洗，使少许盐分淋洗至下层，该处理没有加入磷石膏，但是嫩江水的灌溉也为其提供了改良的条件，经过近 5 个月的冲洗，表层 0～20cm 盐分有所下降，而灌溉水较难渗入 20cm 以下的土层，导致下层土壤的改良效果较差，结果如表 10-12 所示。春秋两季 pH 和 ESP 的变化均不明显，说明江水提供的高价离子太少，不足以代换交换性 Na^+，磷石膏才是代换交换性 Na^+、改良盐碱土的最主要因素。

表 10-12　处理 2 各土层的化学性质

深度/cm	EC/（mS/cm）		pH		ESP/%	
	春	秋	春	秋	春	秋
0～20	0.78	0.66	8.62	8.53	33.52	40.91
20～40	0.86	0.86	8.71	9.01	35.19	49.91
40～60	0.73	0.77	8.52	8.80	26.70	41.04
60～80	0.59	0.55	8.37	8.47	23.20	28.37
80～100	0.49	0.48	8.35	8.38	18.16	22.73

春季，处理 3 凿式深松 60cm 和旋耕结合，降雨有助于降低土壤表层电导率，表层 0～20cm 可溶盐分随雨水向下运移，使表层电导率明显低于底层，而土层 20～60cm 盐分排不出去也洗不下去，电导率就明显变大。经过磷石膏和江水灌溉的改良，秋季表层 0～20cm 电导率仍然较低，磷石膏的加入使得未触及的土层也能有较好的渗透性，导致盐分向下移动，增大底层 60～100cm 的电导率，结果如表 10-13 所示。降水对 pH 和 ESP 的改善效果不明显，春季表层 pH 和 ESP 都无明显变化，磷石膏和江水的共同作用促使秋季表层 0～20cm pH 和 ESP 都有明显降低，并显示随着深度的增加其改良效果呈递减趋势。

表 10-13　处理 3 各土层土壤化学性质

深度/cm	EC/（mS/cm）		pH		ESP/%	
	春	秋	春	秋	春	秋
0～20	0.54	0.59	8.61	7.53	49.52	8.17
20～40	0.78	0.69	8.75	8.27	57.71	33.65
40～60	0.72	0.73	8.59	8.74	38.13	36.55
60～80	0.51	0.69	8.40	8.69	26.77	35.02
80～100	0.41	0.65	8.34	8.59	20.34	28.25

处理 4（SQ30）与处理 5（SQ40）作用效果差异不明显。SQ30 为降水向下淋洗表层可溶性离子提供了良好条件，所以春季土壤表层电导率偏低，下层偏高。秋季因为有磷石膏改良和江水灌溉排盐作用，表层电导率比底层低，而底层电导率由于排水不畅，导致可溶离子只能向下淋洗，且随着深度增加淋洗作用变小，所以整个土壤底层电导率偏高，结果如表 10-14 所示。对 pH 和 ESP 来说，春季与其他处理小区差异不明显，磷石膏的加入和灌溉江水排盐是秋季土壤表层 0～20cm 的 pH 和 ESP 与底层差异达到显著水平的主要因素。

表 10-14　处理 4 各土层的化学性质

深度/cm	EC/（mS/cm）		pH		ESP/%	
	春	秋	春	秋	春	秋
0～20	0.39	0.53	8.36	7.70	30.27	13.78
20～40	0.56	0.68	8.65	8.31	42.89	34.95
40～60	0.58	0.66	8.65	8.53	41.79	35.38
60～80	0.52	0.62	8.53	8.52	37.77	29.61
80～100	0.42	0.50	8.46	8.41	28.59	22.32

处理 5 耕作措施最复杂，是旋耕、全方位深松 40cm 和凿式深松 60cm 的共同作用。对表层土壤的干扰最大，春季降水对表层可溶性离子的淋洗也最彻底，所以表层土壤电导率与底层差异明显。秋季，江水灌溉将磷石膏和表层土壤混合，并带走可溶性离子，而底层离子排出部分少，向下淋洗部分多，结果如表 10-15 所示。春季，土壤 pH 和 ESP

变化与其他处理不明显;秋季,经过了江水和磷石膏的改良作用,表层 pH 和 ESP 明显低于底层。

表 10-15 处理 5 各土层的化学性质

深度/cm	EC/(mS/cm)		pH		ESP/%	
	春	秋	春	秋	春	秋
0~20	0.58	0.94	8.49	7.92	32.45	10.53
20~40	1.04	1.23	8.61	8.97	46.30	44.51
40~60	1.17	0.89	8.54	8.43	40.18	24.20
60~80	1.16	1.12	8.32	8.75	44.48	26.70
80~100	0.96	1.07	8.27	8.40	28.16	20.16

春季采样时处理 6 未深松,仅仅旋耕对表层土壤化学性质改善不明显,整个土层电导率、pH 和 ESP 都基本保持原来的状态。经过江水和磷石膏的混合改良,秋季土壤表层 0~20cm pH 和 ESP 均有明显降低趋势,均比底层土壤低,结果如表 10-16 所示。

表 10-16 处理 6 各土层的化学性质

深度/cm	EC/(mS/cm)		pH		ESP/%	
	春	秋	春	秋	春	秋
0~20	0.70	0.40	8.65	8.22	41.89	12.89
20~40	0.87	0.52	8.61	8.57	41.82	25.54
40~60	0.77	0.46	8.43	8.41	36.38	16.31
60~80	0.69	0.52	8.36	8.45	34.00	19.78
80~100	0.72	0.50	8.31	8.35	31.69	15.89

不同深松耕作触及土壤深度不同,但都对表层土壤破坏性较大,处理 7 旋耕后又实施凿式深松 40cm 对表层土壤的扰动性较大。春季降水作用同以上处理相同,都是利于表层盐分向下淋洗,使土壤表层电导率降低,底层电导率增大,而 pH 和 ESP 并不受影响。秋季与春季不同,磷石膏能提供较多的 Ca^{2+},产生较多可被灌溉水排出的 Na^+,同时也有部分离子向下移动,结果如表 10-17 所示。该处理最终导致表层电导率减小,向下移动的离子使底层土壤电导率变大,而土壤表层 pH 和 ESP 由于磷石膏作用均有明显减小,由于部分 Na^+ 不能被排出,底层土壤的 pH 和 ESP 均没有减小。

表 10-17 处理 7 各土层的化学性质

深度/cm	EC/(mS/cm)		pH		ESP/%	
	春	秋	春	秋	春	秋
0~20	0.53	0.68	8.57	7.74	19.57	7.85
20~40	0.68	0.76	8.60	8.39	21.60	22.63
40~60	0.62	0.74	8.47	8.97	18.44	26.33
60~80	0.56	0.64	8.40	9.12	17.07	27.03
80~100	0.53	0.50	8.28	9.00	17.43	25.45

综合上述处理结果可以得出，不同深松处理结合磷石膏对盐碱土的改良效果不同，无论深松方式是否相同，无论深松深度是多少，如果只在表面施撒石膏，其改良深度就不会超过20cm。这是因为，只有表层土壤与磷石膏混合较均匀，反应较充分，加上江水灌溉及时排水，磷石膏提供的 Ca^{2+} 能较大程度地替换交换性 Na^+ 并排出水田。磷石膏溶解度低，底层土壤不能与磷石膏反应充分，而且即使有交换性 Na^+ 被替代下来，也很难排出水田，只能增大底层土壤的盐分含量，最终增大底层土壤盐分，也不能使 pH 和 ESP 有所改善。

（二）不同耕作方式对表观电导率变化趋势的影响

利用磁感式大地电导率仪 EM38 和 GPS，可以实现大面积的土壤盐碱化测量，定量测试地表表观电导率（杨劲松等，2008；宋新山等，2001）。春季播种前对整个小区进行表观电导率监测，结果如图 10-39 所示。横坐标代表的是纬度的秒数，省略了 123°51′，纵坐标代表的是经度的秒数，省略了 45°36′。

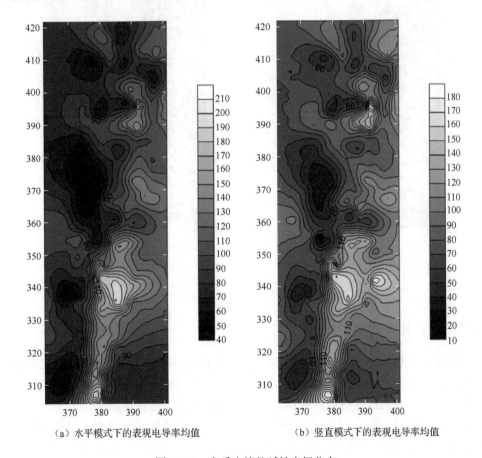

（a）水平模式下的表观电导率均值　　（b）竖直模式下的表观电导率均值

图 10-39 春季土壤盐碱性空间分布

由图 10-39 可以看出，春季土壤水平模式下的表观电导率取值范围是 40～210mS/m，土壤竖直模式下的表观电导率取值范围是 $10\sim180\text{mS/m}$，说明土壤上层表观电导率比下层表观电导率大，土壤表面表观电导率空间差异明显。

秋季，如法炮制春季测试方法，得出结果见图 10-40。可以看出，水平模式下表观电导率取值范围是 $10\sim140\text{mS/m}$，竖直模式下表观电导率取值范围是 $5\sim120\text{mS/m}$。说明两个模式下的表观电导率都较春季时期的值小，但是空间差异依然明显，同时也表明不同深松措施结合磷石膏对土壤表观电导率的改良效果不同。

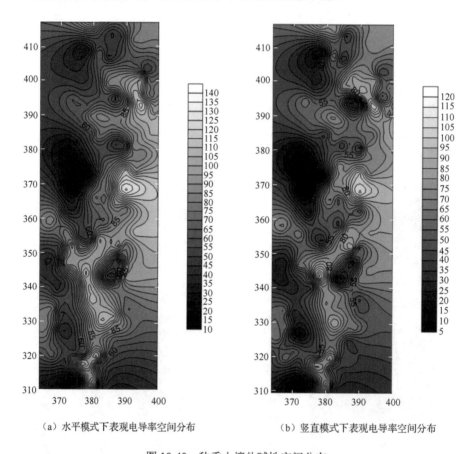

（a）水平模式下表观电导率空间分布　　　　　（b）竖直模式下表观电导率空间分布

图 10-40　秋季土壤盐碱性空间分布

四、深松+石膏对作物的影响

本试验供试作物是水稻，土壤盐碱性是阻碍水稻生长的主要因素，改良土壤盐碱性然后种稻，与种稻改土是相辅相成、互相作用的。种稻改土过程是将物理改良、化学改良、生物改良、农艺改良等技术措施有机结合起来的有效改良模式。

由图 10-41 可以看出，经过不同耕作处理的小区内作物株高都有所增加，仅旋耕而不施用磷石膏的小区，作物株高最小。处理 6 中旋耕结合磷石膏也能较好地提升作物株高，说明磷石膏是促进作物株高增长的关键因素，深松处理更能促进磷石膏发挥作用，进一步增加作物株高。

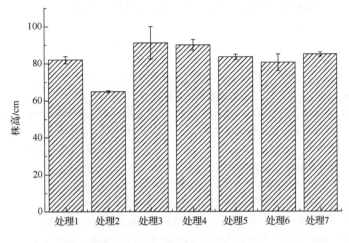

图 10-41　不同处理下的水稻株高

总体来说，采用不同耕作措施结合磷石膏对不同盐碱化程度的土壤进行有针对性的改良。全方位深松比凿式深松更能降低土壤的水分蒸发能力。江水灌溉可以较好地改善土壤的保墒能力，磷石膏结合灌溉水的效果更好。耕作结合磷石膏对电导率的改变作用不明显，只对表层 pH 和 ESP 有较好的改良效果，可能是由于磷石膏溶解度差，被淋洗到下层的磷石膏较少，改善效果不明显。磷石膏能够促进小黏粒结合成大颗粒，从而降低黏粒含量，改善土壤结构，深松能促进更深层土壤的结构改善。从作物产量来看，仅有未加磷石膏的小区水稻产量最低，其他小区产量均较大，且差异达到显著水平。总之，磷石膏是改良土壤和作物增收的决定因素，深松是次要因素。

参 考 文 献

包含, 侯立柱, 刘江涛, 等. 2011. 室内模拟降雨条件下土壤水分入渗及再分布试验. 农业工程学报, 7: 70-75.

付莉, 孙玉峰, 褚继芳, 等. 2011. 耐盐碱植物研究概述. 林业科技, 26 (4): 16-17.

高金方. 1987. 松辽(嫩)平原苏打盐土的发生与改良. 土壤通报(3): 6-8.

郜翻身, 崔志祥, 樊润威, 等. 1997. 有机物料对盐碱化土壤的改良作用. 土壤通报, 28(1): 9-11.

姜文珍, 陶维华, 杨朝晖, 等. 2010. 全方位机械化深松技术对盐渍化土壤的改良作用. 科技成果管理与研究(5): 57-59.

雷志栋, 胡和平, 杨诗秀. 1999. 土壤水研究进展与评述. 水科学进展(3): 311-318.

李彬, 王志春. 2006b. 松嫩平原苏打盐渍土碱化特征与影响因素. 干旱区资源与环境, 20(6): 183-191.

李彬, 王志春, 迟春明. 2006a. 吉林省大安市苏打盐碱土碱化参数与特征分析. 生态与农村环境学报, 22 (1): 20-23.

李月芬, 杨有德, 赵兰坡. 2008. 不同硫酸铝用量对苏打盐碱土磷素形态及吸附特性的影响. 39(5): 1120-1125.

廖植樨, 谷谒白. 1995. 全方位深松对土壤物理化学性质的影响. 北京农业工程大学学报, 15 (1): 18-24.

刘长江, 李取生, 李秀军. 2007. 深松对苏打盐碱化旱田改良与利用的影响. 土壤, 39 (2): 306-309.

吕彪, 金自学, 秦嘉海, 等. 2004. 新型盐碱土壤改良剂康地宝应用效果初报. 甘肃农业科技(5): 42-43.

潘英华, 雷霆武, 张晴雯, 等. 2003. 土壤结构改良剂对土壤水动力学参数的影响. 农业工程学报, 19(4): 37-39.

彭冲, 李法虎, 潘兴瑶. 2006. 聚丙烯酰胺施用对碱土和非碱土水力传导度的影响. 土壤学报, 43(5): 835-842.

曲璐, 司振江, 黄彦, 等. 2008. 振动深松技术与生化制剂在苏打盐碱土改良中的应用. 农业工程学报(5): 103-107.

石彦琴, 陈源泉, 隋鹏, 等. 2010. 农田土壤紧实的发生、影响及其改良. 生态学杂志(10): 2057-2064.

宋长春, 邓伟. 2000. 吉林西部地下水特征及其与土壤盐渍化的关系. 地理科学(3): 246-250.

宋新山, 邓伟, 何岩, 等. 2001. 土壤盐分空间分异研究方法及展望. 土壤通报(6): 250-254.

唐泽军, 雷霆武, 张晴雯, 等. 2002. 降雨及聚丙烯酰胺(PAM)作用下土壤的封闭过程和结皮的形成. 生态学报, 22(5): 674-681.

王春裕. 1997. 诌议土壤盐渍化的生态防治. 生态学杂志(6): 67-71.

王慧芳, 邵明安. 2006. 含碎石土壤水分入渗试验研究. 水科学进展, 17(5): 604-609.

王俊河, 宫秀杰, 于洋, 等. 2011. 春季深松对土壤物理性质及玉米产量的影响. 黑龙江农业科学(12): 22-24.

王宇, 韩兴, 赵兰坡. 2006. 硫酸铝对苏打盐碱土的改良作用研究. 水土保持学报, 20(4): 50-53.

杨劲松, 姚荣江, 刘广明. 2008. 电磁感应仪用于土壤盐分空间变异性的指示克立格分析评价. 土壤学报, 45(4): 585-593.

姚荣江, 杨劲松, 刘广明. 2006. 东北地区盐碱土特征及其农业生物治理. 土壤(3): 256-262.

赵兰坡, 王宇, 马晶, 等. 2001. 吉林省西部苏打盐碱土改良研究. 土壤通报, 32: 91-96.

周蓓蓓, 邵明安. 2006. 土石混合介质饱和导水率的研究. 水土保持学报, 20(6): 62-66.

周蓓蓓, 邵明安. 2007. 不同碎石含量及直径对土壤水分入渗过程的影响. 土壤学报, 44(5): 801-807.

Abrishamkesh S, Gorji M, Asadi H. 2015. Effects of rice husk biochar application on the properties of alkaline soil and lentil growth. Plant, Soil and Environment, 61(1): 475-482.

Ahmad R, Jabeen R. 2005. Foliar spray of mineral elements antagonistic to sodium a technique to induce salt tolerance in plants growing under saline conditions. Pakistan Journal of Botany, 37(4): 913-920.

Alama S, Huq S M I, Kawai S, et al. 2002. Effects of applying calcium salts to coastal saline soils on growth and mineral nutrition of rice varieties. Journal of Plant Nutrition, 25(3): 561-575.

Al-Khateeb S A. 2006. Effect of calcium/sodium ratio on growth and ion relations of alfalfa (*Medicago sativa* L.) seedling growth under saline condition. Journal of Agronomy, 5: 175-181.

Ali S G, Rab A. 2017. The influence of salinity and drought stress on sodium, potassium and proline content of *Solanum lycopersicum* L. cv. Rio grande. Pakistan Journal of Botany, 49(1): 1-9.

Armstong A S B, Tanton T W. 1992. Gypsum applications to aggregated saline-sodic clay topsoils. Journal of Soil Science, 43: 249-260.

Bohn H L, Myer R A, O'Connor G A. 2002. Soil Chemistry. New York: John Wiley & Sons.

Borsani O, Cuartero J, Fernández J A, et al. 2001. Identification of two loci in tomato reveals distinct mechanisms for salt tolerance. The Plant Cell Online, 13: 873-888.

Chaganti V N, Crohn D M. 2015. Evaluating the relative contribution of physiochemical and biological factors in ameliorating a saline-sodic soil amended with composts and biochar and leached with reclaimed water. Geoderma, 259-260: 45-55.

Cramer G R. 1992. Kinetics of maize leaf elongation. II. Responses of a Na-excluding cultivar and a Na-including cultivar to varying Na/Ca salinities. Journal of Experimental Botany, 43(6): 857-864.

de Souza E R, Freire M B G D S, da Cunha K P V, et al. 2012. Biomass, anatomical changes and osmotic potential in Atriplex *nummularia* Lindl. cultivated in sodic saline soil under water stress. Environmental and Experimental Botany, 82: 20-27.

Dubcovsky J, Santa M G, Epatein E, et al. 1996. Mapping of the K^+/Na^+ discrimination locus *Kna1* in wheat. Theoretical and Applied Genetics, 92: 448-454.

Gorham J. 1990. Salt tolerance in the Triticeae: K/Na discrimination in *Aegilops* species. Journal of Experimental Botany, 41: 1095-1101.

Hu Y C, Schmidhalter U. 2005. Drought and salinity: A comparison of the effects of drought and salinity. Journal of Plant and Nutrition and Soil Science, 168(4): 247-273.

Irshad M, Honna T, Eneji A E, et al. 2002. Wheat response to nitrogen source under saline conditions. Journal of Plant Nutrition, 25: 2603-2612.

Jackson M L. 1956. Soil Chemical Analysis-Advanced Course. Wisconsin: Madison: 895.

Lebron I, Suarez D L, Yoshida T. 2002. Gypsum effect on the aggregate size and geometry of 3 sodic soils under reclamation. Soil Science Society of America Journal, 66(1): 92-98.

Luo S S, Wang S J, Lei T, et al. 2018. Aggregate-related changes in soil microbial communities under different ameliorant applications in saline-sodic soils. Geoderma, 329: 108-117.

Maathuis F J M, Amtmann A. 1999. K^+ nutrition and Na^+ toxicity: The basis of cellular K^+/Na^+ ratios. Annals of Botany, 84: 123-133.

Mace J E, Amrhein C, Oster J D. 1999. Comparison of gypsum and sulfuric acid fro sodic soil reclamation. Arid Soil Research and Rehabilitation, 13(2): 171-188.

Mori S, Suzuki K, Oda R, et al. 2011. Characteristics of Na and K absorption in Suaeda salsa (L.) Pall. Soil Science and Plant Nutrition, 57(3): 377-386.

Munns R, Tester M. 2008. Mechanisms of salinity tolerance. Annual Review of Plant Biology, 59: 651-681.

Munns R, Wallace P A, Teakle N L, et al. 2010. Measuring soluble ion concentrations (Na^+, K^+, Cl^-) in salt-treated plants//Plant Stress Tolerance, Methods and Protocols. New York, USA: Human Press, Springer Science.

Oster J D. 1982. Gypsum usage in irrigated agriculture: A review. Fertilizer Research, 3: 73-89.

Qadir M, Quresh R H, Ahmad N. 1996. Reclamation of a saline-sodic soil by gypsum and Leptochloa fusca. Geoderma, 74: 207-217.

Renault S, Affifi M. 2009. Improving NaCl resistance of red-osier dogwood: Role of $CaCl_2$ and $CaSO_4$. Plant and Soil, 315: 123-133.

Rengasamy P. 2010a. Osmotic and ionic effects of various electrolytes on the growth of wheat. Australian Journal of Soil Research, 48(2): 120-124.

Rengasamy P. 2010b. Soil processes affecting crop production in salt-affected soils. Functional Plant Biology, 37(7): 613-620.

Roy C, Mishra R. 2014. Impact of NaCl stress on the physiology of four cultivars of S. lycopersicum. Research in Plant Biology, 4: 9-20.

Sadiq M, Hassan G, Mehdi S M, et al. 2007. Amelioration of saline-sodic soils with tillage implements and sulfuric acid application. Pedosphere, 17(2): 182-190.

Sameni A M, Morshedi A. 2000. Hydraulic conductivity of calcareous soils as affected by salinity and sodicity. II. Effect of gypsum application and flow rate of leaching solution. Communications in Soil Science and Plant Analysis, 31 (1-2): 69-80.

Sarkar A N, Wynjones R G. 1982. Effect of rhizosphere pH on the availability and uptake of Fe, Mn and Zn. Plant and Soil, 66(3): 361-372.

Shainberg I, Gal M. 1982. The effect of lime on the response of soils to sodic conditions. Journal of Soil Science, 33(3): 489-498.

Shi S H, Tian L, Nasir F, et al. 2019. Response of microbial communities and enzyme activities to amendments in saline-alkaline soils. Applied Soil Ecology, 135: 16-24.

Sumner M E. 1993. Sodic soils: New perspectives. Australian Journal of Soil Research, 31(6): 683-750.

Swarup A. 1982. Availability of ions, zinc and phosphorus in submerged sodic soil as affected by amendments during the growth period of rice crop. Plant and Soil, 66: 37-43.

Tang Z, Lei T, Yu J, et al. 2006. Runoff and interrill erosion in sodic soils treated with dry PAM and Phosphogypsum. Soil Science Society of America Journal, 70(2): 679-690.

Tester M, Davenport R. 2003. Na^+ tolerance and Na^+ transport in higher plants. Annals of Botany, 91(5): 503-527.

Valzano F P, Greene R S B, Murphy B W, et al. 2001. Effects of gypsum and stubble retention on the chemical and physical properties of a sodic grey Vertosol in western Victoria. Australian Journal of Soil Research, 39(6): 1333-1347.

Wang M M, Liang Z W, Wang Z C, et al. 2010. Effect of sand application and flushing during the sensitive stages on rice biomass allocation and yield in a saline-sodic soil. Journal of Food, Agriculture and Environment, 8(3-4): 692-697.

Wang S M, Wan C Q, Wang Y R, et al. 2004. The characteristics of Na^+, K^+ and free proline distribution in several drought resistant plants of the Alxa Desert, China. Journal of Arid Environments, 56(3): 525-539.

Wang S M, Zhang J L, Flower T J. 2007. Low-affinity Na^+ uptake in the halophyte Suaeda maritima. Plant Physiology, 145: 559-571.

Wang S M, Zheng W J, Ren J Z, et al. 2002. Selectivity of various types of salt-resistant plants for K^+ over Na^+. Journal of Arid Environment, 52(4): 457-472.

Wu G Q, Wang S M. 2012. Calcium regulates K^+/Na^+ homeostasis in rice (*Oryza sativa* L.) under saline conditions. Plan Soil and Environment, 58(3): 121-127.

Yeo A R, Flowers T J. 2010. The Absence of an effect of the Na/Ca ratio on sodium chloride uptake by rice (*Oryza sativa* L.). New Phytologist, 99(1): 81-90.

Yu J, Lei T, Shainberg I, et al. 2003. Infiltration and erosion in soils treated with dry PAM and gypsum. Soil Science Society of America Journal, 67(2): 630-636.

Zeng L, Shannon M C. 2000. Salinity effects on seedling growth and yield components of rice. Crop Science, 40(4): 996.

Zhang J L, Flowers T J, Wang S M. 2010. Mechanisms of sodium uptake by roots of higher plants. Plant and Soil, 326: 45-60.

第十一章　苏打盐碱水田土壤精准改良障碍消减机制

第一节　基于电导率仪 EM38 的土壤表观电导率空间变异与精准改良消减机制

一、土壤盐碱空间变异研究进展

　　松嫩平原西部苏打盐碱地作为重要的后备耕地资源，主要用途是开发盐碱荒地，发展水稻生产。吉林省近年来实施了百亿斤粮食增产工程，投资 62 亿元建设了三大水利工程，计划开发 400 万亩盐碱地种稻增粮，目前大型引水工程和土地整理工程已经完工，开始进入水稻种植阶段。由于盐碱化水田土壤盐碱化程度不同，类型复杂多样，很小的范围内往往差异较大，土壤盐分含量的这种不均匀性，给水稻的大面积种植和可持续发展带来诸多困难。因此，针对不同盐碱化程度土壤进行准确定位分区，定点、定量减轻土壤盐碱危害，实现盐碱土壤高效改良是盐碱地大规模农业利用的关键。传统做法是不分盐碱化程度而采用相同改良剂用量，结果导致盐碱重的地块改良剂用量不足，改良效果差，盐碱轻的地块改良剂施用过量，改良成本增加。量化土壤盐碱化空间差异是准确计算改良剂用量的基础。因此针对不同盐碱化程度地块进行准确定位，定点清除或消减土壤盐碱，实现盐碱地定位精准改良，使土壤盐碱均达到作物的正常生长范围，同时降低改良成本，对盐碱地大规模农业低成本开发、高效土壤改良具有重要理论和实践意义。

　　要实现该区大规模盐碱地均质化精准改良，使水田高产高效，必须解决耕层土壤空间异质性问题。近年来，国内外学者对土壤盐分的空间变异研究逐渐增多（Hu et al.，2014；Wu et al.，2014；吕真真等，2013；Corwin et al.，2003）。在方法上，也不仅仅依赖于采样调查与盐分分析测试技术，电磁感应仪实现了地表直接测量土壤表观电导率，方便、快速，被广泛应用（吴亚坤等，2008）。以美国盐土实验室为代表，从 20 世纪 90 年代初开始对盐碱地土壤盐碱空间差异及盐碱地农业开发利用进行了研究，发现表观电导率与土壤盐碱化程度等理化性质密切相关，并用表观电导率指示土壤性质空间变异，指导田间灌排等管理（Cemek et al.，2007；Corwin et al.，2005；Triantafilis et al.，2001；Barbiéro et al.，2001）。在我国，对土壤表观电导率的研究开始于 21 世纪初，利用电导率仪 EM38 对土壤表观电导率空间变异特征以及影响因素进行了分析，用以指导盐碱化区田间管理（杨帆等，2017，2015；姚荣江等，2007）。因此，土壤表观电导率作为一种非扰动、快速、可靠、操作简单的土壤田间实时测试参数，已经逐渐被国内外学者广泛应用，成为区域农业研究的重要指标。

　　在盐碱地治理技术方面，前人已有大量的研究成果，包括水利工程、农艺措施、灌溉淋洗、化学改良、客土改良以及盐碱地种稻等技术（王遵亲，1993），为盐碱地治理和农业利用奠定了重要基础。以黄淮海平原"半湿润季风气候区水盐运动理论"为指导，我国学者提出了以调节浅层地下水为中心，井沟渠结合，综合治理旱涝盐碱的原则和技术。相关技术在我国盐碱中低产地区应用，取得显著成效。中国科学院东北地理与农业生态研究所等单位先后在松嫩平原西部苏打盐碱土土壤物理改良、化学改良、生物改良和盐碱地种稻改良等方面取得系列研究成果（杨帆等，2014；孙广友，2007；刘兴土，2001）。我国盐碱地种稻改良技术已在世界前列。

对比国内外的研究进展发现，我国在利用土壤盐分空间变异指导盐碱地治理改良和农业利用方面尚处于起步阶段，与发达国家存在明显差距。将理论研究与盐碱地改良实践相结合，对盐碱地实施定区、定位、精准改良具有明显的创新性，是盐碱地大规模农业低成本开发、高效土壤改良的重点。针对不同盐碱地类型、不同土壤水分状况，建立土壤表观电导率与土壤盐碱性质相关方程，并将盐碱空间分布特征与田间土壤改良、水肥管理等农艺技术紧密结合，形成精准化管理技术是国际上研究的热点。

目前，盐碱地常规改良措施没有充分考虑到土壤性质空间差异，必然导致改良效果不佳，增加改良成本。因此本节研究采用电磁感应电导率仪（EM38 和 Veris3100）对典型苏打盐碱土区水田盐碱化状况进行调查，以期揭示土壤盐分的空间变异规律，建立土壤表观电导率与土壤盐碱化指标的关系，通过表观电导率指示土壤盐碱变异程度，为盐碱化水田土壤盐碱均质化精准改良和利用提供一定的科学依据。将苏打盐碱地改良技术与土壤盐碱化空间变异有机结合，对盐碱地的大规模农业开发具有重要学术研究价值。

二、基于电导率仪 EM38 的土壤盐碱空间变异

水田土壤盐碱化空间变异特征主要通过经典统计学和地统计学方法进行研究。经典统计学方法主要是对土壤盐碱化指标做一些统计特征的描述，空间变异反映的是相对变异，即随机变量的离散程度地统计学是以区域化随机变量理论为基础，研究自然现象的空间相关性和依赖性，它是随机变量与位置有关的随机函数。

（一）试验方法与数据处理

1. 方法与试验设计

试验区设在大安灌区土壤存在显著空间差异的新垦水田，为开垦第一年，试验面积为 30 亩，试验区水田实行单灌单排，试验采用 EM38 电导率仪（加拿大 Geonics 公司）结合 GPS 对试验区土壤表观电导率采用网格式方法进行测定，定点测定 200 个观测点，同时在相对应的一些不同 EC 程度的样点采集土壤样品（13 个），取样深度为 0～30cm，每个样点取 3 个土样，将其混合，作为待试样品进行室内分析。土壤盐碱化指标测定：实验室分析项目包括土壤电导率 $EC_{1:5}$、钠交换量和阳离子交换量。土样在室内自然风干，过 1mm 筛后采用 1：5 土水比例，用电导率仪测定 $EC_{1:5}$，钠交换量和阳离子交换量采用乙酸钠法测定。ESP 计算公式如下：

$$ESP=(交换性\ Na^+/CEC)×100\%\qquad(11\text{-}1)$$

式中，交换性 Na^+ 为交换性钠离子（cmol/kg）；CEC 为阳离子交换量（cmol/kg）。

2. EM38 电导率仪测定原理

EM38 电导率仪由两个相距 1m 的线圈组成：一个发射线圈，一个接收线圈。在工作时，发射线圈中的交流电流在土壤中诱发微小电流，与此相应的次生磁场可被接收线圈探测到。土壤中的电流强度是土壤表观电导率（ECa）的函数，因此可通过接收线圈探测到的次生磁场强度计算土壤表观电导率。EM38 电导率仪工作时有两种放置方式：水平方式和垂直方式。水平方式敏感程度在地表最高，并随深度降低。垂直方式在近地表敏感程度很低，随深度增加，敏感程度增高，在 0.4m 深度左右达到最高，之后缓慢降低。EM38 电导率仪最大测量深度为 1.5m。这两种方式在近地表敏感程度的区别能够判断近地表土壤和下层土壤哪个导电性更好。如果水平方式的读数大于垂直方式的读数，说明近地表土壤导电率大于下层土壤导电率。如果两种方式的读数相差很小，则说明在土壤 1.5m 深度内，ECa 变化不大。在试验中，同时采用了这两种方式测量土壤 ECa。水平方式测定值表示为 ECh，垂直方式测定值表示为 ECv。

3. 数据处理方法

样本的描述性分析采用 SPSS11.5 软件进行，用科尔莫戈罗夫-斯米尔诺夫（Kolmogorov-Smirnov, K-S）检验数据是否呈正态分布，半方差函数和 Kriging（克里金）插值（又称空间自协方差最佳插值）应用地统计学处理软件 GS+ for Windows 5.3b 和 Surfer 进行计算。步骤为：①在 GS+ for Windows 5.3b 软件中对不符合正态分布的数据源进行对数转换；②进行半方差函数的计算、模拟、分析和检验；③利用 Surfer 软件对拟合的模型及其参数进行 Kriging 插值，生成二维空间分布图。

（二）经典统计学水田土壤盐碱化空间变异

1. 试验区土壤表观电导率统计特征

ECv 和 ECh 分别为垂直和水平测定的土壤表观电导率。由表 11-1 可知，ECv 最大值为 159mS/m，约是最小值的 40 倍；而 ECh 最大值为 132mS/m，是最小值的 12 倍。因此从最大值和最小值的关系可知，ECv 空间变异较 ECh 强。变异系数（Cv）反映的是相对变异，即随机变量的离散程度。根据相关研究，$Cv≤0.1$ 为弱变异性；$0.1<Cv<1$ 为中等变异性；$Cv≥1$ 为强变异性（雷志栋等，1985）。由表 11-1 可知，试验区土壤表观电导率 ECv 和 ECh 的变异系数分别为 0.51 和 0.49，具有中等变异性。

表 11-1　试验小区土壤表观电导率统计特征值　　　单位：mS/m

项目	测定数	最小值	最大值	均值	偏度	峰度	标准偏差	变异系数
ECv	200	4	159	61.24	0.263	-0.733	31.16	0.51
ECh	200	11	132	60.86	0.138	-0.969	29.73	0.49

2. 试验区土壤化学性质参数统计

由表 11-2 可知，土壤可溶性离子 Na^+、CO_3^{2-}、HCO_3^- 和 SO_4^{2-} 质量分数较高，均大于 500mg/kg。阳离子中，Na^+ 质量分数最高，为 831.6mg/kg；阴离子中，HCO_3^- 质量分数最高，为 1506mg/kg。从表中变异系数可知，土壤中的八大离子的变异系数均大于 0.1，且小于 1，因此八大离子均属于中等空间变异。阳离子中，四种离子的变异系数为 0.55～0.84，较阴离子变异系数大；而阴离子中，CO_3^{2-} 变异系数最大为 0.62，HCO_3^- 变异系数最小为 0.16。

表 11-2　土壤可溶性盐分离子统计特征

项目	测定数	最小值/（mg/kg）	最大值/（mg/kg）	均值/（mg/kg）	标准偏差/（mg/kg）	变异系数
Na^+	13	23.83	1361	831.6	497.8	0.60
K^+	13	1.96	14.09	5.3	4.45	0.84
Ca^{2+}	13	0	40	16.9	10.73	0.63
Mg^{2+}	13	2.44	14.64	7.7	4.21	0.55
CO_3^{2-}	13	0	1044	515.2	317	0.62
HCO_3^-	13	1135	2013	1506	243.7	0.16
Cl^-	13	88.75	363.88	181.60	79.27	0.44
SO_4^{2-}	13	518	1048	760	169.4	0.22

由表 11-3 可知，5 种土壤盐碱化参数中，pH 变异系数最小，为 0.03，该系数小于 0.1，为弱空间变异。其他四种指标变异系数为 0.16～0.62，为中等空间变异。其中 SAR 空间变异系数最大，为 0.62；ESP 空间变异系数较大，为 0.30；其他指标空间变异系数均较小。整个试验区，0～30cm 土层，pH 为 9.64～10.71，平均值为 10.33，说明试验区土壤呈强碱性；EC 变幅为 0.61～1.16mS/cm，平均值为 0.89mS/cm，盐化程度中等；ESP 变幅为 25.26%～71.78%，平均值为 50.41%，钠质碱化程度极高。试验区土壤为盐碱化程度存在中等空间差异的重度苏打盐碱化土壤。以往的试验和生产实践表明，这种重度苏打盐碱化土壤或碱土不经土壤改良，开垦第一年水稻不能成活，3 年内无经济产量。

表 11-3　土壤盐碱化参数统计特征

项目	测定数	最小值	最大值	均值	标准偏差	变异系数
EC	13	0.61mS/cm	1.16mS/cm	0.89mS/cm	0.18mS/cm	0.20
pH	13	9.64	10.71	10.33	0.35	0.03
ESP	13	25.26%	71.78%	50.41%	15.21%	0.30
盐分总量	13	0.28%	0.49%	0.38%	0.062%	0.16
SAR	13	0.65	34.04	18.66	11.52	0.62

（三）地统计学水田土壤盐碱化空间变异

1. 盐碱化水田土壤表观电导率的半方差分析

检验数据的正态分布性是使用空间统计学 Kriging 法进行土壤特性空间分析的前提，只有当数据服从正态分布时，Kriging 法才有效，否则可能存在比例效应（李哈滨等，1998）。通过 Kolmogorov-Smirnov 法进行正态检验（表 11-4），ECv 和 ECh 的双尾检验相伴概率 P 分别为 0.180 和 0.338，均大于显著水平（$P<0.05$），因此 ECv、ECh 符合正态分布，土壤表观电导率 ECv 和 ECh 均满足地统计学分析的要求，因此可以用地统计学的方法来定量化研究土壤表观电导率的空间变异。

表 11-4　土壤表观电导率正态分布 K-S 检验

	测点数	分布类型	偏差绝对值	偏差正值	偏差负值	K-S 检验	双尾检验概率 P
ECv	200	正态	0.078	0.078	-0.066	1.098	0.180
ECh	200	正态	0.067	0.061	-0.067	0.942	0.338

半方差函数揭示了样本变异与各个样本分离的偏离距离之间的关系。常用到的理论模型有球状（spherical）、指数（exponential）、双曲线（hyperbola）、高斯（Gaussian）、线性（linear）、乘幂（power）等模型。半方差函数的理论模型及参数确定可参考文献（王晋民，2006），在选取土壤盐碱化指标半方差模型时，首先计算半方差函数（h）的散点图，然后用不同类型的模型进行拟合，计算得到模型的参数。其中残差平方和（RSS）与决定系数（R^2）可提供模型拟合优劣的精确测度，残差平方和越小、决定系数越大说明拟合精度越好。由表 11-5 可知，无基台线性模型决定系数非常小，为 0.006，因此该模型模拟效果较差。其他四种模型可以对土壤表观电导率进行拟合。其中，球状模型的残差平方和最小且决定系数最大，综合考虑其他指标，为最优模型。

半方差函数的参数具有如下含义：C_0 为块金值，是由试验误差和小于试验取样尺度上随机因素引起的变异，较大的块金值表明较小尺度上的某种过程不容忽视；C_0+C 为基台值，是半方差随着间距递增到一定程度后，出现的平稳值。由非人为的区域因素（空间自相关部分）引起的变异表示系统内总的变异。有效变程（最大相关距离）表示某特性观测值之间的距离：某土壤特性观测值之间的距离大于该值时，说明它们之间是相互独立的；某土壤特性观测值之间的距离小于该值时，说明它们之间存在着空间相关性。块金值与基台值之比（即 $C_0/(C_0+C)$）可表示空间变异性程度（由随机部分引起的空间变异性占系统总变异的比例）。如果该值较高，说明由随机部分引起的空间变异程度较大；相反，则由空间自相关部分引起的空间变异程度较大；如果该比值接近于 1，则说明该变量在整个尺度上具有恒定的变异。从结构性因素的角度来看，$C_0/(C_0+C)$ 可表示系统变量的空间相关性程度：如果该值<25%，说明变量具有强烈的空间相关性；该值在 25%～75%，变量具有中等的空间相关性；该值>75%时，变量空间相关性很弱（Cambardella et al.，1994）。

由表 11-5 可知，四种模型的块金值均较小，因此该模型几乎不受试验误差等随机性因素所影响。有效变程以 GPS 定位的秒为刻度单位。以球状模型为例，当有效变程为 1.05s 时，在 1.05s 以内观测值之间存在着空间相关性，在大于 1.05s 时，观测值是相互独立的。四种模型的块金值/基台值均小于 25%，说明变量具有强烈的空间相关性，即地形地貌、气候条件和水文状况等引起土壤表观电导率 ECv 的空间变化。

表 11-5　土壤 ECv 半方差值及参数

模型	块金值	基台值	有效变程/s	（块金值/基台值）/%	决定系数	残差平方和
球状	0.011	0.373	1.05	2.9	0.538	0.0247
指数	0.001	0.374	1.161	0.3	0.503	0.0269
无基台线性	0.338	0.357	4.23	4.5	0.006	0.0535
有基台线性	0.019	0.368	0.701	5.2	0.509	0.0262
高斯	0.087	0.372	0.913	23.4	0.573	0.0247

由表 11-6 可知，无基台线性模型的决定系数非常小，为 0.002，因此该模型模拟效果较差。其他四种模型可以对土壤表观电导率进行拟合。其中球状模型的残差平方和最小且决定系数最大，综合考虑其他指标，为最优模型。由表 11-6 可知，四种模型的块金值均较小，因此该模型几乎不受试验误差等随机性因素所影响。有效变程以 GPS 定位的秒为刻度单位。以球状模型为例，当有效变程为 0.904s 时，在 0.904s 以内观测值之间存在着空间相关性，在大于 0.904s 时，观测值是相互独立的。四种模型的块金值/基台值均小于 25%，说明变量具有强烈的空间相关性，即地形地貌、气候条件和水文状况等引起土壤表观电导率 ECh 的空间变化。分析原因，松嫩平原为洪泛平原，存在着许多低而不平的微地貌，这些微地貌的差异引起了土壤水盐的不均衡运动，在微地貌的不同部位，土壤积盐强度不同，呈现出不同盐碱化程度土壤镶嵌分布的复区分布特征。由于土壤盐碱化程度不同，其物理性质极大不同，尽管开垦成水田后，微地貌得到平整，然而土壤盐碱依然存在空间异质性，而解决水田土壤盐碱化空间异质性问题需要降低土壤盐碱程度，使其达到水田作物正常生长范围。

表 11-6　土壤 ECh 半方差值及参数

模型	块金值	基台值	有效变程/s	（块金值/基台值）/%	决定系数	残差平方和
球状	0.009	0.341	0.904	2.6	0.554	0.0148
指数	0.023	0.343	1.068	6.7	0.515	0.0164
无基台线性	0.338	0.357	4.233	97.2	0.002	0.0332
有基台线性	0.019	0.368	0.621	4.7	0.546	0.0151
高斯	0.087	0.372	0.734	24.6	0.554	0.0148

2. 基于 Kriging 插值的试验区开垦种稻前土壤 EC 空间分布

半方差函数是 Kriging 法进行最优内插的基础。根据所得到的半方差函数模型，应用 Kriging 法进行内插，绘制出土壤表观电导率 ECv 和 ECh 的等值线图。由图 11-1 和图 11-2

可知，垂直与水平方向土壤表观电导率 ECv 和 ECh 空间分布极其相似，均表现为不同表观电导率的土壤呈斑块和条带状镶嵌分布，均表现为东南最高，其次为西北，再次为东北和西南，而在试验区的中部有斑块状的低盐碱化区。开垦前盐碱荒地地表呈现微地貌差异。盐碱化严重的区域地势稍高，为光板地；盐碱化较轻的区域地势稍低，季节性积水，生长稀疏草本植被。

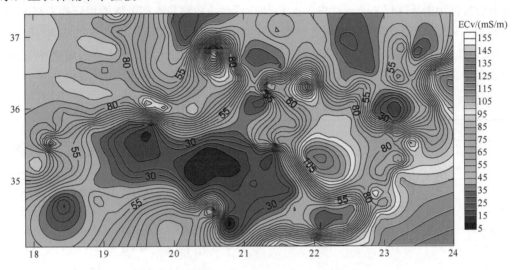

图 11-1 盐碱化土壤垂直表观电导率 ECv 空间分布

横坐标为经度，显示范围为东经 123 度 50.298 分到东经 123 度 50.400 分，刻度单位为秒，纵坐标为纬度，显示范围为北纬 45 度 35.571 分到北纬 45 度 35.622 分，刻度单位为秒

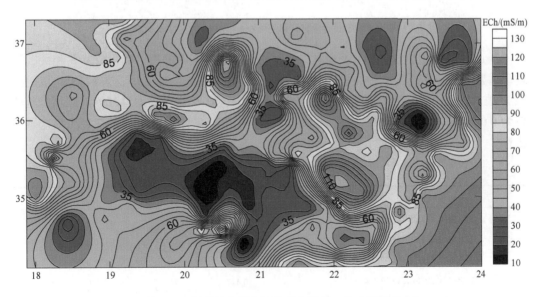

图 11-2 盐碱化土壤水平表观电导率 ECh 空间分布

横坐标为经度，显示范围为东经 123 度 50.298 分到东经 123 度 50.400 分，刻度单位为秒，纵坐标为纬度，显示范围为北纬 45 度 35.571 分到北纬 45 度 35.622 分，刻度单位为秒

（四）土壤表观电导率与相关因子分析

1. 土壤表观电导率与相关因子的 Pearson 分析

利用 EM38 电导率仪测得的土壤表观电导率（垂直方向 ECv 和水平方向 ECh）与其他土壤盐碱化指标进行 Pearson（皮尔逊）分析，通过检验将具有相关性的指标列于表 11-7。由表 11-7 可知，土壤垂直方向表观电导率 ECv 与 $EC_{1:5}$、ESP、CO_3^{2-} 极显著相关（$P<0.01$），而 ECv 与 $pH_{1:5}$、SAR、HCO_3^- 和 Cl^- 显著相关（$P<0.05$）。土壤水平方向表观电导率 ECh 与 SAR 和 Cl^- 显著相关（$P<0.05$），与其他 5 种指标均极显著相关（$P<0.01$）。

表 11-7　土壤表观电导率与土壤盐碱化指标相关分析

	ECv	ECh	$pH_{1:5}$	$EC_{1:5}$	ESP	SAR	CO_3^-	HCO_3^-	Cl^-
ECv	1	0.98**	0.626*	0.792**	0.747**	−0.592*	0.699**	0.670*	0.640*
ECh		1	0.719**	0.846**	0.833**	−0.612*	0.785**	0.729**	0.599*
$pH_{1:5}$			1	0.766**	0.926**	−0.531	0.947**	0.793**	0.599*
$EC_{1:5}$				1	0.879**	−0.407	0.853**	0.889**	0.537
ESP					1	−0.515	0.934**	0.839**	0.290
SAR						1	−0.394	−0.216	−0.253
CO_3^-							1	0.915**	0.173
HCO_3^-								1	0.293
Cl^-									1

注：*和**分别表示各指标之间存在 $P<0.05$ 和 $P<0.01$ 水平的显著性

2. 土壤表观电导率与相关因子的回归分析

通过对土壤垂直方向土壤表观电导率与相关因子的回归分析可知，ECv 与相关因子均呈对数函数分布。其中 ECv 与 ESP 模拟效果最好，决定系数（R^2）为 0.7175，双尾检验 P 值（Sig.）为 0.000；而与 Cl^- 模拟效果相对最差，决定系数为 0.3004，双尾检验 P 值为 0.029。其他指标介于二者之间。因此可以用 ECv 来评估表 11-8 的 7 种土壤盐碱化指标。

表 11-8　ECv 与相关因子的回归分析

模型	R^2	Sig.
$pH_{1:5}=0.3467lnECv+8.9689$	0.5413	0.022
$EC_{1:5}=0.1865lnECv+0.1468$	0.6437	0.002
$ESP=17.32lnECv-17.783$	0.7175	0.000
$SAR=-10.297lnECv+59.204$	0.447	0.028
$CO_3^{2-}=335.26lnECv-804.9$	0.6181	0.008
$HCO_3^-=230.72lnECv+598.23$	0.4957	0.011
$Cl^-=58.42lnECv-48.426$	0.3004	0.029

通过对土壤水平方向表观电导率与相关因子的回归分析可知，ECh 与相关因子均呈对数函数分布。其中 ECh 与 ESP 模拟效果最好，决定系数为 0.7888，双尾检验 P 值为 0.000；而与 Cl^- 模拟效果相对最差，决定系数为 0.2903，双尾检验 P 值为 0.032。其他指标介于二者之间。因此可以用 ECh 来评估表 11-9 的 7 种土壤盐碱化指标。

表 11-9　ECh 与相关因子的回归分析

模型	R^2	Sig.
$pH_{1:5}=0.3399\ln ECh+9.0155$	0.6119	0.006
$EC_{1:5}=0.1871\ln ECh+0.1667$	0.6738	0.001
$ESP=16.748\ln ECh-14.542$	0.7888	0.000
$SAR=-9.626\ln ECh+55.993$	0.4539	0.026
$CO_3^{2-}=316.54\ln ECh-712.53$	0.6479	0.001
$HCO_3^-=215.23\ln ECh+671.86$	0.5072	0.004
$Cl^-=52.926\ln ECh-23.816$	0.2903	0.032

3. 土壤表观电导率与土壤碱化度的关系

由表 11-7～表 11-9 可知，利用 EM38 电导率仪测得的水平和垂直方向土壤表观电导率均与土壤的盐碱化指标显著相关（$P<0.05$），因此可以用 EM38 电导率仪测得的土壤表观电导率来预测其土壤的盐碱化程度，且两种土壤表观电导率均与土壤碱化度最相关，其模拟结果最好。对苏打盐碱土而言，土壤碱化度在盐碱地改良中是计算石膏使用量的主要依据。但土壤碱化度的测定费时费力，不适合生产实际，因此建立土壤表观电导率与土壤碱化度的相关关系具有重要意义。

由图 11-3 和图 11-4 可知，用 EM38 电导率仪测定表观电导率，将水平和垂直两种方式的土壤表观电导率与 ESP 进行回归分析，结果呈对数函数关系，R^2 均大于 0.7，结果具有可靠性，因此可以用 ECv 和 ECh 来模拟计算土壤的 ESP。

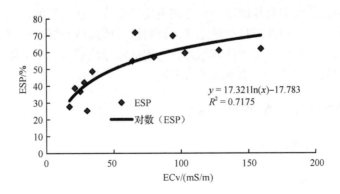

图 11-3　ECv 与 ESP 的回归分析

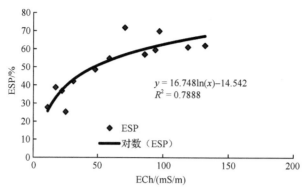

图 11-4　ECh 与 ESP 的回归分析

　　以往研究认为，盐碱地空间变异主要由微地貌、水文过程和土壤质地等结构性因子引起（Wu et al.，2014；Yang et al.，2011；吴亚坤等，2008）。然而对于盐碱化水田，土地已经平整，且地表覆有水层，因此其空间变异主要是土壤性质差异引起的，具有盐碱化的斑块，由于交换性 Na^+ 的存在，土壤黏粒分散，土壤渗透性差，且随着交换性 Na^+ 的增加，土壤性质不断恶化，影响水稻的生长，甚至使其死亡。而对于盐碱化的斑块，要达到改良目的，最好的方法是加入含有二价阳离子的改良剂，置换土壤中的交换性 Na^+。由于不同盐碱化土壤需要改良剂的量不同，因此需要对盐碱化水田土壤盐碱化程度进行分级，对不同盐碱化程度进行定位定区，依据不同盐碱程度施入相应量的改良剂。通过相关分析和回归分析可知，土壤表观电导率与盐碱化指标相关，且与盐碱化指标为指数函数关系，该研究结果与其他研究结果是一致的（Yang et al.，2011；姚荣江等，2008）。由于 ECh 较 ECv 具有更高的相关系数和决定系数，因此使用 EM38 电导率仪测定土壤表观电导率时，使用水平方向土壤表观电导率 ECh 能更好地反映土壤的盐碱特性。EM38 电导率仪测定的 ECh 主要反映土壤近地表的电导率，而水田的盐碱同样是表层部分的盐碱对水稻产生影响，因此 ECh 能正确指示土壤盐碱化指标空间变异性，实现盐碱地土壤的快速诊断。

　　松嫩平原盐碱化水田改良目标是耕层土壤盐碱化指标达到作物正常生长范围，由于盐碱化水田土壤空间变异显著，不同盐碱化程度土壤镶嵌分布，极大地影响了水田的大面积连片种植。综合考虑改良成本和高产高效作用，需要对盐碱化水田进行定位定区，针对不同盐碱化程度实施不同量的改良剂，使土壤适合水稻生长，实现盐碱土快速低成本高效改良。以往的大多数盐碱地改良方法主要针对均一性较好的盐碱地，对空间变异和微域盐碱差异很大的碱性苏打盐碱地缺乏针对性，因此将土壤盐分空间变异理论研究与盐碱地改良实践相结合，实行盐碱地定位、定区清除或消减土壤盐碱的均质化精准改良技术是盐碱地高效治理和低成本治理的关键。

三、苏打盐碱水田土壤精准改良原理

（一）水田土壤盐碱化分级

1. 土壤 ESP 空间分布特征

利用表观电导率水平和垂直两种方式与 ESP 的关系，模拟了 ESP 在试验区 200 个点

的数值，并对 ESP 进行克里金插值，图 11-5 和图 11-6 分别为垂直和水平电导率模拟的试验区土壤 ESP 的空间分布图。由图可知，ESPv 和 ESPh 空间分布极其相似，不同 ESP 程度的土壤呈斑块状或条带状分布，与 ECv 和 ECh 分布规律相同，西北和东南 ESP 较高。其中东北角 ESP 最高，达到 82%，其碱化程度最高。

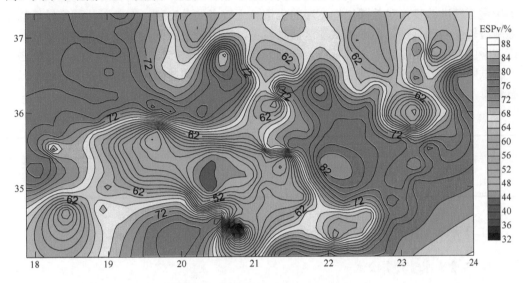

图 11-5　垂直电导率 ESPv 空间分布

横坐标为经度，显示范围为东经 123 度 50.298 分到东经 123 度 50.400 分，刻度单位为秒，
纵坐标为纬度，显示范围为北纬 45 度 35.571 分到北纬 45 度 35.622 分，刻度单位为秒

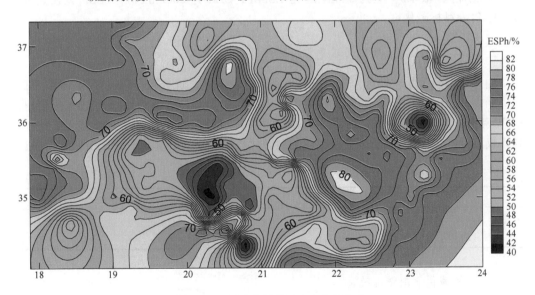

图 11-6　水平电导率 ESPh 空间分布

横坐标为经度，显示范围为东经 123 度 50.298 分到东经 123 度 50.400 分，刻度单位为秒，
纵坐标为纬度，显示范围为北纬 45 度 35.571 分到北纬 45 度 35.622 分，刻度单位为秒

2. 土壤 ESP 分级

由于土壤表观电导率和碱化度均呈显著性空间变异,对于这种不同盐碱化程度镶嵌分布的土壤改良,既要保证改良效果,同时考虑经济效益,因此需要对不同盐碱化程度土壤进行精准改良,对盐碱化程度高的土壤施用较多的改良剂,对盐碱化程度较低的土壤施用较少的改良剂。由于本试验区盐碱较重,同时考虑田间的实用性和可操作性,将该试验区土壤碱化度分成 3 个等级,分别为 35%～45%、45%～70%和>70%。依据碱化度将试验区划分为 3 个不同盐碱化梯度的分区。而对不同盐碱化程度的分区施用不同的石膏量,进行精准改良(表 11-10)。

表 11-10　不同 ESP 分区的均值　　　　　　　　单位:%

	ESP（35%～45%）	ESP（45%～70%）	ESP（>70%）
ESPv	44.8±6.4	61.9±5.5	77.1±3.5
ESPh	44.6±3.8	61.3±6.1	74.9±2.8

(二)水田土壤盐碱化改良剂需求

1. 石膏需求量计算公式

$$GR=0.0086FD_s\rho_b CEC(ESP_i - ESP_f)$$

式中,GR 为石膏需求量(t/hm^2);F 为钙-钠交换系数,无单位,ESP$_f$ 为 15 时 F 取 1.1,ESP$_f$ 为 5%时 F 取 1.3;D_s 为 0.2m;ρ_b 为 1.5t/m^3;CEC 为 200mmol/kg;ESP$_i$ 为初始碱化度;ESP$_f$ 为目标碱化度。

2. 苏打盐碱土精准改良的石膏需求量计算

由于该试验区盐碱较重,依据石膏需求量计算公式,选择目标碱化度为 15%,即 F 取值为 1.1。计算得出不同盐碱化程度的土壤所需石膏量,见表 11-11。从表可以看出,ESPv 和 ESPh 所需石膏量 GRv 和 GRh 基本相同。因此,生产实践上可以采用 EM38 电导率仪测定的 ECv 和 ECh 来表征土壤的盐碱化程度,进而计算出石膏的田间施用量。

表 11-11　不同分区所需脱硫石膏量　　　　　　　　单位:t/hm^2

	ESP（35%～45%）	ESP（45%～70%）	ESP（>70%）
GRv	13.3±3.5	25.8±4.6	32.0±1.8
GRh	15.3±7.8	25.8±4.7	30.9±1.4

(三)盐碱化水田精准改良

1. 改良剂精准施用定位分区

由图 11-7 可知,粉色的区域为盐碱化程度较低的区域,ESPv 平均为 38.3%,所需要施用的石膏量为 13.3t/hm^2,蓝色的区域为土壤盐碱化较重的区域,ESPv 平均为 60.3%,

所需要施用的石膏量为 25.8t/hm^2，而黄色的区域为盐碱化最重的区域，ESPv 平均为 77.1%，该区所需石膏量为 32.0t/hm^2。

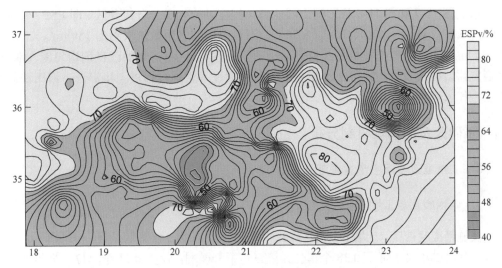

图 11-7　对应石膏需求量的土壤 ESPv 分区

横坐标为经度，显示范围为东经 123 度 50.298 分到东经 123 度 50.400 分，刻度单位为秒，
纵坐标为纬度，显示范围为北纬 45 度 35.571 分到北纬 45 度 35.622 分，刻度单位为秒

由图 11-8 可知，粉色的区域为盐碱化程度较低的区域，ESPh 平均为 41.8%，所需要施用的石膏量为 15.3t/hm^2，蓝色的区域为土壤盐碱化较重的区域，ESPh 平均为 60.3%，所需要施用的石膏量为 25.8t/hm^2，而黄色的区域为盐碱化最重的区域，ESPh 平均为 74.9%，该区所需石膏量为 30.9t/hm^2。

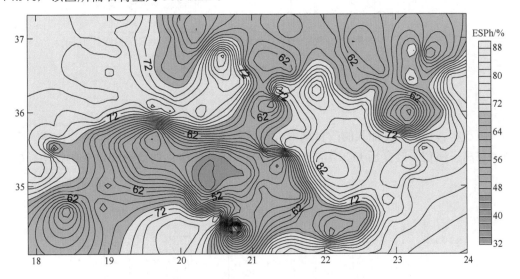

图 11-8　对应石膏需求量的土壤 ESPh 分区

横坐标为经度，显示范围为东经 123 度 50.298 分到东经 123 度 50.400 分，刻度单位为秒，
纵坐标为纬度，显示范围为北纬 45 度 35.571 分到北纬 45 度 35.622 分，刻度单位为秒

2. 石膏改良剂田间精准施用方法

依据图 11-7 和图 11-8 将田间土壤盐碱化程度划分为 3 个分级分区,即 ESP(35%~45%)、ESP(45%~70%)、ESP(>70%),石膏改良剂施用量依次约为 15t/hm^2、25t/hm^2 和 30t/hm^2,用小四轮拖拉机将改良剂运至田间,根据分区将定量的改良剂均匀施入地表,之后旋耕,使改良剂与耕层土壤充分混合,再通过水耙地过程进一步混合,泡田洗盐两次后,排水插秧,正常田间管理。

四、障碍改良与消减机制分析

(一)精准改良后土壤盐碱变化

1. 实施改良后土壤 pH 变化

实施精准改良后,土壤 pH 明显降低(图 11-9)。在第一年降低显著,pH 下降 0.76 个单位,到第二年又下降了 0.38 个单位,第三年下降微弱,仅为 0.11 个单位,第四年基本没有变化。因此对于具有空间变异的盐碱化土壤,进行精准改良后,前两年改良效果明显,第三年基本稳定在水稻正常生长发育的盐碱范围。

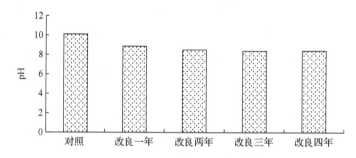

图 11-9　不同改良年限土壤 pH 变化

2. 实施改良后 EC 变化

由于实施精准改良加入的改良剂中含有石膏成分,因此改良第一年硫酸钙溶解后土壤中有离子残留,改良后 EC 增加(图 11-10),随着硫酸钙的溶解和水分的排出,Ca^{2+}

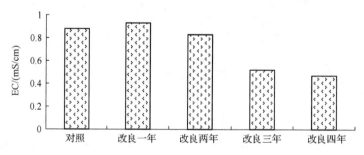

图 11-10　不同改良年限土壤 EC 变化

置换土壤交替中的交换性 Na^+，使土壤颗粒产生凝絮作用，土壤 pH 降低，物理性质得到改善。改良第三年以后，土壤电导率降低较少，基本达到稳定时期，三年电导率下降了 40.9%。

（二）实施精准改良后水稻产量变化

实施精准改良的苏打盐碱地水稻产量明显增加（图 11-11），改良一年产量达 4415kg/hm²，而对照产量仅为 988kg/hm²，精准改良一年水稻产量是对照的 4.46 倍。实施精准改良两年，水稻产量为 6085kg/hm²，实施精准改良三年，产量小幅增加至 7132kg/hm²，且基本稳定，三年产量提高 621%。

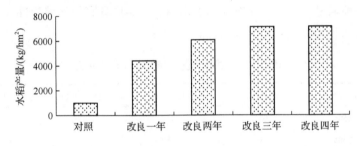

图 11-11　不同改良年限水稻产量变化

第二节　基于 Veris3100 电导测定系统的土壤表观电导率空间变异与精准改良技术

一、基于 Veris3100 电导测定系统的土壤表观电导率空间变异

（一）试验方法与数据处理

1. Veris3100 电导测定系统试验基本概况

选择具有典型盐碱化空间变异的苏打盐碱地作为研究样地，利用 Veris3100 电导测定系统对研究区土壤表观电导率进行测定。土壤表观电导率测定分为 0～30cm 和 0～90cm 土层，共两个土壤深度的电导率。利用 Veris3100 电导测定系统，在 75 亩农田范围内采集数据 3505 组。并利用 GPS 定位，选取定位样点 40 个，取土壤剖面不同土层土样，土层分为 0～20cm、20～40cm、40～60cm 和 60～80cm，测定土壤样品的土壤物理和化学等指标，分析土壤样品测定指标与 Veris3100 电导测定系统测定的土壤表观电导率，确定土壤表观电导率的影响因子。

2. Veris3100 电导测定系统的测定原理

接触式土壤电导率传感器是一种电极式传感器，采用电流-电压四端法，将恒流电源、电压表、电极和土壤构成回路，用车辆牵引并集成 GPS 系统，用于测定土壤表观电导率。

如美国的 Veris 公司的 Veris3100 大地电导率仪，有 6 个犁刀式电极，用车辆牵引并集成 GPS 系统，可同时获得 0～30.5cm 和 0～91.5cm 的土壤电导率，每隔 1s 记录一组数据，记录在闪存中，经过配备的数据处理与分析软件，就可得到农田土壤表观电导率分布图。Veris3100 的测量分为两个深度：0～30cm 土层的土壤表观电导率（EC_{30}），0～90cm 土层的土壤表观电导率（EC_{90}）

（二）土壤盐碱空间变异

1. 土壤表观电导率空间变异经典统计分析

试验区两种深度的土壤表观电导率 EC_{30} 和 EC_{90} 均具有空间差异性（表 11-12），离差系数分别为 0.74 和 0.60，具有中度空间变异性。

表 11-12　试验小区土壤 EC 统计特征值

	测定数	最小值/（mS/m）	最大值/（mS/m）	均值/（mS/m）	标准偏差	离差系数
EC_{30}	3505	0	399	120	89	0.74
EC_{90}	3505	0.3	382	88	51	0.60

2. 土壤表观电导率空间分布特征

由图 11-12 和图 11-13 可知，0～30cm 土层表观电导率 EC_{30} 空间差异更大，0～90cm 土层表观电导率 EC_{90} 较 EC_{30} 均一。

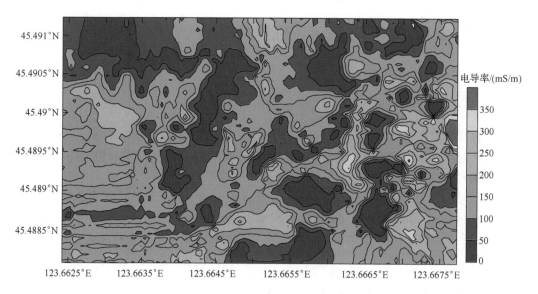

图 11-12　测定土层 0～30cm 电导率

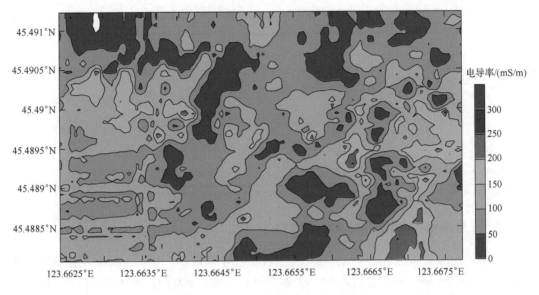

图 11-13　测定土层 0～90cm 电导率

（三）土壤表观电导率与土壤盐碱化指标关系分析

1. 土壤表观电导率与土壤盐碱化指标相关分析

由表 11-13 和表 11-14 可知，Veris3100 电导率仪测得的土壤表观电导率与土壤盐碱化指标极显著相关。EC_{30} 和 EC_{90} 均表现为与 $EC_{1:5}$ 相关系数最大，其次为 SAR 和 ESP，与 $pH_{1:5}$ 和 Cl^- 的相关系数最小。土壤表观电导率 EC_{30} 和 EC_{90} 与土壤溶液阳离子（Na^+）含量相关系数最大，与阴离子（Cl^-、CO_3^{2-}、HCO_3^-）均极显著正相关（$p<0.01$）。

表 11-13　土壤表观电导率与土壤盐碱化指标的 Pearson 分析

	EC_{30}	EC_{90}	$EC_{1:5}$	$pH_{1:5}$	SAR	ESP	ECv	ECh
EC_{30}	1							
EC_{90}	0.950**	1						
$EC_{1:5}$	0.907**	0.897**	1					
$pH_{1:5}$	0.569**	0.635**	0.725**	1				
SAR	0.862**	0.825**	0.938**	0.625**	1			
ESP	0.855**	0.858**	0.879**	0.692**	0.882**	1		
ECv	0.77**	0.749**	0.711**	0.699**	0.730**	0.820**	1	
ECh	0.804**	0.798**	0.748**	0.717**	0.785**	0.803	0.814	1

注：*和**分别表示各指标之间存在 $P<0.05$ 和 $P<0.01$ 水平的显著性

表 11-14   土壤表观电导率与土壤溶液离子含量的 Pearson 分析

	EC_{30}	EC_{90}	Na^+	Cl^-	CO_3^{2-}	HCO_3^-
EC_{30}	1					
EC_{90}	0.950**	1				
Na^+	0.904**	0.879**	1			
Cl^-	0.588**	0.586**	0.731**	1		
CO_3^{2-}	0.768**	0.801**	0.812**	675**	1	
HCO_3^-	0.672**	0.630**	0.774**	0.470*	0.341*	1

注：*和**分别表示各指标之间存在 $P < 0.05$ 和 $P < 0.01$ 水平的显著性

2. 土壤表观电导率与 ESP 的回归分析

由图 11-14 可知，通过回归分析，土壤表观电导率 EC_{30}、EC_{90} 与 ESP 均呈现对数函数关系，决定系数较高，分别为 0.8772 和 0.8552，均大于 0.85，因此可以用图 11-14 回归得到的公式来计算土壤 ESP。

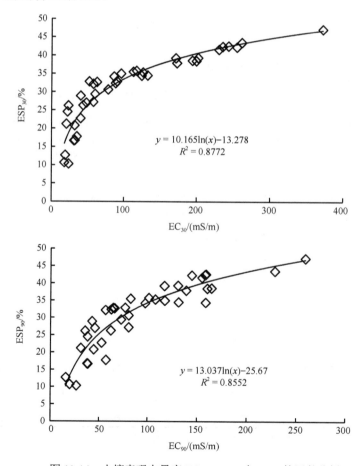

图 11-14   土壤表观电导率 EC_{30}、EC_{90} 与 ESP 的回归分析

二、基于 Veris3100 电导测定系统的苏打盐碱水田土壤精准改良原理

（一）土壤 ESP 空间分布特征

依据 EC_{30}、EC_{90} 与 ESP 对数关系方程，计算得到整个试验区的 ESP 数据，通过空间插值方法获得 ESP_{30} 和 ESP_{90} 的空间分布特征。由图 11-15 可知，ESP_{30} 和 ESP_{90} 具有明显的空间相似性，不同碱化度土壤呈条带状和椭圆形镶嵌分布，相伴共存。

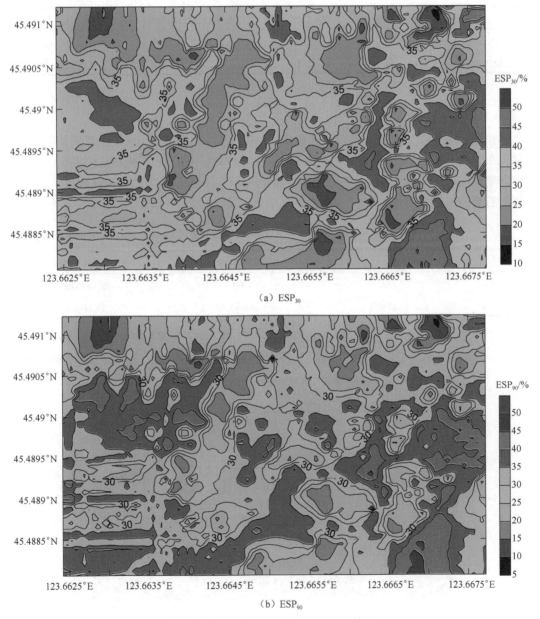

（a）ESP_{30}

（b）ESP_{90}

图 11-15　ESP_{30} 和 ESP_{90} 的空间分布格局

（二）土壤碱化度分级

由于土壤表观电导率和碱化度均具有空间变异性，因此依据本试验区的具体试验数据，将土壤碱化度分成四个等级（表 11-15），分别为 0%～10%、10%～25%、25%～35% 和 35%～45%。需要对不同盐碱化程度土壤进行精准改良，对不同盐碱化程度的分区施用不同石膏量进行改良。

表 11-15　不同 ESP 分区的均值　　　　　　　　　单位：%

	ESP（0%～10%）	ESP（10%～25%）	ESP（25%～35%）	ESP（35%～45%）
ESP_{30}	2.04±0.11	21.04±3.09	32.45±3.09	40.53±2.77
ESP_{90}	3.67±2.54	19.53±3.35	30.81±2.87	38.84±2.54

（三）土壤盐碱化改良剂需求与精准改良

依据土壤盐碱化改良剂需求计算公式，计算得出不同盐碱化程度的土壤所需石膏量，见表 11-16。从表可以看出，ESP_{30} 和 ESP_{90} 所需石膏量 GR_{30} 和 GR_{90} 基本相同。因此，生产实践上可以采用 Veris3100 电导率仪测定的 EC_{30} 来表征土壤的盐碱化程度，进而计算出石膏的田间施用量。

表 11-16　不同分区石膏添加量　　　　　　　　　单位：t/hm²

	ESP（10%～25%）	ESP（25%～35%）	ESP（35%～45%）
GR_{30}	3.43±0.9	9.9±1.75	14.49±2.08
GR_{90}	2.57±0.8	8.97±1.48	13.53±3.3

由图 11-16 可知，黑色区域为盐碱化程度最低的区域，该区域碱化度低于 10%，面积非常小，不需要施用石膏改良剂。蓝色区域为盐碱化程度较低的土壤，ESP_{30} 和 ESP_{90} 平均

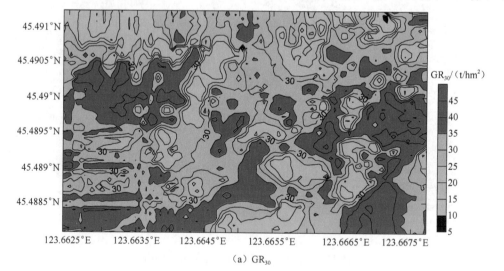

（a）GR_{30}

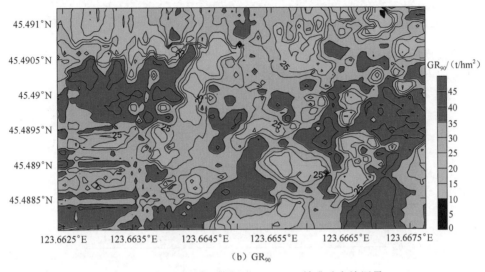

图 11-16 试验小区土壤 GR_{30}、GR_{90} 精准改良施用量

为 21.04% 和 19.53%，所需要施用的石膏量 GR_{30} 和 GR_{90} 分别为 3.43t/hm² 和 2.57t/hm²。绿色的区域为土壤盐碱化较重的区域，ESP_{30} 和 ESP_{90} 平均为 32.45% 和 30.81%，所需要施用的石膏量 GR_{30} 和 GR_{90} 分别为 9.90t/hm² 和 8.97t/hm²，而红色的区域为盐碱化最重的区域，ESP_{30} 和 ESP_{90} 平均为 40.53% 和 38.84%，该区所需石膏量 GR_{30} 和 GR_{90} 分别为 14.49t/hm² 和 13.53t/hm²。

三、基于 Veris3100 电导测定系统的苏打盐碱水田土壤精准改良障碍消减机制

(一)精准改良前后土壤盐碱变化

1. 精准改良前后土壤 pH 变化

实施改良后土壤剖面 pH 显著下降，尤其 0～20cm 和 20～40cm 土层 pH 下降较大，改良一年土壤表层 pH 下降 1 个单位，改良两年土壤表层 pH 下降 1.4 个单位（图 11-17）。

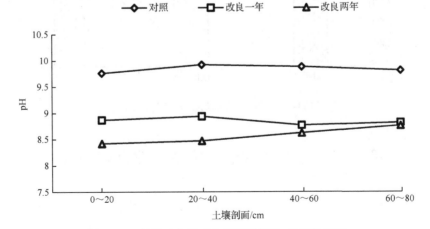

图 11-17 精准改良前后土壤不同剖面 pH 变化情况

2. 精准改良前后土壤 EC 变化

实施改良后土壤剖面 EC 显著下降，其中 0～20cm 和 20～40cm 土层 EC 降低较大，第一年表层土壤 EC 降低 16%，第二年降低 41.73%（图 11-18）。

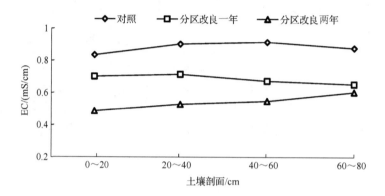

图 11-18　精准改良前后土壤不同剖面 $EC_{1:5}$ 变化情况

（二）精准改良前后水稻产量变化

水田实施改良后水稻产量明显增加（图 11-19），精准改良一年，水稻产量由对照的 3124kg/hm^2 提高到 5225kg/hm^2，改良一年产量增加 66.3%，改良两年产量达 6842kg/hm^2，改良两年产量增加 119%，实现水稻产量翻一番。

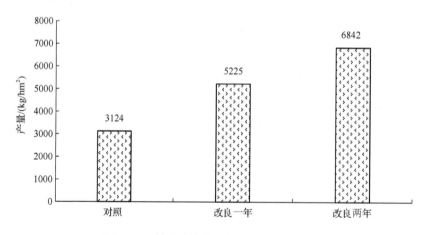

图 11-19　精准改良前后水稻产量变化情况

第三节　苏打盐碱地定位精准改良应用效果

苏打盐碱地精准改良技术分别在大安市、镇赉县、洮南市等多个区域进行示范应用（表 11-17）。

表 11-17　精准改良试验示范

类别	位置	经纬度
核心试验区（H）	大安市红岗子乡	45°36.271′N，123°51.108′E
示范点 1（S1）	大安市红岗子乡	45°35.803′N，123°49.305′E
示范点 2（S2）	大安市两家子镇	45°32.692′N，123°59.314′E
示范点 3（S3）	大安市两家子镇	45°33.350′N，123°54.075′E
示范点 4（S4）	大安市乐胜乡	45°30.875′N，123°42.881′E
示范点 5（S5）	大安市海坨乡	45°11.596′N，123°43.796′E
示范点 6（S6）	大安市新艾里乡	45°42.035′N，123°25.428′E
示范点 7（S7）	镇赉县镇南县	45°42.560′N，123°10.026′E
示范点 8（S8）	镇赉县东屏镇	46°04.562′N，123°21.209′E
示范点 9（S9）	镇赉县坦途镇	46°04.783′N，123°24.731′E
示范点 10（S10）	洮南市大通乡	45°30.806′N，123°42.889′E

一、土壤 pH 变化

通过不同区域的试验示范可以看出，精准改良一年 pH 明显下降，下降幅度为 0.85～1.29 个单位。改良两年 pH 进一步降低，下降幅度为 1.11～1.58 个单位。两年内土壤酸碱度得到显著改善（图 11-20）。各示范点土壤平均值下降显著，改良一年 pH 下降 1 个单位，改良两年 pH 下降 1.38 个单位，数值为 8.44，在水稻正常生长发育范围内（图 11-21）。

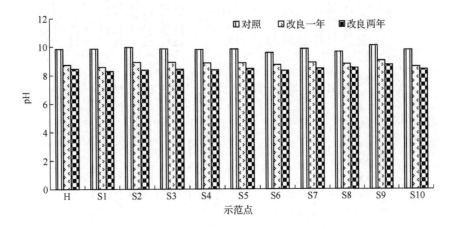

图 11-20　不同示范点改良前后 pH 变化情况

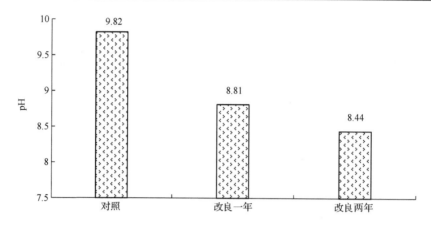

图 11-21　不同示范点精准改良前后土壤 pH 均值变化

二、水稻产量变化

从图 11-22 中可以看出，不同示范点水稻产量（理论产量）均有所提高。改良一年提高范围为 2249～4796kg/hm²，改良两年提高范围为 3334～4658kg/hm²。通过精准改良技术，示范点水稻产量明显增加，改良第一年水稻产量平均值为 6349kg/hm²，平均增加 3132kg/hm²，是对照的 1.97 倍。改良第二年水稻产量平均值为 6992kg/hm²，平均增加 3776kg/hm²，是对照的 2.17 倍，作物产量实现翻一番（图 11-23）。

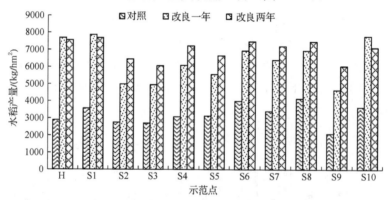

图 11-22　不同示范点改良前后水稻产量变化情况

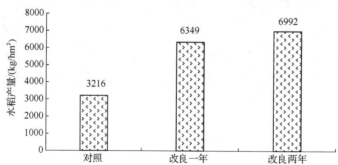

图 11-23　不同改良年限水稻产量变化情况

参 考 文 献

雷志栋, 杨诗秀, 许志荣, 等. 1985. 土壤特性空间变异性初步研究. 水利学报(9): 10-21.

李哈滨, 王政权, 王庆成. 1998. 空间异质性定量研究理论与方法. 应用生态学报, 9(6): 651-657.

李海涛, 李小梅, Philip B, 等. 2006. 电磁感应方法在土壤盐渍化评价中的应用研究. 水文地质工程地质, 33(1): 95-98.

李晓明, 杨劲松, 李冬顺. 2010. 基于电磁感应(EM38)典型半干旱区土壤盐分空间变异研究. 土壤通报, 41(3): 695-699.

刘兴土. 2001. 松嫩平原退化土地整治与农业发展. 北京: 科学出版社.

吕真真, 刘广明, 杨劲松. 2013. 新疆玛纳斯河流域土壤盐分特征研究. 土壤学报, 50(2): 289-295.

裘善文, 孙酉石. 1997. 松嫩平原盐碱地与风沙地农业综合发展研究. 北京: 科学出版社.

孙广友. 2007. 松嫩平原古河道农业工程研究. 北京: 科学出版社.

孙运朋, 陈小兵, 张振华, 等. 2014. 基于EM38的滨海棉田土壤表观电导率空间变异与利用研究. 土壤通报, 45(3): 585-589.

王春裕, 王汝镛, 张素君, 等. 1987. 东北苏打盐渍土的性质与改良. 土壤通报, 18(2): 57-59.

王晋民, 王俊鹏, 胡月明, 等. 2006. 钙土农田土壤养分空间变异特性及采样方法研究. 干旱地区农业研究, 24(5): 59-63.

王政权. 1999. 地统计学在生态学中的应用. 北京: 科学出版社.

王遵亲. 1993. 中国盐渍土. 北京: 科学出版社.

吴亚坤, 杨劲松, 杨晓英, 等. 2008. 基于EM38的封丘县土壤盐渍化调查研究. 干旱地区农业研究, 26(5): 129-133.

杨帆, 安丰华, 马红媛, 等. 2017. 松嫩平原苏打盐渍化旱田土壤表观电导率空间变异. 生态学报, 37(4): 1184-1190.

杨帆, 安丰华, 王志春, 等. 2015. 松嫩平原盐渍化水田土壤表观电导率空间变异研究. 中国生态农业学报, 23(5): 614-619.

杨帆, 罗金明, 王志春. 2014. 松嫩平原盐渍化区水盐转化规律与调控机理. 北京: 中国环境出版社.

姚荣江, 杨劲松, 姜龙. 2007. 电磁感应仪用于土壤盐分空间变异及其剖面分布特征研究. 浙江大学学报: 农业与生命科学版, 33(2): 207-216.

姚荣江, 杨劲松, 刘广明. 2008. EM38在黄河三角洲地区土壤盐渍化快速检测中的应用研究. 干旱地区农业研究, 26(1): 67-73.

Barbiéro L, Cunnac S, Mané L, et al. 2001. Salt distribution in the Senegal middle valley: Analysis of a saline structure on planned irrigation schemes from N'Galenka creek. Agricultural Water Management, 46(3): 201-213.

Cambardella C A, Moorman T B, Novak J M, et al. 1994. Field- scale variability of soil properties in central Iowa soils. Soil Science Society of America Journal, 58(5): 1501-1511.

Cemek B, Güler M, Kili C K, et al. 2007. Assessment of spatial variability in some soil properties as related to soil salinity and alkalinity in Bafra plain in northern Turkey. Environmental Monitoring and Assessment, 124(1-3): 223-234.

Corwin D L, Kaffka S R, Hopmans J W, et al. 2003. Assessment and field-scale mapping of soil quality properties of a saline-sodic soil. Geoderma, 114(3-4): 231-259.

Corwin D L, Lesch S M. 2005. Characterizing soil spatial variability with apparent soil electrical conductivity. Part I: Survey protocols. Computers and Electronics in Agriculture, 46(1-3): 103-133.

Hu W, Shao M A, Wan L, et al. 2014. Spatial variability of soil electrical conductivity in a small watershed on the Loess Plateau of China. Geoderma, 230-231: 212-220.

Lesch S M, Corwin D L, Robinson D A. 2005. Apparent soil electrical conductivity mapping as an agricultural management tool in arid zone soils. Computers and Electronics in Agriculture, 46(1-3): 351-378.

Rhoades J D, Chanduvi F, Lesch S M. 1999. Soil salinity assessment: Methods and interpretation of electrical conductivity measurements. FAO Irrigation and Drainage Paper No. 57. Food and Agriculture Organization of the United Nations, Rome, Italy: 150.

Triantafilis J, Odeh I O A, McBratney A B. 2001. Five geostatistical models to predict soil salinity from electromagnetic induction data across irrigated cotton. Soil Science Society of America Journal, 65(3): 869-878.

Wu W Y, Yin S Y, Liu H L, et al. 2014. The geostatistic-based spatial distribution variations of soil salts under long-term wastewater irrigation. Environmental Monitoring and Assessment, 186(10): 6747-6756.

Yang F, Zhang G X, Yin X R, et al. 2011. Field-scale spatial variation of saline-sodic soil and its relation with environmental factors in western Songnen Plain of China. International Journal of Environmental Research and Public Health, 8(2): 374-387.